中华当代学术著作辑要

逻辑·语言·计算

马希文文选

马希文 著

商务印书馆
创于1897 The Commercial Press

2019年·北京

图书在版编目(CIP)数据

逻辑·语言·计算:马希文文选/马希文著.—北京:商务印书馆,2019
(中华当代学术著作辑要)
ISBN 978-7-100-17413-8

Ⅰ.①逻… Ⅱ.①马… Ⅲ.①数学—文集②计算机科学—文集 Ⅳ.①O1-53②TP3-53

中国版本图书馆CIP数据核字(2019)第076854号

中华当代学术著作辑要
逻辑·语言·计算
——马希文文选
马希文 著

商务印书馆出版
(北京王府井大街36号 邮政编码100710)
商务印书馆发行
北京通州皇家印刷厂印刷
ISBN 978-7-100-17413-8

2019年5月第1版 开本787×960 1/16
2019年5月北京第1次印刷 印张43½
定价:129.00元

马　希　文
(1939—2000)

中华当代学术著作辑要

出版说明

学术升降，代有沉浮。中华学术，继近现代大量吸纳西学、涤荡本土体系以来，至上世纪八十年代，因重开国门，迎来了学术发展的又一个高峰期。在中西文化的相互激荡之下，中华大地集中迸发出学术创新、思想创新、文化创新的强大力量，产生了一大批卓有影响的学术成果。这些出自新一代学人的著作，充分体现了当代学术精神，不仅与中国近现代学术成就先后辉映，也成为激荡未来社会发展的文化力量。

为展现改革开放以来中国学术所取得的标志性成就，我馆组织出版"中华当代学术著作辑要"，旨在系统整理当代学人的学术成果，展现当代中国学术的演进与突破，更立足于向世界展示中华学人立足本土、独立思考的思想结晶与学术智慧，使其不仅并立于世界学术之林，更成为滋养中国乃至人类文明的宝贵资源。

"中华当代学术著作辑要"主要收录改革开放以来中国大陆学者、兼及港澳台地区和海外华人学者的原创名著，涵盖文学、历史、哲学、政治、经济、法律、社会学和文艺理论等众多学科。丛书选目遵循优中选精的原则，所收须为立意高远、见解独到，在相关学科领域具有重要影响的专著或论文集；须经历时间的积淀，具有定评，且侧重于首次出版十年以上的著作；须在当时具有广泛的学术影响，并至今仍富于生命力。

自 1897 年始创起，本馆以"昌明教育、开启民智"为己任，近年又确立了"服务教育，引领学术，担当文化，激动潮流"的出版宗旨，继上世纪八十年代以来系统出版“汉译世界学术名著丛书”后，近期又有“中华现代学术名著丛书”等大型学术经典丛书陆续推出，“中华当代学术著作辑要”为又一重要接续，冀彼此间相互辉映，促成域外经典、中华现代与当代经典的聚首，全景式展示世界学术发展的整体脉络。尤其寄望于这套丛书的出版，不仅仅服务于当下学术，更成为引领未来学术的基础，并让经典激发思想，激荡社会，推动文明滚滚向前。

商务印书馆编辑部

2016年1月

序

马希文 1954 年考入北京大学数学力学系，入学时才 15 岁，是班上年龄最小的一个。他非常聪明，在专业学习上花的时间很少，但成绩却很好，与他同班的同学开玩笑称他为“小天才”。当时，我教他们高等代数，又是他所在小班的班主任，所以从他进入北大开始我们就非常熟悉。马希文兴趣广泛，值得一提的是他颇有音乐才能，学生时代担任过学生乐团的指挥，自己还能作曲。另外，他的语言天赋也给我留下了很深的印象。我记得他不但学习了课程规定的俄文，还自学了蒙古文及东欧一些国家的语言及世界语。

马希文不仅是一个兴趣广泛的人，而且对涉猎的很多领域都有深入的研究，取得过一些很好的研究成果或者提出过一些新的见解。这本集子中收入的仅是他研究成果的一部分。这些论文除了数学方面的以外，还涉及到语言学，其中包括方言，计算机语言以及计算理论。他的研究工作在很多方面可能只是开始，但我认为他提出的很多问题是值得深入进行研究的。所以，这本文集对从事有关研究的同志是有启发意义的。

马希文是极少见的聪明、多才多艺的人，可惜天不假年，对于他的过早去世我至今犹感悲痛。是为序。

丁石孙

目　　录

数　　学

计 算 机 科 学

人工智能

语 言 学

附　　录

数　　学

双曲函数

1. 引 言

我们回想一下通常的三角函数的定义。设在平面上的一个直角坐标系中给了一个圆（为了简单起见我们把这个圆取作单位圆：$x^2+y^2=1$，图1），$M(x,y)$ 是圆上的一定点。设 $\alpha=\angle E_1OM$，则我们定义：

$$\sin\alpha=y;$$

$$\cos\alpha=x。$$

我们把这个定义改变一下，从另一角度来看三角函数，便于我们与本文将要讨论的双曲函数作比较。首先，我们不设 $\alpha=\angle E_1OM$，而说 α 是扇形 OE_1M 面积的两倍；其次，设 M_x 是 M 在 x 轴上的投影则有

$$\cos\alpha=x=\overrightarrow{OM_x}:\overrightarrow{OE_1},$$

$$\sin\alpha=y=\overrightarrow{M_xM}:\overrightarrow{OE_2};$$

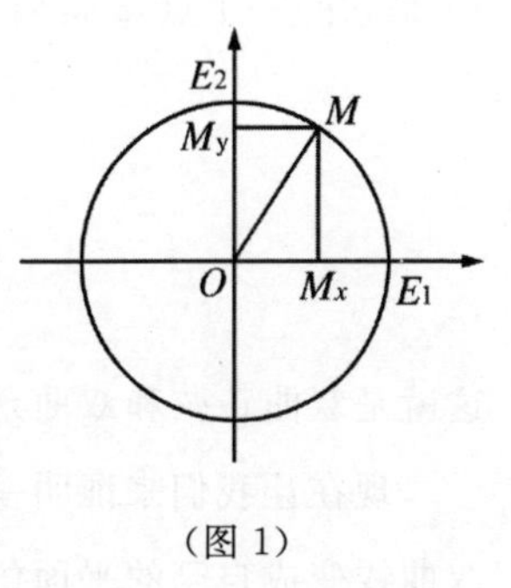

（图1）

最后应该说明一下，所定义的三角函数，是把单位圆变成自己的平面仿射变换（即平面绕点 O 的旋转）的不变量，这就是说，当扇形 OE_1M 占据另一个位置（例如 OE'_1M'）时，只要面积 α 不变，定出的三角函数将有相同的值。

以上修改定义时所说的三点，可以说并未提出什么新的东西，因为前两点只是改变了说法，后一点在一般证明：

$\sin(x+y)=\sin x\cos y+\cos x\sin y$ (1)时已经用到。读者可以看任何一本平面三角教科书。

2. 双曲函数的定义

这一段利用到关于仿射变换的一些知识。请读者参看狄隆涅等著“解析几何学”第一卷第二章。

设在直角坐标系中给了双曲线 $x^2-y^2=1$ 的右枝（图 2），$M(x,$

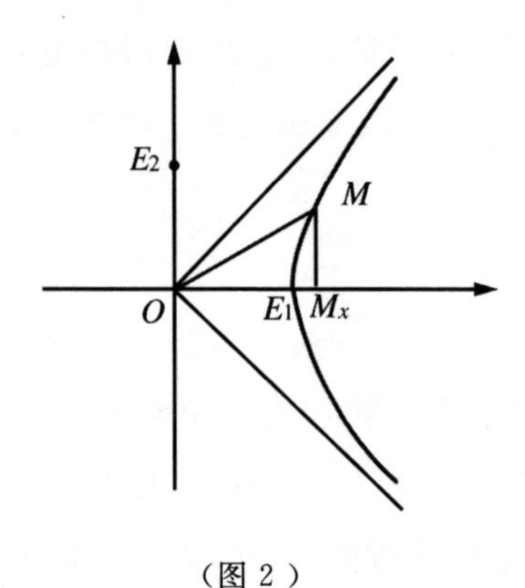

（图 2）

$y)$ 是它的一个点，α 是扇形 E_1OM 的面积的两倍。我们定义：

$$\mathrm{sh}\alpha=y=\frac{\overrightarrow{M_xM}}{\overrightarrow{OE_2}};$$

$$\mathrm{ch}\alpha=x=\frac{\overrightarrow{OM_x}}{\overrightarrow{OE_1}}。$$

这就是双曲正弦和双曲余弦。

现在让我们来证明一下。上面定义的两种双曲函数，都是把已知双曲线变成自己的平面仿射变换（所谓双曲旋转，参看上引“解析几何学”第四章§68和§71)的不变量，这就是说，不管扇形 OE_1M 占双曲线的什么位置，只要面积 α 的值不变，所定义的双曲函数将有相同的值。

设 $E_1'(a,b)$ 是已知双曲线上的任意点(图3)，则 $E_2'(b,a)$ 显然是共轭双曲线 $x^2-y^2=-1$ 上的点，而且不难证明，OE_1' 和 OE_2' 是已知双曲线的一对共轭半径。因此，根据二阶曲线的一般理论，在由标架 $\{O;E_1',E_2'\}$ 决定的新(仿射)坐标系里，已知双曲线有同一个方程 $x^2-y^2=1$。由此可知，在由原来的直角标架 $\{O;E_1,E_2\}$ 和新标架 $\{O;E_1',E_2'\}$ 决定的仿射变换下，已知双曲线变成了自己，即所说的仿射变换是一个双曲旋转。

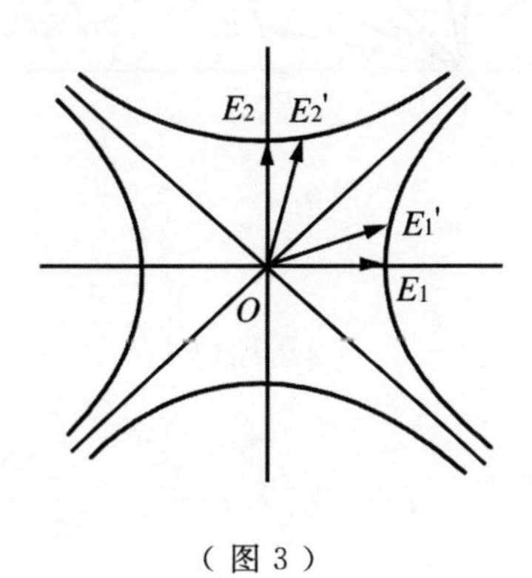

(图3)

按照我们的假设，当用 (x,y) 和 (x',y') 分别表示平面上任意点和其像点在标架 $\{O;E_1,E_2\}$ 中的坐标时，这个双曲旋转有变换公式

$$\begin{aligned} x' &= ax+by, \\ y' &= bx+ay, \end{aligned} \tag{2}$$

它的行列式(即所谓变形系数)

$$\Delta = \begin{vmatrix} a & b \\ b & a \end{vmatrix} = a^2-b^2=1,$$

所以它是等积仿射变换。

因此,设在(2)下：$M\to M'$ (图 4),即设 M 在 $\{O;E_1,E_2\}$ 中的坐标是 x,y, 则 M' 在 $\{O;E_1',E_2'\}$ 中的坐标也是 (x,y), 而且扇形面积之比

$$\frac{\triangle E_1'OM'}{\triangle E_1OM}=1。$$

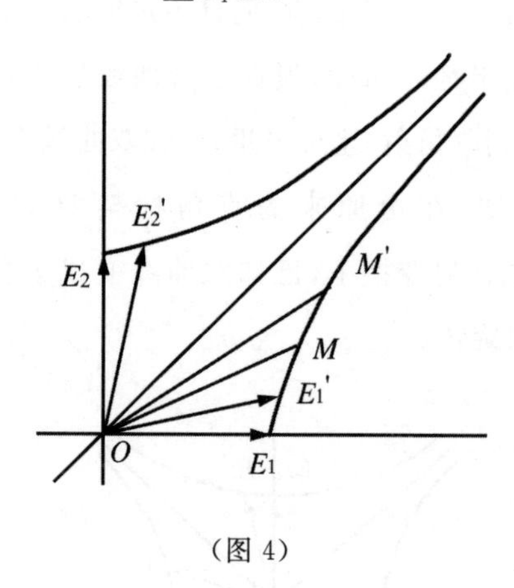

(图 4)

所以设

$$\alpha=2\triangle E_1OM,$$

则

$$\alpha=2\triangle E_1'OM'。$$

于是

$$\text{ch}\alpha=x=\frac{\overrightarrow{OM'_{x'}}}{\overrightarrow{OE'_1}}$$

$$\text{sh}\alpha=y=\frac{\overrightarrow{M'_{x'}M'}}{\overrightarrow{OE'_2}}$$

其中 $M'_{x'}$ 是 M′ 在 OE_1' 上的平行于 OE_2' 的投影。

这样,我们就证明了,在双曲旋转下,所定义的双曲函数是不变量。

下面我们要来引出双曲函数的和角公式。为了简单起见,我们利用上述的记号和图 4。设 β 表示扇形 E_1OE_1' 的面积的两倍,则有

$$\text{sh}\beta = b, \text{ch}\beta = a。$$

又由于 $\alpha + \beta$ 是扇形 E_1OM' 的面积的两倍，(设 x', y')是点 M' 在标架 $\{O; E_1, E_2\}$ 中的坐标，我们按定义有

$$\text{sh}(\alpha + \beta) = y', \text{ch}(\alpha + \beta) = x'。$$

于是利用变换公式(2)，而且考虑到 $x = \text{ch}\alpha, y = \text{sh}\alpha$，我们有：

$$\left.\begin{aligned} \text{ch}(\alpha + \beta) &= \text{ch}\alpha\text{ch}\beta + \text{sh}\alpha\text{sh}\beta, \\ \text{sh}(\alpha + \beta) &= \text{sh}\alpha\text{ch}\beta + \text{ch}\alpha\text{sh}\beta; \end{aligned}\right\} \qquad (1')$$

这就是我们要证明的两个基本公式。

3. 双曲函数与指数函数

在这一节中我们将要用分析的方法来证明熟知的公式：

$$\text{sh}\alpha = \frac{1}{2}(e^{\alpha} - e^{-\alpha}),$$

$$\text{ch}\alpha = \frac{1}{2}(e^{\alpha} + e^{-\alpha})。$$

首先，我们再引进一个双曲函数。过 E_1 作双曲线的切线与 OM 交于 T 点(图 5)，把 $\dfrac{\overrightarrow{E_1T}}{\overrightarrow{OE_2}}$ 记为 $\text{th}\alpha$，称为 α 的双曲正切。可以证明它也是在双曲旋转下的不变量。根据三角形 OE_1T 和 OM_xM 的相似性，不难证明 $th\alpha = \dfrac{sh\alpha}{ch\alpha}$。

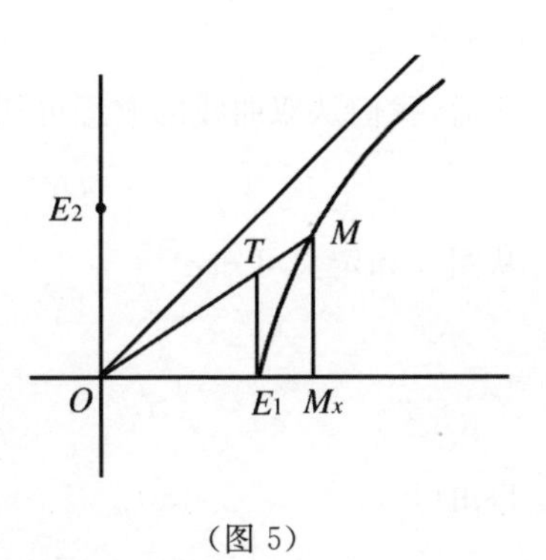

(图 5)

其次，在证明了双曲函数的对双曲旋转的不变性以后，我们完全可以

单就图 5 中所画的直角坐标的情形，来讨论所引进的双曲函数，这时由于坐标向量都是单位向量，双曲函数都可以用对应的线段（的长度）来表示，因而我们可以写成：

$$\mathrm{sh}\alpha = M_xM, \mathrm{ch}\alpha = OM_x, \mathrm{th}\alpha = E_1T。$$

再有，我们还应该作以下的约定：当点 M 处在第四象限时，我们认为扇形 E_1OM 的面积（即 $\frac{1}{2}\alpha$）是负的。这时根据定义可以断定，必须认为线段 M_xM（即 $\mathrm{sh}\alpha$）和 E_1T（即 $\mathrm{th}\alpha$）都是负的。

现在我们可以来叙述本段的中心内容了。从图 5 我们看到：

$\triangle OE_1T$ 的面积 $\leqslant$ 扇形 OE_1M 的面积 $\leqslant$

$\leqslant \triangle OM_xM$ 的面积。

这就等于是

$$\left|\frac{1}{2}E_1T\right| \leqslant \left|\frac{1}{2}\alpha\right| \leqslant \left|\frac{1}{2}M_x\mathrm{M}\right|,$$

所以

$$|\mathrm{th}\alpha| \leqslant |\alpha| \leqslant |\mathrm{sh}\alpha|。\tag{3}$$

再有，由于双曲余弦是双曲线 $x^2 - y^2 = 1$ 右枝上的点的横坐标，我们有

$$\mathrm{ch}\alpha \geqslant 1。\tag{3'}$$

然后，我们从双曲线的方程可知：

$$\mathrm{ch}^2x - \mathrm{sh}^2x = 1,$$

从图 5 和定义可知：

$$\mathrm{ch}0 = 1$$

$$\mathrm{sh}0 = 0$$

再由（1′）：

$$\mathrm{sh}(-\beta) = -\mathrm{sh}\beta$$

$$\text{ch}(-\beta)=\text{ch}\beta$$

因而：

$$\left.\begin{aligned}\text{sh}(\alpha-\beta)&=\text{sh}\alpha\text{ch}\beta-\text{ch}\alpha\text{sh}\beta,\\ \text{ch}(\alpha-\beta)&=\text{ch}\alpha\text{ch}\beta-\text{sh}\alpha\text{sh}\beta;\end{aligned}\right\}(1'')$$

比较(1′),(1″)可知：

$$\text{sh}\alpha-\text{sh}\beta=\text{sh}\left(\frac{\alpha+\beta}{2}+\frac{\alpha-\beta}{2}\right)-\text{sh}\left(\frac{\alpha+\beta}{2}-\frac{\alpha-\beta}{2}\right)$$

所以
$$\text{sh}\alpha-\text{sh}\beta=2\text{ch}\frac{\alpha+\beta}{2}\text{sh}\frac{\alpha-\beta}{2}\tag{4}$$

又

$$\text{ch}\alpha-\text{ch}\beta=2\text{sh}\frac{\alpha+\beta}{2}\text{sh}\frac{\alpha-\beta}{2}\tag{4'}$$

(4)和(4′)是我们以下证明的主要根据。利用它们,我们有：

引理1:双曲函数是连续的。

证：

$$|\text{th}(x+\Delta x)-\text{th}x|=\left|\frac{\text{sh}(x+\Delta x)}{\text{ch}(x+\Delta x)}-\frac{\text{sh}x}{\text{ch}x}\right|=\frac{|\text{sh}\Delta x|}{\text{ch}(x+\Delta x)\text{ch}x}\leqslant$$
$$\leqslant\frac{\text{ch}|\Delta x|}{\text{ch}(x+\Delta x)\text{ch}x}|\Delta x|,$$

假如 $x\neq 0$,则取 $|\Delta x|$ 充分小可以使 $\text{ch}|\Delta x|<\text{ch}x$,而 $\text{ch}(x+\Delta x)\geqslant 1$ 所以

$$|\text{th}(x+\Delta x)-\text{th}x|\leqslant|\Delta x|。\tag{5}$$

对 $x=0$,上式显然正确。

(5)式表明 $\text{th}x$ 连续。

又因为

$$\text{ch}x=\frac{1}{\sqrt{1-\text{th}^2x}},\text{sh}x=\text{ch}x\text{th}x$$

所以它们也连续。

引理 2. 当 $x \to 0$ 时，$\frac{\mathrm{sh}x}{x} \to 1(x \to 0)$。

证：不失去普遍性可以假定 $x>0$，于是我们有

$$1 \leqslant \frac{\mathrm{sh}x}{x} = \frac{\mathrm{th}x}{x\,\mathrm{ch}x} \leqslant \frac{1}{\mathrm{ch}x}。$$

然而当 $x \to 0$ 时，$\mathrm{ch}x \to 1$ 所以当 $x \to 0$ 时，$\frac{\mathrm{sh}x}{x} \to 1$。

定理：$\mathrm{sh}\alpha = \frac{1}{2}(e^{\alpha} - e^{-\alpha})$，

$$\mathrm{ch}\alpha = \frac{1}{2}(e^{\alpha} + e^{-\alpha})。$$

证：因为

$$\frac{\mathrm{sh}(x+h) - \mathrm{sh}(x)}{h} =$$

$$= \frac{2\mathrm{sh}\,\frac{h}{2}\mathrm{ch}\left(x - \frac{h}{2}\right)}{2 \cdot \frac{h}{2}} \to ch\,\mathrm{x}(\mathrm{h} \to 0),$$

所以 $(\mathrm{sh}x)' = \mathrm{ch}x$

同理：

$$(\mathrm{ch}x)' = \mathrm{sh}x$$

即 $\mathrm{sh}x$ 及 $\mathrm{ch}x$ 适合：

$$y'' - y = 0。$$

(6)再由 $x=0$ 时 $\mathrm{sh}=0$，$\mathrm{ch}=1$，解微分方程(6)，可以得出：

$$\mathrm{sh}\alpha = \frac{1}{2}(e^{\alpha} - e^{-\alpha})$$

$$\mathrm{ch}\alpha = \frac{1}{2}(e^{\alpha} + e^{-\alpha})。$$

（原载《数学通报》1956 年 7 月号 19—22 页）

有限传输设备系统的 Feinstein 引理[①]

1. 引 言

本文研究有限传输设备系统的统一编码问题，给出了类似[1]中 Feinstein 引理的结果。这个结果看来与[2]中问题 XLLX 有关，而可以用来加强那里列举的情况 1。本文的前半部分讨论了在抽象变量场合下半信息稳定的 Feinstein 引理。

本文的基本思想类似[3]。而其中基本引理是[4]中定理 1 的推广（我们称它为 Shannon 引理）。本文的叙述方式类似[1]，沿用[1]中符号时不多加说明。

2. Shannon 引理

设 (Q,V) 是传输设备，(Y,S_Y) 与 $(\tilde{y},S_{\tilde{y}})$ 是入口与出口信号空间。并设 $0< C(Q,V) <\infty$，如果随机变量 $(\eta,\tilde{\eta})$ 与传输设备结合，则有 $I(\eta,\tilde{\eta})<\infty$，从而 $p_{\eta\tilde{\eta}}\ll p_\eta \times p_{\tilde{\eta}}$，相应的密度是 $\alpha_{\eta\tilde{\eta}}(y,\tilde{y}) = 2^{i_{\eta\tilde{\eta}}(y,\tilde{y})}$。

对任何 $(y,\tilde{y}) \in Y \times \tilde{Y}$，令

---

① 1962 年 12 月 15 日收到，1963 年 4 月 1 日收到修改稿。

$$R(y,\tilde{y}) = \{z : z \in Y, \alpha_{\eta\tilde{\eta}}(z,\tilde{y}) \geqslant \alpha_{\eta\tilde{\eta}}(y,\tilde{y})\} \tag{2.1}$$

及

$$\gamma_{\eta\tilde{\eta}}(y,\tilde{y}) = p_{\eta}(R(y,\tilde{y}))。\tag{2.2}$$

我们有：

引理 1. $\gamma_{\eta\tilde{\eta}}(y,\tilde{y})$ 是可测函数，而且按 $p_{\eta} \times p_{\tilde{\eta}}$ 几乎处处地成立

$$\gamma_{\eta\tilde{\eta}}(y,\tilde{y})\alpha_{\eta\tilde{\eta}}(y,\tilde{y}) \leqslant 1。\tag{2.3}$$

证. 令

$$R = \{(y,z,\tilde{y}) : \alpha_{\eta\tilde{\eta}}(y,\tilde{y}) \leqslant \alpha_{\eta\tilde{\eta}}(z,\tilde{y})\}。\tag{2.4}$$

则 $R \in S_Y \times S_Y \times S_{\tilde{Y}}$，且 R 的 $(y,\tilde{y})$ 截面 $R_{y\tilde{y}} = R(y,\tilde{y})$。因此 $\gamma_{\eta\tilde{\eta}}(y,\tilde{y}) = p_{\eta}(R_{y\tilde{y}})$ 是可测函数。

对任何 $B \in S_Y \times S_{\tilde{Y}}$ 有

$$p_{\eta} \times p_{\tilde{\eta}}(B) = \int_Y p_{\tilde{\eta}}(B_y) p_{\eta}(dy), \tag{2.5}$$

其中 B_y 是 B 的 y 截面。而

$$p_{\tilde{\eta}}(B_y) = p_{\eta\tilde{\eta}}(Y \times B_y) = \int_{Y \times B_y} \alpha_{\eta\tilde{\eta}}(z,\tilde{y}) p_{\eta} \times p_{\tilde{\eta}}(dz, d\tilde{y})。\tag{2.6}$$

由(2.4)可知在 R 的 y 截面 R_y 上

$$\alpha_{\eta\tilde{\eta}}(z,\tilde{y}) \geqslant \alpha_{\eta\tilde{\eta}}(y,\tilde{y})。\tag{2.7}$$

结合(2.6)与(2.7)即有

$$\begin{aligned} p_{\tilde{\eta}}(B_y) &\geqslant \int_{(Y \times B_y) \cap R_y} \alpha_{\eta\tilde{\eta}}(z,\tilde{y}) p_{\eta} \times p_{\tilde{\eta}}(dz, d\tilde{y}) \geqslant \\ &\geqslant \int_{(Y \times B_y) \cap R_y} \alpha_{\eta\tilde{\eta}}(y,\tilde{y}) p_{\eta} \times p_{\tilde{\eta}}(dy, d\tilde{y})。\end{aligned} \tag{2.8}$$

注意 $(Y \times B_y) \cap R_y \in S_Y \times S_{\tilde{Y}}$，其 $\tilde{y}$ 截面是

$$((Y \times B_y) \cap R_y)_{\tilde{y}} = \begin{cases} R_{y\tilde{y}}, \text{当} \tilde{y} \in B_y, \\ \varnothing, \text{当} \tilde{y} \notin B_y。 \end{cases} \tag{2.9}$$

结合(2.8)与(2.9)可得

$$p_{\tilde{\eta}}(B_y) \geqslant \int_{B_y} \alpha_{\eta\tilde{\eta}}(y,\tilde{y}) p_{\tilde{\eta}}(d\tilde{y}) \int_{R_{y\tilde{y}}} p_{\eta}(dz) =$$

$$= \int_{B_y} \alpha_{\eta\tilde{\eta}}(y,\tilde{y}) \gamma_{\eta\tilde{\eta}}(y,\tilde{y}) p_{\tilde{\eta}}(d\tilde{y})。 \tag{2.10}$$

结合(2.5)及(2.10),就有

$$p_{\eta} \times p_{\tilde{\eta}}(B) \geqslant \int_{Y} p_{\eta}(dy) \int_{B_y} \alpha_{\eta\tilde{\eta}}(y,\tilde{y}) \gamma_{\eta\tilde{\eta}}(y,\tilde{y}) p_{\tilde{\eta}}(dy) =$$

$$= \int_{B} \alpha_{\eta\tilde{\eta}}(y,\tilde{y}) \gamma_{\eta\tilde{\eta}}(y,\tilde{y}) p_{\eta} \times p_{\tilde{\eta}}(dy, d\tilde{y})。$$

由此即可证明引理。

现在设 L 为任一正整数。设 $\zeta_1(\tilde{\omega}),\cdots,\zeta_L(\tilde{\omega})$ 是在 (Y,S_Y) 上取值的概率场 $(\tilde{\Omega},\tilde{\mathfrak{B}},\tilde{P})$ 上的独立同分布 $p_{\eta}(\cdot)$ 的 L 个随机变量。

如果 $\mathfrak{G}$ 是任一个对于 $\mathfrak{B} \times S_Y$ 可测的集合,用 $G(\tilde{\omega})$ 表示它的 $\tilde{\omega}$ 截面,则(见[1]) $Q(\zeta_i(\tilde{\omega}),G(\tilde{\omega}))$ 是$\tilde{\omega}$ 的可测函数,且

$$\mathfrak{P}_i(\mathfrak{G}) = \int_{\tilde{\Omega}} Q(\zeta_i(\tilde{\omega}),G(\tilde{\omega}))\tilde{P}(d\tilde{\omega}) = MQ(\zeta_i(\tilde{\omega}),G(\tilde{\omega})) \tag{2.11}$$

是 $\tilde{\mathfrak{B}} \times S_{\tilde{Y}}$ 上的概率测度, $i = 1,\cdots,L$。此外可证:

$$\mathfrak{P}_i(\mathfrak{G}) = \int_{\mathfrak{G}} \alpha_{\eta\tilde{\eta}}(\zeta_i(\tilde{\omega}),\tilde{y})\tilde{P} \times p_{\tilde{\eta}}(d\tilde{\omega},d\tilde{y})。 \tag{2.12}$$

当 $\mathfrak{G} = \{(\zeta_1,\cdots,\zeta_L,\tilde{y}) \in G\}$, 其中 $G \in S_Y \times \cdots \times S_Y \times S_{\tilde{Y}}$,则 $\mathfrak{G}$ 的 $\tilde{y}$ 截面是 $\mathfrak{G}_{\tilde{y}} = \{(\zeta_1,\cdots,\zeta_L) \in G_{\tilde{y}}\}$, 其中 $G_{\tilde{y}}$ 是 G 的$\tilde{y}$ 截面。简记 $(\zeta_1,\cdots,\zeta_{i-1},\zeta_{i+1},\cdots,\zeta_L)$ 为 $\tilde{\zeta}_i$,并视之为取值于空间 $(Y \times \cdots \times Y, S_Y \times \cdots \times S_Y)$ 的随机变量,则 ζ_i 与 $\tilde{\zeta}_i$ 相互独立,故对任何 $\tilde{y} \in \tilde{Y}$,

$$\int_{\mathfrak{G}_{\tilde{y}}} \alpha_{\eta\bar{\eta}}(\zeta_i(\tilde{\omega}), \tilde{y}) \tilde{P}(d\tilde{\omega}) =$$

$$= \int_{((\zeta_1, \cdots, \zeta_L) \in G\tilde{y})} \alpha_{\eta\tilde{\eta}}(\zeta_i(\tilde{\omega}), \tilde{y}) \tilde{P}(d\tilde{\omega}) =$$

$$= \int_{Y} \alpha_{\eta\tilde{\eta}}(y_i, \tilde{y}) \tilde{P}\{\tilde{\zeta}_i \in G_{yi\tilde{y}}\} p_{\eta}(dy_i), \qquad (2.13)$$

其中 $G_{yi\tilde{y}}$ 是 G 的 $(y_i, \tilde{y})$ 截面，而后一等号是由于如下的一般等式得到的：如 $(\zeta, \tilde{\zeta})$ 是取值于 $(Z \times \tilde{Z}, S_z \times S_{\tilde{z}})$ 的相互独立的随机变量，$u(z)$ 是非负可测函数，$B \in S_z \times S_{\tilde{z}}$，则

$$\int_{(\zeta, \tilde{\zeta}) \in B} u(\zeta) \tilde{P}(d\tilde{\omega}) = \int_B u(z) p_{\zeta} \times p_{\tilde{\zeta}}(dz, d\tilde{z}) =$$

$$= \int_z u(z) p_{\tilde{\zeta}}(B_z) P_{\zeta}(dz) = \int_z u(z) \tilde{P}\{\tilde{\zeta} \in B_z\} P_{\zeta}(dz),$$

其中 B_z 是 B 的 z 截面。

结合(2.12)与(2.13)有

$$\mathfrak{P}_i(\mathfrak{G}) = \int_{\tilde{y}} p_{\tilde{\eta}}(d\tilde{y}) \int_Y \alpha_{\eta\tilde{\eta}}(y_i, \tilde{y}) \tilde{P}\{\tilde{\zeta}_i \in G_{y_i\tilde{y}}\} p_{\eta}(dy_i) =$$

$$= \int_{Y \times \tilde{y}} \tilde{P}\{\tilde{\zeta}_i \in G_{y_i\tilde{y}}\} p_{\eta\tilde{\eta}}(dy_i, d\tilde{y})。 \qquad (2.14)$$

现在令 $A_{ij} = \{(y_1, \cdots, y_L, \tilde{y}) : \alpha_{\eta\tilde{\eta}}(y_i, \tilde{y}) > \alpha_{\eta\tilde{\eta}}(y_i, \tilde{y})\}$ 及 $A_i = \bigcap_{j \neq i} A_{ij}$，并取 $\mathfrak{A}_i = \{(\zeta_1, \cdots, \zeta_L, \tilde{y}) \in A_i\}$，则(2.14)成为

$$\mathfrak{P}_i(\mathfrak{A}_i) = \int_{Y \times \tilde{Y}} \tilde{P}\{\tilde{\zeta}_i \in (A_i)_{y_i\tilde{y}}\} p_{\eta\tilde{\eta}}(\mathrm{d}y_i, d\tilde{y}), \qquad (2.15)$$

其中 $(A_i)_{y_i\tilde{y}}$ 是 A_i 的 $(y_i, \tilde{y})$ 截面，而

$$\{\tilde{\zeta}_i \in (A_i)_{y_i\tilde{y}}\} = \{(\zeta_1, \cdots, \zeta_{i-1}, y_i, \zeta_{i+1}, \cdots, \zeta_L, \tilde{y}) \in A_i\} =$$

$$= \bigcap_{j \neq i} \{(\zeta_1, \cdots, \zeta_{i-1, y_i}, \zeta_{i+1}, \cdots, \zeta_L, \tilde{y}) \in A_{ij}\} =$$

$$= \bigcap_{j \neq i} \{\alpha_{\eta\tilde{\eta}}(y_i, \tilde{y}) > \alpha_{\eta\tilde{\eta}}(\zeta_i, \tilde{y})\} =$$

$$= \bigcap_{j \neq i} \{\zeta_j \in Y \backslash R(y_i, \tilde{y})\}。$$

因此 $\tilde{P}\{\tilde{\zeta}_i \in (A_i)_{y_i\tilde{y}}\} = \prod_{j \neq i} \tilde{P}\{\zeta_j \in Y \backslash R(y_i, \tilde{y})\} = \prod_{j \neq i} p_\eta(Y \backslash R(y_i, \tilde{y}))$。由于 $\zeta_1, \cdots, \zeta_L$ 独立同分布 $p_\eta(\cdot)$，故

$$\tilde{P}\{\tilde{\zeta}_i \in (A_i)_{y_i\tilde{y}}\} = (1 - \gamma_{\eta\tilde{\eta}}(y_i, \tilde{y}))^{L-1}。$$

代入(2.15)，得到：

$$\mathfrak{P}_i(\mathfrak{A}_i) = \int_{Y \times \tilde{Y}} (1 - \gamma_{\eta\tilde{\eta}}(y, \tilde{y}))^{L-1} p_{\eta\tilde{\eta}}(dy, \tilde{y})。\tag{2.16}$$

用 $A_i(\tilde{\omega})$ 表示 $\mathfrak{A}_i$ 的 $\tilde{\omega}$ 截面，由(2.11)及(2.16)易证：

引理 2. 对于如上定义的 $A_i(\tilde{\omega}), i = 1, \cdots, L$，有

$$MQ(\zeta_i(\tilde{\omega}), A_i(\tilde{\omega})) = \int_{Y \times \tilde{Y}} (1 - \gamma_{\eta\tilde{\eta}}(y, \tilde{y}))^{L-1} p_{\eta\tilde{\eta}}(dy, d\tilde{y})。\tag{2.17}$$

此外，对任何 $\tilde{\omega} \in \tilde{\Omega}$，$A_1(\tilde{\omega}), \cdots, A_L(\tilde{\omega})$ 互不相交。

证. 只用证 $A_1(\tilde{\omega}), \cdots, A_L(\tilde{\omega})$ 互不相交。为此只需证 $\mathfrak{A}_1, \cdots, \mathfrak{A}_L$ 不相交。但由 A_{ij} 之定义易知：当 $i \neq j, i, j = 1, \cdots, L$，有 $A_{ij} \cap A_{ji} = \varnothing$，故

$$A_i \cap A_j \subset A_{ij} \cap A_{ji} = \varnothing, i \neq j, i, j = 1, \cdots, L,$$

即 A_i 与 A_j 不相交，从而 $\mathfrak{A}_i$ 与 $\mathfrak{A}_j$ 也不相交。这就证明了引理。

引理 3. 设 L 是任一正整数，θ 为任一正数，则存在一组集合 $A_i(\tilde{\omega}) \in S_{\tilde{Y}}, i = 1, \cdots, L, \tilde{\omega} \in \tilde{\Omega}$，使得

$$MQ(\zeta_i(\tilde{\omega}), A_i(\tilde{\omega})) \geqslant p_{\eta\tilde{\eta}}(i_{\eta\tilde{\eta}}(y, \tilde{y}) \geqslant \mathrm{ld}L + \theta) - 2^{-\theta} \tag{2.18}$$

(其中 ld 表示以 2 为底的对数)，而且对任何 $\tilde{\omega} \in \tilde{\Omega}$，$A_1(\tilde{\omega}), \cdots, A_L(\tilde{\omega})$ 互不相交。

证. 令

$$F = \{(y, \tilde{y}) : i_{\eta\tilde{\eta}}(y, \tilde{y}) \geqslant \mathrm{ld}L + \theta\}。\tag{2.19}$$

我们来证明引理 2 中的那一组集合 $A_i(\tilde{\omega}), i = 1, \cdots, L, \tilde{\omega} \in \tilde{\Omega}$，就满足

(2.18)。实际上,由(2.17)可知

$$MQ(\zeta_i(\tilde{\omega}),A_i(\tilde{\omega}))\geqslant\int_F(1-\gamma_{\eta\tilde{\eta}}(y,\tilde{y}))^{L-1}p_{\eta\tilde{\eta}}(dy,d\tilde{y})。\tag{2.20}$$

注意对 $(y,\tilde{y})\in Y\times\tilde{Y}$ 总有 $0\leqslant\gamma_{\eta\tilde{\eta}}(y,\tilde{y})\leqslant 1$ 就有

$$(1-\gamma_{\eta\tilde{\eta}}(y,\tilde{y}))^{L-1}\geqslant 1-L_{\gamma_{\eta\tilde{\eta}}}(y,\tilde{y})。\tag{2.21}$$

另一方面,由(2.19)对 $(y,\tilde{y})\in F$

$$\alpha_{\eta\tilde{\eta}}(y,\tilde{y})\geqslant L2^{\theta}。$$

用引理1,(2.3)可知对 $(y,\tilde{y})\in F$

$$\gamma_{\eta\tilde{\eta}}(y,\tilde{y})\leqslant\frac{1}{L}2^{-\theta}。\tag{2.22}$$

结合(2.20),(2.21),(2.22)即得

$$MQ(\zeta_i(\tilde{\omega}),A_i(\tilde{\omega})\geqslant p_{\eta\tilde{\eta}}(F)-2^{-\theta},$$

此即(2.18)。再由引理2,对于固定的 $\tilde{\omega}\in\tilde{\Omega}$,$A_1(\tilde{\omega}),\cdots,A_L(\tilde{\omega})$ 互不相交。引理证完。

按照[1],设传输设备 (Q,V) 中 V 由 N 个实值可测函数 $\pi_j(y,\tilde{y})j=1,\cdots,N$ 及 N 维集合 $\overline{V}$ 给定,因此

$$(M_{\pi_1}(\eta,\tilde{\eta}),\cdots,M_{\pi_N}(\eta,\tilde{\eta}))\in\overline{V}。\tag{2.24}$$

令

$$\delta_j^i(\tilde{\omega})=\int_{\tilde{Y}}\pi_j(\zeta_i(\tilde{\omega}),\tilde{y})Q(\zeta_i(\tilde{\omega}),d\tilde{y})$$

$$(i=1,\cdots,L,j=1,\cdots,N)。\tag{2.25}$$

则由[1]可知 $\delta_j^i(\tilde{\omega})$ 是独立同分布的随机变量,而且

$$M\delta_j^i(\tilde{\omega})=M_{\pi_j}(\eta,\tilde{\eta})。\tag{2.26}$$

设 $\varepsilon>0$,用 $\overline{V}_\varepsilon$ 表示一切这样的点的集合,对其中任一点 $(v_1',\cdots,v_N')$ 可找到一个点 $(v_1'',\cdots,v_N'')\in_v$,使得 $\max\limits_{j=1,\cdots,N}|v_j'-v_j''|\leqslant\varepsilon$。在$(Q,$

$\overline{V}$) 中把 $\overline{V}$ 改变为 $\overline{V}_\varepsilon$ 得到的新传输设备记为 (Q,V_ε)。

引理 4. 如果对某一与 (Q,V) 结合的 $(\eta,\tilde{\eta})$ 及 $\bar{b}>0$，

$$\bar{c}=\min_{j=1,\cdots,N}\{|\pi_j(\eta,\tilde{\eta})-M_{\pi_j}(\eta,\tilde{\eta})|^{1+\bar{b}}\}<\infty。$$

又设 $p_1,\cdots,p_L$ 是一组非负实数，$\sum_{i=1}^{L}p_i=1$，$\max_{i=1,\cdots,L}p_i\leqslant\frac{2}{L}$①，则对任何 $\varepsilon>0$，可以找到只与 $\bar{b},\varepsilon$ 有关(而与 $L,\bar{c},p_1,\cdots,p_L$ 无关)的正数 D 及 N_0，使得当 $L>N_0(\bar{c})^+$ 时就有

$$\tilde{P}\Big\{\Big(\sum_{i=1}^{n}p_i\delta_1^i(\tilde{\omega}),\cdots,\sum_{i=1}^{n}p_i\delta_N^i(\tilde{\omega})\Big)\in\overline{V}_\varepsilon\Big\}\geqslant1-\frac{D(\bar{c}+1)N}{L^{\min(1,\bar{b})}}。\tag{2.27}$$

证. 由[1]中(3.7.10)式可知

$$M\{|\delta_j^i(\tilde{\omega})-\delta_j^i(\tilde{\omega})|^{1+\bar{b}}\}\leqslant\bar{c}<\infty。$$

利用[1]中 3.6 引理可知存在只与 $\bar{b},\varepsilon$ 有关的 D 与 N_0，使 $L>N_0(\bar{c})^+$ 时就有(注意(2.26))

$$\tilde{P}\Big\{\Big|\sum_{i=1}^{L}p_i\delta_j^i(\tilde{\omega})-M_{\pi_j}(\eta,\tilde{\eta})\Big|>\varepsilon\Big\}\leqslant\frac{D(\bar{c}+1)}{L^{\min(\bar{b},1)}},j-1,\cdots,N。$$

由此可知

$$\tilde{P}\Big\{\bigcup_{j=1}^{N}\Big|\sum_{i=1}^{L}p_i\delta_j^i(\tilde{\omega})-M_{\pi_j}(\eta,\tilde{\eta})\Big|>\varepsilon\Big\}\leqslant\frac{ND(\bar{c}+1)}{L^{\min(1,\bar{b})}}。\tag{2.28}$$

但对于 $\tilde{\omega}\in\tilde{\Omega}\backslash\bigcup_{j=1}^{N}\{|\sum_{i=1}^{L}p_i\delta_j^i(\tilde{\omega})-M_{\pi_j}(\eta,\tilde{\eta})|>\varepsilon\}$，有

$$|\sum_{i=1}^{L}p_i\delta_j^i(\tilde{\omega})-M_{\pi_j}(\eta,\tilde{\eta})|\leqslant\varepsilon,j=1,\cdots,N。$$

由(2.24)，此即

$$\Big(\sum_{i=1}^{L}p_i\delta_1^i(\tilde{\omega}),\cdots,\sum_{i=1}^{L}p_i\delta_N^i(\tilde{\omega})\Big)\in\overline{V}_\varepsilon。$$

---

① 以下我们把满足这种条件的 $p_1,\cdots,p_L$ 叫做一个 L 数组。

由此及(2.28)就可推得(2.27)引理证完。

现在我们来证明 Shannon 引理：

基本引理(Shannon 引理)。设给了传输设备序列 (Q^t, V^t)，对于充分大的 t 有随机变量 $(\eta^t, \tilde{\eta}^t)$ 与它结合，其中 $(\eta^t, \tilde{\eta}^t)$ 具有信息密度 $i^t_{\eta\tilde{\eta}}(y, \tilde{y})$。设对某一 $\bar{b} > 0$ 及任何 $\alpha > 0$ 有

$$\bar{c}^t = \max_{j=1,\cdots,N^t} M(|\ \pi^t_j(\eta, \tilde{\eta}) - M_{\pi^t_j}(\eta, \tilde{\eta})\ |^{1+\bar{b}}) = o((L^t)^\alpha) \tag{2.29}$$

及

$$N^t = o((L^t)^\alpha), \tag{2.30}$$

其中 L^t 是正整数序列，$L^t \to \infty$。又设 $p^t_i, i = 1, \cdots, L^t$ 是任一 L^t 数组：

$$\sum_{i=1}^{L^t} p^t_i = 1, 0 \leqslant p^t_i \leqslant \frac{2}{L^t}, i = 1, \cdots, L^t,$$

则对任何 $\theta^t_1 > 0, \theta_2 > 1$ 及 $\varepsilon > 0$，存在 T 当 $t \geqslant T$，对任一 L^t 数组 $p^t_1, \cdots, p^t_{L^t}$ 就存在 $y^t_1, \cdots, y^t_{L^t} \in Y^t, A^t_1, \cdots, A^t_{L^t} \in S_{\tilde{Y}^t}$，使得

(I) 对固定的 $t, A^t_1, \cdots, A^t_L$ 互不相交。

(II) $\sum_{i=1}^{L^t} p^t_i Q^t(y_i, A_i) \geqslant 1 - \theta_2 p^t_{\eta\tilde{\eta}}(i_{\eta\tilde{\eta}}(y, \tilde{y}) < \mathrm{ld}L + \theta^t_1) - \theta_2 2^{-\theta^t_1}$。

(III) $(v^t_1, \cdots, v^t_N t) \in [V^t]_\varepsilon$，

其中

$$v^t_j = \sum_{i=1}^{L^t} p^t_i \int_{\tilde{Y}^t} \pi^t_j(y_i, \tilde{y}) Q^t(y_i, d\tilde{y}), j = 1, \cdots, N^t。 \tag{2.31}$$

证. 由引理 3，对任何 t，存在一组集合 $A^t_i(\tilde{\omega}), i = 1, \cdots, L^t, \tilde{\omega}^t \in \tilde{\Omega}^t$，对固定约 $t, \tilde{\omega}^t, A^t_1(\tilde{\omega}), \cdots, A^t_{L^t}(\tilde{\omega})$ 互不相交，且

$$MQ(\zeta_i(\tilde{\omega}), A_i(\tilde{\omega})) \geqslant p^t_{\eta\tilde{\eta}}(i_{\eta\tilde{\eta}}(y, \tilde{y}) \geqslant \mathrm{ld}L + \theta_1) - 2^{-\theta^t_1}。$$

所以

$$M\Big(1-\sum_{i=1}^{L^t}p_i^tQ^t(\zeta_i(\tilde{\omega}),A_i(\tilde{\omega}))\Big)\leqslant p_{\eta\tilde{\eta}}^t(i_{\eta\tilde{\eta}}(y,\tilde{y})<\mathrm{ld}L+\theta_1)+2^{-\theta_1'}。$$

但是

$$1-\sum_{i=1}^{L^t}p_i^tQ^t(\zeta_i(\tilde{\omega}),A_i(\tilde{\omega}))\geqslant 0。$$

故有

$$\tilde{P}^t\Big\{1-\sum_{i=1}^{L}p_iQ(\zeta_i(\tilde{\omega}),A_i(\tilde{\omega}))<\theta_{2p_{\eta\tilde{\eta}}^t}(i_{\eta\tilde{\eta}}(y,\tilde{y})<$$

$$<\mathrm{ld}L+\theta_1)+\theta_2 2^{-\theta_1'}\Big\}>1-\theta_2^{-1}。\qquad(2.32)$$

另一方面，由(2.29)，当 t 充分大

$$L^t>N_0(\bar{c}^t)^{\frac{1}{b}},$$

其中 N_0 是由引理 4 所确定的。于是用引理 4 可得

$$\tilde{P}\Big\{\Big(\sum_{i=1}^{L^t}p_i\delta_1^i(\tilde{\omega}),\cdots,\sum_{i=1}^{L^t}p_i\delta_N^i(\tilde{\omega})\in\overline{V}_\varepsilon\Big\}\geqslant 1-\frac{D(\bar{c}^t+1)N^t}{(L^t)^{\min(1,\bar{b})}},$$

而 D 只与 $\bar{b}$，ε 有关，与 t 及 p_i^t 无关。由(2.29)及(2.30)可知当 t 充分大

$$\tilde{P}^t\Big\{\Big(\sum_{i=1}^{L}p_i\delta_1^i(\tilde{\omega}),\cdots,\sum_{i=1}^{L}p_i\delta_N^i(\tilde{\omega})\Big)\in\overline{V}_\varepsilon\Big\}>\frac{1}{\theta_2}。\qquad(2.33)$$

所以必有 $\tilde{\omega}_0^t\in\tilde{\Omega}^t$ 同时属于(2.32)及(2.33)左端之集合。取

$$y_i^t=\zeta_i(\tilde{\omega}_0)\quad i=1,\cdots,L^t,$$

$$A_i^t=A_i^t(\tilde{\omega}_0)\quad i=1,\cdots,L^t。$$

则(当 t 充分大)：

$$1-\sum_{i=1}^{L^t}p_i^tQ^t(y_i,A_i)<\theta_{2p_{\eta\tilde{\eta}}^t}(i_{\eta\tilde{\eta}}(y,\tilde{y})<ldL+\theta_1)+\theta_2 2^{-\theta_1'}$$

由此即得(II)。由(2.25)及(2.31)

$$\sum_{i=1}^{L^t}p_i\delta_j^{i,t}(\tilde{\omega}_0)=v_j^t,i=1,\cdots,N^t。$$

由此即得(III)。再注意 $A_1^t(\tilde{\omega}_0),\cdots,A_{L^t}^t(\tilde{\omega}_0)$ 对固定的 t 互不相交，即得(I)。引理证完。

设 (Q,V) 是传输设备。$p_1,\cdots,p_L$ 是一个 L 数组，$y_1,\cdots,y_L\in Y$，$\tilde{A}_1,\cdots,\tilde{A}_L\in S_{\tilde{Y}}$。如果：

(1) $\tilde{A}_1,\cdots,\tilde{A}_L$ 不相交，

(2) $\sum_{i=1}^{L}p_iQ(y_i,\tilde{A}_i)>1-\varepsilon$，

(3) $(\upsilon_1,\cdots,\upsilon_N)\in\overline{V}$，

其中

$$\upsilon_k=\sum_{i=1}^{L}p_i\int_{\tilde{Y}}\pi_k(y_i,\tilde{y})Q(y_i,d\tilde{y}),\quad k=1,\cdots,N$$

(而 $\pi_1(y,\tilde{y}),\cdots,\pi_N(y,\tilde{y})$ 和 $\overline{V}$ 是用以确定 V 的那组可测函数和集合)；则称 $(y_1,\cdots,y_L;\tilde{A}_1,\cdots,\tilde{A}_L)$ 为 (Q,V) 关于 L 数组 $p_1,\cdots,p_L$ 的 ε 专线组。

这样我们就可以证明如下的 Feinstein 引理：

定理 1 (Feinstein 引理)。设给了传输设备序列 (Q^t,V^t) 及实数序列 $\mathscr{C}^t\to\infty$。如存在与它结合的随机变量序列 $(\eta^t,\tilde{\eta}^t)$，具有信息密度 $i_{\eta\tilde{\eta}}^t(\cdot,\cdot)$，且对任何 $\delta>0$，满足

$$P^t\left\{\frac{i_{\eta\tilde{\eta}}(\eta,\tilde{\eta})}{\mathscr{C}^t}<1-\delta\right\}\to 0 \tag{2.34}$$

而且对每一个 $\bar{b}>0$ 及任何 $a>0$ 有

$$\bar{c}^t=o(2^{a\mathscr{C}^t}), \tag{2.35}$$

其中 $\bar{c}^t$ 由(2.29)确定。此外，设对任何 $a>0$ 有

$$N^t=o(2a\mathscr{C}^t)。 \tag{2.36}$$

对任何 $\varepsilon>0$，令 $L^t=[2^{(1-\varepsilon)\mathscr{C}^t}]$，则当 t 充分大时对任何 L^t 数组就存在 $(Q^t,\overline{V}_\varepsilon^t)$ 的 ε^t 专线组，使 $\varepsilon^t\to 0$，对一切 L^t 数组一致地。

证．注意 $2^{(1-\varepsilon)\mathscr{C}^t}/L^t\to 1$ 则由(2.35)及(2.36)可以推出(2.29)及(2.30)，因此基本引理的条件全部满足。所以只需证明可以取 $\theta_1^t>0$ 及 $\theta_2>1$ 使

$$\theta_2 p_{\eta\tilde{\eta}}^t(\mathrm{i}_{\eta\tilde{\eta}}(y,\tilde{y})<1\mathrm{d}L+\theta_1)+\theta_2 2^{-\theta_1^t}\to 0 \qquad (2.37)$$

即可。

取 $\theta_1^t=\frac{\varepsilon}{2}\mathscr{C}^t$，可知

$$1\mathrm{d}L^t+\theta_1^t\leqslant(1-\frac{\varepsilon}{2})\mathscr{C}^t \qquad (2.38)$$

及

$$2^{-\theta_1^t}\to 0。 \qquad (2.39)$$

再取 $\theta_2=2$，结合(2.34)，(2.38)，(2.39)即可得(2.37)。引理证完。

3. 有限传输设备系统的 Feinstein 引理的证明

设(Q_γ,V_γ)，$\gamma\in\Gamma$是一组传输设备，对 切 $\gamma\in\Gamma(Q_\gamma,V_\gamma)$具有相同的入口信号空间$(Y,S_Y)$与出口信号空间$(\tilde{Y},S_{\tilde{Y}})$，而且 V_γ 由 N_γ 个可测函数 $\pi_{\gamma k}(y,\tilde{y})$，$k=1,\cdots,N_\gamma$ 及 N_γ 维实数空间中的集合 $\overline{V}_\gamma$ 给出。我们称$(Q_\gamma,V_\gamma,\Gamma)$为传输设备系统，特别，当$\Gamma$具有有限个元素时叫做有限传输设备系统，本文只讨论这种情况。

设$\tilde{\eta}_\Gamma=\{\tilde{\eta}_\gamma,\gamma\in\Gamma\}$是一组随机变量，$\eta$ 是一个随机变量，对任何 $\gamma\in\Gamma$，(η,η_γ)与(Q_γ,V_γ)结合，则称$(\eta,\tilde{\eta}_\Gamma)$与$(Q_\gamma,V_\gamma,\Gamma)$结合。

首先证明下面的引理：

引理 5. (I) 设$(\eta,\tilde{\eta}_\Gamma)$与$(Q_\gamma,V_\gamma,\Gamma)$结合，其中 Γ 有 J 个元素，$\{q_\gamma,\gamma\in\Gamma\}$是一组非负实数，

$$\sum_\gamma q\gamma=1。$$

令

$$p_{\eta\tilde{\eta}}(\cdot) = \sum_{\gamma} q\gamma p_{\eta\tilde{\eta}\gamma}(\cdot)。 \qquad (3.1)$$

则 $p_{\eta\tilde{\eta}}(\cdot)$是一个分布。

(II) 如果还有 $i_{\eta\tilde{\eta}_\gamma}(\cdot,\cdot), \gamma \in \Gamma$ 存在。则 $i_{\eta\tilde{\eta}}(\cdot,\cdot)$存在,而且对任何实数 θ_1, θ_2 有

$$p_{\eta\tilde{\eta}}\{(y,\tilde{y}): i_{\eta\tilde{\eta}}(y,\tilde{y}) < \theta_1\} \leqslant$$

$$\leqslant \sum_{\gamma} q\gamma p_{\eta\tilde{\eta}_\gamma}\{(y,\tilde{y}): i_{\eta\tilde{\eta}_\gamma}(y,\tilde{y}) < \theta_1 + \theta_2\} + J2^{-\theta_2}。 \qquad (3.2)$$

证. (I)是显然的。现在证(II)。首先,由(3.1)得

$$p_{\tilde{\eta}} = \sum_{\gamma} q\gamma p_{\tilde{\eta}_\gamma}(\cdot) \qquad (3.3)$$

及

$$p_\eta \times p_{\tilde{\eta}}(\cdot) = \sum_{\gamma} q\gamma p_\eta \times p_{\tilde{\eta}_\gamma}(\cdot)。 \qquad (3.4)$$

由此可看出,对于 $q\gamma > 0$ 的 γ 有

$$p_\eta \times p_{\tilde{\eta}_\gamma}(\cdot) \ll p_\eta \times p_{\tilde{\eta}}(\cdot)。 \qquad (3.5)$$

由于 $i_{\eta\tilde{\eta}_\gamma}(\cdot,\cdot), \gamma \in \Gamma$,都存在,可知

$$p_{\eta\tilde{\eta}_\gamma}(\cdot) \ll p_\eta \times p_{\tilde{\eta}_\gamma}(\cdot)。 \qquad (3.6)$$

结合(3.5)及(3.6),对于 $q_\gamma > 0$ 的 γ 有

$$p_{\eta\tilde{\eta}_\gamma}(\cdot) \ll p_\eta \times p_{\tilde{\eta}}(\cdot)。 \qquad (3.7)$$

结合(3.1)及(3.7)即可知

$$p_{\eta\tilde{\eta}}(\cdot) \ll p_\eta \times p_{\tilde{\eta}}(\cdot)。$$

于是 $i_{\eta\tilde{\eta}}(\cdot,\cdot)$存在。现在证明(3.2),设

$$B_\gamma = \{i_{\eta\tilde{\eta}}(y,\tilde{y}) < \theta_1, i_{\eta\tilde{\eta}_\gamma}(y,\tilde{y}) \geqslant \theta_1 + \theta_2\}。 \qquad (3.8)$$

则由(3.1)

$$p_{\eta\tilde{\eta}}(i_{\eta\tilde{\eta}}(y,\tilde{y}) < \theta_1) \leqslant \sum_{\gamma} q\gamma[\mathrm{p}_{\eta\tilde{\eta}_\gamma}(i_{\eta\eta_\gamma}(y,\tilde{y}) < \theta_1 + \theta_2) + p_{\eta\tilde{\eta}_\gamma}(B_\gamma)]。$$

因此只需证明

$$q\gamma p_{\bar{\eta\eta}_\gamma}(B_\gamma) \leqslant 2^{-\theta_2} \tag{3.9}$$

即可。令

$$\tilde{A}_\gamma = \{\tilde{y}: p_\eta((B_\gamma)_{\tilde{y}}) > 0\},$$

其中$(B_\gamma)_{\tilde{y}}$是B_γ的$\tilde{y}$一截面。则

$$p_\eta \times p_{\tilde{\eta}_\gamma}(B_\gamma \cap Y \times (\tilde{Y} \backslash \tilde{A}_\gamma)) = \int_{\tilde{Y} \backslash \tilde{A}_\gamma} p_\eta((B_\gamma)_{\tilde{y}}) p_{\tilde{\eta}_\gamma}(d\tilde{y}) = 0$$

从而

$$p_{\bar{\eta\eta}_\gamma}(B_\gamma \cap Y \times (\tilde{Y} \backslash \tilde{A}_\gamma)) = 0。$$

所以

$$p_{\bar{\eta\eta}_\gamma}(B_\gamma) = p_{\bar{\eta\eta}_\gamma}(B_\gamma \cap Y \times \tilde{A}_\gamma) \leqslant p_{\bar{\eta\eta}_\gamma}(Y \times \tilde{A}_\gamma) = p_{\tilde{\eta}_\gamma}(\tilde{A}_\gamma)。$$

由(3.3)可知对$q_\gamma > 0$的$\gamma, p_{\tilde{\eta}_\gamma} \ll p_{\tilde{\eta}}$，以$\tilde{b}_\gamma(\tilde{y})$表示相应的密度，则上式成为

$$p_{\bar{\eta\eta}_\gamma}(B_\gamma) \leqslant \int_{\tilde{A}_\gamma} \tilde{b}_\gamma(\tilde{y}) p_{\tilde{\eta}}(\mathrm{d}\tilde{y})。 \tag{3.10}$$

另一方面，由(3.1)对任何$B \subset S_Y \times S_{\tilde{Y}}$

$$q\gamma p_{\bar{\eta\eta}_\gamma}(B) \leqslant p_{\eta\tilde{\eta}}(\mathrm{B}),$$

即

$$q_\gamma \int_B a_{\eta\eta_\gamma}(y, \tilde{y}) p_\eta \times p_{\tilde{\eta}_\gamma}(dy, d\tilde{y}) \leqslant \int_B a_{\eta\tilde{\eta}}(y, \tilde{y}) p_\eta \times p_{\tilde{\eta}}(\mathrm{d}y, \mathrm{d}\tilde{y})。 \tag{3.11}$$

对于$(y, \tilde{y}) \in B_\gamma$，由(3.8)有

$$a_{\bar{\eta\eta}_\gamma}(y, \tilde{y}) \geqslant 2^{\theta_1 + \theta_2}, \tag{3.12}$$

$$a_{\eta\tilde{\eta}}(y, \tilde{y}) < 2^{\theta_1}。 \tag{3.13}$$

结合(3.11)，(3.12)，(3.13)，以$B \subset B_\gamma$有

$$q_\gamma \int_B p_\eta \times p_{\tilde{\eta}_\gamma}(dy, d\tilde{y}) \leqslant 2^{-\theta_2} \int_B p_\eta \times p_{\tilde{\eta}}(dy, d\tilde{y})。$$

特别，对任何 $\tilde{A} \in S_{\tilde{Y}}$，

$$q_\gamma \int_{(Y\times\tilde{A})\cap B_\gamma} p_\eta \times p_{\tilde{\eta}_\gamma}(dy, d\tilde{y}) \leqslant 2^{-\theta_2} \int_{(Y\times\tilde{A})\cap B_\gamma} p_\eta \times p_{\tilde{\eta}}(dy, d\tilde{y}),$$

即

$$q_\gamma \int_{\tilde{A}} p_\eta((B_\gamma)_{\tilde{y}}) p_{\tilde{\eta}_\gamma}(d\tilde{y}) \leqslant 2^{-\theta_2} \int_{\tilde{A}} p_\eta((B_\gamma)_{\tilde{y}}) p_{\tilde{y}}(d\tilde{y}),$$

从而

$$q_\gamma \int_{\tilde{A}} p_\eta((B_\gamma)_{\tilde{y}}) \tilde{b}_\gamma(\tilde{y}) p_{\tilde{\eta}}(d\tilde{y}) \leqslant 2^{-\theta_2} \int_{\tilde{A}} p_\eta((B_\gamma)_{\tilde{y}}) p_{\tilde{\eta}}(d\tilde{y})。$$

由于 $\tilde{A}$ 是任意的，所以

$$q_\gamma p_\eta((B_\gamma)_{\tilde{y}}) \tilde{b}_\gamma(\tilde{y}) \leqslant 2^{-\theta_2} p_\eta((B_\gamma)_{\tilde{y}})。$$

对于 $\tilde{y} \in \tilde{A}_\gamma, p_\eta((B_\gamma)_{\tilde{y}}) > 0$，故

$$q_\gamma \tilde{b}_\gamma(\tilde{y}) \leqslant 2^{-\theta_2}。\tag{3.14}$$

结合(3.10)，(3.14)

$$q_\gamma p_{\tilde{\eta}_\gamma}(B_\gamma) \leqslant 2^{-\theta_2} \int_{\tilde{A}_\gamma} p_{\tilde{\eta}}(dy) = 2^{-\theta_2} p_{\tilde{\eta}}(\tilde{A}_\gamma) \leqslant 2^{-\theta_2},$$

此即(3.9)。于是引理证完。

设 $p_1, \cdots, p_L$ 是 L 数组。一组$(y_1, \cdots, y_L, \tilde{A}_1, \cdots, \tilde{A}_L)$叫做$(Q_\gamma, V_\gamma, \Gamma)$对于 L 数组 $p_1, \cdots, p_L$ 的 ε 专线组，如果

(1) $\tilde{A}_1, \cdots, \tilde{A}_L$ 不相交，

(2) $\sum_{i=1}^{L} p_i Q_\gamma(y_i, \tilde{A}_i) > 1 - \varepsilon, \gamma \in \Gamma$，

(3) $(\upsilon\gamma_1, \cdots, \bigcup_{rN_\gamma}) \in \overline{V}_\gamma$，

其中

$$U_{\gamma k} = \sum_{i=1}^{L} p_i \int_{\tilde{Y}} \pi\gamma k(y_i, \tilde{y}) Q(y_i, d\tilde{y}), \gamma \in \Gamma, k = 1, \cdots, N_\gamma。$$

换言之,如果对任何 $\gamma\in\Gamma$,$(y_1,\cdots,y_L;\tilde{A}_1,\cdots,\tilde{A}_L)$是$(Q_\gamma,V_\gamma)$对于数 L 数组 $p_1,\cdots,p_L$ 的 ε 专线组。

定理 2 (有限传输设备系统的 Feinstein 引理)。设$(Q_\gamma^t,V_\gamma^t,\Gamma)$是传输设备系统序列(其中 Γ 与 t 无关),Γ 具有 J 个元素。又设 $\mathscr{C}^t\to\infty$ 是一个实数序列。如果对一切 $\gamma\in\Gamma$,存在序列 $(\eta^t,\tilde{\eta}_\Gamma^t)$ 与 $(Q_\gamma^t,V_\gamma^t,\Gamma)$ 结合,信息密度 $i_{\eta\tilde{\eta}_\gamma}^t(\cdot,\cdot)$存在,而且使得,对任何 $\delta>0$ 及 $\gamma\in\Gamma$

$$p^t\left\{\frac{i_{\eta\tilde{\eta}_\gamma}(\eta,\tilde{\eta}_\gamma)}{\mathscr{C}}<1-\delta\right\}\to 0。\tag{3.15}$$

对某一 $\bar{b}>0$ 及任何 $a>0$

$$\bar{c}^t=\max_{\substack{\gamma\in\Gamma\\k=1,\cdots,N_\gamma^t}}\mathrm{M}\{|\pi_{\gamma k}^t(\eta,\tilde{\eta}_\gamma)-M\pi_{\gamma k}^t(\eta,\tilde{\eta}_\gamma)|^{1+\bar{b}}\}=o(2^{a\mathscr{C}^t})。\tag{3.16}$$

此外,对任何 $a>0$, $\gamma\in\Gamma$

$$N_\gamma^t=o(2^{a\mathscr{C}^t})。\tag{3.17}$$

任给 $\varepsilon>0$,令 $L^t=[2^{(1-\varepsilon)\mathscr{C}^t}]$,则存在 T,当 $t\geqslant T$ 就存在 $(Q_\gamma^t,[V_\gamma^t]_\varepsilon,\Gamma)$ 对于任何 L^t 数组的 ε 专线组。

证. 设

$$Q^t(\cdot,\cdot)=\frac{1}{J}\sum_\gamma Q_\gamma^t(\cdot,\cdot),\tag{3.18}$$

$$\bar{\pi}_{\gamma j}^t(y)=\int_{\tilde{Y}^t}\pi_{\gamma j}^t(y,\tilde{y})Q_\gamma^t(y,d\tilde{y}),\tag{3.19}$$

$$\overline{V}^t=\mathop{\times}_{\gamma\in\Gamma}\overline{V}_\gamma^t。\tag{3.20}$$

则(3.18),(3.19),(3.20)之左端共同确定一个传输设备序列 (Q^t,V^t),其中

$$V^t=\{p_{\eta\tilde{\eta}}^t:(M\bar{\pi}_{\gamma1}^t(\eta),\cdots,M\bar{\pi}_{\gamma N_\gamma^t}^t(\eta))\in\overline{V}_\gamma^t,\gamma\in\Gamma\}。$$

(Q^t,V^t) 满足引理 3 的条件。实际上,对定理假设中的 $(\eta^t,\tilde{\eta}_\Gamma^t)$ 令

$$p_{\eta\tilde{\eta}}^{t}(\cdot) = \frac{1}{J}\sum_{\gamma} p_{\tilde{\eta}\eta_{\gamma}}^{t}(\cdot) \tag{3.21}$$

注意到 $(\eta^{t}, \tilde{\eta}_{\Gamma}^{t})$ 与 $(Q_{\gamma}^{t}, V_{\gamma}^{t}, \Gamma)$ 结合，故 $(\eta^{t}, \tilde{\eta}_{\gamma}^{t})$ 与 $(Q_{\gamma}^{t}, V_{\gamma}^{t})$ 结合，$\gamma \in \Gamma$。因此由(3.18)及(3.21)可证对任何 $A^{t} \in S_{Y}^{t}$ 及 $B^{t} \in S_{\tilde{Y}}^{t}$ 有

$$p_{\eta\tilde{\eta}}^{t}(A \times B) = \int_{A^{t}} Q^{t}(y, B) p_{\eta}^{t}(dy) \tag{3.22}$$

及

$$M\bar{\pi}_{\gamma j}^{t}(\eta) = \int_{Y^{t}} p_{\eta}^{t}(dy) \int_{\tilde{Y}^{t}} \pi_{\gamma i}^{t}(y, \tilde{y}) Q_{\gamma}^{t}(y, d\tilde{y}) =$$

$$= \int_{Y^{t} \times \tilde{Y}^{t}} \pi_{\gamma j}^{t}(y, \tilde{y}) p_{\tilde{\eta}\eta_{\gamma}}^{t}(dy, d\tilde{y}) = M\pi_{\gamma j}^{t}(\eta, \tilde{\eta}_{\gamma}) \tag{3.23}$$

(参看[1](3.7.5))。从(3.22)及(3.23)可知 $(\eta^{t}, \tilde{\eta}^{t})$ 与 (Q^{t}, V^{t}) 结合。再由引理5，对任何 $\delta > 0$

$$p_{\eta\tilde{\eta}}^{t}\{i_{\eta\tilde{\eta}}(y, \tilde{y}) < (1-\delta)\mathscr{C}\} \leqslant$$

$$\leqslant \frac{1}{J}\sum_{\gamma} p_{\tilde{\eta}\eta_{\gamma}}^{t}\left\{i_{\eta\tilde{\eta}}(y, \tilde{y}) < (1-\frac{\delta}{2})\mathscr{C}\right\} + J_{2}^{-\frac{\delta}{4}\mathscr{C}}。 \tag{3.24}$$

结合(3.15)及(3.24)有

$$p_{\eta\tilde{\eta}}^{t}\{i_{\eta\tilde{\eta}}(y, \tilde{y}) < (1-\delta)\mathscr{C}\} \to 0,$$

此即(2.34)。此外，利用函数 $|\mu|^{1+\bar{b}}$ 的凸性及(3.23)可以证明

$$M\{|\bar{\pi}_{\gamma j}^{t}(\eta) - M\bar{\pi}_{\gamma j}^{t}(\eta)|^{1+\bar{b}}\} \leqslant M\{|\bar{\pi}_{\gamma j}^{t}(\eta, \tilde{\eta}) - M\pi_{\gamma j}^{t}(\eta, \tilde{\eta})|^{1+\bar{b}}\} \tag{3.25}$$

(参看[1]，(3.7.8))。由(3.16)及(3.25)即得(2.35)。最后，由(3.17)可知 $\bar{\pi}_{\gamma j}^{t}(\cdot)$ 的数目共有

$$\sum_{\gamma \in \Gamma} N_{\gamma}^{t} = o(2^{a\mathscr{C}^{t}}),$$

此即(2.36)。

由此，对任何 L^{t} 数组 $p_{1}^{t}, \cdots, p_{L^{t}}^{t}$，存在 $(Q^{t}, V_{\varepsilon}^{t})$ 的 ε^{t} 专线组，使 ε^{t}

$\to 0$，对一切 L^t 数组一致地。取 T 充分大，使 $t \geqslant T$ 时

$$\varepsilon^t < \frac{1}{J}\varepsilon。$$

用 $y_1^t, \cdots, y_{L^t}^t$，与 $\tilde{A}_1^t, \cdots, \tilde{A}_{L^t}^t$，表示相应的 ε^t 专线组，则对任何 $t \geqslant T$：

$$\left.\begin{array}{ll} 1)\ \tilde{A}_1^t, \cdots, \tilde{A}_{L^t}, \text{互不相交}, & \\ 2)\ \sum_{i=1}^{L^t} p_i^t Q^t(y_i, \tilde{A}_i) > 1 - \varepsilon/J & (i = 1, \cdots, L^t), \\ 3)\ (\upsilon^t{}_{\gamma 1}, \cdots, \upsilon^t{}_{\gamma N_\gamma}) \in [\overline{V}^t{}_\gamma]_\varepsilon & \gamma \in \Gamma \end{array}\right\} \quad (3.26)$$

其中 $\upsilon^t{}_{\gamma k}$ 由(2.2)定义。(3°的成立由于 $[\overline{V}^t]_\varepsilon = \underset{\gamma \in \Gamma}{\times} [\overline{V}_\gamma^t]_\varepsilon$)。由(3.1)可知

$$\sum_{i=1}^{L^t} p_i^t Q_\gamma^t(y_i, \tilde{A}_i) \geqslant 1 - \sum_{i=1}^{L^t} \sum_{\gamma} P^t Q_\gamma^t(y_i, \tilde{Y} \backslash \tilde{A}_i)$$

$$= 1 - \sum_{i=1}^{L^t} p_i^t J Q^t(y_i, \tilde{Y} \backslash \tilde{A}_i)。\qquad (3.27)$$

结合(3.2)的 2)与(3.27)可知，当 $t \geqslant T, \gamma \in \Gamma$

$$\sum_{i=1}^{L^t} p_i^t Q_\gamma^t(y_i, \tilde{A}_i) > 1 - \varepsilon。$$

由此及(3.26)的 1°与 3°即可知 $y_1^t, \cdots, y_{L^t}^t$，与 $\tilde{A}_1^t, \cdots, \tilde{A}_{L^t}^t$ 就是 $(Q^t, [V_\gamma^t]_\varepsilon, \Gamma)$ 的 ε 专线组。定理证完。

附注.　如果传输设备系统序列 $(Q_\gamma^t, V_\gamma^t, \Gamma^t)$ 中传输设备的数目 J^t 也依赖于 t，则定理中的条件必须作如下的修改：条件(3.15)改为：对任何 $\delta > 0$

$$\sum_{\gamma \in \Gamma^t} p\left\{\frac{i_{\eta\tilde{\eta}_\gamma}^t(\eta, \tilde{\eta}_\gamma)}{\mathscr{C}^t} < 1 - \delta\right\} \to 0。\qquad (3.15')$$

条件(3.17)改为：对任何 $a > 0$

$$\sum_{\gamma\in\Gamma^t} N_\gamma^t = o(2^{a\mathscr{C}^t}), \qquad (3.17')$$

$$J^t = o(2^{a\mathscr{C}^t})。 \qquad (3.17'')$$

实际上,在证明中(3.24)仍成立。于是由(4.24)可知

$$p_{\eta\bar{\eta}}^t(i_{\eta\bar{\eta}}(y,\bar{y}) < (1-\delta)\mathscr{C}) = o(\frac{1}{J^t}) \qquad (3.24')$$

这样引理3的条件除了(2.34)可以加强为(3.24′)以外,其他都满足。在定理1中很容易看出,当(2.34)加强为(3.24′)时就有

$$\varepsilon^t = o(\frac{1}{J^t})。$$

这样,在定理的证明中仍然可以找到 T,当 $t\geqslant T$ 时 $\varepsilon^t < \frac{1}{J^t}\varepsilon$。于是证明可以按上节中的办法继续进行下去了。

当 J^t 有界时(3.15)与(3.15′)等价,(3.17)与(3.17′)等价,而(3.17″)自然成立。

4. 专线组的大小

在[2]与[4]中引进的通过能力是

$$C(\Gamma) = C(Q_\gamma, V_\gamma, \Gamma) = \sup\inf_\gamma I(\eta, \bar{\eta}_\gamma),$$

其中 sup 是对一切与 $(Q_\gamma, V_\gamma, \Gamma)$ 结合的随机变量组 $(\eta, \bar{\eta}_\Gamma)$ 取的。那么我们可以证明下面的

定理 3. 设 $(Q_\gamma^t, V_\gamma^t, \Gamma^t)$ 是任意的(不必为有限的)传输设备系统序列,设 $\mathscr{C}\to\infty$。若对任何 $\varepsilon>0$ 及 $L_\varepsilon^t = [2^{(1-\varepsilon)\mathscr{C}^t}]$ 都存在 T,当 $t\geqslant T$,$(Q_\gamma^t, [V_\gamma^t]_\varepsilon, \Gamma^t)$ 的关于任何 L_ε^t 数组 $p_1^t, \cdots, p_{L_\varepsilon^t}^t$ 的 ε 专线组存在,则存在 $\varepsilon^t\to 0$ 使

$$\varliminf_{t\to\infty} \frac{C(Q_\gamma^t, [V_\gamma^t]_{\varepsilon^t}, \Gamma^t)}{\mathscr{C}^t} \geqslant 1, \qquad (4.1)$$

特别，如果对一切充分大的 t 一致地成立

$$\lim_{\varepsilon\to 0} C(Q_\gamma^t,[V_\gamma^t]_\varepsilon,\Gamma^t) = C(Q_\gamma^t,V_\gamma^t,\Gamma^t), \tag{4.2}$$

则

$$\varliminf_{t\to\infty} \frac{C^t(\Gamma)}{\mathscr{C}} \geqslant 1。 \tag{4.3}$$

证. 由(4.1)和(4.2)推出(4.3)是显然的，只用证明(4.1)。利用[5]的命题 3.1 可知，存在 $\varepsilon^t \to 0$，使对任何 $t(Q_\gamma^t,[V_\gamma^t]_{\varepsilon^t},\Gamma^t)$ 的关于任何 $L_{\varepsilon^t}^t$ 数组 $p_1^t,\cdots,p_{L_\varepsilon^t}^t$ 的 ε^t 专线组就存在。用($y_1^t,\cdots,y_{L_\varepsilon^t}^t,\tilde{A}^t{}_1,\cdots,\tilde{A}_{L_{\varepsilon^t}}^t$)表示这个专线组。

令$(\eta^t,\tilde{\eta}_\gamma^t)$是某一概率空间上遵从分布

$$p_{\eta\tilde{\eta}_\gamma}^t(B) = \sum_{i=1}^{L_\varepsilon^t} p_i^t Q_\gamma^t(y_i,B_{y_i}),\gamma\in\Gamma^t,B^t\in S_Y^t\times S_{\tilde{Y}}^t$$

的随机变量，令 $\tilde{\eta}_\Gamma^t = \{\tilde{\eta}_\gamma^t,\gamma\in\Gamma^t\}$，则不难证明 $(\tilde{\eta}^t,\tilde{\eta}_\Gamma^t)$ 与 $(Q_\gamma^t,[V_\gamma^t]_{\varepsilon^t},\Gamma^t)$ 结合。设

$$f^t(\tilde{y}^t) = \begin{cases} 0,\tilde{y}^t\in\tilde{Y}^t\setminus\bigcup_{i=1}^{L_\varepsilon^t} A_i, \\ \\ i,\tilde{y}^t\in\tilde{A}_i^t,i=1,\cdots,L_{\varepsilon^t}^t。\end{cases}$$

则 $(\eta^t,f^t(\tilde{\eta}_\gamma^t))$ 是取有限值的随机变量，满足 Fano 不等式的条件，于是可知

$$I(\eta^t,\tilde{\eta}_\gamma^t)\geqslant I(\eta^t,f^t(\tilde{\eta}_\gamma^t)) = H(\eta^t)-MH(\eta^t/f^t(\eta_\gamma^t))\geqslant$$
$$\geqslant H(\eta^t)+\varepsilon^t\mathrm{ld}\varepsilon^t+(1-\varepsilon^t)\mathrm{ld}\varepsilon^t-\varepsilon^t\mathrm{ld}L_{\varepsilon^t}^t,$$

特别，如果 $p_1^t=\cdots=p_{L_\varepsilon^t}^t=\frac{1}{L_\varepsilon^t}$，则 $H(\eta^t)=\mathrm{ld}L_{\varepsilon^t}^t$，故

$$I(\eta^t,\tilde{\eta}_\gamma^t)\geqslant\varepsilon^t\mathrm{ld}\varepsilon^t+(1-\varepsilon^t)\mathrm{ld}\varepsilon^t+(1-\varepsilon^t)\mathrm{ld}L_{\varepsilon^t}^t\geqslant$$
$$\geqslant(1-\varepsilon^t)\mathrm{ld}L_{\varepsilon^t}^t-1。$$

所以

$$C(Q_{\gamma}^{t},[V_{\gamma}^{t}]\varepsilon^{t},\Gamma^{t})(1-\varepsilon^{t})ldL_{\varepsilon^{t}}^{t_{t}}-1。$$

再注意

$$\mathrm{ld}L_{\varepsilon^{t}}^{t_{t}}/(1-\varepsilon^{t})\mathscr{C}^{t}\to 1$$

就可以得到(4.1)。定理证完。

这个定理给出了专线组的大小的上方的界限。它类似于[5]中的定理3.4,另一方面,只要对于$\mathscr{C}=\mathrm{C}^{t}(\Gamma)$,定理2中的各条件仍然满足,则这个界限是可以达到的。与此有关的详细讨论我们就不进行了。

利用本文中的结果,按[1]中的方式可以证明单个消息经有限传输设备系统用统一传输方法传输的Shannon定理。这个结果及其进一步的推广,我们准备另文讨论。

参考文献

[1] Добрушин, Р. Л., Общая формулировка основной теоремы шеннона в теории информации, *УМН*, **14**, № 6 (1959), 3—104.

[2] ————, Математические вопросы шенноновской теории оптимального кодирования информации, Проблемы передачи информации, вып. 10. 63—107.

[3] Blackwell, D., Breiman, L., Thomasian, A. J., "The capacity of a class of channels", *Ann. Math. stat.*, (1959), 1229—1241.

[4] Shannon, C. E., "Certain results in coding theorem for noisy channels", *Information and Control*, **1** (1957), 6—25. 俄文译文 *Математика*, 3:2 (1959), 151—167。

[5] 胡国定:"信息论中Shannon定理的三种反定理",《数学学报》11:3 (1961), 260—294。

(原载《数学学报》1964年第14卷第2期291—303页)

关于拟因子法

拟因子法是正交设计中的一个重要的方法，特别是在二水平的正交表中安排多个三水平因子时，几乎都使用拟因子法。

然而，现在流行的各种书刊中介绍拟因子法时，一般都没有讲清道理。在重视数学推理的书籍中，例如[1]，则完全没有提到拟因子法。

因此，许多同志在推广正交设计与应用正交设计解决实际问题时，遇到拟因子法就感到没有把握。有时还产生一些误解以致造成错误。甚至一些公开出版的书刊中也有不妥当的地方。

本文的目的就是尽可能地把拟因子法涉及的理论问题做一个透彻的说明。但是考虑到篇幅的限制，我们主要谈在二水平正交表中安排三水平因子的问题。

1. 用线性模型的一般理论处理拟因子设计

我们把使用拟因子法安排的正交设计叫做拟因子设计。

怎样构造一个拟因子设计，我们不打算多说了，一般的讲正交设计的书上都有说明，比如说，可以看[2]。

例如在 $L_8(2^7)$ 中可以用拟因子法安排两个三水平因子 A，B 和一个二水平因子 C，得到的设计如下页表。

表中左半部是 $L_8(2^7)$ 本身，只不过把因子与列的关系写在表头上，其中 f_x 表示赋闲

因子 列 No	fx 1	A 2	3	B 4	5	C 6	e 7	A	B	C
1	1	1	1	1	1	1	1	1	1	1
2	1	1	1	2	2	2	2	1	2	2
3	1	2	2	1	1	2	2	2	1	2
4	1	2	2	2	2	1	1	2	2	1
5	2	1	2	1	2	1	2	$2'$	$1'$	1
6	2	1	2	2	1	2	1	$2'$	3	2
7	2	2	1	1	2	2	1	3	$1'$	2
8	2	2	1	2	1	1	2	3	3	1

列，e表示误差列；右边的 8×3 的表是做好的设计，其中用 $1'$，$2'$等表示虚拟的水平，也就是说，在实际作业时，它看成 1，2 等水平，而在理论分析认为有必要时（见下文），我们可能区别对待 1 水平与 $1'$水平，2 水平与 $2'$水平，等等。

$a_1, a_2 = a_{2'}, a_3, b_1 = b_{1'}, b_2, b_3, c_1, c_2$ 表示各因子取各水平时的效应值，m 表示一般平均，用 $\varepsilon_1, \varepsilon_2, \cdots, \varepsilon_8$ 表示误差，则数据的构造是[1]

$$y_1 = m + a_1 + b_1 + c_1 + \varepsilon_1,$$

$$y_2 = m + a_1 + b_2 + c_2 + \varepsilon_2,$$

$$y_3 = m + a_2 + b_1 + c_2 + \varepsilon_3$$

$$y_4 = m + a_2 + b_2 + c_1 + \varepsilon_4,$$

$$y_5 = m + a_{2'} + b_{1'} + c_1 + \varepsilon_5,$$

$$y_6 = m + a_{2'} + b_3 + c_2 + \varepsilon_6,$$

$$y_7 = m + a_3 + b_{1'} + c_2 + \varepsilon_7,$$

$$y_8 = m + a_3 + b_3 + c_1 + \varepsilon_8,$$

这一组式子我们叫它做设计式。

这是一个一般的线性模型问题，可以用一般的理论来解它。

首先，我们把设计式写成

$$y = X\theta + \varepsilon,$$

其中

$$y = \begin{pmatrix} y_1 \\ \cdot \\ \cdot \\ \cdot \\ y_8 \end{pmatrix}, \qquad \varepsilon = \begin{pmatrix} \varepsilon_1 \\ \cdot \\ \cdot \\ \cdot \\ \varepsilon_8 \end{pmatrix}, \qquad \theta = \begin{pmatrix} m \\ \cdots \\ a_1 \\ a_2 \\ a_3 \\ \cdots \\ b_1 \\ b_2 \\ b_3 \\ \cdots \\ c_1 \\ c_2 \end{pmatrix},$$

而

$$X = \left(\begin{array}{c:ccc:ccc:cc} 1 & 1 & 0 & 0 & 1 & 0 & 0 & 1 & 0 \\ 1 & 1 & 0 & 0 & 0 & 1 & 0 & 0 & 1 \\ 1 & 0 & 1 & 0 & 1 & 0 & 0 & 0 & 1 \\ 1 & 0 & 1 & 0 & 0 & 1 & 0 & 1 & 0 \\ 1 & 0 & 1 & 0 & 1 & 0 & 0 & 1 & 0 \\ 1 & 0 & 1 & 0 & 0 & 0 & 1 & 0 & 1 \\ 1 & 0 & 0 & 1 & 1 & 0 & 0 & 0 & 1 \\ 1 & 0 & 0 & 1 & 0 & 0 & 1 & 1 & 0 \end{array}\right)$$

这里，X 与 θ 中用虚线分成了若干块，只是为了醒目，并无别的含意。由此求出：

$$X'X = \left(\begin{array}{c:ccc:ccc:cc} 8 & 2 & 4 & 2 & 4 & 2 & 2 & 4 & 4 \\ \hdashline 2 & 2 & 0 & 0 & 1 & 1 & 0 & 1 & 1 \\ 4 & 0 & 4 & 0 & 2 & 1 & 1 & 2 & 2 \\ 2 & 0 & 0 & 2 & 1 & 0 & 1 & 1 & 1 \\ \hdashline 4 & 1 & 2 & 1 & 4 & 0 & 0 & 2 & 2 \\ 2 & 1 & 1 & 0 & 0 & 2 & 0 & 1 & 1 \\ 2 & 0 & 1 & 1 & 0 & 0 & 2 & 1 & 1 \\ \hdashline 4 & 1 & 2 & 1 & 2 & 1 & 1 & 4 & 0 \\ 4 & 1 & 2 & 1 & 2 & 1 & 1 & 0 & 4 \end{array}\right)$$

这是一个不满秩的矩阵，因为至少可以看出：(1) 2，3，4 三列的和等于

1列;(2) 5,6,7三列的和等于1列;(3)最后两列的和等于1列。

因此,在设计式中存在着无用参数[1]。我们可以用适当的变换把它们分离出去。实际上,我们可以令

$$4\dot{a}_0 = a_1 + 2a_2 + a_3,$$

$$4\dot{a}_1 = a_1 - 2a_2 + a_3,$$

$$4\dot{a}_2 = 2a_1 - 2a_3,$$

$$4\dot{b}_0 = 2b_1 + b_2 + b_3,$$

$$4\dot{b}_1 = 2b_1 - b_2 - b_3,$$

$$4\dot{b}_2 = 2b_2 - 2b_3,$$

$$2\dot{c}_0 = c_1 + c_2,$$

$$2\dot{c}_1 = c_1 - c_2,$$

$$\dot{m} = m + \dot{a}_0 + \dot{b}_0 + \dot{c}_0,$$

从以上这些式子中解出 $m, a_1, a_2, a_3, b_1, b_2, b_3, c_1, c_2$ 来代入设计式,设计式就变成

$$y = \dot{X}\dot{\theta} + \varepsilon,$$

其中

$$\dot{\theta} = \begin{pmatrix} \dot{m} \\ \dot{a}_1 \\ \dot{a}_2 \\ \dot{b}_1 \\ \dot{b}_2 \\ \dot{c}_1 \end{pmatrix}$$

$$\dot{X}=\begin{pmatrix}1 & 1 & 1 & 1 & 0 & 1\\ 1 & 1 & 1 & -1 & 1 & -1\\ 1 & -1 & 0 & 1 & 0 & -1\\ 1 & -1 & 0 & -1 & 1 & 1\\ 1 & -1 & 0 & 1 & 0 & 1\\ 1 & -1 & 0 & -1 & -1 & -1\\ 1 & 1 & -1 & 1 & 0 & -1\\ 1 & 1 & -1 & -1 & -1 & 1\end{pmatrix},$$

这时有

$$X'\dot{X}=\begin{pmatrix}8 & 0 & 0 & 0 & 0 & 0\\ 0 & 8 & 0 & 0 & 0 & 0\\ 0 & 0 & 4 & 0 & 2 & 0\\ 0 & 0 & 0 & 8 & 0 & 0\\ 0 & 0 & 2 & 0 & 4 & 0\\ 0 & 0 & 0 & 0 & 0 & 8\end{pmatrix}。$$

从$\begin{pmatrix}4 & 2\\ 2 & 4\end{pmatrix}^{-1}=\frac{1}{12}\begin{pmatrix}4 & -2\\ -2 & 4\end{pmatrix}$很容易求出

$$(X'\dot{X})^{-1}=\begin{pmatrix}\frac{1}{8} & 0 & 0 & 0 & 0 & 0\\ 0 & \frac{1}{8} & 0 & 0 & 0 & 0\\ 0 & 0 & \frac{1}{3} & 0 & -\frac{1}{6} & 0\\ 0 & 0 & 0 & \frac{1}{8} & 0 & 0\\ 0 & 0 & -\frac{1}{6} & 0 & \frac{1}{3} & 0\\ 0 & 0 & 0 & 0 & 0 & \frac{1}{8}\end{pmatrix}$$

用 M 表示“总和”：

$$M=y_1+y_2+y_3+y_4+y_5+y_6+y_7+y_8\text{ 。}$$

用 $A_1,A_2,A_3,B_1,B_2,B_3,C_1,C_2$ 表示各因子各水平的数据和：

$$
\begin{aligned}
A_1 &= y_1 + y_2 , \\
A_2 &= y_3 + y_4 + y_5 + y_6 , \\
A_3 &= y_7 + y_8 , \\
B_1 &= y_1 + y_3 + y_5 + y_7 , \\
B_2 &= y_2 + y_4 , \\
B_3 &= y_6 + y_8 , \\
C_1 &= y_1 + y_4 + y_5 + y_8 , \\
C_2 &= y_2 + y_3 + y_6 + y_7 ,
\end{aligned}
$$

则

$$
X'y = \begin{pmatrix} M \\ A_1 - A_2 + A_3 \\ A_1 - A_3 \\ B_1 - B_2 - B_3 \\ B_2 - B_3 \\ C_1 - C_2 \end{pmatrix}。
$$

由此求出 $\dot{m},\dot{a}_1,\dot{a}_2,\dot{b}_1,\dot{b}_2\ \dot{c}_1$ 的最优线性无偏估计是

$$
\begin{aligned}
\hat{m} &= \frac{1}{8}M, \\
\hat{a}_1 &= \frac{1}{8}A_1 - \frac{1}{8}A_2 + \frac{1}{8}A_3 , \\
\hat{a}_2 &= \frac{1}{3}A_1 - \frac{1}{3}A_3 - \frac{1}{6}B_2 + \frac{1}{6}B_3 , \\
\hat{b}_1 &= \frac{1}{8}B_1 - \frac{1}{8}B_2 - \frac{1}{8}B_3 , \\
\hat{b}_2 &= \frac{1}{3}B_2 - \frac{1}{3}B_3 - \frac{1}{6}A_1 + \frac{1}{6}A_3 ,
\end{aligned}
$$

$$\hat{\dot{c}}_1 = \frac{1}{8}C_1 - \frac{1}{8}C_2,$$

再代入参数变换式就求出

$$\dot{m} = \frac{1}{8}M - \dot{a}_0 - \dot{b}_0 - \dot{c}_0,$$

$$\hat{a}_1 = \frac{11}{24}A_1 - \frac{1}{8}A_2 - \frac{5}{24}A_3 + \dot{a}_0 - \frac{1}{6}B_2 + \frac{1}{6}B_3,$$

$$\hat{a}_2 = -\frac{1}{8}A_1 + \frac{1}{8}A_2 - \frac{1}{8}A_3 + \dot{a}_0,$$

$$\hat{a}_3 = -\frac{5}{24}A_1 - \frac{1}{8}A_2 + \frac{11}{24}A_3 + \dot{a}_0 + \frac{1}{6}B_2 - \frac{1}{6}B_3,$$

$$\hat{b}_1 = \frac{1}{8}B_1 - \frac{1}{8}B_2 - \frac{1}{8}B_3 + \dot{b}_0,$$

$$\hat{b}_2 = -\frac{1}{8}B_1 + \frac{11}{24}B_2 - \frac{5}{24}B_3 + \dot{b}_0 - \frac{1}{6}A_1 + \frac{1}{6}A_3,$$

$$\hat{b}_3 = -\frac{1}{8}B_1 - \frac{5}{24}B_2 + \frac{11}{24}B_3 + \dot{b}_0 + \frac{1}{6}A_1 - \frac{1}{6}A_3,$$

$$\hat{c}_1 = \frac{1}{8}C_1 - \frac{1}{8}C_2 + \dot{c}_0,$$

$$\hat{c}_2 = -\frac{1}{8}C_1 + \frac{1}{8}C_2 + \dot{c}_0。$$

由于有不定的参数 $\dot{a}_0, \dot{b}_0, \dot{c}_0$ 存在，所求的无偏估计是不能确定的，但是在实用中真正关心的并不是设计式中的这些参数而是各因子的各水平效应值的对比 $a_1 - a_2$ 等等，以及工程平均值

$$x_{\lambda\mu\nu} = m + a_\lambda + b_\mu + c_\nu, \qquad \lambda = 1,2,3; \mu = 1,2,3; \nu = 1,2。$$

这些量的估计并不受 $\dot{a}_0, \dot{b}_0, \dot{c}_0$ 的影响，例如，

$$\hat{c}_1 - \hat{c}_2 = \frac{1}{4}c_1 - \frac{1}{4}c_2,$$

而

$$\hat{x}_{132} = \frac{1}{8}M + \frac{5}{8}A_1 - \frac{1}{8}A_2 - \frac{3}{8}A_3 - \frac{1}{8}B_1 - \frac{3}{8}B_2$$

$$+\frac{5}{8}B_3-\frac{1}{8}C_1+\frac{1}{8}C_2,$$

等等。因此,在应用计算中,我们常常利用一些附加的条件来使各参数的估计都确定下来,并具有比较简单的形式。例如,在上面的例中,通常加上

$$a_1+2a_2+a_3=0,$$

$$2b_1+b_2+b_3=0,$$

$$c_1+c_2=0,$$

这些条件。这时 $\dot{a}_0$,b_0,$\dot{c}_0$ 就都被确定下来,

$$\dot{a}_0=b_0=\dot{c}_0=0,$$

从而各参数的估计也都确定下来了。

这样附加条件是各种正交设计的统计分析中通用的手法。我们在此不做深入讨论。

但是在拟因子法的场合,与一般的正交设计不同,各因子的效应值在统计分析中不能完全分离。例如在 $\hat{a}_1$ 的估计中必须用到 B_2,B_3 。这是因为 $\dot{X}'\dot{X}$ 不是对角阵或者说因为$\dot{X}$ 的各列不是正交的。这样一来就得不到平方和分解式

$$S_T=S_A+S_B+S_C+S_e,$$

使得 S_A,S_B,S_C,S_e 是独立的非中心 x^2 随机变量,而且它们的非中心参数只依赖于 σ^2与各因子的效应值(S_e 的非中心参数是零)。而平方和的这种分解是做出各因子显著性检验的基础。因此,直接用线性模型的一般理论作这种检验必定是很复杂的。读者不妨试一试看看。

综上所述,用线性模型的一般理论解使用拟因子法的设计是可能的,但又是不实用的。而在实用中用的方法,是从另外的途径得出的。

2. 部分均衡搭配

我们知道正交设计的基本特征是“均衡搭配”，就是说，其中的每一个因子的各水平出现的次数一样多，而且每两个因子的各种水平搭配出现的次数一样多。

由于均衡搭配性，就产生了“综合比较”的办法。具体说来，设在一个正交设计中，数据的结构是

$$y_i = \theta^0 + \sum_{j=1}^{m} \theta^j_{\lambda_{ij}} + \varepsilon_i, i = 1, \cdots, n,$$

其中 θ^0 是一般平均，$\theta^j_1, \cdots, \theta^j_{s_j}$ 是因子 F^i 的各水平的效应值，S_j 是 F^j 的水平数，λ_{ij} 表示第 i 号试验中 F^j 的水平号，$y_1, \cdots, y_n$ 及 $\varepsilon_1, \cdots, \varepsilon_n$ 分别是各号试验的数据与误差。那么，F^j 的第 λ 号水平对应的试验数据的和就是

$$F^j_\lambda = \sum_{i:\lambda ij=\lambda} y_i = \gamma_j\theta^0 + \gamma_j\theta^j_\lambda + \sum_{j' \neq j} \sum_{i:\lambda ij=\lambda} \theta^{j'}_{\lambda_{ij'}} + \sum_{i:\lambda ij=\lambda} \varepsilon_i,$$

其中 $\gamma_j = n/s_j$。如果假定了约束条件

$$\theta^j_1 + \cdots + \theta^j_{s_j} = 0, j = 1, \cdots, m,$$

那么对任何 $j \neq j'$，在 $\sum_{i:\lambda ij=\lambda}$ 中，$\theta^{j'}_{\lambda_{ij'}}$ 恰好有 $\frac{n}{s_j s'_j}$ 个 $\theta^{j'}{}_1$，$\frac{n}{s_j s_{j'}}$ 个 $\theta^{j'}_2$ 等等，于是

$$\sum_{i:\lambda ij=\lambda} \theta^{j'}_{\lambda ij'} = \frac{n}{s_j s_{j'}}(\theta^{j'}_1 + \cdots + \theta^{j'}_{sj'}) = 0,$$

从而有

$$F^j_\lambda = \gamma_j(\theta^0 + \theta^j_\lambda) + \varepsilon^j_\lambda,$$

其中 ε^j_λ 是只与误差有关的项。这样，F^i 的第 λ 号水平的数据的平均值是

$$\overline{F}_\lambda^j = \theta^0 + \theta_\lambda^j + \overline{\varepsilon}_\lambda^j,$$

对 θ_1^j ,…, $\theta_{s_j}^j$ 的任何对比[1]

$$u = \sum_{\lambda=1}^{s_j} c_\lambda \theta_\lambda^j,$$

由

$$\sum_{\lambda=1}^{s_j} c_\lambda = 0,$$

可得

$$\sum_{\lambda=1}^{s_j} c_\lambda \overline{F}_\lambda^j = \sum_{\lambda=1}^{s_j} c_\lambda \theta_\lambda^j + \sum_{\lambda=1}^{s_j} c_\lambda \overline{\varepsilon}_\lambda^j。$$

如果假定 ε_1,…,ε_n 是独立同分布的 $N(0, \sigma^2)$随机变量(即遵从正态分布,其期望值为 0,方差为 σ^2 的随机变量,下同),那么就有

$$E\left(\sum_{\lambda=1}^{s_j} c_\lambda \overline{F}_\lambda^j\right) = \sum_{\lambda=1}^{s_j} c_\lambda \theta_\lambda^j,$$

换句话说,任何因子各水平数据平均值的对比的期望值等于相应的效应值的对比。这就是“综合比较”。

但是上节举的例中,因子 A(以及因子 B)的各水平出现次数不相等,有两个水平出现 2 次,一个水平出现 4 次,所以不符合均衡搭配的要求。为了改善这种局面,我们把实在水平与虚拟水平区别开来,把 A,B 看成四水平因子,那么因子 A(以及因子 B)的各水平出现次数就相等了。同时可以看出,因子 A 与因子 C(以及因子 B 与因子 C)的各种水平搭配出现的次数也就相等了。只有因子 A 与因子 B 的各种水平搭配出现的次数仍不相等。

一般说来,在一个设计中,如果对两个因子使用了拟因子法,而且它们共用一个赋闲列,那么这两个因子的各种水平搭配就不符合均衡搭配的要求。但是除了这种情况之外,均衡搭配的要求是全部满足的。

就上例中的因子 A 与因子 B 的关系来看,它们虽然不满足均衡搭

配的要求，也不是十分混乱的。实际上不难看出，在赋闲列取 1 水平的四个试验中，因子 A 只取 1，2 水平，因子 B 也只取 1，2 水平，而相应的水平搭配 A_1B_1，A_1B_2，A_2B_1，A_2B_2 各出现一次；在赋闲列取 2 水平的四个试验中，因子 A 只取 $2'$，3 水平，因子 B 只取 $1'$，3 水平，而相应的水平搭配 $A_{2'}B_{1'}$，$A_{2'}B_3$，$A_3B_{1'}$，A_3B_3 各出现一次。这种情况，我们把它称为在取定赋闲列的水平之后，A 与 B 均衡搭配，简称 A 与 B（关于 1 列）部分均衡搭配。

一般情况下，两个使用拟因子法的因子如果共用一个赋闲列，则它们关于这个赋闲列部分均衡搭配。

现在考查"综合比较"法在这种设计中的处境。首先明确一下，因为把虚拟水平与实在水平区别开来（才得到近于均衡搭配的结果），所以我们也把相应的效应值区别开来，而把约束条件写成

$$a_1 + a_2 + a_{2'} + a_3 = 0,$$

$$b_1 + b_2 + b_{1'} + b_3 = 0,$$

$$c_1 + c_2 = 0。$$

从 1. 的设计式来看，全部数据的总和 M 中，由于每个因子的各水平出现次数相同，所以相应的效应值出现的次数相同：

$$M = 8m + 2(a_1 + a_2 + a_{2'} + a_3) + 2(b_1 + b_2 + b_{1'} + b_3) + 4(c_1 + c_2) + \varepsilon_M,$$

其中 ε_M 是只与误差有关的部分。从约束条件可得

$$M = 8m + \varepsilon_M。$$

用 $\overline{M} = M/8$ 表示总平均，则

$$E(\overline{M}) = m。$$

对因子 C 来说，由于它与别的因子之间均衡搭配条件是满足的，不难看出前面介绍的综合比较原则仍然适用：

$$E(\overline{C}_1 - \overline{C}_2) = c_1 - c_2。$$

再利用约束条件 $c_1 + c_2 = 0$，可以解出

$$c_1 = E\left(\frac{\overline{C}_1 - \overline{C}_2}{2}\right),$$

$$c_2 = E\left(\frac{-\overline{C}_1 + \overline{C}_2}{2}\right)。$$

这样就得到 c_1, c_2 的线性无偏估计$\left(注意\ \overline{M} = \frac{1}{2}(\overline{C}_1 + \overline{C}_2)\right)$

$$\hat{c}_1 = \frac{1}{2}\overline{C}_1 - \frac{1}{2}\overline{C}_2 = \overline{C}_1 - \overline{M},$$

$$\hat{c}_2 = -\frac{1}{2}\overline{C}_1 + \frac{1}{2}\overline{C}_2 = \overline{C}_2 - \overline{M},$$

这与一般的正交设计中用的公式是相同的。

对因子 A 来说，由于在赋闲列取 1 水平的四个试验中，它与其他因子均衡搭配，所以可以得到

$$E(\overline{A}_1 - \overline{A}_2) = a_1 - a_2。$$

同理，从另外四个试验中可以得到

$$E(\overline{A}_{2'} - \overline{A}_3) = a_{2'} - a_3。$$

再利用约束条件 $a_1 + a_2 + a_{2'} + a3 = 0$ 及 $a_2 = a_{2'}$ 可以解出

$$a_1 = E\left(\frac{3(\overline{A}_1 - \overline{A}_2)}{4} + \frac{\overline{A}_{2'} - \overline{A}_3}{4}\right),$$

$$a_2 = a_{2'} = E\left(-\frac{\overline{A}_1 - \overline{A}_2}{4} + \frac{\overline{A}_{2'} - \overline{A}_3}{4}\right),$$

$$a_3 = E\left(-\frac{\overline{A}_1 - \overline{A}_2}{4} - \frac{3(\overline{A}_{2'} - \overline{A}_3)}{4}\right),$$

考虑到 $\overline{M} = \frac{1}{4}(\overline{A}_1 + \overline{A}_2 + \overline{A}_{2'} + \overline{A}_3)$，就可以取 a_1, a_2, a_3 的无偏线性估计为

$$\hat{a}_1 = \overline{A}_1 - \overline{M} + \frac{1}{2}(\overline{A}_{2'} - \overline{A}_2),$$

$$\hat{a}_2 = \frac{\overline{A}_2 + \overline{A}_{2'}}{2} - \overline{M},$$

$$\hat{a}_3 = \overline{A}_3 - \overline{M} + \frac{1}{2}(\overline{A}_2 - \overline{A}_{2'}),$$

这就是寻常使用的估计式。与一般正交设计的估计公式相比，多了一个“修正项”。

类似地可以求出 b_1, b_2, b_3 的估计。

仔细观察上面的推理，可以看出

(1) 在使用拟因子法的因子 F 中，应该有一个水平采用虚拟的水平，我们用 β 表示这个水平的编号，则这个因子有 β, β' 这样的两个水平；

(2) β 水平与 β' 水平必须对应于赋闲列的不同水平；我们设 β 对应于赋闲列的 1 水平，β' 对应于 2 水平；

(3) 用 α 表示与赋闲列 1 水平相应的另一水平号，用 γ 表示与赋闲列 2 水平相应的另一水平号，则因子的各水平效应值 $\theta_\alpha, \theta_\beta, \theta_\gamma$ 的无偏估计可取

$$\hat{\theta}_\alpha = \overline{F}_\alpha - \overline{M} + \frac{1}{2}(\overline{F}_{\beta'} - \overline{F}_\beta),$$

$$\hat{\theta}_\beta = \frac{\overline{F}_\beta + \overline{F}_{\beta'}}{2} - \overline{M},$$

$$\hat{\theta}_\gamma = \overline{F}_\gamma - \overline{M} + \frac{1}{2}(\overline{F}_\beta - \overline{F}_{\beta'})。$$

比如，对因子 A，$\alpha = 1, \beta = 2, \gamma = 3$，这些式子就是上文中求出的 $\hat{a}_1, \hat{a}_2, \hat{a}_3$。对因子 B，$\alpha = 2, \beta = 1, \gamma = 3$，因而有

$$\hat{b}_1 = \frac{\overline{B}_1 + \overline{B}_{1'}}{2} - M,$$

$$\hat{b}_2 = \overline{B}_2 - \overline{M} + \frac{1}{2}(\overline{B}_{1'} - \overline{B}_1),$$

$$\hat{b}_3 = \overline{B}_3 - \overline{M} + \frac{1}{2}(\overline{B}_1 - \overline{B}_{1'})。$$

回到一般情况，如果用 n 表示总试验次数，那么，因子 F 的“重复次数”，即它各水平出现的次数就是 $\gamma = n/4$，而 $F_\alpha, \overline{F}_\beta, \overline{F}_{\beta'}, \overline{F}_\gamma$ 各是 γ 个数据的平均值，而且这些量所包含的数据是互不相同的。因此有

$$\mathrm{Var}(\overline{F}_\lambda) = \frac{1}{\gamma}\sigma^2, \qquad \lambda = \alpha, \beta, \beta', \gamma,$$

$$\mathrm{Cov}(\overline{F}_\lambda, \overline{F}_\mu) = 0, \qquad \lambda \neq \mu。$$

这样可以求出

$$\hat{\theta}_\alpha = \frac{3}{4}\overline{F}_\alpha - \frac{3}{4}\overline{F}_\beta + \frac{1}{4}\overline{F}_{\beta'} - \frac{1}{4}\overline{F}_\gamma$$

的方差是

$$\begin{aligned}\mathrm{Var}\hat{\theta}_\alpha &= \left(\frac{3}{4}\right)^2\mathrm{Var}(\overline{\mathrm{F}}_\alpha) + \left(-\frac{3}{4}\right)^2\mathrm{Var}(\overline{\mathrm{F}}_\beta) + \left(\frac{1}{4}\right)^2\mathrm{Var}(\overline{\mathrm{F}}_{\beta'}) \\ &\quad + \left(-\frac{1}{4}\right)^2\mathrm{Var}(\overline{\mathrm{F}}_\gamma) \\ &= \frac{5}{4\gamma}\sigma^2 = \frac{5}{n}\sigma^2。\end{aligned}$$

同样求出

$$\mathrm{Var}\hat{\theta}_\beta = \frac{1}{n}\sigma^2,$$

$$\mathrm{Var}\hat{\theta}_\gamma = \frac{5}{n}\sigma^2。$$

可见 $\hat{\theta}_\beta$ 的精度比 $\hat{\theta}_\alpha$ 及 $\hat{\theta}_\gamma$ 的要高得多。

3. 列对比的应用

在一个正交表中，令 X_λ^k 表示 k 列 λ 水平的数据和，那么对于任何 $k, X_1^k, X_2^k, \cdots$ 的对比简称 k 列的对比。根据[1]，不同列的对比是相互独立的。在二水平正交表 $L_{2^k}(2^{2^k-1})$ 中，我们有这样一些相互独立的对

比

$$u_k = X_1^k - X_2^k, \qquad k = 1,2,\cdots,2^k - 1。$$

这些对比的分布都是正态分布，而且方差都是 $n\sigma^2$，其中 n 是总试验次数，$n = 2^k$。记

$$\omega_k = E(u_k),$$

$$Q_k = \frac{1}{n}(u_k)^2,$$

那么 Q_k/σ^2 是一个自由度的非中心 x^2 随机变量，其非中心参数是 $\omega_k^2/(n\sigma^2)$。　　由前节推导综合对比原则的讨论中可以看出，如果在一个设计中一个因子与一个列的各水平搭配出现的次数一样多，那么这个列的各水平的数据和的期望值中将不出现这个因子的效应值。因此，如果因子 F^j 是二水平的，它占用了 k 列，那么由于这个因子与其他因子满足均衡搭配的要求，k 列与其他因子也就恰好符合上述条件，因此，$E(X_\lambda^k)$ 中只含有一般平均 θ^0 及与 F^j 的效应值 θ_1^j,θ_2^j。再仔细观察一下数据构造，就可以看出：

$$E(X_\lambda^k) = \frac{n}{2}(\theta^0 + \theta_\lambda^j), \qquad \lambda = 1,2,$$

从而

$$E(u_k) = \frac{n}{2}(\theta_1^j - \theta_2^j)。$$

如果 k 列是误差别，那么用同样的推理可以得到

$$E(u_k) = 0。$$

如果 k 列是三水平因子 F^j 占有的非赋闲列，那么它与其他因子仍然是均衡搭配的（注意 k 列与其他使用拟因子法的因子的搭配关系，并利用正交表的如下性质[3]：如果 l_1 列与 l_2 列的交互列是 l_3 列，则任何不同于 l_1,l_2,l_3 列的 k 列与 l_1 列及 l_2 列用并列法得到的因子是均衡搭配的）。因此 $E(X_\lambda^k)$ 中只含有 θ^0 与 $\theta_1^j,\theta_2^j,\theta_3^j$。这时，我们应从 F^j 的水平

与它占有的列的水平的关系中去研究 $E(X_\alpha^k)$ 中 $\theta_1^j,\theta_2^j,\theta_3^j$ 以什么形式出现。我们写出如下的水平对照表：

F^j	k_1	k_2	k_3
α	1	*	*
β	1	*	*
β′	2	*	*
γ	2	*	*

其中 k_1 是赋闲列，k_2,k_3 是另两列，* 表示 1 或 2。由二水平正交表中交互列的性质，我们知道，k_1,k_2,k_3 列的八种水平搭配中只出现四种，即(1,1,1)，(1,2,2)，(2,2,1)，(2,1,2)。这样，与 α 对应的 k_2,k_3 列的水平号是相同的，用 ξ 表示；同样，与 β 对应的 k_2,k_3 列的水平号也是相同的，用 η 表示。那么 $\xi\neq\eta$，而且 ξ,η 都是 1 或 2。上表变为

F^j	k_1	k_2	k_3
α	1	ξ	ξ
β	1	η	η
β′	2	*	*
γ	2	*	*

与 β' 对应的 k_2,k_3 列的水平号是相异的，其中有一个是 ξ，一个是 η。我们把使 β 与 β' 对应于同一水平的列叫做 F^j 的甲列，另一列叫 F^j 的乙列，于是最后得到

F^j	赋闲	甲	乙
α	1	ξ	ξ
β	1	η	η

β′	2	η	ξ
γ	2	ξ	η

这个表叫做 F^j 的标准水平表。从这个表可以“读出”：如果 k 列是 F^j 的甲列，则

$$X_\xi^k = F_\alpha^j + F_\gamma^j,$$

从而

$$E(X_\xi^k) = \frac{n}{4}(2\theta^0 + \theta_\alpha^j + \theta_\gamma^j),$$

$$E(X_\eta^k) = \frac{n}{4}(2\theta^0 + \theta_\beta^j + \theta_{\beta'}^j) = \frac{n}{2}(\theta^0 + \theta_\beta^j),$$

于是

$$E(u^k) = \pm \frac{n}{4}(\theta_\alpha^j - 2\theta_\beta^j + \theta_\gamma^j),$$

其中±当 $\xi=1$ 时取+，$\xi=2$ 时取−。如果 k 列是 F^j 的乙列，则

$$E(u^k) = + \frac{n}{4}(\theta_\alpha^j - \theta_\gamma^j),$$

其中±的取法同上。

对 1. 中的例，可以写出如下的标准水平表：

A	1	3	2
1	1	1	1
2	1	2	2
2′	2	2	1
3	2	1	2

B	1	4	5
2	1	2	2
1	1	1	1
1′	2	1	2
3	2	2	1

于是有

$$\omega_2 = 2(a_1 - a_3),$$

$$\omega_3 = 2(a_1 - 2a_2 + a_3),$$

$$\omega_4 = 2(2\mathrm{b}_1 - \mathrm{b}_2 - \mathrm{b}_3),$$

$$\omega_5 = 2(b_3 - b_2),$$

$$\omega_6 = 4(c_1 - c_2),$$

$$\omega_7 = 0。$$

至于 ω_1 ,其中含有 A,B 的效应值,是混杂的。

这样可以求出 Q_k/σ^2 的非中心参数 ϕ_k 是

$$\phi_2 = \frac{(a_1 - a_3)^2}{2\sigma^2},$$

$$\phi_3 = \frac{(a_1 - 2a_2 + a_3)^2}{2\sigma^2},$$

$$\phi_4 = \frac{(2b_1 - b_2 - b_3)^2}{2\sigma^2},$$

$$\phi_5 = \frac{(b_3 - b_2)^2}{2\sigma^2},$$

$$\phi_6 = \frac{2(c_1 - c_2)^2}{\sigma^2},$$

$$\phi_7 = 0。$$

再令

$$S_A = Q_2 + Q_3,$$

$$S_R = Q_4 + Q_5,$$

$$S_C = Q_6,$$

$$S_e = Q_7,$$

就可以列出如下的方差分析表:

因　素	列	自 由 度	非中心参数与 $n\sigma^2$ 的乘积
赋闲	1	1	*
A	2,3	2	$4(a_1 - a_3)^2 + 4(a_1 - 2a_2 + a_3)^2$
B	4,5	2	$4(b_2 - b_3)^2 + 4(2b_1 - b_2 - b_3)^2$
C	6	1	$16(c_1 - c_2)^2$
e	7	1	0
总		7	*

注意，$a_1 = a_2 = a_3$ 的充要条件是 S_A 的非中心参数为 0，所以可以用如下的统计量作 A 的显著性检验：

$$F_A = \frac{S_A/p_A}{S_e/p_e}$$ （其中 $p_A = 2, p_e = 1$，分别是 S_A 和 S_e 的自由度）。

这就是寻常采用的办法。

4. 跋

以上我们介绍了两种分析拟因子设计的方法。我们用这两种方法分别处理了估计问题与检验问题。其实这两种方法是一致的。读者不难自行验证，在我们举的例中：

(1°)2. 中用的统计量 $\hat{a}_\lambda (\lambda = 1,2,3)$ 都可以用 u_2, u_3 线性表出

(2°)3. 中用的统计量 S_A 可以用 $\overline{A}_1 - \overline{A}_2$ 及 $\overline{A}_2 - \overline{A}_3$ 表出。

读者也不难把以上 1°，2°推广到一般情况。但是，应该说，3. 中介绍的方法从理论上来说比较透彻，而 2. 中介绍的方法从计算估计量来说比较简单。读者试分析一下在三水平正交表中用拟因子法安排的设计就会同意这一看法。

此外，应说明一点，2. 中的方法在分析“直和法”时也可以用。

在拟因子设计中安排交互作用时应注意，共用一个赋闲列的两个因子之间的水平搭配是不完整的，一个因子的 α 水平与另一个因子的 γ 水平根本不能搭配在一起。因此，为了对交互作用做出估计，必须把两个因子的赋闲列分开。但这样做，这两个因子的交互作用将占用正交表中的九个列，而只有四个独立的待估参数，这个代价太大了。应该在应用中尽可能地避免这种做法，尽可能利用“相对水平”等手法消去交互作用。实在无计可施而不得不考虑交互作用时，仍然可以用本文

介绍的两个方法来作统计分析。

如果所考虑的交互作用发生在两个数量因子之间，而且根据对实际问题的了解认为交互作用是两个因子（的水平对应的数量）的双线性函数时，可以使两个因子共同一个赋闲列。这种方法叫做“交互作用部分省略法”。请读者参看[4]。

最后，我们谈谈赋闲列。通常认为，赋闲列只能闲置不用，不能安排因子。从一定的意义上说，这是对的。实际上，拿前面的例子来看，1列是赋闲列，它与A,B都不均衡搭配。如果硬要在1列安排一个（二水平的）因子Z，那么可以算出

$$E(Z_1-Z_2)=4(\mathrm{z}_1-\mathrm{z}_2)+2(\mathrm{a}_1-\mathrm{a}_3)+2(\mathrm{b}_2-\mathrm{b}_3)。$$

这样，对Z的效应值的估计以及显著性检验就成了十分复杂的问题，恐怕非用一般线性统计的理论不可。这个问题可以说完全越出了正交设计所应讨论的问题的范围之外了。但另一方面也不难看出，这时2.，3.中关于A,B,C各因子的讨论却并不受任何影响。可见赋闲列上还是可以安排因子的，只要我们对这种因子的估计问题、显著性问题一概不感兴趣；也就是说，赋闲列上可以安排区组因子。

这个问题可以说得更深入一些，我们甚至希望在赋闲列上安排区组因子，因为这样一来，2.，3.中用到的统计量就与线性统计的一般理论中的统计量一致了（读者不妨就前面的例子对此加以验证）。这个论断的真正意义在于：在讨论拟因子设计的统计分析时，我们永远可以先在每个赋闲列上各安排一个虚拟的因子（如果这个列没有安排区组因子的话），然后按照线性模型的一般理论来解它，就得到2.，3.中的那些统计量。这可以说是“拟因子法”这个名称的来由。

参考文献

[1] 森口繁一:《统计分析》(刘璋温译),上海科技出版社,1961。

[2] 北京大学数学系概率统计组:《正交设计》,石油化工出版社,1975。

[3] 北京大学数学系概率统计组:“关于正交表的构造、性质及唯一性”,《数学的实践与认识》,2—4(1977)。

[4] 田口玄一:《新版实验计画法》,丸善株式会社,1962。

(原载《数学的实践与认识》1979年第4期35—48页)

分布式计算与异步叠代法

随着分布式计算机系统的出现,计算方法有了新的发展的可能性。本文提出的异步叠代法就是一例。

分布式计算机系统由数量相当多的计算机组成,它们各自独立地进行计算,依靠它们之间的通道进行通信,以便相互联系,共同完成一个算题。

以 Laplace 方程的差分解法为例。如果区域是矩形的,那么,可以把区域划分成许多正方形的网格,并把 Laplace 方程的近似解归结为解线性方程组

$$\begin{cases} x_{ij} = \dfrac{1}{4}(x_{i,j+1} + x_{i,j-1} + x_{i+1,j} + x_{i-1,j}), 1 < i < n, 1 < j < m, \\ x_{ij} = a_{ij}, \ i = 1, n \text{ 或 } j = 1, m。 \end{cases}$$

这个差分方程组通常是用叠代法来解的。

使用分布式计算机系统时,我们可以设想在每个网格上安放一台计算机,其任务是把周围四个计算机提供的数据求和再除以 4,做为新的数据提供给周围的计算机。这就是并行计算。这种并行计算通常是一种同步的并行计算。如果各计算机的计算速度不同(比如各结点的计算公式不同的情况),就要互相等待。

利用现代分布式计算的各种手段,也可以把计算工作组织成这样,即:每个计算机独立地工作,如果四周计算机提供的数据有所变化(指超过了允许的误差),它就继续进行叠代,否则就停下来,等待周围的

变化。

按照这种办法组织计算,如果各结点上的计算速度有别,叠代就不会是同步的。我们把这种叠代法叫做异步叠代法。

从以上的说明不难看出,同步计算依据的数学原理与普通的叠代法并无区别,而异步叠代法则有待进一步的数学研究。

异步叠代法的数学表述可用下面的例子来说明。

设方程组

$$x_i = f_i(x_1, \cdots, x_n),\ i = 1, \cdots, n。$$

用异步叠代法求解的时候,x_i的第 k 次叠代过程是在 $[p_{ik}, q_{ik}]$ 这一段时间里进行的。用 x_{it}表示叠代过程中 x_i在时刻 t 的值,则

$$x_{it} = \begin{cases} x_i^0, & \text{当 } t = 0, \\ f_i(x_{1p_{ik}}, \cdots, x_{np_{ik}}), & \text{当 } t = q_{ik}, k = 1, 2, \cdots, \\ x_{iq_{ik}}, & \text{当 } q_{ik} < t < q_{i,k+1}, k = 0, 1, 2, \cdots, \end{cases}$$

这里,我们假定 $q_{10} = q_{20} = \cdots = q_{n0} = 0$,而且对任意 $i = 1, \cdots, n$ 及 $k = 1, 2, \cdots$,有

$$q_{i,k-1} \leqslant p_{ik} < q_{ik}\ 。$$

此外,当 $k \to \infty$ 时,$p_{ik} \to \infty$,$q_{ik} \to \infty$。

t 是离散的还是连续的,对我们并不重要,以下假定 t 是离散的。

异步叠代法是否成功,就要看 $t \to \infty$时,x_{it}是否分别收敛于原方程的解 x_i。

一般说来,一个能用普通叠代法来解的问题不一定也能用异步叠代法解。下面我们给出一类可用异步叠代法解的方程的例子。

定理. 设

(1) 方程组

$$x_i = \sum_{j=1}^{n} a_{ij} x_j + b_i, \quad i = 1, \cdots, n$$

有唯一解 $x_1,\cdots,x_n$。

(2)对 $i=1,\cdots,n$,整数序列$\{p_{ik},\}\{q_{ik}\}$满足 $0=q_{i0}\leqslant p_{i1}<q_{i1}\leqslant p_{i2}\cdots$。

(3)对整数 $t\geqslant 0,i=1,\cdots,n$,

$$x_{it}=\begin{cases} x_i^0, & \text{当 } t=0, \\ \sum_{j=1}^{n} a_{ij}x_{jp_{ik}}+b_i, & \text{当 } t=q_{ik},k=1,2,\cdots, \\ x_{iq_{ik}}, & \text{当 } q_{ik}<t<q_{i,k+1},k=0,1,2,\cdots。\end{cases}$$

(4) $$\lambda=\max\left\{\sum_{j=1}^{n}|a_{ij}|,\ i=1,\cdots,n\right\}<1。$$

那末,对任何 $i=1,\cdots,n$,都有

$$\lim_{t\to\infty}x_{it}=x_i。$$

证. 对 $i=1,\cdots,n;t=0,1,2,\cdots$,令

$$u_{it}=|x_{it}-x_i|,$$

$$v_{it}=\sup\{u_{is},s\geqslant t\},$$

$$w_t=\max\{v_{it},i=1,\cdots,n\}$$

那末,v_{it},w_t 都是单调的。我们只需证明 w_t 有一个子序列收敛于 0 就可以了。

显然有

$$0\leqslant u_{it}\leqslant\sum_{i=1}^{n}|a_{ij}|u_{ip_{ik}},\ \text{当 } t=q_{ik},k=1,2,\cdots$$

及

$$u_{it}=u_{iq_{ik}},\ \text{当 } q_{ik}<t<q_{i,k+1},k=0,1\cdots。$$

因此,对于满足 $q_{ik}<t<q_{i,k+1}$ 的 t,

$$v_{it}=\sup\{u_{is},s\geqslant t\}=\sup\{u_{is},s\geqslant q_{ik}\}=v_{iq_{ik}}。$$

另一方面,对任何 k 及 $m\geqslant 0$ 有

$$u_{iqi,k+m} \leqslant \sum_{j=1}^{n} |a_{ij}| u_{jpi,k+m} \leqslant \sum_{j=1}^{n} |a_{ij}| v_{jpi,k+m}$$

$$\leqslant \sum_{j=1}^{n} |a_{ij}| v_{jpik},$$

所以，当 $q_{i,k+m} < t < q_{i,k+m+1}$ 时，

$$u_{it} = u_{iqi,k+m} \leqslant \sum_{j=1}^{n} |a_{ij}| v_{jpik}。$$

总之

$$v_{iqik} = \sup\{u_{is}, s \geqslant q_{ik}\} \leqslant \sum_{j=1}^{n} |a_{ij}| v_{jpik}。$$

给定 t，取 k 充分大，使 $p_{ik} \geqslant t, i=1,\cdots,n$，则

$$v_{iqik} \leqslant \sum_{j=1}^{k} |a_{ij}| v_{jpik} \leqslant \sum_{j=1}^{k} |a_{ij}| v_{jt}$$

$$\leqslant \sum_{j=1}^{k} |a_{ij}| w_t = w_t(\sum_{j=1}^{k} |a_{ij}|) \leqslant \lambda\omega_t, i = 1,\cdots,n。$$

于是又可以找到 s，使 $s \geqslant q_{ik}, i=1,\cdots,n$，从而

$$v_{is} \leqslant v_{iqik} \leqslant \lambda\omega_i, i = 1,\cdots,n$$

这样一来就有

$$w_s \leqslant \lambda\omega_t。$$

由此即可证明 w_t 有收敛于0的子序列。定理于是得证。

从数学角度来看，找到比上述定理更广、更强的定理可能并非难事。同时，找出一些情况，说明异步叠代法比寻常叠代法所需计算量少些，也是可能的。这说明，异步叠代法有着很好的应用前景。

（原载《数学的实践与认识》1983年第3期33—35页）

计 算 机 科 学

树计算机与树程序

本文通过一个很小的模型来引进树计算机和这种计算机上的程序——树程序的概念，并进行了有关的讨论。作者希望说明，在研究形式语言和编译系统的某些问题时，树计算机和树程序可能成为一种有效的工具。

在1.中，我们引起树计算机和树程序的概念。2.,3.用两种不同的方法处理了树程序的语义问题。这两种方法大体上相当于[1]中的"计算模型"和"演绎理论"。4.中讨论了树程序作为一种"中间语言"的意义何在。

1. 基本概念

用N表示自然数的集合$\{0,1,2,\cdots\}$，$<$表示N的自然顺序，N^*是自然数的有限序列的集合，ε表示空的序列，$\varepsilon\in N^*$，N^*的元素叫字。

设x是一个非空的字，用$\boldsymbol{t}(x)$表示x的右端最后一个符号，$\boldsymbol{w}(x)$表示自x中消去$\boldsymbol{t}(x)$得到的字。例如$\boldsymbol{t}(021)=1$，$\boldsymbol{w}(021)=02$。

用$x\cdot x'$表示x与x'这两个字的并置，例如$02\cdot 1=021$。显然，当$x\neq\varepsilon$，$\boldsymbol{w}(x)\cdot\boldsymbol{t}(x)=x$。

$X\subset N^*$叫一个"有序树"，如果：1°如果$x\in X$，$x\neq\varepsilon$，则$\boldsymbol{w}(x)\in X$；2°如果$x\in X$，$x\neq\varepsilon$，$i<\boldsymbol{t}(x)$，则$\boldsymbol{w}(x)\cdot i\in X$。

以后假定X总是非空的。这样，从1°可知$\varepsilon\in X$。

如对 $x \in X$,令 $\Gamma x = \{y \mid w(y) = x, y \in X\}$,则$(x,\Gamma)$是一个通常意义下的树。而“有序”这个定语无非是用来表示:对任何 $x \in X$,Γx 中的各结点都已排好了顺序,并做好了标记 $x \cdot 0, x \cdot 1, \cdots, x \cdot (n_x - 1)$,其中 n_x 是 Γx 中的结点的个数:$\boldsymbol{n_x} = \# \boldsymbol{\Gamma x}$。

设 Y 是一个有限集(存储器),F 是一些 Y 到自身内的映象的集合(运算的集合),T 是一些 Y 到$\{0,1\}$的映象的集合(用 **0,1** 表示真值“假”与“真”,T 是判断的集合),Z 是集合$\{\boldsymbol{sx}, \boldsymbol{js}\} \cup F \cup T \cup N^*$。我们把$\langle Y,F,T,Z\rangle$叫做一个树计算机。$Z$ 是它的指令表(其中 **sx** 是“顺序”的缩写,**js** 是“结束”的缩写)。

设 X 是一个有序树,π 是 X 到 Z 的映象,那么$\langle X,\pi\rangle$叫做$\langle Y,F,T,Z\rangle$的一个树程序,如果:

1° $\pi\varepsilon = \boldsymbol{sx}$;

2° 当 $\pi x \in \{\boldsymbol{tz}\} \cup F \cup N^*$ 时,$\Gamma x = \phi$;

3° 当 $\pi x \in T$ 时,$\Gamma x = \{x \cdot 0, x \cdot 1\}$;

4° 当 $\pi x = \boldsymbol{sx}$ 时,$\Gamma x \neq \phi$;

5° 当 $\pi x \in N^*$ 时,$\pi x \in X, \pi x \neq \varepsilon$。

使 $\pi x = \boldsymbol{js}$ 的结点 x 都叫做 X 的出口。

例. 设 $Y = N^3$,F 由以下映象组成:

$$f_1 : \langle y_1, y_2, y_3\rangle \mapsto \langle y_1, y_2, 0\rangle,$$

$$f_2 : \langle y_1, y_2, y_3\rangle \mapsto \langle y_1 - y_2, y_2, y_3 + 1\rangle,$$

T 由以下的映象组成:

$$t : \langle y_1, y_2, y_3\rangle \mapsto \mathbf{1},\text{当 } y_1 \geqslant y_2;\ \mapsto \mathbf{0},\text{当 } y_1 < y_2。$$

于是 $z = \{\boldsymbol{sx}, \boldsymbol{js}, f_1, f_2, t\} \cup N^*$。

设 $X = \{\varepsilon, 0, 1, 10, 100, 101, 11\}$。$\pi\varepsilon = \boldsymbol{sx}$, $\pi 0 = f_1$, $\pi 1 = t$, $\pi 10 = \boldsymbol{sx}$, $\pi 100 = f_2$, $\pi 101 = 1$, $\pi 11 = \boldsymbol{js}$。

这样，$\langle X,\pi\rangle$就是$\langle Y,F,T,Z\rangle$的一个树程序。它可以自然地表示为

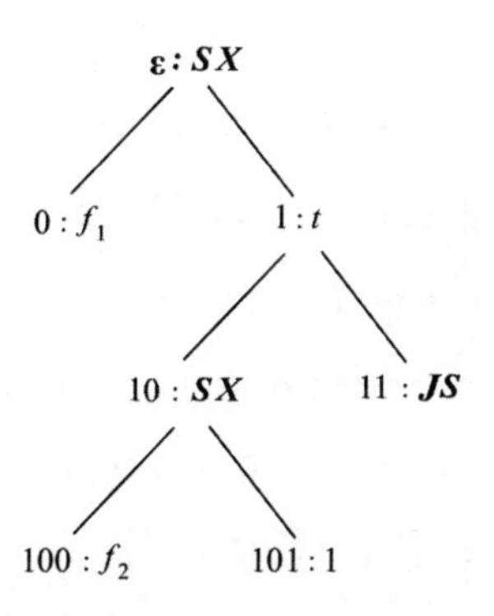

F，T 的元素也可以用直观符号写出

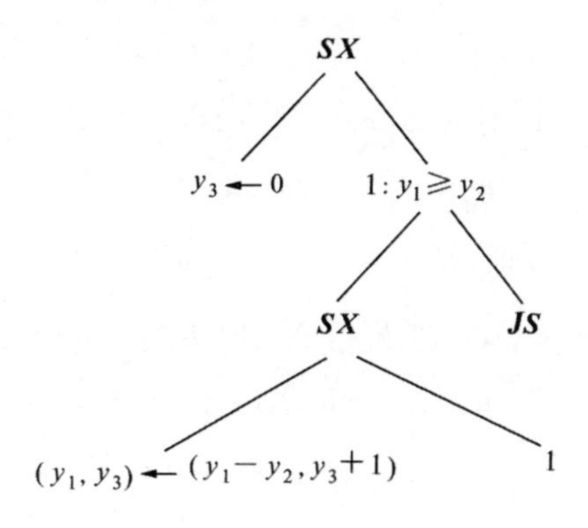

2. 树程序的运行映象

给定$\langle Y,F,T,Z\rangle$的一个树程序 $P=\langle X,\pi\rangle$之后，我们可以构造一个运行映象 $K: W\rightarrow W$。这里 $W=\{\mathbf{0},\mathbf{1}\}\otimes X\otimes Y$ 叫做 P 的运行空间，$w=\langle b,x,y\rangle\in W$ 叫做一个运行状态，其中 $b=\mathbf{0}$ 或 $\mathbf{1}$ 表示当前的

“指令”“未执行”或“已执行”，x 是当前“指令”的“位置”，y 是当前的“存储器状态”。K 的具体形式如下：

(1) 当 $b=\mathbf{0}$ 时：

(1a) 当 $\pi x = f \in F, K\langle b,x,y\rangle = \langle \mathbf{1},x,f(y)\rangle$；

(1b) 当 $\pi x = \boldsymbol{sx}, K\langle b,x,y\rangle = \langle \mathbf{0},x\cdot 0,y\rangle$；

(1c) 当 $\pi x = t \in T$，

如果 $t(y)=\mathbf{1}$ 则 $K\langle b,x,y\rangle=\langle \mathbf{0},x\cdot 0,y\rangle$，

否则 $K\langle b,x,y\rangle=\langle \mathbf{0},x,1,y\rangle$；

(1d) 当 $\pi x = x' \in X, K\langle b,x,y\rangle = \langle \mathbf{0},x',y\rangle$；

(1e) 当 $\pi x = \boldsymbol{js}, K\langle b,x,y\rangle$ 无定义。

(2) 当 $b=\mathbf{1}$ 时，如 $x=\varepsilon, K\langle b,x,y\rangle$ 无定义，否则：

(2a) 当 $\pi\boldsymbol{w}(x)=\boldsymbol{sx}$，

如 $\boldsymbol{t}(x)=n_{w(x)}-1$，则 $K\langle b,x,y\rangle = \langle \mathbf{1},\boldsymbol{w}(x),y\rangle$，

否则 $K\langle b,x,y\rangle = \langle \mathbf{0},\boldsymbol{w}(x)\cdot(\boldsymbol{t}(x)+1),y\rangle$；

(2b)当 $\pi\boldsymbol{w}(x) = t$ 时，$K\langle b,x,y\rangle = \langle 1,\boldsymbol{w}(x),y\rangle$

(2c) 当 $\pi\boldsymbol{w}(x) \in \{\boldsymbol{js}\} \cup F \cup N^*$ 时 $K\langle b,x,y\rangle$ 无定义。

任给 $\eta \in Y$，令 $w_0 = \langle \mathbf{0},0,\eta\rangle$，如 Kw_0 有定义，令 $w_1 = Kw_0$，如 Kw_1 有定义，令 $w_2=Kw_1$。如此等等，可以得到一个序列。

$$\alpha_\eta = \langle w_0, w_1, \cdots\rangle,$$

叫做 P 对初值 η 的运行序列。这里可能出现两种情况之一：

(1) α_η 是无穷序列。这时，我们说 P 对初值 η 不停止，P_η 无定义。

(2) α_η 是有穷序列，即存在某个 $w_k = \langle \beta,\xi,\zeta\rangle$，$Kw_k$ 无定义。这时，我们说 P 对初值停止于 w_k，$P_\eta = \zeta$。

这样，P 可以看作 $Y\to Y$ 的映象，这个映象就是树程序 $P=\langle x,\pi\rangle$ 的语义。

例. 在上节例中，如取 $\eta=\langle 9,4,0\rangle$，可以算出以下的结果：

$w_0=\langle \mathbf{0},0,\langle 9,4,0\rangle\rangle$,

$w_1=\langle \mathbf{1},0,\langle 9,4,0\rangle\rangle$,　由(1a)

$w_2=\langle \mathbf{0},1,\langle 9,4,0\rangle\rangle$,　由(2a)

$w_3=\langle \mathbf{0},10,\langle 9,4,0\rangle\rangle$,　由(1c)

$w_4=\langle \mathbf{0},100,\langle 9,4,0\rangle\rangle$,　由(1b)

$w_5=\langle \mathbf{1},100,\langle 5,4,1\rangle\rangle$,　由(1a)

$w_6=\langle \mathbf{0},101,\langle 5,4,1\rangle\rangle$,　由(2a)

$w_7=\langle \mathbf{0},1,\langle 5,4,1\rangle\rangle$,　由(1d)

$w_8=\langle \mathbf{0},10,\langle 5,4,1\rangle\rangle$,　由(1c)

$w_9=\langle \mathbf{0},100,\langle 5,4,1\rangle\rangle$,　由(1b)

$w_{10}=\langle \mathbf{1},100,\langle 1,4,2\rangle\rangle$,　由(1a)

$w_{11}=\langle \mathbf{0},101,\langle 1,4,2\rangle\rangle$,　由(2a)

$w_{12}=\langle \mathbf{0},1,\langle 1,4,2\rangle\rangle$,　由(1d)

$w_{13}=\langle \mathbf{0},11,\langle 1,4,2\rangle\rangle$,　由(1c)

Kw_{13}无定义。　由(1e)

由此得到 $P\langle 9,4,0\rangle=\langle 1,4,1\rangle$。

如果 $\eta=\langle 1,0,0\rangle$，则读者不难仿照上面的办法求出 $w_2=\langle \mathbf{0},1,\langle 1,0,0\rangle\rangle$，$w_6=\langle \mathbf{0},101,\langle 1,0,1\rangle\rangle$，$w_7=\langle \mathbf{0},1,\langle 1,0,1\rangle\rangle$，$w_{11}=\langle \mathbf{0},101,\langle 1,0,2\rangle\rangle$，$w_{12}=\langle \mathbf{0},101,\langle 1,0,2\rangle\rangle$ 等等。一般可证明：$w_{5j+2}=\langle \mathbf{0},1,\langle 1,0,j\rangle\rangle(j=0,1,\cdots)$。于是 $P\langle 1,0,0\rangle$无定义。

引理 2.1　如 P 对初值 η 停止于$\langle\beta,\xi,\eta'\rangle$，则 $\xi=\varepsilon$ 或 $\pi\xi=\boldsymbol{js}$。

证. 由 K 的定义可知，如果 $\xi\neq\varepsilon$ 且 $\pi\xi\neq\boldsymbol{js}$，而 $K\langle\beta,\xi,\eta'\rangle$无定义，则必有$\beta=\mathbf{1}$ 且 $\pi\boldsymbol{w}(\xi)\in F\cup N^*$。再从树程序的定义可以看出，这时 $\Gamma\boldsymbol{w}(\xi)=\phi$。但是从 Γ 的定义，$\xi\in\Gamma\boldsymbol{w}(\xi)$，这是矛盾的。于是引理得证。

注意：引理中如 $\xi=\varepsilon$，则 $\beta=\mathbf{1}$，如 $\pi\xi=\boldsymbol{js}$，则 $\beta=\mathbf{0}$。

引理 2.2　任给 $\langle Y,F,T,Z\rangle$ 的树程序 $P=\langle X,\pi\rangle$，总存在 $\langle Y,F,T,Z\rangle$ 的一个树程序 $P'=\langle X',\pi'\rangle$，使得对任何 $\eta\in Y$，总有：

1° 如 P 对初值 η 不停止，则 P' 对初值 η 也不停止；

2° 如 P 对初值 η 停止于 $\langle\beta,\xi,\zeta\rangle$，则 P' 对 η 停止于 $\langle\mathbf{0},\xi',\zeta\rangle$，其中 $\xi'\in X'$，$\pi'\xi'=\boldsymbol{js}$。

证. 令 $X'=\{\varepsilon,1\}\cup\{0\}\cdot X$，$\pi'(\varepsilon)=\boldsymbol{sx}$，$\pi'(1)=\boldsymbol{js}$。对 $\pi x\in N^*$ 的 x，令 $\pi'(0\cdot x)=0\cdot\pi x$，对 $\pi x\notin N^*$ 的 x，令 $\pi'(0,x)=\pi x$，则不难看出 $P'=\langle X',\pi'\rangle$ 是 $\langle Y,F,T,Z\rangle$ 上的树程序。用 K,K' 分别表示 P,P' 的运行映象。

设 $\eta\in Y$。$\alpha_\eta=\langle w_0,w_1,\cdots\rangle$ 是 P 对初值 η 的运行序列。记 $w_i=\langle b_i,x_i,y_i\rangle(i=0,1,\cdots)$，则 $Kw_i=w_{i+1}(i=0,1,\cdots)$。

令 $w_0'=\langle\mathbf{0},0,\eta\rangle$，$w_i'=\langle b_{i-1},0\cdot x_{i-1},y_{i-1}\rangle(i=0,1,\cdots)$，则因为 $\pi'\varepsilon=\boldsymbol{sx}$，所以 $Kw_0'=\langle\mathbf{0},00,\eta\rangle=w_1'$。而且不难看出 $Kw_i'=w_{i+1}'(i=1,2,\cdots)$。

如果 α_η 是无穷的，则 $\alpha_\eta'=\langle w_0',w_1',\cdots\rangle$ 即 P' 对初值 η 的运行序列也是无穷的，这就是 1°。

如果 α_η 是有穷的，$\alpha_\eta=\langle w_0,\cdots,w_k\rangle$。当 $\pi x_k=\boldsymbol{js}$，则 $\alpha_\eta'=\langle w_0',\cdots,w_{k+1}'\rangle$ 是 P' 对初值 η 的运行序列，$w_{k+1}'=\langle\mathbf{0},0\cdot x_k,\zeta\rangle$，$\pi'(0\cdot x_k)=\pi x_k=\boldsymbol{js}$。当 $\pi x_k\neq\boldsymbol{js}$，由引理 2.1，$\pi x_k=\langle\mathbf{1},\varepsilon,\zeta\rangle$，故 $w_{k+1}'=\langle\mathbf{1},\mathbf{0},\zeta\rangle$，于是 $w_{k+2}'=Kw_{k+1}'=\langle\mathbf{0},1,\zeta\rangle$，而 $\pi 1=\boldsymbol{js}$。这样 P' 对初值 η 的运行序列是 $\langle w_0',\cdots,w_{k+2}'\rangle$，这就是 2°。

引理证完。

注意：这个引理说明，我们今后无妨限于研究这样的树程序，它停止于 $\langle b,\xi,\zeta\rangle$ 时，总有 $b=\mathbf{0}$，$\pi\xi=\boldsymbol{tz}$（形象地说：它停止于“到达”出口结点时)。

3. 树程序的描述公式

设给了$\langle Y,F,T,Z\rangle$的一个树程序$\langle X,\pi\rangle$,对每一个x的非出口结点可以按如下的办法写出一组"描述公式"A_x:

(1) 对$\pi x=f\in F$的结点x,A_x是

$$Q_x(y)\rightarrow R_x(f(y));$$

(2) 对$\pi x=\boldsymbol{sx}$的结点x,A_x是

$$Q_x(y)\rightarrow Q_{x\cdot 0}(y),$$
$$R_{x\cdot i}(y)\rightarrow Q_{x\cdot(i+1)}(y),\ i=0,\cdots,n_x-2,$$
$$R_{x\cdot(n_x-1)}(y)\rightarrow R_x(y);$$

(3) 对$\pi x=t\in T$的结点x,A_x是

$$Q_x(y)\wedge t(y)\rightarrow Q_{x\cdot 0}(y),$$
$$Q_x(y)\wedge\neg t(y)\rightarrow Q_{x\cdot 1}(y),$$
$$R_{x\cdot 0}(y)\rightarrow R_x(y),$$
$$R_{x\cdot 1}(y)\rightarrow R_x(y),$$

(4) 对$\pi x=x'\in X$的结点x,A_x是

$$Q_x(y)\rightarrow Q_x{}'(y)。$$

以上公式中Q_x,R_x分别叫做结点x的到达条件谓词与离开条件谓词。$\mathscr{A}_p=\bigcup_{x\in X}A_x$叫做$P$的描写公式。

此外,设φ,ψ是两个谓词,则

$$\varphi(y)\rightarrow Q_0(y)$$

及

$$Q_x(y)\rightarrow\psi(y)\ (一切\ x,\ \pi_x=\boldsymbol{js})$$

分别叫做(关于入口谓词 φ 的)入口公式及(关于出口谓词 ψ 的)出口公式。全体入口公式及出口公式记做 $\mathscr{A}_T$。

定义. 设给了 $\langle Y,F,T,Z\rangle$ 的树程序 $P=\langle X,\pi\rangle$ 及 Y 到 $\{\mathbf{0},\mathbf{1}\}$ 的两个映象 $\tilde{\varphi},\tilde{\psi}$。如果对任何使 $\tilde{\varphi}(\eta)=\mathbf{1}$ 的 $\eta\in Y$,只要 P 对初值 η 停止于某个 $\langle b,\xi,\zeta\rangle$,就有 $\tilde{\psi}(\zeta)=\mathbf{1}$,则说 P 对 $\tilde{\varphi},\tilde{\psi}$ 正确。

定理 3.1　P 对 $\tilde{\varphi},\tilde{\psi}$ 正确的充要条件是,可以找到 Y 到 $\{\mathbf{0},\mathbf{1}\}$ 的两组映象 $\{\mu_x|x\in X\}$ 和 $\{\upsilon_x|x\in X\}$,当把 $\mu_x,\upsilon_x,\tilde{\varphi},\tilde{\psi}$ 赋给 $\mathscr{A}_p\cup\mathscr{A}_T$ 中的谓词 Q_x,R_x,φ,ψ 时 $\mathscr{A}_p\cup\mathscr{A}_T$ 中的公式的真值都是 $\mathbf{1}$。

证明见附录。

例. 对上节的例子,可以写出描写公式如下:

$(A_\varepsilon-1)$　　$Q_\varepsilon(y_1,y_2,y_3)\rightarrow Q_0(y_1,y_2,y_3)$,

$(A_\varepsilon-2)$　　$R_0(y_1,y_2,y_3)\rightarrow Q_1(y_1,y_2,y_3)$,

$(A_\varepsilon-3)$　　$R_1(y_1,y_2,y_3)\rightarrow R_\varepsilon(y_1,y_2,y_3)$,

(A_0)　　$Q_0(y_1,y_2,y_3)\rightarrow R_0(y_1,y_2,0)$,

(A_1-1)　　$Q_1(y_1,y_2,y_3)\wedge y_1\geqslant y_2\rightarrow Q_{10}(y_1,y_2,y_3)$,

(A_1-2)　　$Q_1(y_1,y_2,y_3)\wedge y_1<y_2\rightarrow Q_{11}(y_1,y_2,y_3)$,

(A_1-3)　　$R_{10}(y_1,y_2,y_3)\rightarrow R_1(y_1,y_2,y_3)$,

(A_1-4)　　$R_{11}(y_1,y_2,y_3)\rightarrow R_1(y_1,y_2,y_3)$,

$(A_{10}-1)$　　$Q_{10}(y_1,y_2,y_3)\rightarrow Q_{100}(y_1,y_2,y_3)$,

$(A_{10}-2)$　　$R_{100}(y_1,y_2,y_3)\rightarrow Q_{101}(y_1,y_2,y_3)$,

$(A_{10}-3)$　　$R_{101}(y_1,y_2,y_3)\rightarrow R_{10}(y_1,y_2,y_3)$,

(A_{100})　　$Q_{100}(y_1,y_2,y_3)\rightarrow R_{100}(y_1-y_2,y_2,y_3+1)$,

(A_{101})　　$Q_{101}(y_1,y_2,y_3)\rightarrow Q_1(y_1,y_2,y_3)$。

还可以写出入口公式

(R)　　$\varphi(y_1,y_2,y_3)\rightarrow Q_0(y_1,y_2,y_3)$,

出口公式

(C_{11}) $$Q_{11}(y_1,y_2,y_3) \to \psi(y_1,y_2,y_3)。$$

现在设 $a,b \in N$。

$$\tilde{\varphi}(y_1,y_2,y_3)=\begin{cases}\mathbf{1}, & 当\ y_1=a,y_2=b,\\ \mathbf{0}, & 否则,\end{cases}$$

$$\tilde{\psi}(y_1,y_2,y_3)=\begin{cases}\mathbf{1}, & 当\ y_1<b\ 且\ a=y_1+b\times y_3,\\ \mathbf{0}, & 否则。\end{cases}$$

我们来证明 P 对 $\tilde{\varphi},\tilde{\psi}$ 正确。

根据定理 3.1，我们只用找到 $\{\mu x \mid x\in X\}$ 及 $\{\upsilon_x \mid x\in X\}$，使得用 $\mu_x,\upsilon_x,\tilde{\varphi},\tilde{\psi}$ 代入 $(A_\varepsilon-1)\sim(C_{11})$ 各公式时都得到 **1** 就行了。

首先，注意 Q_ε 只出现在 $(A_\varepsilon-1)$ 左端，所以把 μ_ε 取作 **0**，$(A_\varepsilon-1)$ 就恒为 **1**，而不管其他的 μ_x,υ_x 是什么。同理，$\upsilon_1,\upsilon_\varepsilon,\upsilon_{101}$ 分别取为 **1**，**1**，**0**，则 (A_1-3)，(A_1-4)，$(A_\varepsilon-3)$，$(A_{10}-3)$ 都恒为 1。

我们这样取定 $\mu_\varepsilon,\upsilon_1,\upsilon_\varepsilon,\upsilon_{101}$，并删去 $(A_\varepsilon-1)$，(A_1-3)，(A_1-4)，$(A_\varepsilon-3)$ 及 $(A_{10}-3)$。

再看 Q_0，它只出现在 (R) 与 (A_0) 中。如取 $\mu_0=\tilde{\varphi}$，则 (R) 自然为 **1**，而 (A_0) 与 $\varphi(y_1,y_2,y_3)\to R_0(y_1,y_2,y_3)$ 真值相同。类似地处理 (A_{101}) 与 (C)，$(A_{10}-1)$ 与 (A_{100})，$(A_{10}-2)$ 与 (A_{101})，于是，我们的任务就转化为找一组 μ_x,υ_x 使以下各公式为 **1**：

$(A_\varepsilon-2)$ $$R_0(y_1,y_2,y_3)\to Q_1(y_1,y_2,y_3),$$

(A_0') $$\varphi(y_1,y_2,y_3)\to R_0(y_1,y_2,0),$$

(A_1-1) $$Q_1(y_1,y_2,y_3)\wedge y_1\geqslant y_2\to Q_{10}(y_1,y_2,y_3),$$

$(A_1'-2)$ $$Q_1(y_1,y_2,y_3)\wedge y_1<y_2\to \psi(y_1,y_2,y_3),$$

$(A_{10}'-1)$ $$Q_{10}(y_1,y_2,y_3)\to R_{100}(y_1-y_2,y_2,y_3+1),$$

$(A_{10}'-2)$ $$R_{100}(y_1,y_2,y_3)\to Q_1(y_1,y_2,y_3)。$$

仿照前面的办法，还可以把问题转化为找 μ_1,μ_{10} 使以下公式为 **1**：

(A_0'') $\varphi(y_1,y_2,y_3) \to Q_1(y_1,y_2,0)$,

(A_1-1) $Q_1(y_1,y_2,y_3) \wedge y_1 \geqslant y_2 \to Q_{10}(y_1,y_2,y_3)$,

$(A_1'-2)$ $Q_1(y_1,y_2,y_3) \wedge y_1 < y_2 \to \psi(y_1,y_2,y_3)$,

$(A_{10}''-1)$ $Q_{10}(y_1,y_2,y_3) \to Q_1(y_1-y_2,y_2,y_3+1)$。

最后转化为找 μ_1,使得

$$\mu_1(a,b,0),$$

$$\mu_1(y_1,y_2,y_3) \wedge y_1 \geqslant y_2 \to \mu_1(y_1-y_2,y_2,y_3+1)$$

及

$$\mu_1(y_1,y_2,y_3) \wedge y_1 < y_2 \to y_1 < b \wedge a = y_1 + b \times y_3$$

都是 **1**。这样的 μ_1 显然可以取作

$$\mu_1(y_1,y_2,y_3) = \begin{cases} \mathbf{1}, \text{当 } y_2 = b, a = y_1 + b \times y_3, \\ \mathbf{0}, \text{其他。} \end{cases}$$

这就证明了 P 对 $\tilde{\varphi},\tilde{\psi}$ 正确。

由此可见,描述公式可以用作程序验证的手段。

4. 讨　论

树程序可以用"符号行"的形式写出。比如说,按照如下的办法:

1°令 $J=\{x \mid$存在一个 $x' \in X$ 使 $\pi x'=x\}$。把 J 中的结点编上号,用 l_x 表示 $x \in J$ 的编号。要求 $x \neq x'$时 $l_x \neq l_{x'}$。记

$$\Lambda_x = \begin{cases} l_x :, \text{当 } x \in J, \\ \varepsilon, \text{其他。} \end{cases}$$

2°令 $x_0=\{x \mid x \in X, \Gamma x=\phi\}$, $X_k=\{x \mid \Gamma^{(k+1)}x=\phi, \Gamma^{(k)}x \neq \phi\}(k=1,2,\cdots)$。由树程序的定义可以看出 $X_0=\{x \mid x \in X, \pi x \in F \cup \{\boldsymbol{js}\} \cup N^*\}$,而当 $x \in X_1 \cup X_2 \cup \cdots$, $\pi x = \mathbf{sx}$ 或 $\pi x \in T$。由于 X 是有限集,X 中的每个链都是有限长的。用 m 表示最长的链的长

度，则有 $X_m = \{\varepsilon\}, X = X_0 \cup X_1 \cup \cdots \cup X_m$，而且很容易看出对任何 $k = 1, \cdots, m$ 及 $x \in X_k$，总有 $x \cdot i \in X_0 \cup \cdots \cup X_{k-1}(i \in N, x \cdot i \in X)$。因此，对任何 $x \in X$ 可以递归地求出 $\sum_x$ 如下：

$$\sum_x = \begin{cases} (\Lambda x)(\pi x), & \text{当 } \pi x \in F \cup \{\boldsymbol{js}\}, \\ (\Lambda \mathrm{x})\boldsymbol{zx}l_{x'}, & \text{当 } \pi \mathrm{x} = \mathrm{x}' \in \mathrm{N}^*, \\ (\Lambda \mathrm{x})\boldsymbol{s}(\sum_{\mathrm{x}\cdot 0}); \cdots; (\sum_{\mathrm{x}\cdot(\mathrm{n_x}-1)})\boldsymbol{z}, & \text{当 } \pi x = \boldsymbol{sx}, \\ (\Lambda x)\boldsymbol{ru}\,\mathrm{t}\boldsymbol{ze}(\sum_{\mathrm{x}\cdot 0})\boldsymbol{tz}(\sum_{\mathrm{x}\cdot 1}), & \text{当 } \pi \mathrm{x} = \mathrm{t} \in \mathrm{T}。 \end{cases}$$

$\sum_\varepsilon$ 就是所求的“符号行”。例如对前节例中的树程序有：

$$J = \{1\},$$

取

$$l_x = 0,$$

则

$$A_x - \begin{cases} \varepsilon, \text{ 当 } x \neq 1, \\ 0:, \text{ 当 } x = 1。 \end{cases}$$

于是可以求出：

$$\sum_0 = f_1,$$

$$\sum_{100} = f_2,$$

$$\sum_{101} = \boldsymbol{zx}0,$$

$$\sum_{11} = \boldsymbol{tz},$$

$$\sum_{10} = \mathbf{s}\mathrm{f}_2;\boldsymbol{zx}0\boldsymbol{z},$$

$$\sum_1 = 0:\boldsymbol{ru}\,\mathrm{t}\boldsymbol{zes}\,\mathrm{f}_2;\boldsymbol{zx}0\boldsymbol{zfzjs},$$

$$\sum_\varepsilon = \mathbf{s}\mathrm{f}_1;0:\boldsymbol{ru}\,\mathrm{t}\boldsymbol{zes}\,\mathrm{f}_2;\boldsymbol{zx}0\boldsymbol{zfzjsz}。$$

用直观的符号来写就得到如下的类似 Algol 的程序：

s

$y_3 \leftarrow 0$;

0： ***ru*** $y_1 \geqslant y_2$ ***ze*** **s**$(y_1, y_3) \leftarrow (y_1 - y_2, y_3 + 1)$;

zx 0 ***z***

fz js

z

如果把某个树计算机$\langle Y, F, T, Z\rangle$的一切树程序对应的符号行的集看作一个语言，则不难用普通的办法给出它的语法，并写出从这个语言的语句恢复原来的树程序的算法。

从语法的观点来看，树程序可说是相应的语句的语法树的一个提纲，从这个提纲来定义语义比较方便。另一方面，这种语义可以非递归地定义，于是就很便于使用“程序综合”的方法（参看[2]）机械地产生具体计算机的程序（指编译程序）。

然而，我们不难看出，适当地扩充集合 Z 之后（并利用下推自动机中的一些概念与做法），树程序也可以用于处理复杂的语言。因此，用树程序作为中间语言，对编译程序的机械生成很可能会有效果。

此外，3. 中已指出描述公式与程序验证的关系，根据这一点也可以设想在程序验证系统中采用树程序作为中间语言。

总之，树程序可能有多方面的应用。至于树计算机，是否也可能在整体设计以及其他有关方面有所应用，则不是作者敢于多加评述的问题了。

参考文献

[1] C. A. R. Hoare and P. E. Lauer, "Consistent and Complementary Formal Theories of the Semantic of Programming Languages", *Acta Informatica* 3 (1974), Fasc. 2, 135—153.

[2] C. Chang and R. C. Lee, *Symbolic Logic and Mechanical Theorem Proving*, Acad. Press. New York and London, 1973.

附录　定理 3.1 的证明

1. 充分性

任给 $\eta\in Y$，使 $\tilde{\varphi}(\eta)=\mathbf{1}$，且 P 对初值 η 停止于某个 $\langle\beta,\xi,\zeta\rangle$。我们来证明 $\tilde{\psi}(\zeta)=\mathbf{1}$。

把 P 对 η 的运行序列记作 $\alpha_\eta=\langle w_0,\cdots,w_k\rangle$，其中 $w_i=\langle b_i,x_i,y_i\rangle(i=0,\cdots,k)$。则有 $b_0=\mathbf{0}, x_0=0, y_0=\eta, b_k=\beta=\mathbf{0}, x_k=\xi, \pi x_k=\boldsymbol{js}, y_k=\zeta$。

现在令

$$r_i=\begin{cases}\mu_{x_i}(y_i),\ \text{如 } b_i=\mathbf{0}\\ \upsilon_{x_i}(y_i),\ \text{如 } b_i=\mathbf{1}。\end{cases}\quad i=0,\cdots,k,$$

我们来用归纳法证明 $r_i=\mathbf{1}$，$i=0,\cdots,k$。

先证 $r_0=\mathbf{1}$。

由入口公式可知

$$\tilde{\varphi}(y)\rightarrow\mu_\varepsilon(y)$$

是 $\mathbf{1}$。由描述公式 A_ε 可知

$$\mu_\varepsilon(y)\rightarrow\mu_0(y)$$

是 $\mathbf{1}$。再由 η 的取法

$$\tilde{\varphi}(\eta)$$

是 $\mathbf{1}$。这样就得到

$$\mu_0(\eta)$$

是 $\mathbf{1}$。从而 $\gamma_0=\mu_0(\eta)=\mathbf{1}$。

现在设 $\gamma_0=\cdots=\gamma_i=\mathbf{1}$，$(i<k)$。我们来证明 $\gamma_{i+1}=\mathbf{1}$。

注意 $Kw_i=w_{i+1}$，所以可以分以下几种情况来讨论。

(1) $b_i=\mathbf{0}$，(此时 $\mu_{x_i}(y_i)=\gamma_i=\mathbf{1}$)，而且：

(1a) $\pi x_i=f\in F$。这时 $x_{i+1}=x_i, b_{i+1}=\mathbf{1}, y_{i+1}=f(y_i)$。

于是 $\gamma_{i+1}=\upsilon_{x_{i+1}}(y_{i+1})=\upsilon_{x_i}(f(y_i))$。从描述公式 A_{x_i} 可知

$$\mu_{x_i}(y_i)\rightarrow\upsilon_{x_i}(f(y_i))$$

为 **1**，而 $\mu_{x_i}(y_i)=\mathbf{1}$，所以

$$\gamma_{i+1}=\upsilon_{x_i}(f(y_i))=\mathbf{1}。$$

(1b) $\pi x_i=\mathbf{sx}$。这时 $x_{i+1}=x_i\cdot 0, b_{i+1}=\mathbf{0}, y_{i+1}=y_i$。于是 $\gamma_{i+1}=\mu_{x_{i+1}}(y_i+1)=\mu_{x_i\cdot 0}(y_i)$。

从描述公式 A_{x_i} 可知

$$\mu_{x_i}(y_i)\rightarrow\mu_{x_i\cdot 0}(y_i)$$

为 **1**，而 $\mu_{x_i}(y_i)=\mathbf{1}$，所以

$$\gamma_{i+1}=\mu_{x_i\cdot 0}(y_i)=\mathbf{1}$$

(1c) $\pi_{x_i}=t\in T$。这时 $b_{i+1}=\mathbf{0}, y_{i+1}=y_i$。如果 $t(y_i)=\mathbf{1}$，则 $x_{i+1}=x_i\cdot 0$，$\gamma_{i+1}=\mu_{x_i\cdot 0}(y_i)$，另一方面，由描述公式 A_{x_i} 可知

$$\mu_{x_i}(y_i)\wedge t(y_i)\rightarrow\mu_{x_i\cdot 0}(y_i)$$

是 **1**，因此 $\gamma_{i+1}=\mathbf{1}$。如果 $t(y_i)=\mathbf{0}$，同样的办法也可以证明 $\gamma_{i+1}=\mathbf{1}$。

由此可以得到 $\gamma_{i+1}=\mathbf{1}$，无论 $t(y_i)$ 是 **1** 还是 **0**。

(1d) $\pi_{x_i}=x'\in X$。这时 $b_{i+1}=\mathbf{0}, x_{i+1}=x', y_{i+1}=y_i$。于是 $\gamma_{i+1}=\mu_{x}\cdot(y_i)$。从描述公式 A_{x_i} 可知

$$\mu_{x_i}(y_i)\rightarrow\mu_{x'}(y_i)$$

为 **1**，而 $\mu_{x_i}(y_i)=\mathbf{1}$，所以 $\gamma_{i+1}=\mu_{x'}(y_i)=\mathbf{1}$。

(2)$b_i=\mathbf{1}$(此时 $\upsilon_{x_i}(y_i)=y_i=\mathbf{1}$)，而且：

(2a) $\pi w(x_i)=\mathbf{sx}$。令 $n=n_{w(x_i)}$。我们再分别以下两种情况：

(2a') $t(x_i)=n-1$。这时 $b_{i+1}=\mathbf{1}, x_{i+1}=w_{(x_i)}, y_{i+1}=y_i$。于是 $\gamma_{i+1}=\upsilon_{x_{i+1}}(y_{i+1})=\upsilon_{w(x_i)}(y_i)$。由描述公式 $A_{w(x_i)}$ 可知

$$\upsilon_{w(x_i)\cdot(n-1)}(y_i)\rightarrow\upsilon_{w(x_i)}(y_i)$$

是 **1**。而 $x_i=w(x_i)\cdot t(x_i)=w(x_i)\cdot(n-1)$，所以上式又可以写成

$$\upsilon_{x_i}(y_i)\rightarrow\upsilon_{w(x_i)}(y_i)。$$

而由于 $\upsilon_{x_i}(y_i)=\mathbf{1}$，所以

$$\gamma_{i+1}=\upsilon_{w(x_i)}(y_i)=\mathbf{1}$$

(2a'')$t(x_i)<n-1$。这时 $b_{i+1}=\mathbf{0}, x_{i+1}=w(x_i)\cdot(t(x_i)+1), y_{i+1}=y_i$。于是 $\gamma_{i+1}=\mu_{x_{i+1}}\cdot(y_{i+1})=\mu_{w(x_i)\cdot(t(x_i)+1)(y_i)}$。由描述公式 $A_{w(x_i)}$ 可知

$$\upsilon_{w(x_i)t\cdot(x_i)}(y_i)\rightarrow\mu x_{(x_i)\cdot(t(x_i)+1)}(y_i)$$

为 **1**，也就是

$$\upsilon_{x_i}(y_i)\rightarrow\gamma_{i+1}$$

为 **1**，而 $\upsilon_{x_i}(y_i)=\mathbf{1}$，所以

$$\gamma_{i+1}=\mathbf{1}。$$

(2*b*) $\pi\mathbf{w}(x_i)=t\in\mathrm{T}$。这时 $b_{i+1}=\mathbf{1}, x_{i+1}=\mathbf{w}(x_i), y_{i+1}=y_i$。于是 $\gamma_{i+1}=\upsilon_{w(x_i)}(y_i)$。另一方面，由 $\pi\mathbf{w}(x_i)\in\mathrm{T}$ 可知 $x_i=\mathbf{w}(x_i)\cdot 0$ 或 $\mathbf{w}(x_i)\cdot 1$。从描述公式 $A_{w(x_i)}$ 可知

$$\upsilon_{w(x_i)\cdot 0}(y_i)\to\upsilon_{w(x_i)}(y_i)$$

$$\upsilon_{w(x_i)\cdot 1}(y_i)\to\upsilon_{w(x_i)}(y_i)$$

都是 **1**。因此不论 $x_i=\mathbf{w}(x_i)\cdot 0$ 或 $\mathbf{w}(x_i)\cdot 1$ 都可以从 $\upsilon_{x_i}(y_i)=\mathbf{1}$ 得到

$$\gamma_{i+1}=\upsilon_{w(x_i)\cdot 1}\cdot(y_i)=\mathbf{1}。$$

到此为止，我们已证明了 $\gamma_k=\mathbf{1}$。

由于 $b_k=\mathbf{0}$，所以

$$\mu_{x_k}(y_k)=\gamma_k=\mathbf{1}。$$

再由 $\pi x_k=\boldsymbol{tz}$ 及出口公式 c_{x_k} 可知

$$\mu_{x_k}(y_k)\to\bar{\varphi}(y_k)$$

为 **1**。这样就得到 $\bar{\psi}(y_k)=\mathbf{1}$，就是 $\bar{\psi}(\zeta)=\mathbf{1}$。

充分性得到证明。

2. 必要性

对任何 $\eta\in Y$，令 $\alpha_\eta=\langle w_0, w_1, \cdots\rangle$ 是 P 对初值 η 的运行序列。令 $G_\eta=\{w_0, w_1\cdots\}$，把满足 $\bar{\varphi}(\eta)=\mathbf{1}$ 的 η 对应的 G_η 合并为一个集合 G：

$$G=\bigcup_{\eta:\bar{\varphi}(\eta)=1}G_\eta$$

我们可以证明，如果 Kw 有定义，$w\in G$，则 $Kw\in G$。再令

$$\gamma(w)=\begin{cases}\mathbf{1},\ 当\ w\in G,\\ \mathbf{0},\ 当\ w\notin G,\end{cases}$$

那么 γ 有以下的性质：如果 Kw 有定义，则

$$(\gamma 1)\qquad \gamma(w)\to\gamma(Kw)$$

为 **1**。

现在，对 X 中的每个结点 x，令

$$\mu_x(y)=\gamma\langle\mathbf{0}, x, y\rangle,\ (y\in Y),$$

$$\upsilon_x(y)=\gamma\langle\mathbf{1}, x, y\rangle,\ (y\in Y)。$$

我们来证明 $\{\mu_x\}\{\upsilon_x\}$ 满足定理的条件。

首先，讨论入口公式，即证明

$$\bar{\varphi}(y)\to\mu_0(y)$$

是 **1**。为此我们应证对任何 $\eta\in Y$，如 $\bar{\varphi}(\eta)=\mathbf{1}$，则 $\mu_0(\eta)=\mathbf{1}$。实际上，由于 $\alpha_\eta=$

$\langle\langle \mathbf{0},0,\eta\rangle\cdots\rangle$ 所以 $\langle \mathbf{0},0,\eta\rangle \in G$，从而 $\gamma\langle \mathbf{0},0,\eta\rangle=\mathbf{1}$，这就是 $\mu_0(\eta)=\mathbf{1}$。

其次，任取一个出口结点 x，$\pi x=\boldsymbol{tz}$。如果 $\zeta\in Y$ 使得 $\mu_x(\zeta)=\mathbf{1}$，则 $\gamma\langle 0,x,\zeta\rangle=\mathbf{1}$，即 $\langle \mathbf{0},x,\zeta\rangle\in G$。这说明存在一个 $\eta\in Y$，使 $\bar{\varphi}(\eta)=\mathbf{1}$，而 $\langle \mathbf{0},x,\zeta\rangle\in G_\eta$。由 G_η 的定义可知 $\alpha_\eta=\langle w_0\cdots,\langle \mathbf{0},x,\zeta\rangle\rangle$，故 $\zeta=P_\eta$。但是 P 对 $\bar{\varphi},\bar{\psi}$ 正确，所以 $\bar{\psi}(\zeta)=\mathbf{1}$。这样就证明了。

$$\mu_x(y)\rightarrow\bar{\psi}(y)$$

为 **1**。这就是出口公式。

最后，讨论描述公式。任取 X 的一个非出口结点 x，这时可能出现以下几种情况：

(1) $\pi x=f\in F$。任取 $\zeta\in Y$，由于 $\gamma\langle \mathbf{0},x,\zeta\rangle=\mu_x(\zeta)$，$\gamma(K\langle \mathbf{0},x,\zeta\rangle)=\gamma\langle \mathbf{1},x,f(\zeta)\rangle=\upsilon_x(f(\zeta))$。
于是从(γ1)可知

$$\mu_x(\zeta)\rightarrow\upsilon_x(f(\zeta))$$

为 **1**。这就是 A_x

(2) $\pi x=\boldsymbol{sx}$。任取 $\zeta\in Y$：

(2a) 由 $\gamma\langle \mathbf{0},x,\zeta\rangle=\mu_x(\zeta)$，$\gamma(K\langle \mathbf{0},x,\zeta\rangle)=\gamma\langle \mathbf{0},x\cdot 0,\zeta\rangle=\mu_{x\cdot 0}(\zeta)$。于是从($\gamma$1)可知

$$\mu_x(\zeta)\rightarrow\mu_{x\cdot 0}(\zeta)$$

为 **1**。

(2b) 对 $i=0,\cdots,n_x-2$，由 $\gamma\langle \mathbf{1},x\cdot i,\zeta\rangle=\upsilon_{x\cdot i}(\zeta)$，$\gamma(K\langle \mathbf{1},x\cdot i,\zeta\rangle)=\gamma\langle \mathbf{0},x\cdot(i+1),\zeta\rangle=\mu_{x\cdot(i+1)}(\zeta)$，于是由($\gamma$1)可知

$$\upsilon_{x\cdot i}(\zeta)\rightarrow\mu_{x\cdot(i+1)}(\zeta)$$

为 **1**。

(2c) 由 $\gamma\langle \mathbf{1},x\cdot(n_x-1),\zeta\rangle=\upsilon_{x\cdot(n_x-1)}(\zeta)$，$\gamma(K\langle \mathbf{1},x\cdot(n_x-1),\zeta\rangle)=\gamma\langle \mathbf{1},x,\zeta\rangle$ 由(γ1)可知

$$\upsilon_{x\cdot(n_x-1)}(\zeta)\rightarrow\upsilon_x(\zeta)$$

为 **1**。

从(2a)，(2b)，(2c)可以知道$\{\mu_x\}\{\upsilon_x\}$满足 A_x。

(3) $\pi x=t\in T$。

(3a) 任取 $\zeta\in Y$ 使 $\mu_x(\zeta)\wedge t(\zeta)=\mathbf{1}$，则有 $t(\zeta)=\mathbf{1}$ 及 $\gamma\langle \mathbf{0},x,\zeta\rangle=\mathbf{1}$。于是 $\gamma(K\langle \mathbf{0},x,\zeta\rangle)=\gamma\langle \mathbf{0},x\cdot 0,\zeta\rangle=\mu_{x\cdot 0}(\zeta)$。由($r$1)可知 $\mu_{x\cdot 0}(\zeta)=\mathbf{1}$。这说明

$$\mu_x(y)\ \wedge\ t(y)\rightarrow\mu_{x\cdot 0}(y)$$

为 **1**。

(3b) 类似于(3a)可证明

$$\mu_x(y) \wedge \rceil t(y) \to \mu_{x\cdot 1}(y)$$

为 **1**。

(3c) 任取 $\zeta \in Y$。由于 $\upsilon_{x\cdot 0}(\zeta) = \gamma\langle \mathbf{1}, x, \cdot 0, \zeta\rangle$, $\gamma(K\langle \mathbf{1}, x\cdot 0, \zeta\rangle) = \gamma\langle \mathbf{1}, x, \zeta\rangle = \upsilon_x(\zeta)$,于是($\gamma$1)就成了

$$\upsilon_{x\cdot 0}(\zeta) \to \upsilon_x(\zeta)$$

为 **1**。

(3d) 类似于(3c)可以证明,对任何 $\zeta \in Y$,

$$\upsilon_{x\cdot 1}(\zeta) \to \upsilon_x(\zeta)$$

为 **1**。

(3a),(3b),(3c),(3d)说明$\{\mu_x\}$,$\{\upsilon_x\}$满足 $A_{\dot{x}}$。

(4) $\pi x = x' \in N^*$。任取 $\zeta \in Y$。由于 $\gamma\langle \mathbf{0}, x, \zeta\rangle = \mu_x(\zeta)$, $\gamma(K\langle \mathbf{0}, x, \zeta\rangle) = \gamma\langle \mathbf{0}, x', \zeta\rangle$,于是从($\gamma$1)得到

$$\mu_x(\zeta) \to \mu_{x'}(\zeta)$$

为 **1**。这就是 A_x。

到此为止,必要性得证。

定理得证。

(原载《计算机学报》1978 年第 1 卷第 1 期 71—81 页)

语义学中的关系方法

摘要： 本文旨在对语义学中的关系方法给出一个概要说明。文中，我们将用一阶逻辑的公式来表述程序中变量的值之间的关系。因此，这种方法的好处是：不必做出专门的形式系统，不需要专门的推理规则。我们所要做的一切就是把程序变换为逻辑公式，变换规则是形式规则。程序的一些性质，至少其正确性，可从所得到的逻辑公式用通常的方法来加以证明，例如，用自然推理来证明。

本文将从几个最简单的例子着手。

1. 一个简单的例子

让我们考虑下面这样的例子：

(1) **begin**

(2) $y_0 \leftarrow 1$；

(3) $y_1 \leftarrow x$；

(4) **while** $y_1 > 0$ **do begin** $y_0 \leftarrow y_0 * y_1$；$y_1 \leftarrow y_1 - 1$ **end**；

(5) $Z \leftarrow y_0$；

(6) **end**

这里，x 是输入，Z 是输出，y_0 和 y_1 是工作变量。它们全是整数。在语义学中输入被看作是变量，我们用个体变量符号来记它，譬如

记作 x。但输出不是变量,是个函数,我们为它选择一个函数符号,譬如说 Z,使得当输入为 a 时,输出则为 $Z(a)$,如此等等。

工作变量也是函数,但它们的值可随时间而改变。我们把第 s 个变量 y_s,在时刻 t,关于输入 x 的值记作 $V(s,t,x)$,这里的 V 是为该程序所选择的一个函数符号。

我们将假定程序在时刻 0 启动,在时刻 1 终止(如果它的确终止的话)。

在我们的例子中,程序是一个复合语句。由 4 个组成语句(2),(3),(4),(5)所构成。所以,我们必须把从 0 到 1 这段时间分成 4 段,给每个组成语句分配一段。但是,我们不使用通常用来表示时间的实数记法(0,0.25,0.5,0.75,1,),而用整数串来表示时间,也就是(00,01,02,03,04)。因此程序中的语句(2)在 00 开始,在 01 终止。而语句(3)在 01 开始,在 02 终止,等等。

这里,我们把 00 和 0 看成是同一个时刻:

$$(\forall s)(\forall x)[V(s,0,x)=V(s,00,x)]。$$

并且为了简短起见,规定

(T)　$T(t,u,x)\equiv(\forall s)[V(s,t,x)=V(s,u,x)]$,

于是,上面的命题就可以写成

$$(\forall x)T(0,00,x),$$

或更一般地写成

(O)　$(\forall x)(\forall\beta)T(\beta,\beta\cdot 0,x)$,

这里 β 的变域是非空整数串集合,而 0 前面的点是连接符。

另一方面,我们把时刻 04 和时刻 1 看作是一样的,因此

(M1)　$(\forall x)T(04,1,x)$。

语句(2),即 $y_0\leftarrow 1$,是赋值语句。经过这个赋值以后,y_0 的值为 1,而所有其它的工作变量的值并不改变。所以,可以写作

$(\forall x)[V(0,01,x)=1 \wedge (\forall r)[r \neq 0 \supset V(r,01,x)=V(r,00,x)]]$。假定

(A)　$A(t,s,v,x) \equiv V(s,N(t),x)=v \wedge (\forall r)[r \neq s \supset [V(r,N(t),x)=V(r,t,x)]]$,

这里 N 是“下一时刻函数”

(N)　$(\forall \beta)(\forall i)[N(\beta \cdot i)=\beta \cdot (i+1)]$,

其中 i 的变域是自然数的集合。于是,(2)的含义可以写成:

(M2)　$(\forall x)A(00,0,1,x)$。

从形式上说,可以把(T)和(A)看作是缩写,而把(N)看作是整数串的数学理论的一部分。

同样,可以把(3)的含义写成

(M3)　$(\forall x)A(01,1,x,x)$。

(5) 并不真是赋值语句,因为 Z 不是工作变量,我们可把它的含义写成

(M5)　$(\forall x)[Z(x)=V(0,03,x) \wedge T(03,04,x)]$。

粗略地讲,$Z(x)$的值与 y_0 在时刻 03 的值是相等的。并且,时刻 03 和 04 是一样的。

现在我们讨论语句(4)。这是一个循环语句,它将运行若干次。我们把第 $\boldsymbol{i}$ 次运行开始的时间表示为 $02\boldsymbol{i}$。每一次运行都有一个复合语句,它由赋值语句所组成。所以有:

(M40)　$(\forall x)[A(02i0,0,V(0,02i0,x)*V(1,02i0,x),x)]$,

(M41)　$(\forall x)[A(02i1,1,V(1,02i1,x)-1,x)]$,

(M42)　$(\forall x)T(02i2,02(i+1),x)$。

但是,它们全体只是在当语句的条件成立时才是真的。否则,循环就会终止,而时刻 $02\boldsymbol{i}$ 也就等同于(5)的开始时刻 03。因此可以把(4)的含义写成:

$$
\begin{aligned}
(M4)\quad & (\forall x)(\forall i)[IF\ V(1,02i,x)>0\\
& \text{THEN}\ [A(02i0,0,V(0,02i0,x)*V(1,02i0,x),x)\\
& \qquad \wedge A(02i1,1,V(1,02i1,x)-1,x)\\
& \qquad \wedge T(02i2,02(i+1),x)]\\
& \text{ELSE}\ T(02i,03,x)]。
\end{aligned}
$$

这样,程序的含义就成为:

$$
\begin{aligned}
(M)\quad & (\forall x)[A(00,0,1,x)\\
& \wedge A(01,1,x,x)\\
& \wedge (\forall \boldsymbol{i}[\text{IF}\cdot V(1,02i,x)>0\\
& \quad \text{THEN}\ [A(02i0,0,V(0,02i0,x)*V(1,02i0,x),x)\\
& \qquad \wedge A(02i0,1,V(1,02i0,x)-1,x)\\
& \qquad \wedge T(02i2,02(i+1),x)]\\
& \quad \text{ELSE}\ \mathrm{T}(02i,03,x)]\\
& \wedge [Z(x)=V(0,03,x)\ \wedge\ T(03,04,x)]\\
& \wedge T(04,1,x)\\
& \wedge (\forall \beta)T(\beta,\beta0,x)]
\end{aligned}
$$

这是整数和整数串的一阶数学理论中的合式公式。

2. 形式化

现在要对“当程序”的语义给出一个形式的描述。

一个程序 P 的含义由以下步骤确定:

(1)选择一个个体变量符号,譬如说 $\boldsymbol{x}$(用来表示输入);

(2)选择一个函数符号,譬如说 $\boldsymbol{Z}$(用来表示输出);

(3)选择一个函数符号,譬如说 $\boldsymbol{V}$(用来表示工作变量);

(4)按下列规则把程序 $\boldsymbol{P}$ 翻译出来:

假定 s 是当程序的一个组成部分，t 是整数串，那么：

1° 如果 s 是 $s_0,\cdots,s_r$，组成的复合语句，则

$$Q(s,t)=[Q(s_0,t\cdot 0)\wedge\cdots\wedge Q(s_r,t\cdot r)$$

$$\wedge(\forall n)[V(n,t\cdot(r+1),x)=V(n,N(t),x)]];$$

2° 如果 s 是分枝语句 if c then s_0 else s_1，则

$$Q(s,t)=[\text{IF } Q^0(\boldsymbol{c},t)\text{ THEN } Q(s_0,t)\text{ ELSE } Q(s_1,t)];$$

3° 如果 s 是当语句 while c do s_0，则

$$Q(s,t)=[\text{IF } Q^0(c,t)\text{ THEN }(\forall i)Q(s_0,t\cdot i)$$

$$\text{ELSE }(\forall n)[V(n,t\cdot \boldsymbol{i},x)=V(n,N(t),x)]];$$

4° 如果 s 是对输出变量 Z 的赋值语句 $Z\leftarrow\exp$，其中 exp 是表达式，则

$$Q(s,t)=[Z(x)=Q^0(\exp,t)\wedge(\forall n)[V(n,N(t),\boldsymbol{x})=V(n,t,x)]];$$

5° 如果 s 是对工作变量 y_n 的赋值语句 $y_n\leftarrow\exp$，其中 exp 是表达式，则

$$Q(s,t)=[V(n,N(t),x)=Q^0(\exp,t)\wedge$$

$$(\forall m)[m\neq n\supset V(m,N(t),x)=V(m,t,x)]];$$

6° 如果 s 是空语句，则

$$Q(s,t)=(\forall n)[V(n,N(t),x)=V(n,t,x)];$$

其中 $Q^0(\boldsymbol{e},\boldsymbol{t})$ 表示用 $V(n,t,x)$，$n=0,1\cdots$，分别替换 $\boldsymbol{e}$ 中的 y_n 所得到的式子。

5. 程序 P 的含义是

$$(\forall x)[Q(p,0)\wedge(\forall n)(\forall t)[V(n,t,x)=V(n,t\cdot 0,x)]]。$$

3. 验　证

语义学中最有意义的问题之一是验证程序的一些性质。例如，对

于第一节中的程序来说，一个重要的问题是从程序的含义中推出

$$Z(x) = x!$$

这就是所谓的正确性问题。要证明它，就得先简化它。

显然可以从(M)中推出($M2$)，($M3$)，($M4$)，($M5$)和(0)。

从($M2$)中能推出

$$(\forall x)[V(0,01,x) = 1],$$

并且从($M3$)可以推出

$$(\forall x)[V(1,02,x) = x \wedge V(0,02,x) = V(0,01,x)],$$

然后可以得到

$$(\forall x)[V(0,02,x) = 1 \wedge V(1,02,x) = x]。$$

根据(0)，有 $T(02,020,x)$和 $T(020,0200,x)$，或者

$$(\forall x)(\forall s)[V(s,02,x) = V(s,020,x)]$$

以及　$(\forall x)(\forall s)[V(s,020,x) = V(s,0200,x)]$。

因此，我们最后得到

$$(\forall x)[V(0,0200,x) = 1 \wedge V(1,0200,x) = x]。$$

令 $N(i,x) = V(0,02i0,x)$和 $M(i,x) = V(1,02i0,x)$。我们就能把上面结果写成：

($N0$)　$N(0,x) = 1 \wedge M(0,x) = x$。

这时($M4$)可写成

$$\begin{aligned}(\forall x)(\forall i)\,[&\text{IF } M(i,x) > 0\\ &\text{THEN } [A(02i0,0,N(i,x) * M(i,x),x)\\ &\qquad \wedge A(02i1,1,V(1,02i1,x) - 1,x)\\ &\qquad \wedge T(02i2,02(i+1),x)]\\ &\text{ELSE } T(02i,03,x)]\,。\end{aligned}$$

再次引用(T)和(A)，得到

$(\forall x)(\forall i)[\text{IF } M(i,x) > 0$

THEN $[V(0,02i1,x) = N(i,x) * M(i,x) \wedge V(1,02i1,x) = M(i,x)$

$\wedge V(1,02i2,x) = V(1,02i1,x) - 1 \wedge V(0,02i2,x) = V(0,02i1,x)$

$\wedge V(0,02(i+1),x) = V(0,02i2,x) \wedge V(1,02(i+1),x)$

$= V(1,02i2,x)]$

ELSE $[V(0,02i,x) = V(0,03,x) \wedge V(1,02i,x) = V(1,03,x)]]$。然后再次用(0),得到

$(\forall x)(\forall i)$ [IF $M(i,x) > 0$

THEN $[V(0,02(i+1),x) = N(i,x) * M(i,x)$

$\wedge V(1,02(i+1),x) = M(i,x) - 1]$

ELSE $V(0,02i0,x) = V(0,03,x)]$。

再次用($M5$),可以写成:

$(\forall x)(\forall i)$ [IF $M(i,x) > 0$

THEN $[N(i+1,x) = N(i,x) * M(i,x)$

$\wedge M(i+1,x) = M(i,x) - 1]$

ELSE $Z(x) = N(i,x)]$。

也就是:

($N1$) $(\forall x)(\forall i)[M(i,x) > 0 \supset N(i+1,x) = N(i,x) * M(i,x)]$,

($N2$) $(\forall x)(\forall i)[M(i,x) > 0 \supset M(i+1,x) = M(i,x) - 1]$,以及

($N3$) $(\forall x)(\forall i)[\neg M(i,0) > 0 \supset Z(x) = N(i,x)]$。

由($N0$)可得

$$M(0,x) = x。$$

于是，对 x 施行归纳法，可以推出

$$(\forall x)(\forall i)[i \leqslant x \supset M(i,x) = x - i]。$$

同时，由($N1$)和($N3$)，得到

($N4$)　$(\forall x)(\forall i)[i < x \supset N(i+1,x) = N(i,x) * (x-i)]$，

以及　$(\forall x)(\forall i)[i = x \supset Z(x) = N(i,x)]$，　或者

($N5$)　$(\forall x)[Z(x) = N(x,x)]$。

这时，再对 x 施行归纳法就可证明正确性。

4. 函数和调用

为了简明起见，假定：

(1)函数的名字是 f_0，f_1，…，而 f_0 是主过程；

(2)形式参数为 u_0，u_1，…；

(3)工作变量为 y_0，y_1，…，且它们的定义范围是函数体；

(4)返回语句写成 Z←exp，其中 exp 的值是函数值；

(5)函数调用总是用在赋值语句的右边；

(6)函数调用中的实在参数是不含有函数调用的表达式。

为了说明函数和调用的含义，我们用整数串的串(称为“双重串”或 D—串)来表示时间。整数串的连接符是“·”，而 D—串的连接符是“⊛”，但在下面例子中，在意义清楚的情况下将省略“·”。

函数中的变量也用 D—串来表示。

如果函数 f_m 在时刻 α 被调用，这里 α 是一个 D—串，则 f_m 的参数将用 α ⊛$m00$，α ⊛$m01$ 等等表示。此外，工作变量用 α ⊛$m10$，α ⊛$m11$ 等等来表示。而函数值或者“返回变量”值将用 α ⊛$m2$ 表示。

假设在某一时刻 α ⊛t(这里的 α 是一个 D—串)，我们面对一个赋值语句：

(F)　　$y_n \leftarrow f_m(e_0, \cdots, e_r)$,

这里 y_n 是变量,f_m 是函数名,$e_0, \cdots, e_r$ 是 r 个表达式。那么,我们可以用 $\alpha \circledast t1$ 来划分时间段($\alpha \circledast t$, $\alpha \circledast N(t)$),使调用在 $\alpha \circledast t0$ 时刻开始,$\alpha \circledast t1$ 时刻结束,在 $\alpha \circledast t1$ 时作赋值,并且使 $\alpha \circledast t2$ 与 $\alpha \circledast N(t)$ 相等。

在时刻 $\alpha \circledast t0$,当调用语句开始时,我们把时间记号改写为 $\alpha \circledast t0 \circledast m0$,这里 m 表示被调用的函数,m 后面的 0 表示函数调用的开始,即参数的赋值。如果没有参数,则使 $\alpha \circledast t0 \circledast m0$ 等同于 $\alpha \circledast t0 \circledast m1$,即开始函数计算的时刻。否则把它们之间的这段时间划分为 $r+1$ 段,在每一段里恰好作一次赋值,而 $\alpha \circledast t_0 \circledast m_0(r+1)$ 则与 $\alpha \circledast t_0 \circledast m1$ 等同。以上的讨论可用公式来概括如下:

(F1)　　$T(\alpha \circledast t0, \alpha \circledast t0 \circledast m0, x)$

$\wedge A(\alpha \circledast t0 \circledast m00, \alpha \circledast t0 \circledast m00, Q0, x)$

$\cdots$

$\wedge A(\alpha \circledast t0 \circledast m0r, \alpha \circledast t0 \circledast m0r, Qr, x)$

$\wedge T(\alpha \circledast t0 \circledast m0(r+1), \alpha \circledast t0 \circledast m1, x)$,

这里,$Q_0, Q_1, \cdots, Q_r$ 表示 $e_0, e_1, \cdots, e_r$ 的含义,而 $\alpha \circledast t0 \circledast m0i$ 作为 A 的第二个自变量表示形式参数 u_i。

计算在 $\alpha \circledast t0 \circledast m1$ 开始,在返回语句之后结束。返回语句将被看作是与赋值语句一样,只是,(1)返回语句中的赋值对象是用 $\alpha \circledast t0 \circledast m2$ 来表示的返回变量,而赋值语句中的赋值对象则可以是任何工作变量;(2)在返回语句的情况下,不用下一时刻函数 $N(t)$,因为返回语句的下一时刻总是函数调用的终止时间。

在函数调用结束以后,时间 $\alpha \circledast t0 \circledast m2$ 将与 $\alpha \circledast t\ 1$ 相等:

(F2)　　$T(\alpha \circledast t0 \circledast m2, \alpha \circledast t1, x)$,

因此,(F)的完整含义是:

$(\forall \alpha)(\forall x)[(F1) \wedge (F2) \wedge (F3) \wedge T(\alpha \circledast t \cdot 2, \alpha \circledast N(t), x)]$,

其中，(F3)表示把 $V(\alpha \circledast t0 \circledast m2,\ \alpha \circledast t0 \circledast m2,\ x)$，即从函数调用中得到的值，赋予变量 y_n。

此外，我们将用同样的方法来处理主函数 f_0，把它看作是不含有参数的函数，并且使开始时间 00 等于 01。输出变量 Z 将用 02 来表示，因此“输出语句”$Z \leftarrow \mathrm{exp}$ 是一个赋值语句，它的“下一时刻”等同于终止时间 02。于是，我们又把以下公式加进公理中去：

(Z)　　$(\forall x)[Z(x) = V(02,\ 02,\ x)]$。

5. 一个递归程序

本文中我们并不把上面的思想形式化，而只是考虑下面的经典的递归程序：

f_0 : $Z \leftarrow f_1(x)$;

$f_1(u_0)$: **if** $u_0 = 0$ **then** $Z \leftarrow 1$

else begin $y_0 \leftarrow u_0 - 1$; $y_1 \leftarrow f_1(y_0)$; $Z \leftarrow y_1 * u_0$ **end**,

这里，f_0 是主过程，而 f_1 是阶乘函数的递归定义。

首先，我们写出它们的含义如下：

$(\forall x)(\forall \alpha)(\forall t)T(\alpha \circledast t, \alpha \circledast t0, x)$

$\wedge (\forall x)[Z(x) = V(02,02,x)]$

$\wedge (\forall x)[T(010,010 \circledast 10,x)$

$\wedge A(010 \circledast 100,010 \circledast 100,x,x)$

$\wedge T(010 \circledast 101,010 \circledast 11,x)$

$\wedge T(010 \circledast 12,011,x)$

$\wedge A(011,02,V(010 \circledast 12,010 \circledast 12,x),x)$

$\wedge T(012,02,x)]$

$\wedge (\forall x)(\forall \alpha)[\mathrm{IF}\ V(\alpha \circledast 100,\alpha \circledast 11,x) = 0$

$$
\begin{aligned}
&\text{THEN } A(\alpha \circledast 11, \alpha \circledast 12, 1, x)\\
&\text{ELSE}[A(\alpha \circledast 110, \alpha \circledast 110, V(\alpha \circledast 100, \alpha \circledast 110, x) - 1, x)\\
&\quad \wedge [T(\alpha \circledast 1110, \alpha \circledast 1110 \circledast 10, x)\\
&\quad \wedge A(\alpha \circledast 1110 \circledast 100, \alpha \circledast 1110 \circledast 100,\\
&\qquad V(\alpha \circledast 110, \alpha \circledast 1110 \circledast 100, x), x)\\
&\quad \wedge T(\alpha \circledast 1110 \circledast 101, \alpha \circledast 1110 \circledast 11, x)\\
&\quad \wedge T(\alpha \circledast 1110 \circledast 12, \alpha \circledast 1111, x)\\
&\quad \wedge A(\alpha \circledast 1111, \alpha \circledast 111, V(\alpha \circledast 1110 \circledast 12, \alpha \circledast 1110 \circledast 12, x), x)\\
&\quad \wedge T(\alpha \circledast 1112, \alpha \circledast 112, x)]\\
&\quad \wedge A(\alpha \circledast 112, \alpha \circledast 12, V(\alpha \circledast 111, \alpha \circledast 112, x) *\\
&\qquad V(\alpha \circledast 100, \alpha \circledast 112, x), x)\\
&\quad \wedge T(\alpha \circledast 113, \alpha \circledast 12, x)]],
\end{aligned}
$$

这里，α，t 和 x 的变域分别是 D—串集合，整数串集合和自然数集合。

现在我们要简化上面的公式。

令 $g(n)=010$，如果 $n=0$；或者 $g(n-1)\circledast 1110$，如果 $n>0$。

$$
\begin{aligned}
&w(n,m,x)=V(g(n)\circledast 100, g(m)\circledast 11, x),\\
&u(n,m,x)=V(g(n)\circledast 100, g(m)\circledast 12, x),\\
&r(n,x)=V(g(n)\circledast 12, g(n)\circledast 12, x)。
\end{aligned}
$$

直观上看，$r(n,x)$是当输入的值是 x 时 f_1 的第 n 次调用的值，而 $w(n,m,x)$和 $u(n,m,x)$分别是函数 f_1 第 n 次调用时的参数和 u_0 在函数 f_1 的第 m 次调用之前或之后的值。

然后，我们可以推出：

(1) $(\forall x)[w(0,0,x) = x]$,

(2) $(\forall x)[Z(x) = r(0,x)]$,

(3) $(\forall x)(\forall n)[IF\ w(n,n,x) = 0$

THEN

$[r(n,x)=1 \wedge (\forall m)[m \neq n \supset u(m,n,x)=w(m,n,x)]]$

$\text{ELSE } [w(n+1,n+1,x)=w(n,n,x)-1$

$\wedge (\forall m)[m \neq n+1 \supset w(m,n,x)=w(m,n+1,x)]$

$\wedge (\forall m)[u(m,n,x)=u(m,n+1,x)]$

$\wedge r(n,x)=r(n+1,x) * u(n,n,x)]]$。

由(1)和(3)对 n 作归纳法可得：

(4)　$(\forall x)(\forall n)[n \leqslant x \supset w(n,n,x)=x-n]$。

现在把(3)写成更自然的形式：

(5)　$(\forall x)[r(x,x)=1$

$\wedge (\forall n)[n < x \supset [u(n,x,x)=w(n,x,x)$

$\wedge (\forall m)[x \geqslant m > n \supset u(n,m,x)=u(n,m-1,x)$

$\wedge w(n,m,x)=w(n,m-1,x)]$

$\wedge r(n,x)=r(n+1,x) * u(n,n,x)]]]$。

它又能写成：

(6)　$(\forall x)[r(x,x)=1]$，

(7)　$(\forall x)(\forall n)[n < x \supset u(n,x,x)=w(n,x,x)]$，

(8)

$(\forall x)(\forall n)[n < x \supset (\forall m)[x \geqslant m > n \supset u(n,m,x)=u(n,m-1,x)$

$\wedge w(n,m,x)=w(n,m-1,x)]]$，

(9)　$(\forall x)(\forall n)[n < x \supset r(n,x)=r(n+1,x) * u(n,n,x)]$。

由(8)可得：

(10)　$(\forall x)(\forall n)(\forall m)[x \geqslant m > n \supset [u(n,m,x)=u(n,n,x)$

$\wedge w(n,m,x)=w(n,n,x)]]$。

利用(10)和(7)可得：

(11)　$(\forall x)(\forall n)[n < x \supset u(n,n,x)=w(n,n,x)]$。

由(11)和(9)可得：

(12) $(\forall x)(\forall n)[n < x \supset r(n,x) = r(n+1,x) * w(n,n,x)]$。

再由(12)和(4)得到：

(13) $(\forall x)(\forall n)[n < x \supset r(n,x) = r(n+1,x) * (x-n)]$。

结合(6)和(13)就有：

(14) $(\forall x)(\forall n)[[x = n \supset r(n,x) = 1] \wedge [x > n \supset r(n,x) = r(n+1,x) * (x-n)]]$。

最后，可由(2)和(14)证明正确性。

我们应该指出，这里所讨论的正确性是所谓完全正确性。而且，我们未使用归纳断言，而使用了归纳法本身。

6. 数据结构

唐稚松教授在其 *XYZ* 语言中表现出数据结构和控制结构之间的一种平行性。在我们讨论语义时，这一事实将通过对于数据和时间使用同样的记号来加以体现。即：

(1)函数的运行分为三个阶段：参数赋值、执行和返回；而函数中的变量也被分成三组：参数、工作变量和返回变量。这两种分法的三个部分用 0,1,2 来区分。

(2)循环语句或者复合语句的时间被分成较小的单位，而记录类型的数组和变量也被分成较小的单位。两种情形中的项都用整数 0,1,… 来区分。

例如，在函数 f_m 中，如果 y_n 是一个数组，则 $y_n[i]$用 $\alpha \circledast m1ni$ 来表示；如果 y_n 是具有域 a，b，和 c 的一个记录，那么 y_n 的域 c 用 $\alpha \circledast m1n3$ 来表示。

在下面的例子中，设 f_5 为一个程序段。

```
f5 : begin
    y0 ← 0;
    y1 ← u1[0];
    y2 ← 1;
    while y2 < u0 do begin if u1[y2] > y1 then begin y1 ← u1[y2];
                    y0 ← y2 end; else y2 ← y2 + 1 end;
    Z ← y0 end;
```

这是在一个数组 u_1 的前 u_0 个元素中寻找最大元素的最小号码的程序，这个函数的含义是：

```
(∀x)(∀α)[A(α⊛510, α⊛510, 0, x)
    ∧ A(α⊛511, α⊛511, V(α⊛5010, α⊛511, x), x)
    ∧ A(α⊛512, α⊛512, 1, x)
    ∧ (∀i)[IF V(α⊛512, α⊛513i, x) < V(α⊛500, α⊛513i, x)
     THEN [[IF V(α⊛501 · V(α⊛512, α⊛513i, x), α⊛513i, x)
                     > V(α⊛511, α⊛513i, x)
         THEN [A(α⊛513i00, α⊛511, V(α⊛501。
                V(α⊛512, α⊛513i00, x), α⊛513i00, x), x)
                 ∧ A(α⊛513i01, α⊛510, V(α⊛512, α⊛513i01,
                x), x)
                 ∧ T(α⊛513i02, α⊛513i1, x)]
          ELSE T(α⊛513i0, α⊛513i1, x)]
        ∧ A(α⊛513i1, α⊛512, V(α⊛512, α⊛513i1, x) + 1, x)
        ∧ T(α⊛513i2, α⊛513(i + 1), x]
       ELSE T(α⊛513i, α⊛514, x)]
  ∧ A(α⊛514, α⊛52, V(α⊛510, α⊛514, x), x)
  ∧ T(α⊛515, α⊛52, x)]。
```

而且,如果我们想表示 u_1 是换名参数,那么就必须处处都用 $V(V(\alpha \circledast 501,\alpha \circledast t,x),\alpha \circledast t,x)$来代替 $V(\alpha \circledast 501,\alpha \circledast t,x)$。这对于形式化来说没有任何困难。

我们可以通过证明如下公式来验证正确性:

$$(\forall x)(\forall \alpha)[(\forall j)[V(\alpha \circledast 501 \cdot V(\alpha \circledast 52,\alpha \circledast 52,x),\alpha \circledast 51,x) \geqslant V(\alpha \circledast 501j,\alpha \circledast 51,x)]$$

$$\wedge (\forall i)[(\forall j)[V(\alpha \circledast 501i,\alpha \circledast 51,x) \geqslant V(\alpha \circledast 501j,\alpha \circledast 51,x)]$$

$$\supset i \geqslant V(\alpha \circledast 52,\alpha \circledast 52,x)]]。$$

7. 结束语

对于某些高级语言(如 Algol 或 FORTRAN)来说,寻找翻译规则应当没有什么本质上的困难。然而这里所提供的方法可能会被指责为太复杂。不过我们可以用元定理使它更加有效。以后我们将为某些语言来做这件事。

作者在和 J. McCarthy 教授就有关 ELEPHANT 进行的讨论中深获教益,特在此致谢。本文的原始思想也是由此而来的。我也感谢唐稚松教授,因为他提供了在数据结构和控制结构的平行性方面的思想。本文的有些细节也是根据他的方法而来。

最后,特别感谢田文冰、宋柔、沈弘等同志对本文作了翻译、校对和订正的工作。

A RELATIONAL APPROACH IN SEMANTICS

Ma Xi-wen

(*Beijing University*)

ABSTRACT

An informal description of the "relational semantics" is given. In this approach, the meaning of program is described by the relations of the values of the variables in the program. The relations is formalized as wff's in a first-order theory which is an extention of the theory where the program is based on. The advantage is obvious: no special inference rule is needed. All we have to do is to translate programs into axioms by some formal rules. Then the properties of the programs, at least the correctness, can be proved in the extended theory in a usual way, for example, by the "natural deduction".

(原载《计算机学报》1982 年第 5 卷第 1 期 1—10 页)

什么是理论计算机科学

计算机的发明和应用是科学技术史上的头等大事之一，这种看法已为越来越多的人乐于接受了。

近半个世纪以来，围绕着计算机的研制和应用，逐渐形成了一系列的技术学科和理论学科，它们各从一个角度来研究其中遇到的某种问题，如：体系结构、外围设备、操作系统、程序语言、程序设计方法学、软件工程、数据结构、计算机图形学、图像处理、模式识别、人工智能等等。而作为这些学科的基础理论的，就是理论计算机科学。

一切理论科学都是把现实世界中的对象及其相互关系用抽象的数学的或逻辑的形式表现出来，概括成概念、公理、定律、原理等，然后进行理论上的研究，提出新的概念，发现新的规律，并在现实世界中解释和利用这些新的概念和规律。因此，理论科学不只是知识的整理和深化，更重要的是它可以使我们在实践领域中不断地前进。理论计算机科学对自己的要求正是成为这样的一门科学。

目前，理论计算机科学是一个非常活跃的学术领域。几乎没有任何一个年轻的学术领域像它这样富有成果。然而，也正因为它既年轻又丰富多彩，所以对它的认识也就很不一致。本文只是作者个人的一些看法，提出来供读者参考。

1. 元计算机科学

元计算机科学是关于计算机科学的元理论。每种理论都有一个相应的元理论。它分析这个理论的自身。比如：这个理论与客观世界的关系如何；怎样精确定义这个理论中的基础概念；研究这个理论的界限，等等。对于数学来说，它的元理论就是元数学。在元数学中研究数学的基础概念（集合论、公理化方法等），并发现数学理论的界限，等等。

元理论中会有许多否定的结论。例如元数学中的哥德尔不完全性定理，从某种意义上说是指出不可能从一个公理系统出发推导出数学家关心的一切成果。这就指出了当代数学方法的界限。因此，这种结论虽然是否定的，但却有积极的意义。元计算机科学的情况与此类似。

元计算机科学的第一个课题就是精确定义什么是计算机，而要给出计算机的一般定义，就要说到它的功能——计算。因此，什么是计算，什么是可计算性。就成为元计算机科学中的最基本概念。

数学的经验告诉我们，对于基础概念仅凭直觉来处理会导致悖论。有些著名的数学悖论在计算机科学中还有它的翻版。下面举的例子就是数学中的罗素悖论在计算机科学中的翻版。

在许多计算机语言中，允许程序员自己定义一些函数，而且函数的参数又可以是函数，例如：

$$\underline{\text{def}}\ sum(f) = f(1) + f(2) + f(3)$$

定义了函数 sum，它的参数又是一个函数。如果用平方函数 sq 代入 sum，可以算出

$$sum(sq) = sq(1) + sq(2) + sq(3) = 14。$$

现在定义

$$\underline{\text{def}}\ p(f) = \underline{\text{if}}\ f(f) = 0\ \underline{\text{then}}\ 1\ \underline{\text{else}}\ 0,$$

那么当把 p 本身代入 p 中时就会得到：

$$p(p) = \underline{\text{if}}\ p(p) = 0\ \underline{\text{then}}\ 1\ \underline{\text{else}}\ 0,$$

这在直觉上是荒谬的。

因此，为了避免悖论，必须谨慎地处理把函数自身用做自身的参数的问题。

其实这个问题并不是故意制造出来难为人的。如果我们直觉地描述计算机的工作，就可能出现类似的问题。比如说，用 L 表示计算机内存单元的集合，V 表示每个单元可能存放的值的集合。那么计算机的状态就可以用一个从 L 到 V 的函数来表示。计算机指令的功能是把一个状态变为下一个状态，因此，指令就是状态到状态的函数。设计算机当前的状态是 c，l 是某个内存单元，那么 $l \in L$，$c(l) \in V$，而 $c(l)$ 就是这个内存单元当前存放的值。这个值本身又可能是一条指令。执行这条指令以后，计算机的状态是什么呢？就是 $c(l)(c)$。这就出现了上述的问题，必须谨慎处理。

总之，如何定义计算机、计算等等，绝不是一件轻而易举的事。

其实，多年以来，数学家就从多种不同的方面研究了这个问题。1900 年希尔伯特提出了著名的第十问题，问能不能找到一个算法来决定任意一个整系数的代数方程是否有整数解。对这类问题的研究导致了递归论的出现。到三十年代，图灵和邱吉分别建议将我们现在仍然使用的图灵机和 λ-演算做为计算模型（即抽象计算机）。计算机问世以来，王浩、闵斯基等人陆续提出了许多抽象计算机的概念，这可以看成是图灵路线的发展，而邱吉的路线则被克林、麦卡锡等人发展了。此外还有形式语言、逻辑网络、程序图式等种种不同的模型。

可见元计算机科学的研究先于计算机的发明。这并不奇怪。正是对于计算的一般研究才使人们了解了如何把计算归结为一些基本的步骤，而这种基本步骤种类很少、组织简单，这样才有想象通用计算机的可能性。另一方面,作为现代计算机最精华的思想基础之一的程序内存概念,和通用图灵机的抽象研究也有深刻的联系。

不论使用什么计算模型,都可以问如下的问题:

1)给定某个问题的类,问它是不是可计算的。

2)如果对上面的问题有了肯定的答复,那么计算的复杂程度如何?

这里说到了复杂度,可以从不同角度来讨论它。比如时间和空间的代价,程序的规模等等,前者叫做计算复杂度,后者叫做描述复杂度。

特别值得指出的是,人们发现一个问题类的可计算性,甚至计算复杂度,并不依赖于采用什么计算模型来讨论它(至少对于已有的计算模型是如此)。这说明可计算性、计算复杂度是问题类的固有性质。这就是有名的邱吉图灵论题及洪加威对它所做的推广。这个论题有一点象经典物理中的能量守恒定律——对于已知的能量形式都已证明了,对于未知的能量形式,人们也相信如此。

还要说到复杂性的研究对数学产生的影响。例子之一是描述复杂度与概率的关系。一个有穷长的0-1序列的描述复杂度是指在某个理想计算机上产生这个序列的程序的最小长度。设有一个无穷长的0-1序列 $s=\{s_1, s_2, \cdots\}$,如果用 j_n 表示 $s_1, \cdots s_n$ 的描述复杂度,那么 j_n/n 的极限(如果存在的话)j 就叫做 s 的算法信息量。现在设 s 是一个二项分布的独立试验序列的样本,其中0和1的概率分别为 p 和 $1-p$。那么除了很小的概率之外,对于较大的 k 来说,s 中0和1的数目各应接近于 kp 个与 $k(1-p)$ 个。据此,可把 s 重新编码,使每个长为 k 的段落的编码长度接近于 $kh(p)$(其中 $h(p)=-p\log_2 p-(1-p)\log_2(1-p)$)。这个想法可以用精细的数学方法陈述出来,并据以算出 s 的算法信息量等于 $h(p)$(概率为1)。这样就可以反过来从算法信息量来定义概率。这种定义较之传统的定义有许多优点。

当前元计算机科学中最活跃的部分是计算复杂性理论。它不但与软件有关,而且已经开始把它的触角伸进了硬件的领域。特别是著名的 P=PN? 的问题,它不但关系着计算机长远发展的可能性,而且因为它涉及到确定性计算(通常认为这是计算机的特点)和非确定性计算(通常认为这是人类心智所特有的能力)的异同问题,所以引起了哲学界的关注。

2. 人工智能

计算机的社会价值首先在它的应用方面。因此,作为开辟计算机应用领域的方向的人工智能,就在计算机科学中占有一种特殊的地位。

早期的人工智能学者普遍有一种盲目的乐观情绪,认为计算机可以模拟人的智能行为,或至少可以使计算机具有某种形式的智能行为,现在大家开始理解到这是一种错觉。因为智能并不是现代计算理论中所说的计算,更确切地说,智能行为无法用元计算机科学能接受的方式表述为一个可计算的问题类。关于这一点,很早就有人提出过警告,但更多的人被人工智能的早期成果迷惑住了。这种情况很像从前有些人对钟表的错觉那样。

人工智能的研究有它的理论方面和技术方面。理论方面的研究目标是发现新的问题类和新的问题求解策略。

这里说到了问题求解。数据处理、组合图论、整数规划、医学诊断、辅助设计等领域中都有大量的问题求解工作要做。这些是计算机科学与其他学科的边缘地带。这些方面的工作到底应算成哪个学科的事,是常有争议的。从理论计算机科学的角度来看,关键不在问题的外在形式,而在它的内部结构。应该以较抽象的办法描述想要求解的问题。问题类型的不同,影响到它的数据结构、程序结构和求解策略。

最一般地说,一个问题总是利用已知的知识 K,对于给定的数据 D

进行加工，以期得到解答 R，其解法则用某种程序 P 表述。

当知识比较充分时（多数科技计算的问题都是如此），人们可以在看到 D 以前根据 K 写出 P，这个 P 对一切 D 都适用。

当知识不够充分，或 P 太复杂时，我们还可以考虑如下的办法：写出一个元程序 M，对于给定的 D，它根据 K 做出一个程序 P 来专门加工 D。这时，M 可以通用于一大类 K，但总是得到 D 以后才做出 P 来。M 通常叫做问题求解程序。

这种 M 中通常并不包含 K 中的具体细节。因此，对 M 的研究就脱离了问题的具体领域，成为人工智能内部的课题了。这也正是人工智能理论的核心课题之一——搜索。

人工智能理论的另一核心课题是知识的表达，就是如何把知识形式化的问题。知识与客观真理不同，它总是局部的、片面的或表面的，在解题过程中还会不断地更新。知识的表达方式应适应这个特点，所以采用寻常的逻辑表达有困难。这个问题吸引着人们去开展非经典逻辑的研究，例如认知逻辑、容错逻辑等等。

人工智能的研究不但可以开辟计算机应用的新领域，还可能发现现代计算机能力在某些方面的具体界限，从而导致新的、本质上不同的计算理论或计算机械的产生。这个看法早已有人提出过。这是值得注意的问题。

人工智能的技术方面的研究往往涉及各应用领域的课题。例如吴文俊关于初等几何（及初等微分几何）中的定理的机器证明工作中，最核心的部分都是一些数学工作。这些工作是人工智能领域与它的应用领域的互相交叉、重叠的部分。有时还会由此产生新的边缘学科，例如计算逻辑、计算语言学等。这些学科也成为广义的理论计算机科学的组成部分。

3. 数据结构

在计算过程中，原始数据、中间结果、最终解答、所依赖的知识（在元程序的场合）等等都是数据。数据在观念上以什么方式存在于计算过程之中，这叫数据的结构。数据结构的研究对于如何表述想要求解的问题是必需的。以不同形式表述同一个问题会导致不同的数据结构。数据结构的差异又影响着求解的过程以及这个过程在计算机上具体实现的方式和效率。因此，数据结构的研究还会影响到计算机硬件的研究。

得到广泛应用的字符串、表、阵列（或称数组）、文件、堆栈、记录、指针等等都是重要的数据结构。对它们的研究已有十分丰富的成果。

然而，还需要一种抽象形式的研究作为具体的数据结构的理论基础。这种研究所面对的是更一般性的问题，例如：怎样从已有的数据结构构造出新的数据结构？什么是一种数据结构内部的逻辑关系的基础？不同的数据结构之间有什么关系（怎样互相归约、转化，怎样比较等等）？如果不准确细致地研究这类问题就谈论问题的求解，将会在逻辑上发生困难。在这方面，理论的成果尚不充分，因此在使用具体的数据结构时往往依赖直觉。这种情况应该得到改变。

在数据结构的研究工作中，人们使用了逻辑方法、代数方法以及组合数学的方法。这也很可能促进这些学科本身的发展。

4. 程序理论

把数据和求解的步骤结合起来就成为程序。因此程序就是从观念上对一个计算方案的描述。把程序实现出来就成了软件。程序理论是软件的基础。

有一点是肯定的:现有的多数软件都不能说是可靠的。一个大的软件工程往往有半数的代价花在调试阶段,而已经成为商品的软件还是需要排误。结构程序设计经过了十余年的努力也未能使这样的局面得到根本好转。这就是所谓"软件危机"。

因此,对程序的理论研究就越来越成为重要的课题了。

程序理论的目标就是要解决程序的可靠性与效率(时间、空间)之间的矛盾。比较数学化的程序容易读、容易写,也容易证明其正确性,从而比较可靠。但是效率却往往很低。为了提高效率。必须考虑到计算机的特点,比如采用手编程序,但这种程序的可靠性是很差的,在这个方面会消耗程序员极大的精力。

人们设想了几种办法(或路线)来改进这种状况:

1)程序合成。从对计算结果的功能描述出发,按照理论上精心研究的办法来合成程序。这是在保证可靠性的前提下,尽可能照顾效率的办法。

2)程序变换。把已知的正确程序进行适当的变换以改进它。这是在维持可靠性的前提下改进效率的办法

3)程序验证。检验已设计好的程序与它的功能描述是否一致,如果不一致,指出问题所在,以便修正。这是在保证效率的前提下逐步改进可靠性的办法。

不管采用上述哪一种办法或路线,都需要对程序理论进行深入的研究。在程序理论中,要研究程序功能的逻辑基础或数学基础。这决不是一件轻而易举的事。例如,我们定义了函数:

$$\underline{\mathrm{def}}\ F(x,y) = \underline{\mathrm{if}}\ x = y\ \underline{\mathrm{then}}\ y+1\ \underline{\mathrm{else}}\ F(x, F(x-1,y+1)),$$

是否对于任何 x, y 都有

$$F(x,y)=\begin{cases} y+1 & (\text{当 } x=y), \\ x+1 & (\text{当 } x\neq y) \end{cases}$$

呢？如果把上面的定义看成函数方程，这的确是一个解。问题在于这个方程的解不是唯一的，比如

$$F(x,y)=\begin{cases} x+1 & (\text{当 } x\geqslant y), \\ y-1 & (\text{当 } x<y) \end{cases}$$

也是一个解。然而计算机计算的结果却是确定的。所以只凭直觉（甚至加上朴素的数学推理）无法判断这样定义一个函数是否合理，计算的结果如何等等。从另一个角度说，在实现一个语言时，也不知道应该如何实现这个函数。

总之，只有深入研究了程序理论，才有可能真正解决程序的可靠性与效率的矛盾，才能对如何解决“软件危机”提出有价值的见解。

当前，程序验证方面的研究工作在吸引着许多学者的注意。再经过一段努力之后，可望有验证系统提供给一般程序员使用。这将使程序设计的观念、思想以及方法论发生深刻的变化。为此专门设立了麦卡锡奖——以最先提出程序验证概念的麦卡锡命名的学术奖。这是一个值得注意的动向。

5. 程序语言

程序一定要用某种语言来表达，因此要针对各类性质不同的程序设计出确切而方便的语言。

语言的设计者怎样把他设计的语言描述清楚呢？怎样才能检验一个语言的设计是否合理呢？怎样才能保证一个语言能在计算机上实现呢？什么样的语言才是好的语言呢？这是程序语言理论面对的课题。

最早的FORTRAN语言是用英语描述的。后来ALGOL 60采用巴斯克设计的办法来描述语法,PASCAL用语法图来描述语法,就要准确得多。但这两种方法都不是完全的,还要用英语做许多补充说明。ALGOL 68采用二级形式的语法公式来描述语法,把语法规则形式化了。但是这种语法离开语法分析又太远了,不是一种大家都乐于采用的方法。到底怎样描述语法才好,仍然是一个有待解决的问题。

语义的描述更加困难。至今没有看到任何一个语言的文本正式采用某种形式化的方法来描述语义。这主要恐怕是语义的范畴本身需要很好地形式化。这是很重要的问题,这方面的研究是理论计算机科学最活跃的分支之一。毫无疑问,这方面的理论(即形式语义学)对于设计更好的程序语言是有益的。一种好的语义描述应该既有利于理论研究,又有利于语言的实现,并最后从逻辑上消除使用者发生误解的可能性。这种误解当前是广泛存在的,以致一个使用者即使很有经验,如果只看文本而不动手试验,也极难做到正确理解一个语言的各种细节。

语言的定义除了语法、语义之外,还有语用,这涉及环境的范畴。早期的程序语言都是在批处理的环境下发展的(结构程序设计的思想也是以此为背景的)。分时系统、分布系统的出现使程序员有可能在更大程序上与它的程序"对话"。于是出现了许多新情况,如对话式程序、逐步编译等等。随着计算机系统的发展,环境还会不断丰富、更新。这方面的理论研究还没有真正开展起来。

语言还有不同的风格。现有的大多数语言从汇编语言到ADA都是命令式的语言,都是以抽象的形式来写存储器的分配和机器指令,也可以说是为某种抽象的计算机写存储器的分配和指令。这是元计算机科学中图灵路线的发展。这种语言中有强烈的时间或顺序观念,其数学描述和逻辑描述都很麻烦。

另一方面,也出现了另一种风格的语言,如LISP(指它的核心部分）和 FP。这些语言产生于用函数来描述计算的邱吉路线。这就是函数式语言。函数式语言在数学上比较简单，但在实现方面尚面临难题。根本原因是：现代的计算机是图灵路线的产物。这种计算机在体系结构上的弱点已经暴露得很充分了，这就是所谓冯·诺伊曼瓶颈现象（指计算机的每次一个字的加工方式）。函数式语言需要用完全不同的体系结构来支持它。这方面已有许多理论设想，LISP 机器的研究则是实践方面的尝试。

从长远看来，逻辑式语言如 PROLOG 更有吸引力。因为它只描述问题，并不描述计算本身。从某种意义上说，这就是预先准备好了元程序，只要程序员写出所依赖的知识和输入的数据就行了。这种语言的实用化还有待人工智能的进一步发展以及硬件方面的重大革新。

当前函数式语言正在崛起，其发展趋势是十分值得注意的。

6. 计算机系统

一切计算最终要在计算机系统上实现，因此理论计算机科学的最重要成果应该表现为计算机系统的不断更新。计算机的换代决不只是物理的、技术的变化。实际上，许多程序中的概念都在不断地硬件化，浮点算术、页式存储、栈机器、LISP 机器、微程序机器、中断处理、并行处理、向量机器等等，无一不是如此。

其实，硬件与软件之间并无绝对的界限，许多问题是相通的、共同的。计算机科学理论的研究同时涉及两者，或者说对两者都有贡献。只不过软件有更便利的条件来享用这种研究成果罢了。把理论计算机科学看成是专为软件而设的，甚至比做软件的软件，这是一种误会。

硬件与软件相比，可塑性差，但是效率高。因此，要想使计算机的能力明显地提高一步，总要在硬件方面采取措施。

现在国际学术界已在议论第五代计算机的问题。从电子技术的角度来看，计算机经历了电子管、晶体管、半导体组件直到大规模集成电路的四代，正准备向超大规模集成电路的方向过渡。这将给计算机系统提供许多新的可能性，使更多的理论成果有实现的机会。

所谓第五代计算机到底会是什么样的呢？或者说，今后若干年之内，计算机系统会出现什么新的情况呢？恐怕会有以下几个特点：

1)递归计算的体系结构。大规模集成电路的发展，使得并行度很高的计算机的出现成为可能。但是像向量机、数据流计算机这样的体系结构不大可能是下一代计算机的主流，因为它们与传统的程序语言距离太大，而用传统程序语言写的软件又不能轻易地丢掉。递归计算的体系结构则既能有效地支持函数式语言，又能支持传统的程序语言，因此是最有力的竞争者。

2)非线性的内存组织。用线性地址访问内存从技术上来说是合理的，但却限制了结构化数据的结构方式，常常给数据结构和程序语言带来难题。软件工作者不得不花费大量的心血来做削足适履的工作。下一代计算机的内存应能根据数据结构临时组织起来使用。从观念上说，这就要求计算机内存具有可变的树结构。从技术上说，这已不是不可想象的了。

3)采用函数式的语言。传统的命令式语言无疑是有重大的历史功绩的。但是函数式语言在可靠性方面占有无可否认的优势。一旦体系结构能有效地支持函数式语言，现用的命令式语言就完成了历史使命。有许多学者主张下一代计算机索性采用逻辑式语言。这不无道理。但是有效地实现逻辑式的语言涉及到许多远未解决的理论问题，甚至像P＝NP？这样大的问题。恐怕下一代计算机等不及这些问题解决了。相反地，函数语言所需要的技术支持是明确而现实的，因此它是一种理想的过渡形式——准备在条件成熟时过渡到逻辑式的语言。

4)人机共生的软件支撑环境。当前扩大计算机应用所面临的最棘手困难之一是问题的计算复杂度太高。许多应用问题的数学模型都是NP完全的。换句话说,除非P=NP?的问题得到正面的解答,否则为这种问题写出一个实际可行的程序就没有任何指望。另一方面,人工智能的许多实验说明,人与机器共生的系统会有同时大大超过两者的能力与效率。因此应该有一种人机共生的软件支撑环境,它使人与程序的交往能够极为方便地高效率地进行。这在软件工程方面已经积累了许多经验,有些基本部分已有人在进行硬件化的尝试。

5)人机接口的智能化。要想使计算机社会化,最关键的一件事是使操作和使用计算机变得十分简单。当前的应用系统几乎都要有专用的命令语言,使用每一个个别的应用系统都多少要受到一些专门训练。下一代计算机应改进这种状况。人们设想了图像、手写、口述等等作为人机接口的物理形式,看起来都很有吸引力。但这些方面的工作离开实用化有相当的距离。从目前情况来看,以书面自然语言(使用者的母语)的键盘输入为主,辅之以简单的图形、表格等作为人机接口的物理形式,是比较现实的。自然语言的处理在通用机上大都效率很低。这个问题可以指望由专门的硬件来解决。

当然,下一代计算机到底会是什么样子,这要由多方面的因素来决定,还要受技术、生产、商业等环节上的机遇的影响。以上所说的,不是什么预测,只是从理论计算机科学这个角度来谈的一些看法而已。有些学者所说的第五代计算机是远比以上的看法更加宏伟的设想。但那恐怕不是在可以预见的若干年内能真正实现的。

以上是对理论计算机科学主要内容的一些看法。这些看法最后归结为这样一个结论,即理论计算机科学是涉及到计算机技术的各个领域的。

理论计算机科学的研究工作者多数都有数学的或逻辑的背景。在我国,二十余年来不断有大批的中、青年人从数学方面转向计算机领域。每过一定的时期,特别是理论计算机科学发展到一个新的阶段的时候,往往是由一些新人最先接受和传播新的思想。因为正是这些人,尚未陷入技术细节,较少保守思想。而新的思想往往又需要新的数学背景。当然这不应机械地理解为已在计算机领域工作多年的人就不可能前进了。然而不同背景的人有不同的长处和短处,对问题的看法有不同的侧重点,应该分工合作、良好的学术气氛是他们之间的桥梁。

当前,发展计算机事业已经成为国策。然而,计算机的研究、开发、生产的队伍还太小,而且急待再学习;我们的计算机事业技术贮备不足,理论贮备则更加缺少。这些都严重地影响着计算机事业的发展,因此,设法使一批受到良好数学教育的年轻人转到计算机领域中来是一件迫切的任务,不能再拖延下去了。

另一方面,在我国高等院校计算机系科的教学中。理论环节都十分薄弱,教学内容大多是一些知识性、技巧性课题的堆积,理论水平较低。这样培养的学生不易适应计算机科学技术的迅速更新。但应看到,我们的教师大都有较好的数学素养,许多人还有计算机硬、软件方面的实际经验,再学习一些理论计算机科学的知识,就可以使他们的教学工作有明显改进。因此,应该有组织、有计划地安排这些教师再学习。计算机系统的课程设置应该逐步调整,教材内容也应该逐步更新。

至于理论计算机科学工作者,则应努力结合实际、面向实际,努力做到深入浅出。与力学、物理学、统计学等方面的理论研究相比,我们还要作出很大的努力。

(原载《自然杂志》1984 年第 7 卷第 6 期 409—413 页)

程序设计学

引　言

1. 指定计算机完成一件工作，首先要编程序。早期的计算机程序是直接用机器指令编写的。因此，在设计程序时必须考虑到机器的一切细节；而在一台机器上编制程序时所需要的最精细的知识，对另一台机器可能完全无用。

为了研究程序设计的理论和方法，必须摆脱计算机的细节，也就是说，不应只是针对某种特定型号的计算机来讨论问题，要抓住各种计算机的共性。

2. 任何计算机都能进行一些动作。这些动作涉及一些对象（存储器中的信息等），并产生一定的效果。

有些动作是基本的，比如计算一个算术表达式；有些动作是由许多基本动作组成的。在本书范围内，假定这些动作总是一个接着一个进行的。一系列有关的动作连接成一个过程，一系列较简单的过程又连接成一个较大的过程，最后完成一定的计算。

用一串符号把一个计算过程描述出来，就是一个程序。程序必须书写得准确严谨，照顾到每一个细节。这是因为计算机缺乏通常说的理解力。因此，就要制定一些严格的规则，以确定什么样的符号表示什么样的程序。这些规则的总和就叫做一种语言。

我们研究程序设计时,可以选用一种适当的语言。这样,我们就可以只研究用语言书写的程序,而不去过问这种程序在具体的计算机上到底是怎样实现的。从这个意义上说,语言就是一种抽象计算机。

3. 最早出现的有生命力的语言应推 FORTRAN 和 ALGOL 60 等。随着计算机及其应用的发展,各种语言不断涌现。六十年代末到七十年代初,在结构程序设计思想的影响下,出现了 PASCAL 语言,成为语言发展史上的一个里程碑。后来许多语言都是在 PASCAL 的影响下发展出来的。

在研究程序设计时,采用 PASCAL 有特别的好处,因为它集中了现代程序设计的主要思想,又没有种种发达的细节干扰这些思想。但本书不是 PASCAL 教科书,也不能看成是某一版 PASCAL 的手册。读者在实习时,必须仔细阅读文本,并注意在不同机器上实现的 PASCAL 常常会有一些细节上的差别。

4. 一个完整的程序设计过程大体有以下几个步骤:

(1) 要把程序的功能描述清楚。这个程序要加工什么数据?希望得到什么结果?用什么办法加工?这些都要利用定义、定理、公式、函数等数学工具准确地表达出来。因此,一个程序员必须掌握形式化的方法。

(2) 用程序语言把预定的计算方案书写出来。这是程序设计中最有特色的部分。简单的计算可以直觉地进行程序设计。复杂的计算往往可以由简单的程序按照各种模式搭配而成。然而,却没有一种机械的办法可生成各种程序,换句话说,程序的设计是一件具有创造性的工作。

(3) 证明程序的正确性。一个程序是否正确是应该证明的。通常,有一些机械的步骤可以把一个程序的正确性归结为证明一组逻辑公式。但是也有一些办法可以简化证明过程。

(4) 在实际工作中，**试算**与修正是不可缺少的。由于在以上三个步骤中难免发生错误，所以要选择有代表性的例题进行试算，看是否能得到预期的答案。如果前面三步都已谨慎地完成了，这一步就比较容易；否则到了这一步就会产生困难，甚至出现十分尴尬的局面。这一点在初学程序设计时就应特别注意，以便养成良好的习惯。

以上的步骤有别于完全凭直觉的传统方法。对于简单的程序，这样做似乎有小题大做之嫌，但这种练习对于从事复杂程序设计是十分必要的。熟练以后，当然不必学究式地对待这些步骤了。

第一章　一个简单的例子

§1　变量和赋值

计算一个给定的自然数的平方根(指平方根的整数部分)，一个简单易行的办法就是

> 顺序计算各自然数的平方，直到发现某个数的平方大于给定的数为止。这时那个数前面的数就是所求的平方根。

上面这一段话说给一个有足够数学知识的人听(也许再稍加解释)，已足以使他明白应该怎样进行计算了。从某种意义来说，这已是一份(用汉语书写的)程序。

用自然语言(如汉语)书写程序，免不了发生交代不清的情况。比如在上面那段话里就要用“某个数”、“给定的数”、“那个数”等等来区别程序中的各个不同的量。因此，我们改用数学语言来书写：

设 $a\geqslant 0$。

顺序取 $n=1,2,\cdots$，直到 $n^2>a$。

令 $z=n-1$。

z 就是 a 的平方根，即 $z^2 \leqslant a < (z+1)^2$。

这比前面的表述准确得多，明晰得多。

一个程序表述到如此清楚的程度，已经差不多可以交给计算机去做了。问题是计算机不懂得这种语言，必须再把它改用计算机语言书写出来。然而，这几乎就是个翻译工作而已。

上面这段表述中的 a,n,z 都是变量。变量有值，但它们的值是可以变动的。例如“令 $z=n-1$”，就是使 z 的值成为 n 的值减去 1 所得的结果。

使变量的值成为某个值，或说把某个值赋给某个变量，叫做对变量赋值，这是计算机的基本动作之一。计算一个表达式，并用计算的结果对某个变量赋值，叫做一个赋值过程，在 PASCAL 中用赋值语句描述这个过程。例如上文中“令 $z=n-1$”，用赋值语句写就是

$$z := n-1$$

其中的“:=”叫做赋值号，这是赋值语句的标志。一般说来，赋值语句的形式是

$$\boldsymbol{w} := \boldsymbol{e}$$

其中 $\boldsymbol{w}$ 表示某个变量符号，$\boldsymbol{e}$ 表示某个表达式。

数学中常常用拉丁字母表示变量。如果一个问题中变量很多而字母不够用时，就要用上、下标的形式，以及加撇、加横、加点等等办法来扩充变量符号的集合，如

$$x, x_1, x', \dot{x}, \bar{x}, \hat{x}, \cdots$$

都是不同的变量符号。在 PASCAL 中，允许用一串字母（或数字，但必须用字母开始）表示变量，比如

$$x, x1, area, time$$

等等。这样可以提高程序的可读性，例如：

$$area:=length*width$$

$$remainder:=dividend-quotient*divisor$$

等。注意，在数学中 ab 往往表示 a 与 b 的乘积，在 PASCAL 中 ab 应看成一个整体，而 a 与 b 的乘积则用 $a*b$ 来写。

用于表示变量的符号叫做**标识符**。标识符还可能表示其他的东西，当某个标识符表示变量时，我们常常把它叫做**变量名**或**变量标识符**。

以上所说的有关标识符和赋值语句的规则，在一般的 PASCAL 文本中是利用如下页语法图叙述的。这种图几乎无师自通。但要说明一点：只有圆圈中的符号才是 PASCAL 的符号，长方框中出现的是语法术语，它可能表示一个或一串 PASCAL 符号。什么样的语法术语可能表示什么样的符号，在文本的适当的地方用图或自然语言说明。

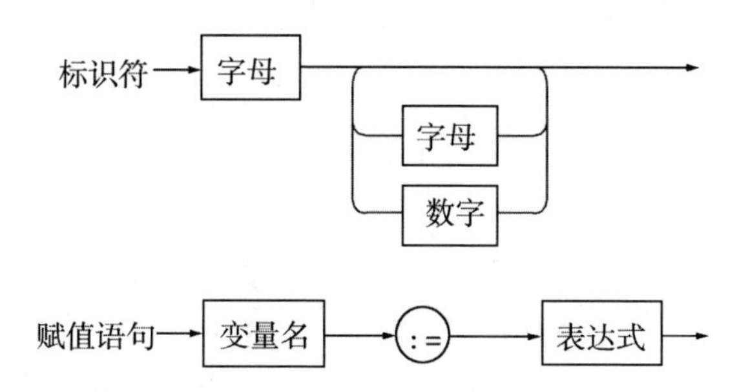

§2　循环语句与语句序列

上节的程序中，"顺序取 $n=1,2,\cdots$，直到 $n^2>a$"描述了一个较复杂的过程，就是

令 $n=1$

如果 $n^2>a$，这个过程就完成了。否则：

令 $n=2$

如果 $n^2>a$，这个过程就完成了。否则：

令 $n=3$

……

这里用了省略号“……”。数学语言中常常用到省略号，例如：

对 $i=1,\cdots,n$

当 $k=1,2,4,8,\cdots$

令 $n=2,3,5,8,\cdots$

等等。很明显，对“……”的理解依赖于读者的知识和上文中的约定。这对计算机语言是不适用的。

我们把上面的叙述稍稍改写一下，成为这样：

令 $n=1$。

如果 $n^2>a$，这个过程就完成了。否则：使 n 的值变为它原来的值加上 1。

如果 $n^2>a$，这个过程就完成了。否则：使 n 的值变为它原来的值加上 1。

……

这样一来，除了第一行以外，其余的部分是完全重复的。它可以改写成

令 $n=1$。

只要 $n^2\leqslant a$ 就反复如下的过程：使 n 的值变为它原来的值加 1。

这样，我们最终就把“……”避开了。

“使 n 的值变为它原来的值加 1”这个过程可以用

$$n:=n+1$$

描述。因为在赋值过程中总是先求表达式的值，然后再赋值，所以在求表达式的值时，使用的总是变量原来的值。

“只要某条件成立就反复某一过程”这是一种基本的模式，在PASCAL中用循环语句描述。设 **P** 是描述某条件的一串符号，**A** 是描述某过程的一个语句，那么相应的循环语句形式是

WHILE **P** *DO* **A**

例如，上面那段程序中“只要 $n^2 \leqslant a$ 就反复如下的过程：使 n 的值变为它原有的值加上1”，可以写成

$$WHILE\ n^2 \leqslant a\ DO\ n := n+1$$

这就是一个循环语句，其中 $n^2 \leqslant a$ 叫做循环条件，$n := n+1$ 叫做循环体，它是一个语句。

循环语句中的 *WHILE* 和 *DO* 不是一般的标识符，而是一种特殊的记号，叫做保留字。本书中，保留字一律采用大写字母，以便与标识符区别。

此外应注意，在PASCAL中不能用 a^2 这样的形式来写指数。但在本书中，为了形式上的简明，我们用它表示 $a * a$，后者才是PASCAL的规范写法。

顺序用几个语句描述的过程所组成的较大的过程，可以用语句序列书写，其形式是把这些语句顺序写出，中间用分号“;”隔开。例如本节讨论的这一段程序应写成

$$n := 1;\ WHILE\ n^2 \leqslant a\ DO\ n := n+1$$

在PASCAL中，程序是自左到右的一大串符号。但在案头工作时，我们总是按一定的习惯分行书写。例如，语句序列中每个语句独占一行，循环语句可以从 *DO* 开始转到下一行，并缩格书写：

$n := 1;$

$$
\begin{aligned}
&WHILE\ n^2 \leqslant a \\
&\quad DO\ n := n+1
\end{aligned}
$$

习题

写出循环语句和语句序列的语法图。

§3　程序的注释

回到本章开头的程序。我们已经基本上对如何把它翻译成 PASCAL 语言的问题讨论完了。只剩下“设……”,“则……”这两行。这些是与计算机的动作无关的,它们是从整体上描述了这一段程序的功能,起着注释的作用。

设 ***P*** 是描述某个条件的一段符号,那么

$$ASSUME\ \boldsymbol{P}$$

叫做假设语句,而

$$ASSERT\ \boldsymbol{P}$$

叫做断言语句。

有了假设语句和断言语句,就可以把本章所讨论的程序最后写成

$$
\begin{aligned}
&\{ASSUME\ a \geqslant 0\}; \\
&n := 1; \\
&WHILE\ n^2 \leqslant a \\
&\quad DO\ n := n+1; \\
&z := n-1; \\
&\{ASSERT\ z^2 \leqslant a < (z+1)^2\}
\end{aligned}
$$

注意,在上面的程序中,假设语句与断言语句都写在花括号“{ }”

中。这样做，是为了强调出它们是程序的注释。在验证程序的正确性时，它们有重要的作用，在计算机进行计算时，注释就被忽略过去。

我们规定：当一个程序中出现假设语句时，我们总是假定其中的条件是成立的。如果程序执行到出现假设语句的地方而其中的条件并不成立，那么这个程序以后前途如何，我们概不关心。当一个程序执行到出现断言语句的地方时，其中的条件应该自动成立，否则就认为该程序有错。读者应能看出，上面程序的写法正好符合这些规定。

习题

研究以下几个程序的语法：

(1) $\{ASSUME\ a * d \neq b * c\}$;

$delta := a * d - b * c$;

$x1 := p * d - b * q$;

$y1 := a * q - c * p$;

$x := x1/delta$;

$y := y1/delta$;

$\{ASSERT\ a * x + b * y = p \wedge c * x + d * y = q\}$

这里"∧"表示"而且"，这是一个逻辑连词。PASCAL中还有以下的两个逻辑连词："∨"表示"或者"，"¬"表示"不"。此外，在假设语句和断言语句以及一般的逻辑公式中，还可能用到"→"（"**P→Q**"表示"若**P**则**Q**"），"↔"（"**P↔Q**"表示"**P**与**Q**等价"）。例如：

$$\neg x^2 < 4 \rightarrow x \geqslant 2 \vee x \leqslant -2$$

(2) $\{ASSUME\quad a > 0 \wedge b > 0\}$;

$y := a$;

$WHILE\quad y > 0\quad DO\ y := y - b$;

$\{ASSERT\quad y = a \backslash b\}$

这里“\”表示整数除法的余数，PASCAL 的规范写法是 *MOD*，后者是一个保留字。

```
(3){ASSUME   a>0};
   x:=a;
   y:=2;
   WHILE   y<x ∧ ¬x\y=0
         DO y:=y+1;
   {ASSERT   y=x→prime (x)}
```

这里 *prime* (x)是“x 是素数”的数学符号。但这既不是 PASCAL 的规范写法，也不是数学的习惯记法，纯粹是讨论这个问题时的临时记法。

§4 程序的踪迹

为了说明上面程序的工作效果，我们可以把各变量 a，n，z 的值在计算过程中的变化列表表示出来。

在程序开始的时候，a，n，z 都有某个值，比如说都是 1。这样，$a \geqslant 0$ 这个假定是满足的。以下，$n := 1$ 使 n 的值变为 1，其实没有发生变化。下面就应该执行循环语句了。这时条件 $n^2 \leqslant a$ 是满足的，于是就做 $n := n+1$，结果 n 的值变成了 2。再重新执行循环语句，$n * n \leqslant a$ 不满足了，于是循环语句就完成了，转入下面的语句。最后使 z 的值变为 1。我们看到条件 $z^2 \leqslant a < (z+1)^2$ 是成立的。所以这时程序达到了预期的目的。这个过程可以清楚地列成下表(见下页上表)。

又如开始时 $a=5$，$n=10$，$z=7$，相应的表是这样的(见下页下表)。这个表说明程序达到了目的。

再如开始时 $a=-2$，$n=3$，$z=-5$。这样，条件 $a \geqslant 0$ 就不成立。这

个程序以后会出现什么局面,我们就不再关心了。

执行的语句 或 检查的条件	变 量 值			条件是否成立
	a	n	z	
$a\geqslant 0$	1	1	1	是
$n:=1$	1	1	1	
$n^2\leqslant a$	1	1	1	是
$n:=n+1$	1	2	1	
$n^2\leqslant a$	1	2	1	否
$z:=n-1$	1	2	1	
$z^2\leqslant a<(z+1)^2$	1	2	1	是

执行的语句 或 检查的条件	变 量 值			条件是否成立
	a	n	z	
$a\geqslant 0$	5	10	7	是
$n:=1$	5	1	7	
$n^2\leqslant a$	5	1	7	是
$n:=n+1$	5	2	7	
$n^2\leqslant a$	5	2	7	是
$n:=n+1$	5	3	7	
$n^2\leqslant a$	5	3	7	否
$z:=n-1$	5	3	2	
$z^2\leqslant a<(z+1)^2$	5	3	2	是

这样的表叫做程序的踪迹。

分析程序的踪迹可以了解程序的许多性质,包括程序的正确性。程序的正确性就是:不论各变量开始值是什么,只要在执行过程中遇到假设语句的时候,其中的条件都得到满足,那么遇到断言语句的时候,其中条件也应满足。

证明程序的正确性,简称程序验证。

以上面的程序为例,我们可以这样进行验证。

用a_i,n_i,z_i表示踪迹里第i行中a,n,z的值。由于程序中没有对a赋值的语句，所以a的值是不会改变的。我们有$a_i=a_1(i=1,2,3,\cdots)$，不妨假定$a_1\geqslant 0$。

第二行是语句$n:=1$执行的结果，所以$n_2=1$。如果第三行的“条件是否成立”栏中是“是”，那么$n_4=2$。一般，如果第$2k-1$行中的“条件是否成立”栏中是“是”，那么$n_{2k+1}=n_{2k}=k$。

如果踪迹共有$2m+1$行，那么在第$2m-1$行中一定有“否”，在此以前一定没有“否”。

在第$2m-3$行，$n_{2m-3}=n_{2m-4}=m-2$。这时条件$n^2\leqslant a$成立。可见$(m-2)^2\leqslant a_{2m-3}=a_1$。

在第$2m-1$行，$n_{2m-1}=n_{2m-2}=m-1$。这时条件$n^2\leqslant a$不成立，可见$(m-1)^2>a_{2m-1}=a_1$。因此$(m-2)^2\leqslant a_1<(m-1)^2$。

在第$2m$行，执行$z:=n-1$这个语句，使$z_{2m}=n_{2m-1}-1=m-2$，$n_{2m}=n_{2m-1}=m-1$。

到了最后一行，$a_{2m+1}=a_1$，$n_{2m+1}=n_{2m}=m-1$，$z_{2m+1}=z_{2m}=m-2$。由于$(m-2)^2\leqslant a_1<(m-1)^2$，可见$z_{2m+1}^2\leqslant a_{2m+1}<(z_{2m+1}+1)^2$。也就是说，这时条件$z^2\leqslant a<(z+1)^2$是成立的。

总之，任何一张踪迹的表，只要第一行中a的值满足$a\geqslant 0$，那么最后一行中a,z的值一定满足$z^2\leqslant a<(z+1)^2$。可见程序是正确的。

习题

研究上节习题(2)，(3)程序的踪迹，并证明程序的正确性。

§5　程序验证的形式规则

程序的验证可以根据对语言的朴素理解，用朴素的推理进行，也可以像上一节那样，通过对踪迹的分析进行。当程序复杂时，前者往往不可靠，后者又繁杂不堪，所以必须找寻一个更适当的办法来做。

我们将给出一些形式规则，利用这些规则可以把较长较复杂的程序的正确性问题转化为较短较简单的程序的正确性问题，最终转化为只含有假设语句和断言语句的程序的正确性问题，以至变成证明逻辑公式的问题。

以前面几节讨论的程序为例来说明这种做法。这个程序的断言是$z^2 \leqslant a < z+1)^2$，我们把它记做 $\boldsymbol{R}$。在断言语句前面的语句是 $z\text{:}=n-1$，意思是使 z 的值变为 $n-1$ 的值。因此，要想在程序的末尾使 $\boldsymbol{R}$ 成立，那么在 $z\text{:}=n-1$ 以前 $\boldsymbol{R}$ 对于 $z=n-1$ 来说应该成立，更确切地说，用 $n-1$ 替换 $\boldsymbol{R}$ 中的 z 所得到的公式 $\boldsymbol{R}'$ 应该成立。$\boldsymbol{R}'$ 就是

$$(n-1)^2 \leqslant a < n^2$$

换句话说，我们应该验证如下的程序：

$$\{ASSUME\ a \geqslant 0\};$$
$$n\text{:} = 1;$$
$$WHILE\ n^2 \leqslant a\ DO\ n\text{:} = n+1;$$
$$\{ASSERT\ (n-1)^2 \leqslant a < n^2\}$$

我们看到，这个程序比原来的程序要短些。

一般说来，设程序中有一个赋值语句 $\boldsymbol{w}\text{:}=\boldsymbol{e}$，其中 $\boldsymbol{w}$ 是一个变量名，$\boldsymbol{e}$ 是一个表达式。又设这个赋值语句后面是一个断言语句$\{ASSERT\ \boldsymbol{R}\}$，其中 $\boldsymbol{R}$ 是一个逻辑公式，其中可能有 $\boldsymbol{w}$ 出现。用 $\boldsymbol{e}$ 替换 $\boldsymbol{R}$ 中的 $\boldsymbol{w}$，得到 $\boldsymbol{R}'$。那么可以在程序中删去这两个语句，改为一个断言语句$\{ASSERT\ \boldsymbol{R}'\}$，这样得到的程序的正确性与原来的程序的正确性是等价的。

把 $\boldsymbol{R}'$ 写成 $\boldsymbol{R}$【$\boldsymbol{w} \rightarrow \boldsymbol{e}$】可以更清楚地说明 $\boldsymbol{R}$ 与 $\boldsymbol{R}'$ 的替换关系。这样一来，上述的规则可以写成：

$$\frac{\boldsymbol{A}; \boldsymbol{w} = \boldsymbol{e}; \{ASSERT\ \boldsymbol{R}\}}{\boldsymbol{A};\ \{ASSERT\ \boldsymbol{R}[\![\boldsymbol{w} \rightarrow \boldsymbol{e}]\!]\}}$$

其中 **A** 表示一段程序。

我们把这样的规则叫做验证规则。这种规则是建立在对语句含意的深入理解之上的。也可以说是对语句含意的一种准确的描述。

细心的读者当能发现，把这个规则应用于前面的例子时，**w** 是 z，**e** 是 $n-1$，**R** 是 $z^2 \leqslant a < (z+1)^2$，**R**【**w**→**e**】是 $(n-1)^2 \leqslant a < (n-1+1)^2$，但我们在前面的讨论中写的却是 $(n-1)^2 \leqslant a < n^2$。这是由于我们实际上默认了如下的规则：

$$\frac{\boldsymbol{A}; \{ASSERT \quad \boldsymbol{R}_1\}}{\boldsymbol{A}; \{ASSERT \quad \boldsymbol{R}_2\}} \qquad \text{如果} \quad \boldsymbol{R}_1 \leftrightarrow \boldsymbol{R}_2$$

今后我们将不加声明地使用这个规则，以免陷入学究式的繁琐论证。

习题

验证本章 § 3 习题(1)程序。

§ 6　循环不变式

与循环语言有关的验证问题，必须考虑到循环语句中的循环体可能执行许多次。这时，我们就需要一个类似于数学归纳法那样的办法。

数学归纳法并不一定对最终的结论使用。例如要证明 n 边形外角之和是 2π，我们常先用归纳法来证明 n 边形内角之和是 $(n-2)\pi$。在验证循环语句时我们也需要一种类似的作法。详细一点说，我们需要找到一个合适的条件 **Q**，**Q** 在循环体每一次执行的前后都满足，也就是

(1)在开始进入循环语句时，**Q** 满足；

(2)如果在某一次进入循环体时 **Q** 满足，那么在下一次进入循环体时 **Q** 满足。

这样，我们就可以断定：退出循环时，$\boldsymbol{Q}$ 仍然满足。

当然，是应该继续执行循环体中的语句还是应该退出循环，是由循环条件决定的。因此，在上面的(2)中，还应该加上“如果循环条件得到满足”。

现在设有一个程序 $\mathbf{A}$;*WHILE* $\boldsymbol{P}$ *DO* $\boldsymbol{B}$;{*ASSERT* $\boldsymbol{R}$}。利用上面的条件 $\boldsymbol{Q}$ 来验证这个程序的时候，首先应验证

(1)在 $\mathbf{A}$ 之后，$\boldsymbol{Q}$ 成立，也说是 $\mathbf{A}$;{*ASSERT* $\boldsymbol{Q}$}是正确的；

(2)假定 $\boldsymbol{P}$,$\boldsymbol{Q}$ 都成立，那么在 $\boldsymbol{B}$ 之后 $\boldsymbol{Q}$ 仍成立，也就是{*ASSUME* $\boldsymbol{P} \wedge \boldsymbol{Q}$}；$\boldsymbol{B}$;{*ASSERT* $\boldsymbol{Q}$}。

有了这两条，就可以知道循环完成时，$\boldsymbol{Q}$ 仍然是成立的，但这时 $\boldsymbol{P}$ 不成立了。因此，为了证明整个程序的正确性，我们还应证明：

(3)假定 $\boldsymbol{P}$ 不成立，$\boldsymbol{Q}$ 成立，那么 $\boldsymbol{R}$ 成立。也就是要证明逻辑公式 $\neg \boldsymbol{P} \wedge \boldsymbol{Q} \rightarrow \boldsymbol{R}$。

注意，这样就把一个程序的正确性归结为两个程序和一个逻辑公式的正确性的证明了。我们把以上的讨论概括为如下的规则：

$$\frac{\mathbf{A};\mathit{WHILE}\ \boldsymbol{P}\ \mathit{DO}\ \boldsymbol{B};\{\mathit{ASSERT}\ \boldsymbol{R}\}}{\begin{array}{l}(1)\mathbf{A};\{\mathit{ASSERT}\ \boldsymbol{Q}\}\\(2)\{\mathit{ASSUME}\ \boldsymbol{P}\wedge\boldsymbol{Q}\};\boldsymbol{B};\{\mathit{ASSERT}\ \boldsymbol{Q}\}\\(3)\neg\boldsymbol{P}\wedge\boldsymbol{Q}\rightarrow\boldsymbol{R}\end{array}}$$

应用于上节的程序，取 $\boldsymbol{Q}$ 为$(n-1)^2 \leqslant a$，应该验证的就是

(1) {*ASSUME* $a \geqslant 0$}；

$n := 1$；

{*ASSERT* $(n-1)^2 \leqslant a$}

(2) {*ASSUME* $n^2 \leqslant a \wedge (n-1)^2 \leqslant a$}；

$n := n+1$；

{*ASSERT* $(n-1)^2 \leqslant a$}

$$(3)\ \neg n^2 \leqslant a \wedge (n-1)^2 \leqslant a \rightarrow (n-1)^2 \leqslant a < n^2$$

这里(3)是显然的。(1)和(2)可以利用上节的验证规则分别写成

$(1')$ $\{ASSUME\ a \geqslant 0\}$;

$\{ASSERT\ (1-1)^2 \leqslant a\}$

$(2')$ $\{ASSUME\ n^2 \leqslant a \wedge (n-1)^2 \leqslant a\}$;

$\{ASSERT\ n^2 \leqslant a\}$

这时我们实际上已经写了两个逻辑公式：

$$(1'')a \geqslant 0 \rightarrow (1-1)^2 \leqslant a$$

$$(2'')n^2 \leqslant a \wedge (n-1)^2 \leqslant a \rightarrow n^2 \leqslant a$$

这都是显然的。

这样就证明了前面的程序的正确性。

不难看出，在证明有关循环语句的程序的正确性时，如何选取 $\boldsymbol{Q}$ 是一个重要的问题。$\boldsymbol{Q}$ 叫做这个循环语句的不变式。它是对循环体的功能的准确描述。在设计循环语句时，程序员应十分清楚循环体的功能，不然很容易发生错误。因此，应要求在每一个循环语句中都把不变式写出来。我们约定：把循环语句的形式改为

$$WHILE\ \boldsymbol{P}\ \{INVAR\ \boldsymbol{Q}\}\ DO\ \boldsymbol{B}$$

其中 $\boldsymbol{P}$ 仍然是循环条件，$\boldsymbol{Q}$ 是不变式，$\boldsymbol{B}$ 是循环体。$\boldsymbol{P}$，$\boldsymbol{Q}$ 都是逻辑公式，$\boldsymbol{B}$ 是语句。

在前面的例子中，写出不变式的关键在于说清楚为什么要顺序取 $n=1,2,\cdots$(而不是乱取一些 n 来试验)。这当然是要保证 n 在增加的过程中不会超过 $\sqrt{a}+1$。头脑里有了这一点，就不难写出不变式了。

把不变式写入前面的程序，最后成为

```
{ASSUME a ⩾ 0};
n: = 1;
WHILE n² ⩽ a
   {INVAR (n − 1)² ⩽ a}
DO n: = n + 1;
z: = n − 1;
{ASSERT z² ⩽ a < (z − 1)²}
```

习题

1. 为本章§3的习题(2),(3)写出不变式并验证程序的正确性。

2. 不了解不变式的循环语句可能导致严重的后果,比如

```
{ASSUME n ⩾ 1};
WHILE n > 1
   DO n: = (n\2) * (1 + n) + n/2;
{ASSERT n = 1}
```

就是一个不知其结果如何的程序。试用 $n=2,5,27$ 分别做出踪迹进行分析。这个程序是否正确,关系到初等数论中一个没有证明的猜想。

第二章 简单程序

§1 控制模式

在一计算过程中,各种基本动作怎样互相连接,叫做这一计算过程的控制结构。早期的程序员常用流程图表示控制结构。例如,上章的程序可以用下面的流程图表示出来:

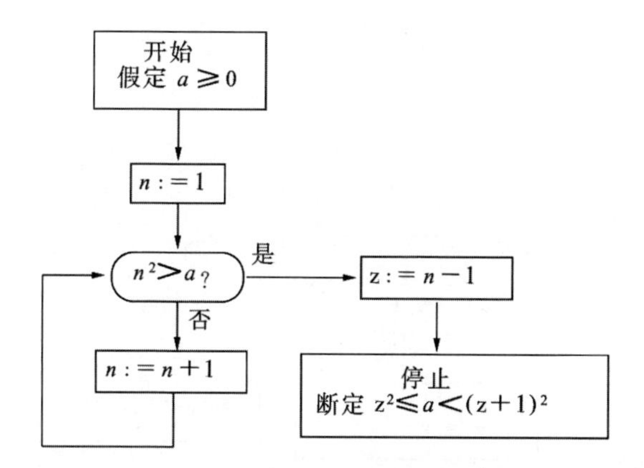

这一流程图十分直观，能把程序的各种细节同时呈现于一张图纸上，便于阅读和检查。

后来，计算机及其应用不断发展，程序日趋复杂，流程图也越来越大，甚至要断成许多片、装订成册，结果读图和检查都非常困难。最后，人们终于被迫承认：只凭直觉或朴素的智力不足以驾驭复杂程序的一切细节。必须把程序按照少数精心研究过的控制模式组织起来才行，就像用许多标准的零件组装复杂的机器一样。

上章介绍的语句序列和循环语句这两种语法形式就描述了两种控制模式。语句序列描述了“几个过程无条件地顺序进行”这种模式；循环语句描述了“只要某条件成立就重复进行某个过程”这种模式。

本章系统地介绍一些控制模式和相应的句法形式。用这些模式可以把赋值过程组织成千变万化的计算过程，这些计算过程又都是由相应的句法形式表示出来的。我们把用本章中介绍的句法形式写出的程序叫做“简单程序”。在简单程序中，用赋值语句描述赋值过程，用语句序列、条件语句、循环语句描述几种控制模式，并用假设语句和断言语句描述程序的功能。

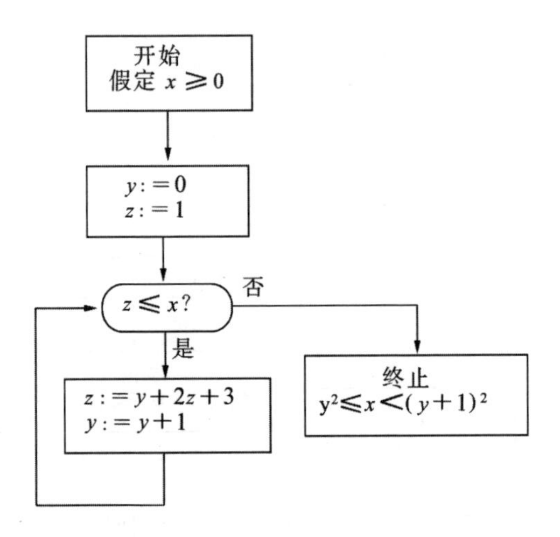

习题

1. 语句序列和循环语句所描述的控制模式在流程图上有什么特点?

2. 研究下面的流程图,列表表明它的踪迹。

3. *Fibonaci* 数 $f(n)$ 的递推公式是

$$f(n) = \begin{cases} 1, & n = 0, 1 \\ f(n-1) + f(n-2), & n \geqslant 2 \end{cases}$$

试画出计算不小于 a 的最小的 *Fibonaci* 数的流程图。

4. 画出上章§3 习题中各程序的流程图。

5. 用 $\max_i A$ 表达集合 A 中按从大到小的次序排列时第 i 个数。研究下面的流程图:

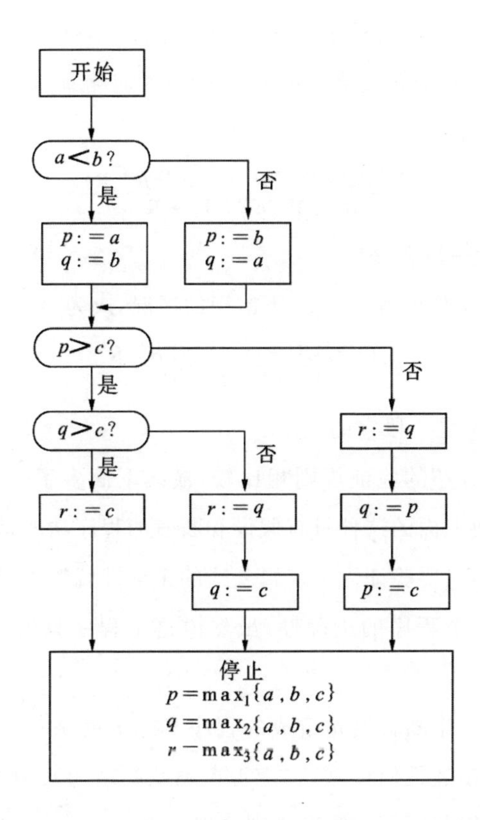

§2　假设语句和断言语句

PASCAL 语言的最初文本中没有表示程序功能的规范办法。原因之一是当时尚未充分认识到程序功能验证的必要性与可能性。后来，有些 *PASCAL* 的文本中加上了假设语句和断言语句这一类的形式。本书把这些语句加上了花括号。这是一种折衷办法。按照一般的 *PASCAL* 文本，花括号里的内容是注解，它是为程序员注释程序用的，计算机并不读它。这样，一般的 *PASCAL* 系统都能运行本书的例题，而我们在验证程序的正确性时又有所依据。

假设语句通常用在程序的开头，但也允许在程序的中途出现。因此，上章介绍的关于假设语句的验证规则就应略加推广，改成如下的形式：

$$(ASM)\qquad \frac{\mathbf{A};\{ASSUME\ \boldsymbol{P}\};\ \{ASSERT\ \boldsymbol{R}\}}{\mathbf{A};\ \{ASSERT\ \boldsymbol{P}\rightarrow\boldsymbol{R}\}}$$

这里的 $\mathbf{A}$ 表示一段程序。

这个验证规则也适用于 $\mathbf{A}$ 不出现的情况，成为

$$\frac{\{ASSUME\ \boldsymbol{P}\};\ \{ASSERT\ \boldsymbol{R}\}}{\{ASSERT\ \boldsymbol{P}\rightarrow\boldsymbol{R}\}}$$

这时，我们说 $\mathbf{A}$ 是一段空的程序。

和第一章介绍的验证规则相比较，横线下面多了一个 $ASSERT$。换句话说，横线上面的这种只有假设和断言的程序功能是否正确，按上章介绍的规则，只要验证一个逻辑公式的正确性就够了；按照这里的规则，却要验证一个程序的正确性，虽然说这个程序只由一个断言语句组成。

不过只由一个断言语句组成的程序实际上就是一个逻辑公式，因为这个程序不描述任何计算，它是否正确就归结为其中的逻辑公式是否正确。这可以用下面的验证规则体现出来：

$$(ASRT)\qquad \frac{\{ASSERT\ \boldsymbol{R}\}}{\boldsymbol{R}}$$

把上面两个规则相继使用，就可以得到上章中的那个规则。

在假设语句和断言语句中的逻辑公式要用数学关系式和逻辑连词写出来，而不能用自然语言书写。初学者有时会感到困难，但是用准确的符号表达逻辑关系这种形式化的方法是程序员必须掌握的。从最简单的程序设计开始进行练习，是一个好办法。

习题

1. 在简单程序中(以及本书其他地方)规定只能有一个断言语句,而且一定出现在程序的最后。如果不做这个限制,那么就要增加一条这样的规则:

$$\frac{\mathbf{A};\ \{ASSERT\ \mathbf{R}\};\ \{ASSERT\ \mathbf{R}'\}}{???}$$

在上面的规则中应该用什么去代替“???”?

2. 像 $a=a$ 这样的天然成立的关系式在逻辑中叫做永真公式,在 PASCAL 中用 *true* 表示永真公式。设 $\mathbf{P}$ 是任何逻辑公式,那么

$$(true \lor \mathbf{P}) \leftrightarrow true$$

$$(true \land \mathbf{P}) \leftrightarrow \mathbf{P}$$

$$(true \rightarrow \mathbf{P}) \leftrightarrow \mathbf{P}$$

$$(\mathbf{P} \rightarrow true) \leftrightarrow true$$

3. 如果一个程序的第一个语句是 {*ASSERT true*} ,那么,去掉这个语句得到的程序与原来的程序正确性是等价的。

4. 设 a, b, c 是三个整数, p, q, r 是把 a, b, c 按从大到小的顺序排列而成的。用适当的办法把这六个变量的关系形式地描述出来。

5. 写出使 x 和 y 的值交换的程序,并验证。

§3　复合语句

把一个语句或语句序例 **B** 用 *BEGIN* 与 *END* 括起来,成为

$$BEGIN\ \mathbf{B}\ END$$

就得到一个复合语句,这个复合语句和 **B** 所描述的过程完全相同。这一点体现于如下的规则中:

(COMP)　　$$\frac{\mathbf{A};\ BEGIN\ \mathbf{B}\ END;\ \{ASSERT\ \mathbf{R}\}}{\mathbf{A};\ \mathbf{B};\ \{ASSERT\}}$$

由此看来，复合语句并不能向我们提供与其他语句（或语句序列）不同的控制模式。那么，为什么要有这种语法形式呢？这是由语法上的需要造成的。

例如下面的程序：

```
{ASSUME a ≥ 0 ∧ b ≥ 0};
x: = 1;
y: = 0;
WHILE y < b {INVAR x = a^y ∧ y ≤ b}
   DO y: = y + 1; x: = x * a;
{ASSERT x = a^b}
```

这个程序计算 a^b。它的想法是很清楚的：先使 x 的值为 1，y 的值为 0；以后反复地把 x 扩大 a 倍，y 的值加 1，直到 y 与 b 相等为止。因此，按照程序员的本意，循环语句中的循环体应该是一个语句序列：

$$y:=y+1;\ x:=x*a$$

但是按照语法，循环体必须是一个语句，而不能是语句序列。这样，就必须用 *BEGIN* 和 *END* 把心目中的那个循环体括起来，成为一个复合语句。所以，*BEGIN* 和 *END* 相配合起着**语句括号**的作用，正如在 $3*(2+5)$ 中圆括号起的作用一样。

现在我们就可以把上面的程序修改为

```
{ASSUME a ≥ 0 ∧ b ≥ 0};
x: = 1;
y: = 0;
WHILE y < b {INVAR x = a^y ∧ y ≤ b}
```

$DO\ BEGIN\ y:=y+1;\ x:=x*a\ END;$

$\{ASSERT\ x=a^{b}\}$

在验证这个程序时，会遇到如下的程序：

$\{ASSUME\ y<b\ \wedge\ x=a^{y}\ \wedge\ y\leqslant b\};$

$BEGIN\ y:=y+1;\ x=x*a\ END;$

$\{ASSERT\ x=a^{y}\ \wedge\ y\leqslant b\}$

用（COMP）规则，只用验证

$\{ASSUME\ y<b\ \wedge\ x=a^{y}\ \wedge\ y\leqslant b\};$

$y:=y+1;$

$x:=x*a;$

$\{ASSERT\ x=a^{y}\ \wedge\ y\leqslant b\}$

习题

写出本章§1习题2和4的程序，并验证。

§4　条件语句

条件语句的形式是

$$IF\ \mathbf{P}\ THEN\ \mathbf{B}\ ELSE\ \mathbf{C}$$

其中 $\mathbf{P}$ 是一个逻辑公式，而 $\mathbf{B}$,$\mathbf{C}$ 都是语句。这个语句描述的控制模式是“如果条件 $\mathbf{P}$ 满足，就进行语句 $\mathbf{B}$ 所描述的过程；否则，就进行语句 $\mathbf{C}$ 所描述的过程”。条件语句的验证规则是

(COND)

$$\frac{\mathbf{A};\ IF\ \mathbf{P}\ THEN\ \mathbf{B}\ ELSE\ \mathbf{C};\ \{ASSERT\ \mathbf{R}\}}{(1)\ \mathbf{A};\ \{ASSUME\ \mathbf{P}\};\ \mathbf{B};\ \{ASSERT\ \mathbf{R}\}}$$

$$(2)\ \mathbf{A};\ \{ASSUME\ \neg\mathbf{P}\};\ \mathbf{C};\ \{ASSERT\ \mathbf{R}\}$$

例如计算两个数的差的绝对值的程序可以写成

$$IF\ x > y\ THEN\ z:=x-y\ ELSE\ z:=y-x$$
$$\{ASSERT\ z=|x-y|\}$$

用上面的验证规则可以把这个程序的正确性归结为以下两个程序的正确性：

$$\{ASSUME\ x>y\};\ z:=x-y;\ \{ASSERT\ z=|x-y|\}$$

$$\{ASSUME\ \neg x>y\};\ z:=y-x;\ \{ASSERT\ z=|y-x|\}$$

最后归结为如下的两个逻辑公式的证明：

$$x>y\rightarrow x-y=|x-y|$$

$$\neg x>y\rightarrow y-x=|x-y|$$

这都是非常显然的。

条件语句中的 **B**,**C** 都可能是空语句。例如，当 **C** 是空语句，在验证规则中的(2)就成了：

$$\mathbf{A};\ \{ASSUME\ \neg \mathbf{P}\};\ \{ASSERT\ \mathbf{R}\}$$

再使用验证规则 (*ASM*)，把它的正确性归结为

$$\mathbf{A};\ \{ASSERT\ \neg \mathbf{P}\rightarrow \mathbf{R}\}$$

在 PASCAL 中规定条件语句中 *ELSE* 后面是空语句时，可以不写出 *ELSE*，于是我们有

(*COND'*)
$$\frac{\mathbf{A};\ IF\ \mathbf{P}\ THEN\ \mathbf{B};\ \{ASSERT\ \mathbf{R}\}}{(1)\ \mathbf{A};\ \{ASSUME\ \mathbf{P}\};\ \mathbf{B};\ \{ASSERT\ \mathbf{R}\}}$$
$$(2)\ \mathbf{A};\ \{ASSERT\ \neg\mathbf{P}\rightarrow\mathbf{R}\}$$

我们把缺少 *ELSE* 的条件语句叫**不完全条件语句**，上面的 (*COND'*) 就可以看成不完全条件语句的验证规则。

条件语句中 *THEN*,*ELSE* 后面的语句可以是任何语句(不是语

句序列）。但是有一个限制：在（完全的）条件语句中，*THEN* 后面的语句不得是不完全语句。这是因为，在这时会出现

$$IF\ \mathbf{P}\ THEN\ \underbrace{IF\ \mathbf{P}'\ THEN\ \mathbf{B}'}_{\text{子句}}\ ELSE\ \mathbf{C}$$

但它又可以被看成是一个不完全的条件语句，其中的 *THEN* 后面是一个（完全的）条件语句：

$$IF\ \mathbf{P}\ THEN\ \underbrace{IF\ \mathbf{P}'\ THEN\ \mathbf{B}'\ ELSE\ \mathbf{C}}_{\text{子句}}$$

因此，对初学者的一个建议是：当条件语句中含有条件语句时，不要使用不完全的条件语句（即把 *ELSE* 都写出来）。

习题

1. 画出条件语句的语法图。
2. 说明条件语句所描述的过程在流程图上的特点。
3. 说明 *THEN* 后面是空语句的条件语句的验证规则。
4. 证明下面两个条件语句描述的控制模式相同：

$$(a)\ IF\ \mathbf{P}\ THEN\ \mathbf{B}\ ELSE\ \mathbf{C}$$

$$(b)\ IF\ \neg\mathbf{P}\ THEN\ \mathbf{C}\ ELSE\ \mathbf{B}$$

5. 验证下面的程序：

$\{ASSUME\ n \geqslant 0\}$;

$IF\ even(n)\ THEN\ n:=n+1$;

$\{ASSERT\ odd(n)\}$

这里 $odd(n)$，$even(n)$ 中的 *odd*，*even* 表示“……是奇数”，“……是偶数”这两个谓词。这是 PASCAL 的标准写法。

6. 写出并验证本章§1习题5中的流程图相应的程序。

§5　循环语句

上一章我们介绍了以 *WHILE* 开头的循环语句，其验证规则是

(*WH*)　　$\dfrac{\mathbf{A};\ \mathit{WHILE}\ \mathbf{P}\ \{\mathit{INVAR}\ \mathbf{Q}\}\ \mathit{DO}\ \mathbf{B};\ \{\mathit{ASSERT}\ \mathbf{R}\}}{\begin{array}{l}(1)\ \mathbf{A};\ \{\mathit{ASSERT}\ \mathbf{Q}\}\\ (2)\ \{\mathit{ASSUME}\ \mathbf{P}\wedge\mathbf{Q}\};\ \mathbf{B};\ \{\mathit{ASSERT}\ \mathbf{R}\}\\ (3)\ \neg\mathbf{P}\wedge\mathbf{Q}\rightarrow\mathbf{R}\end{array}}$

以 *WHILE* 开头的循环语句又叫 *WHILE* 语句。此外，PASCAL 中还提供了另一种循环语句，叫做 *REPEAT* 语句（或 *UNTIL* 语句），它的语法图是

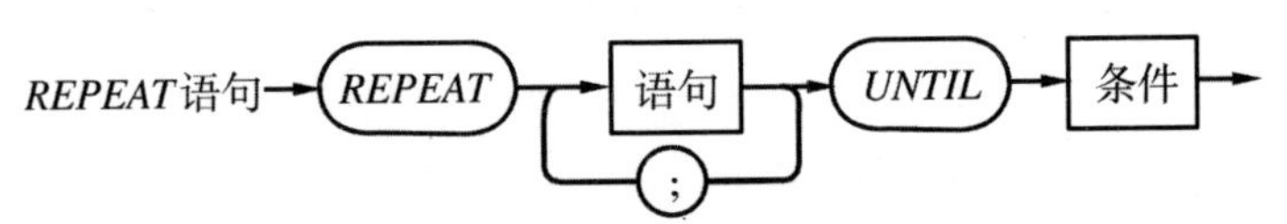

这种语句表示这样的模式："重复执行某个过程，直到某个条件满足为止"。

WHILE 语句和 *REPEAT* 语句有以下的区别：

(1) *WHILE* 语句中的循环体必须是一个语句，而 *UNTIL* 语句中的循环体（即在 *REPEAT* 和 *UNTIL* 之间的那一段程序）可以是一个语句序列。也就是说，*REPEAT* 和 *UNTIL* 已经起了语句括号的作用，无须再把这个语句序列作成复合语句。

(2) *WHILE* 语句在执行循环体所描述的过程以前，先检查条件是否成立，而 *REPEAT* 语句在执行循环体所描述的过程以后才检查条件是否成立。因此，*REPEAT* 语句的循环体必须无条件地执行一次，而 *WHILE* 语句中的循环体可能根本不被执行。

(3) *WHILE* 语句中的循环条件是继续执行循环体的条件，而 *REPEAT* 语句中的循环条件是退出循环语句的条件。

我们约定把循环不变式写在 *UNTIL* 之前。那么，根据以上的说

明,下面的 *REPEAT* 语句

$$REPEAT\ \boldsymbol{B}_1;\ \cdots;\ \boldsymbol{B}_k;\ \{INVAR\ \boldsymbol{Q}\}\ UNTIL\ \boldsymbol{P}$$

和含有 *WHILE* 语句的语句序列

$$\boldsymbol{B}_1;\ \cdots;\ \boldsymbol{B}_k;\ WHILE\ \neg\boldsymbol{P}\ \{INVAR\ \boldsymbol{Q}\}\ DO\ BEGIN\ \boldsymbol{B}_1;\ \cdots;\ \boldsymbol{B}_k\ END$$

描述了相同的过程,其中 $\boldsymbol{P}$,$\boldsymbol{Q}$ 是逻辑公式,$\boldsymbol{B}_1$, …, $\boldsymbol{B}_k$是语句。

因此,*REPEAT* 语句的验证规则是

(*RPT*)

$$\frac{\boldsymbol{A};\ REPEAT\ \boldsymbol{B}_1;\ \cdots;\ \boldsymbol{B}_k;\{INVAR\ \boldsymbol{Q}\}\ UNTIL\ \boldsymbol{P};\{ASSERT\ \boldsymbol{R}\}}{\begin{array}{l}(1)\boldsymbol{A};\ \boldsymbol{B}_1;\ \cdots;\ \boldsymbol{B}_k;\ \{ASSERT\ \boldsymbol{Q}\}\\(2)\ \{ASSUME\ \neg\boldsymbol{P}\wedge\boldsymbol{Q}\};\ \boldsymbol{B}_1;\ \cdots;\ \boldsymbol{B}_k;\ \{ASSERT\ \boldsymbol{Q}\}\\(3)\ \boldsymbol{P}\wedge\boldsymbol{Q}\rightarrow\boldsymbol{R}\end{array}}$$

例如,下面是用欧几里得辗转相除法求两个正整数的最大公约数的程序:

$$\{ASSUME\ a>0\ \wedge\ b>0\};$$
$$x:=a;\ y:=b;$$
$$REPEAT\ z:=x\backslash y;\ x:=y;\ y:=z$$
$$\{INVAR\ \mathrm{gcd}(x,y)=\mathrm{gcd}(a,b)\ \wedge\ x>0\ \wedge\ y\geqslant 0\}$$
$$UNTIL\ y=0;$$
$$\{ASSERT\ \mathrm{gcd}(a,b)=x\}$$

要验证这个程序,先使用上面的规则把它归结为验证:

(1) 程序

$$\{ASSUME\ a>0\ \wedge\ b>0\};$$
$$x:=a;\ y:=b;$$
$$z:=x\backslash y;\ x:=y;\ y:=z;$$
$$\{ASSERT\ \mathrm{gcd}(x,y)=\mathrm{gcd}(a,b)\ \wedge\ x>0\ \wedge\ y\geqslant 0\}$$

(2) 程序

$\{ASSUME \neg y = 0 \land \gcd(x,y) = \gcd(a,b) \land x > 0 \land y \geqslant 0\}$;

$z := x \backslash y;\ x := y;\ y := z;$

$\{ASSERT\ \gcd(x,y) = \gcd(a, b) \land x > 0 \land y \geqslant 0\}$

(3) 逻辑公式

$$y = 0 \land \gcd(x,y) = \gcd(a,b) \land x > 0 \land y \geqslant 0 \rightarrow \gcd(a,b) = x$$

这里的(3)实际上就是要证明:

$$x > 0 \rightarrow \gcd(x, 0) = x$$

这是一个数学定理。

要证(2),只用证明:

$$\gcd(x,y) = \gcd(a,b) \land x > 0 \land y > 0$$
$$\rightarrow \gcd(y, x\backslash y) = \gcd(a,b) \land y > 0 \land x\backslash y \geqslant 0$$

这个公式由以下两个数学定理很容易证明:

$$y > 0 \rightarrow x\backslash y \geqslant 0$$
$$y > 0 \rightarrow \gcd(y,x\backslash y) = \gcd(x, y)$$

其余部分请读者自行完成。

习题

1. 如果已经证明了

$$\mathbf{A};$$
$$\{ASSERT\ \boldsymbol{P} \land \boldsymbol{Q}\}$$

那么下面的程序

$$\mathbf{A};\ WHILE\ \boldsymbol{P}\ \{INVAR\ \boldsymbol{Q}\}\ DO\ \mathbf{B};\ \mathbf{A}'$$

和下面的程序

$$\mathbf{A};\ REPEAT\ \mathbf{B};\ \{INVAR\ \mathbf{Q}\}\ UNTIL\ \neg \mathbf{P};\ \mathbf{A}'$$

正确性等价。

2. 在习题 1 中，如果去掉关于 **A** 的条件，结论应该如何修改？（提示：利用条件语句。）

3. 写出求 $n!!$ 的后三位数的程序，假定 n 是正奇数。（这里 $n!! = n(n-2)(n-4)\cdots 1$。）

§6　有终性

循环语句提供了用较短的程序描述较长的过程的手段，因此它是程序设计中最有特点的部分之一。但是一个没有经验的程序员常常会设计出一些循环条件永远满足（在 *REPEAT* 语句中，永远不满足）的循环语句，因此，这种语句所描述的循环过程永远不会停止。这种情况通常叫做“死循环”。甚至有经验的程序员也会犯这种错误。

一个程序终将停止，我们就说这个程序是有终的。一个程序的有终性取决于其中的循环语句的有终性。一个循环语句的有终性首先取决于它的循环体的有终性，然后还要看退出循环的条件是否终将满足。

一个程序表面上可能是正确的，甚至可以验证它的正确性，但是它仍然可能不是有终的。下面的程序就是一个例子：

$$\begin{aligned}
&\{ASSUME\ x = a \land b > 0\};\\
&REPEAT\ x := x - b\\
&\{INVAR\ x \backslash b = a \backslash b \land b > 0\}\\
&\quad UNTIL\ 0 \leqslant x < b;\\
&\quad \{ASSERT\ a \backslash b = x\}
\end{aligned}$$

首先验证它的正确性。利用 (*RPT*)，应分别验证：

$$\{ASSUME\ x = a \land b > 0\};$$
$$x := x - b;$$
$$\{ASSERT\ x \backslash b = a \backslash b \land b > 0\}$$

$$\{ASSUME\ \neg(0 \leqslant x < b) \land x \backslash b = a \backslash b \land b > 0\};$$
$$x := x - b;$$
$$\{ASSERT\ x \backslash b = a \backslash b \land b > 0\}$$

以及公式：

$$0 \leqslant x < b \land x \backslash b = a \backslash b \land b > 0 \rightarrow a \backslash b = x$$

以上各项都可以利用以下两个数学定理得到证明：

$$b > 0 \land 0 \leqslant n < b \rightarrow n \backslash b = n$$
$$b > 0 \rightarrow (n + k * b) \backslash b = n \backslash b$$

这样就验证了上述程序的正确性。

但是这个程序不是有终的，只要设 $a=1$，$b=2$，考查一下它的踪迹就很容易明白。

从这个例子我们可以知道程序的正确性和有终性是两件不同的事。一个程序必须既是有终的又是正确的才能付诸使用，我们把这种程序叫做**完全正确**的。

验证程序的有终性可以用下面的**控制函数法**：为每一个循环语句选择一个函数(取整数值的)，它可以依赖于程序中的一些变量，而且

(1) 只要进入循环体的条件满足，这个函数的值就是非负的；

(2) 只要执行一次循环体，这个函数值就会减小。

用上章的例子来说，$a-n$ 就可以充当其中循环语句的控制函数，因为：

(1) 进入循环体的条件是 $n^2 \leqslant a$，所以 $n \leqslant a$，$a-n \geqslant 0$；

(2) 每次循环中，n 的值增加 1，所以 $a-n$ 减小 1。

可见那个程序是有终的。

控制函数法可以有种种的变体或推广。例如在(2)中把“减小”改为“增加”,同时在(1)中把“是非负的”改为“小于某个常数”。

本书中将不详细研究有终性的问题。

习题

1. 设已知

$$\mathbf{A};\ WHILE\ \mathbf{P}\ \{INVAR\ \mathbf{Q}\}\ DO\ \mathbf{B};\ \{ASSERT\ \mathbf{R}\}$$

是正确的,而且 $\mathbf{A},\mathbf{B}$ 都是有终的。又设 $\mathbf{E}$ 是一个表达式,$\mathbf{E}^{\circ}$ 是一个程序中不出现的变量符号。那么,为了证明这个程序的有终性,只用验证:

(a) 逻辑公式

$$\mathbf{P} \rightarrow \mathbf{E} \geqslant 0$$

(b) 程序

$$\{ASSUME\ \mathbf{E} = \mathbf{E}^{\circ}\}$$
$$\mathbf{B};$$
$$\{ASSERT\ \mathbf{E} < \mathbf{E}^{\circ}\}$$

这可以看成是控制函数法的一种形式表达。

2. 在上一章的例子中,假定 $a>0$,把程序改用 $REPEAT$ 语句来写,并且验证它的完全正确性。

3. 用 $REPEAT$ 语句写出求阶乘的程序,并验证它的完正全确性。

§7　待验条件的机械发生

到此为止,我们已经全部介绍了简单程序的语法形式和验证规则。

现在把所有的验证规则列成下表：

(ASS)

$$\frac{\mathbf{A}; w := \boldsymbol{e};\ \{ASSERT\ \boldsymbol{R}\}}{\mathbf{A};\ \{ASSERT\ \boldsymbol{R}[\boldsymbol{w} \to \boldsymbol{e}]\}}$$

(ASM)

$$\frac{\mathbf{A};\ \{ASSUME\ \boldsymbol{P}\};\ \{ASSERT\ \boldsymbol{R}\}}{\mathbf{A};\ \{ASSERT\ \boldsymbol{P} \to \boldsymbol{R}\}}$$

(ASRT)

$$\frac{\{\mathrm{ASSERT}\ \boldsymbol{R}\}}{\boldsymbol{R}}$$

(COMP)

$$\frac{\mathbf{A};\ BEGIN\ \boldsymbol{B}\ END;\ \{ASSERT\ \boldsymbol{R}\}}{\mathbf{A};\ \boldsymbol{B};\ \{ASSERT\ \boldsymbol{R}\}}$$

(COND)

$$\frac{\mathbf{A};\ IF\ \boldsymbol{P}\ THEN\ \boldsymbol{B}\ ELSE\ \boldsymbol{C};\ \{ASSERT\ \boldsymbol{R}\}}{(1)\ \mathbf{A};\ \{ASSUME\ \boldsymbol{P}\};\ \boldsymbol{B};\ \{ASSERT\ \boldsymbol{R}\}}$$

$$(2)\ \mathbf{A};\ \{ASSUME\ \neg \boldsymbol{P}\};\ \boldsymbol{C};\ \{ASSERT\ \boldsymbol{R}\}$$

(COND′)

$$\frac{\mathbf{A};\ IF\ \boldsymbol{P}\ THEN\ \boldsymbol{B};\ \{ASSERT\ \boldsymbol{R}\}}{(1)\ \mathbf{A};\ \{ASSUME\ \boldsymbol{P}\};\ B;\ \{ASSERT\ \boldsymbol{R}\}}$$

$$(2)\ \mathbf{A};\ \{ASSERT\ \neg \boldsymbol{P} \to \boldsymbol{R}\}$$

(WH)

$$\frac{\mathbf{A};\ WHILE\ \boldsymbol{P}\ \{INVAR\ \boldsymbol{Q}\}\ DO\ \boldsymbol{B};\ \{ASSERT\ \boldsymbol{R}\}}{(1)\ \mathbf{A};\ \{ASSERT\ \boldsymbol{Q}\};}$$

$$(2)\ \{ASSUME\ \boldsymbol{P} \wedge \boldsymbol{Q}\};\ \boldsymbol{B};\ \{ASSERT\ \boldsymbol{Q}\};$$

$$(3)\ \neg \boldsymbol{P} \wedge \boldsymbol{Q} \to \boldsymbol{R}$$

(RPT)

$$\frac{\mathbf{A};\ REPEAT\ \boldsymbol{B}\ \{INVAR\ \boldsymbol{Q}\}\ UNTIL\ \boldsymbol{P};\ \{ASSERT\ \boldsymbol{R}\}}{(1)\ \mathbf{A};\ \boldsymbol{B};\ \{ASSERT\ \boldsymbol{Q}\}}$$

$$(2)\ \{ASSUME\ \neg \boldsymbol{P} \wedge \boldsymbol{Q}\};\ \boldsymbol{B};\ \{ASSERT\ \boldsymbol{Q}\}$$

(3) $P \wedge Q \to R$

把这些规则综合起来，我们可以看出：

(1) 对于每一个程序都有某条规则可以直接使用，而且这样的规则是唯一的；

(2) 把一条规则应用于一个程序，总是得到一个或多个程序或逻辑公式，而且结果是唯一的。

设有一个程序 π，对它使用适当的规则，得到一些程序或公式。用 S_1 表示得到的程序的集合，F_1 表示得到的公式的集合。

然后，对 S_1 中的每个程序各用一次适当的规则，又得到一批程序或公式。用 S_2 表示得到的程序的集合，F_2 表示得到的公式的集合。

如此继续下去，从 S_2 中的程序再得到 S_3 和 F_3，从 S_3 得到 S_4 和 F_4 等等，直到某个 S_n 是空集的情况为止。这时我们就把 π 的正确性问题归结为证明 F_1，…，F_n 中的所有逻辑公式的问题。这些公式就叫做程序 π 的待验条件。

从以前用过的例子不难理解这个求待验条件的办法。这是可以机械地进行的过程。

这个过程一定会结束，就是说，在 S_1，S_2，… 之中一定会出现空集。为此，我们可以仿照上节的控制函数法，对每个程序集合 S 选择一个整数 $h(S)$ 与它对应，使得：

(1) 只有空集合对应于 0，其余的集合都对应于正整数，即

$$h(\phi) = 0$$

$$S \neq \phi \to h(S) > 0$$

(2) 与各程序集合 S_1，S_2，…对应的 $h(S_1)$，$h(S_2)$，…是递降的，就是说

$$h(S_1) > h(S_2) > \cdots$$

这样，就一定存在某个 n，$h(S_n)=0$，即 $S_n=\phi$。

那么应怎样选择这个 $h(S)$ 才能满足这两项要求呢？

我们暂把 IF，$INVAR$ 叫甲类符号，$ASSUME$，$ASSERT$，$BEGIN$ 和赋值号：= 叫乙类符号。一个程序 σ 中甲类符号的总数记为 a_σ，乙类符号的总数记为 b_σ，并令 $c_\sigma = 2a_\sigma + b_\sigma$。取 S 中的各程序 σ 对应的 c_σ 的最大值为 $h(S)$：

$$h(S) = \max_{\sigma \in S} c_\sigma \qquad \text{当 } S \neq \phi$$

那么由于每个程序 σ 中都有断言语句，所以其中至少有一个乙类符号，所以 $b_\sigma > 0$，从而 $c_\sigma > 0$，$h(S) > 0$，除非 $S = \phi$。对于空集，上面的 $h(S)$ 的定义不适用，我们就令

$$h(\phi) = 0。$$

可见 $h(S)$ 满足前述的条件(1)。

关键是条件(2)。这时，我们只需要证明下面的引理：

引理 1 设 S 是任何非空的程序集合，对 S 中的每一程序使用适当的验证规则，用 S' 表示由此得到的程序的集合，则

$$h(S) > h(S')$$

不用说，把这个引理依次用于 S_1，S_2，…就得到(2)。

为了证明这个引理，我们只用证明一个更简单的引理：

引理 2 设 σ 是任何程序，对 σ 使用适当的验证规则，用 S_σ 表示由此得到的程序的集合，则

$$h(S_\sigma) < c_\sigma$$

从引理 2 证明引理 1 极为容易。这本来是想一想就明白的事，但是下面的形式证明比较严谨：

$$h(S) = \max_{\sigma \in S} c_\sigma > \max_{\sigma \in S} h(S_\sigma) = \max_{\sigma \in S} \max_{\sigma' \in S_\sigma} h(\sigma')$$

$$= \max_{\substack{\sigma' \in \cup S_\sigma \\ \sigma \in S}} h(\sigma') = \max_{\sigma' \in S'} h(\sigma') = h(S')。$$

只剩下引理 2 的证明。为此我们只用分别考查对 σ 适用的验证规则的各种情况。

如果对 σ 适用的验证规则是（$ASRT$），那么 $S_\sigma = \phi$，$c_\sigma > 0 = h(S_\sigma)$。

如果对 σ 适用的验证规则是（ASS），（ASM）或（$COMP$），那么，S_σ中只有一个程序 σ'，$h(S_\sigma) = c_{\sigma'}$。然而 σ'与 σ 相比甲类符号没有变化，乙类符号少一个，所以

$$a_{\sigma'} = a_\sigma$$

$$b_{\sigma'} = b_\sigma - 1$$

$$c_{\sigma'} = 2a_{\sigma'} + b_{\sigma'} = 2a_\sigma + b_\sigma - 1 = c_\sigma - 1 < c_\sigma$$

所以

$$c_\sigma > c_{\sigma'} = h(S_\sigma)$$　。

对于（$COND'$）的情况，S_σ也是由一个 σ' 组成的，而且

$$a_{\sigma'} = a_\sigma - 1$$

$$b_{\sigma'} - b_\sigma + 1$$

所以也有

$$h(S_\sigma) = c_{\sigma'} = 2(a_\sigma - 1) + (b_\sigma + 1)$$

$$= 2a_\sigma + b_\sigma - 1 = c_\sigma - 1 < c_\sigma$$

对于（$COND$）的情况，S_σ由两个程序 σ'，σ'' 组成，而且 $a_{\sigma'} = a_{\sigma''} = a_\sigma - 1$，$b_{\sigma'} = b_{\sigma''} = b_\sigma + 1$，由此算出

$c_{\sigma'} = c_{\sigma''} = c_\sigma - 1 < c_\sigma$，所以也有 $h(S_\sigma) < c_\sigma$。

对于（WH），（RPT）都可以仿照这种办法检查。

总之，不论对 σ 适用的验证规则是什么规则，总有 $c_\sigma > h(S_\sigma)$，这就是引理 2。

到此为止，我们已经证明了产生验证条件的过程是一定可以停

止的。

综上所述可以知道,使用本节中列举的规则,总可以把程序的正确性归结为一组待验条件,而且做法是完全机械的,不需要创造性的推导,因此可以由适当的软件来完成。这叫做待验条件的机械发生。把这种软件和定理证明系统适当结合,可以做出程序正确性验证系统。

当然在程序员自己(用手写的办法)进行程序验证时,还可以用种种的办法来改进求待验条件的这种机械的手续。比如说,利用第一章中介绍的规则:

$$\frac{\mathbf{A};\ \{ASSERT\ \boldsymbol{R}\}}{\mathbf{A};\ \{ASSERT\ \boldsymbol{R}'\}} \qquad \text{如果 } \boldsymbol{R}\leftrightarrow\boldsymbol{R}'$$

习题

1. 对于下面的程序 π,指出本节中所说的 $S_1, S_2, \cdots$ 和 $F_1, F_2, \cdots$ 是什么,计算 $h(S_1)$, $h(S_2)$,等等。

```
{ASSUME a > 0 ∧ b ⩾ 0};
x: = a; y: = b; z: = 1
WHILE y > 0 {INVAR z * (x^y) = a^b ∧ y ⩾ 0}
DO BEGIN
IF odd(y) THEN z: = z * x;
y: = y/2;
x: = x * x END;
{ASSERT z = a^b}
```

2. 在利用引理 2 证明引理 1 时,用到了较多的与集合、max 有关的公式,例如:

$$\max_{i\in I}\ \max_{x\in A_i} f(x) = \max_{x\in \bigcup_{i\in I} A_i} f(x)$$

试逐个列出那里用到的这类公式，并予以证明。(所考虑的集合都是有限集)

第三章　简单程序的设计

§1　程序的设计

上一章描述了简单程序使用的语言，它的语法和定义。根据这些，我们可以检查一个程序是否合乎语法，功能是否正确。但是，怎样才能设计出一个具有预定功能的程序呢？到现在为止，还是凭直觉来做的。

要使程序设计成为科学，我们必须研究怎样根据给定的功能来设计程序的问题。

给定一个程序的功能，通常是用数学公式把功能描述成计算一个或多个函数的值。例如要写一段程序 **A**，它对于满足性质 **P** 的任何 x 计算函数 $\boldsymbol{f}(x)$ 的值。这个程序就应该具有如下的形式：

$$\{ASSUME\ \boldsymbol{P}\};$$
$$\mathbf{A};$$
$$\{ASSERT\ \boldsymbol{w}_2 = \boldsymbol{f}(\boldsymbol{w}_1)\}$$

其中 $\boldsymbol{w}_1$，$\boldsymbol{w}_2$是两个变量。

但要注意，一般说来，在程序开始时和程序结束时，变量的值可能发生变化。而上面这段程序的断言 $\boldsymbol{w}_2 = \boldsymbol{f}(\boldsymbol{w}_1)$里，$\boldsymbol{w}_1$ 和 $\boldsymbol{w}_2$ 都是指它们在程序结束时的值，所以这个断言没能准确描述我们需要的功能。我们应该另外找一个符号来表示 $\boldsymbol{w}_1$ 在程序开始时候的值。比如用 $\boldsymbol{w}_1^0$ 来表示它，叫做 $\boldsymbol{w}_1$ 的初值。那么，上面的程序就可以写成

$$\{ASSUME\ \boldsymbol{w}_1 = \boldsymbol{w}_1^0 \wedge \boldsymbol{P}\};$$

$$\mathbf{A};$$
$$\{ASSERT\ \mathbf{w}_2 = \boldsymbol{f}(\mathbf{w}_1^0)\}$$

$\mathbf{w}_1^0$ 应该是在 $\mathbf{A}$ 的计算过程中不改变的量。

例如，计算阶乘的程序应该写成下面的形式（注意阶乘函数 $factorial(x)$ 按习惯简写成 $x!$ 了）：

$$\{ASSUME\ x = n \wedge x \geqslant 0\};$$
$$y: = 1;$$
$$WHILE\ x > 0\ \{INVAR\ n! = y * x! \wedge x \geqslant 0\}.$$
$$DO\ BEGIN\ y: = y * x;\ x: = x - 1\ END;$$
$$\{ASSERT\ y = n!\}$$

这里的 n 就是初值。

许多情况下，不需要有条件 $\boldsymbol{P}$，那么就可以干脆把上面的程序 $\mathbf{A}$ 写成

$$【\mathbf{w}_2: = \boldsymbol{f}(\mathbf{w}_1)】$$

因为按照寻常的赋值语句来理解这段程序，很容易验证：

$$\{ASSUME\ \mathbf{w}_1 = \mathbf{w}_1^0\};$$
$$【\mathbf{w}_2: = f(\mathbf{w}_1)】;$$
$$\{ASSERT\ \mathbf{w}_2 = \boldsymbol{f}(\mathbf{w}_1^0)\}$$

当然，$\mathbf{w}_2:=\boldsymbol{f}(\mathbf{w}_1)$ 并不一定就是一个赋值语句，不一定合乎 PASCAL 的语法（因为 $\boldsymbol{f}$ 一般是临时定义的函数）。在这种情况下，我们就认为这是某一段程序，它的功能相当于这个语句（按寻常的赋值语句理解这个语句的功能）。这一赋值语句外面的方括号表明了这个意思。

把程序的功能用函数的形式描述出来，我们就可以根据函数的形式分类说明计算各类函数的程序怎样写。可计算理论告诉我们，一切可计算的函数，除了基本函数以外，都可以从更简单的可计算函数出发

用少数几种手段构造出来。相应地，在简单程序中，基本函数用赋值语句计算；复杂函数的计算程序可以由计算较简单的函数的程序按照一定的方式搭配起来。这不是一种偶然的巧合，也不只是相类似的手法，而是有深刻的理论背景的。

所谓由程序 $\mathbf{A}_1,\cdots,\mathbf{A}_k$ 搭配成程序 $\boldsymbol{B}$，就是指 $\boldsymbol{B}$ 是一段程序，其中某些地方出现了 $\mathbf{A}_1,\cdots,\mathbf{A}_k$，其他的地方符号是确定的，与 $\mathbf{A}_1,\cdots,\mathbf{A}_k$ 到底是些什么程序无关。比如说，$\boldsymbol{B}$ 可以是

$$IF\ x>0\ THEN\ BEGIN\ \mathbf{A}_1\ END\ ELSE\ BEGIN\ \mathbf{A}_2\ END$$

这里 $\mathbf{A}_1,\mathbf{A}_2$ 代表某个程序。如果 $\mathbf{A}_1$ 是 $x:=-x$，$\mathbf{A}_2$ 是 $x:=0$，那么 $\boldsymbol{B}$ 就是

$$IF\ x>0\ THEN\ BEGIN\ x:=-x\ END$$
$$ELSE\ BEGIN\ x:=0\ END$$

因此严格说来，$\boldsymbol{B}$ 并不是一段程序，只是其中含有代表程序的符号 $\mathbf{A}_1,\cdots,\mathbf{A}_k$。这些符号本身并不是程序中的符号，我们把它们叫做元符号，在本书中元符号一律用黑体，以资区别。但是在叙述时，为了避免冗长繁琐，我们往往还说它们是“符号”，是“语句”等等。

元符号不但可以代表语句，也可以代表任何别的语法成分，例如变量名称、表达式等等。这些其实在上章所举的各种验证规则中早已用到了。

习题

1. 设一段程序 $\mathbf{A}$ 同时算出 $\boldsymbol{f}(x)$ 及 $\boldsymbol{g}(x)$，怎样利用初值把 $\mathbf{A}$ 的功能准确地描述出来？

2. 把本书的讨论推广到多元函数的情况。

3. 仔细注意验证规则（ASS），那里的断言中用了黑体的括号（我

们把这种括号叫做元括号)。为什么?

4. 在本书的讨论中,如果把要计算的函数改为一个含有 $\boldsymbol{x}$ 的表达式 $\boldsymbol{e}$,那么相应的 $\boldsymbol{A}$ 的功能应如何描述?与 (ASS) 比较,说明异同。

§2　复合函数的计算

如果 $\boldsymbol{f}, \boldsymbol{g}$ 是两个已知其计算程序的函数,那么,什么样的程序可以计算复合函数 $\boldsymbol{f}(\boldsymbol{g}(x))$ 呢?本节回答这个问题。

直观地说,计算 $\boldsymbol{g}$ 的程序应该是

$$【\boldsymbol{w}_2 := \boldsymbol{g}(\boldsymbol{w}_1)】$$

计算 $\boldsymbol{f}$ 的程序应该是

$$【\boldsymbol{w}_3 := \mathbf{f}(\mathbf{w}_2)】$$

如果把这两个程序直接连接在一起,就应该得到计算 $\boldsymbol{f}(\boldsymbol{g}(x))$ 的程序。实际上,如果把上面的程序理解为普通的赋值语句,很容易验证:

$$\{ASSUME\ \boldsymbol{w}_1 = \boldsymbol{w}_1^0\};$$
$$【\boldsymbol{w}_2 := \boldsymbol{g}(\boldsymbol{w}_1)】;$$
$$【\boldsymbol{w}_3 := \boldsymbol{f}(\boldsymbol{w}_2)】;$$
$$\{ASSERT\ \boldsymbol{w}_3 = \boldsymbol{f}(\boldsymbol{g}(\boldsymbol{w}_1^0))\}$$

但是实际上,问题并不这样简单。例如,上节讨论了求阶乘的程序:

```
{ASSUME x = n ∧ x ⩾ 0};
y: = 1;
WHILE x > 0 {INVAR n! = y * x! ∧ x ⩾ 0}
    DO BEGIN y: = y * x; x: = x − 1 END;
    {ASSERT y = n!}
```

还可以写出如下的求整平方根的程序(用$\sqrt{n}$表示整平方根):

$\{ASSUME\ x = n \land x \geqslant 0\}$;

$y:=0$; $z:=1$;

$WHILE\ z \leqslant x\ \{INVAR\ y^2 \leqslant x \land z = (x+1)^2\}$;

$DO\ BEGIN\ z:=z+2*y+3$; $y:=y+1\ END$;

$\{ASSERT\ y = \sqrt{n}\}$

如果把这两个程序直接连接在一起,是不会算出$\sqrt{n!}$来的。

首先碰到变量上的矛盾。上面第一个程序大体上就是

【$y:=\boldsymbol{g}(x)$】

第二个程序大体上就是

【$y:=\boldsymbol{f}(x)$】

要想正确地连接,可以把第二个程序中的变量用适当的办法替换,比如说用y替换x,z替换y,使它成为

【$z:=\boldsymbol{f}(y)$】

但这还只是表面上可以连接起来了,因为【$y:=\boldsymbol{f}(x)$】是一个记号,它代表了一段程序,在它所代表的程序中原来就有变量z。现在要把y用z替换,那么z也要适当替换,否则就会重复,而搞乱了程序的功能。

这里,我们需要这样的定理:

定理1 设$\boldsymbol{A}$是一个正确的程序。如果把$\boldsymbol{A}$当中的变量用新的变量做替换,初值用不含有变量的表达式替换,只要不会因此把$\boldsymbol{A}$中不同的变量变成相同的变量,那么替换以后得到的程序仍然是正确的。

定理的证明比较复杂,我们从略了。

有了这个定理,变量名称矛盾的问题就可以得到解决。但这还不够。

上面我们看到，求阶乘的程序并不就是

$$【y:=f(x)】$$

这是因为它的假设语句中有个条件 $x \geqslant 0$。同样，求平方根的程序中也有这样的条件。在程序连接时，怎样保证有关的条件得到满足呢？

这时，我们需要如下的定理：

定理 2 设已知下面两个程序都是正确的：

$$\{ASSUME\ \boldsymbol{P}\};\ \boldsymbol{A};\{ASSERT\ \boldsymbol{Q}\}$$

及

$$\{ASSUME\ \boldsymbol{R}\};\ \boldsymbol{B};\ \{ASSERT\ \boldsymbol{S}\}$$

而且已知下面的逻辑公式是正确的：

$$\boldsymbol{Q} \rightarrow \boldsymbol{R}$$

那么，下面的程序就是正确的：

$$\{ASSUME\ \boldsymbol{P}\};\ \boldsymbol{A};\ \boldsymbol{B};\ \{ASSERT\ \boldsymbol{S}\}。$$

这个定理的证明我们也从略。

有了以上两个定理，我们就可以把求阶乘和求整平方根的程序连接起来了。具体做法如下：

先对求整平方根的程序施行变量替换，使 x，y，n 分别变成 y，v，$n!$，这样，假设语句中的条件就成了

$$y=n!\ \wedge\ y \geqslant 0$$

因为

$$y=n! \rightarrow y=n!\ \wedge\ y \geqslant 0$$

是正确的，因此两个程序就可以连接起来，成为

$$\{ASSUME\ x=n\ \wedge\ x \geqslant 0\};$$

$$y:=1;$$

$$WHILE\ x>0\ \{INVAR\ n!=y*x!\ \wedge\ x \geqslant 0\}$$

$$DO\ BEGIN\ y:=y*x;\ x:=x-1\ END;$$

```
v: = 0; z: = 1;
WHILE z ≤ y {INVAR v^2 ≤ y ∧ z = (v+1)^2}
  DO BEGIN z: = z+2*v+3; v: = v+1 END;
{ASSERT v = √n!}
```

这个程序固然可以直接验证,但因为它的正确性是有定理保证的,所以是没有疑问的。

习题

1. 写出求$(\sqrt{n})!$的程序。

2. 设已知求 $\boldsymbol{f}(x)$, $\boldsymbol{g}(y)$ 及 $\boldsymbol{h}(u, v)$的程序,如何才能得到求 $\boldsymbol{h}(\boldsymbol{f}(x), \boldsymbol{g}(y))$ 的程序呢?

3. 写出求 $\sqrt{x}+\sqrt{y}$的程序。

4. 详细写出本节中的三个程序的验证步骤,并加以比较。

§3　μ 模 式

可计算理论的研究说明,要想表达一切可计算函数,最好是引进如下的 μ 算子:设 $\boldsymbol{P}$ 是一个关于自然数的逻辑公式,其中含有变量 $\boldsymbol{n}$,那么用

$$\mu \boldsymbol{n} \boldsymbol{P}$$

表示满足 $\boldsymbol{P}$ 的最小的自然数。如果 $\boldsymbol{P}$ 对于任何自然数都不成立,那么 $\mu \boldsymbol{n} \boldsymbol{P}$ 就没有意义。

例如取 $\boldsymbol{n}$ 为 n,$\boldsymbol{P}$ 为 $n*y>x$, $\mu \boldsymbol{n} \boldsymbol{P}$ 就是

$$\mu n(n*y>x)$$

它等于 $x/y+1$。

又如取 $\boldsymbol{n}$ 为 n，$\boldsymbol{P}$,为 $n^2>x$，$\mu\boldsymbol{nP}$ 就是

$$\mu n(n^2 > x)$$

对于非负的 x,它就是$\sqrt{x}+1$：

$$x \geqslant 0 \rightarrow \mu n(n^2 > x) = \sqrt{x} + 1$$

μ 算子可以是有界的：

$$\mu_k^m \boldsymbol{nP}$$

表示在范围 $\boldsymbol{k} \leqslant \boldsymbol{n} < \boldsymbol{m}$ 中满足 $\boldsymbol{P}$ 的最小自然数。如果这样的自然数不存在,上式就等于 $\boldsymbol{m}$。不难看出

$$\begin{aligned}\mu_k^m \boldsymbol{nP} &= \mu\boldsymbol{n}(\boldsymbol{k} \leqslant \boldsymbol{n} \wedge (\boldsymbol{P} \vee \boldsymbol{n} \geqslant \boldsymbol{m}))\\ &= \mu\boldsymbol{n}((\boldsymbol{k} \leqslant \boldsymbol{n} \wedge \boldsymbol{P}) \vee \boldsymbol{n} \geqslant \boldsymbol{m})\end{aligned}$$

同样,还可以定义：

$$\mu^m \boldsymbol{nP} = \mu\boldsymbol{n}(\boldsymbol{P} \vee \boldsymbol{n} \geqslant \boldsymbol{m})$$

及

$$\mu_k \boldsymbol{nP} = \mu\boldsymbol{n}(\boldsymbol{n} \geqslant \boldsymbol{k} \wedge \boldsymbol{P})$$

而且不难看出

$$\mu^m \boldsymbol{nP} = \mu_0^m \boldsymbol{nP}$$

$$\mu \boldsymbol{nP} = \mu_0 \boldsymbol{nP}$$

此外,如果 $\boldsymbol{m}$ 不在 $\boldsymbol{P}$ 中出现,那么就有

$$\mu\boldsymbol{nP} = \mu\boldsymbol{mP}【\boldsymbol{n} \rightarrow \boldsymbol{m}】$$

其中 $\boldsymbol{P}【\boldsymbol{n}\rightarrow\boldsymbol{m}】$表示在 $\boldsymbol{P}$ 中用 $\boldsymbol{m}$ 替换 $\boldsymbol{n}$ 得到的公式。

计算 μ 算子的程序可以利用 μ 模式。设 $\boldsymbol{P}$ 是一个含有 $\boldsymbol{w}$ 的逻辑公式,$\boldsymbol{n}$ 是不在 $\boldsymbol{P}$ 中出现的变量名,那么

$\{ASSUME\ \boldsymbol{w} = \boldsymbol{w}^0\}$;

$WHILE\ \neg\boldsymbol{P}\ \{MU\}\ DO\ \boldsymbol{w} := \boldsymbol{w} + 1$;

$\{ASSERT\ \boldsymbol{w} = \mu_{w^0}\ \boldsymbol{nP}【\boldsymbol{w} \rightarrow n】\}$

叫做 μ 模式,其中用$\{MU\}$注明了这一点。

例如第一章中的例子就可以用 μ 模式来做。因为当 $a \geqslant 0$ 时

$$\sqrt{a} = \mu_1 m(m^2 > a) - 1$$

这可以看成一个复合函数 $f(g(a))$，其中

$$g(a) = \mu_1 m(m^2 > a)$$

$$f(x) = x - 1$$

用 μ 模式写出 $g(a)$ 的计算程序，再用上节的方法把它和【$y:=x-1$】结合起来，就得到

```
{ASSUME n = 1};
WHILE ¬n² > a {MU} DO n: = n + 1;
z: = n − 1
{ASSERT z = μ₁m(m² > a) − 1}
```

很明显，有

```
n: = 1; {ASSERT n = 1}
```

于是有

```
n: = 1;
WHILE ¬n² > a {MU} DO n: = n + 1;
z: = n − 1;
{ASSERT z = μ₁m(m² > a) − 1}
```

注意，在这个程序中 a 的值不改变，所以只要开始时假设 $a \geqslant 0$，在断言中就可以添上这个关系式，成为

```
{ASSUME a ⩾ 0};
n: = 1;
WHILE ¬n² > a {MU} DO n: = n + 1;
z: = n − 1;
{ASSERT z = μ₁m(m² > a) − 1 ∧ a ⩾ 0}
```

从最后的断言可以推出 $z=\sqrt{a}$，于是就得到了第一章中的程序。

严格地说，上面的讨论用到了两条明显的而证明起来比较繁琐的定理：

定理 1 设 $\boldsymbol{Q}$ 是一个逻辑公式，其中的变量在程序 **A** 中不被赋值，而且下面的程序是正确的：

$$\{ASSUME\ \boldsymbol{P}\};$$
$$\mathbf{A};$$
$$\{ASSERT\ \boldsymbol{R}\}$$

那么，下面的程序也正确：

$$\{ASSUME\ \boldsymbol{P}\ \wedge\ \boldsymbol{Q}\};$$
$$\mathbf{A};$$
$$\{ASSERT\ \boldsymbol{R}\ \wedge\ \boldsymbol{Q}\}$$

定理 2 已知如下的程序正确：

$$\{ASSUME\ \boldsymbol{P}\};$$
$$\mathbf{A};$$
$$\{ASSERT\ \boldsymbol{R}\}$$

而且下面的逻辑公式成立：

$$\boldsymbol{P}'\rightarrow\boldsymbol{P}$$

及

$$\boldsymbol{R}\rightarrow\boldsymbol{R}'$$

那么，下面的程序也是正确的：

$$\{ASSUME\ \boldsymbol{P}'\};$$
$$\mathbf{A};$$
$$\{ASSERT\ \boldsymbol{R}'\}$$

习题

1. 写出计算 $f(x)$ 的程序，其中 f 的定义是

$$f(x)=\begin{cases}1 & \text{当 } x \text{ 是素数}\\ 0 & \text{否则}\end{cases}$$

（提示：把 $f(x)$）看成复合函数 $h(x,g(x))$ ，其中 $g(x)$ 用适当的含有 μ 算子的表达式定义，而

$$h(x,y)=\begin{cases}1 & \text{当 } x=y\\ 0 & \text{否则}\end{cases}$$

这叫做分情况定义的函数。在这种最简单的情况，不难用条件语句写出计算 $h(x,y)$ 的程序并加以验证。分情况定义的函数可以使用什么程序模式，请读者自行考虑）。

2. 写出 μ 模式的不变式，并验证它。

3. 试写出有上界的 μ 模式。

4. 研究什么情况下可以改用 $REPEAT$ 语句书写 μ 模式。试用这种方法处理习题 1。

5. 用 μ 模式书写的程序是否有终的？为什么？

§4 序列模式

上节介绍了 μ 模式。这是一种程序模式。在书写程序模式的时候，我们总是要用到“设 $\boldsymbol{x}$ 是一个变量名称”，“设 $\boldsymbol{P}$ 是一个逻辑公式”这一类的说法。当我们使用程序模式写程序的时候，要选用适当的变量名称、逻辑公式去代替 $\boldsymbol{x}$，$\boldsymbol{P}$ 等。

本章§2 的定理 1 说明，变量改变名称是不影响程序的正确性的。因此，我们也可以在程序模式中直接写出某个具体的变量名称。使用这样的程序模式时，按照上述定理，总可以换用适当的变量名称。这

样，上节的 μ 模式就可以改写为

$$\{ASSUME\ w = w^0\};$$
$$WHILE\ \neg \boldsymbol{P}\ \{MU\}\ DO\ w := w + 1;$$
$$\{ASSERT\ w = \mu_{w^0}\ n\boldsymbol{P}\ 【w \rightarrow n】\}$$

不仅如此，其实我们还可以证明，在简单程序中，任何表达式（或逻辑公式）都可以用与它恒等（或等价）的表达式（或逻辑公式）来替换。因此，上述的模式中，可以把 $\boldsymbol{P}$ 写成 $P(w)$，$\boldsymbol{P}$【$w \rightarrow n$】写成 $P(n)$，其中 P 是一个谓词符号：

$$\{ASSUME\ w = w^0\};$$
$$WHILE\ \neg P(w)\ \{MU\}\ DO\ w := w + 1;$$
$$\{ASSERT\ w = \mu_{w^0}\ nP(n)\}$$

这样的写法比上节的写法简炼，却又不失一般性。今后除非必要，我们总是用这种简化的写法。

本节介绍序列模式。它用于计算递归定义的函数。

在数学中，设 a 是已知数，$g(x,y)$ 是已知函数，那么

$$f(n) = \begin{cases} a, & n = 0 \\ g(n, f(n-1)), & n > 0 \end{cases}$$

就递归地定义了函数 f。这种公式叫递归公式。

例如，阶乘函数可以定义为

$$n! = \begin{cases} 1, & n = 0 \\ n * (n-1)!, & n > 0 \end{cases}$$

更一般的情况是带有参数的情况：

$$f(n,m) = \begin{cases} h(m), & n = 0 \\ g(n, m, f(n-1, m)), & n > 0 \end{cases}$$

这里 m 是参数，h 叫 f 的基始函数，g 叫 f 的递推函数。

例如指数函数可以定义为

$$m^n = \begin{cases} 1, & n = 0 \\ m^{n-1} * m, & n > 0 \end{cases}$$

关于递归定义的函数，我们有如下的序列模式：

$\{ASSUME\ x = 0 \land w = h(y)\};$

$WHILE \neg P(x, y, w)\ \{SEQ\}$

$DO\ BEGIN\ x := x + 1;$

$【w := g(x, y, w)】END;$

$\{ASSERT\ x = \mu n P(n, y, f(n, y)) \land w = f(x, y)\}$

其中 f 是以 h 为基始函数，g 为递推函数的函数。

用这个模式写阶乘函数的计算程序，就是

$\{ASSUME\ x = 0 \land w = 1\};$

$WHILE\ x < c\ \{SEQ\}$

$DO\ BEGIN\ x := x + 1;\ w := w * x\ END;$

$\{ASSERT\ x = c \land w = f(x, y)\}$

这里 $P(x, y, w)$ 是 $x \geqslant c$，所以 $\neg P(x, y, z)$ 是 $x < c$，而且

$$\mu n P(n, y, f(n, y)) = \mu n(n \geqslant c) = c$$

一般说来，在序列模式中，都可以取 $P(x, y, w)$ 为 $x \geqslant c$，这时，序列模式就成为

$\{ASSUME\ x = 0 \land w = h(y)\};$

$WHILE\ x < c\ \{SEQ\}$

$DO\ BEGIN\ x := x + 1;$

$【w := g(x, y, w)】END;$

$\{ASSERT\ x = c \land w = f(c, y)\}$

这是序列模式的重要特例。

序列模式的另一重要特例是 $P(x, y, w)$ 和 $g(x, y, w)$ 都不(明显地)依赖于 x 的情况。这时可以把它们分别写成 $P(y, w)$ 和 $g(y, w)$。于是在循环体中 $x:=x+1$ 就与其他的计算不发生关系。因此,可以略去它,成为

$$\{ASSUME\ w = h(y)\};$$
$$WHILE\ \neg P(y, w)\ \{SEQ\}$$
$$DO\ 【w: = g(y, w)】;$$
$$\{ASSERT\ w = f(\mu n P(y, f(n, y)))\}$$

递归定义可以推广到有多个参数的情况,也可以推广到多个函数联立定义的情况,例如三个函数的情况是

$$f_i(n) = \begin{cases} a_i, & n = 0 \\ g_i(n, f_1(n-1), f_2(n-1), f_3(n-1)), (i = 1, 2, 3) & n > 0 \end{cases}$$

计算这样的函数时,三个函数必须同时算出。序列模式也相应地修改为

$$\{ASSUME\ x = 0\ \wedge\ w_1 = a_1\ \wedge\ w_2 = a_2\ \wedge\ w_3 = a_3\};$$
$$WHILE\ \neg P\ (x, w_1, w_2, w_3,)\ \{SEQ\}$$
$$DO\ BEGIN\ x: = x + 1;$$
$$【w_1: = g_1(x, w_1, w_2, w_3),$$
$$w_2: = g_2(x, w_1, w_2, w_3),$$
$$w_3: = g_3(x, w_1, w_2, w_3)】 END;$$
$$\{ASSERT\ x = \mu n P(n, f_1(n), f_2(n), f_3(n))$$
$$\wedge\ w_1 = f_1(x)\ \wedge\ w_2 = f_2(x)\ \wedge\ w_3 = f_3(x)\}$$

其中有方括号的一段程序表示具有如下功能的 **A**:

$$\{ASSUME\ x = x^0\ \wedge\ w_1 = w_1^0\ \wedge\ w_2 = w_2^0\ \wedge\ w_3 = w_3^0\};$$
$$\mathbf{A};$$
$$\{ASSERT\ x = x^0\ \wedge\ w_1 = g_1(x^0, w_1^0, w_2^0, w_3^0)$$

$$\wedge\ w_2 = g_2(x^0, w_1^0, w_2^0, w_3^0)$$

$$\wedge\ w_3 = g_3(x^0, w_1^0, w_2^0, w_3^0)\}$$

例　求 $a^b(a, b>0)$。

解　把 b 展成二进制数：

$$b = \sum_{k=0}^{m} c_k 2^k$$

则 $m = \mu s(2^s > b) - 1$，$a^b = \prod_{k=0}^{m} (a^{2^k})^{c_k}$ 。

令 $f(n) = a^{2n}$，则 $f(n)$ 应满足

$$f(n) = \begin{cases} a, & n = 0 \\ f(n-1) * f(n-1), & n > 0 \end{cases}$$

这可以看成 $f(n)$ 的递归定义。

令

$$g(n) = \begin{cases} \sum_{l=n}^{m} c_l 2^{l-n}, & n \leqslant m \\ 0, & n > m \end{cases}$$

则 $g(n)$ 满足 $g(n-1) = 2 * g(n) + c_{n-1}$，$(m+1 \geqslant n > 0)$，所以 $g(n)$ 和 c_{n-1} 分别是以 2 除 $g(n-1)$ 得到的商和余数：

$$g(n) = \begin{cases} b, & n = 0 \\ g(n-1)/2, & n > 0 \end{cases}$$

而且

$$c_n = \begin{cases} 0, & \text{当 } g(n) \text{ 是偶数} \\ 1, & \text{当 } g(n) \text{ 是奇数} \end{cases}$$

此外，

$$m = \mu n(g(n) = 0) - 1$$

现在令

$$h(n)=\begin{cases}1, & n=0\\ \prod_{l=0}^{n-1}(a^{2^l})c^l, & n>0\end{cases}$$

则 $a^b=h(m+1)=h(\mu n(g(n)=0))$。而 $h(n)$ 满足

$$h(n)=\begin{cases}1, & n=0\\ f(n-1)^{c_{n-1}}*h(n-1), & n>0\end{cases}$$

$$=\begin{cases}1, & n=0\\ \left.\begin{cases}h(n-1), & g(n-1)\text{ 是偶数}\\ f(n-1)*h(n-1), & g(n-1)\text{ 是奇数}\end{cases}\right\}, & n>0\end{cases}$$

这样,令

$$\varphi(x,y,z)=x^2$$

$$\psi(x,y,z)=y/2$$

$$\theta(x,y,z)=\begin{cases}z, & \neg odd(y)\\ z*x, & odd(y)\end{cases}$$

就有以下的联立递归公式:

$$f(n)=\begin{cases}a, & n=0\\ \varphi(f(n-1),g(n-1),h(n-1)), & n>0\end{cases}$$

$$g(n)=\begin{cases}b, & n=0\\ \psi(f(n-1),g(n-1),h(n-1)), & n>0\end{cases}$$

$$h(n)=\begin{cases}1, & n=0\\ \theta(f(n-1),g(n-1),h(n-1)), & n>0\end{cases}$$

及

$$a^b=\mu n(g(n)=0)\qquad (a,b>0)$$

由此可以写出如下的程序:

$\{ASSUME\ x=a\wedge y=b\wedge z=1\}$;

$WHILE\ \neg y=0\ \{SEQ\}$

$$DO\ BEGIN\ 【x:=x^2, y:=y/2, z:=\theta(x,y,z)】END;$$

$$\{ASSERT\ z=h(\mu n(g(n)=0))\}$$

这是用了上述模式的特殊形式。循环体内的方括号可以用如下的程序实现：

$$【z:=\theta(x,y,z)】; x:=x^2; y:=y/2$$

就是

```
IF odd(y) THEN z:=z*x;
x:=x²;
y:=y/2
```

最后，仿照上节中的办法，可以得到：

```
{ASSUME a>0∧b>0};
x:=a; y:=b; z:=1;
WHILE ¬y=0 {SEQ}
  DO BEGIN IF odd (y) THEN z=z*x;
                  x:=x*x;
                  y:=y/2 END;
                  {ASSERT z=a^b}
```

习题

1. 下面的递归公式定义的函数 f 是什么函数？

$$f(n)=\begin{cases}1, & n=0\\ f(n-1)+2*n+1, & n>1\end{cases}$$

试根据这个递归公式写出求整平方根的程序。

2. 试写出序列模式的不变式，并证明这个模式的正确性。

3. 说明【$w_1:=e_1, w_2:=e_2$】与语句序列 $w_1:=e_1; w_2:=e_2$ 的功

能有何区别。如果 $\boldsymbol{e}_2$ 中 $\boldsymbol{w}_1$ 不出现呢？

4. 已知 $f(k)$的计算程序，应怎样利用序列模式写出

$$\prod_{k=0}^{n} f(k), \quad \sum_{k=0}^{n} f(k), \quad \max_{k=0}^{n} f(k)$$

的计算程序？试把它们归纳成程序模式。

5. 二重递归的函数指

$$f(n) = \begin{cases} a, & n = 0 \\ b, & n = 1 \\ g(n, f(n-1), f(n-2)), & n > 1 \end{cases}$$

例如

$$f(n) = \begin{cases} 1, & n = 0 \\ 1, & n = 1 \\ f(n-1) + f(n-2), & n > 1 \end{cases}$$

就是一个二重递归函数。试写出相应的程序模式。

6. μ 模式是序列模式的特例，为什么？

§ 5 推移模式

递归公式有一种变体，在程序设计中占有极为重要的地位，这就是

$$f(n_1, n_2) = \begin{cases} h(n_1, n_2), & P(n_1, n_2) \\ f(g_1(n_1, n_2), g_2(n_1, n_2)), & \neg P(n_1, n_2) \end{cases}$$

这当然也可以推广到任意多个自变量的情况。

与上节的递归公式相比，这样定义的函数不是从某个基础的函数出发经过一系列的计算来求值的，相反地，它告诉我们如何在保证函数值不变的前提下逐步改变自变量的值，直到自变量的值满足某个条件为止，这时，函数的值就可以通过已知函数计算出来了。

两个正整数的最大公约数用辗转相减法来计算，就可以看成是基

本这样的公式。实际上，由于当 $x,y>0$

$$\gcd(x,y)=\begin{cases}x, & x=y\\ \gcd(x,y-x), & y>x\\ \gcd(x-y,y), & y<x\end{cases}$$

如果令

$$g_1(x,y)=\begin{cases}x, & y<x\\ x-y, & y\leqslant x\end{cases}$$

$$g_2(x,y)=\begin{cases}y-x, & y>x\\ y, & y\leqslant x\end{cases}$$

那么就有

$$gcd(x,y)=\begin{cases}x, & x=y\\ gcd(g_1(x,y),g_2(x,y)), & x\neq y\end{cases}$$

我们把这样的公式叫做**推移公式**，其中的函数 h 叫**目标函数**，条件 $P(x,y)$ 叫做**目标条件**，g_1,g_2 叫做**推移函数**。

我们有如下的**推移模式**：

$\{ASSUME\ \mathbf{w}_1=\mathbf{w}_1^0 \wedge \mathbf{w}_2=\mathbf{w}_2^0\}$;

$WHILE\ \neg P(\mathbf{w}_1,\mathbf{w}_2)\ \{SHIFT\}$

　DO【$\mathbf{w}_1:=g_1(\mathbf{w}_1,\mathbf{w}_2),\mathbf{w}_2:=g_2(\mathbf{w}_1,\mathbf{w}_2)$】;

【$\mathbf{w}:=h(\mathbf{w}_1,\mathbf{w}_2)$】;

$\{ASSERT\ \mathbf{w}=f(\mathbf{w}_1^0,\mathbf{w}_2^0)\}$

这里 f 是由目标条件 $P(\mathbf{w}_1,\mathbf{w}_2)$，目标函数 h，推移函数 g_1、g_2 定义的函数。

把这个模式用于上面的 gcd 函数，可得：

$\{ASSUME\ x=a \wedge y=b\}$;

$WHILE\ \neg x=y\{SHIFT\}$

　$DO\ IF\ y>x\ THEN\ y:=y-x\ ELSE\ x:=x-y$;

$$z:=x;$$

$$\{ASSERT\ z=f(a,b)\}$$

注意,当 $a>0 \wedge b>0$ 时 $f(a,b)$才等于 $gcd(a,b)$,所以又可以写出

$$\{ASSUME\ a>0 \wedge b>0\}$$

$$x:=a;y:=b;$$

$$WHILE\ \neg x=y\ \{SHIFT\}$$

$$DO\ IF\ y>x\ THEN\ y:=y-x\ ELSE\ x:=x-y;$$

$$\{ASSERT\ x=\mathrm{gcd}(a,b)\}$$

读者应能指出这里所依据的定理。

用推移模式写成的程序其有终性没有保证,这一点务必注意。

例 (*McCarthy* 91 函数) 设

$$f(n)=\begin{cases} f(f(n+11)), & n\leqslant 100 \\ n-10, & n>100 \end{cases}$$

我们用推移模式写出 $f(n)$ 的计算程序。

令

$$g(n,m)=\underbrace{f(\cdots(f}_{m+1\text{个}}(n))\cdots)$$

则 $g(n,m)$满足如下的递归公式:

$$g(n,m)=\begin{cases} f(n), & m=0 \\ g(f(n),m-1), & m>0 \end{cases}$$

由此不难证明

$$g(n,m)=\begin{cases} n-10, & m=0 \wedge n>100 \\ g(n-10,m-1), & m>0 \wedge n>100 \\ g(n+11,m+1), & n\leqslant 100 \end{cases}$$

于是可以得到如下的程序(注意 $g(n,0)=f(n)$):

```
{ASSUME x = n ∧ y = 0};
WHILE ¬(y = 0 ∧ x > 100) {SHIFT}
   DO IF x ≤ 100 THEN BEGIN x: = x + 11; y: = y + 1 END
                 ELSE BEGIN x: = x − 10; y: = y − 1 END;
x: = x − 10;
{ASSERT x = f(n)}
```

习题

1. 写出本节例中的程序的踪迹，设 $n=98$。

2. 写出推移模式的不变式，并证明之。

3. 把上节例中的程序看成用推移模式写的，那么相应的推移公式是什么？

4. 把第一章最后一节的习题 2 中的程序看成用推移模式写的，那么相应的推移公式是什么？

5. 什么情况下可以用 *REPEAT* 语句来写推移模式？

6. 如果目标条件不能直接用 PASCAL 语言中允许的写法写成一个逻辑公式（即条件表达式），例如说，设 $\varphi(x)$ 是一个较复杂的函数，而

$$f(x)=\begin{cases}h(x), & P(x,\varphi(x)) \vee Q(x)\\ f(g(x)), & \text{否则}\end{cases}$$

那么推移模式可以写成

```
{ASSUME w1 = w1⁰};
REPEAT [w2 := φ(w1)];
      IF ¬P(w1, w2) THEN [w1 := g(w1)]
      {SHIFT} UNTIL P(w1, w2) ∨ Q(w1);
         [w1 := h(w1)];
         {ASSERT w1 := f(w1⁰)}
```

引进适当的辅助函数来说明这是一般的推移模式的变体。

7. 研究推移模式与序列模式的关系。

第四章　类　型

§1　变量与类型

在理解计算机语言时，区别变量的名称和它的值是十分必要的。每个变量都有一个固定的名称，但是它的值在计算过程中却可以改变，比如说，经过赋值之后。这与数学公式或逻辑公式中的变量很不相同(数学公式在计算时，逻辑公式在解释时，变量都是代表它的值的)。

书写程序时，用到变量，总是写出它的名称，因此在行文时常把变量和它的值等同起来。在理解程序含意时，就必须谨慎区别哪个名称代表的是变量的值，哪个名称代表的是这个名称自身。比如赋值语句中，赋值号右端的变量都表示它们的值，左端的变量则表示它的名称本身。

变量的值虽然可能改变，然而在合理的程序中，它总有一个取值范围，如整数、实数等。大多数情况下，不同值域中的量在计算机内都有不同的表示法。因此在要求计算机进行某个动作之前，说明有关变量的值域是十分必要的。一个程序的功能如何，与变量的值域有很大的关系。例如，对整数来说，我们有

$$0 \leqslant n \wedge n < 1 \longleftrightarrow n = 0$$

但对实数却不行。

在 PASCAL 中，变量的值域叫做它的**类型**，因此变量的值是这个类型的元素。类型可以有自己的名称，也用一个标识符来表示，叫做**类型名称**或**类型标识符**。有些类型(如整数类型)在 PASCAL 中是用固

定的标识符来表示的，叫做标准类型名称，这种标识符不应另派别的用途。

下面的一行程序说明 x,y,z 都是整数类型的变量：

VAR x,y,z:integer

这叫做一个变量说明。

一个类型中的元素叫做该类型的常量。例如 0,10,−23,+456 都是整数类型的常量。程序员也可以规定用某些标识符来写常量，例如：

CONST radix =10;

max=32767;

说明用 *radix* 和 *max* 两个标识符分别表示整数常量 10 和 32767。这种标识符叫做常量标识符或常量名称。这一段程序叫做常量说明。有时需要把用标识符书写的常量（如 *radix*）和直接写出的常量（如 10）区别开来，这时，我们把后者叫做字面量。

与每个类型相联系，总有一些特定的运算符或函数。对于整数类型来说，有这样一些运算符：

+	加法
−	减法
*	乘法
DIV（本书略为/）	除法商数
MOD（本书略为\）	除法余数

此外，有以下几个标准函数：

abs	绝对值
sqr	平方

本书前面介绍过的谓词符号 *odd*（表示“……是奇数”）也是一个标准函数。

使用常量名称、字面量、变量名称、运算符、标准函数(除 *odd* 以外)和圆括号可以按寻常的数学公式的办法组成算术表达式,例如:

$$abs(x)+(y-z)/2$$

两个算术表达式可用以下的关系符连接成布尔表达式:

$=$	相等
$\neq$	不等
$>$	大于
$\geqslant$	大于或等于
$<$	小于
$\leqslant$	小于或等于

布尔表达式还可以用如下的逻辑运算符连接成更复杂的布尔表达式(就是前面说的逻辑公式):

$\neg$	非
$\vee$	或
$\wedge$	与

此外,设 $\boldsymbol{e}$ 是一个算术表达式,那么 $odd(\boldsymbol{e})$是一个布尔表达式,也可以用于组成更复杂的布尔表达式,例如:

$$x<y \wedge odd(x-y)$$

这些运算符、关系符及标准函数等的性质就是初等数论中大家已经熟悉的各种公理和定理。这些就不必一一列举了。

当然,计算机不可能表示所有的整数,只能表示它的一个子集。由于大多数计算机上的整数类型对于实际问题的要求都能满足,所以一般说来,程序员不必在这个问题上过分操心。偶然发生意外时,计算机会以溢出的形式报警,并且停止计算。

习题

1. 应该用什么样的公理来描述 *abs*，*sqr* 及 *odd* 的性质？

2. 画出整数（字面量）的语法图。

3. 画出算术表达式、布尔表达式的语法图。

4. 画出变量说明、常量说明的语法图。

5. 大整数计算。设一个机器上最大能表示的整数是 32767。a,b 是两个四位数，怎样才能计算出 $a*b$？（提示：用 $10000*c+d$ 的形式表示 a 与 b 的乘积。）

§2 布尔类型

布尔类型是另一个标准类型，这个类型只有两个可能的元素：*true* 和 *false*，分别表示逻辑中的“真”和“假”。这可以看成常量标识符，都是标准名称。

布尔类型的类型标识符是 *boolean*，例如：

VAR b:*boolean*

说明 b 是个布尔类型的变量，换句话说，它的值在任何时候不外是 *true* 或者 *false*。

上节我们谈到了算术表达式和布尔表达式。其实，PASCAL 的表达式都有一定的类型。上节说的算术表达式，更确切地说，就是整数类型的表达式，布尔表达式则是布尔类型的表达式。表达式的严谨的语法规则与表达式的类型是分不开的。例如，设 $\boldsymbol{e}_1,\boldsymbol{e}_2$ 是两个整数类型的表达式，那么，$\boldsymbol{e}_1+\boldsymbol{e}_2,\boldsymbol{e}_1*\boldsymbol{e}_2$ 等都是整数类型的表达式；而 $\boldsymbol{e}_1\leqslant\boldsymbol{e}_2,\boldsymbol{e}_1\neq\boldsymbol{e}_2$ 都是布尔类型的表达式。如果 $\boldsymbol{p}_1,\boldsymbol{p}_2$ 都是布尔类型的表达式，那么 $\boldsymbol{p}_1\wedge\boldsymbol{p}_2,\boldsymbol{p}_1=\boldsymbol{p}_2$ 都是布尔类型的表达式。然而 $\boldsymbol{p}_1+\boldsymbol{p}_2$ 则根本不是合法的表达式。

从这个角度可以把运算符分成许多类型，例如：

符号	用于连接什么类型的表达式	连接成的表达式是什么类型
+ − * / \	*integer*	*integer*
＞ ＜ ⩾ ⩽	*integer*	*boolean*
= ≠	*integer* 或 *boolean*	*boolean*
∨ ∧ ¬	*boolean*	*boolean*

这里，我们把关系符也当成了运算符一样对待。此外，“¬”只有一个运算项(叫做单目运算符)，其余的符号都有两个运算项(叫做双目运算符)。

一般说来，如果某个运算符所要求的运算项的类型是 $\boldsymbol{T}_1$，由它连接成的表达式类型是 $\boldsymbol{T}_2$，则我们说这个运算符具有语法特征 $\boldsymbol{T}_1 \rightarrow \boldsymbol{T}_2$。例如“＞”具有语法特征 *integer*→*boolean*，“＝”有两个语法特征：*integer*→*boolean* 和 *boolean*→*boolean*。

标准函数也有类型方面的规定，如下表所示。

函数	自变量的类型	函数值的类型
abs *sqr*	*integer*	*integer*
odd	*integer*	*boolean*

一般说来，当然也可能有多元函数，如果一个函数的自变量类型是 $\boldsymbol{T}_1,\cdots,\boldsymbol{T}_n$，而函数值的类型是 $\boldsymbol{T}$，则说这个函数具有语法特征 $\langle\boldsymbol{T}_1,\cdots,\boldsymbol{T}_n\rangle\rightarrow\boldsymbol{T}$。例如，*odd* 的语法特征是〈*integer*〉→*boolean*。

利用语法特征，我们可以把表达式的语法规则更准确地叙述如下：

(1)类型 $\boldsymbol{T}$ 的变量、常量都是 $\boldsymbol{T}$ 型的表达式；

(2)设 $\boldsymbol{O}$ 是单目运算符，它具有语法特征 $\boldsymbol{T}_1\rightarrow\boldsymbol{T}_2$，$\boldsymbol{e}$ 是 $\boldsymbol{T}_1$ 类型的表达式，则 $\boldsymbol{O}_e$ 是 $\boldsymbol{T}_2$ 型表达式；

(3)设 $\boldsymbol{O}$ 是双目运算符，它具有语法特征 $\boldsymbol{T}_1\rightarrow\boldsymbol{T}_2$，$\boldsymbol{e}_1$，$\boldsymbol{e}_2$ 都是 $\boldsymbol{T}_1$ 类型的表达式，则($\boldsymbol{e}_1\boldsymbol{O}_{e2}$)是 $\boldsymbol{T}_2$ 类型的表达式；

(4)设 $\boldsymbol{G}$ 是标准函数名，它具有语法特征 $\langle\boldsymbol{T}_1,\cdots,\boldsymbol{T}_n\rangle\rightarrow\boldsymbol{T}$，而 $\boldsymbol{e}_1,\cdots,\boldsymbol{e}_n$ 分别是 $\boldsymbol{T}_1,\cdots,\boldsymbol{T}_n$ 类型的表达式，则 $\boldsymbol{G}(\boldsymbol{e}_1,\cdots,\boldsymbol{e}_n)$ 是 $\boldsymbol{T}$ 类型的表达式。

例如，设 n 是整数类型的变量，b 是布尔类型的常量，那么($n+2$)是整数类型的表达式，($b=true$)是布尔类型的表达式，

$$(((n+2)>abs(n+1))\wedge\neg(b=true))$$

是布尔类型的表达式。

表达式中的括号可以根据先乘除后加减的习惯省略，此外，最外层的括号总是可以省略的。这些规则的细节，我们就不讨论了。

有了表达式的类型，我们还可以把赋值语句的语法说得更加严格：在赋值语句中，赋值号左边的变量应与赋值号右边的表达式类型一致。

有了布尔(类型的)表达式，我们可以把循环语句和条件语句中的“条件”改述成“布尔表达式”。例如条件语句的语法图可以改为：

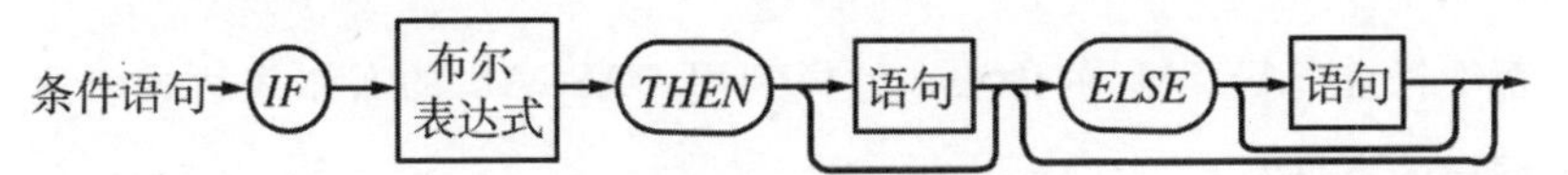

像下面这样的语句初学者可能感到惊奇，但它们都是合理的

（设 b 是 *boolean* 类型的变量，x,y 是整数类型的变量）：

$$b := x = y$$

$$b := b \vee (x > y)$$

$$IF\ b\ THEN\ x := y$$

习题（本习题中 b, b_1, b_2, b_3 都是布尔类型的变量。）

1. 给下列式子补足括号，并解释语法结构。

$$b \vee x + y > z$$

$$\neg(sqr(x) + sqr(y) = sqr(z))$$

2. 参照附录中的语法图，概括出括号省略的规则。（提示：把运算符分为若干组）

3. 严格说来，布尔变量（或表达式）之间比较大小也是可以的。这时，规定 *false* 比 *true* 小。因此 $b_1 \leqslant b_2$ 总是真的，除非 $b_1 = true$ 而 $b_2 = false$，它相当于逻辑公式 $b_1 \rightarrow b_2$。同理 $b_1 = b_2$ 相当于逻辑公式 $b_1 \longleftrightarrow b_2$。

4. $b = true$ 与 b 是相等的，$b = false$ 与 $\neg b$ 是相等的。

5. 试证明，不管 b_1, b_2, b_3 的值是什么，

$$((b_1 = b_2) = b_3) = (b_1 = (b_2 = b_3))$$

的值总是 *true*。

6. 说明数学中常用的写法

$$1 \leqslant n \leqslant 10$$

$$i = j = k$$

都不符合 PASCAL 的语法。怎样利用 PASCAL 的布尔表达式表达同样的意思？

7. 怎样简化下面各条件语句？

$IF\ x>y\ THEN\ b:=true\ ELSE\ b:=false$

$IF\ x>y\ THEN\ b:=false\ ELSE\ b:=true$

$IF\ x>y\ THEN\ b:=true$

$IF\ x>y\ THEN\ b:=false$

$IF\ b\wedge(x>y)\ THEN\ b:=false$

§3　字符类型

字符类型中的元素叫做字符。每台计算机都有自己的字符集，以便和外部世界通信。目前，多数计算机都采用美国标准信息交换码，即ASCII字符集。

ASCII字符集中共有128个字符，分别编为0，1…，127号。例如“*A*”是65号，加号是43号等等。有少量的“不可见”字符，它们用来控制输入输出设备的启、停、换行等机制。大部分字符都是“可见”的，包括一个特别的“空格”字符。

在PASCAL中可以用两种方法写出一个字符：

(1)用两个单引号把该字符括起来，如

‘*A*’	表示大写字母 *A*
‘＋’	表示加号
‘,’	表示逗号
‘’	表示空格

这是字符类型的字面量。这个方法当然不适用于“不可见”字符；

(2)利用函数 *chr*，如 *chr*(10)表示编码为10号的字符，这个方法不便于记忆。

为了便于记忆，可以利用常量标识符，比如：

$CONST\ sp=$‘　’

说明 sp 是空格字符(本书以后要维持这个约定)。PASCAL 还规定了 eol 做为“换行”符号的常量标识符,这是个标准常量标识符。

下面的一行程序说明了 c 是个字符类型的变量,它的值是字符,也可以用字符(类型的)表达式给它赋值

$$VAR\ c:char$$

这里 $char$ 是标准类型名称。

字符按照编号排序,因此可以比较大小。例如:

$$\text{'A'}<\text{'c'}$$

$$\text{'1'}<\text{'8'}$$

$$chr(15)<chr(27)$$

因此,“=”,“≠”,“>”,“≥”,“<”,“≤”这些运算符都可以用于字符类型,换句话说,它们都有 $char\to boolean$ 的语法特征。

$char$ 是一个标准函数,它具有 $\langle integer\rangle\to char$ 的语法特征。它的反函数 ord 也是一个标准函数,它具有 $\langle char\rangle\to integer$ 的语法特征。例如

$$chr(ord(\text{'0'})+3)=\text{'3'}$$

$$chr(ord(\text{'A'})+ord(\text{'b'})-ord(\text{'a'}))=\text{'B'}$$

习题

1. 写出一段程序计算 $uppercase(c)$,其中 c 是字符,$uppercase(c)$ 表示与 c 相应的大写字母。如果 c 不是字母,则认为 $uppercase(c)=c$。

2. chr,ord 的变域和值域是什么?

3. 试把 μ 模式和序列模式推广到用于字符类型的量的函数。

§4　实数类型

实数在计算机上只能近似地表示，因为计算机的任何数据类型归根结底只能是有限集合。在前面讨论整数类型时已经指出过类似的问题。

为了适应于科学技术计算的需要，现代计算机通常使用浮点表示法表示实数的近似值。在 PASCAL 中用 2.05E5 表示 2.05×10^5 等。

使用浮点表示法的好处是使舍入误差在相对误差的意义下大体上是均匀的。但是绝对误差则随着实数绝对值增大而增加。这样一来，碰到不同号的数相加或同号的数相减时，相对误差可能受到严重的损伤，而使有效数字的位数大大减少。除了这种误差的问题之外，实数类型的量的运算大体上与数学中是一样的（当然还要考虑到溢出的问题）。

对于实数，可以使用"＋"，"－"，"＊"，"/"，也可以使用"＝"，"≠"，"＞"，"≥"，"＜"，"≤"这些运算符，它们分别具有 *real*→*real* 和 *real*→*boolean* 的语法特征。

以下的标准函数有〈*real*〉→*real* 的语法特征：

abs	绝对值
sqr	平方
sqrt	平方根
exp	指数
ln	自然对数
sin	正弦
cos	余弦
tan	正切
arcsin	反正弦

arccos	反余弦
arctan	反正切

此外，*trunc*(x)表示 x 的整数部分，这个函数具有⟨*real*⟩→*integer* 的语法特征。

此外，PASCAL 规定，在应该写实数(类型的)表达式的地方，总可以写出整数表达式。换句话说，一个整数表达式同时也可以看成是实数表达式，但在分析程序的语法结构时，应优先把它理解为整数表达式。例如，设 n 是整数类型的变量，在 $n*3.14$ 中就应当把 n 理解为实数表达式，在 $\exp(n+2)$ 中，则应把 $n+2$ 理解为实数表达式。

求这种表达式的值时，应该先把它做为整数表达式求出值来，再把这个值按照自然的办法看成实数，做为表达式真正的值。例如

$$(2+3)*0.4$$

的求值过程是：先把 2 与 3 做整数加法，得到 5，然后把它看成实数 5.0，与 0.4 相乘，得到 2.0，做为表达式的值：

$$\begin{aligned}&(2+3)*0.4\\=&5*0.4\\=&5.0*0.4\\=&2.0\end{aligned}$$

例　写出求二次方程 $ax^2+bx+c=0$ 的实数根的程序。

解　利用求根公式，写出如下的程序：

$\{ASSUME\ a\neq 0\wedge b^2>4*a*c\}$

$d:=sqrt(sqr(b)-4*a*c)$

$x1:=(d-b)/(2*a)$

$x2:=-(d+b)/(2*a)$

$\{ASSERT\ a*x*x+b*x+c=0\longleftrightarrow(x=x1)\vee(x=x2)\}$

这里 $d-b$ 与 $d+b$ 总有一个会损失有效数字，为了避免这种不利情

况，应该只用公式求出绝对值较大的那个根，另一个利用根与系数的关系求出：

$\{ASSUME\ a \neq 0 \wedge b^2 > 4 * a * c\}$

$d := sqrt(sqr(b) - 4 * a * c)$

$IF\ b \geqslant 0\ THEN\ x1 := -(b+d)/(2 * a)$

$ELSE\ x1 := (d-b)/(2 * a)$

$x2 := c/(a * x1)$

$\{ASSERT\ a * x * x + b * x + c = 0 \longleftrightarrow x = x1 \vee x = x2\}$

顺便说明一点，在 PASCAL 中，“/”只具有 *real*→*real* 的语法特征，“*DIV*”只具有 *integer*→*integer* 的语法特征，两者是不能混淆的。例如

5/2=2.5

5 *DIV* 2=2

5.0/2.0=2.5

5.0 *DIV* 2.0 无意义

习题

1. 对于本节最后的例题，指出其中表达式的类型（其中的变量都是实数类型的）。

2. 验证最后例题中的程序。

3. 利用 *trunc* 写出四舍五入函数 *round* 的计算程序。

4. 利用级数

$$e = 1 + \frac{1}{1!} + \frac{1}{2!} + \frac{1}{3!} + \cdots$$

写出求 e 的计算程序，要求精确到 10^{-8}。

5. 要计算

$$1-\frac{1}{2}+\frac{1}{3}-\frac{1}{4}+\cdots+\frac{1}{9999}-\frac{1}{10000}$$

应该怎样写程序才能减少误差？试比较以下几种办法：

（a）自左向右；

（b）自右向左；

（c）自左向右正负项分别相加；

（d）自右向左正负项分别相加。

§5　枚举类型和子域类型

整数类型、布尔类型、字符类型和实数类型都是标准类型，也是PASCAL中仅有的标准类型。

除了标准类型以外，PASCAL还提供了许多方法让程序员自己定义类型。

如果程序员需要一个类型，其中的元素不太多，可以一一枚举，那么就用

$$(\boldsymbol{m}_1, \cdots, \boldsymbol{m}_k)$$

表示这个类型，其中的 $\boldsymbol{m}_1, \cdots, \boldsymbol{m}_k$ 是 k 个不同的标识符。这个类型共有 k 个不同的元素，分别用 $\boldsymbol{m}_1, \cdots, \boldsymbol{m}_k$ 做为它们的名称。$\boldsymbol{m}_1, \cdots, \boldsymbol{m}_k$ 都应看成常量标识符，这些标识符不能再另做别用。

用这种办法可以造出极多的不同类型。这些类型都叫做**枚举类型**。通常要给每一个枚举类型取一个**类型名称**，即用一个**类型标识符**来表示它。下面的一行程序说明了一个类型的名称及其中的全部常量标识符。

$$TYPE\ color=(red, yellow, green, blue)$$

这叫做一个类型说明。于是，又可以说明一些这个类型的变量，例如

VAR x,y:color

枚举类型中的常量有天然的顺序:按自左向右的顺序逐次增大。例如在上面定义的 *color* 类型中,有

$$red < yellow < green < blue$$

一般说来,如果($\boldsymbol{m}_1,\cdots,\boldsymbol{m}_k$)是一个枚举类型,那么只要 $i<j$,就有 $\boldsymbol{m}_i<\boldsymbol{m}_j$。

对每一个枚举类型 $\boldsymbol{T}$ 我们都可以使用函数 *pred* 及 *succ*,它们都有语法特征$\langle \boldsymbol{T}\rangle \to \boldsymbol{T}$,分别叫做**前驱**函数及**后继**函数。如果 $\boldsymbol{T}$ 是($\boldsymbol{m}_1,\cdots,\boldsymbol{m}_k$),那么,

$$pred(\boldsymbol{m}_i)=\boldsymbol{m}_{i-1}, \qquad (i=2,\cdots,k)$$
$$succ(\boldsymbol{m}_i)=\boldsymbol{m}_{i+1}, \qquad (i=1,\cdots,k-1)$$

而 $pred(\boldsymbol{m}_1)$和 $succ(\boldsymbol{m}_k)$都没有定义。

布尔类型可以看成是枚举类型($false,true$);字符类型也可以看成是枚举类型,其中的元素按字符的编码顺序排列,但是没有专门的常量标识符;整数类型也可以看成枚举类型的极端例子,其中的元素按自然顺序排列。因此,对这些类型都可以使用 *pred* 和 *succ* 函数。对整数类型来说,$pred(x)$就是 $x-1$,$succ(x)$就是 $x+1$。

有的变量只取一个枚举类型的某个区间中的值。这时可以取这个区间为这种变量的类型。这种类型叫做**子域类型**,其写法是

$$\boldsymbol{d}_1\,..\,\boldsymbol{d}_2$$

其中 $\boldsymbol{d}_1,\boldsymbol{d}_2$ 是区间的左、右端,它们可以是常量标识符或字面量。使用子域类型可以提高程序的可读性。

枚举类型和子域类型的用途参看下一章。

标准类型,枚举类型和子域类型统称**纯量类型**。这种类型的元素是一个单纯的对象。与此相反,有的类型的元素本身是由若干**分量**组

成的，这些分量可以分别做为计算对象。这样的类型统称为结构类型。PASCAL 中有若干种构造结构类型的手段，我们将在后面几章中分别叙述。

今后为了行文的方便，我们常把一个 $\boldsymbol{T}$ 类型的变量（常量）简称为一个 $\boldsymbol{T}$ 变量（$\boldsymbol{T}$ 常量），或者更简称为一个 $\boldsymbol{T}$。例如：说 2.5 是一个实数常量，还可以说 2.5 是一个实数。

习题

1. 一个完整的简单程序应该先把所有非标准的量的说明写在前面。然后把从假设语句到断言语句的全部语句做成一个复合语句放在说明后面。最后放上一个句号。试根据附录中的 PASCAL 语法图整理出一份简单程序的语法图。

2. 试把 μ 模式和序列模式推广到枚举类型。

第五章　阵　列

§1　阵列类型

阵列类型，又译为数组类型，是最简单的一种结构类型。阵列类型的变量简称为阵列变量，它们的值简称为阵列。

一个阵列由许多分量组成，这些分量类型是相同的。设 a 是一个阵列，那么可以用 a_j 表示它的第 j 个分量。设 $\boldsymbol{x}$ 是一个阵列变量，那么可以用 $\boldsymbol{x}_j$ 表示它的第 j 个分量，如果 $\boldsymbol{x}$ 的值是 a，那么 $\boldsymbol{x}_j$ 的值就是 a_j。

在 PASCAL 中，$\boldsymbol{x}_j$ 写成 $\boldsymbol{x}[j]$，这里 j 叫做下标。一般说来，下标可以是一个表达式，如 $\boldsymbol{x}[j+1]$（即 $\boldsymbol{x}_{j+1}$）等等。阵列变量带上下标

以后，叫做下标变量，其中用做下标的表达式叫做下标表达式。例如

$$x[j]:=y[j+1]+z[1]$$

表示把 y 的第 $j+1$ 个分量的值与 z 的第 1 个分量的值相加，再把和数赋给 x 的第 j 个分量。

PASCAL 中有无穷多的阵列类型。设 $\boldsymbol{T}_1$ 是一个纯量类型（但不是整数类型，也不是实数类型），$\boldsymbol{T}_2$ 是任何类型，那么

$$ARRAY\ [\boldsymbol{T}_1]\ OF\ \boldsymbol{T}_2$$

就表示一个阵列类型，它的分量都是 $\boldsymbol{T}_2$ 类型的，它的下标表达式必须是 $\boldsymbol{T}_1$ 类型的。$\boldsymbol{T}_1$ 叫这个阵列类型的下标类型，$\boldsymbol{T}_2$ 叫这个阵列类型的分量类型。例如

$$ARRAY\ [-5..5]\ OF\ real$$

$$ARRAY\ [char]\ OF\ integer$$

都是阵列类型。

下面的程序计算向量内积：

```
TYPE direction = (x, y, z);
        vector = ARRAY [direction] OF real;
    VAR u, v: vector;
        w: real;
    BEGIN
      w: = u[x] * v[x] + u[y] * v[y] + u[z] * v[z];
      {ASSERT w = u_x * v_x + u_y * v_y + u_z * v_z}
    END。
```

这一段程序中，*direction* 是个类型标识符，它表示一个枚举类型；*vector* 是个阵列类型，以 *real* 为分量类型，以 *direction* 为下标类型；u，v 都是 *vector* 变量，它们的值都是 *vector* 类型的阵列，所以 u_x，u_y，u_z，v_x，v_y，v_z 都是实数，而它们就是 u 和 v 的全部分量。

设 d 是 *direction* 类型的变量，那么 $u[d]$，$v[d]$都是合乎语法的下标变量，它们的类型都是 *real*，因此，$u[d]*v[d]$，$w+u[d]*v[d]$都是合乎语法的表达式，它们的类型都是 *real*。

因此，上面这一段程序也可以写成下面的形式：

```
TYPE direction =(x,y,z);
        vector=ARRAY [direction]OF real;
VAR u,v:vector;
        w:real;
        d:direction;
        BEGIN
        d: =x;
        w: =u[d] * v[d];
REPEAT d:=succ (d);w:=w+u[d] * v[d]
        {SEQ} UNTIL d =z;
    {ASSERT w =ux * vx +uy * vy +uz * vz}
END。
```

在程序实践中，阵列的下标类型最多见的是子域类型，特别是整数的子域类型。

例 1　在下标类型为[1..100]，分量类型为 *char* 的阵列 a 中查找值为 x 的分量的最小值（已知这样的分量存在）。

解. 这就是求 $\mu_1^{100} n(a_n=x)$，所以可以用 μ 模式写出程序：

```
VAR i:integer;
    a:ARRAY [1..100] OF char;
    x:char;
BEGIN
    {ASSUME a [k]=x}
```

```
i:=0;
REPEAT i:=i+1
  {MU} UNTIL a[i]=x;
{ASSERT i=μ_1^100 n(a[n]=x)}
END。
```

例 2　阵列 $\boldsymbol{a}$ 的下标类型是$[1..\boldsymbol{n}]$,其中 $\boldsymbol{n}$ 是某个正整数(比如100),$\boldsymbol{a}$ 的分量类型是 *integer*。已知 $\boldsymbol{a}$ 的分量的值是按从小到大的顺序单调上升的,要查找其中有没有值是 x 的分量,如果有,要求出它的下标值。

解. 把这个问题推广为:在从下标为 i 的分量到下标为 j 的分量之中查找有没有值是 x 的分量。　用 $f(i,j,a)$表示查找的结果。

$$f(i,j,a)=\begin{cases}0, & \text{如果 } i\leqslant k\leqslant j\rightarrow a_k\neq x\\ k, & \text{如果 } a_k=x\wedge i\leqslant k\leqslant j\end{cases}$$

由于 a_i 对于 i 是单调上升的,我们不难证明:对任何 $i\leqslant m\leqslant j$,

$$f(i,j,a)=\begin{cases}0, & i>j\\ m, & i\leqslant j\wedge a[m]=x\\ f(i,m-1,a), & i\leqslant j\wedge a[m]<x\\ f(m+1,j,a), & i\leqslant j\wedge a[m]>x\end{cases}$$

取 $m=(i+j)/2$,可以编出如下的程序:

```
    i:=1;j:=n;
    REPEAT m:=(i+j)/2;
  IF a[m]>x THEN j:=m-1
    ELSE IF a[m]<x THEN i:=m+1
  {SHIFT}UNTIL i>j ∨ a[m]=x;
IF i>j THEN m:=0
{ASSERT m=f(1,n,a)}
```

习题

1. 验证本节各例题中的程序。

2. 把本节例 2 中的程序改用 WHILE 语句书写，并补足各项说明。

3. 设计一个程序，检查一个阵列的各分量是否严格按照单调的顺序排列的。

4. 设计一个程序，计算一个阵列的各分量的和。

§2　阵列的逻辑

通常的逻辑公式中没有表示阵列的符号。为了讨论有关阵列的逻辑问题，应该引入这种符号。上节中的例题实际已经这样做了。

例如，设 a 是一个下标类型为[0..1000]的阵列，n 是小于 1000 的正整数，那么

$$0 \leqslant i < n \rightarrow a[i]=0$$

表示 a 的前 n 个分量等于 0。我们也可以引进一个谓词符号 *vanish* 来表示它，写成

$$vanish(n,a)$$

因此，$vanish\ (n,a) \wedge \neg\ vanish\ (n+1,a)$ 表示 $a[n]$ 是 a 的第一个不是 0 的分量或者说：

$$n=\mu i(a[i] \neq 0)$$

注意上面的逻辑公式中，a 有时以阵列的形式出现，有时以下标变量的形式出现。

又设 a 是一个阵列，它的下标类型是枚举类型 $\boldsymbol{T}_1=(\boldsymbol{M}_1,\cdots,\boldsymbol{M}_n)$，分量类型是 $\boldsymbol{T}_2$，那么可以定义如下的函数：

$$is(a,c,m)=\begin{cases}0, & a[m] \neq c \\ 1, & a[m]=c\end{cases}$$

$$number(a,c,m)=\begin{cases} is(a,c,\boldsymbol{M}_1), & m=\boldsymbol{M}_1 \\ number(a,c,pred(m))+is(a,c,m), & m\neq\boldsymbol{M}_1 \end{cases}$$

不难看出 $number(a,c,m)$ 表示 a 的各分量中（到下标为 m 的分量为止），有多少个值为 c 的分量。

在研究程序的逻辑问题时，如下的函数是十分重要的：$\mathscr{A}(a,i,v)$ 表示把阵列 a 的第 i 个分量改为 v 得到的阵列。它可以用以下的两个公理来描述：

$$\mathscr{A}(a,i,v)[i]=v$$

$$i\neq j\rightarrow\mathscr{A}(a,i,v)[j]=a[j]$$

例如，不难证明：

$$\mathscr{A}(\mathscr{A}(a,1,v_1),2,v_2)[1]=\mathscr{A}(a,1,v_1)[1]=v_1$$

$$\mathscr{A}(\mathscr{A}(a,1,v_1),2,v_2)[2]=v_2$$

$$\mathscr{A}(\mathscr{A}(a,1,v_1),2,v_2)[3]=\mathscr{A}(a,1,v_1)[3]=a[3]$$

又如，不难证明，前面定义的 $vanish$ 和 $number$ 两个函数满足

$$vanish(a,n)\rightarrow vanish(\mathscr{A}(a,n,0),n+1)$$

$$number(a,c,pred(m))+1$$
$$=number(\mathscr{A}(a,m,c),c,m)$$

函数 $\mathscr{A}$ 在讨论向下标变量赋值的语句时十分重要。设 $\boldsymbol{a}$ 是阵列变量，$\boldsymbol{i},\boldsymbol{e}$ 是表达式，它们的类型分别和 $\boldsymbol{a}$ 的下标类型与分量类型相同。那么

$$\boldsymbol{a}[\boldsymbol{i}]:=\boldsymbol{e}$$

就是一个对下标变量赋值的赋值语句。对于这种赋值语句，直接使用第二章中的验证规则就会发生困难。例如：

$\{ASSUME\ vanish(a,5)\}$；

$a[5]:=0$；

$\{ASSERT\ vanish(a,6)\}$

这个程序假定了 a 的前五个分量 $a_0=a_1=a_2=a_3=a_4=0$，经过对 a_5 的赋值，断定 $a_0=a_1=a_2=a_3=a_4=a_5=0$，这是毫无疑问的。但是由于 $a[5]$ 并不出现在断言语句中，所以根本不能使用第二章中的（ASS）来验证它。

要验证这样的程序，我们必须回答这个问题：经过其中的赋值语句，阵列变量 a 的值变成了什么。答案自然是 $\mathscr{A}(a,5,0)$。由此不难理解如下的规则：

在验证含有 $\boldsymbol{a}[\boldsymbol{i}]:=e$ 这样的赋值语句的程序时，可以把它用 $\boldsymbol{a}:=\mathscr{A}(\boldsymbol{a},\boldsymbol{i},\boldsymbol{e})$ 来代替。

这可以用下面的形式表示出来：

$$\frac{\boldsymbol{a}[\boldsymbol{i}]:=\boldsymbol{e}}{\boldsymbol{a}:=\mathscr{A}(\boldsymbol{a},\boldsymbol{i},\boldsymbol{e})}$$

这样的规则也是对语义的描述，但与第二章中的规则形式上不同，它表示两种不同形式的语句在语义上是等价的。我们把这样的规则叫做等价规则。

应该说明，$\mathscr{A}$ 不是 PASCAL 中的符号，所以在使用时，它只是做为中间步骤暂时出现在程序之中的。

把对下标变量赋值的赋值语句按照上述规则改写之后，我们就可以进一步使用（ASS）了。还拿上面的例子来说明。首先把它改写成

$$\{ASSUME\ vanish\ (a,5)\};$$
$$a:=\mathscr{A}(a,5,0);$$
$$\{ASSERT\ vanish\ (a,6)\}$$

再用（ASS），得到

$$\{ASSUME\ vanish(a,5)\};$$
$$\{ASSERT\ vanish\ (\mathscr{A}(a,5,0),6)\}$$

最后把上述程序的正确性归结为如下的逻辑公式：

$$vanish(a,5) \rightarrow vanish(\mathscr{A}(a,5,0),6)$$

这是不难证明的。

习题

1. 给下程序补上不变式，并验证。

```
VAR i:integer;
    a:ARRAY [0..99] OF integer;
BEGIN
i: =0;
WHILE i<100 DO BEGIN a[i]: =0;i: =i+1 END;
{ASSERT vanish (a,100)}
END。
```

2. 设 a 是一个阵列，i,j 是下标，那么

$$interchange\ (a,i,j) = \mathscr{A}(\mathscr{A}(a,i,a_i),j,a_j)$$

是什么阵列？用逻辑公式写出它的各分量与 a 的各分量有何关系。再写出计算 *interchange* 的程序。

3. 设 a 是一个 *ARRAY* [1..1000] *OF char*，求一个 *ARRAY* [*char*] *OF integer* 类型的阵列 b，使得对任何字符 c，都有

$$b[c]=number\ (a,c,1000)。$$

§3　FOR 语句

对阵列进行处理时，时常要遍历整个阵列的全体分量或其中的一

段分量。比如说，$\boldsymbol{S}_i$ 是关于下标变量 $x[i]$的语句，$m \leqslant n$ 是两个整数，我们要顺序做 $\boldsymbol{S}_m;\cdots;\boldsymbol{S}_n$ 这些语句。这可以写成

$$FOR\ i:=m\ TO\ n\ DO\ \boldsymbol{S}_i$$

这叫 *FOR* 语句，它也是一种循环语句。但它的循环次数是有限的，所以不会因为它而发生有终性的问题。

例如，本章§1 中求向量内积的程序，可以用 *FOR* 语句来写：

```
BEGIN
        w:=0;
        FOR d:=x TO z DO w:=w+u[d] * v[d];
        {ASSERT w=u_x * v_x+u_y * v_y +u_z * v_z};
END。
```

FOR 语句不限于对阵列进行处理的情况。一般说来，设 $\boldsymbol{e}_1, \boldsymbol{e}_2$ 是表达式，$\boldsymbol{i}$ 是变量，它们具有相同的枚举类型；又设 $\boldsymbol{Q}$ 是逻辑公式，$\boldsymbol{B}$ 是语句，$\boldsymbol{B}$ 不改变 $\boldsymbol{i}$ 的值，则

$$FOR\ \boldsymbol{i}:=\boldsymbol{e}_1\ TO\ \boldsymbol{e}_2\{INVAR\ \boldsymbol{Q}\}\ DO\ \boldsymbol{B}$$

是 *FOR* 语句。它的功能相当于

```
w1:=e1;w2:=e2;
IF w1≤w2 THEN BEGIN
   i:=w1;B;
   WHILE i<w2{INVAR i≥w1 ∧i≤w2 ∧Q}
      DO BEGIN i:=succ (i);B END
   END。
```

这里 $\boldsymbol{w}_1, \boldsymbol{w}_2$ 是两个在程序其他地方不出现的标识符，它们的作用是"记住"$\boldsymbol{e}_1$ 和 $\boldsymbol{e}_2$ 在 *FOR* 语句开始时的值。

从上面的功能描述可以看出，如果 $\boldsymbol{e}_1$ 的值大于 $\boldsymbol{e}_2$ 的值，那么 *FOR*

语句就什么也不做，否则，*FOR* 语句是一个相当复杂的模式。如果把 *FOR* 语句按照这种办法改写，再应用第二章的各种验证规则，可以得到如下的验证规则：

$$\frac{\boldsymbol{A}; FOR\ \boldsymbol{i}:=\boldsymbol{e}_1\ TO\ \boldsymbol{e}_2\{INVAR\ \boldsymbol{Q}\}\ DO\ \boldsymbol{B};\{ASSERT\ \boldsymbol{R}\}}{}$$

(1) $\boldsymbol{A};\{ASSERT\ \boldsymbol{e}_1>\boldsymbol{e}_2\to\boldsymbol{R}\}$

(2) $\boldsymbol{i}=\boldsymbol{e}_2\wedge\boldsymbol{Q}\to\boldsymbol{R}$

(3) $\boldsymbol{A};\{ASSUME\ \boldsymbol{e}_1\leqslant\boldsymbol{e}_2\wedge\boldsymbol{i}=\boldsymbol{e}_1\};\boldsymbol{B};\{ASSERT\ \boldsymbol{Q}\}$

(4) $\{ASSUME\ \boldsymbol{i}\geqslant\boldsymbol{e}_1\wedge\boldsymbol{i}<\boldsymbol{e}_2\wedge\boldsymbol{Q}\};\boldsymbol{B};\{ASSERT\ \boldsymbol{Q}[\boldsymbol{i}\to succ\ (\boldsymbol{i})]\}$

这说明 *FOR* 语句的功能是相当复杂的。

在实用的程序中，*FOR* 语句往往用于序列模式的场合：

$\{ASSUME\ n\geqslant 0, w=h(w)\}$

$FOR\ i:=1\ TO\ n\ \{SEQ\}\ DO$【$w:=g(i,m,w)$】;

$\{ASSERT\ w=f(n,m)\}$

其中 f 是以 h 为基始函数，以 g 为递推函数的（递归定义的）函数：

$$f(i,m)=\begin{cases}h(m), & i=0\\ g(i,m,f(i-1,m), & i>0\end{cases}$$

例 求 $a_0,\cdots,a_n$ 中的最大值。

解. 用 $\max(n,a)$ 表示所求的最大值，则可以写出

$$\max(n,a)=\begin{cases}a_0, & n=0\\ \left.\begin{cases}\max(n-1,a), & a_n\leqslant\max(n-1,a)\\ a_n, & a_n>\max(n-1,a)\end{cases}\right\}, & n>0\end{cases}$$

这是一个递归定义的函数，其中推移函数是

$$g(n,a,u)=\begin{cases}u, & a_n\leqslant u\\ a_n, & a_n>u\end{cases}$$

所求程序是

```
i: =0; w: =a[0];
FOR i: =1 TO n {SEQ}
   DO IF a[n]>w THEN w: =a[n];
{ASSERT w =max (n,a)}
```

习题

1. 证明 *FOR* 语言的验证规则。

2. 写出本节例题的不变式，并验证。

3. 用 *FOR* 语句来解上节习题 3。

4. 在习题 3 中如果要求出在 a 中出现次数最多的 c 值，应该怎样写出程序？

5. 写出求 $\sum_{i=1}^{n} a_i$ 及 $\prod_{i=1}^{n} a_i$ 的程序。

6. 写出求 $\sum_{i=1}^{n} a_i b_i$ 及 $(\sum_{i=1}^{n} a_i)(\sum_{i=1}^{n} b_i)$ 的程序。

7. 用 $f(n,a,b)$ 表示一个阵列，它的前 n 个分量分别等于 a 的相应分量的平方，其余的分量分别等于 b 的相应分量。写出 f 的递归定义。据此设计一个程序，它计算一个阵列中各分量的平方，并把计算结果分别赋值给另外一个阵列。

8. 推广。设 $g(i)$ 是一个函数，用 $a_n^k i(a_i = g(i))$ 表示把 a 的第 i 个分量（一切 $n \leqslant i \leqslant k$）改成 $g(i)$ 所得到的阵列。试写出计算它的程序模式。

（提示：其中有如下的 *FOR* 语句：

$$FOR\ i:=\boldsymbol{e}_1\ TO\ \boldsymbol{e}_2\{ALPHA\}\ DO【a[i]:=g(i)】$$

这叫 α 模式。）

§4 串搜索问题

我们常把分量类型为 $char$，下标类型为整数子域的阵列叫做串。直观地说，串好像一排字符，所以我们有时谈论"左"、"右"。

设 p,s 都是串，它们的下标类型分别是 $1..\boldsymbol{k}$ 和 $1..\boldsymbol{l}$，其中 $\boldsymbol{k},\boldsymbol{l}$ 是两个整数，$\boldsymbol{k}\leqslant\boldsymbol{l}$。我们想求出一个下标值 m，使 $p_k=s_m$，$p_{k-1}=s_{m-1}$，…，$p_1=s_{m-k+1}$。这可以形象地说成是：把 p 的右端对齐 s_m 时，p 中的各字符与 s 中相应的字符相同。

一般说来，把 p 的右端对齐 s_j 时，p 中的字符与 s 中的相应字符不尽相同。我们用 $g(j)$ 表示从 p 的右端起，数几个字符之后就遇到与 s 中相应字符不同的情况，那么

$$g(j)=\mu i(p_{k-i}\neq s_{j-i}\vee i=\boldsymbol{k})$$

这样 $g(j)=\boldsymbol{k}$ 就表示 p 中的字符与 s 中相应的字符完全相同，$g(j)=0$ 就表示 p 中最右的字符就与 s 中相应字符不同。现在令

$$m=\mu_{\mathrm{k}}n(g(n)=\boldsymbol{k}\vee n=\boldsymbol{l}+1)$$

那么 $m=\boldsymbol{l}+1$ 就表示找不到前面所说的 m，否则，这个 m 就是所求的下标值。

如果直接用 μ 模式来写计算 m 的程序，会遇到

$$WHILE\ g(n)\neq k\wedge n<\boldsymbol{l}+1\{MU\}\ DO\ n:=n+1$$

这样的语句，但是 $g(n)$ 不是 PASCAL 允许的表达式。所以我们再令

$$f(j)=\mu_j n(g(n)=\boldsymbol{k}\vee n=\boldsymbol{l}+1)$$

而 $f(j)$ 满足如下的推移公式：

$$f(j)=\begin{cases}\boldsymbol{l}+1, & \text{当 } j>\boldsymbol{l}\\ j, & \text{当 } g(j)=\boldsymbol{k}\wedge j\leqslant\boldsymbol{l}\\ f(j+1), & \text{当 } g(j)<\boldsymbol{k}\wedge j\leqslant\boldsymbol{l}\end{cases}$$

这样就可以用推移模式计算 $f(j)$。注意 $f(\boldsymbol{k})=m$，所以可以写出如下

的程序：

```
      j: =k;
      REPEAT
        【i: =g(j)】;
        IF i<k THEN j: =j+1
      {SHIFT} UNTIL i=k ∨ j>l;
    IF j>l THEN j: =l+1;
    {ASSERT j=f(k)}
```

其中的【$i:=g(j)$】则可以用 μ 模式写出：

```
i: =0;
WHILE p_{k-j}=s_{j-i} ∨ i<k {MU} DO i: =i+1;
{ASSERT i=g(j)}
```

把 p_{k-j}，s_{j-i} 分别写成 $p[k-i]$ 及 $s[j-i]$，结合以上两个程序，就可以写出：

```
VAR i,j: integer;
  p: ARRAY [1..k] OF char;
  s: ARRAY [1..l] OF char;
BEGIN
  j: =k;
  REPEAT
    i: =0;
    WHILE p[k-j]=s[j-i] ∧ i<k {MU} DO i: =i+1;
    IF i<k THEN j: =j+1
    {SHIFT} UNTIL i=k ∨ j>l;
  IF i>l THEN j: =l+1;
  {ASSERT j=f(k)}
```

END。

现在我们来研究 f(j)的推移公式，看是否能找到“更快”的推移函数。

设 $j \leqslant \boldsymbol{l}, g(j)=i<\boldsymbol{k}$。那么 $p_k=s_j, \cdots, p_{k-i+1}=s_{j-i+1}$，但是 $p_{k-i} \neq s_{j-i}$。记 $s_{j-i}=c$。

我们分别讨论以下两种情况：

（甲）如果 c 在 p 中不出现。

根据 g 的定义，只要 $\langle p_1, s_{h-k+1}\rangle, \cdots, \langle p_k, s_h\rangle$ 这几对字符中有一对不同，就有 $g(h)<\boldsymbol{k}$。但 c 在 p 中不出现，因此，只要 c 出现在 $s_{h-k+1}, \cdots, s_h$ 中，就有 $g(h)<\boldsymbol{k}$。这种情况至少会发生在 $h-\boldsymbol{k}+1 \leqslant j-i \leqslant h$ 的时候，也就是当 $h=j, j+1, \cdots, j+(\boldsymbol{k}-i)-1$ 的时候。

再根据 f 的定义，当 $g(h)<\boldsymbol{k}$（无论是否 $h \leqslant \boldsymbol{l}$）总有 $f(h)=f(h+1)$。所以当 $h=j, j+1, \cdots, j+(\boldsymbol{k}-i)-1$ 的时候，$f(h)=f(h+1)$，可见 $f(j)=f(j+1)=\cdots=f(j+(\boldsymbol{k}-i)-1)=f(j+(\boldsymbol{k}-i))$。

总之，只要 c 在 p 中不出现，就有 $f(j)=f(j+(\boldsymbol{k}-i))$。

现在令

$$d(c)=\mu n(p_{n-k}=c \vee n=\boldsymbol{k})$$

那么 c 在 p 中不出现的充要条件是 $d(c,p)=\boldsymbol{k}$。于是上面的讨论可以归结为

$$d(s_{j-i})=\boldsymbol{k} \rightarrow f(j)=f(j+(\boldsymbol{k}-i))$$

（乙）如果 c 在 p 中出现，也就是 $d(c,p)<\boldsymbol{k}$。记 $d(c,p)=r$，那么 $p_k \neq c, p_{k-1} \neq c, \cdots, p_{k-r+1} \neq c$，而 $p_{k-r}=c$，所以 p_{k-r} 是 c 在 p 中最右的出现，它的右边还有 r 个字符都不是 c。用 r 代替 $\boldsymbol{k}$，仿照（甲）进行推理，可以知道，对于 $h=j, \cdots, j+(r-i)-1$ 时 $f(h)=f(h+1)$，因此，只要 $r>i$，就有 $f(j)=f(j+(r-i))$。也就是说

$$i<d(s_{j-i})<\boldsymbol{k} \rightarrow f(j)=f(j+(d(s_{j-i})-i))$$

对于 $d(s_{j-i}) \leqslant i$，可以不理会上面的讨论，直接写出

$$i \geqslant d(s_{j-i}) \rightarrow f(j) = f(j+1)$$

把以上各种情况综合起来，合并成一个式子：

$$f(j) = \begin{cases} f(j+1), & d(s_{j-i}) \leqslant i \\ f(j+d(s_{j-i})-i), & d(s_{j-i}) > i \end{cases}$$

于是可以写出 $f(j)$ 的如下递推公式：

$$f(j) = \begin{cases} \begin{cases} \boldsymbol{l}+1, & j > \boldsymbol{l} \\ j, & j \leqslant \boldsymbol{l}, \end{cases}, & g(j) = \boldsymbol{k} \vee j > \boldsymbol{l} \\ \begin{cases} f(j+1), & d(s_{j-i}) \leqslant i \\ f(j+d(s_{j-i})-i, & d(s_{j-i}) > i \end{cases}, & g(j) = \boldsymbol{k} \wedge j \leqslant \boldsymbol{l} \end{cases}$$

这样，就可以把前面程序中的那个条件语句改写为

$IF\ i < \boldsymbol{k}\ THEN$

$IF\ d(s_{j-i}) \leqslant i\ THEN\ j := j+1$

$ELSE$ 【$j := j + d(s_{j-i}) - i$】

这里的函数 d，可以事先算好"存放"在一个阵列变量

$$VAR\ u: ARRAY\ [char]\ OF\ integer$$

中。这样就可以把 $d(s_{j-i})$ 改写为 $u[s_{j-i}]$，即 $u[s[j-i]]$，这就是 PASCAL 的合法写法了。

习题

1. 完成上节例中的程序。
2. 如果 p，s 是这样的两串字符

   p:*EXAMPLE*

   s:*LET-US-CONSIDER-A-SIMPLE-EXAMPLE*

   试决定 $\boldsymbol{k}$，$\boldsymbol{l}$，并研究上面的程序的踪迹。

3. 令

$$d_1(m,c)=\mu_m n(p_{k-n}=c \vee n \geqslant k)$$

则 $d(c)=d_1(0,c)$，而 d_1 满足推移公式

$$d_1(m,c)=\begin{cases} \boldsymbol{k}, & m \geqslant \boldsymbol{k} \\ \left.\begin{cases} m, & p_{\boldsymbol{k}-m}=c \\ d_1(m+1,c), & p_{\boldsymbol{k}-m} \neq c \end{cases}\right\}, & m<\boldsymbol{k} \end{cases}$$

再令

$$d_2(r,c)=d_1(\boldsymbol{k}-m,c)$$

则 $d(c)=d_2(\boldsymbol{k},c)$，而

$$d_2(r,c)=\begin{cases} \boldsymbol{k}, & r=0 \\ \left.\begin{cases} \boldsymbol{k}-r, & p_r=c, \\ d_2(r-1,c), & p_r \neq c \end{cases}\right\}, & r>0 \end{cases}$$

记 u_0 为所有分量都是 $\boldsymbol{k}$ 的阵列，它的类型是

$$ARRAY\ [char]\ OF\ integer,$$

令

$$v(r)=\begin{cases} u_0, & r=0 \\ \mathscr{A}(v(r-1),p_r,\boldsymbol{k}-r), & r>0 \end{cases}$$

则 $v(\boldsymbol{k})=u$。由此写出计算 u 的程序。

§5 多重阵列

如果某阵列类型的分量类型本身又是阵列类型，那么，我们就遇到了多重阵列。例如：

```
TYPE index = 1..10;
column = ARRAY [index] OF real;
matrix = ARRAY [index] OF column;
```

说明 *matrix* 是一个二重阵列类型。如果 *column* 这个类型在程序中并无其他用处，那么 *matrix* 也可以写成 *ARRAY*[*index*] *OF ARRAY* [*index*] *OF real*。

一般，设 $\boldsymbol{T}_1,\cdots,\boldsymbol{T}_n$ 是可以用做下标的类型，$\boldsymbol{T}$ 是任何类型，那么

$$ARRAY\,[\boldsymbol{T}_1]\ OF\cdots ARRAY\,[\boldsymbol{T}_n]\ OF\ \boldsymbol{T}$$

就是一个多重阵列类型。在 PASCAL 中规定上式可以简写为

$$ARRAY\,[\boldsymbol{T}_1,\cdots,\boldsymbol{T}_n]\ OF\ \boldsymbol{T}$$

如果 u 是一个如上面定义的 *matrix* 类型的变量，那么，$u[1]$是 *column* 类型的，它又有一些分量，如 $u[1][5]$等。在 PASCAL 中，这又可以简写为 $u[1,5]$。但在讨论程序功能时，我们不这样简写，以便利用验证规则。比如：

$$u[1,5]:=0$$

应写成

$$u[1][5]:=0$$

可以改写成

$$u[1]:=\mathscr{A}(u[1],5,0)$$

最后成为

$$u:=\mathscr{A}(u,1,\mathscr{A}(u[1],5,0))$$

例　写出计算两个 $\boldsymbol{n}$ 阶矩阵的乘积的程序，这里 $\boldsymbol{n}$ 表示任何一个整数。

解.　设 a,b 是两个 $\boldsymbol{n}$ 阶矩阵，c 是所求的乘积。在数学中，矩阵乘积的计算公式是

$$c_{ij}=\sum_{k=1}^{n}a_{ik}b_{kj}\qquad(i=1,\cdots,\boldsymbol{n};\ j:=1,\cdots,\boldsymbol{n})$$

上式右端可以看成 i,j 的函数：

$$f(i,j)=\sum_{k=1}^{n}a_{ik}b_{kj}$$

我们先把 a,b,c 都看成二重阵列：

$$TYPE\ ind = 1..\mathbf{n}$$

$$VAR\ a,b,c: ARRAY\ [ind,ind]\ OF\ real$$

对于任何 i,j,c[i][j]=f(i,j)，所以 $c[i]$作为一个阵列应满足：

$$c[i]=\alpha_1^n j(c[i][j]=f(i,j))$$

上式右端又可以看成 i 的函数：

$$g(i)=\alpha_1^n j(c[i][j]=f(i,j))$$

因此，c 应满足

$$c=\alpha_1^n i(c_i=g(i))$$

利用 α 模式，这可以利用如下的 *FOR* 语句计算：

$$FOR\ i:=1\ TO\ \mathbf{n}\ \{ALPHA\}\ DO$$

$$【c[i]:=\alpha_1^n j\ (c[i][j]=f(i,j))】$$

其中的循环体要再用一次 α 模式，写成

$$FOR\ j:=1\ TO\ \mathbf{n}\ \{ALPHA\}\ DO$$

$$【c[i][j]:=\sum_{k=1}^{n} a[i][k]*b[k][j]】$$

这里的循环体又可以利用 *FOR* 语句的序列模式写成

```
BEGIN
        c[i][j]:=0;
        FOR k:=1 TO n DO {SEQ}
              c[i][j]:=c[i][j]+a[i][k]*b[k][j]
END。
```

综合上述讨论就可以得到所求的程序。

习题

1.完成本节例题。

2.写出本节例题中的不变式。

3.写出用消去法解线性方程组的程序（假定在消去过程中不会遇到对角线元素为0的情况）。

4.写出用迭代法解线性方程组的程序。

第六章　文　件

§1　文件类型

文件类型也是一种结构类型。和阵列类似，文件也是由许多类型相同的分量组成的。但是在以下两方面，文件和阵列有区别：

(1)在一计算过程中，阵列的分量个数是固定的，而文件的分量个数是可以变化的；

(2)阵列类型的变量其任何一个分量都可以随时参加运算(使用它的值、向它赋值)，文件类型的变量只有一个活动分量可以参加运算，而且在每一次使用了它的值(叫做读)或向它赋值(叫做写)之后，它的活动性也立刻消失，它后面的分量变成了活动的分量。

文件与阵列的这种区别反映了计算机存贮信息的两种存贮空间的区别，阵列相当于可以随机访问的内存，文件相当于需要顺序访问的外存。一般说来，内存代价比较高，所以容量也比较有限，而且当一个计算完成，计算机开始另外一个计算的时候，内存就被刷新。外存的信息可以长期保存，代价比较低，但是要想随机访问，速度就嫌太慢了。

设 $\boldsymbol{T}$ 是一个类型，那么 $FILE\ OF\ \boldsymbol{T}$ 就是分量类型是 $\boldsymbol{T}$ 的文件类型。如果变量 f 的类型是 $FILE\ OF\ \boldsymbol{T}$，那么 f 就叫做一个 $\boldsymbol{T}$ 文件。例

如：

$$TYPE\ text = FILE\ OF\ char;$$

$$VAR\ input, output: text$$

说明 *input*，*output* 都是字符文件。这里的 *text*，*input*，*output* 都是 PASCAL 的标准名称。

有关文件的操作，必须使用特殊的语句。PASCAL 提供了以下的几种特殊语句（***f*** 表示一个文件类型的变量，***w*** 是变量或下标变量，***e*** 是表达式，***w***，***e*** 的类型和 ***f*** 的分量类型相同）：

put(***f***，***e***)　　把 ***e*** 的值赋给 ***f*** 的活动分量，然后使下一个分量变成活动分量。

get(***f***，***w***)　　把 ***f*** 的活动分量的值赋给 ***w***，然后使下一个分量变成活动分量。

reset(***f***)　　使 ***f*** 的第一个分量变成活动分量。

rewrite(***f***)　　使 ***f*** 变成空文件，就是一个分量也没有的文件。

可以假想每一个文件都有一个文件末标记（实际上，这可以用不同办法实现）。如果原来的活动分量已经是文件的最后一个分量，那么在 *put* 或 *get* 之后，新的分量就是这种文件末标记。在 PASCAL 里用 *eof*(***f***)表示 ***f*** 的活动分量就是这种标记。*eof* 是 PASCAL 的标准函数，它的值是布尔类型的。当 *eof*(***f***)的值是 *true* 的时候，*get*(***f***，***w***)没有意义，如果这时使用这种语句，就会因为出错使计算过程不能继续进行下去。

例如：下面的程序顺序读一个字符文件 *myfile*，计算出它的长度：

```
VAR myfile: text;
    c: char;
    l: integer;
BEGIN reset (myfile);
```

```
l： =0；
WHILE eof(myfile) {INVAR ???}
DO BEGIN l： =l+1； get myfile, c) END；
{ASSERT ???} END。
```

很明显，要把这样的程序功能描述清楚，我们需要发展一种关于文件的数学理论。

习题

1. 写出把一个字符文件 $f1$ 复制成 $f2$ 的程序。

2. 试写出把一个整数文件中的各个数的平方写成另一个文件的程序。

§2　字的运算

设 $\boldsymbol{T}$ 是一个类型。用 $\boldsymbol{T}$ 中的元素做成的有限序列 $\langle t_1, \cdots, t_n \rangle$ 叫做 $\boldsymbol{T}$-字，特别，允许有空字〈 〉，在不发生混淆的地方我们也用 0 表示空字。

下面我们取定 $\boldsymbol{T}$，把 $\boldsymbol{T}$-字简称为字。

字的基本运算是把 $\boldsymbol{T}$ 的一个元素 t 并入一个字 x，使 t 成为新的字的第一个分量。这个运算记做 $t \circ x$，它的基本性质可以通过下面的公理来描述：

(1) $t \circ x \neq 0$。

(2) 设 $x \neq 0$，那么存在唯一的一对 t 和 y 使 $t \circ y = x$。

在(2)中，t 叫做 x 的头，y 叫做 x 的尾，分别写成 $t = \uparrow x$ 和 $y = \downarrow x$。容易看出

$$x\neq 0\rightarrow \uparrow x\circ\downarrow x=x$$

为了今后的方便，我们约定 $\downarrow 0=0$，而 $\uparrow 0$ 是无定义的。

字的函数常常是递归定义的，例如字的长度的定义可以写成

$$length(x)=\begin{cases}0, & x=0\\ 1+length(\downarrow x), & x\neq 0\end{cases}$$

一般说来，如果 a 和 g 是已知的，那么

$$f(x)=\begin{cases}a, & x=0\\ g(x,\ f(\downarrow x)), & x\neq 0\end{cases}$$

就递归定义了一个新的函数 f。这种定义也可以写成下面的形式：

$$\begin{cases}f(0)=a\\ f(t\circ x)=g(t,x\ ,f(x))\end{cases}$$

用这种形式可以把长度的定义写成

$$\begin{cases}length\ (0)=0\\ length(t\circ x)=1+length(x)\end{cases}$$

两个字并置成一个字，定义是

$$\begin{cases}append(0,\ y)=y\\ append(t\circ x,\ y)=t\circ append(x,y)\end{cases}$$

这里 y 应看成一个参数。

把一个字翻转成另一个字，定义是

$$\begin{cases}reverse\ (0)=0\\ reverse(t\circ x)=append\ (reverse(x),\ str(t))\end{cases}$$

这里，$str(t)$表示用 t 做成的只有一个分量的字$\langle t\rangle$，它可以定义成

$$str(t)=t\circ 0$$

这几个函数都是常用的函数，我们把它们简写成

$$\|x\|\ =length(x)$$

$$x+y=append(x,\ y)$$

$$\circledcirc x=reverse(x)$$

用这些简写符号,我们可以把上面的定义写成

$$\begin{cases} \| 0 \| = 0 \\ \| t \circ x \| = 1 + \| x \| \end{cases}$$

$$\begin{cases} 0 + y = 0 \\ t \circ x + y = t \circ (x + y) \end{cases}$$

$$\begin{cases} ◎0 = 0 \\ ◎(t \circ x) = ◎x + t \circ 0 \end{cases}$$

证明有关字的命题,常常要用字的归纳法:

设 $P(x)$ 是关于字 x 的命题,要证明 $P(x)$ 对一切字成立,只用证明:

(1) $P(0)$

(2) 只要 $P(x)$成立,$P(t \circ x)$就成立:$P(x) \rightarrow P(t \circ x)$

例如:用字的归纳法证明

$$\| x + y \| = \| x \| + \| y \|$$

先令 $x = 0$,就是要证明

$$\| 0 + y \| = \| 0 \| + \| y \|$$

因为 $0 + y = y$, $\| 0 \| = 0$,这是显然的。再设 $\| x + y \| = \| x \| + \| y \|$,我们来证明 $\| t \circ x + y \| = \| t \circ x \| + \| y \|$,这可以通过以下的演算证明:

$$\begin{aligned} & \| t \circ x + y \| \\ & = \| t \circ (x + y) \| \\ & = 1 + \| x + y \| \\ & = 1 + (\| x \| + \| y \|) \\ & = (1 + \| x \|) + \| y \| \\ & = \| t \circ x \| + \| y \| \end{aligned}$$

这就是所要证明的。

习题

1. 证明以下各式：

$$\| \circledcirc \mathrm{x} \| = \| \mathrm{x} \|$$

$$\mathrm{x} + 0 = \mathrm{x}$$

$$\mathrm{x} + (\mathrm{y} + \mathrm{z}) = (\mathrm{x} + \mathrm{y}) + \mathrm{z}$$

$$\circledcirc(\mathrm{x} + \mathrm{y}) = \circledcirc \mathrm{y} + \circledcirc \mathrm{x}$$

$$\circledcirc\circledcirc \mathrm{x} = \mathrm{x}$$

2. 设 $u+x=y$，那么就说 x 是 y 的尾部，并且记成 $x \leqslant y$ 或 $y \geqslant x$。这里的 u 是可以由 x 和 y 唯一决定的，叫做 y 和 x 的差，写成 $u=y-x$。$x \leqslant y$ 而且 $x \neq y$，又记做 $x<y$，或者 $y>x$。证明：

$$x \leqslant y \wedge y \leqslant z \rightarrow x \leqslant z$$

$$x \leqslant y \wedge y \leqslant x \rightarrow x = y$$

$$x - 0 = x$$

$$(x - y) + y = x$$

$$(x + y) - y = x$$

$$x \leqslant y \rightarrow x + z \leqslant y + z$$

$$x < t \circ x$$

$$0 \leqslant x$$

$$\circledcirc x + y = \circledcirc u + v \wedge x \leqslant u$$
$$\rightarrow v \leqslant y \wedge \circledcirc(u - x) = y - v$$

§3　验证规则

一个文件的全部分量可以看成由它的分量组成的一个字。为了表明活动分量的位置，我们把文件分成两段，从活动分量开始向后到文件末尾的各分量组成的字叫做文件的后段，从活动分量开始向前到文件开头的各分量（不包括活动分量）组成的字叫文件的前段，文件本身则看成由这两个字组成的对偶。

设 f 是一个文件，那么用 $\overleftarrow{f}$ 表示它的前段，$\overrightarrow{f}$ 表示它的后段。设 a，b 是两个字，那么用 $a\text{‘}b$ 表示以 a 为前段 b 为后段的文件。此外，我们用 $[f]$ 表示一个文件 f 的全部分量组成的字，叫做它的**内容**。

按照这样的记法，文件 f 的活动分量应该是 $\uparrow\overrightarrow{f}$，这在 PASCAL 中可以简记为 $f\uparrow$。显然有：

$$\overleftarrow{f}\text{‘}\overrightarrow{f} = f$$

$$\overleftarrow{a\text{‘}b} = a$$

$$\overrightarrow{a\text{‘}b} = b$$

$$[f] = \circledcirc\overleftarrow{f} + \overrightarrow{f}$$

$$[a\text{‘}b] = \circledcirc a + b$$

利用这些记号，空文件应写成 $0\text{‘}0$. 文件的活动分量是文件末标记，也就是文件的后段是空字，所以

$$eof(f) \longleftrightarrow \overrightarrow{f} = 0$$

在语句 $rewrite(f)$ 以后，f 变成了空文件，所以这个语句相当于一个语句 $f:=0\text{‘}0$，这可以写成如下的等价规则：

$$\frac{rewrite(f)}{f:=0\text{‘}0}$$

同样，可以有如下的等价规则：

$$\frac{put(f,e)}{f:=(e\circ\overleftarrow{f})\text{‘}\downarrow\overrightarrow{f}}$$

$$\frac{reset(f)}{f:=0\text{‘}[f]}$$

$$\frac{get(f,w)}{w:=\uparrow\overrightarrow{f};\ f:=(\uparrow\overrightarrow{f}\circ\overleftarrow{f})\text{‘}\downarrow\overrightarrow{f}}$$

这些规则可以用于验证有这些语句的文件。

对于标准文件 $input$ 和 $output$，PASCAL 规定不能对 $input$ 使用

put 和 *rewrite*，也不能对 *output* 使用 *get* 和 *reset*。此外，还把 *get*(*in-put*, **w**)简写为 *read*(**w**)把 *put*(*output*, **e**)写成 *write*(**e**)，因此又有

$$\frac{read(\mathbf{w})}{get(input,\ \mathbf{w})}$$

$$\frac{write(\mathbf{w})}{put(output,\ \mathbf{w})}$$

习题

1. 如果一个程序开始处有 *rewrite* (**f**)，而且在程序中没有关于 **f** 的 *reset* 语句和 *get* 语句，那么在程序执行的任何时刻都有 $\vec{f}=0$。

2. 如果一个程序的开始处有 *reset* (**f**)，而且程序中没有关于 **f** 的 *put* 和 *rewrite* 语句，那么，[**f**]在程序的任何时刻保持不变。

3. 为上一节的例题写出不变式和断言，并验证这个程序。

4. 已知 $\overleftarrow{f}$, $\vec{f}$ 及[**f**]这三者中的两个，就可以确定第三个：

$$[f] = \circledcirc\overleftarrow{f} + \vec{f}$$

$$\overleftarrow{f} = \circledcirc([f] - \vec{f})$$

$$\vec{f} = \circledcirc(\circledcirc[f] - \overleftarrow{f})$$

5. 用 $a \gg b$ 表示内容是 a，后段是 b 的文件；用 $a \ll b$ 表示前段为 a，内容是 b 的文件。关于 *get* 的验证规则应该如何写？

6. 如果 *eof*(**f**)而使用 *get*(**f**, **w**)，应该出现什么后果？在以上的验证规则中反映出来了吗？

§4　读取模式

当我们要根据文件的内容来计算出一个(或多个)量的时候，我们计算的往往是字的函数。而字的函数又往往是递归定义的，或者可以写

出它的递归公式。这样的定义或公式常具有如下的形式：

$$\begin{cases} g(0) = a \\ g(t_\circ x) = h(t,\ g(x)) \end{cases}$$

例如第一节的例子中计算的长度函数是

$$\| 0 \| = 0$$
$$\| t_\circ x \| = 1 + \| x \|$$

这相当于 $h(u,\ v) = 1 + v$。又如整数文件的各分量的和：

$$\begin{cases} sum(0) = 0 \\ sum(t_\circ x) = t + sum(x) \end{cases}$$

这相当于 $h(u,v) = u + v$。

对于这样的函数，我们有以下的**遍历模式**：

$\{ASSUME\ \boldsymbol{w} = a \wedge f = f0\}$;

$WHILE\ \neg eof(f)\{ENUM\}$

$\quad DO\ BEGIN\ get(f,\ c)$; 【$\boldsymbol{w} := h(c,\ \boldsymbol{w})$】$END$;

$\{ASSERT\ f = f0 \gg 0 \wedge \boldsymbol{w} = g(\circledcirc \overrightarrow{f0})\}$

这里，如果能肯定 $\overleftarrow{f0} = 0$，那么最后的断言中就有 $\boldsymbol{w} = g(\circledcirc[f0])$，利用 *reset* 语句可以做到这一点。

应用这个模式时，应注意断言中的“◎”。例如要计算输入文件 *input* 的末尾有多少连续的空格字符，我们应定义如下的函数：

$$\begin{cases} g(0) = 0 \\ g(t_\circ x) = \begin{cases} 0, & t \neq sp \\ 1 + g(x), & t = sp \end{cases} \end{cases}$$

这相当于

$$h(u,v) = \begin{cases} 0, & u \neq sp \\ 1 + v, & u = sp \end{cases}$$

所以程序是

```
{ASSUME y = 0 ∧ input = input0};
reset(input);
WHILE ¬eof(input){ENUM}
  DO BEGIN read(ch);
    IF ch = sp THEN y := 1 + y ELSE y := 0 END;
{ASSERT y = g(◎[input0])}
```

我们常常需要“扫描”一个文件，就是说，要略去文件的某一段，而准备接着读文件后面的内容。这时候，可以考虑采用下面的**扫描模式**：

```
{ASSUME f = f0};
WHILE ¬eof(f) ∧ ¬P(f↑){SCAN}
  DO get(f, c);
{ASSERT f = [f0]》h(f0→)}
```

这个断言说明 f 的内容并未改变，但后段变成了 $h(\overrightarrow{f0})$，而函数 h 是

$$h(x) = \begin{cases} x, & x = 0 \lor P(\uparrow x) \\ h(\downarrow x), & x \neq 0 \land \neg P(\uparrow x) \end{cases}$$

它表示在 x 的不同长度的尾部中，满足 $P(\uparrow x)$ 的最长者，而如果这样的尾部根本不存在，$h(x)$ 就是 0。今后，我们把它写成

$$h(x) = \tau_x y P(\uparrow y)$$

举例说，要把连续的一段空格字符扫描过去，可以取：

$$h(x) = \tau_x y(\uparrow y \neq sp)$$

相应的程序是

```
{ASSUME input = input0};
WHILE ¬eof(input) ∧ input↑ = sp{SCAN}
```

$$DO\ get\ (input, c);$$

$$\{ASSERT\ input = [input0]\rangle\!\rangle \tau \xrightarrow[input0]{} y(\uparrow y \neq sp)\}$$

比较上面两个模式可以看出：扫描模式着眼于文件后段应该剩下什么，遍历模式着眼于根据已经读到的部分（在前段的开头）计算出某个函数的值。把这两方面结合起来，就成为下面的读取模式：

$$\{ASSUME\ f = f0 \wedge \omega = a\};$$

$$WHILE \neg eof(f) \wedge \neg p(f\uparrow)\{READ\}$$

$$DO\ BEGIN\ get(f, c);[\mathbf{w} := h(c, \mathbf{w})]END;$$

$$\{ASSERT\ f = [f0]\rangle\!\rangle \tau \xrightarrow[f0]{} yP(\uparrow y) \wedge \mathbf{w} = g(\overleftarrow{f} - \overleftarrow{f0})\}$$

这里的 g 和 h 满足

$$\begin{cases} g(0) = a \\ g(t \circ x) = h(t, g(x)) \end{cases}$$

从断言可以看出，这个模式根据 P 来扫描文件 f，并从扫描过的一段文件计算函数 g 的值。扫描模式和读取模式的关系类似于 μ 模式和序列模式的关系。

读取模式是十分重要的模式。我们可以从实际的程序中辨认出大量的读取模式。例如化数程序是要从一个字符文件中顺序读取一串数字，并且求出这一串数字表示的十进制整数，例如读到‘3’，‘6’，‘5’这一串数字，就要计算出 365 这个数来：

$$ord(‘3’) - ord(‘0’) = 3$$

$$3 * 10 + (ord(‘6’) - ord(‘0’)) = 36$$

$$36 * 10 + (ord(‘5’) - ord(‘0’)) = 365$$

这时，我们可以取 $P(\uparrow y)$ 为

$$\neg(‘0’ \leqslant \uparrow x \leqslant ‘9’)$$

并取

$$\begin{cases} g(0) = 0 \\ g(t \circ x) = 10 * g(x) + ord(t) - ord(\text{'0'}) \end{cases}$$

得到的程序是

```
{ASSUME input = input0 ∧ n : = 0};
WHILE ¬eof(input) ∧ '0' ≤ input↑ ∧ input↑ ≤ '9'
   {READ}
   DO BEGIN get(input, ch);
            n:10 * n + ord(ch) - ord('0') END;
{ASSERT input = [input0]》h(input0→) ∧ n = g(input← - input0←)}
```

习题

1. 利用遍历模式写出求长度的程序，与本章§1的程序比较。

2. 写出遍历模式的不变式，并且验证这个模式。

3. 在遍历模式中，如果可以肯定程序开始时¬$eof(\boldsymbol{F})$，那么就可以改用 *REPEAT* 语句来写。怎样写？在扫描模式和读取模式中如何？

4. 应用问题：整数文件 f 中记录了一个班组中每个人的成绩。试写出一个程序，它计算这个班组的总成绩（整数）和平均成绩（实数）。

§5　生成模式

如果我们要计算一个字并且把它写到一个文件里，那么就要用**生成模式**。

设 $g(n)$ 是一个函数，它的值是字：

$$g(n) = \begin{cases} 0, & n = 0 \\ h(n) + g(n-1), & n > 0 \end{cases}$$

此外，设 $P(n)$ 是一个关于 n 的条件，那么就有

$$\{ASSUME\ f = f0 \wedge n = 0 \wedge \overrightarrow{f0} = 0\};$$
$$WHILE \neg P(n)\{GEN\}$$
$$DO\ BEGIN\ n := n+1;\ \boldsymbol{S}\ END;$$
$$\{ASSERT\ n = \mu m P(m) \wedge f = (g(n) + \overleftarrow{f0})`0\}$$

这里 $\boldsymbol{S}$ 是一段程序，它的功能应是把 $h(n)$ 的各分量按照从右向左的顺序写到 $\boldsymbol{f}$ 中去，而保持 n 不变，即

$$\{ASSUME\ f = f0 \wedge n = n0 \wedge \overrightarrow{f0} = 0\};$$
$$\boldsymbol{S};$$
$$\{ASSERT\ \boldsymbol{f} = (h(n) + \overleftarrow{f0})`0 \wedge n = n0\}$$

例如说，如果

$$h(n) = \begin{cases} 0, & \neg Q(n) \\ str(c(n)), & Q(n) \end{cases}$$

那么 $\boldsymbol{S}$ 就是

$$IF\ Q(n)\ THEN\ put(f, c(n))$$

在上面的模式里，$g(n) = h(n) + h(n-1) + \cdots + h(1)$。由此不难看出这个模式和序列模式的关系。

根据一个文件的内容来写另一个文件，可以利用重写模式：

$$\{ASSUME\ f1 = f10 \wedge f2 = f20 \wedge \overrightarrow{f2} = 0\};$$
$$WHILE \neg eof(f1)\{REWRITE\}$$
$$DO\ BEGIN\ get(f1, c);\ \boldsymbol{S}\ END$$
$$\{ASSERT\ f1 = [f10]\rangle\!\rangle 0 \wedge f2 = (g(\overleftarrow{f10}) + \overleftarrow{f20})`0\}$$

这里的 g 满足

$$\begin{cases} g(0) = 0 \\ g(t_\circ x) = h(t) + g(x) \end{cases}$$

而 **S** 的功能是把 $h(t)$ 的各分量自右向左写入文件 $f2$ 中，而保持 $f1$ 不变。

例如，下面的程序把 *input* 复制为 *output*：

```
{ASSUME input = input0};
reset(input); rewrite(output);
  WHILE ¬eof(input) {REWRITE}
  DO BEGIN read(ch); write(ch) END;
{ASSERT output = [input0]》0}
```

带有参数的重写模式可以用于计算有穷状态重写系统，这种系统的一般形式是

$$\begin{cases} g(0, s) = 0 \\ g(t \circ x, s) = h(t, s) + g(x, k(t, s)) \end{cases}$$

这里的参数 s 应该是枚举类型或子域类型的。h 叫重写函数，k 叫迁移函数。这种系统的工作可以这样描述：设 $x = \langle t_1, \cdots, t_n \rangle$，$s_1$ 是起始状态，$s_2 = k(t_1, s_1)$，$s_3 = k(t_2, s_2)$，$\cdots$ 那么

$$g(x, s_1) = h(t_n, s_n) + \cdots + h(t_1, s_1)$$

形象地说，这个系统处在状态 s 时，把 t 重写为 $h(t, s)$，同时使自己的状态改变为 $k(t, s)$。

相应的程序模式是

```
{ASSUME w = w0 ∧ f1 = f10 ∧ f2 = f20 ∧ →f2 = 0};
WHILE ¬eof(f1) {REWRITE}
  DO BEGIN get(f1, c); S; 【w := k(c, w)】END
{ASSERT f1 = [f10]》0 ∧ f2 = (g(→f10, w0) + →f20)‘0}
```

其中 **S** 是这样一段程序，它的功能是把 $h(c, w)$ 按从右向左的顺序写入文件 $f2$，而保持 c，w 不变。

例　写一个把 *input* 复制为 *output* 的程序，但是要把连续的一串空格“紧缩”为一个空格。

解. 令

$$\begin{cases} g(0)=0 \\ g(t^{\circ}x,s)=\begin{cases} str(t)+g(x,true), & t\neq sp \\ str(sp)+g(x,\ false), & t=sp\ \wedge\ s \\ g(x,false), & t=sp\ \wedge\ \neg s \end{cases} \end{cases}$$

这里 s 是布尔类型的。

根据模式写出的程序如下：

```
    {ASSUME input = input0};
reset(input); rewrite(output);
WHILE ¬eof(input) {REWRITE} DO BEGIN
   get(input, ch);
   IF ch≠sp ∨ s THEN write (ch);
   s: = ch≠sp END;
{ASSERT input = [input]》0 ∧ output = g([input0], true)‘0}
```

习题

1. 写出生成模式的不变式并验证。

2. 写出一个程序，把 *input* 复制为 *output*，同时把小写字母都复制成大写字母。

3. （文字编辑）试写出一个把 *input* 复制成 *ouput* 的程序，要求：

（*a*）紧缩空格；

（*b*）逗号后面必须有一个空格；

（*c*）句号后面必须有两个空格；

（*d*）每一句的第一个非空格符号如果是字母，必须大写。

4.（接上题）修改上面的程序，以便照顾以下的特殊情况：

(a) 连续的句号是省略号，应规范为三点一空格；

(b) 紧接在数字前的句号是小数点。

5. 把重写模式推广到不需要遍历输入文件的情况。（提示：参考读取模式。）

第七章　子程序

§1　简单的例子

一个程序中常有一些片断，其功能比较独立，其细节与程序的其他部分不相干，我们就把这一片断写成一个子程序，并给出一个名称，放在程序的说明部分中。在程序中需要用到这个子程序的时候，可以用适当的方式写出子程序的名称，以便"调用"这个子程序。

这种作法可以从几个方面提高程序的质量：

(1) 使程序层次清楚，划分为可以独立地描述其功能的片断，从而提高了可读性，减小了验证的长度；

(2) 在子程序中可以使用一些"局部"的名称，这些名称在子程序之外毫无意义，即使同一个名称在另一处出现，也不表示它们之间有任何联系。这样可以避免许多由于名称使用不当而造成的错误；

(3) 功能相同的片断可能在程序中多次出现，这时，使用子程序可以节约篇幅，避免重复抄写造成的错误。

本节先举一个简单的例子：写出一个输出 1000 以内的素数的程序。

用 $p(n)$ 表示 n 是素数，$q(n)$ 表示 n 以内的素数组成的字。$q(n)$ 可以递归地定义为

$$q(n) = \begin{cases} 0, & \text{当 } n = 1 \\ r(n) + q(n-1), & \text{当 } n > 1 \end{cases}$$

其中

$$r(n) = \begin{cases} 0, & \text{当} \neg p(n) \\ str(n), & \text{当 } p(n) \end{cases}$$

按照生成模式可以写出如下的程序

```
n: =1; rewrite (file);
WHILE n<1000 {GEN} DO
  BEGIN n : =n+1; S END;
{ASSERT file =g(1000)'0}
```

这里的 **S** 应该是这样的一段程序：如果 n 是素数就把它写入文件，否则不做任何动作。

利用

$$p(n) = (\mu_2 m(n \backslash m = 0) = n)$$

可以把 **S** 写成

```
m: =1;
REPEAT m: =m+1{MU}UNTIL n\m=0;
IF m =n THEN put(file, n)
```

这里的变量 m 在 **S** 之外毫无用途。我们把 **S** 做成一段子程序，用 pp 做为它的名称：

```
PROCEDURE pp;
  VAR m:integer;
  BEGIN m: =1;
        REPEAT m: =m+1{MU} UNTIL n\m=0;
         IF m =n THEN put (file, n)
         END。
```

这叫做一个过程说明，它说明 pp 是一个过程子程序，它的功能相当于其中的那一段程序。这样，在原来的程序中，**S** 就可以写成

$$pp$$

这种仅由一个过程子程序的名称组成的语句叫做对于该子程序的调用语句。含有对于某个子程序的调用语句的程序叫做这个子程序的一个上级程序，它可能是另一个子程序，也可能是主要的程序。

回顾 pp 的过程说明。其中有 m，n，$file$ 这几个变量。m 是局部变量，它的说明出现在过程 pp 的说明中；n 和 $file$ 都是全程变量，它们的说明在 pp 的说明之外。

然而 n 与 $file$ 在 pp 中的地位是不同的。对于 n 来说，pp 只用它的值，而不改变它的值，对于 $file$ 来说，pp 可能会改变它的值。我们把 n 叫做移入变量，$file$ 叫做移出变量。

移入变量和移出变量应该用如下的形式在过程说明中注释清楚：

$$\{IMPORT\ n\};$$

$$\{EXPORT\ file = f0\}$$

其中 $f0$ 是为 $file$ 选的初值符号。

子程序的功能可以用入口条件和出口条件说明。入口条件是保证 pp 的功能正确的必要条件，出口条件则是子程序应达到的目的。这里，pp 的入口条件应是 $n>1$ 而且 $\overrightarrow{f0}=0$，出口条件则是 $file=(r(n)+\overleftarrow{f0})$‘0. 这些可以用如下的形式在过程中注释清楚：

$$\{ENTRY\ n>1 \wedge \overrightarrow{file}=0\};$$

$$\{EXIT\ file\ =(r(n)+\overleftarrow{f0})‘0\}$$

最后，程序的全文是

VAR n:*integer*; *file* : *FILE OF integer*;

```
  PROCEDURE pp;
  VAR m:integer;
  {IMPORT n};
  {EXPORT file=f0}
  {ENTRY n>1 ∧ →file=0};
  {EXIT ←file=(r(n)+←f0)‘0}
  BEGIN
    m:=1;
    REPEAT m:=m+1{MU}UNTIL n\m=0;
    IF m=n THEN put(file, n)
  END;
BEGIN n:=1;
  rewrite (file);
  WHILE n<1000 {GEN} DO BEGIN n:=n+1; pp END;
  {ASSERT file=g(1000)‘0}
END。
```

从以上的例子可以看出，一个过程子程序的说明应分成以下四个部分：

（甲）首部，形式是

$$PROCEDURE\ \mathbf{p};$$

其中 $\mathbf{p}$ 是一个标识符，叫做子程序名称；

（乙）局部量说明，由一系列的说明组成，与在主要程序中是一样的；

（丙）功能说明，形式是

$\{IMPORT\ \mathbf{x}_1, \cdots, \mathbf{x}_m\};$

$\{EXPORT\ \mathbf{y}_1=\mathbf{y}_1^0, \cdots, \mathbf{y}_n=\mathbf{y}_n^0\};$

$\{ENTRY\ Q_0 [x_1, \cdots, x_m, y_1, \cdots, y_n]\}$;

$\{EXIT\ Q_1 [x_1, \cdots, x_m, y_1, \cdots, y_n, y_1^0, \cdots, y_n^0]\}$

其中 $x_1, \cdots, x_m, y_1, \cdots, y_n, y_1^0, \cdots, y_n^0$ 都是标识符，$x_1, \cdots, x_m, y_1, \cdots, y_n$ 必须在主要程序中已有说明，$y_1^0, \cdots, y_n^0$ 不应在程序中出现，Q_0，Q_1 是逻辑公式（这些项目中除 *EXIT* 以外，都可能缺少）；

（丁）程序体，形式是用 *BEGIN* 与 *END* 括起来的一个语句或语句序列，其中出现的标识符只能是：标准名称，局部量说明部分中说明过的局部量或在主程序中说明过的全程量（遇到局部量和全程量同名时，应理解为局部量）。

子程序的名称是全程量，所以它可以出现在主要程序中，也可以出现在其他子程序的程序体中。

最后说明一下符号的问题。上面的入口条件 Q_0 后面用黑体括号注明【$x_1, \cdots, x_m, y_1, \cdots, y_n$】，这表示 Q_0 中可以出现 $x_1, \cdots, x_m, y_1, \cdots, y_n$ 这些标识符。这种办法不但便于叙述，而且也便于说明替换。例如在 Q_0 中用 e_1 替换 x_1，…，用 e_m 替换 x_m，所得的公式就可以写成 Q_0【$e_1, \cdots, e_m, y_1, \cdots, y_n$】。这种写法很类似于数学中的函数和逻辑中的谓词的写法。

习题

1. 下面的程序里，断言中的“?”应该是什么数？

```
VAR x:integer;
PROCEDURE p;
  VAR x:integer;
  BEGIN x:=2 END;
    BEGIN
      x:=5;
```

```
        p;
        {ASSERT x =?}
      END。
```

2. 在上题中把第三行去掉,结果如何?

3. 研究如下的程序,并把功能描述清楚

```
VAR y,z:real;
PROCEDURE powerto10;
  VAR x:integer;
  BEGIN
  z:=1;
  FOR x:=1 TO 10 DO z:=z * y
       END;
     BEGIN
     y:=1.02; powerto10
     END。
```

§2　验证条件

一个程序如果含有子程序,它的验证就可以分成若干独立的部分:

(1) 各子程序的功能的验证;

(2) 设子程序的功能正确,验证整个程序的正确性。

我们就上节的例子来说明具体的做法。

先讨论子程序 pp 的功能如何验证。这个子程序的功能粗略说来就是:只要入口条件能满足,出口条件就应满足。这个说法用程序写出来应该是验证

{*ASSUME* 入口条件}；

程序体；

{*ASSERT* 出口条件}。

这时，应注意出口条件中可能出现移出变量的初值符号，因此，必须把关于移出变量的初值的等式加入到上面的假设语句中去，最后成为

$\{ASSUME\ n>1 \wedge \overrightarrow{file}=0 \wedge file=f0\}$；

$m:=1$；

$REPEAT\ m:=m+1\{MU\}\ UNTIL\ n\backslash m=0$；

$IF\ m=n\ THEN\ put(file,\ n)$；

$\{ASSERT\ file=(r(n)+\overleftarrow{f0})`0\}$

一旦这个程序得到验证，我们就可以说 pp 的功能是正确的了。

再讨论主要程序的验证。这时假定子程序的功能是正确的，而我们的任务是研究用什么规则来处理形如

$$\mathbf{A};\ pp;\ \{ASSERT\ \mathbf{R}【file,\ n】\}$$

这样的程序。

首先，要想 **A** 与 pp 能正确地连接，应该在执行完 **A** 以后，pp 的入口条件得到满足；这就要求验证：

$$\mathbf{A};\ \{ASSERT\ n>1 \wedge \overrightarrow{file}=0\}$$

其次，要说明 pp 的出口条件能保证断言成立：

$$\mathbf{A};\ \{ASSUME\ file=(r(n)+\overleftarrow{f0})`0\};\ \{ASSERT\ \mathbf{R}【file,\ n】\}$$

这时应注意，上面 $file$，n 都是指执行 pp 之后的值，$f0$ 是指 $file$ 执行 pp 之前的值。在这个程序中既然已经没有 pp，那么就应把 $f0$ 改为 $file$，而把 $file$ 改为一个新的符号，比如 $f1$：

$$\mathbf{A};\ \{ASSUME\ f1=(r(n)+\overleftarrow{file})`0\};\ \{ASSERT\ \mathbf{R}【f1,\ n】\}$$

n 的值在 pp 中不会改变，所以没有进行任何替换，以上两方面的考虑，可以综合写成如下的程序：

$$\mathbf{A};\ \{ASSERT\ n>1\ \wedge\ \overrightarrow{file}\ =0\ \wedge\ (f1=(r(n)+\overleftarrow{file})`0\rightarrow \mathbf{R}【f1,\ n】)\}$$

这又可以简写成

$$\mathbf{A};\ \{ASSERT\ n>0\wedge \overrightarrow{file}=0\wedge \mathbf{R}【(r(n)+\overleftarrow{file})`0,n】\}$$

现在我们可以讨论一般的情况了。

设有如下的子程序：

$$\begin{array}{l} PROCEDURE\ \mathbf{p};\\ \quad \mathbf{S};\\ \{IMPORT\ \mathbf{x}\};\\ \{EXPORT\ \mathbf{y}=\mathbf{y}^0\};\\ \{ENTRY\ \mathbf{Q}_0【\mathbf{x},\ \mathbf{y}】\};\\ \{EXIT\ \mathbf{Q}_1【\mathbf{x},\ \mathbf{y},\ \mathbf{y}^0】\};\\ BEGIN\ \mathbf{B}\ END \end{array}$$

那么它的功能是否正确归结为验证下面的程序

$$\begin{array}{l} \{ASSUME\ \mathbf{Q}_0【\mathbf{x},\ \mathbf{y}】\wedge y=y^0\};\\ \mathbf{B};\\ \{ASSERT\ \mathbf{Q}_1【\mathbf{x},\ \mathbf{y},\ \mathbf{y}^0】\} \end{array}$$

对于 $\mathbf{p}$ 的调用语句的验证规则是

$$\frac{\mathbf{A};\ \mathbf{p};\ \{ASSERT\ \mathbf{R}【\mathbf{x},\mathbf{y}】\}}{\mathbf{A};\ \{ASSERT\ \mathbf{Q}_0(\mathbf{x},\ \mathbf{y})\wedge(\mathbf{Q}_1【\mathbf{x},\ \mathbf{y}',\ \mathbf{y}】\rightarrow \mathbf{R}【\mathbf{x},\ \mathbf{y}'】)\}}$$

其中 $\mathbf{y}'$ 是在程序其他地方不出现的符号。

上面我们只写出了含有一个移入变量和一个移出变量的情况，更一般的情况不难仿此写出有关的规则。

此外，$\mathbf{Q}_1【\mathbf{x},\ \mathbf{y},\ \mathbf{y}^0】$常常是“函数”形式的，即

$$y=f【x, y^0】$$

这时,我们可以进一步把上面最后一个规则中的断言改写为

$$\{ASSERT\ Q_0(x, y) \wedge R【x, f【x, y】】\}$$

习题

1. 如果子程序 **p** 的说明中缺少入口条件,那么有关 **p** 的调用语句的验证规则应该怎样写才对?

2. 如果 **p** 的调用等价于[$y:=f【x, y'】$],那么它的入口条件和出口条件应具有什么形式?

3. 给本节中的程序补上不变式,并验证之。

4. 验证上节习题 3 中的程序。

§3　参数替换

如果在一个程序中需要有一个子程序承担求整数幂的任务,那么当然可以考虑采用如下的过程说明:

```
PROCEDURE power;
  {EXPORT x=a, y=b, z=c};
  {ENTRY x>0 ∧ y>0};
  {EXIT z=a^b}
BEGIN
  z:=1;
  WHILE y>0 {INVAR a^b=z*x^y} DO
    BEGIN
    IF odd(y) THEN z:=z*x
    y:=y/2;
```

$x:=x*x$

END;

END。

如果在程序的任何地方要计算 x^y，只要写出 *power* 这个调用语句，在这个调用语句执行完毕之后，z 的值就是 x^y 了。

当然，*power* 的使用范围可以用种种的办法扩充，比如要写[$w:=【u+v】^{u-v}$]的时候，可以写出

$$x:=u+v;\ y:=u-v;\ power;\ \omega:=z$$

但是，这种做法有时会遇到困难，比如要写[$y:=z^x$]，如果仿照上面的办法写成

$$x:=z;\ y:=x;\ power;\ y:=z$$

那么非但不会得到正确的结果，而且在这以后原来 x 的值也"丢掉"了。

仔细研究程序的文字，就会发现，造成这种困难的根本原因在于子程序中用的 x，y 这些量的名称和上级程序中的量发生了我们不希望的同名现象。如果在子程序中，把 x，y，z 分别改成新的名称，比如 $x1$，$y1$，$z1$，而且假定这些名称在其他地方都不出现，那么就可以把任何[$\mathbf{w}:=\mathbf{e}_1^{e_2}$]都写成

$x1:=\mathbf{e}_1$;

$y1:=\mathbf{e}_2$;

power;

$\mathbf{w}:=z1$

这里 $\mathbf{e}_1$，$\mathbf{e}_2$ 是上级程序中的表达式，$\mathbf{w}$ 是上级程序中的变量。这可以看成是一种控制模式。

从这个分析可以看出来，关键是要使 $x1$，$y1$，$z1$ 这些变量成为局部变量。（这样，即使仍然用 x，y，z 来写，也不会出问题了。）然而，局部变量只能出现于子程序中，不能出现在上级程序中。因此，采用上面的写法就无法把 $x1$，$y1$，$z1$ 变成局部变量。

为了解决这个矛盾，PASCAL 规定用一种带有参数的调用语句来写出这种控制模式，就是把它写成

$$power\ (\boldsymbol{e}_1,\ \boldsymbol{e}_2,\ \boldsymbol{w})$$

相应地，在子程序说明的首部中，也要注明上面括号中的各项各对应于子程序中的什么变量，就是说，把子程序的首部写成

$$PROCEDURE\ power\ (x,\ y,\ z);$$

我们把这里的 x，y，z 叫做子程序的**形式参量**，它们都是子程序的局部变量，但负有一种特殊的使命，即与上级程序互相传递信息。这种含有参数的子程序在调用时要写出**实在参量**，如上面的 $\boldsymbol{e}_1$，$\boldsymbol{e}_2$，$\boldsymbol{w}$。

应注意这里的参量 x，y，z 性质上的区别：x 与 y 只承担向子程序传递信息的任务，z 则还要承担向上级程序传递信息的任务。在出口条件中，x，y 不再出现，z 却出现。

x，y 这样的形式参量叫做**求值参量**。和它们相应的实在参量可以是任何表达式。在调用子程序之前，表达式的值被传递给形式参量做为这些局部变量的初值。

z 这样的参数叫做**变量参量**，和它相应的实在参量只能是变量名称、下标变量等可以用做赋值对象的东西。在子程序中每次使用到这种形式参量时，就可以看成是在使用相应的实在参量。这样，在子程序完成之后，实在参量的值也就是它在上级程序中应有的值。

在 PASCAL 中规定：在过程说明中，子程序名称后面可以用括号介绍一个**形式参量表**，就是说，过程说明的首部可以具有如下的形式

$$PROCEDURE\ \boldsymbol{p}(\boldsymbol{s}_1;\cdots;\boldsymbol{s}_k);$$

其中每个 $\boldsymbol{s}_i$ 都具有如下的两种形式之一：

$$(1)\ \boldsymbol{x}_1,\ \cdots,\ \boldsymbol{x}_n:\boldsymbol{T}$$

$$(2)\ VAR\ \boldsymbol{x}_1,\ \cdots,\ \boldsymbol{x}_n:\boldsymbol{T}$$

这里 $\boldsymbol{x}_1,\cdots,\boldsymbol{x}_n$ 是标识符，$\boldsymbol{T}$ 是类型。这两者都说明了 $\boldsymbol{x}_1,\cdots,\boldsymbol{x}_n$ 是形式参量，它们的类型是 $\boldsymbol{T}$，但用(1)说明的是求值参量，用(2)说明的是变量参量。

例如，上面讨论的例子，应写成

$$PROCEDURE\ power\ (x,\ y:integer;\ VAR\ z:integer);$$

不论求值参量还是变量参量，在子程序内都是局部变量，无须另作说明。在出口条件中可能要用到一些参量 $\boldsymbol{u}_1,\cdots,\boldsymbol{u}_k$ 的入口值。我们规定用

$$\{INIT\ \boldsymbol{u}_1=\boldsymbol{u}_1^0\wedge\cdots\wedge\boldsymbol{u}_k=\boldsymbol{u}_k^0\};$$

这样的注释为参量 $\boldsymbol{u}_1,\cdots,\boldsymbol{u}_k$ 提供初值符号 $\boldsymbol{u}_1^0,\cdots,\boldsymbol{u}_k^0$。这叫做**初值条件**，它应插在功能部分开始处。

在上面的例子中，x 与 y 的初值都是重要的，所以我们要写出一个**初值条件**：

$$\{INIT\ x=a\wedge y=b\};$$

经过改写后的 *power* 子程序应写成

```
PROCEDURE power (x, y:integer; VAR z:integer);
{INIT x=a ∧ y=b};
{ENTRY x>0 ∧ y>0};
{EXIT z=a^b};
BEGIN...END;
```

这里程序体的部分没有变化，所以没有详细写出。

一般说来，描述一个子程序的功能会涉及移入变量、移出变量、求值参量和变量参量四种性质不同的量，以及后三种量的初值符号。举例来说，如果一个子程序 $\boldsymbol{p}$ 有移入变量 $\boldsymbol{x}$，移出变量 $\boldsymbol{y}$，求值参量 $\boldsymbol{u}$ 和变量参量 $\boldsymbol{v}$，而且 $\boldsymbol{y}, \boldsymbol{u}, \boldsymbol{v}$ 的初值分别是 $\boldsymbol{y}^0, \boldsymbol{u}^0, \boldsymbol{v}^0$，那么入口条件的一般形式应是

$$\{ENTRY\,\boldsymbol{Q}_0【\boldsymbol{x}, \boldsymbol{y}, \boldsymbol{u}, \boldsymbol{v}】\}$$

出口条件的一般形式应是

$$\{EXIT\,\boldsymbol{Q}_1【\boldsymbol{x}, \boldsymbol{y}, \boldsymbol{y}^0, \boldsymbol{u}^0, \boldsymbol{v}, \boldsymbol{v}^0】\}$$

这时，子程序的功能相当于

$$\{ASSUME\,\boldsymbol{Q}_0【\boldsymbol{x}, \boldsymbol{y}, \boldsymbol{u}, \boldsymbol{v}】\wedge \boldsymbol{y}=\boldsymbol{y}^0 \wedge \boldsymbol{u}=\boldsymbol{u}^0 \wedge \boldsymbol{v}=\boldsymbol{v}^0\};$$

程序体；

$$\{ASSERT\,\boldsymbol{Q}_1【\boldsymbol{x}, \boldsymbol{y}, \boldsymbol{y}^0, \boldsymbol{u}^0, \boldsymbol{v}, \boldsymbol{v}^0】\}$$

而调用语句的形式应是

$$\boldsymbol{p}(\boldsymbol{e}, \boldsymbol{w})$$

其中 $\boldsymbol{e}$ 是表达式，而 $\boldsymbol{w}$ 是变量名称。对于这种语句，我们有如下的验证规则

$$\frac{\mathbf{A};\ \boldsymbol{p}(\boldsymbol{e}, \boldsymbol{w});\ \{ASSERT\,\boldsymbol{R}【\boldsymbol{x}, \boldsymbol{y}, \boldsymbol{w}】\}}{\mathbf{A};\ \{ASSERT\,\boldsymbol{Q}_0【\boldsymbol{x}, \boldsymbol{y}, \boldsymbol{e}, \boldsymbol{w}】}$$
$$\wedge(\boldsymbol{Q}_1【\boldsymbol{x}, \boldsymbol{y}', \boldsymbol{y}, \boldsymbol{e}, \boldsymbol{w}', \boldsymbol{w}】\rightarrow \boldsymbol{R}【\boldsymbol{x}, \boldsymbol{y}', \boldsymbol{w}'】)\},$$

这里的 $\boldsymbol{y}'$，和 $\boldsymbol{w}'$ 应是在程序其他部分不出现的变量符号。

如果在调用语句中，对于变量参量的实在参量是下标变量 $\boldsymbol{a}[\boldsymbol{i}]$，那么相应的规则应改为

$$\frac{\mathbf{A};\ \boldsymbol{p}(\boldsymbol{e}, \boldsymbol{a}[\boldsymbol{i}]);\ \{ASSERT\,\boldsymbol{R}【\boldsymbol{x}, \boldsymbol{y}, \boldsymbol{a}】\}}{\mathbf{A};\ \{ASSERT\,\boldsymbol{Q}_0【\boldsymbol{x}, \boldsymbol{y}, \boldsymbol{e}, \boldsymbol{a}[\boldsymbol{i}]】}$$
$$\wedge(\boldsymbol{Q}_1【\boldsymbol{x}, \boldsymbol{y}', \boldsymbol{y}, \boldsymbol{e}, \boldsymbol{w}', \boldsymbol{a}[0]】\rightarrow \boldsymbol{R}【\boldsymbol{x}, \boldsymbol{y}', \mathscr{A}(\boldsymbol{a}, \boldsymbol{i}, \boldsymbol{w}')】\}$$

习题

1. 试把本章§1中的例题及习题3改为适当的含有参量的过程子程序来处理。

2. 验证上题中的主要程序的正确性(假设子程序的功能正确)。

§4　函数子程序

前举例子中的子程序都是过程子程序。现在我们再来研究函数子程序。

与过程子程序不同,函数子程序的调用总会得到一个值,这个值在上级程序中可以用在各种表达式中。我们把这个值的类型叫做函数子程序的类型。例如

$$FUNCTION\ powerf\ (x,\ y{:}integer){:}integer;$$

…

说明 $powerf$ 是一个含有两个整数类型求值参量的函数子程序,它的类型是整数。所以在上级程序中 $powerf(2,\ 5)$, $powerf\ (3,\ k+1)$,等都可以看成整数类型的表达式,并且进而构成更复杂的表达式用于赋值语句或实在参数等地方。例如:

$$n:=powerf\ (2,\ k)$$

$$m:=powerf\ (2,\ k)-k$$

$$u:=powerf\ (x,\ powerf\ (y,\ x))$$

等等。

在计算上面这样的表达式的时候,$powerf$ 就会被调用,因此函数子程序没有相应的调用语句。

把 $powerf$ 和上节中的 $power$ 比较,可以看出,如果在 $powerf$ 中

增加一个传递函数值的变量参量，这个函数就可以转化为一个过程。在 PASCAL 中规定借用函数本身的名称来表示它：

```
FUNCTION powerf (x, y:integer):integer;
  VAR z:integer;
  {INIT x=a>y=b};
  {ENTRY x>0 ∧ y>0};
  {EXIT powerf=a^b};
  BEGIN z:=1;
    WHILE y>0 {INVAR a^b=z*x^y} DO BEGIN
      IF odd(y) THEN z:=z*x;
      y:=y/2;
      x:=x*x END;
    powerf:=z END。
```

注意，*powerf* 作为函数子程序的名称，是一个全程的量，但在自己的程序体中，赋值号左端的 *powerf* 是一个局部变量，这是一个例外的情况。由于这种例外严格地限于赋值号左端，所以它不像一般的局部变量那样灵活自如。这就是为什么在上面的程序中有了 *powerf* 做局部变量，还要引入一个局部变量 z。

下面的函数子程序是布尔类型的：

```
FUNCTION prime (n:integer):boolean;
  VAR m:integer;
  {INIT n=a};
  {ENTRY n>0};
  {EXIT prime=p(a)};
  BEGIN m:=1;
        REPEAT m:=m+1{MU} UNTIL n\m=0
```

```
        prime: =(m=n)
    END;
```

利用这个函数子程序，本章§1中的程序可以把 **S** 写成

```
IF prime (n) THEN put (file, n)
```

在函数子程序中同样可以有移入、移出变量，函数子程序的形式参量也可以有求值参量和变量参量的区别。因此，函数子程序的功能不能简单地看成是计算出函数值来，它还可以有许多"旁效"。这一点可以从下面的例子看出来：

```
VAR y, u, v, w:integer;
FUNCTION f(VAR x:integer):integer;
  BEGIN f: =x * x; x: =x+1 END;
BEGIN y: =10; u: =f(y); v: =f(y)-f(y); w=f(u) END。
```

在这个程序中，f 是一个函数子程序，但是它的形式参量是变量参量。它计算出参量的值的平方作为函数值，同时却把参量的值变为它原来的值加上1。这就是函数子程序的旁效。

主程序的踪迹如下页表所示(设初值都是0)。这个踪迹的结果对于初学者来说，可能感到十分意外。特别是在第三行，计算 $f(y)-f(y)$ 却不得到0，这是因为在计算第一个 $f(y)$ 时，y 的值是11，计算之后，y 的值成了12，再计算第二个 $f(y)$ 时，当然会得到不同的结果。

语句	后果			
	y	u	v	w
y: =10	10	0	0	0
u: =$f(y)$	11	100	0	0
v: =$f(y)-f(y)$	13	100	−23	0
ω: =$f(u)$	13	101	−23	10000

从上面的例子可以看出，当表达式中出现了函数子程序的调用时，这个表达式就不能按普通的数学公式一样地对待了。

设 $\boldsymbol{p}$ 是一个函数子程序，其中有求值参量 $\boldsymbol{u}$，变量参量 $\boldsymbol{v}$，移入变量 $\boldsymbol{x}$，移出变量 $\boldsymbol{y}$；$\boldsymbol{u}, \boldsymbol{v}, \boldsymbol{y}$ 的初值分别是 $\boldsymbol{u}^0, \boldsymbol{v}^0, \boldsymbol{y}^0$。入口条件是 Q_0【$\boldsymbol{x}, \boldsymbol{y}, \boldsymbol{u}, \boldsymbol{v}$】，出口条件是 $\boldsymbol{Q}_1$【$\boldsymbol{p}, \boldsymbol{x}, \boldsymbol{y}, \boldsymbol{y}^0, \boldsymbol{u}^0, \boldsymbol{v}, \boldsymbol{v}^0$】。又设在上级程序中 $\boldsymbol{e}$ 是一个不含有函数子程序的表达式，$\boldsymbol{w}, \boldsymbol{z}$ 是两个变量。那么，有关赋值语句 $\boldsymbol{z}:=\boldsymbol{p}(\boldsymbol{e}, \boldsymbol{w})$ 的验证规则是

$$\frac{\boldsymbol{A};\ \boldsymbol{z} := \boldsymbol{p}(\boldsymbol{e}, \boldsymbol{w});\ \{ASSERT\ \boldsymbol{R}【\boldsymbol{z}, \boldsymbol{y}, \boldsymbol{w}】\}}{\boldsymbol{A};\ \{ASSERT\ \boldsymbol{Q}_0【\boldsymbol{x}, \boldsymbol{y}, \boldsymbol{e}, \boldsymbol{w}】}$$

$$\wedge(\boldsymbol{Q}_1(\boldsymbol{z}', \boldsymbol{x}, \boldsymbol{y}', \boldsymbol{y}, \boldsymbol{e}, \boldsymbol{w}', \boldsymbol{w}) \rightarrow \boldsymbol{R}【\boldsymbol{z}', \boldsymbol{y}', \boldsymbol{w}'】)\}$$

这里 $\boldsymbol{z}', \boldsymbol{y}', \boldsymbol{w}'$ 是程序的其他地方不出现的标识符。

例如，对于前面的 $powerf$，如果上级程序是

$$y:=10; y:=powerf(1,y);\ \{ASSERT\ y=1\}$$

那么，利用上面的规则，可以把这个程序的正确性归结为

$$y:=10;\{ASSERT\ 1>0\ \wedge\ y>0\ \wedge\ (yy=1y \rightarrow yy=1)\}$$

再用(ASS)求出如下的待验条件：

$$1>0 \wedge 10>0 \wedge (yy=1^{10} \rightarrow yy=1)$$

这是显然的。

如果函数子程序以别的方式出现于上级程序中，那么就没有办法直接使用上面的验证规则。这时就要先用适当的等价规则改变上级程序，直到能使用上面的验证规则为止。

设 $\boldsymbol{e}$ 是一个表达式，其中含有函数子程序的调用。用 $\boldsymbol{e}_1$ 表示表达式中从左到右最先出现的函数子程序调用，$\boldsymbol{w}$ 表示程序中不出现的某一个标识符。用 $\boldsymbol{w}$ 取代 $\boldsymbol{e}$ 中的 $\boldsymbol{e}_1$，得到 $\boldsymbol{e}'$，并把赋值语句 $\boldsymbol{w}:=\boldsymbol{e}_1$ 记做 $\boldsymbol{S}_0$。

设 $\boldsymbol{S}$ 是含有 $\boldsymbol{e}$ 的最短语句，而且在 $\boldsymbol{S}$ 中，$\boldsymbol{e}$ 的左边没有其他的函数子程序的调用。把 $\boldsymbol{S}$ 中的 $\boldsymbol{e}$ 用 $\boldsymbol{e}'$ 替换，得到 $\boldsymbol{S}'$，那么：

$$\frac{\boldsymbol{S}}{\boldsymbol{S}_0\,;\boldsymbol{S}'} \qquad \boldsymbol{S}\text{ 不是 } WHILE \text{ 语句也不是 } UNTIL \text{ 语句}$$

必要时，应使用语句括号 *BEGIN END*。

$$\frac{WHILE\ \boldsymbol{e}\{INVAR\ \boldsymbol{Q}\}\ DO\ \boldsymbol{B}}{\boldsymbol{S}_0\,;\ WHILE\ \boldsymbol{e}'\ \{INVAR\ \boldsymbol{Q}\}\ DO\ BEGIN\ \boldsymbol{B}\,;\ \boldsymbol{S}_0\ END}$$

$$\frac{REPEAT\ \boldsymbol{B}\ \{INVAR\ \boldsymbol{Q}\}\ UNTIL\ \boldsymbol{e}}{REPEAT\ \boldsymbol{B}\,;\ \boldsymbol{S}_0\{INVAR\ \boldsymbol{Q}\}\ UNTIL\ \boldsymbol{e}'}$$

例：如果 f 是一个函数子程序名称，那么

$$u:=f(x)+f(x)$$

等价于

$$v:=f(x);\ u:=v+f(x)$$

又等价于

$$v:=f(x);\ \omega:=f(x);\ u:=v+\omega$$

注意语句的顺序。又：

$$a[f(x)]:=0$$

等价于

$$v:=f(x);a[v]:=0$$

又：

$$IF\ f(x)=f(y)\ THEN\ w:=f(f(z))$$

等价于

$u:f(x);\ v:=f(y);$

$IF\ u=v\ THEN\ BEGIN\ ww:=f(z);\ w:=f(ww)END$。

习题

1. 在本节末尾的例中，试把以下的语句用等价规则简化：

(*a*)

$$WHILE\ f(x) \neq 0 \{INVAR\ \boldsymbol{Q}\}\ DO\ x:=x+f(x)$$

(*b*)

$$REPEAT\ put\ (file,\ f(x))\ \{INVAR\ \boldsymbol{Q}\}$$
$$UNTIL\ f(x)=0$$

2. 用本节中的 *prime* 改写本章§1的例子。

§5　递归调用的子程序

在 PASCAL 中，子程序可以直接或间接调用自己。这使许多递归定义的函数很容易写成程序。例如阶乘的定义是

$$fact(n)=\begin{cases}1, & n=0\\ n*fact(n-1), & n>0\end{cases}$$

可以写成

```
FUNCTION f(n:integer):integer;
{INIT n=a};
{ENTRY n≥0};
{EXIT f=fact(a)};
BEGIN
  IF n=0 THEN f:=1 ELSE f:=n*f(n-1)
END;
```

在这个函数子程序的程序体中，子程序名称有的出现在赋值号的左端，有的出现在表达式中。出现在表达式中的子程序名称是带有参量的，这是调用，在验证时应予以特别的注意。

用递归调用的办法来写的程序往往比较简明，容易验证和修正。但是一般说来，用循环模式书写的程序在空间和时间上都会节约很多。因此，如何把用递归方法定义的函数用循环模式写出计算程序，是程序设计的主要技巧所在。

我们虽然介绍了许多程序模式，但是并不能指望着有一种机械的办法可以把任何用递归方法定义的函数都用循环语句写出程序。换句话说，有时，递归调用实质上是不可避免的。对于这个问题的详细讨论是程序理论中的重要课题之一。

使用递归调用的另一个问题是关于程序有终性的问题。一般说来，这个问题没有一定的办法来解。

例：研究下面的子程序说明：

```
FUNCTION f(x, y:integer):integer;
  {INIT x=a ∧ y=b};
  {EXIT f=a+1};
  BEGIN
    IF x=y THEN f:=x+1 ELSE f:=f(x,f(x-1,y+1))
  END;
```

容易验证这个子程序的功能是正确的，但是只有当 $x \geqslant y$ 而且 $x-y$ 是偶数时，计算 $f(x, y)$ 的过程才有终。

习题

1. 用递归调用的方式写出计算最大公约数的程序。

2. *Ackermann* 函数定义如下：

$$\mathbf{A}(x, y) = \begin{cases} y+1, & x=0 \\ \mathbf{A}(x-1, 1) & x>0 \wedge y=0 \\ \mathbf{A}(x-1, \mathbf{A}(x, y-1)) & x>0 \wedge y>0 \end{cases}$$

试写出用递归调用的方式计算 $A(3, 3)$的程序。

3. 试用循环语句写出计算 $A(3, 3)$的程序。(提示:设 $\boldsymbol{u}$ 是一个阵列,$\boldsymbol{n}$ 是整数,令

$$f(u, n, x, y) = \underbrace{A(u_1, A(u_2, \cdots, A(u_n}_{n层}, A(x, y))\cdots))$$

设法给出 f 的递归定义)

第八章 记 录

§1 记录类型

记录是由许多不同类型的分量组成的结构化的数据。在许多实用的程序中常常用到这种数据。

例如一个学生的成绩单包括他的学号(比如五个数字),主科(语文、数学)的成绩(百分制)和副科的成绩(及格或不及格)。这些资料可以做成 个记录。

记录可以有无穷多种不同的类型。交代一个记录类型,关键是要交代其中的各分量都是什么类型的。与此相适应,每个分量必须有一个分量名称。

上述的学生成绩单的类型可以写成

```
RECORD code:ARRAY[1..5]OF '0'..'9';
       chineses, math:0..100;
       history, biology:(pass, under) END
```

还可以用

```
TYPE student =RECORD... END
```

这样的类型说明交代了 *student* 是一个记录类型的名称。

下面的变量说明交代了 *zhang*3 和 *li*4 是两个这种类型的变量：

$$VAR\ zhang3,\ li4: student$$

在使用 *zhang*3，*li*4 的个别分量时可以用 *zhang*3. *code* 这样的形式指出所要使用的分量，如

$$zhang3.history := pass$$

记录的阵列常常是很有用的数据类型：

$$TYPE\ class = ARRAY\ [1..50]\ OF\ student$$

下面的语句计算出一个 *class* 类型的阵列变量 *a* 中有多少"生物不及格"的学生：

```
VAR a:class; i, n:integer;
n: =0;
FOR i: =1 TO 50 {SEQ}
  DO IF a[i].biology=under THEN n: =n+1
```

下面的语句从文件 *file* 中顺次读出一个班上的学生的数学成绩，记入成绩单 ***a***：

```
VAR file: FILE OF integer;
      i:integer;
reset (file); i: =1;
WHILE ¬eof (file) {ENUM}
  DO get (file, a[i].math); i: =i+1 END
```

要描写记录变量的逻辑性质，我们应仿照阵列的情况定义一个函数 $\mathscr{R}$，$\mathscr{R}(\boldsymbol{r},\ \boldsymbol{c},\ \boldsymbol{e})$表示把记录 ***r*** 的 ***c*** 分量的值改为 ***e*** 之后所得到的记录。$\mathscr{R}$ 的公理是

$\mathscr{R}(r,\ \boldsymbol{c},\ \boldsymbol{v}) \cdot \boldsymbol{c} = \boldsymbol{v}$

$\mathscr{R}(r, c, v) \cdot c' = r \cdot c'$（如果 c 与 c' 不同）

由此可以把对于记录分量赋值的语句改造成为等价的语句：

$$\frac{r \cdot c := e}{r := \mathscr{R}(r, c, e)}$$

习题

1. 设 A 是记录的阵列，$a[i] \cdot c := e$ 等价于什么语句？

2. 利用上一题验证下面的程序

$$
\begin{aligned}
&\{ASSUME\ a = a^0\};\\
&a[i].c = e;\\
&\{ASSERT\ (i \neq j \rightarrow a[j] = a^0[j])\\
&\qquad\qquad \wedge a[i].c = e\\
&\quad \wedge a[i].c_1 = a^0[i].c_1\\
&\quad \wedge \cdots\\
&\quad \wedge a[i].c_n = a^0[i].c_n\}
\end{aligned}
$$

其中 $c_1, \cdots, c_n$ 是与 c 不同的分量名。

3. 用《$e_1, \cdots, e_k$》表示由 $e_1, \cdots, e_k$ 的值组成的记录，验证下面的程序：

$$
\begin{aligned}
&\{ASSUME\ a = a^0\}\\
&a[i].c = e_1;\\
&\cdots\\
&a[i].a_k = e_k\};\\
&\{ASSERT\ (i \neq j \rightarrow a[j] = a^0[j])\\
&\ \wedge a[i] = 《e_1, \cdots e_k》\}
\end{aligned}
$$

4. 验证本节两个例题中的程序。

5. 设 rec 是一个文件，它的分量是 T 型的对象，文件长度可能很长，但其中不同对象的个数不超过 1000 个。试写一个程序，统计 *rec* 中各种不同的对象出现的次数。

（提示：统计结果应是一个如下类型的阵列：

ARRAY [1..1000]*OF*
　RECORD obj :***T***; *count*: *integer END*）

6. 续上题，扩充上面的程序，以求出出现次数最多的那些对象（一个或多个），并把它们写入文件 *rec*1。

§2　用链实现字的处理

第六章介绍了字的函数，计算与字的函数有关的对象，要用到字的处理。

在第六章中，我们只是用文件来表示字，这种做法对于一般的字的处理来说，没有足够的表达力。我们需要一种更加方便的（不涉及外存的）办法来进行字的处理。

如果限于讨论已知长度的字的处理，那么可以把字看成阵列。但是这对多数的字处理问题来说是一个过分苛刻的要求。因此通常都是用链来实现字的处理。

链是一种非标准的数据结构。这里的“非标准”是指 PASCAL 语言中没有这种结构的天然的表示法。但是，我们可以利用记录阵列来实现它。

链由许多顺次相连的结点组成，每个结点都可以保存一些信息。但是一个链的各个结点的连结顺序不是事先安排好的，而是记在各结点上的。这样做便于链的改装（截断，插入结点，互相连结等）。

一个程序中需要处理多少结点，可以有个大致的估计。在机器允许的范围内，不妨估计得宽裕一些，比如说要 $\boldsymbol{l}$ 个。

把全体结点编成号，并排成阵列。这样，当我们要用到某个结点时就可以用它的编号指明它。

总之，可以设想在这样的程序中有如下的一些全程量：

$$TYPE\ node = RECORD\ s: \boldsymbol{T};\ next:\ integer\ END;$$

$$VAR\ nl : ARRAY\ [1..\boldsymbol{l}]OF\ node;$$

这样，对每个结点号 k，$nl[k]$是这个结点，$nl[k].s$ 就是这个结点的信息，$nl[k].next$ 就是这个结点（在链中）的下一结点的号码。如果这个号码是 0，表示这个结点是链的结尾。

比如说，如果 $\boldsymbol{T}$ 是 $char$，那么下表表示 nl 的值的典型情况：

编号	s	$next$
1	$'a'$	0
2	$'y'$	0
3	$'d'$	2
4	$'b'$	2
5	$'c'$	3
6	$'x'$	1
7	$'y'$	0
	…	

这里 $nl[5]$的内容是$'c'$，它的下一结点是 $nl[3]$。$nl[3]$的内容是$'d'$，它的下一结点是 $nl[2]$。$nl[2]$的内容是$'y'$，它后面没有别的结点了。这样，从 $nl[5]$开始，我们就追踪到了一条链，它由 $nl[5]$，$nl[3]$，$nl[2]$组成。这三个结点的内容顺次排列，就得到了一个 $char$-字：“cdy”。

nl 是变量，它的值可能变化。设 a 是 nl 的一个可能值，w 是一个正整数，把 w 看成结点的编号，那么从这个结点出发，按照 a 追踪到的链中各结点的编号组成一个整数字 $ch(w, a)$：

$$ch(w, a) = \begin{cases} 0, & w = 0 \\ w \circ ch(a[w].next, a), & w > 0 \end{cases}$$

这链表示的 **T** 字是

$$word(w, a) = \begin{cases} 0, & w = 0 \\ a[w].s \circ word(a[w].next, a), & w > 0 \end{cases}$$

我们把它叫做从 w 开始的字。

字的基本函数是并入、头和尾。从 w 开始的字的头是 $a[w].s$，尾是从 $a[w].next$ 开始的字，这从上式可以直接求出，但要注意 $w=0$ 的特殊情况。因此，我们定义：

$$car(w, a) = a[w].s$$

$$cdr(w, a) = \begin{cases} 0, & w = 0 \\ a[w].next, & w \neq 0 \end{cases}$$

于是有

$$car(w, a) = \uparrow word(w, a)$$

$$word(cdr(w, a), a) = \downarrow word(w, a)$$

当我们要把一个项 t 并入从 w 开始的字时，我们应做一个新的结点，使它的 s 分量是 t，$next$ 分量是 w，这样，从这个新的结点开始的字就是所求的字。

为了使这个工作能多次重复，我们应有一个全程变量，它表示 nl 中已被使用的部分到何处为止。在每次做了一个新结点之后，立即调整这个变量的值。用 n 表示这个变量，那么在全程变量的说明中应增加

VAR n:*integer*

这样，就可以用下面的函数子程序来做并入的工作：

FUNCTION cons (*t*:*T*,*w*:*integer*):*integer*;

{ *INIT* $t = t_0 \wedge w = w_0$ };

$\{ EXPORT\ nl = a, n = b \}$;

$\{ ENTRY\ w \leqslant n \}$;

$\{ EXIT\ cons = b+1 \wedge n = b+1 \wedge nl = \mathscr{A}(a, b+1, \langle\!\langle t_0, w_0 \rangle\!\rangle) \}$;

$BEGIN\ n = n+1$;

$nl[n].s := t$;

$nl[n].next := w$;

$cons := n$

END;

注意,从上面的出口条件可以推出:

$$word\ (cons, nl) = nl[cons].s \circ word(nl[cons].next, nl)$$

$$= t_0 \circ word(w_0, nl)$$

然而,我们需要的功能应该是

$$word\ (cons, nl) = t_0 \circ word(w_0, a)$$

也就是

$$word\ (w_0, \mathscr{A}(a, b+1, \langle\!\langle t_0, w_0 \rangle\!\rangle)) = word\ (w_0, a)$$

注意 $w_0 \leqslant b$(由入口条件),我们应该证明的命题可以写成

$$w_0 \leqslant b \rightarrow word(w_0, \mathscr{A}(a, b+1, \langle\!\langle t_0, w_0 \rangle\!\rangle))$$

$$= \mathrm{word}\ (\mathrm{w}_0, \mathrm{a})$$

过时,我们应该利用 a 的一个性质,对任何 $k \leqslant b$,总有

$$a[k].next < k$$

这个性质上文中没有明确指出。

现在我们对 w_0 施行归纳法,假定对小于 w_0 的任何 u,都有

$$u \leqslant b \rightarrow word(u, \mathscr{A}(a, b+1, \langle\!\langle t_0, w_0 \rangle\!\rangle)) = word(u, a)$$

于是有

$$word\ (w_0, \mathscr{A}(a, b+1, \langle\!\langle t_0, w_0 \rangle\!\rangle))$$

$$= \alpha \circ word\ (\beta, \mathscr{A}(a, b+1, \langle\!\langle t_0, w_0 \rangle\!\rangle))$$

$$\alpha = \mathscr{A}(a, b+1, \langle\!\langle t_0, w_0 \rangle\!\rangle)[w_0].s$$

$$\beta = \mathscr{A}(a,b+1,《t_0,w_0》)[\omega_0].next$$

由 $\omega_0 \leqslant b$, $\omega_0 \neq b+1$,用 $\mathscr{A}$ 的性质可知

$$\mathscr{A}(a,b+1,《t_0,w_0》)[w_0] = a[w_0]$$

故

$$\alpha = a[w_0].s$$

$$\beta = a[w_0].next < w_0 \leqslant b$$

因此,根据归纳法假设可知

$$word\ (\beta,\mathscr{A}(a,b+1,《t_0,w_0》)) = word(\beta,a)$$

这样就得到

$$\begin{aligned} & word\ (\omega_0,\mathscr{A}(a,\ b+1,《t_0,w_0》)) \\ & = a[w_0].s\circ word(\beta,a) \\ & = a[w_0].s\circ word(a[w_0].next,a) \\ & = word\ (w_0,a) \end{aligned}$$

这就是所要证明的。

把这个证明中所需要的性质写在入口条件中,入口条件应改为

$$\{\ ENTRY\ w \leqslant n \wedge (k \leqslant n \to nl[k].next < k)\ \}$$

应该注意出口条件也能保证 $k \leqslant n \to nl[k].next < k$。为了证明这一点,我们先由出口条件把它化为

$$k \leqslant b+1 \to nl[k].next < k$$

由于 $nl = \mathscr{A}(a,b,《t_0,\omega_0》)$,所以对于 $k \leqslant b$, 有

$$nl[k].next = a[k].next \leqslant k$$

对于 $k = b+1$ 有

$$nl[k].next = 《t_0,w_0》.next = w_0 \leqslant b < k$$

这样就有:只要 $k \leqslant b+1$,$nl[k].next$ 就小于 k,这就是所要证明的。

这个公式是 *cons* 功能正确,并可以多次使用的关键,也是用链来表示字的运算能够成功的关键。任何改变 a, n 的语句或子程序都应

维持它。

为了使这一性质在程序中能顺利实现，我们约定：

(1) 把 a, n 与这个性质结合起来，把这个性质叫做 a, n 的不变性质；

(2) 把可以直接使用 a, n 的子程序如 *cons* 等明确指出来，在这些子程序以外，一律不得使用 a, n；

(3) 这样，在这些子程序以外，任何时候，都可以利用 a 与 n 的这个性质了。

在程序理论中，把这种做法叫做模块化结构方法。由于 PASCAL 中缺少这一机制，我们不进一步讨论它了。

链是一种常用的非标准结构。研究非标准结构是数据结构学的任务。这里的处理只是一个权宜之计，不够严格，请读者注意。

习题

1. 试写出计算链的长度的子程序。
2. 试写出计算一个字的翻转的子程序。
3. 试写出比较两个字是否相同的子程序。
4. 试写出把两个字并置起来的子程序。

第九章 指 针

§1 指针类型

在构造非标准的数据结构时，指针是一个很**重要**的工具。在 PASCAL 中指针是与一种潜在的结构化数据，即**集团**相联系的。

集团也是由具有相同类型的分量组成的。如果分量的类型是 $\boldsymbol{T}$,

那么这个集团就是一个 **T** 集团，它的类型就是 **T** 集团类型，可以写成 *COLLECTION* **T**。但是在 PASCAL 中不允许程序员自己定义集团类型和集团类型的变量，而是对每一个类型 **T** 自动产生一个集团类型 *COLLECTION* **T** 及一个这种类型的变量 ♯**T**。例如 ♯*integer* 等等。注意，♯**T** 应看成一个标识符，它不能用于程序正文中，只能出现在功能描述的部分，如假设语句、断言语句、入口条件、出口条件等。

集团的分量是可以随机访问的。因此，集团很像阵列，但在以下三个方面集团与阵列不同：

(1) 集团的分量可能另有变量名（实际上，每一个 **T** 类型的变量都自动被当成 **T** 集团 ♯**T** 的一个分量）；

(2) 集团的分量数目不是固定的，在程序执行过程中可能增加（但新增加的分量不再有变量名）；

(3) 为集团选择分量时，不是使用下标，而是使用指针。

设 **x** 是一个 **T** 类型的变量，D 是一个 **T** 集团，**x** 同时也是 D 的一个分量，那么用 ↑**x** 表示这样的指针，它从 D 中选择出的分量就是 **x**。注意，不要把这里的“↑”和字的函数“↑”弄混。

一般说来，如果 D 是一个 **T** 集团，那么为它选择分量的指针就是 **T** 指针类型的，这个类型在 PASCAL 中记做 *POINTER* **T**。上面的 ↑**x** 就是 **T** 指针类型的常量。用 $D!\ p$ 表示指针 p 从 D 中选出来的分量，因此有

$$D!\uparrow x = x$$

PASCAL 中允许有值为指针的变量，例如

VAR p, q:*POINTER* **T**

就说明了 p 与 q 都是 **T** 指针类型的变量，它们的值都是 **T** 指针。所以以下的赋值语句都是合法的：

$$p := \uparrow x;$$

$$q := p;$$

对于这样的指针变量 p，$\#\boldsymbol{T}!p$ 可以简写为 $p\uparrow$，实际上，由于在 PASCAL 中不能明显地写出 $\#\boldsymbol{T}$，因此，只有写 $p\uparrow$ 才合法。

对集团分量赋值的语句，如

$$p\uparrow := \boldsymbol{e}$$

应理解为

$$\#\boldsymbol{T}!\ \boldsymbol{p} := \boldsymbol{e}$$

因此，这个语句不是改变 p 的值，而是改变 $\#\boldsymbol{T}$ 的值。用 $\mathscr{P}(D,p,v)$ 表示把集团 D 用指针 p 选出的分量改为 v 所得到的新的集团，那么，上面这个赋值语句等价于 $\#\boldsymbol{T}=\mathscr{P}(\#\boldsymbol{T},\ \boldsymbol{p},\ \boldsymbol{e})$，换句话说，我们有如下的等价规则：

$$\frac{\#\boldsymbol{T}!\ \boldsymbol{p} := \boldsymbol{e}}{\#\boldsymbol{T} := \mathscr{P}(\#\boldsymbol{T},\ \boldsymbol{p},\ \boldsymbol{e})}$$

函数 $\mathscr{P}$ 有以下的性质：

$$\mathscr{P}(D,\ p,\ v)!p = v$$

$$p \neq q \rightarrow \mathscr{P}(D,\ p,\ v)!q = D!q$$

$$\mathscr{P}(D,\ p,\ D!p) = D$$

这些性质可以当做 $\mathscr{P}$ 的公理。

前已说过，在程序执行过程中，集团变量的分量可以增加，但这样增加的分量没有自己的变量名，只有用指针来选择它，而且这个指针又不能选择原有的分量。为了表达这些关系，我们要引进以下的函数：$\mathscr{T}(D,p)$ 有示 p 是可以用于选择 D 的分量的指针；$\mathscr{E}(D,\ p,\ v)$ 表示一个集团，它比 D 恰好多一个分量，这个分量的值是 v，用指针 p 来选择它。它们有以下的性质：

$$\mathscr{T}(D,\ p) \leftrightarrow \mathscr{T}(\mathscr{P}(D,\ q,\ v),\ p)$$

$$\neg \mathscr{T}(D,\ p) \rightarrow \mathscr{E}(D,\ p,\ v)!p = v$$

$$\mathcal{T}(D, q) \rightarrow \mathcal{E}(D, p, v)!q = D!q$$

$$\mathcal{T}(\mathcal{E}(D, q, v), p) \rightarrow p = q \vee \mathcal{T}(D, p)$$

$$\mathcal{P}(\mathcal{E}(D, q, v), q, v') = \mathcal{E}(D, q, v')$$

$$p \neq q \rightarrow \mathcal{P}(\mathcal{E}(D, p, v), q, v') = \mathcal{E}(\mathcal{P}(D, q, v'), p, v)$$

这些可以看成 $\mathcal{T}$ 和 $\mathcal{P}$ 的公理。

设 $\boldsymbol{p}$ 是 $\boldsymbol{T}$ 指针变量，在 PASCAL 中可以用 *new*($\boldsymbol{P}$)这个语句表示为 $\# \boldsymbol{T}$ 增加一个分量，并使 $\boldsymbol{p}$ 的值等于它的指针。从逻辑上讲，这相当于原有一个不能选择 $\# \boldsymbol{T}$ 的分量的指针 $\boldsymbol{q}$，把 $\mathcal{E}(\# \boldsymbol{T}, \boldsymbol{q}, \boldsymbol{v})$ 赋值给 $\# T$，并把 $\boldsymbol{q}$ 赋值给 $\boldsymbol{p}$。因此，有等价规则：

$$\frac{new(P)}{\{ASSUME \neg \mathcal{T}(\# \boldsymbol{T}, \boldsymbol{q})\};\# \boldsymbol{T} := \mathcal{E}(\# \boldsymbol{T}, \boldsymbol{q}, \boldsymbol{v});p := q}$$

这里 $\boldsymbol{q}$，$\boldsymbol{v}$ 应是程序中没有的符号。

new 是 PASCAL 的标准过程名。

指针和集团的严格形式化的定义比较复杂，本节是一种比较直观的处理。

习题

1. 填写下表

结　构	分量类型	分量数量	分量选择	访问方式
阵　列	相　同		下　标	
文　件		可　变		顺　序
记　录	不　同	固　定		
集　团			指　针	随　机

2.（下面的图示中，每个方框表示一个变量，如果它有普通的值，那么在方框中就写出它的值，如果它有指针值，那么就用箭头表明它选择

的分量。)设在某一时刻,程序中各种量的图示如下:

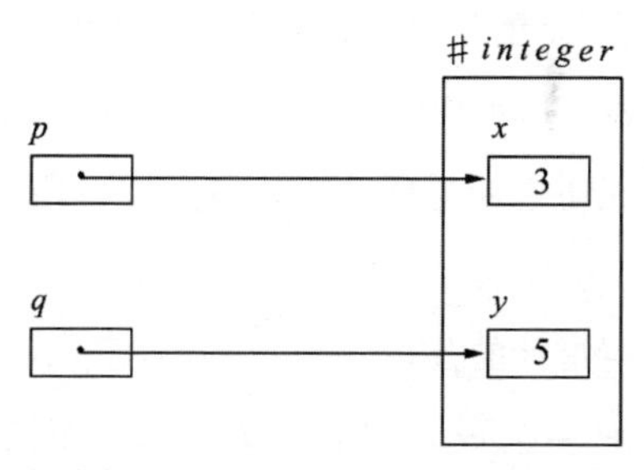

试画出经过语句或语句序列 ***S*** 之后的图,如果 ***S*** 是

(*a*)$p := \uparrow y$

(*b*)$p\uparrow := y$

(*c*)$p := q$

(*d*)$new(p); p\uparrow := y$

(*e*)$new(p); p := q$

3. 试用 *ASSUME* 和 *ASSERT* 写出上题中 ***S*** 的功能。

§2　与阵列的比较

现在我们把上章§2的讨论用指针重新处理,以资比较。

这一次,我们把结点的类型定义为

TYPE node = *RECORD s*:***T***; *next*:*POINTER node END*;

这样,如果一个结点是 k,那么 $k.next$ 就指出它的下一个结点,而所谓"指出",意思就是从 #*node* 中选出一个结点,即 #*node*!($k.next$). 可见 #*node* 就相当于从前的 *nl*,而代替编号的,现在已是指针了。

设 k 是一个结点。那么如何表示它指出的结点是链中的最后一个结点呢? 从前,我们是用 0 来代表这个结点的下一结点的编号(因为没有 0 号结点)。现在不能这样做了,因为 0 是整数类型的,不是

POINTER node 类型的。

从这一段讨论可以看出，我们需要有一种无所指的空指针。在 PASCAL 中用 *nil* 表示这种空指针。这是一个标准名，它做为指针类型的常量而通用于一切指针类型。因此，对任何集团 D 都有

$$\mathscr{I}(D,\ nil)$$

这可以看成是关于空指针的公理。

现在我们设 D 是一个 *node* 集团。对于每一个满足 $\mathscr{I}(D,\ w)$ 的指针 w，$D!w$ 是一个结点。其中的 s 分量是结点上的符号，*next* 分量是连接信息，顺着连接信息可以逐步找到一系列的结点，直到遇到某个结点其 *next* 的分量是 *nil* 为止。这就是从 $D!w$ 开始的链。这个链中的各结点对应的指针组成一个字，它可以定义为

$$ch(w,\ D)=\begin{cases}0, & w=nil\\ w\circ ch(D!w.next,\ D), & w\neq nil\end{cases}$$

这个链上各结点上的符号组成的字可以定义为

$$word\ (w,D)=\begin{cases}0, & w=nil\\ D!w.s^{\circ}word(D!w.next,D), & w\neq nil\end{cases}$$

这两个公式与上一章中相应的公式非常类似。

这样，我们可以仿照上章的办法定义：

$$car(w,\ D)=D!w.s$$

$$cdr\ (w,\ D)=\begin{cases}0, & w=nil\\ D!w.next & w\neq nil\end{cases}$$

并有

$$car\ (w,\ D)=\uparrow word(w,\ D)$$

$$\mathrm{word(cdr(w,D))}=\downarrow \mathrm{word(w,D)}$$

关于并入的子程序现在可以写成

FUNCTION cons (*t*:***T***, *w*:*POINTER node*):*POINTER node*;

$\{INIT\ t = t_o \wedge w = w_0\}$;

$\{EXPORT\ \#\mathbf{T} = D\}$;

$\{EXIT\ \neg\mathscr{I}(D, cons) \wedge \#\mathbf{T} = \mathscr{E}(D, cons, \langle\!\langle t_o, w_o\rangle\!\rangle)\}$;

$VAR\ p$: $POINTER\ node$;

$BEGIN\ new(p)$;

$p\uparrow.s := t$;

$p\uparrow.next := w$;

$cons := p$

END;

首先我们来验证这个子程序的功能。这就是要验证：

$\{ASSUME\ t = t_0 \wedge w = w_0 \wedge \#\mathbf{T} = D\}$;

$new(p)$;

$p\uparrow.s := t$;

$p\uparrow.next := w$;

$cons := p$

$\{ASSERT\ \neg\mathscr{I}(D, cons) \wedge \#\mathbf{T} = \mathscr{E}(D, cons, \langle\!\langle t_0, w_0\rangle\!\rangle)\}$

注意 $p\uparrow.s := t$; $p\uparrow.next := \omega$ 等价于 $p\uparrow := \langle\!\langle t, w\rangle\!\rangle$ 又等价于 $\#\mathbf{T} := \mathscr{P}(\#\mathbf{T}, p, \langle\!\langle t, w\rangle\!\rangle)$，那么不难看出，要验明上面的程序，只用验证：

$\{ASSUME\ t = t_o \wedge w = w_o \wedge \#\mathbf{T} = D\}$;

$new(p)$;

$\{ASSERT\ \neg\mathscr{I}(D, p) \wedge \mathscr{P}(\#\mathbf{T}, p, \langle\!\langle t, w\rangle\!\rangle) = \mathscr{E}(D, p, \langle\!\langle t_0, \omega_0\rangle\!\rangle)\}$

利用关于 *new* 的等价规则，这就是要验证：

$\{ASSUME\ t = t_0 \wedge w = w_0 \wedge \#\mathbf{T} = D\}$;

$\{ASSUME\ \neg\mathscr{I}(\#\mathbf{T}, p')\}$;

$\#\mathbf{T} := \mathscr{E}(\#\mathbf{T}, p', v)$; $p := p'$

$$\{ ASSERT \neg \mathscr{I}(D, p \wedge \mathscr{P}(\#\mathbf{T}, p, \langle\langle t, w \rangle\rangle) = \mathscr{E}(D, P, \langle\langle t_0, w_0 \rangle\rangle) \}$$

最后成为如下的逻辑公式：

$$t = t_0 \wedge w = w_0 \wedge \#\mathbf{T} = D$$
$$\rightarrow \neg \mathscr{I}(\#\mathbf{T}, p')$$
$$\rightarrow \neg \mathscr{I}(D, p')$$
$$\wedge \mathscr{P}(\mathscr{E}(\#\mathbf{T}, p', v), p', \langle\langle t, w \rangle\rangle) = \mathscr{E}(D, p', \langle\langle t_0, w_0 \rangle\rangle)$$

这是显然的。

注意，从 *cons* 子程序的出口条件可以看出，

$$word(cons, \#\mathbf{T})$$
$$= (\#\mathbf{T}!cons).s \circ word((\#\mathbf{T}!cons).next, \#\mathbf{T})$$
$$= t_0 \circ word(w_0, \#\mathbf{T})$$

因此，我们应证明

$$word\ (w_0, \#\mathbf{T}) = word(w, D)$$

就是

$$word(w_0, \mathscr{E}(D.cons, \langle\langle t_0, w_0 \rangle\rangle)) = word\ (w_0, D)$$

其实可以更一般地考虑：

$$word\ (w, \mathscr{E}(D, p, v)) = word(w, D)$$

这里 w 是满足 $\mathscr{I}(D, w)$ 的任何指针。

这个公式初看起来是很明显的：把 D 做任何扩充，不应影响 D 中原来的信息。但是要证明这一点就要假定从 w 选出的结点开始，按照 D 中的信息，的确会找到一个链，而不会发生比如说 $D!\ w.next$ 不能从 D 中选出一个分量（即 $\neg \mathscr{I}(D, D!w.next)$）这样的情况。对这个问题做形式的外理超出了本书的范围。

习题

1. 用本节的办法处理上章 § 2 末尾的习题。

2. 用本章的办法改造上章 § 1 习题 5。

参 考 文 献

[1] Jensen, K. and Wirth, N. *PASCAL User Manual and Report* (2nd Edition), Springer-Verlag, 1976.

[2] *N*. 沃思:《系统化程序设计入门》,人民教育出版社,1981。

附录 PASCAL 语法图

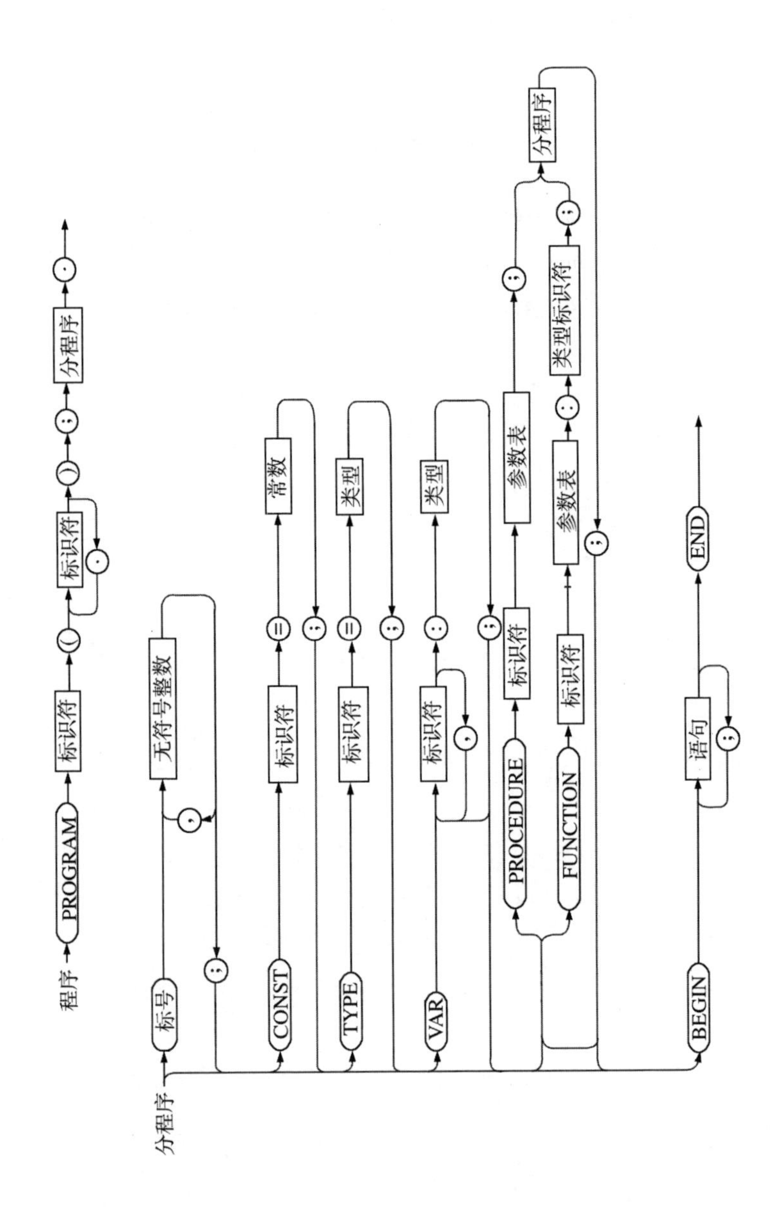

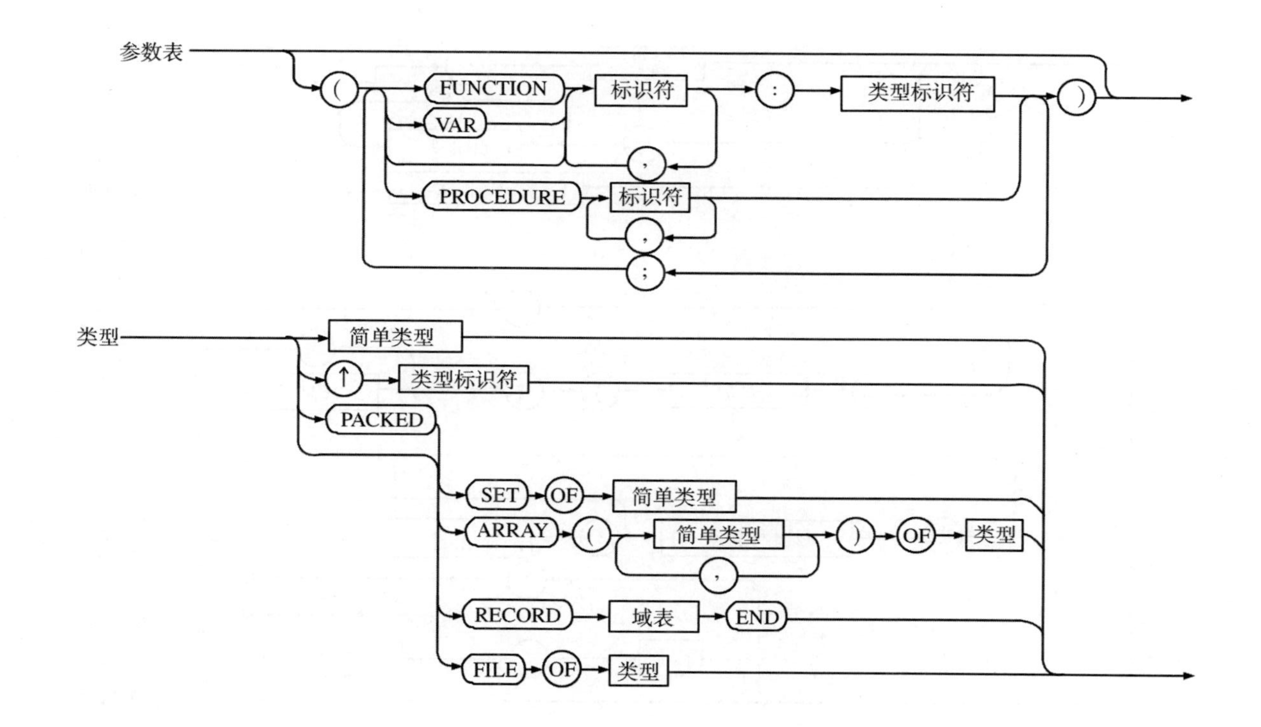
参数表
(
FUNCTION
VAR
PROCEDURE
标识符
,
标识符
,
;
:
类型标识符
)
类型
简单类型
↑
类型标识符
PACKED
SET
OF
简单类型
ARRAY
(
简单类型
,
)
OF
类型
RECORD
域表
END
FILE
OF
类型

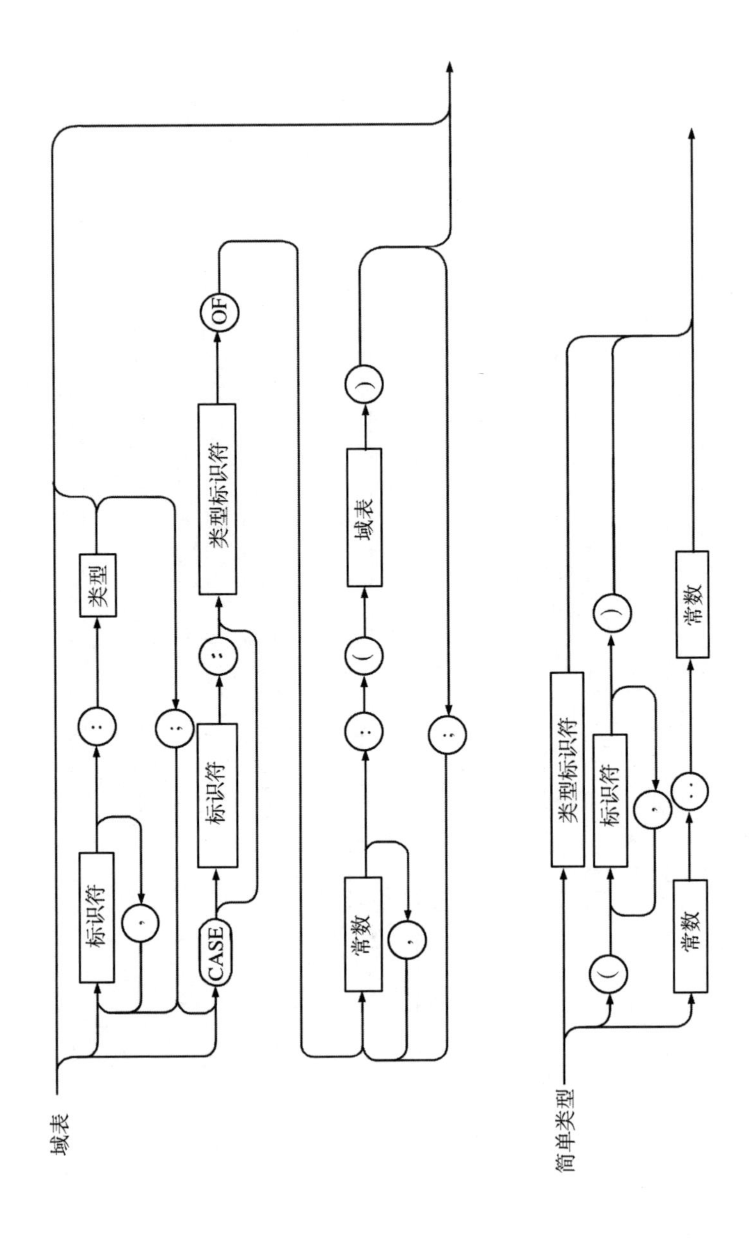
域表
标识符
类型
CASE
标识符
类型标识符
OF
常数
域表
简单类型
类型标识符
标识符
常数
常数

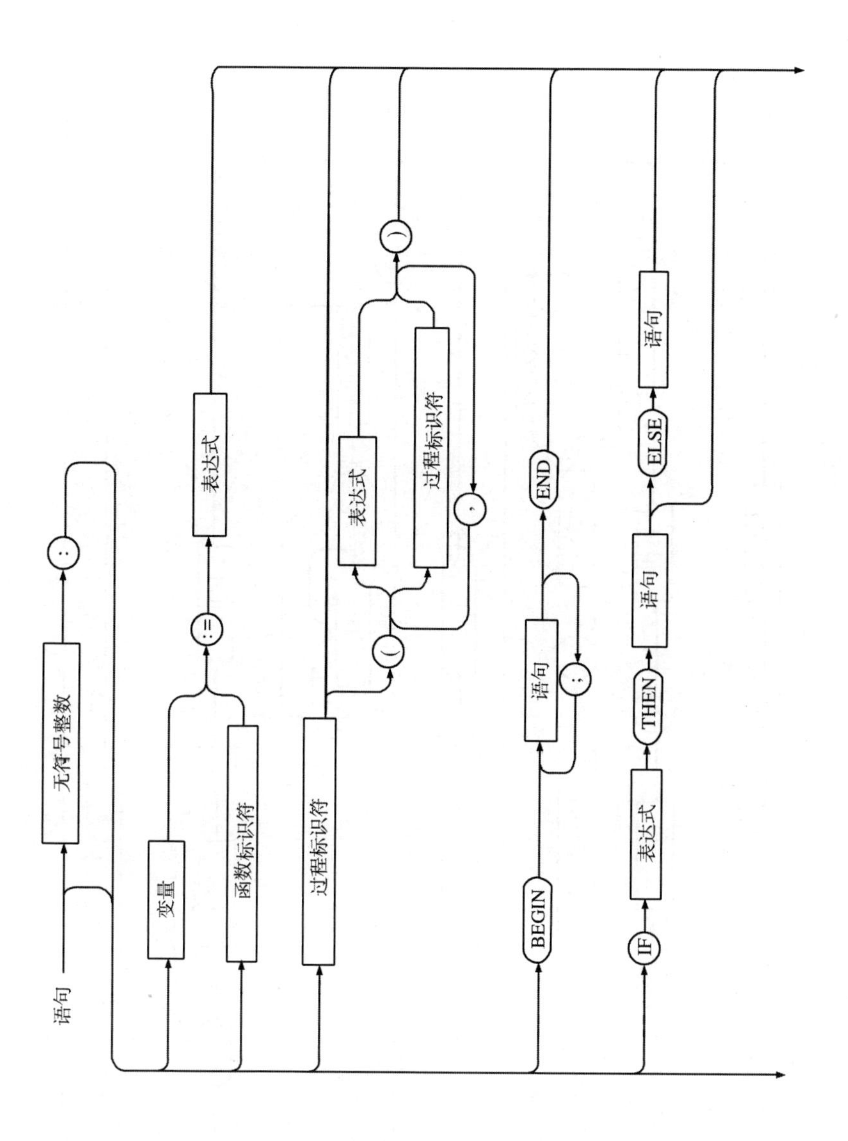
语句
无符号整数
:
变量
函数标识符
:=
表达式
过程标识符
(
表达式
过程标识符
,
)
BEGIN
语句
;
END
IF
表达式
THEN
语句
ELSE
语句

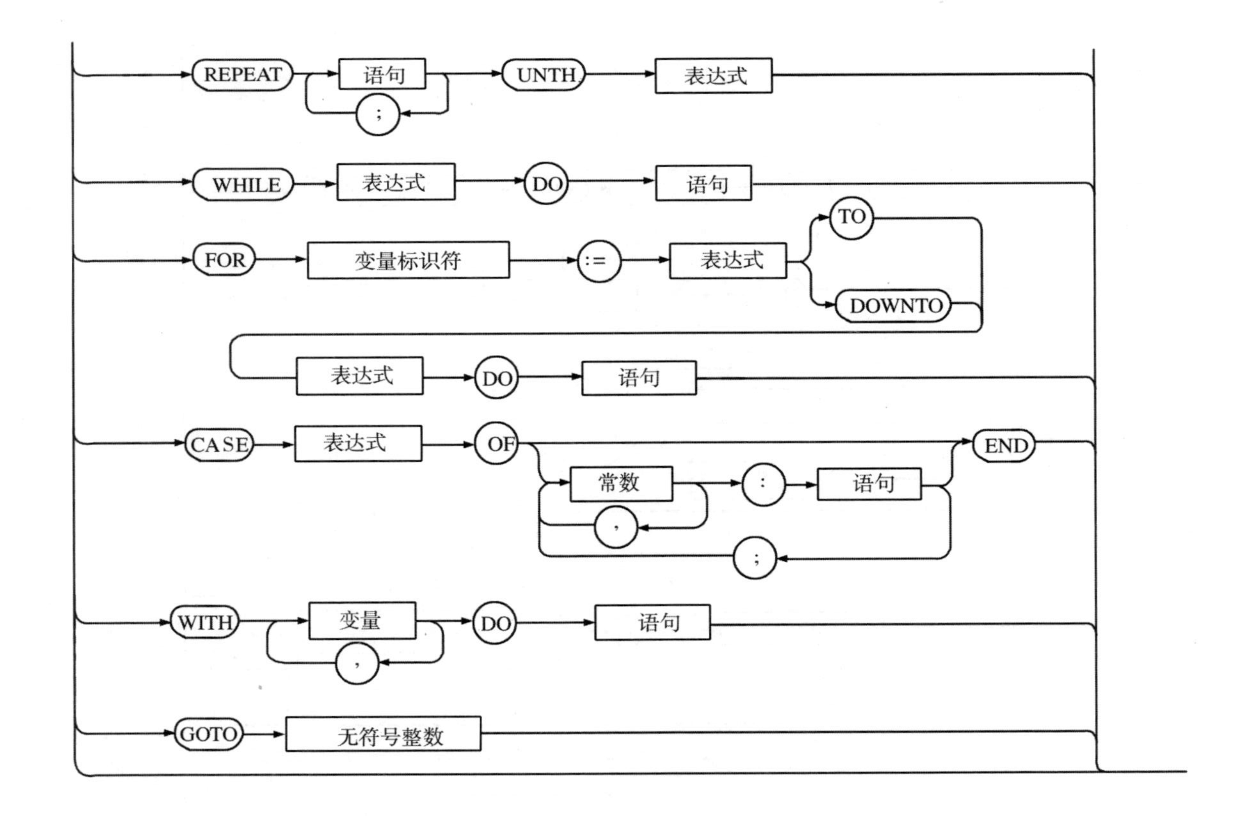
REPEAT
语句
;
UNTH
表达式
WHILE
表达式
DO
语句
FOR
变量标识符
:=
表达式
TO
DOWNTO
表达式
DO
语句
CASE
表达式
OF
常数
,
:
语句
;
END
WITH
变量
,
DO
语句
GOTO
无符号整数

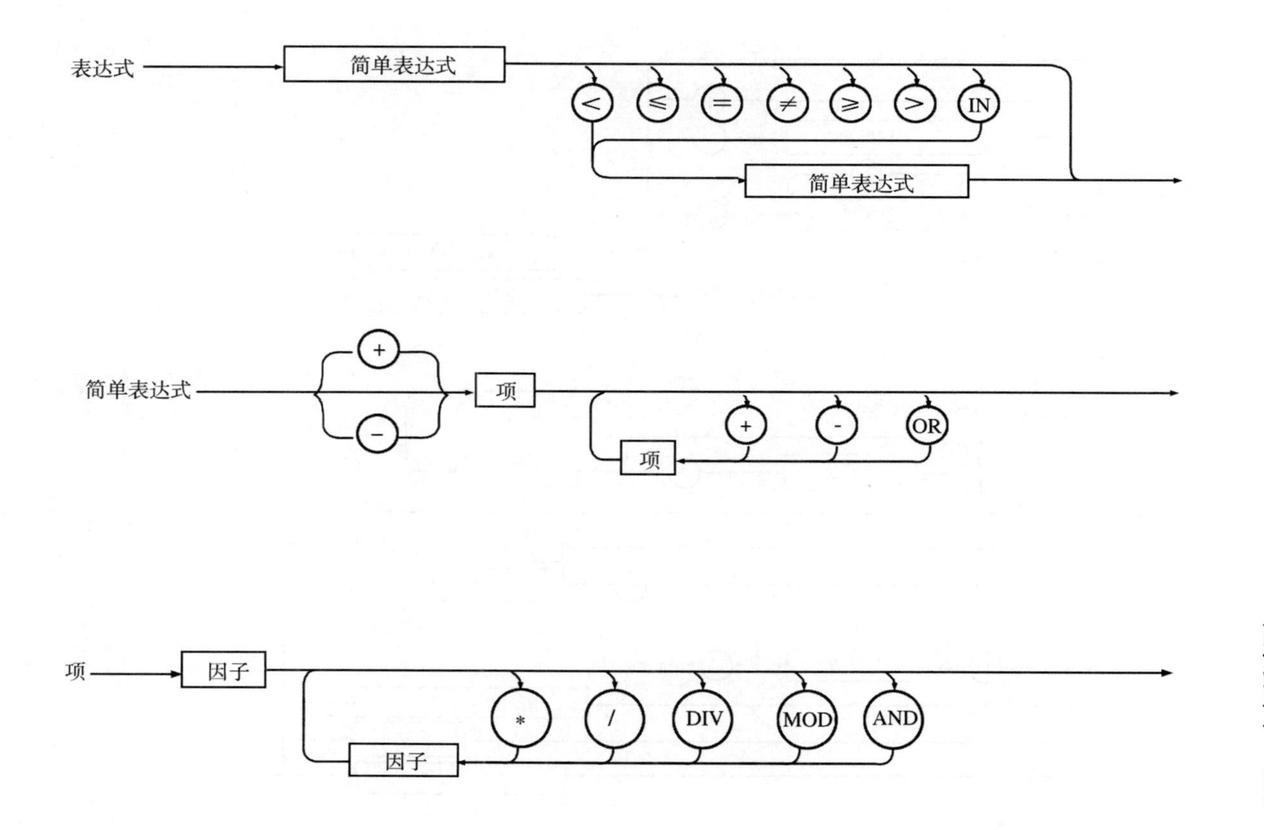
表达式
简单表达式
<
≤
=
≠
≥
>
IN
简单表达式
简单表达式
+
−
项
+
-
OR
项
项
因子
*
/
DIV
MOD
AND
因子

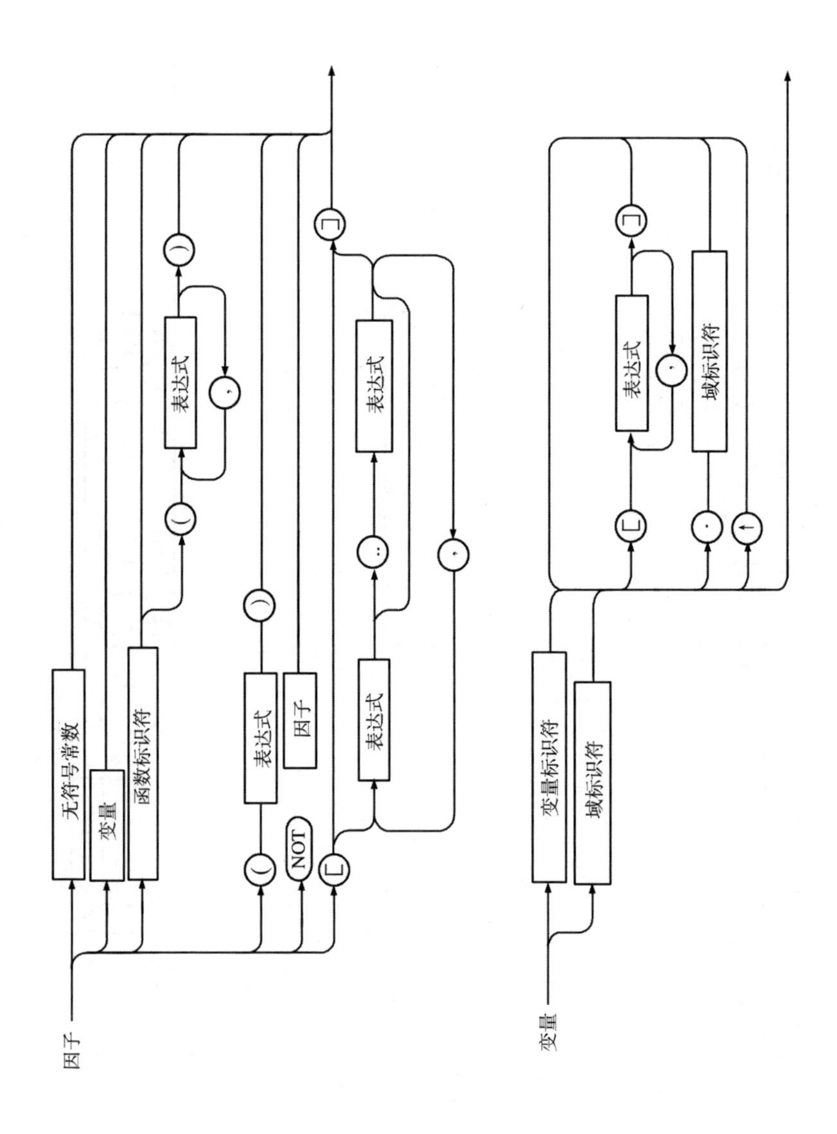
因子
无符号常数
变量
函数标识符
(
表达式
,
)
(
表达式
)
NOT
因子
[
表达式
..
表达式
,
]
变量
变量标识符
域标识符
[
表达式
,
]
.
域标识符
↑

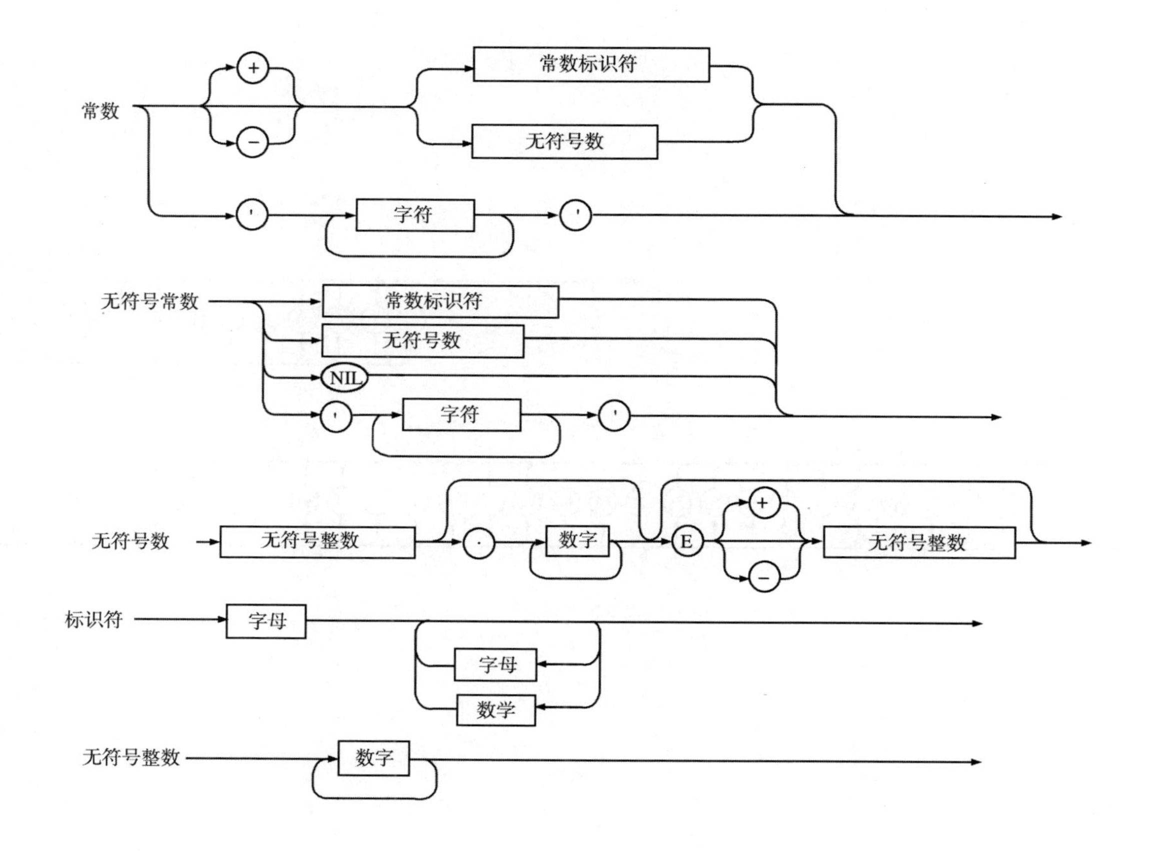
常数
+
−
常数标识符
无符号数
'
字符
'
无符号常数
常数标识符
无符号数
NIL
'
字符
'
无符号数
无符号整数
·
数字
E
+
−
无符号整数
标识符
字母
字母
数学
无符号整数
数字

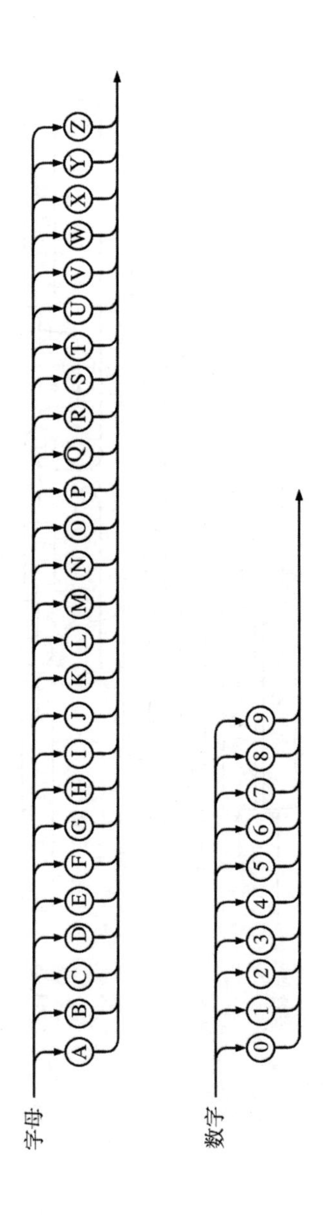

（本文为马希文专著，科学出版社 1985 年出版）

理论计算机科学引论

摘要： 本文介绍可计算理论和计算理论的基本内容，包括抽象可计算理论、递归计算、顺序计算、逻辑计算等内容。与以前的作法的主要不同是：用 S 表达式而不是自然数做为基本论域，用一般递归函数而不是图灵机做为基础模型。这样做可以使理论与实践更加接近。

以本文的内容为骨干，充实以必要的讲解，配上适当的习题，可以做为研究生一学期的教材。

1. 抽象计算机

1.1 抽象计算机的概念

本节介绍可计算理论的基本内容。为此，我们首先要有一种计算机的理论模型。历史上的图灵机就是这样一种模型。但从某种角度来看，它还是比较具体的。我们则要更加抽象、更加一般的模型。

计算机对输入做出适当的响应，并以输出的形式表现出来。抽象地说，这就是在计算某个函数 $y=f(x_1,\cdots,x_n)$，这里 $x_1,\cdots,x_n$ 表示输入，y 表示输出。一个计算机到底在计算什么函数，还与程序有关，用 i 表示程序，则相应的函数可以写成 F_i。一般说来，一个程序可以对不同数量的输入做出响应，因此，我们又用 $F_i^{(n)}$ 表示程序 i 计算的 n 元函数。

输出、输入、程序在计算机内可以用相同的物理形式表达，因此，我们可以认为它们的取值范围都是某个集合 D。具体的计算机都只有有限的资源，因此，D 是个有穷集合，但在做理论研究时，我们假定 D 是个可数集。

总之，一个计算机总可以看成是一组函数 $C=\{F_i^{(n)} \mid i\in D,\ n>0, F_i^{(n)}: D^n\to D\}$，其中的函数叫做 C 可计算函数，或简称可计算函数。

对于不同的计算机来说，这组函数可能不同，然而有几个性质是共同的。例如：

(1) 常值函数是可计算的。

设 $n>0, d\in D$。一个函数，对于一切 $\langle x_1, \ldots, x_n\rangle\in D^n$ 都取 d 为函数值，就叫做以 d 为值的 n 元常值函数，记为 $\underline{d}^{(n)}$，所以 $\underline{d}^{(n)}(x_1, \ldots, x_n)=d$。我们说常值函数是可计算的，就是指对任何 $n>0, d\in D$，都有某个程序 $i\in D$，使 $F_i^{(n)}=\underline{d}^{(n)}$。当然，一般说来，这样的 i 可能不只一个，但更重要的是，应该有一种办法。对任给的 n 和 d 确定出某个能计算 $\underline{d}^{(n)}$ 的程序来。因此，应该有一组可计算函数 k_n，使 $k_n(d)$ 的值恰好是所需要的程序，也就是说 $F_{k_n(d)}^{(n)}=\underline{d}^{(n)}$ 对一切 d，n 成立。于是我们认为：

公理 A_1. 存在一组可计算的函数 $\{k_n \mid n=1,2,\cdots\}$，使得 $F_{k_n(d)}^{(n)}=\underline{d}^{(n)}$，$(d\in D)$。

(2) 投影函数是可计算的。

对于任何 $n>0$ 及 $1\leqslant j\leqslant n$，投影函数是指满足 $\bar{j}^{(n)}(x_1, \cdots, x_n)=x_j(\langle x_1, \ldots, x_n\rangle\in D^n)$ 的函数。我们认为

公理 A_2. 对任何 $n>0, 1\leqslant j\leqslant n$，$\bar{j}^{(n)}$ 是可计算的。

(3) 计算机可以进行基本的数学计算。

如果 D 是自然数集合，四则运算就是一些基本的数学计算，而这些运算从理论上来看，可以归结为最简单的一种运算，即：给了某个自然数 x，求 x+1。函数 f(x)=x+1 叫做后继函数。因此，对于自然数集合上的计算机来说，只用规定后继函数可计算就够了。在更一般的情况，我们只需要利用后继函数的这样一种性质：其函数值与自变量的值总不相等。因此，我们应认为

公理 A_3. 有一个（一元的）可计算函数 ω，使 $\omega(x) \neq x (x \in D)$。

（4）计算机有"条件转移"的能力。

这里所说的"条件转移"，指计算机能根据不同情况选择进一步的计算方向。从理论上说，需要这样一个函数

$$\Lambda(x,y,u,v)=\begin{cases} u. & x=y \quad (x,\ y,\ u,\ v)\in D \\ v. & x\neq y \end{cases}$$

这个函数叫做选择函数。我们认为

公理 A_4. Λ 是可计算的。

（5）可计算函数的复合函数是可计算的。

设 h 是 m 元函数，$g_1, \cdots, g_m$ 是 m 个 n 元函数。如果对任何 $\langle x_1, \cdots, x_n\rangle \in D^n$

$$f(x_1, \cdots x_n)=h(g_1(x_1, \cdots x_n), \cdots, g_m(x_1, \cdots x_n))$$

则说 f 是 h 与 $g_1, \cdots g_m$ 的复合，记为 $f=h\circ<g_1, \cdots, g_m>$（若 m=1，$h\circ\langle g_1\rangle$ 又简记为 $h\circ g_1$）。如果 h，$g_1, \cdots, g_m$ 都是可计算的，用 i_0，$i_1, \cdots, i_m$ 表示相应的程序，那么 f 也是可计算的，而且它的程序可以从 $i_0, \cdots i_m$ 计算出来。换句话说

公理 B. 对任何 n,m>0，存在可计算的 m+1 元函数 $h_{n,m}$ 使

$$F^{(n)}_{h_{n,m}(i_0,i_1,\cdots,i_m)}=F^{(n)}_{i_0}\circ\langle F^{(n)}_{i_1}, \ldots, F^{(n)}_{im}\rangle$$

（6）通用函数的可计算性。

计算机的计算过程是机械地进行的，因此可以写出一种解释执行程序来说明这种计算的过程，也就是说，根据被解释的程序 i 和输入 $x_1, \cdots, x_n$ 计算出 $y = F_i^{(n)}(x_1, \cdots, x_n)$ 来。用 U 表示解释执行程序所计算的函数，那么

$$U(i, x_1, \cdots X_n) = F_i^{(n)}(X_1, \cdots, x_n)$$

这里 U 是一个 n+1 元的函数，把它记做 $U^{(n+1)}$，叫做 n+1 元通用函数。因此，我们认为

公理 C. 对任何 $n>0$，通用函数 $U^{(n+1)}$ 是可计算的。

以下，我们只讨论满足以上诸公理的抽象计算机。

在此我们要补充说明一点，我们以上讨论的函数原则上应包括部分函数在内。所谓 D^n 上的一个部分函数，实际上就是以 D^n 的某个子集为其定义域的函数。极而言之，这个子集可以是空集，这时我们就得到一个空函数，它处处无定义。以后，我们用 $f(x_1, \ldots, x_n) = \perp$ 表示 f 在 $\langle x_1, \cdots, x_n \rangle$ 处无定义，用 $\underline{\perp}^{(n)}$ 表示 n 元空函数。$\underline{\perp}^{(n)}(x_1, \cdots x_n)$ 总是等于 $\perp$。如果某个函数的定义域是 D^n 本身，我们就说这个函数是全函数。从定义来看，$\underline{d}^{(n)}$，$\bar{j}^{(n)}$，ω，Λ，k_n，$h_{n,m}$ 都应该是全函数。

1.2 抽象计算机的基本性质

从公理 A_1 我们知道，对任何 $d \in D$ 及 $n>0$，$\underline{d}^{(n)}$ 是可计算的，$k_n(d)$ 是相应的程序，从公理 A_2，A_3，A_4，C 我们知道计算 $\bar{j}^{(n)}$，ω，Λ，$U^{(n+1)}$ 的程序是存在的，用 P_n，j，w，λ 和 u_0 表示相应的程序。由此，并利用公理 B，可以知道许多函数是可计算的，并写出它们的程序。

例(1) 恒等函数 I，$I(x) = x$（一切 $x \in D$）。I 就是 $\bar{1}^{(1)}$，$p_{1,1}$ 是相应的程序。

例(2) 对角线函数 δ，$\delta(x) = F_x^{(1)}(x)$（一切 $x \in D$）。由于 $\delta(x) =$

$U^{(2)}\circ(x,x)$，所以 $\delta=U\langle I,I\rangle$，相应的程序是 $h_{1,2}(u_1,p_{1,1},p_{1,1})$。

例(3)　设 $f=F_i^{(2)}$ 是一个可计算的二元函数，$d\in D$，$g(y)=f(d,y)$。g 是一个一元数，而且 $g=f\circ\langle \underline{d}^{(n)},I\rangle$，因此，g 是一个可计算函数，而相应的程序是 $h_{1,2}(i,k_1(d),p_{1,1})$。令

$$s(z_1,z_2)=h_{1,2}(z_1,k_1(z_2),p_{1,1})$$

那么 $s=h_{1,2}\circ\langle \overline{1}^{(2)},k_1\circ\overline{2}^{(2)},p_{1,1}^{(2)}\rangle$ 也是一个可计算函数，而且

$$F_{s(i,d)}^{(1)}(y)=g(y)=f(d,y)=F_1^{(2)}(d,y)$$

因此
$$F_{s(i,x)}^{(1)}(y)=F_i^{(2)}(x,y)\qquad x\in D。$$

而且，由于 $h_{1,2}$，k_1 都是全函数，s 也是全函数。一般说来，可以证明：

定理　（S-M-N 定理）对任何 $m,n>0$ 存在可计算的全函数 $S_{m,n}$，使

$$F_{S_{m,n}(i,x_1,\cdots,x_m)}^{(a)}(y_1,\cdots,y_n)=F_i^{(n+m)}(x,\cdots,x_m,y_1,\cdots,y_n)$$

证明留给读者。

然而不可计算的函数也确实是存在的。

例(4)　设 d 是 D 中的某个元素，g 是满足如下条件的函数：

$$g(x)=\begin{cases}\omega(\delta(x)) & 当\ \delta(x)\neq\bot\\ d & 当\ \delta(x)=\bot\end{cases}$$

则 g 是不可计算的。（注意 $\delta(x)\neq\bot$ 表示 δ 在 x 处有定义，$\delta(x)=\bot$ 表示 δ 在 x 处无定义）。实际上，如果 g 是可计算的，那么存在 $i\in D$，使 $g=F_i^{(1)}$，于是

$$\delta(i)=F_i^{(1)}(i)=g(i)=\begin{cases}\omega(\delta(i)) & 当\ \delta(i)有定义\\ d & 当\ \delta(i)无定义\end{cases}$$

这是不可能的。

这个例子告诉我们，一切计算机都不是万能的。对这一点的认识十分重要，这有点像物理学关于永动机之不可能的定律。

例(5)　对角线函数不是全函数。(否则 $\omega\circ\delta$ 也是全函数,而且是可计算的,所以存在 i,$F_i^{(1)}=\omega\circ\delta$。于是 $\delta(i)=F_i^{(1)}(i)=\omega(\delta(i))$,这是不可能的。)因此存在某个 $d\in D,\delta(d)=\perp$。令 $f=\delta\circ \underline{d}^{(n)}$,则 f 是 n 元函数,对任何 $\langle x,\cdots x_n\rangle\in D$,总有 $f(x_1,\cdots x_n)=\delta(d^{(n)}(x_1\cdots x_n))=f(d)=\perp$,可见 f 就是空函数 $\underline{\perp}^{(n)}$。这样,我们已经证明了:

定理(空函数可计算性)对任何 $n>0$,空函数 $\underline{\perp}^{(n)}$ 是可计算的。

1.3 几个经典的判定问题

在 D 中取定一个元素,用 0 表示这个元素,用 1 表示 $\omega(0)$,则 $0\neq1$。

设 A 是 D 的某个子集,函数 C_A 满足

$$C_A(x)=\begin{cases}0 & 当\ x\in A\\ 1 & 当\ x\notin A\end{cases}$$

则 C_A 叫做 A 的特征函数或判定函数。如果 C_A 是可计算的,A 就叫可判定的,反之 A 叫不可判定的。

定理 1(对角线函数的定义域不可判定)。设 $A=\{X\mid\delta(x)\neq\perp\}$,则 A 是不可判定的。

证明:令 $\hat{\delta}$ 是 A 的判定函数。则

$$\hat{\delta}(x)=\begin{cases}0 & \delta(x)\neq\perp\\ 1 & \delta(x)=\perp\end{cases}$$

令 $g=U^{(2)}\circ<\Lambda\circ<\delta,\underline{1}^{(1)},\underline{a}^{(1)},\underline{b}^{(1)}>,I>$,其中 $a=k_1(0)$,b 是任何计算 $\underline{\perp}^{(1)}$ 的程序(即 $F_b^{(1)}=\underline{\perp}^{(1)}$)。如果 $\hat{\delta}$ 是可计算的,g 也是可计算的,而且

$$g(x)=U^{(2)}(V(\hat{\delta}(x),1,a,b),x)$$

$$=\begin{cases}U^{(2)}(V(0,1,a,b),x) & 当\ \delta(x)\neq\bot \\ U^{(2)}(V(1,1,a,b),x) & 当\ \delta(x)=\bot\end{cases}$$

$$=\begin{cases}U^{(2)}(b,x) & 当\ \delta(x)\neq\bot \\ U^{(2)}(a,x) & 当\ \delta(x)=\bot\end{cases}$$

$$=\begin{cases}F_b^{(1)}(x) & 当\ \delta(x)\neq\bot \\ F_a^{(1)}(x) & 当\ \delta(x)=\bot\end{cases}$$

$$=\begin{cases}\bot\ 当\ \delta(x)\neq\bot \\ 0\ 当\ \delta(x)=\bot\end{cases}$$

用 i 表示计算 g 的一个程序，则

$$\delta(i)=F_i^{(1)}(i)=g(i)=\begin{cases}0\ 当\ \delta(i)=\bot \\ \bot\ 当\ \delta(i)\neq\bot\end{cases}$$

这是不可能的。定理得证。

推论(停机问题不可判定)设 $n>0$，$T_n=\{<i,x_1,\cdots,x_n>\mid F_1^{(n)}(x_1,\cdots,x_n)\neq\bot\}$，则 T_n 不可判定。

证明：设 T_n 的判定函数是 $\triangle_n$，则

$$\triangle_n(i,x_1,\cdots,x_n)=\begin{cases}0 & 当\ F_i^{(n)}(x_1,\cdots,x_n)\neq\bot \\ 1 & 当\ F_i^{(n)}(x_1,\cdots,x_n)=\bot\end{cases}$$

取 i，使 $F_i^{(n)}=\delta\circ\bar{1}^{(1)}$，则　$F_i^{(n)}(x,0,\cdots,0)=\delta(x)$，这样又有：

$$\triangle_n(i,x,0,\cdots,0)=\begin{cases}0 & 当\ \delta(x)\neq\bot \\ 1 & 当\ \delta(x)=\bot\end{cases}$$

可见　$\triangle_n(i,x,0,\cdots 0)=\dot{\delta}(x)$，就是说 $\dot{\delta}=\triangle_n\circ<\underline{i},\ I,\ \underline{0},\cdots,\underline{0}>$。由定理，$\dot{\delta}$ 不可计算，所以 $\triangle_n$ 也不可计算，从而 T_n 不可判定。推证得证。

定理 2(全定义性不可判定)集合 $A=\{i\mid F_i^{(1)}$ 是全函数$\}$是不可判定的。

证明。设 A 的判定函数就 t，则

$$t(x)=\begin{cases}0 & \text{当 } F_x^{(1)} \text{ 是全函数}\\ 1 & \text{当 } F_x^{(1)} \text{ 不是全函数}\end{cases}$$

我们应证明 t 是不可计算的。为此，我们只需要找到一个可计算的全函数 q，使 $\delta=t\circ q$，即要使

$$t(q(x))=\begin{cases}0 & \text{当 } F_x^{(1)}(x)\neq\bot\\ 1 & \text{当 } F_x^{(1)}(x)=\bot\end{cases}$$

从 t 的定义可知上式左端应为

$$t(q(x))=\begin{cases}0 & \text{当 } F_{q(x)}^{(1)} \text{ 是全函数}\\ 1 & \text{当 } F_{q(x)}^{(1)} \text{ 不是全函数}\end{cases}$$

（注意：这里要用到 q 是全函数）。由此可见，q 的取法应使 $F_{q(x)}^{(1)}$ 是全函数的充要条件是 $F_x^{(1)}(x)$ 有定义，例如令

$$F_{q(x)}^{(1)}=\begin{cases}\underline{0}^{1} & \text{当 } F_x^{(1)}\neq\bot\\ \underline{1}^{(1)} & \text{当 } F_x^{(1)}=\bot\end{cases}$$

于是 $F_{q(x)}^{(1)}(y)=g(x,y)$，其中

$$g(x,y)=\begin{cases}0 & \text{当 } \delta(x)\neq\bot\\ \underline{1} & \text{当 } \delta(x)=\bot\end{cases}$$

$$=\underline{0}^{(1)}(\delta(x))$$

所以 $g=0^{(1)}\circ\delta\circ\overline{1}^{(2)}$ 是可计算的。由 S-M-N 定理，存在可计算的全函数 s 使：

$$F_{x(i,x)}^{(1)}(y)=F_i^{(2)}(x,y)$$

取 i 为计算 g 的程序，就有：$F_{s(i,x)x}^{(1)}(y)=g(x,y)$ 而令 $q=s\circ\langle\underline{i},\ I\rangle$，则 $q(x)=s(i,x)$，于是 $F_{q(x)}^{(1)}(y)=g(x,y)$

这个 q 当然是全函数。定理得证。

定 3　（程序等价性不可判定）　设 $A=\{\langle x,y\rangle \mid F_x^{(1)}=F_y^{(1)}\}$，那么 A 是不可判定的。

证明：令 p 是如下的函数：

$$p(x)=\begin{cases}0 & 当\ F_x^{(1)}=I\\ 1 & 否则\end{cases}$$

我们先证明 p 是不可计算的。

令$g=\bar{1}^{(2)}\circ<\bar{2}^{(2)}\circ U^{(2)}\circ<\bar{1}^{(2)},\bar{2}^{(2)}>>$，则 g 是可计算的，而且

$$g(x,y)=\bar{1}(y,F_x^{(1)}(y))$$
$$=\begin{cases}y & 当\ F_x^{(1)}(y)有定义\\ \perp & 当\ F_x^{(1)}(y)无定义\end{cases}$$

用 i 表示 g 的程序，那么由 S-M-N 定理存在可计算的全函数 s，使

$$F_{s(r,x)}^{(1)}(y)=F_r^{(2)}(x,y)=g(x,y)$$

取 $q=s\circ\langle i,I\rangle$，则 q 是可计算的全函数，而且 $q(x)=s(i,x)$，所以 $F_{q(x)}^{(1)}(y)=g(x,y)$。

如果 $F_x^{(1)}$ 是全函数，则 $F_{q(x)}^{(1)}(y)=y$，（一切 $y\in D$）所以 $F_{q(x)}^{(1)}=I$，$p(q(x))=0$。反之，如果 $F_x^{(1)}$ 不是全函数，那么存在 $y\in D$，$F_x^{(1)}(y)=\perp$，$g(x,y)=\perp$，$F_{q(x)}^{(1)}(y)=\perp$。所以 $F_{q(x)}^{(1)}\neq 1$，$p(q(x))=1$，总之

$$p(q(x))=\begin{cases}0 & 当\ F_x^{(1)}\ 是全函数\\ \perp & 当\ F_x^{(1)}\ 不是全函数\end{cases}$$
$$=t(x)$$

这个 t 就是上一定理中已证明为不可计算的函数。再由 q 是可计算的全函数，可知 p 也不可计算。

现在用 e 表示定理中集合 A 的判定函数。

$$e(x,y)=\begin{cases}0 & 当\ F_x^{(1)}=F_y^{(1)}\\ \perp & 当\ F_x^{(1)}\neq F_y^{(1)}\end{cases}$$

设 i 是计算 I 的程序，那么 $e(x,i)=p(x)$。于是 $p=e\circ\langle I,\underline{i}\rangle$，由于 p 是不可计算的，e 也不可计算。定理证完。

1.4 递归定理

在计算机实践中，常用递归定义的办法给出函数的定义，例如：

$$f(x,y)=\begin{cases}x & x=y\\ \omega(f(x,\omega(y))) & x\neq y\end{cases}$$

这样的式子是怎样确定函数 f 的呢？

如果 f 是这个式子确定的可计算函数，那么它应该是某个 $F_i^{(2)}$。于是计算 $\omega(f(x,\omega(y)))$ 的程序应是 $g(i)=h_{1,1}(w,h_{1,2}(i,p_{1,1},h_{1,1}(w,p_{2,2})))$ 而上面的定义就成了

$$F_i^{(2)}(x,y)=U^{(3)}(\Lambda(x,y,p_{2,1},g(i)),x,y)=F_{r(i)}^{(2)}(x,y)$$

其中　$r(i)=h_{3,3}(u_2,h_{4,2}(\lambda,p_{2,1},p_{2,2},k_1(p_2,1),k_1(g(i))),p_{2,1},p_{2,2})$

现在问题就成了 $F_x^{(2)}=F_{r(x)}^{(4)}$ 是否有解的问题了。

定理　（抽象递归定理）　设 $n>0$，f 是一个可计算的全函数，则存在 m，使 $F_m^{(n)}=F_{f(m)}^{(n)}$。

证明：令 $g=U^{(n+1)}\circ<U^{(2)}\circ<\overline{1}^{n+1},\overline{1}^{(n+1)}>,\overline{2}^{(n+1)},\cdots,\overline{n+1}^{(n+1)}>$，则存在 $i\in D$，$g=F_1^{(n)}$，而且

$$g(u,x_1,\cdots,x_n)=\begin{cases}F_{\delta(u)}^{(n)}(x_1,\cdots,x_n) & \text{当 }\delta(u)\neq\perp\\ \perp & \text{当 }\delta(u)=\perp\end{cases}$$

由 S-M-N 定理，存在可计算的全函数 s，使

$$F_{s(i,u)}^{(n)}(x_1,\cdots,x_n)=F_i^{(n+1)}(u,x_1,\cdots,x_n)=g(u,x_1,\cdots,x_n)$$

令 $\psi=s\circ\langle\underline{i},I\rangle$，则

$$F_{\psi(u)}^{(n)}(x_1,\cdots,x_n)=\begin{cases}F_{\delta(u)}^{(n)}(x_1,\cdots,x_n) & \text{当 }\delta(u)\neq\perp\\ \perp & \text{当 }\delta(u)=\perp\end{cases}$$

设　$f\circ\psi=F_v^{(1)}$，$m=\psi(v)$，则

$$F_m^{(n)}(y_1,\cdots,y_n)=F_{\psi(v)}^{(n)}(x_1,\cdots,x_n)$$

$$=\begin{cases} F^{(n)}_{\delta(v)}(x_1,\cdots,x_n) & \text{当 } \delta(v)\text{有定义} \\ \perp & \text{当 } \delta(v)\text{无定义} \end{cases}$$

但 ψ,f 都是全函数,$\delta(v)=F^{(1)}_v(v)=f(\psi(v)$是有定义的所以上式右端就是

$$F^{(n)}_{\delta(v)}(x_1,\cdots,x_n)=F^{(n)}_{f(m)}(x_1,\cdots,x_n)$$

于是有 $F^{(n)}_m=F^{(n)}_{f(m)}$。定理得证。

抽象递归定理虽然保证了满足递归定义的可计算函数存在,却不能保证其唯一性。要解决唯一性的问题,还要对论域 D 以及计算过程做进一步的规定。

2. S 表达式

2.1 S 表达式的概念

上一节中讨论可计算性时,为了不使问题复杂化,我们尽量采用数学中常用的术语和记号。因此,我们把同一程序不同变元数的函数都做了区别。而实际上对应于同一程序 i 的所有函数 $F^{(1)}_i$, $F^{(2)}_i$,…共同构成了集合 $D^1\cup D^2\cup\cdots$到 D 的一个映象。$D^1\cup D^2\cup\cdots=\{\langle x_1,\cdots,x_n\rangle\mid n>0,x_1\in D,\cdots,x_n\in D\}$中的元素,也就是向量,从现在起,叫做(D 上的)字。特别,我们允许有“空字”,就是$\langle\rangle$。但是,要注意区别 D 中的元素 x 和一维向量$\langle x\rangle$,后者是字,前者不是。我们把 D 中的元素叫做原子。令 $D^0=\{\langle\rangle\}$,则字的集合是 $D^*=D^0\cup D^1\cup\cdots$

把 $F^{(1)}_i$,$F^{(2)}_i$,…结合起来看成 D^* 到 D 的映象,记做 F_i。设 $x\in D^*$,x 在 F_i 下的象记做 F_i:x,于是 $F_i:\langle x_1,\cdots,x_n\rangle=F^{(n)}_i(x_1,\cdots,x_n)$在不引起混淆的地方,f:x 可以略写为 fx,于是

$F_i\langle x_1,\cdots,x_n\rangle = F_i^{(n)}(x_1,\cdots,x_n)$。今后我们将常采用左端这种记法。注意这时 $F_i\langle\rangle$ 也可以有适当的定义。此外 $F_i x$ 与 $F_i\langle x\rangle$ 是不同的。

设 $g_1,\cdots,g_m$ 是一组从 D^* 到 D 的函数,那么 $g=\langle g_1,\cdots,g_m\rangle$ 是一个如下的从 D^{α} 到 D^* 的函数:$g:x=\langle g_1:x,\cdots,g_m:x\rangle$。这样一来复合函数 $f\circ\langle g_1,\cdots,g_m\rangle$ 就可以写成 $f\circ g$。我们规定 $f\circ g$ 在不产生混淆的地方也可以写成 fg,于是 $(fg)x=(f\circ g):x=f:(g:x)=f(gx)$ 这样,上式两端都可以简记为 fgx。

以上的记号常常使我们的公式写得紧凑、清楚,例如:

$$Ix=x$$

$$If=f=fI$$

$$\langle f_1,\cdots,f_m\rangle x=(f_1x,\cdots,f_mx)$$

字的概念还使我们得以简化投影函数。令 α 是这样的函数:

$$\alpha\langle\rangle=\bot$$

$$\alpha\langle x_1,\cdots,x_n\rangle=x_1 \qquad (n>0)$$

那么,当 $n>0$,$\alpha=\bar{1}^{(n)}$。再令 β 是这样的函数:

$$\beta\langle\rangle=\bot \qquad \beta\langle x_1,\cdots,x_n\rangle=\langle x_2,\cdots,x_m\rangle \qquad (n>0)$$

那么,当 $n\geqslant 2$

$$\alpha\beta\langle x_1,\cdots,x_n\rangle=\alpha\langle x_2,\cdots,x_n\rangle=x_2$$

所以 $\alpha\beta=\bar{2}^{(n)}$。不难看出,如果 $1\leqslant j\leqslant n$,总有 $\alpha\beta^{j-1}=\bar{j}^{(n)}$,这里 f^k 表示 $\underbrace{f\circ\cdots\circ f}_{k个}$。

与 α,β 两函数相应,我们规定一个并入运算如下:设 x 是原子 $y=\langle y_1,\cdots,y_m\rangle$ 是字,则

$$x\cdot y=x\cdot\langle y_1,\cdots,y_m\rangle=\langle x,y_1,\cdots,y_m\rangle$$

叫把 x 并入 $\langle y_1,\cdots,y_m\rangle$ 所得到的字。显然,如果 $z=x\cdot y$,则 $\alpha z=x$,βz

=y,就是说

$$\alpha(x \cdot y)=x,\ \beta(x \cdot y)=y。$$

此外,如果 $x \neq \langle\rangle$,则 $x=\alpha x \cdot \beta y$。

利用并入运算,可以把字写成如下的形式:

$$\langle x\rangle = x \cdot \langle\rangle$$

$$\langle x,y\rangle = x \cdot (y \cdot \langle\rangle)$$

$$\langle x,y,z\rangle = x \cdot (y \cdot (z \cdot \langle\rangle))$$

…

我们约定运算“·”是向右结合的,于是上式中的括号都可以省略。

并入运算带来一个新的问题,就是它的前后项不平等:右项不能是字,左项不能是原子。为了消除这种不平等,要把 D^* 再适当扩大为某个集合 S,这个集合应满足:(1) $D \subset S$, $\langle\rangle \in S$(D 中的元素和$\langle\rangle$都叫原子),(2)如果 $x,y \in S$,则 $x \cdot y \in S$,(3) S 只包含能从(1)(2)中得到的对象。

S 叫做 D 上的符号表达式的集合,S 中的元素叫做(D 上的)符号表达式或 S 表达式。如果 $a,b \in D$,那么

$a \cdot b$

$a(b \cdot \langle\rangle)=\langle a,b\rangle$

$(a \cdot b \cdot \langle\rangle) \cdot (a \cdot \langle\rangle)=\langle\langle a,b\rangle.\rangle$

$(a \cdot b) \cdot (b \cdot a) \cdot \langle\rangle)=\langle a \cdot b, b \cdot a\rangle$

都是 S 表达式。可以只用尖括号而不用圆点写出来的 S 表达式在应用中特别重要,我们把这种 S 表达式叫做表。

把字推广为 S 表达式,并入运算就成了 S 上的一个普通的二元运算,对以下的讨论带来了许多方便。

2.2 S 表达式的函数

我们可以把整数与 S 表达式的一个子集一一对应起来。设 a 是一

个原子,那么

$\langle\rangle \quad \leftrightarrow 0$

$\langle a\rangle \quad \leftrightarrow 1$

$\langle a,a\rangle \leftrightarrow 2$

…

就是一个明显的一一对应关系。特别,可以取 $a=\langle\rangle$,就是说使 $\underbrace{\langle\langle\rangle,\cdots,\langle\rangle\rangle}_{n个}$ 与 n 对应起来。

今后我们就采用这种办法来做这种对应,并且就把相应的 S 表达式叫做自然数。

由此,$\langle\rangle$ 可以写成 0,$\langle\langle\rangle\rangle=\langle 0\rangle=0\cdot 0$ 可以写成 1,$\langle\langle\rangle,\langle\rangle\rangle=\langle 0,0\rangle=0\cdot 0\cdot 0$ 可以写成 2,如此等等。这也可以说是自然数的某种记法。

函数 numberp 在自然集合 N 上取值为 1,在其余的地方取值为 0:

$$numberp{:}x=\begin{cases}1 & 当\ x\in N\\ 0 & 否则\end{cases}$$

显然 numberp 可以递归定义如下:

$$numberp{:}x=\begin{cases}1 & 当\ x=0\\ 0 & 当\ x\ 是原子,但不是\ 0\\ numberp{:}\beta x & 当\ x\ 不是原子\end{cases}$$

如果采用以下两个函数:

$$null{:}x=\begin{cases}1 & 当\ x=0\\ 0 & 当\ x\neq 0\end{cases}$$

$$atom{:}x=\begin{cases}1 & 当\ x\ 是原子\\ 0 & 当\ x\ 不是原子\end{cases}$$

那么就有

$$\text{numberp} : x = \begin{cases} \text{null} : x & 当\ \text{atom} : x = 1 \\ \text{numberp} : \beta x & 当\ \text{atom} : x = 0 \end{cases}$$

这似乎就是 numberp∶x＝Λ〈atom∶x，1，null∶x，numberp∶βx〉了。实际上这个写法有问题。例如当 x＝0，βx 无定义，那么上式就成了无意义的式子了。在上一节中，这类问题要借用通用函数来处理(参看上节中的 3 定理 1 的证明)。在应用时很不方便。我们规定一个三元运算如下：

$$x \to y ; z = \begin{cases} \bot & 当\ x = \bot \\ z & 当\ x = 0 \\ y & 当\ x = 0, \bot \end{cases}$$

那么上式可以改为

$$\text{numberp} : x = \text{atom} : y \to \text{null} : x ;\ \text{numberp} : \beta x$$

这个运算叫做分支。这个写法更符合我们的直觉。我们今后将采用分支运算来代替函数 Λ。

以上几个函数 numberp，null，atom 都是只取 1，0 两个值的函数，这样的函数也叫谓词，而 1，0 分别表示真、假。

下面的函数 length 叫做长度函数：length∶x＝atom∶x→0；0 • (length∶βx)

对于 $x \in D^*$ 的情况(以及 x 是表的情况)它给出 x 的长度，例如

$$\begin{aligned} \text{length} : \langle a, b \rangle &= \text{atom} : \langle a, b \rangle \to 0 ;\ 0 \cdot (\text{length} : \langle b \rangle) \\ &= 0 \cdot (\text{length} \langle b \rangle) = 0 \cdot (\text{atom} : \langle b \rangle \to 0 ; 0 \cdot \\ &\quad (\text{length} : \langle\ \rangle)) \\ &= 0 \cdot (0 \cdot \text{length} : 0) \\ &= 0 \cdot 0 \cdot (\text{atom} : 0 \to 0 ; 0 \cdot (\text{length} : \beta 0)) \\ &= 0 \cdot 0 \cdot 0 = \langle 0, 0 \rangle = 2 \end{aligned}$$

下面的函数 append 叫做并置函数：append〈x，y〉＝atom∶x→y；

ax · append ⟨βx, y⟩对于 $x=\langle x_1,\cdots,x_n\rangle$，$y=\langle y_1,\cdots,y_m\rangle$ 的情况，append⟨x,y⟩=$\langle x_1,\cdots,x_n, y_1,\cdots,y_m\rangle$，对于 x,y 都是自然数的情况，append⟨x,y⟩也是自然数，而且等于 x 与 y 的和。因此，以后我们常用 x+y表示 append⟨x,y⟩。

下面的函数 reverse 叫做翻转函数：

$$\text{reverse}:x=\text{atom}:x\rightarrow x;\ \text{reverse}:\beta x+\langle \alpha x\rangle$$

如果 $x=\langle x_1,\cdots,x_n\rangle$，则 reverse : $x=\langle x_n,\cdots,x_1\rangle$。reverse : x 常写成 x^*。

下面的函数叫做末梢函数：fringe : x=atom : x→⟨x⟩；fringe : αx+fringe : βx 实际上，fringe : x 是一个字，其中的各原子恰好是 x 中的各原子，次序不变，只是打乱了原有的结构。例如：

fringe((a · b) · (c · d))=⟨a,b,c,d⟩　　(a,b,c,d 是原子)

以上的 numberp, length, append, reverse, fringe 各函数都是递归定义的。上节末尾的讨论指出：这种定义是否唯一地确定了一个函数尚需进一步研究。但对于本节这几个函数，则不难证明这种唯一性。以 length 函数为例，我们应证明，有唯一的函数 f 满足：

$$fx=\text{atom}\ x\rightarrow 0;\ 0\cdot f\beta x$$

设其不然，那么有 f_1,f_2 都满足上式，而 $f_1\neq f_2$ 于是存在某个 x，$f_1x\neq f_2x$。取定一个含有最少的原子的 x 由于

$$f_1x=\text{atom}\ x\rightarrow 0;\ 0\cdot f_1\beta x$$

$$f_2x=\text{atom}\ x\rightarrow 0;\ 0\cdot f_2\beta x$$

可见 atom x=0，而且 $0\cdot f_1\beta x\neq 0\cdot f_2\beta x$ 从而 $f_1\beta x\neq f_2\beta x$，而 βx 比 x 的原子少。这就出现了矛盾。

一般说来，如果一个函数 f 是用如下的递归定义来规定的：

$$fx=\text{atom}\ x\rightarrow\cdots;\cdots f\alpha x\cdots f\beta x\cdots$$

其中等号右端的 f 都是在 fαx 或 fβx 中出现的，这个定义叫原始递归定

义。采用原始递归定义，可以唯一地确定满足这个定义的函数 f。此外，可以证明：如果…对于 x 是原子的情况都有意义，在…$f\alpha x$…$f\beta x$…中用任何 S 表达式 u，v 替换 $f\alpha x$，$f\beta x$ 得到的…u…v…都有意义，那么这个定义所确定的函数一定是全函数。对于多元函数

$$f\langle x_1,\cdots,x_n\rangle = \text{atom } x_1 \rightarrow \cdots;\cdots f\langle \alpha x_1, x_2,\cdots x_n\rangle \cdots f\langle \beta x_1, x_2,\cdots,x_n\rangle \cdots$$

也有类似的结论。

讨论用原始递归定义所定义的函数的性质常常可以用结构归纳法：

结构归纳法原理　设有关于 S 表达式 x 的命题 P_x。欲证 P_x 只用证明：

(1) 基始：对于原子 x，P_x 成立。(2) 归纳：设 p_n 及 P_v 成立，则 $P_{n\cdot v}$成立。这叫做 S 表达式的归纳法。

如果其中的 P_x 只是关于字的命题，那么为证 P_x 成立，只用证：

(1) 对空字 0，P_0 成立

(2) 若 u 是任何原子，v 是字且 P_v 成立，则 $P_{u\cdot v}$成立。

例 1　设 x，y，z 是字，求证

$$(x+y)+z=x+(y+z)$$

证明：对 x 用归纳法。对于 x＝0，append⟨0，y⟩＝y，x＋(y＋z)＝append⟨0，y＋z⟩＝y＋z，所以(0＋y)＋z＝y＋z＝x＋⟨y＋z)。设 u 是原子，v 是字，(v＋y)＋z＝v＋(y＋z)，则 u・v＋y＝append⟨u・v，y⟩＝u・append⟨v，y⟩＝u・(v＋y)，所以(u・v＋y)＋z＝(u・(v＋y))＋z＝append ⟨u・(v＋y)・z⟩＝append⟨u，(v＋y)＋z⟩＝u・((v＋y)＋z)＝u・(v＋(y＋z))。而 u・v＋(y＋z)＝append⟨u・v，y＋z⟩＝u・append⟨v，(y＋z)⟩＝u・(v＋(y＋z))，于是(u・v＋y)＋z＝u・v＋(y＋z)。

这就是所要证明的，

例 2 (1) 若 x,y 是字,x+y 也是字 (2) fringe x 是字

证明:(1) 对 x 用归纳法。若 x 是空字,x+y=y 是字。若 x=u·v,u 是原子,v 是字,v+y 是字,则 x+y=u·(v+y)是原子并入字所得到的结果,从而也是字,证完。

(2) 用归纳法 若 x 是原子 fringe x=⟨x⟩是字。若 fringe u, fringe v 都是字,fringe (u·v)=fringe u+fringe v,由(1),也是字。证完。

常用的逻辑词项(等于、与、或、非),因考虑到程序语言中的习惯,重新定义如下:

函数 weq(弱相等)的定义是:

$$\mathrm{weq}(x,y)=\begin{cases}1 & \text{当 } x=T \text{ 或 } y=\bot \\ 1 & \text{当 } x=y\neq\bot \\ 0 & \text{当 } x\neq y, x\neq\bot, y\neq\bot\end{cases}$$

$$\mathrm{or}\langle x,y\rangle=x\rightarrow x;y$$

$$\mathrm{and}\langle x,y\rangle=x\rightarrow y;\ 0$$

注意这些函数对于不具有⟨x,y⟩形式的自变量的值都没有定义。

$$\mathrm{not}\ x=\mathrm{weq}\langle x,0\rangle=\mathrm{null}\ x$$

以下我们也用 $x\neq y$ 表示 weq⟨x,y⟩,用 $x\vee y$ 表示 or⟨x,y⟩,用 $x\wedge y$ 表示 and⟨x,y⟩,用 $\neg x$ 表示 not x(或 null x)。

2.3 程序代数

S 表达式函数的集合可以做成一个代数系统,叫程序代数。在这个代数中:

(1) 有一些基本函数,如 I、α、β、atom(今后也略记为@)、weq 等等。此外,对每个 S 表达式 s 都有一个相应的常值函数 $\underline{s}$;

(2) 有一些运算：复合、并入、分支。满足 $hx=f:(g:x)$ 的函数记为 $f\circ g$ 或 fg，这就是复合。满足 $hx=fx\cdot gx$ 的函数记为 $f\cdot g$，这就是 f 并入 g。满足 $hx=fx\to g_1x;g_2x$ 的函数 h 记为 $f\to g_1;g_2$ 这就是分支。

这些函数运算之间有一些关系，可以以代数定律的形式写出来，例如：

$$(f\cdot g)h=fh\cdot gh$$

$$(f\to g_1;\ g_2)h=fh\to g_1h;\ g_2h$$

$$h(f\to g_1;g_2)=f\to hg_1;hg_2$$

$$f\to(f\to g_1;\ g_2);\ g_1=f\to g_1;g_2$$

$$(f\to g_1;g_2)\cdot h=f\to g_1\cdot h;\ g_2\cdot h$$

$$h\cdot(f\to g_1;\ g_2)=f\to h\cdot g;\ h\cdot g_2$$

$$\alpha(u\cdot v)=u,\ \beta(u\cdot v)=v$$

$$fI=f=If$$

等等。能用基本函数的代数式定义的函数叫代数函数。此外，我们约定用⊥表示空函数，用 $\langle f_1,\cdots,f_n\rangle$ 表示 $f_1\cdots f_n\cdot 0$。

一个函数 f 叫做定义小于 g，如果在 f 有定义的地方两个函数有相同的值：$fx=gx$ 或⊥。

用 $f\leqslant g$ 表示 f 定义小于 g，则可证(1) $f\leqslant f$；(2) 若 $f\leqslant g$ 且 $g\leqslant f$ 则 $f=g$；(3) 若 $f\leqslant g$ 且 $g\leqslant h$ 则 $f\leqslant h$。这说明“≤”是一个半序关系。

因为 $\perp\leqslant f$，所以⊥是这个半序最小元素。

又因为 f 是全函数的充要条件是：如果 $f\leqslant g$ 则 $f=g$，所以全函数都是这个半序的极大元素，反之亦然。

复合、并入、分支这几种运算都是保序的。换句话说，如果 $f_1\leqslant f_2$，$g_1\leqslant g_2$ 则 $f_1f_2\leqslant g_1g_2$，$f_1\cdot f_2\leqslant g_1\cdot g_2$，如果又有 $h_1\leqslant h_2$，则 $f_1\to g_1;\ h_1\leqslant f_2\to g_2;\ h_2$。由此可知，$f_1\leqslant g_1,\cdots,f_n\leqslant g_n$，则 $\langle f_1,\cdots,f_n\rangle\leqslant\langle g_1,\cdots,$

$g_n\rangle$。

利用程序代数的方法有时可以把函数之间的关系表示得十分简明。比如说我们可以写

$$\alpha \cdot \beta \leqslant I$$

表明在 α,β 都有定义的地方，$\alpha \cdot \beta$ 的值与 I 的值一样，这就是说，如 x 不是原子，$\alpha x \cdot \beta x = x$。

又如我们可以写 $\underline{s}f \leqslant \underline{s}$

这表示在 f 有定义的地方 $\underline{s}fx = \underline{s}x = s$。

我们可以把上节介绍的函数用程序代数的形式重新定义如下：

$$\text{null} = \text{weq} \cdot \langle I, \underline{0} \rangle \qquad \text{numberp} = ⓐ \to \text{null};\ \text{numberp}\ \beta$$

$$\text{length} = ⓐ \to \underline{0};\ \underline{0} \cdot \text{length}\ \beta \quad \text{append} = ⓐ\bar{1} \to \bar{2};\ \alpha\ \bar{1}。\text{append}\langle \beta\ \bar{1}, \bar{2} \rangle$$

$$\text{reverse} = ⓐ \to I;\ \text{append}\langle \text{reverse}\ \beta, \langle \alpha \rangle \rangle$$

$$\text{fringe} = ⓐ \to \langle I \rangle;\ \text{append}\langle \text{fringe}\ \alpha,\ \text{fringe}\ \beta \rangle$$

这些函数中 null 是显式定义的，其余的则是通过函数方程（递归）定义的。以 fringe 为例，它被定义为如下方程的解：$F = ⓐ \to \langle I \rangle;\ \text{append}\langle F\alpha, F\beta \rangle$ 这里 F 是函数变元。这样的方程，其右端是含有 F 的代数式，它可以看成一个泛函 φ：

$$\varphi[F] = ⓐ \to \langle I \rangle;\ \text{append}\langle F\alpha,\ F\beta \rangle$$

这样的泛函叫代数泛函。代数泛函在计算理论中极为重要。

3. 递归函数

3.1 S 表达式抽象计算机

S 表达式抽象计算机是指一组 S 到自身的函数 $C = \{F_s \mid s \in S\}$，其

中的每个函数都叫做可计算函数，如果以下命题成立：

(A_1') I，α，β，@，weq 都是可计算函数；

(A_2')存在可计算的全函数 const，对任何 $s\in S$，$F_{const:s}=\underline{s}$；

(A_3')存在可计算的全函数 cons，对任何 $s_1, s_2\in S$，$F_{cons\langle s_1,s_2\rangle}=F_{s_1}\cdot F_{s_2}$；

(A_4')存在可计算的全函数 cond，对任何 $s_1, s_2, s_3\in S$，$F_{cond}\langle s_1, s_2, s_3\rangle=F_{s_1}\rightarrow F_{s_2}; F_{s_3}$

(B')存在可计算的全函数 comb，对任何 $s_1, s_2\in S$，$F_{comb\langle s_1,s_2\rangle}=F_{s_1}\cdot F_{s_2}$；

(C')存在可计算函数 U，对任何 $x, s\in S$，$U<s,x>=F_s:x$。

首先应注意，对任何 $s_1,\cdots,s_n\in S$，$<F_{s_1},\cdots,F_{s_n}$ 是可计算的，而且 $cons<s_1$，$cons<\cdots cons<s_n$，$consto>\cdots\gg$ 是计算它的程序，我们把它记为 $l_n<s_1,\cdots,s_n>$。

现在我们就可以规定 $F_s^{(n)}(x_1,\cdots,x_n)=F_s<x_1,\cdots,x_n>$，于是得到一组 $C'=\{F_s^{(n)}\mid s\in S, n>0, F_s^{(n)}$ 是 S^n 到 S 的函数$\}$，我们将看到 C' 是第一章意义下的抽象计算机。实际上，我们只用验证公理 A_1，A_2，A_3，A_4，B，C 成立即可。

公理 A_1 可以从(A_2')直接得出。

公理 A_2 是因为 $\bar{1}^{(n)}=\alpha$，$\bar{1}^{(n)}=\alpha\beta$，$\bar{2}^{(n)}=\alpha\beta^2$，$\cdots$，再由($A_1'$)和($B'$)得出。

公理 A_3 只用取 $\omega(x)=x\cdot 0$ 即可由(A_1')(A_2')(A_3')得出。

公理(A_A)是由为

$\Lambda(x,y,u,v)=weq(x,y)\rightarrow u;v$

再由(A_1')，(A_2')，(A_4')可以得出。

公理(B)，可以从(B')得出。

公理(C),取 $U^{(n+1)}(s,x_1,\cdots,x_n)=U<S,\langle x_1,\cdots,x_n\gg$ 即可得到。

总之 C′是一个抽象计算机。因此第一节中结果都可以对 C′来使用,于是得到 C 中相应的结果。例如:设 r 是一个可计算的全函数,则存在 s,$F_s=F_{r(s)}$(抽象递归定理)。本节的目的在于构造一个具体的 S 表达式的抽象计算机。

3.2 代数方程的解

如果 φ 是一个代数泛函,那么形为 $F=\varphi[F]$ 的方程叫做一个代数方程。我们来讨论其解的存在唯一性问题。

设 f 是一个函数,$f=\varphi[f]$,则说 f 是泛函 φ 的不动点。如果此外又有:若 g 是 φ 的不动点,则 $f\leqslant g$,我们就说 f 是 φ 的最小不动点,不难看出最小不动点如果存在,一定是唯一的。我们把 φ 的最小不动点叫做方程 $F=\varphi[F]$ 的最小解,也说是 φ 所定义的函数。

为此,我们要对单调上升序列以及它的上确界做一点说明。

设 $f_0\leqslant f_1\leqslant\cdots$ 是一个单调序列,其中 f_1 的定义域是 A_i 那么,$A_0\subset A_1\subset\cdots$。令 $A=\bigcup A_i$,则对 $x\in A$,有一个最小的足标 k 使 $x\in A_k$,于是 $x\in A_{k+1},\cdots$。这说明 $f_k:x=f_{k+1}:x=\cdots$。取它们的公共值为 $f:x$,在 A 以外令 $F:x=\perp$。显然 $f_i\leqslant f$,即 f 是 $\{f_i\}$ 的上界。此外,如 g 也是 $\{f_i\}$ 的上界,则 $f_i\leqslant g$,可见在 A_i 上 $f_i:x=g:x$,即 $f:x=g:x$。这个关系对一切 i 都成立,因此对任何 $x\in A$,$f:x=g:x$。而 A 是 f 的定义域,所以 $f\leqslant g$。这说明 f 就是 $\{f_i\}$ 的最小上界。以下用 $\sup\{f_i\}$ 表示这个最小上界。

于是我们证明了:

引理:单调上升序列 $f_0\leqslant f_1\leqslant\cdots$ 一定有最小上界。用 f 表示这个最小上界,则对任何 x,以下两种情况之一成立:

(1) $fx=\perp$,这时一切 $f_ix=\perp$;

(2) $fx \neq \perp$，这时存在某个 k，当 $i \geqslant k$，$f_i x = fx$。

利用这个引理，可以证明以下的几个推论：

推论(1)设 $f_0 = g_0 \circ h_0, f_1 = g_1 \circ h_1, \cdots$ 而 $\{g_i\}, \{h_i\}$ 是上升序列，$g = \sup\{g_i\}, h = \sup\{h_i\}$。那么 $\{f_i\}$ 也是上升序列，此外 $\sup\{f_i\} = g \circ h$。

证明：因为复合运算保持半序"$\leqslant$"，所以 $\{f_i\}$ 是单调上升的，由引理存在 $f = \sup\{f_i\}$。任取 x，我们来证明 $fx = ghx$。分以下几种情况讨论。

如果 $hx = \perp$，这时 $ghx = \perp$。由引理，一切 $h_i x = \perp$，从而一切 $f_i x = g_i k_i x = \perp$，由引理，$fx = \perp = ghx$。

如果 $hx = y \neq \perp$，而 $gy = \perp$，这时 $ghx = \perp$。由引理，存在 k，当 $i \geqslant k$ 时 $h_i x = y$，而一切 $g_i y = \perp$。因此，当 $i \geqslant k$ 时，$f_i x = g_i h_i = g_i y = \perp$，由 $\{f_i\}$ 是单调上升的，对 $i < k$ 也有 $f_i x = \perp$，可见 $fx = \perp = ghx$。

如果 $hx = y \neq \perp, gy = z \neq \perp$，这时 $ghx = z$。由引理，存在 k_1，当 $i \geqslant k_1$ 时 $h_i x = y$，又存在 k_2，当 $i \geqslant k_2$ 时 $g_i y = z$。取 k_1, k_2 中较大的为 k，则当 $i \geqslant k$ 时 $f_i x = g_i h_i = g_i y = z$。再由引理，$fx = z = ghx$。推论得证。

推论(2)。设 $f_0 = g_0 \cdot h_0, f_1 = g_1 \cdot h_1, \cdots, \{g_i\}, \{h_i\}$ 是上升序列，$g = \sup\{g_i\}, h = \sup\{h_i\}$。那么 $\{f_i\}$ 也是上升序列，此外 $\sup\{f_i\} = g \cdot h$。

推论(3)　设 $f_0 = g_0 \rightarrow h_0; h_0', f_1 = g_1 \rightarrow h_1; h_1', \cdots$，而 $\{g_i\}, \{h_i\}, \{h_i'\}$ 都是上升序列，而且 $\sup\{g_i\} = g$，$\sup\{h_i\} = h$，$\sup\{h_i'\} = h'$。那么 $\{f_i\}$ 也是上升序列，而且 $\sup\{f_i\} = g \rightarrow h; h'$。

推论(2)(3)的证明从略。

我们再引进一个关于泛函性质的术语。

定义：一个泛函 φ 叫做连续的，如果对任何上升序列 $f_0 \leqslant f_1 \leqslant \cdots$ 都有 $\varphi[f_0] \leqslant \varphi[f_1] \leqslant \cdots$ 而且 $\sup\{\varphi[f_i]\} = \varphi[\sup\{f_i\}]$。

我们来证明一个预备定理：

定理（代数泛函的连续性）设 φ 是一个代数泛函，则 φ 是连续的。

证明：代数泛函是由函数符号、函数变元符号通过复合、并入、分支这几种运算结合而成的。我们就对其中运算的个数做归纳法证明。

如果 φ 中没有运算，那么 φ 只能是由一个基本函数符号或一个函数变元符号组成的。在前一种情况，φ 是常值泛函，无论变元符号用什么函数替换，φ 总是等于某个特定的函数，定理当然成立。在后一种情况，$\varphi[f]=f$。定理也成立。

如果其中含有运算，那么总有一个是最后结合的运算。那么 $\varphi[F]=\varphi_1[F]\circ\varphi_2[F]$ 或是 $\varphi[F]=\varphi_1[F]\cdot\varphi_2[F]$ 或是 $\varphi[F]=\varphi_1[F]\rightarrow\varphi_2[F];\varphi_3[F]$。而 φ_1，φ_2（以及 φ_3）中含有的运算数比 φ 少。在用归纳法时，可以假定对于 φ_1，φ_2（以及 φ_3）定理是成立的。再利用上面的推论(1)、(2)、(3)就可以证明定理对于 φ 成立。证完。

现在我们来证明本节的主要定理：

定理（不动点原理）设 φ 是一个连续泛函，令 $f_0=\perp$，$f_1=\varphi[f_0]$，$f_2=\varphi[f_1]$，…则 $\{f_i\}$ 是上升序列，而且 $f=\sup\{f_i\}$ 是 φ 的最小不动点。

证明：因为 $\perp$ 是最小元，可见 $f_0\leqslant f_1$。由 φ 的连续性 $\varphi[f_0]\leqslant\varphi[f_1]$，从而 $f_1\leqslant f_2$，同理 $f_2\leqslant f_3$，…可见 $\{f_i\}$ 是上升序列。由 φ 的连续性，$\{\varphi[f_i]\}$ 是上升序列，而且 $\sup\{\varphi[f_i]\}=\varphi[\sup\{f_i\}]$ 右端就是 $\varphi[f]$，左端是 $\sup\{f_{i+1}\}=\sup\{f_i\}=f$，因此 $f=\varphi[f]$。可见 f 是 φ 的不动点。设 g 也是 φ 的不动点，$\varphi[g]=g$。由 $\perp\leqslant g$，可知 $f_0\leqslant g$，由 φ 的连续性 $\varphi[f_0]\leqslant\varphi[g]$，即 $f_1\leqslant g$，同理 $f_2\leqslant g$，…可见 g 是 $\{f_i\}$ 的上界，于是 $f\leqslant g$。这说明 f 是 φ 的最小不动点。定理证完。

把以上两个定理结合起来，就得到

推论：代数泛函一定有最小不动点。

这个推论也就是说，代数方程的最小解一定存在。

不动点原理的另一个重要推论是：

定理(不动点归纳法)设 f 是 φ 最小不动点。为证 $f\leqslant g$,只用证 $\varphi[g]\leqslant g$。

证明:把上一定理证明的后一半逐字重复一遍即可。

推论:如果 φ 的不动点都是全函数,则它有唯一的不动点。

证明:设 f 是 φ 的最小不动点,g 是 φ 的不动点,则 $\varphi[g]=g$。由定理 $f\leqslant g$。但 f 是最大元,所以 $f=g$,证完。

上节曾讨论过原始递归定义的合理性问题。现在我们可以把它表述如下。

定理(原始递归定理)。设 φ 是一个代数泛函,它具有如下的形式,
$\varphi[F]=@\rightarrow g_1;\ g_2\cdot<I,\ F_\alpha,\ F_\beta>$
其中 g_1,g_2 是已知的全函数,则 φ 的最小不动点是全函数。

证明:证 f 是 φ 的任何不动点。用结构归纳法很容易证明 f 的定义域是 S 的全体,即 f 是全函数。再由上一定理的推论就可以证明定理。

例(1)length 是全函数。

证:length 的原始递归定义是

$$\text{length}=ⓐ\rightarrow \underline{0},\underline{0}\cdot\text{length}\ \beta$$

取 $g_1=\underline{0}$

$$g_2x=\begin{cases}0 & \text{当 x 不具有}\langle x_1,x_2,x_3\rangle\text{的形式}\\ 0\cdot x_3 & \text{当 } x=\langle x_1,x_2,x_3\rangle\end{cases}$$

那么 g_1,g_2 都是全函数,而且

$$g_2\langle I,F\alpha,F\beta\rangle x=g_2\langle x,F\alpha x,F\beta x\rangle=0\cdot F\beta x$$

可见　$g_2\langle I,F\alpha,F\beta\rangle=\underline{0}\cdot F\beta$

于是　$\varphi[F]=ⓐ\rightarrow g_1;g_2\circ\langle I,F\alpha,F\beta\rangle$

$$=ⓐ\rightarrow\underline{0};\underline{0}\cdot F\beta$$

由原始递归定理，这个方程有唯一的解，而且是全函数。

例(2)　append⟨x,y⟩对任何 x,y 都有定义。

证：取定 y=s，令 fx=append⟨x,s⟩。那么，f 应满足

$$f=ⓐ\to \underline{s};\alpha\cdot f\beta$$

仿照上例可以证明 f 是全函数，这说明 append⟨x,y⟩对一切 x,y 都有定义。

3.3 递归计算

在计算与递归定义有关的表达式的值时，我们通常总是用递归展开的办法来计算的。上一章曾举例说明 length:⟨a,b⟩的计算过程，就是这种计算办法。本节我们就来讨论这种计算和最小不动点的关系。

设 φ 是一个代数泛函，f 是它的最小不动点，即方程 $F=\varphi[F]$ 的最小解。

设 ψ 是另一个代数泛函，那么 $\psi[f]$ 就是一个含有 f 的代数式，它表示一个函数 g。我们来说明给定 x 之后如何计算 $g:x=\psi[f]:x$。这时有以下几种情况：

(1) 如果 ψ 是由单个已知函数 h 组成的泛函，则 g=h，gx=hx；

(2) 如果 ψ 是由单个函数变元组成的泛函，则 $\psi[F]=F$，$g=f=\varphi[f]$，于是 gx 的计算归结为 $\varphi[f]x$ 的计算。

(3) 如果 ψ 是 $\psi_1\circ\psi_2$，则 $g=\psi_1[f]\circ\psi_2[f]$，$gx=\psi_1[f]\circ\psi_2[f]:x=\psi_1[f]:\psi_2[f]:x$，于是应先计算出 $\psi_2[f]:x$，再求 $\psi_1[f]:(\psi_2[f]:x)$。

(4) 如果 ψ 是 $\psi_1\to\psi_2;\psi_3$，则 $g:x=\psi_1[f]:x\to\psi_2[f]:x;\psi_3[f]:x$，于是应先计算 $\psi_1[f]:x$，再根据不同情况计算 $\psi_2[f]:x$ 或 $\psi_3[f]:x$。

(5) 如果 ψ 是 $\psi_1\cdot\psi_2$，则 $g:x=(\psi_1[f]:x)\cdot(\psi_2[f]:x)$ 于是应先分别求出 $\psi_1[f]:x$ 及 $\psi_2[f]:x$ 再求出 g:x。

这就是递归计算的定义。这个定义本身也是递归的，因此要用适

当的办法来说明它到底是否定义了一个明确的对象。这又要引起新的一轮不动点原理的讨论。但我们可以避免这种麻烦,办法是利用通用函数。

首先规定程序的写法。

因为 I,α,β,ⓐ,weq 都是可计算的,应该有程序计算它们。设 ID,CAR,CDR,ATOM,WEQ 是相应的程序,不妨认为这些都是 S 表达式中的非零原子。

设 const:s=⟨CONST,s⟩,comb⟨s_1,s_2⟩=⟨COMB,s_1,s_2⟩,cond⟨s_1,s_2,s_3⟩=⟨COND,s_1,s_2,s_3⟩,cons⟨s_1,s_2⟩=s_1 · s_2。CONST,COMB,COND 都是 S 表达式中的非零原子,它们本身不是程序(这个假定只是为了理解的方便,在逻辑上用不着)。

一个函数,如果是由基本函数组成的代数式给出的,我们就可以用上面的办法写出它的程序了,例如:ⓐ→$\underline{0}$;α · weq⟨β · $\underline{0}$⟩相应的程序是 ⟨COND,ATOM,⟨CONST 0⟩,CAR · ⟨COMB,WEQ,⟨CDR,⟨CONST,0⟩⟩⟩。(注意 ln(s_1,⋯s_n)=cons(s_1,⋯,cons(s_n,0)⋯)=⟨s_1,⋯,s_n⟩.)。

现在我们规定用 VAR 表示函数变元的"程序"(VAR 也看做是一个原子),那么就可以把上面的办法扩大,写出代数泛函对应的"程序"。例如:ⓐ→$\underline{0}$;$\underline{0}$ · Fβ 对应的"程序"是⟨COND,ATOM,⟨CONST 0⟩;⟨CONST 0⟩ · ⟨COMB,VAR,CDR⟩⟩。

这里我们把"程序"加上了引号,因为它已不是原来意义下的程序了。我们可以把这种做法形式地规定如下:

定义:一个表达式 C 叫做一个程序表达式或简称一个 C 表达式,如果 cexp c=1,其中 cexp 递归定义如下:

cexp x=bas x→1;var x→1;ⓐx→0;

weq⟨αx, CONST⟩→ⓐβx→0; null $\beta\beta$x;

weq⟨αx, COMB⟩→(ⓐβx→0;ⓐ$\beta\beta$x→0; null $\beta\beta\beta$x→cexp $\bar{2}$x ∧ cexp $\bar{3}$x; 0);

weq⟨αx, COND⟩→(ⓐβx→0;ⓐ$\beta\beta$x→0; ⓐ$\beta\beta\beta$x→$\beta\beta\beta\beta$x→cexp $\bar{2}$x ∧ cexp $\bar{3}$ x ∧ cexp $\bar{4}$ x; 0);

cexp αx ∧ cexp βx

其中 bas x=null x ∨ weq(x,ID) ∨ weq (x, CAR) ∨ weq(x, CDR) ∨ weq(x, WEQ),var x=weq(x, VAR)。

我们给出了这样一个非常形式的定义,是为了说明 cexp 是一个全函数(用原始递归定理证明),从而清楚地提供 C 表达式的定义。其实从这个定义可以看出:

(1) 空表,ID, CAR, CDR, WEQ, VAR,都是 C 表达式,其他的原子不是 C 表达式;(2)⟨CONST,s⟩是 C 表达式;(3) ⟨COMB, c_1,c_2⟩是 C 表达式,当且仅当 c_1,c_2 是 C 表达式;(4) ⟨COND,c_1,c_2,c_3⟩是 C 表达式,当且仅当 c_1,c_2,c_3 是 C 表达式;(5)$c_1 \cdot c_2$ 是 C 表达式,当且仅当 c_1,c_2 是 C 表达式(除了(2),(3),(4)中已讨论过的情况以外)。

为了说一个 C 表达式 c 对应的泛函 μc 是什么汛函,我们应分别几种情况定义如下:

(1) 空表对应于恒为 $\underline{0}$ 的常值泛函,即 $\mu 0[F]=\underline{0}$。μID=I, μCAR[F]=α,μCDR[F]=β,μWEQ[F]=weq 都是常值泛函。μVAR[F]=F 是恒等汛函。(2) 如 c=⟨CONST,S⟩,则 μc[F]=$\underline{s}$ 也是常值泛函。(3) 如 c=⟨COMB,c_1,c_2⟩,则 $\mu c[F]=\mu c_1[F]\circ\mu c_2[F]$。(4) 如 c=⟨COND, c_1,c_2,c_3⟩,则 $\mu c[F]=\mu c_1[F]\rightarrow\mu c_2[F];\mu c_3[F]$。(5) 如 c $=c_1 \cdot c_2$,则 $\mu c[F]=\mu c_1[F]\cdot\mu c_2[F]$。

从这个定义可以看出，如果 C 表达式 c 中 VAR 不出现，则 μc 中 F 也不出现，就是说 μc 是一个常值泛函，用 ρc 表示 μc 的值，$\mu c[F]=\rho c$（一切 F），而 ρc 是一个函数。（对 c 用结构归纳法易证）。此外，设 c' 也是一个 C 表达式，用 c 替换 c' 中的 VAR 得到 c''，则 c'' 中也没有 VAR，而且 $\mu c'[\rho c]=\rho c''$（对 c' 用结构归纳法不难证明）。

现在设 $\mu c=\psi, \mu e=\varphi$，f 是 φ 的最小不动点。我们来看看 $\psi[f]:x$ 应该是什么。我们分别考虑 ψ 的不同情况。

(1) 如果 ψ 是常值泛函，$\psi=h$ 是已知函数，则 $\psi[f]:x=hx$；(2) 如果 ψ 是恒等泛函，$\psi=F$，则 $\varphi[f]:x=fx$。(3) 如果 ψ 是 $\psi_1\circ\psi_2$，$\psi[f]=\psi_1[f]\circ\psi_2[f]$，$\psi[f]:x=\psi_1[f]:(\psi_2[f]:x)$ (4) 如果 ψ 是 $\psi_1\rightarrow\psi_2;\ \psi_3$，那么 $\psi[f]=\psi_1[f]\rightarrow\psi_2[f];\psi_3[f]$，$\psi[f]:x=\psi_1[f]:x\rightarrow\psi_2[f]:x;\psi_3[f]:x$。(5) 如果 ψ 是 $\psi_1\cdot\psi_2$，那么 $\psi[f]:x=(\psi_1[f]:x)\cdot(\psi_2[f]:x)$。

令 $v\langle c,e,x\rangle=\psi[f]:x$，那么从 μc 的定义可以看出，v 应满足以下的条件：

(1′) $v\langle c,e,x\rangle=val\langle c,x\rangle$　　当 bas c=1

这里，$bval\langle c,x\rangle=nullc\rightarrow 0;weq\langle c, ID\rangle\rightarrow x;weq\langle c, CAR\rangle\rightarrow \alpha x;\ weq\langle c, CDR\rangle\rightarrow\beta x;\ weq\ \langle c, WEQ\rangle\rightarrow weq\ x;\ 0$.

(2′) $v\langle c,e,x\rangle=fx$　　当 var c=1

(3′) $v\langle c,e,x\rangle=s$　　当 $c=\langle CONST,s\rangle$

(4′) $v\langle c,e,x\rangle=v\langle c_1,e,v\langle c_2,e,x\rangle\rangle$　　当 $c=\langle COMB,c_1,c_2\rangle$

(5′) $v\langle c,e,x\rangle=v\langle c_1,e,x\rangle\rightarrow v\langle c_2,e,x\rangle;\ v\langle c_3,e,x\rangle$

当 $c=\langle COND,\ c_1,c_2,c_3\rangle$

(6′) $v\langle c,e,x\rangle=v\langle c_1,e,x\rangle\cdot v\langle c_2,e,x\rangle$ 当 $c=c_1\cdot c_2$

现在回到递归计算的问题。设 $\mu c=\psi,\mu e=\varphi$，f 是 φ 的最小不动点，$u\langle c,\ e,\ x\rangle$ 是按递归计算的办法求出的值，则

(1″) $u\langle c, e, x\rangle = bval\langle c, x\rangle$ 当 basc=1

(2″) $u\langle c, e, x\rangle = u\langle e, e, x\rangle$ 当 varc=1

(3″) $u\langle c, e, x\rangle = s$ 当 $c = \langle CONST\ s\rangle$

(4″) $u\langle c, e, x\rangle = \langle u\langle c_1, e, u\langle c_2, e, x\rangle\rangle$

当 $c = \langle COMB, c_1, c_2\rangle$

(5″) $u\langle c, e, x\rangle = u\langle c_1, e, x\rangle \rightarrow u\langle c_2, e, x\rangle; u\langle c_3, e, x\rangle$

当 $c = \langle COND, c_1, c_2, c_3\rangle$

(6″) $u\langle c, e, x\rangle = u\langle c_1, e, x\rangle \cdot u\langle c_2, e, x\rangle$

当 $c = c_1 \cdot c_2$

现在我们已能写出如下的方程：

$u\langle c, e, x\rangle = bas\ c \rightarrow val\langle c, x\rangle; var\ c \rightarrow u\langle e, e, x\rangle;$

$wep\langle \alpha c, CONST\rangle \rightarrow \bar{2}c;$

$wep\langle \alpha c, COMB\rangle \rightarrow u\langle \bar{2}c, e, \langle \bar{3}c, e, x\rangle\rangle$

$wep\langle \alpha c, COND\rangle \rightarrow u\langle \bar{2}c, e, x\rangle \rightarrow u\langle \bar{3}c, e, x\rangle; u\langle \bar{4}c, e, x\rangle;$

$u\langle \alpha c, e, x\rangle \cdot u\langle \beta c, e, x\rangle$

函数 u 可以定义为这个泛函的最小不动点。

到此为止，我们做了三件事：

(1) 定义了一种 C 表达式，每个 C 表达式 c 相应于一个泛函 μc，不含 VAR 的 C 表达式 c 相应的泛函 μc 是常值泛函，用 ρc 表示它的值。

(2) 设 $\mu c = \psi, \mu e = \varphi$，f 是 φ 的不动点，$v\langle c, e, x\rangle = \psi[f]:x$，则 $v\langle c, e, x\rangle$ 应满足一组等式(1′)～(6′)。

(3) 如何根据 c, e, x 递归地计算 $v\langle c, e, x\rangle$。但我们暂时还不知道这样计算的结果就是 $v\langle c, e, x\rangle$，所以另 $u\langle c, e, x\rangle$ 表示它。u 是递归定义的，它满足等式(1″)～(6″)。

下一节我们就来证明 u=v。

3.4 递归计算的基本定理

在本节中，我们取定 e 及 $\mu e=\varphi$。略去 u 和 v 中的 e 不写，以求简便。

令 s 是如下的函数：$s\langle x, y\rangle=$ ⓐ$x\rightarrow(\text{var } x\rightarrow y;\ x);\ s\langle \alpha x, y\rangle\cdot s\langle \beta x, y\rangle$不难证明 $s\langle s, y\rangle$是把 x 中所有的 VAR 用 y 替换的结果。

定理(程序替换)　设 c_1，c_2 是两个 c 表达式，$c=s\langle c_1, c_2\rangle$，则 c 也是 c 表达式，而且对任何函数 g 都有　$\mu c[g]=\mu c_1[\mu c_2[g]]$

证明：对 c_2 用结构归纳法可证。

推论：在定理中，如果 c_2 中不含 VAR 则 c 中也不含 VAR，而且 $\rho c=\mu c_1[\rho c_2]$

这个推论上节已经直觉地说明过。

现在我们讨论 u 与 s 的关系。

引理 1. $u\langle s\langle c, e\rangle, x\rangle=u\langle c, x\rangle$

证明：对 c 用结构归纳法。

以下用 ω 表示一个相应于 $\underline{\perp}$ 的程序，例如 $\langle \text{COMB}, \text{CAR}, \langle \text{CONST } 0\rangle\rangle$，$\rho\omega=\alpha\underline{0}=\underline{\perp}$。

引理 2. $u\langle s\langle c, \omega\rangle, x\rangle=\underline{\perp}$或 $u\langle c, x\rangle$。

证明：对 c 用结构归纳法。

现在令 $e^0=\text{VAR}$，$e^1=s\langle e, e^0\rangle$，$e^2=s\langle e, e^1\rangle$，…注意 $e^1=e$。

引理 3. $s\langle s\langle x_1, x_2\rangle, x_3\rangle=s\langle x_1, s\langle x_2, x_3\rangle\rangle$

证明：对 x_1 用结构归纳法可证。

引理 4. $u\langle s\langle c, e^i\rangle, x\rangle=u\langle c, x\rangle$。

证明：由于 $s\langle c, e^i\rangle=s\langle c, s\langle e, ^{i-1}\rangle\rangle=s\langle s\langle c, e\rangle, e^{i-1}\rangle$用数学归纳法易从引理 1 证明本引理。

再令 $e_i = s\langle e^i, \omega\rangle$。则 $e_0 = \omega, \rho e_0 = \perp$。

引理 5. $u\langle s\langle c, e_i\rangle, x\rangle = u\langle c, x\rangle$ 或 $\perp$。

证明：$s\langle c, e_i\rangle = s\langle c, s\langle e^i, \omega\rangle\rangle = s\langle s\langle c, e^i\rangle, \omega\rangle$。由引理 2，$u\langle s\langle c, e_i\rangle, x\rangle = u\langle s\langle s\langle c, e^i\rangle, \omega\rangle, x\rangle = u\langle s\langle c, e^i\rangle, x\rangle$ 或 $\perp$。再用引理 4，即可证明本引理。

现在记 $c_i = s\langle c, e_i\rangle$。$e_i$ 和 c_i 中都不含 VAR。

比较上节关于 v 和 u 的(1′)～(6′)，(1″)～(6″)各式，对 c 用归纳法可证，如果 c 中不含 VAR，则 $u\langle c, x\rangle = v\langle c, x\rangle$。因此 $v\langle c_i, x\rangle = u\langle c_i, x\rangle = u\langle s\langle c, e_i\rangle, x\rangle = u\langle c, x\rangle$ 或 $\perp$。而 $v\langle c_i \cdot x\rangle = \rho c_i : x = \mu c[\rho e_i] : x$。

另一方面，$s\langle e, e_i\rangle = s\langle e, s\langle e^i, \omega\rangle\rangle = s\langle s\langle e, e^i\rangle, \omega\rangle = s\langle e^{i+1}, \omega\rangle = e_{i+1}$，所以 $\mu e[\rho e_i] = \rho e_{i+1}$，即 $\varphi[\rho e_i] = \rho e_{i+1}$。再由 $\rho e_0 = \perp$ 可知 $\rho e_i = \varphi^i[\perp]$。因此$\{\rho e_i\}$的最小上界是 f。而 μc 是代数泛函，是连续的，所以$\{\mu c[\rho e_i]\}$的最小上界是 $\mu c[f] = \psi[f]$。

综合以上的讨论，只要 $v\langle c, x\rangle = \psi[f] : x = y \neq \perp$，则存在 k，当 $i \geqslant k$ 时 $\mu c[\rho e_i] : x = y$，也就是 $v\langle c_i, x\rangle = y$，因此 $y = u\langle c, x\rangle$ 或 $\perp$。这说明 $v\langle c, x\rangle = u\langle c, x\rangle$ 或 $\perp$。从而 $v \leqslant u$。

回顾 u 的定义，它是上节末尾的方程的最小解。由 v 的性质(1′)～(6′)很容易看出 v 也满足这个方程(注意 $v\langle e, e, x\rangle = \mu e[f] : x = \varphi[f] : x = fx$)。可见 $u \leqslant v$。

上面已经证明了 $v \leqslant u$，现在又有 $u \leqslant v$。因此 $u = v$。这样我们就证明了：

定理(递归计算的基本定理)对任何 c, e, x, $u\langle c, e, x\rangle = \psi[f] : x$，其中 $\psi = \mu c$，f 是 $\varphi = \mu e$ 的最小不动点。

3.5 递归计算机

给了一对 C 表达式 c 和 e，令 $\mu c=\psi,\mu e=\varphi$，f 是 φ 的最小不动点，则 $\psi[f]$叫做由$\langle c, e\rangle$计算的递归函数。我们将证明，全体递归函数组成一个 s 表达式抽象计算机。为此只用验证本章§1中的$(A_1')\sim(C')$即可。

用 $F_{<c,e>}$ 表示由$_{<c,e>}$计算的递归函数。$F_{<c,e>}x=\psi[f]x=v\langle c, e, x\rangle$。取 $U=v\langle \overline{11}, \overline{21}, \overline{2}\rangle$则 $U\langle\langle c, e\rangle, x\rangle=v\langle c, e, x\rangle=F_{<c,e>}x$。这就是$(C')$。此外，$(A_1')$，$(A_2')$都是不言而喻的。

现在讨论(A_3')，设 $s_1=\langle c_1, e_1\rangle$，$s_2=\langle c_2, e_2\rangle$。如果 $e_1=e_2=e$，那么令 $c=c_1\cdot c_2$，即有 $F_{<c,e>}=F_{<c_1,e>}\cdot F_{<c_2,e>}$ 于是只要取 cons$\langle s_1, s_2\rangle=\langle c, e\rangle$即可。问题即在于 e_1，e_2 可以不等。

引理：设$\langle c_1, e_1\rangle$，$\langle c_2, e_2\rangle$是两组 c 表达式。存在 c 表达式 c_1'，c_2'，e 使由$\langle c_1', e\rangle$，$\langle c_2', e\rangle$计算的递归函数分别等于由$\langle c_1, e_1\rangle$和$\langle c_2, e_2\rangle$计算的递归函数。

证明：设 $\mu c_1=\psi_1$，$\mu c_2=\psi_2$，$\mu e_1=\varphi_1$，$\mu e_2=\varphi_2$。又设 f_1，f_2 分别是 φ_1，φ_2 的最小不动点。那么由$\langle c_1, e_1\rangle$，$\langle c_2, e_2\rangle$计算的递归函数分别是 $\psi_1[f_1]$及 $\psi_2[f_2]$。

现在令 $\varphi[F]=\langle\varphi_1[\overline{1}\circ F], \varphi_2[\overline{2}\circ F]\rangle$。很容易证明 $\varphi[F]$的最小不动点就是 $f=\langle f_1, f_2\rangle$。令 $\varphi_1'[F]=\psi_1[\overline{1}\circ F]$，$\psi_2'[F]=\psi_2[\overline{2}\circ F]$。那么 $\psi_1'[f]=\psi_1[\overline{1}\circ f]=\psi_1[f_1]$，$\psi_2'[f]=\psi_2[\overline{2}\circ f]=\psi_2[f_2]$。不难看出 φ,φ_1'，ψ_2' 都是代数泛函，取他们相应的 c 表达式为 e，c_1'，c_2' 即可证明引理。这个引理也可以推广到三组 c 表达式的情况。

引理中的 e，c_1'，c_2' 也可以写出显示的表达式。令 $s_1'=\langle$COMB,

CAR, VAR⟩,s_2'=⟨COMB, ⟨COMB, CAR, CDR⟩, VAR⟩,则 $\mu s_1' = \bar{1} \circ F$, $\mu s_2' = \bar{2} \circ F$。

令 $e_1' = s\langle e_1, s_1' \rangle$,则 $\mu e_1'[g] = \mu e_1[\mu s_1'[g]] = \varphi_1[\bar{1} \circ g]$,于是不难证明取 $e = \langle s\langle e_1, s_1' \rangle, s\langle e_2, s_2' \rangle \rangle$即可。同理,可取 $c_1' = s\langle c_1, s_1' \rangle$,$c_2' = s\langle c_2, s_2' \rangle$。

回到(A_3')的讨论,可知取 $cons\langle s_1, s_2 \rangle = \langle c_1' \cdot c_2', e \rangle$即可,其中 e, c_1',c_2' 如前述。因此,cons 是可计算的函数,对任何 s_1, s_2, $cons\langle s_1, s_2 \rangle$有定义。

(A_4')和(B)可以与此类似地证明。

这就是说,递归函数的集合是一个 s 表达式抽象计算机,我们把它叫做递归函数计算机。

4. 顺序计算

4.1 顺序计算的概念

顺序计算是一种与现代计算机的机制更加接近的计算模型。按照顺序计算的观点,计算一个函数分为三个大的步骤:(1) 编码:把输入的信息用适当的办法通过计算机的内部状态表示出来;(2) 机器的运转:计算机内部状态按照一定的规则改变,这种改变是步进式的,每一次改变都使计算机进入一个新的状态;同时,每当计算机出现一个新的状态时,都要按一定的规则检查一下是否应停止运转;(3) 解码:计算机停止于某个状态之后,又要用适当的办法解释这种状态表示什么输出信息。这三个大步骤中,最复杂的是运转。

设 t, w 是两个函数,是 $tz \neq 0$ 或 $tz = 0$ 表示当计算机处于状态 z

时应该停止计算或继续计算。如果要继续计算，其下一个状态就是 wz。t 和 w 分别叫做计算机的停止条件和步进函数。t 应该规定为全函数，w 则至少应对 $tz=0$ 的 z 都有意义，对于 $tz\neq 0$ 的 z，w 的值并不重要，为了理论上的方便，我们假定这时 $wz=z$。这样的一对 $\langle t, w\rangle$ 叫做一个叠代。

从状态 z 出发，经过 i 次叠代以后到达的状态用 $\widetilde{w}\langle z, i\rangle$ 来表示，那么应该有：$\widetilde{w}\langle z, i\rangle = \text{nulli}\rightarrow z;\ w\widetilde{w}\langle z, \beta i\rangle$
这是一个全函数。(注意 βi 就是比 i 小 1 的数)。

任取一个 z，令 $z_i=\widetilde{w}(z, i)$，则序列 $\{z_i\}$ 有两种情况：

(1) $tz_0=tz_1=\cdots=0$

(2) 有某个 k，当 $i<k$，$tz_i=0$，但 $tz_k\neq 0$（这样就有 $z_k=z_{k+1}=z_{k+2}=\cdots$）

用 $\overline{w}z$ 表示从状态 z 出发的计算过程停止时的状态。那么在上述情况(2)，$\overline{w}z=z_k$，在上述情况(1)，$\overline{w}z=\bot$。函数 $\overline{w}$ 叫做叠代 $\langle t, w\rangle$ 的解。从 $\overline{w}$ 的定义不难看出，$\overline{w}z=tz\rightarrow z;\ \overline{w}wz$。换句话说，$\overline{w}$ 是如下泛函的不动点：$\eta[F]=t\rightarrow I;\ Fw$
下面我们将证明：$\overline{w}$ 是 η 的最小不动点。为此，我们来研究更一般的方程：$F=t\rightarrow v; Fw$ 其中 v 在 t 取非零值的地方都有定义。

把上式右端记为 φ，令 $f_i=\varphi^i[\underline{\bot}]$。则有：

$f_0=\underline{\bot}$

$f_1=\varphi[f_0]=t\rightarrow u;\underline{\bot}$

$f_2=\varphi[f_1]=t\rightarrow v;\ vw;\ \underline{\bot}$

$\cdots$

$f_k=\varphi[f_{k-1}]=t\rightarrow v;\cdots;tw^{k-1}\rightarrow vw^{k-1};\underline{\bot}$

令 $\int$ 是 $\{f_i\}$ 的最小上界，也就是 φ 的最小不动点，那么对任何 x 一定出现以下两种情况之一：

(1) 对任何 i，$tw^i x=0$ (2) 对 $i<k, tw^i x=0$，而 $tw^k \neq 0$（由于 t，w 都是全函数）。在情况(2)，我们有 $f_0 x=\cdots=f_k x=\perp$，而 $f_{k+1} x=vw\neq\perp$。在情况(1)，我们有 $f_0 x=f_1 x=\cdots=\perp$。因此

$$fx=\begin{cases}\perp & \text{对于情况(1)}\\ vw^k x & \text{对于情况(2)}\end{cases}$$

现在我们规定如下的记号：设$\{p_k\}$，$\{q_k\}$是两个函数序列，用无穷条件式

$$p_0\rightarrow q_0;\cdots;p_k\rightarrow q_k;\cdots$$

表示这样的函数 g：对任何 x，顺序考查 $p_1 x$，$p_2 x$，…直到遇到第一个不等于 0 的 $p_k x$ 为止，如果这时 $p_k x=\perp$，则 $gx=\perp$，如果这时 $p_k x=a\neq\perp$，则 $gx=q_k x$。此外，如果 $p_1 x=p_2 x=\cdots=0$，则 $gx=\perp$。

利用这种记号，上面的函数 f 可以写成：$f=t\rightarrow v;\cdots;tw^k\rightarrow vw^k;\cdots$

于是我们已经证明了如下的引理：

引理：设 t，w 都是全函数，v 在 t 取非零值的地方都有定义，则泛函 $\varphi[F]=t\rightarrow v, Fw$ 的最小不动点是：$f=t\rightarrow v;\cdots;tw^k\rightarrow vw^k;\cdots$

推论(1)：叠代$\langle t, w\rangle$的解是　$\overline{w}=t\rightarrow I;\cdots;tw^k\rightarrow w^k;\cdots$

(2) 在引理的条件下 $f=v\overline{w}$

证明：显然。

v 叫做关于 w 的不变函数，如果 $vw=v$。不变函数的概念在程序逻辑中十分重要。

定理(不变函数)：在引理的条件下，如果又有 v 是关于 w 的不变函数，则 $f\leqslant v$。特别，如果 f 是全函数，则 $f=v$。

证明：显然。

4.2 顺序可计算函数

设 p，q，t，w 是四个全函数。把 p，q 分别看成编码和解码，叠代

$\langle t, w\rangle$看成计算机的运转过程，那么 $f=q\overline{w}p$，就是这个机器所计算的函数，其中 $\overline{w}$ 是叠代$\langle t, w\rangle$的解。这样的函数 f 叫做顺序可计算的。

设 f 是一个递归的全函数，那么 f 是顺序可计算的。实际上，取 $p=I$, $q=f$, $t=\underline{1}$, $w=I$，则$\langle t, w\rangle$的解是 I，而 $q\overline{w}p=fII=f$。

对于不是全函数的函数，什么是顺序可计算性并不显然。不过我们至少可以看出，只要 p，q，t，w 都是递归函数，$\overline{w}$ 也是递归函数，从而 $q\overline{w}p$ 也是递归函数。因此，一切顺序可计算的函数都是递归函数。其实，我们还能证明：

定理：一切递归函数都是顺序可计算的。

我们下节将证明一个更强的定理，因此就不用证明这个定理了。本节中，我们要证明另外一个重要的定理：

定理（值域定理）设 f 是一个非空的顺序可计算函数，则存在一个递归全函数 g，f 与 g 的值域相同。

证明：令 $f=q\overline{w}p$，$\overline{w}$ 是叠代$\langle t. w\rangle$的解，则 $\overline{w}=t\rightarrow I;\cdots;tw^k\rightarrow w^k;\cdots$

令 u 是满足下式的函数：　$u\langle z, n\rangle=ⓐn\rightarrow z;\ wu\langle z, \beta n\rangle$

利用原始递归定理可知 $u\langle z, n\rangle$对于一切 z 和 n 都有定义。此外，用归纳法易证 $u\langle z, n\rangle=w^n z$ 对一切自然数 n 成立。

设 f 的值域是 A；因为 $f\neq\perp$，所以 A 不是空集。任取 $a\in A$。令

$gx=ⓐx\rightarrow a;$

$\quad numberp\ \beta x\rightarrow h\langle pdx, \beta x\rangle;$

$\quad \alpha$

其中 $h\langle z, n\rangle=tu\langle z, n\rangle\rightarrow qu\langle z, n\rangle;a=tw^n z\rightarrow qw^n z;\ a$。用 B 表示 g 的值域，g 是全函数。

我们只用证明 A=B。

先设 $y\in A$。那么存在 x，使 $fx=y$。令 $z=px$，则 $y=q\overline{w}z$，可见

$\overline{w}z \neq \perp$。于是存在 k,使 $w^k z=0$,而 $\overline{w}z=w^k z, y=qw^k z$。于是 $h\langle z, k\rangle = y$。$g(x \cdot k)=h\langle p, k\rangle = y$,就是说 $y \in B$。这说明 $A \subset B$。

再设 $y \in B, gx=y$。如果 $y=a$,则 $y \in A$。如果 $y \neq a$,则 x 不是原子,令 $\alpha x=x_1$, $\beta x=x_2$,于是有 $x=x_1 \cdot x_2$。这时,x_2 是自然数,$h\langle px_1, x_2\rangle = y$。令 $z=px_1$, $n=x_2$,则 $h\langle z, n\rangle = y$。那么 $tw^n z \to qw^n z; a=y$,而 $y \neq a$,可见 $tw^n z \neq 0$,而 $qw^n z=y$。对于小于 n 的任何自然数 k,$tw^k z$ 都等于 0。(否则,因为 $tz \neq 0$ 时 $wz=z, w^{k+1}z=w(w^k z)=w^k z$,从而 $tw^{k+1}z=tw^k z=0$,同理 $tw^{k+2}z=tw^{k+3}z=\cdots=tw^n z=0$)于是 $\overline{w}z=tz \to z;\cdots;tw^k z \to w^k z;\cdots=w^n z, fx_1=q\overline{w}px_1=q\overline{w}z=qw^n z=y$。可见 $y \in A$。这说明 $B \subset A$。定理证完。

这个定理的如下推论在下一章中有重要的作用:

推论:设 f 是非空的递归函数,则存在递归的全函数 g,与 f 有相同的值域。

证明:由本节的两个定理立得。

在顺序可计算函数中,有一类很重要的函数。设 $w\langle x, y\rangle = t\langle x, y\rangle \to \langle x, y\rangle; \langle x, 0 \cdot y\rangle$。那么如果 y 是自然数,则在计算停止以前,每一次步进,都使状态的第二个分量增加 1。可见

$$\overline{w}(x, 0)=\begin{cases}\langle x, k\rangle & \text{当 } k \text{ 是使 } t\langle x, k\rangle \neq 0 \text{ 的最小自然数} \\ \perp & \text{当 } t\langle x, k\rangle = 0 \text{(对一切自然数)。}\end{cases}$$

以下用 $\mu n\{an\}$ 表示使 $a_n \neq 0$ 的最小自然数 n,如果这种自然数存在的话。上面的式子就可以写成:　　$\overline{w}\langle x, 0\rangle = \langle x, \mu n\{t\langle x, n\rangle\}\rangle$

从而 $\mu n\{t\langle x, n\rangle\} = \overline{2}\,\overline{w}\langle x, 0\rangle$. 这是一个顺序可计算函数,从而也是递归函数。于是有:

定理(μn 定理)设 f 是全函数(其实,只要对一切 $x \in S, n \in N$ 有定义即可),则 $\mu n\{f(x, n)\}$ 是递归函数。

4.3 顺序计算的基本定理

本节将证明如下的定理：

定理：(顺序计算的基本定理)设 f 是递归函数，则存在 p, q, t, w，它们既是全函数，又是代数函数，而 $f=q\overline{w}p$，其中 $\overline{w}$ 是叠代⟨t, w⟩的解。

为了证明这个定理，我们先要证明一个引理：

基本引理：上节中的 v⟨c,e,x⟩具有定理中所说的性质。

从引理证明定理是很容易的。设 $v=q'\overline{w}'p'$。其中 $\overline{w}'$ 是叠代⟨t′, w′⟩的解。因为 f 是递归函数，所以存在 c 和 e，使 fx=v⟨c, e, x⟩。于是 $f=q'\overline{w}'p'\langle \underline{c}, \underline{e}, I\rangle$。取 $p=p'\langle \underline{c}, \underline{e}, I\rangle$, $q=q'$, $t=t'$, $w=w'$，则 $\overline{w}=\overline{w}'$, $q\overline{w}p=q'\overline{w}'p'\langle \underline{c}, \underline{e}, I\rangle=f$。由于 p′, q′, t′, w′都是代数全函数，p,q,t,w 也如此。这就是所要证明的。现在我们来证明基本引理。

现在令 t⟨s, r, e⟩=null r，而 w 满足：

w⟨s, o, e⟩=⟨s, o, e⟩

w⟨x • s, o • r, e⟩=⟨o • s, r, e⟩

w⟨x • s, c • r, e⟩=⟨val ⟨c, x⟩ • s, r, e⟩　当 bas c=1

w⟨x • s, VAR • r, e⟩=⟨x • s, e • r, e⟩

w⟨x • s,⟨CONST,d⟩ • r, e⟩=⟨d • s, r, e⟩

w⟨x • s,⟨COMB, C_1, C_2⟩ • r,e⟩=⟨x • s, C_2 • C_1 • r • e⟩

w⟨x • s, ⟨COND, C_1, C_2, C_3⟩ • r, e⟩=⟨x • x, s, C_1 • ⟨COND, C_2, C_3⟩ • r, e⟩

w⟨x • s, ⟨COND, C_2, C_3⟩ • r, e⟩=x→⟨s, C_2 • r, e⟩; ⟨s, C_3 • r, e⟩

w⟨x • y • s,⟨COND,o⟩ • r, e⟩=⟨y • x • s,r, e⟩

w⟨x • y • s,⟨COND,1⟩ • r, e⟩=⟨(y • x) • s, r, e⟩

$w\langle x \cdot s, (C_1 \cdot C_2) \cdot p\rangle = \langle x \cdot x \cdot s, C_1 \cdot \langle \mathrm{COND}, o\rangle \cdot C_2 \cdot \langle \mathrm{COND}, 1\rangle \cdot r, e\rangle$

$wz = z$　　当 z 不具有以上各式之形式。

注意 t，w 都是代数全函数。

设$\langle t, w\rangle$的解是 $\overline{w}$。我们将证明：

引理 1. $\overline{w}\langle x \cdot s, c \cdot r, e\rangle = \overline{w}\langle v\langle c, e, x\rangle \cdot s, r, e\rangle$。

从这个引理很容易证明基本引理。只用取 $p = \langle \overline{3} \cdot \underline{o}, \overline{1} \cdot \underline{o}, \overline{2}\rangle$ 及 $q = aa$，即有

$q\overline{w}p\langle c, e, x\langle = aa\overline{w}\rangle x \cdot o, c \cdot o, e\rangle$

$= aa\overline{w}\langle v\langle c, e, x\rangle \cdot o, o, e\rangle$

$= aa\langle v\langle c, e, x\rangle \cdot o, o, e\rangle$

$= a(v\langle c, e, x\rangle \cdot o) = v\langle c, e, x\rangle$

（其中第三个等号是因为 $\overline{w}\langle s, o, e\rangle = t\langle s, o, e\rangle \rightarrow \langle s, o, e\rangle; \overline{w}w\langle s, o, e\rangle = \mathrm{null}\ o \rightarrow \langle s, o, e\rangle; \overline{w}w\langle s, o, e\rangle = \langle s, o, e\rangle$。）

以下我们只剩下证明引理 1 了。

先定义一个辅助函数。

$g\langle s, o, e\rangle = \langle s, o, e\rangle$

$g\langle x \cdot s, o \cdot r, e\rangle = g\langle o \cdot s, r, e\rangle$

$g\langle x \cdot s, \langle \mathrm{COND}, C_1, C_3\rangle \cdot r, e\rangle = x \rightarrow g\langle s, C_2 \cdot r, e\rangle; g\langle s, C_3 \cdot r, e\rangle$

$g\langle x \cdot y \cdot s, \langle \mathrm{CONS}, o\rangle \cdot r, e\rangle = g\langle y \cdot x \cdot s, r, e\rangle$

$g\langle x \cdot y \cdot s, \langle \mathrm{CONS}, 1\rangle \cdot r, e\rangle = g\langle (y \cdot x) \cdot s, r, e\rangle$

$g\langle x \cdot s, c \cdot p, e\rangle = g\langle v\langle c, e, x\rangle \cdot s, r, e\rangle$　当 C 表达式。

容易验证 g 是泛函 $\varphi[F] = t \rightarrow I, Fw$ 的不动点。这只用分别考查 c 的不同情况即可，例如当 $c = \langle \mathrm{COND}, C_1, C_2, C_3\rangle$，我们有：

$\varphi[g]\langle x\cdot s, \langle COND, C_1, C_2, C_3\rangle\cdot r, e\rangle$

$=gw\langle x\cdot s, \langle COND, C_1, C_2, C_3\rangle\cdot r, e\rangle$

$=g\langle x\cdot x\cdot s, C_1\cdot\langle COND, C_2, C_3\rangle\cdot r, e\rangle$

$=g\langle v\langle C_1, e, x\rangle\cdot x\cdot s, \langle COND, C_2, C_3\rangle\cdot r, e\rangle$

$=v\langle C_1, e, x\rangle\rightarrow g\langle x\cdot s, C_2\cdot r, e\rangle;\ g\langle x\cdot s, C_3\cdot r, e\rangle$

$=v\langle C_1, e, x\rangle\rightarrow g\langle v\langle C_2, e, x\rangle\cdot s, r, e\rangle; g\langle v\langle C_3, e, x\rangle\cdot s, r, e\rangle$

$=g\langle v\langle C_1, e, x\rangle\rightarrow\langle v\langle C_2, e, x\rangle, r, e\rangle\cdot s;\ \langle v\langle C_3, e, x\rangle\cdot s, r, e\rangle\rangle$

$=g\langle(v\langle C_1, e, x\rangle\rightarrow v\langle C_2, e, x\rangle;\ v\langle C_3, e, x\rangle)\cdot s, r, e\rangle$

$=g\langle v\langle c, e, x\rangle\cdot s, r, e\rangle$

$=g\langle x\cdot s, c\cdot r, e\rangle$

因于 g 是 φ 的不动点,而 $\overline{w}$ 是 φ 的最小不动点,所以 $\overline{w}\leqslant g$。

现在我们来证明 $g\leqslant\overline{w}$。这时又要用到两个引理:

引理 2. 若 $v\langle s\langle c, w\rangle, e, x\rangle=y\neq\bot$,则 $\overline{w}\langle x\cdot s, c\cdot r, e\rangle=g\langle x\cdot s, c\cdot r, e\rangle$。

证明:对 c 用结构归纳法易证。若 c 是原子,而 $v\langle s\langle c, w\rangle, e, x\rangle=y\neq\bot$,则 $c\neq VAR$。这时引理成立是不成问题的。若 c 不是原子可以按不同情况分别验证。例如 c 是 $\langle COND, C_1, C_2, C_3\rangle$。这时,$g\langle x\cdot s, c\cdot r, e\rangle=g\langle v\langle c, e, x\rangle\cdot s, r, e\rangle$,而 $s\langle c, w\rangle=\langle COND, s\langle C_1, w\rangle, s\langle C_3, w\rangle\rangle$,因为 $v\langle s\langle C, w\rangle, e, x\rangle=v\langle s\langle C_1, w\rangle, e, x\rangle\rightarrow v\langle s\langle C_2, w\rangle, e, x\rangle; v\langle s C_3, w\rangle, e, x\rangle$ 可见 $v\langle s\langle C_1, w\rangle, e, x\rangle\neq\bot$,按归纳法假设 $\overline{w}\langle x\cdot s, C_1\cdot r, e\rangle=g\langle x\cdot s, C_2\cdot r, e\rangle$,注意这里 s,r 是任意的,所以

$\overline{w}(x\cdot s, c\cdot r, e)=\overline{w}\langle x\cdot x\cdot s, C_1\cdot\langle COND, C_2, C_3\rangle\cdot r, e\rangle$

$=g\langle x\cdot x\cdot s, C_1\cdot\langle COND, C_2, C_3\rangle\cdot r, e\rangle$

$=g\langle v\langle\langle COND, C_1, C_2, C_3\rangle, e, x\rangle\cdot s, r, e\rangle$

$=g\langle v\langle c, e, x\rangle\cdot s, r, e\rangle=g\langle x\cdot s, c\cdot r, e\rangle$

如此即可证明引理2。

引理3. $\overline{w}\langle x\cdot s, c\cdot r, e\rangle=\overline{w}\langle x\cdot s, s\langle c, e\rangle\cdot r, e\rangle$

证明:对c用结构归纳法易证。

现在就可以证明$g\leqslant\overline{w}$了。对于$v\langle c, e, x\rangle=\perp$的情况,$g\langle x\cdot s, c\cdot r, e\rangle=\perp$. 对于$v\langle c, e, x\rangle=y\neq\perp$的情况,从上章的讨论可知存在i,使$v\langle c_i, e, x\rangle=y$,令$c^0=c, c^{k+1}=s\langle c^k, e\rangle$,$(k=0, 1, 2, \cdots)$。用上节的4引理3可证$c_i=s\langle c^i, w\rangle$。于是有$v\langle s\langle c^i, w\rangle, e, x\rangle=y\neq\perp$。

由上面的引理2,可得　$\overline{w}\langle x\cdot s; c^i\cdot r, e\rangle=g\langle x\cdot s, c^i\cdot r, e\rangle=g\langle v\langle c^i, e, x\rangle\cdot s, r, e\rangle$

由c^i的定义,反复用上面的引理3可得　$\overline{w}\langle x\cdot s, c^i\cdot r, e\rangle=\overline{w}\langle x\cdot s, c\cdot r, e\rangle$

再由上节§4引理1(注意$u=v$),　$v\langle c^i, e, x\rangle=v\langle c, e, x\rangle$

结合以上三个等式,即有　$\overline{w}\langle x\cdot s, c^i\cdot r, e\rangle=g\langle v\langle c, e, x\rangle\cdot s, r, e\rangle=g\langle x\cdot s, c\cdot r, e\rangle$

总之,我们证明了$g\langle x\cdot s, c\cdot r, e\rangle=\perp$或$\overline{w}\langle x\cdot s, c^i\cdot r, e\rangle$这说明$g\leqslant\overline{w}$。前面已经证明了$\overline{w}\leqslant g$,所以$\overline{w}=g$。就是说$\overline{w}\langle x\cdot s, c\cdot r, e\rangle=g\langle x\cdot s, c\cdot r, e\rangle=\overline{w}\langle v\langle c, e, x\rangle\cdot s, r, e\rangle$。引理1得证。

4.4 控制流图

控制流图(简称框图)是程序设计时常用的工具。其实,这是一种没有严格规范的图解式语言。左图就是一个控制流图。如果起始时x是字1,y是自然数n,到了停止时,x变成了o,y变成了n+length1。

x,y 叫程序变量。

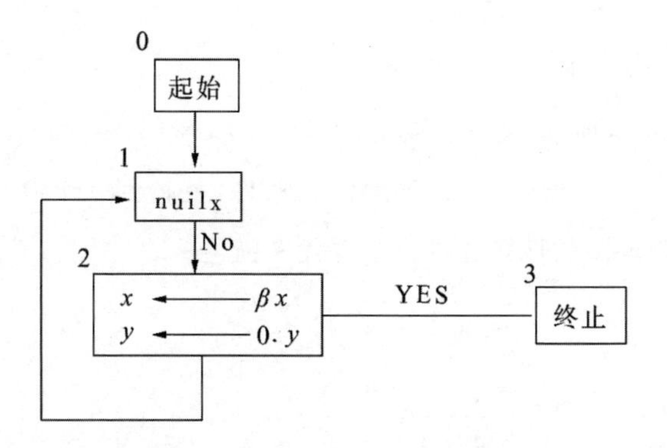

图中所各框都有不同编号。“?”表示要检查某个条件,以决定下一步沿什么方向前进。“←”则表示要改变程序变量的值。

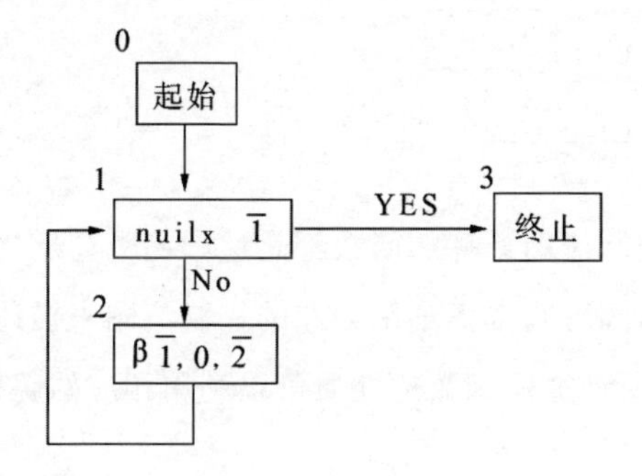

为了方便,把程序变量做成一个向量⟨x, y⟩把它看成一个量 s。那么图中就不必写出程序变量,只写对它施行的函数。这时,上面的框图就成了右图。

要说明这个控制流图的计算过程,可以设想一个顺序计算的过程,它的状态由标号 n 和程序变量 s 组成,w 表示从⟨n, s⟩出发的下一点应该是什么状态。所以

w⟨o, s⟩=⟨1, s⟩

$w\langle 1, s\rangle = \text{null}\ \bar{1}\ s \rightarrow \langle 3, s\rangle; \langle 2, s\rangle$

$w\langle 2, s\rangle = \langle 1, \beta\ \bar{1}s, o \cdot \bar{2}s\rangle$

至于 $w\langle 3, s\rangle$如何定义已不重要,不妨认为 $w\langle 3, s\rangle = \langle 3, s\rangle$。
再用 $t\langle n, s\rangle = \text{weq}\langle n, 3\rangle$表示停止条件,就得到一个叠代。由此就可以把控制流图的计算通过这个叠代来描述。

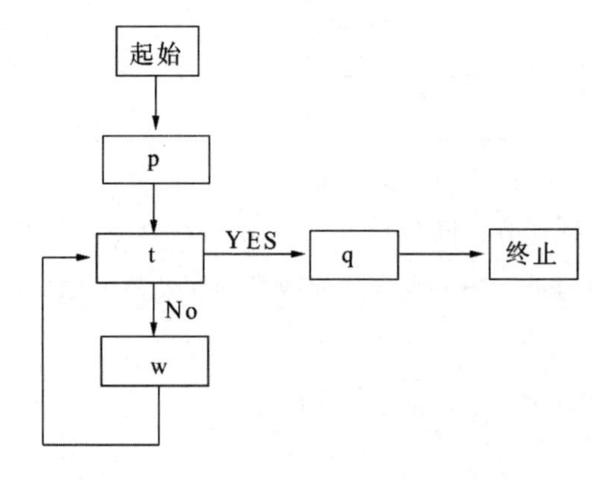

因此,用控制流图计算的函数都是递归函数。反之,任何递归函数都是可以顺序计算的,也不难用如左的控制流图来描述。

控制流图所计算的函数的性质可以利用相应的叠代来证明。在本节的例子中,$\text{append}\langle \bar{2}, \text{length}\ \bar{1}\rangle$∶s 就是一个不变函数。

如何把本节的内容做妥善的形式处理,本文就不赘述了。

5. 可举集合

5.1 可举集合

在可计算理论中可举集合是一个重要的工具。本节介绍可举集合的基本性质,并用于讨论非决定性计算的问题。

定义：一个集合 $A \subset S$ 叫做可举的（递归可枚举的），如果 A 是空集，或者存在递归全函数 g，使 $A=\{g|n \in N\}$。（这里用 N 表示自然数集合，它是 S 的子集。）

注意，S 的一切子集都是可数的，因此都和 N 一一对应，但这种对应关系未必是可计算的。因此，可举集的概念并不是无价值的。实际上，不可举的集合是有的。

引理（不可举集存在）存在不可举的集合。

证：令 $T=\{x|x \in S, F_x \text{ 是全函数}\}$，则 T 是不可举的。实际上，如果 T 是可举的，因为 T 不是空集，则存在递归的全函数 g，$T=\{gx|x \in N\}$。令 $h=\omega U\langle g, I\rangle$，则 h 是可计算的，存在 $a \in s$，$h=F_a$。另一方面，对任何 $x \in N$，$gx \in T$，F_{gx} 是全函数，所以 $hx=\omega U\langle g, I\rangle x=\omega F_{gx} x \neq \perp$，这说明 h 是全函数。由 T 的定义及 $h=F_a$ 可知 $a \in T$。再由 g 的定义，存在 $n \in N$，使 $a=gn$。这样一来，就有 $hn=\omega F_{gn} n=\omega F_a n=\omega hn \neq hn$。于是出现了矛盾。引理得证。

引理：设 A 是任何可举集，f 是递归全函数，则 $\{fx|x \in A\}$ 也是可举集。

证明：由定义，存在一个全函数 g，使 $A=\{gn|n \in N\}$，于是 $\{fx|x \in A\}=\{fgn|n \in N\}$，而 fg 是全函数。引理得证。

本节其余部分要证明 S 是可举集。

先证一个引理。

引理：设 f 是一个递归全函数，a 是任一个 S 表达式，则 $\{f^i a|i=0, 1, \cdots\}$ 是可举集。

证明：令 $g=@\rightarrow \underline{a};\ fg\beta$。则由原始递归定理，g 是全函数。此外不难用归纳法证明 $gn=f^n$，$a=0,1,\cdots$，于是引理得证。

定义：令 $B=\{0, 1\}$（这里 $1=\langle 0\rangle$），B 上的字集合 B^* 叫二进字集。

定理（二进字集可举）B^* 是可举的。

证明:由上面的引理,我们只用构造一个递归全函数 f,使 $B^* = \{f^i 0 | i=0,1,2,\cdots\}$。为此,我们取 f=ⓐ→1;@$\alpha$→1·$\beta$;0·f$\beta$。则有

$f\langle\ \rangle=\langle 0\rangle$, $f\langle 0\rangle=\langle 1\rangle$, $f\langle 1\rangle=\langle 0, 0\rangle$, $f\langle 0, 0\rangle=\langle 1, 0\rangle$

$f\langle 1, 0\rangle=\langle 0, 1\rangle$, $f\langle 0, 1\rangle=f\langle 1, 0\rangle$, $f\langle 1, 1\rangle=\langle 0, 0, 0\rangle$,…

实际上,如果 $x=\langle 1,\cdots,1,0,\cdots\rangle$,则 $fx=\langle 0,\cdots,0,1,\cdots\rangle$ 由此不难证明,如果是自然数,i+1 的二进展开式是 $d_0+d_1 2+\cdots+d_k 2^k+2^{k+1}$,则 $f^i 0=\langle d_0,\cdots,d_k\rangle$。这样就可以证明定理。(详细的形式证明就略去了。)

定义:自然数的字集合记为 N^*。

定理:N^* 是可举集。

证明:我们只用找到一个递归函数 f,使 $N^*=\{fx | x\in B^*\}$ 即可。令 f=ⓐ→$\underline{0}$;$\bar{\alpha}$→$\underline{0}$·fβ;($\underline{0}$·$\bar{\alpha}$fβ)·$\bar{\beta}$fβ,其中 $\bar{\alpha}$=ⓐ→I;α $\bar{\beta}$=ⓐ→I;β 都是全函数,所以 f 也是全函数。很容易看出,如果 $x\in B^*$,则 $fx\in N^*$。反之,如果 $\langle n_1,\cdots,n_k\rangle\in N^*$,令 $x=n_1+\langle 1\rangle+\cdots+n_k+\langle 1\rangle\in B^*$ 则有 $fx=\langle n_1,\cdots,n_k\rangle$。这就是所要证明的。

现在我们研究集合 S 的可举性。我们首先要假定原子的集合 A 是可举的。即 $A=\{hn | n\in N^*\}$,其中 h 是全函数。这样,每一个原子 a 都可以和一个自然数对应,即 μn{weq⟨a, hn⟩}。令 γ=0·μn{weq⟨a, hn⟩},则对一切原子 a,γa 是正整数,而且 h$\beta\gamma$a=a,γa 叫 a 的编码。

用前缀表达式的形式写出 S 表达式,例如把 (A·B)·(C·D)改写为"··AB·CD",再把·改为 0,把原子改为它的编码,就得到一个 N^* 中的字。比如上面的 S 表达式可以写成⟨0,0,1,2,0,3,4⟩。(假定 1,2,3,4 分别是 A,B,C,D 的编码。)

为从这样的字得到原来的 S 表达式,可以自左向右扫描这个字的

各项，遇到 0，把它推入堆栈；遇到非零的项 y，如栈顶是 0，用 y 替换栈顶，如栈顶是非零的 x，把 x 从栈中弹出，用 x・y 替换 y，重新扫描。以上面的字为例，计算过程如下(左边是栈，右边是被扫描的字)：

〈〉	〈0,0,1,2,0,3,4〉	〈1・2〉	〈0,3,4〉
〈0〉	〈0,1,2,0,3,4〉	〈0,1・2〉	〈3,4〉
〈0,0〉	〈1,2,0,3,4〉	〈3,1・2〉	〈4〉
〈1,0〉	〈2,0,3,4〉	〈1・2〉	〈3・4〉
〈0〉	〈1・2,0,3,4〉	〈〉	〈(1・2)・(3・4)〉
		〈(1・2)・(3・4)〉	〈〉

用 x，y 分别表示上表中的左右两部分，那么前进函数应该是：

w〈x,y〉=@y→〈x,y〉;　　null αy→〈0・x,βy〉;

@x→〈x,y〉;　　null αx→〈αy・βx,βy〉;

〈βx,(αx・αy)・βy〉

注意，我们加入了ⓐy，ⓐx 两情况下的处置是为了使 w 是全函数。停止条件也正是这个条件：

t〈x, y〉=ⓐy→1; null αy→0;ⓐx

严格说来，为使 t，w 是全函数，还要考虑到不是〈x, y〉形式的变量值的情况，所以

tz=ⓐz→1; ⓐβz→1;ⓐ$\overline{2}$z→1;nullα $\overline{2}$z→0;ⓐαz

w 也应做相应的调整。经过这样的调整，〈t, w〉就是一个叠代了。不难证明，每经过一步，x 的长度与 y 的长度之二倍的和都要减少。这样，对任何〈x, y〉，顺序计算一定会在有限步骤之内停止，于是，$\overline{w}$ 是全函数，而当 y 是与某个 S 表达式 s 相应的字时，$\overline{w}$〈0, y〉=〈s′, 0〉，其中 s′是把 s 的各原子 a 都换成 γa 所得到的。再令

g′z=numberp z→hβz;ⓐz→0;

$$g'\alpha \cdot g'\beta$$

则 $g's'=s$。于是令 $f=g'\alpha\overline{w}\langle \underline{0},\ I\rangle$，则 $s=\{fy \mid y\in N^*\}$而 f 是递归的全函数。

这样就可以证明：

定理(S 表达式可举)如果原子集是可举集，则 S 表达式集也是可举集。

详细证明就省略了。

5.2 可举集合的基本性质

定理 1. 一个非空集合 A 是可举的，当且仅当它是某个递归全函数 g 的值域。

证明：设 A 是非空的可举集。则存在递归全函数，$A=\{fn \mid n\in N\}$。取定 $a\in A$，令

$$g=\text{numberp}\rightarrow f;\ \underline{a}$$

则当 $x\in N$，有 $gx=fx$，否则 $gx=a$。由此即可证明 $A=\{gx \mid x\in S\}$，且 g 是递归全函数。

反之，设 $A=\{gx \mid x\in S\}$，g 是递归全函数。设 $S=\{fn \mid n\in N\}$，f 是递归全函数，所以 $A=\{gfn \mid n\in A\}$，gf 是递归全函数。A 是可举的。定理证完。

推论：一个集合是可举的，当且仅当它是某个递归函数 g 的值域。

证：由于空集是空函数的值域，由定理立得必要性。充分性由值域定理及本定理可证。

定理 2. 一个集合 A 是可举的，当且仅当它是某个递归函数 f 的定义域，即 $A=\{x \mid fx\neq\perp\}$。

证明：必要性。若 A 是空集，它是空函数的定义域。若 A 不是空集，存在递归全函数 g 使 $A=\{gn \mid n\in N\}$。令 $fx=\mu n[\text{weq}\langle x,\ gn\rangle]$，则

f 是递归的，其定义域是 A。

充分性。设 $A=\{x|fx\neq\perp\}$。令 $g=weq\langle f, f\rangle\to I;\perp$，则 g 是递归函数，而且当 $x\in A, gx=x$，当 $x\notin A$，$gx=\perp$，所以 $A=\{gx|x\in S\}$。由上定理的推论，A 是可举的。定理得证。

推论：A 是可举集，当且仅当存在递归函数 f，$A=\{x|fx=0\}$。

证明：若 A 可举，则存在递归函数 $A=\{x|gx\neq\perp\}$，令 $f=\underline{0}g$，则 $A=\{x|fx=0\}$。反之，若 $A=\{x|fx=0\}$，f 是递归函数。令 $g=f\to\underline{\perp};\underline{0}$。则 $A=\{x|gx\neq\perp\}$。推论得证。

定理 3　一个集合 $A\subset S$ 可举，当且仅当存在递归全函数 f，使 $A=\{x|$存在 y 使 $f\langle x, y\rangle=0\}$。

证明：充分性。设 $A=\{x|$存在 y 使 $f\langle x, y\rangle=0\}$，f 是递归全函数。设 $s=\{hn|n\in N\}$。则 $A=\{x|$存在 n 使 $f\langle x, hn\rangle=0\}$
令 $gx=\mu n\{f\langle x,hn\rangle=0\}$，则 g 是递归函数，$A=\{x|gx\neq\perp\}$，所以 A 是可举集。

必要性，设 A 是非空可举集，则存在递归全函数 g，$A-\{gx|x\in S\}$。令 $f_1\langle x, y\rangle=weq\langle x, gy\rangle\to 0;1$ 则 $f_1\langle x,y\rangle=0$ 的充要条件是 $x=gy$，从而，存在 y 使 $f_1\langle x, y\rangle=0$ 的充要条件是 $x\in A$。再令 $f=ⓐ\to\underline{1}$；$ⓐ\beta\to 1;f_1\langle\bar{1},\bar{2}\rangle$。则 f 即满足定理的要求。如果 A 是空集，取 $f=\underline{1}$ 即满足定理的要求。定理于是得证。

设 f 是一个函数，$G=\{\langle x, fx\rangle|x\in S\}$ 叫做 f 的图形。

定理（图形定理）：设 G 是 f 的图形。f 递归当且仅当 G 可举。

证明：由 $G=\{\langle 1, f\rangle x|x\in S\}$，易证必要性。现证充分性，设 G 是可举的。由上定理，存在递归全函数 g，使 $A=\{\langle x, y\rangle|$存在 z 使 $g\langle\langle x, y\rangle,z\rangle=0\}$。设 $S=\{hn|n\in N\}$，令

$$g'\langle x, n\rangle=ⓐhn\to 0;null\ g\langle\langle x, \alpha hn\rangle, \beta hn\rangle$$

则 g' 对一切 $x \in S, n \in N$ 有定义，令 $f'x = \alpha h \mu n\{g'\langle x, n\rangle\}$ 则 f' 是递归的。现在证明 $f = f'$。

先设 $fx = y \risingdotseq \perp$，存在 z，使 $g\langle\langle x, y\rangle, z\rangle = 0$ 于是存在 $n \in N$ 使 $hn = y \cdot z$，从而 $g'\langle x, n\rangle \risingdotseq 0$，于是 $\mu n\{g'\langle x, n\rangle\}$ 是使 $g'\langle x, n\rangle$ 不为 0 的最小正整数 k，此时 $g\langle\langle x, \alpha hk\rangle, \beta hk\rangle = 0$，就是说：

$$g\langle\langle x, \alpha h \mu n\{g'\langle x, n\rangle\}\rangle, \beta h \mu n\{g'\langle x, n\rangle\}\rangle = 0$$

于是存在 z'，使 $g\langle\langle x, f'x\rangle, z'\rangle = 0$，$\langle x, f'x\rangle \in G$。从而 $fx = f'x$。

再设 $fx = \perp$，对任何 y，z 都有 $g\langle\langle x, y\rangle, z\rangle \risingdotseq 0$，可见 $g'\langle x, n\rangle = 0$，（一切 $n \in N$）。于是 $\mu n\{g'\langle x, n\rangle\} = \perp$，$f'x = \perp$。

这样就证明了 $f = f'$。因此 f 是递归的。

5.3 递归集

设 $A \subset S$，C_A 是 A 的特征函数：

$$C_A x = \begin{cases} 0, & x \in A \\ 1, & x \notin A, \ x \risingdotseq \perp \\ \perp, & x = \perp \end{cases}$$

如果 C_A 是递归函数，就说 A 是递归集合。其实很容易证明 A 是递归集合的充要条件是存在递归全函数 f，使 $A = \{x | fx = 0\}$。（必要性是显然的，充分性只用注意 C_A = null null f 即可）。由此及上节定理 2 推论又可知 A 是可举的。

设 A 是递归的，任给一个 x，用计算 $C_A x$ 的办法总可以判断 x 是否属于 A。所以又说 A 是可判定的。设 A 是可举的，$A = \{x | fx = 0\}$，其中 f 不一定是全函数，所以只有当 $x \in A$ 时，可以用计算 fx 的办法证实这一点，如果 $x \notin A$，fx 的计算可能毫无结果（例如死循环）。所以 A 又叫半可判定的。

定理　(递归性与可举性的关系)。一个集合 $A\subset S$ 是递归的,当且仅当 A 与 A 的补集 $A_1=S-A$ 都是可举的。

证明:必要性,若 A 是递归的,A 是可举的已如上述。A_1 的可举性由 $A_1=\{x|C_A=1\}=\{x|\text{null } C_A=0\}$ 立得。

充分性:设 $A=\{f_0 x|x\in N\}$,$A_1=\{f_1 x|x\in N\}$,f_0,f_1 都是全函数。令 $gx=\mu n\{weq\langle f_0 n=x\rangle \vee weq\langle f_1 n=x\rangle\}$不难看出 g 是全函数。再令 $h=f_0 g\rightarrow \underline{0};\underline{1}$,则 h 是 A 的特征函数。定理得证。

推论:设 A 是可举集。那么,A 是递归集的充要条件是 A 的补集是可举集。

证明:显然。

利用这个推论又可以证明:

定理　(非递归可举集的存在性),存在非递归的可举集。

证明:令 $A=\{x|\delta x\neq\perp\}$,因为 δ 是递归的,A 是可举的。A 的补集是 $A_1=\{x|\delta x=\perp\}$。我们来证明 A_1 不是可举的。

用反证法,设 A_1 是可举的,那么存在递归的 $f=F_1$,使 $A_1=\{x|fx\neq\perp\}$。由于 A 与 A_1 互为补集,所以对任何 x,fx 与 δx 总是一个有定义,一个无定义,所以 $fx\neq\delta x$。另一方面,$fa=F_1 a=\delta a$,矛盾。定理于是得证。

定理　(递归集的投影)。A 是可举集的充要条件是:存在递归集 A_1,使 $A_1=\{x|$存在 y,使$\langle x,y\rangle\in A_1\}$。

证明:充分性易证,因为 $A=\{Tz|z\in A_1\}$,而 A_1 是可举集。现在证必要性。设 A 可举,由上节定理 3,存在递归全函数 f,使 $A=\{x|$存在 y,$f\langle x, y\rangle=0\}$。令 $A_1=\{\langle x, y\rangle|f\langle x, y\rangle=0\}$则 A_1 是递归集合,而 $A=\{x|$存在 y,使$\langle x, y\rangle\in A_1\}$。定理证完。

5.4 非决定性计算

非决定性计算就是要借助于外部信息来完成的计算。因此,其输出值不但依赖于输入值，还依赖于外部信息。用 x 表示输入值，r 表示外部信息，则输出值 $y=g\langle x, r\rangle$。

一个函数 f 叫做非决定性可计算的，如果存在递归函数 g，使得：

(1) 若 $fx=\bot$，则对任何 r，$g\langle x, r\rangle=\bot$

(2) 若 $fx=y\neq\bot$，则存在 r，使 $g\langle x, r\rangle=y$，而且对任何 r，$g\langle x, r\rangle=y$ 或 $\bot$。

取定 r，令 $g_r x=g\langle x, r\rangle$ 可以得到一个递归函数。上面的定义也可以说成是：$f=\sup\{g_r\}$。

定理（非决定性计算的基本定理）一个函数 f 是非决定性可计算的，当且仅当它是递归的。

证明：若 f 是递归的，令 $g\langle x, r\rangle=fx\ (r\in S)$ 则 $f=\sup\{g_r\}$。所以 f 是非决定性可计算的。

若 f 是非决定性可计算的，那么存在递归函数 $g\langle x, r\rangle$，使 $f=\sup\{g_r\}$。用 G 表示 g 的图形，$G=\{\langle\langle x, r\rangle, g\langle x, r\rangle\rangle \mid x, r\in S\}$，则 G 是可举集。注意，当 r 取遍 S 时，$g\langle x, r\rangle$ 的值只要有定义总不外 fx 或 $\bot$，而如果 $fx\neq\bot$，它总与某个 $g\langle x, r\rangle$ 相等，所以又可以写成 $G=\{\langle\langle x, r\rangle, fx\rangle \mid x, r\in S\}$，令 $G'=\{\langle x, fx\rangle \mid x\in S\}$ 及 $h=\langle \bar{1}\bar{1}, \bar{2}\rangle$，则有 $G'=\{hz \mid z\in G\}$ 可见 G' 也是可举集，而 G' 是 f 的图形，所以 f 是递归的。定理证完。

非决定性的顺序计算在理论上尤其重要。

设给了停止条件 t 和前进函数 w，对于给定的初始状态 z 和一串外部信息 $r=\langle r_1, \cdots, r_n\rangle$，从 z 开始由 r 引导的计算过程是如下办法确定的序列 $z_1, z_2, \cdots$ 其中 $z_1=z$，$z_{k+1}=t\langle z_k, r_k\rangle\rightarrow z_k; w\langle z_k, r_k\rangle$。如果不存在 k 使 $t\langle z_k, r_k\rangle=0$，我们就令 $z'=\bot$；否则，取 z' 等于使 $t\langle z_k, r_k\rangle=0$ 的 z_k 中足标最小者。z' 叫做从 z 开始由 r 引导的终止状态。用 $u\langle z,$

r⟩表示这个状态。

再设 p, q 是编码、解码函数,那么 qu⟨px, r⟩就是在外部信息为 r 的时候,由输入 x 所造成的输出。令 g_1x=qu⟨px, r⟩,如果 sup{g_r}存在,它就是由⟨p, q, t, w⟩所计算的函数。

定理:设 p, q, t, w 是递归全函数,f 是由⟨p, q, t, w⟩所计算的函数。则 f 是递归函数。

证明:令 t′⟨z, r⟩=ⓐr→1;t⟨z, αr⟩,w′⟨z, r⟩=t⟨z, r⟩→⟨z, r⟩;⟨w⟨z, αr⟩, βr⟩。u′是叠代⟨t′, w′⟩的解,即:u′⟨z, r⟩=t′⟨z, r⟩→⟨z, r⟩;u′w′⟨z, r⟩不难证明,如果 r=⟨r_1, …, r_n⟩,且计算在第 k 步尚未停止,则:

$$w'<z_k,\beta^{k-1}r\rangle=\langle z_{k+1},\beta^k r\rangle$$

于是可知

$$u'\langle z, r\rangle=\begin{cases}u\langle z, r\rangle, \beta^k r\rangle & \text{如果计算在第 k 步终止}\\ \langle z_n, 0\rangle & \text{如果计算在第 n 步未终止}\end{cases}$$

令 $u^n\langle z, r\rangle=\bar{2}u'\langle z, r\rangle\to\langle\bar{1}u'\langle z, r\rangle\rangle;0$,则有

$$u''(z, r)=\begin{cases}\langle u\langle z, r\rangle\rangle & \text{如果 } n\langle z, r\rangle\neq\perp\\ 0 & \text{如果 } u\langle z, r\rangle=\perp\end{cases}$$

再令 u‴=au″,则 u‴=u。可见 u 是递归的。由此,根据非决定性计算的基本定理,可证 f 是递归的。定理证完。

6. 逻辑计算

6.1 逻辑计算的概念

设要计算 y=length(A·B·0)。由定义:

$$\text{length } o=0$$

$$\text{length}(x_1 \cdot x_2)=0 \cdot \text{length } x_3$$

如果能求出 y 的值,比如 y=0·0·0,那么就可以从上面两个式子证明:

$$\text{length } (A \cdot B \cdot 0)=0 \cdot 0 \cdot 0.$$

把 length x=y 简记为 L(x,y)。我们的问题就归结为:是否可以找到一个 S 表达式 y,使得 L(A·B·0,y)可以从

$$L(0,0)$$

$$L(x_2,\ x_3)\rightarrow L(x_1 \cdot x_3,\ 0 \cdot x_3)$$

证明出来。

这种问题的一般形式是:给了一组逻辑公式 $p_1,\cdots,p_m$,求 y,使 R(y)可以从 $p_1,\cdots,p_m$ 证明出来。这里我们可以对逻辑公式的形式做进一步的规定,就是限于 $\alpha_1 \wedge \cdots \wedge \alpha_n \rightarrow \alpha_0$ 的形式,其中 $\alpha_0,\alpha_1,\cdots,\alpha_n$ 都是原子公式(以下简称元式)。

现在我们给出严格的定义。

我们不必关心变元、项和元式的详细定义。对我们来说重要的是:(1) 变元的集合是原子集合的递归子集。(2) 项的集合是 S 表达式集的递归子集。(3) 元式集的集合也是 S 表达式集的递归子集。

不含有变元的项叫常项,不含有变元的元式叫底元式。

为了说明不同元式之间在形式上的关系,我们常用代换。所谓代换,指的是由一组变元和一组项组成的对偶表。设 $v_1,\cdots v_n$ 是一组变元,$t_1,\cdots,t_n$ 是一组项,则 $\sigma=\langle v_1 \cdot t_1,\cdots,v_n \cdot t_n\rangle$ 叫做一个代换,设 a 是一个元式,σ 是一个代换,$a\sigma$ 就表式对 a 施行代换 σ 所得的结果。我们约定:

(4) 对任何元式 a 和任何代换 σ,$a\sigma$ 是一个元式,叫做 a 的例式。

注意,$a\sigma$ 可以从 a 和 σ 计算出来。

设 W_1，W_2 是两个有穷的元式集。则 W_1/W_2 叫做由这两个元式集组成的分式。如果 W_2 只有一个元式 w，$w_2=\{w\}$，则 W_1/W_2 叫做线性分式或线性式，并简记为 W_1/w。我们就用这种记号来代替 $w_1 \wedge \cdots \wedge w_n \to w$（这里 $W_1=\{w_1,\cdots,w_n\}$）。如果 W_2 是空集，我们就把 W_1/W_2 叫做整式，并简记为 W_1。如果 W_1 和 W_2 都是空集，我们就把相应的分式叫做空式。

元式和分式统称合式。

设 W_1/W_2 是分式，σ 是代换。对 W_1，W_2 中的所有元素都施行代换 σ，得到相应的两个元式集 W_1'，W_2'。则 W_1'/W_2' 叫做 W_1/W_2 的例式，并记做 $(W_1/W_2)\sigma$，或者 $W_1\sigma/W_2\sigma$。

一个分式 W_1/W_2 中，若 W_1，W_2 都是底元式的集合，就说这个分式是底分式。如果 $(W_1/W_2)\sigma$ 是底分式，就说它是 W_1/W_2 的底例式，而 σ 是 W_1/W_2 的底代换。

以下我们用 0，1 分别表示假、真，以便讨论合式的逻辑关系。设每个合式 w 都有一个真值 φW 与它对应，则 φ 叫做一个赋值系，如果：

（1）$\varphi w=1$，当且仅当它的一切底例式 w' 都有 $\varphi w'=1$；

（2）设 W_1/W_2 是任一底分式。$\varphi(W_1/W_2)=0$，当且仅当 W_1 中每个底元式 w_1 都有 $\varphi w_1=1$，而且 W_2 中每个底元式 w_2 都有 $\varphi w_2=0$。（或者说 $\varphi(W_1/W_2)=1$ 当且仅当有某个 $w_1 \in W_1$ 使 $\varphi w_1=0$ 或有某个 $w_2 \in W_2$ 使 $\varphi w_2=1$.）。

设 w 是一个合式，φ 是一个赋值系。若 $\varphi w=1$，则说 φ 满足 w。又设 $\mathscr{W}$ 是一组合式，如果 φ 满足其中的每一个合式，则说 φ 满足 W，并记为 $\varphi\mathscr{W}=1$，否则说 φ 不满足 $\mathscr{W}$，并记为 $\varphi\mathscr{W}=0$。

如果存在 φ，使 $\varphi\mathscr{W}=1$，则说 $\mathscr{W}$ 是可满足的，否则说 $\mathscr{W}$ 是不可满足的。

合式 w 叫做合式集 $\mathscr{W}$ 的推论，如果任何满足 $\mathscr{W}$ 的赋值系 φ 都满足 w。

现在我们终于可以给出如下的定义了：

定义：设线性分式集 $\mathscr{P}=\{p_1,\cdots,p_n\}$，r 是一个元式。则 $\langle\mathscr{P},r\rangle$ 叫做一个线性逻辑方程。r 的一个底代换 σ 叫做方程 $\langle\mathscr{P},r\rangle$ 的一个解，如果 $r\sigma$ 是 $\mathscr{P}$ 的推论。

6.2 预备定理

引理 1　设 r 是一个元式，$w=\{r\}/\phi$。σ 是 r 的底代换。那么，对任何估值系，$r\sigma$ 满足 φ 的充要条件是 $w\sigma$ 不满足 φ。

证明：由赋值系的定义，$\varphi w\sigma=0$ 的充要条件是 $\varphi r\sigma=1$ 引理得证。

引理 2　设 $\langle\mathscr{P},r\rangle$ 是线性逻辑方程。$w=\{r\}/\phi$。那么 σ 是这个方程的解，当且仅当 $\mathscr{P}\cup\{w\sigma\}$ 不可满足。

证明：设 σ 是方程的解，$r\sigma$ 是 $\mathscr{P}$ 的推论。对任何赋值系 φ，只要 $\varphi\mathscr{P}=1$，就有 $\varphi\sigma=1$，由引理 1，$\varphi wr=0$。可见 $\varphi(\mathscr{P}\cup\{w\sigma\})=0$。因此，$\mathscr{P}\cup\{w\sigma\}$ 不可满足。

反之，如果 $\mathscr{P}\cup\{w\sigma\}$ 不可满足，则对任何赋值系 φ，只要 $\varphi\mathscr{P}=1$，就有 $\varphi w\sigma=0$，从而 $\varphi r\sigma=1$。因此 $r\sigma$ 是 $\mathscr{P}$ 的推论，因此 σ 是方程的解。引理得证。

设 $\mathscr{W}$ 是合式集，$\overline{\mathscr{W}}$ 是 $\mathscr{W}$ 中各合式的所有底例式的集合，则说 $\overline{\mathscr{W}}$ 是 $\mathscr{W}$ 的全例集。很显然，对任何赋值系 φ，$\varphi\mathscr{W}=1$ 的充要条件是 $\varphi\overline{\mathscr{W}}=1$。因此，$\mathscr{W}$ 不可满足的充要条件是 $\overline{\mathscr{W}}$ 不可满足。

我们将要证明如下的基本引理：

基本引理：设 $\mathscr{W}$ 是合式集。$\mathscr{W}$ 不可满足的充要条件是 $\mathscr{W}$ 的全例集 $\overline{\mathscr{W}}$ 有不可满足的有穷子集 $\mathscr{W}_0\subset\overline{\mathscr{W}}$

证明：若 $\mathscr{W}_0$ 是不可满足的，$\overline{\mathscr{W}}$ 更是如此，$\mathscr{W}$ 也就不可满足。这就是充分性。现在证明必要性。设 $\mathscr{W}$ 是不可满足的，那么 $\overline{\mathscr{W}}$ 也是不可满足的。我们来证明存在 $\overline{\mathscr{W}}$ 的一个有穷的不可满足的子集，用反证法，设 $\overline{\mathscr{W}}$ 的一切有穷子集都是可满足的。

注意 $\overline{\mathscr{W}}$ 是一些 S 表达式的集合，所以是可数集。设 $\overline{\mathscr{W}}=\{w_1, w_2, \cdots\}$，用 $\mathscr{A}$ 表示 $\overline{\mathscr{W}}$ 中出现的一切底元式的集合，这也是一个可数集，设 $\mathscr{A}=\{a_1, a_2, \cdots\}$。

设 $b=\{b_1, b_2, \cdots\}$ 是一个二进序列。我们说 b 满足 w_j，如果存在 φ，φ 满足 w_j，而且 $\varphi a_1=b_1, \varphi a_2=b_2, \cdots$。这时，任何赋值系 φ'，只要 $\varphi' a_1=b_1, \varphi' a_2=b_2, \cdots$ 总有 φ' 满足 w_j。

令 $B_k=\{b \mid b \text{ 满足 } w_1, w_2, \cdots, w_k\}$，

$B=\{b \mid b \text{ 满足一切 } w_j, (j=1,2,\cdots)\}$

显然 B_k 都不是空集，而 B 是空集。此外 $B_1 \supset B_2 \supset \cdots$ 是一个下降序列，而且 $B=\bigcap B_k$。

用 $C_n(b)$ 表示二进序列 b 的前 n 项组成的向量。若 $b=\{b_1, b_2, \cdots\}$，则 $C_n(b)=\langle b_1, \cdots, b_n\rangle$. 特别，令 $C_0(b)=0$。设 $Q_k=\{C_n(b) \mid b \in B_k, n=0,1,2,\cdots\}$，则 $Q_1 \supset Q_2 \supset \cdots$ 是一个下降序列，令 $Q=\bigcap Q_k$。显然 $0 \in Q$。

用 n_k 表示出现在 $w_1, \cdots, w_k$ 中的元式 aj 的最大足标。不难看出，一个赋值系是否能满足 $w_1, \cdots, w_k$ 只依赖于 $\varphi a_1, \cdots, \varphi a_{nk}$ 的值。因此，若 $C_{nk}(b)=C_{nk}(b')$，则 b 与 b' 同时属于或不属于 B_k。

任取 $\langle x_1, \cdots, x_n\rangle \in Q$。那么对任何 Q_k，$\langle x_1, \cdots, x_n\rangle \in Q_k$。可见存在 $b \in B_k$，$C_n(b)=\langle x_1, \cdots, x_n\rangle$。于是 $C_{n+1}(b)=\langle x_1, \cdots, x_n, x_{n+1}\rangle \in Q_k$ 其中 x_{n+1} 是 0 或 1。换句话说，$\langle x_1, \cdots, x_n, 0\rangle$ 和 $\langle x_1, \cdots, x_n, 1\rangle$ 中总有一个在 Q_k 中。于是可以把 $Q_1, Q_2, \cdots$ 分为两组，第一组中的 Q_k 含有

$\langle x_1,\cdots x_n,0\rangle$，第二组中的 Q_k 不含 $\langle x_1,\cdots,x_n;0\rangle$ 但含有 $\langle x_1,\cdots,x_n,1\rangle$。这两组中至少有一组是无穷的。因此，$\langle x_1,\cdots,x_n,0\rangle$ 和 $\langle x_1,\cdots x_n,1\rangle$ 中至少有一个属于无穷多个 Q_k。而 $Q_1\supset Q_2\supset\cdots$ 是下降序列，所以属于无穷多个 Q_k 也就属于 Q。

总之，若 $\langle x_1,\cdots,x_n\rangle\in Q$，则存在 x_{n+1}，使 $\langle x_1,\cdots,x_n,x_{n+1}\rangle\in Q$。上面已经说明 $0\in Q$，利用这个结果，存在 $\langle x_1\rangle\in Q$，从而又存在 $\langle x_1,x_2\rangle\in Q$，…于是存在一个二进序列 $x=\{x_1,x_2,\cdots\}$，使得一切 $C_n(x)\in Q$。从而对一切 n 和 k，$C_n(x)\in Q_k$，特别是 $C_n(x)\in Q_k$。因此，存在 $b\in B_k$，$C_n(b)=C_k(x)$。由前面的讨论，这说明 $x\in B_k$。这里的 k 是任意的，因此 $x\in B$，与 B 是空集矛盾。这就证明了基本引理。

现在把基本引理用于逻辑方程，我们可以证明：

预备定理：设 $\langle\mathscr{P},r\rangle$ 是线性逻辑方程，σ 是 r 的底代换，$w=\{r\}/\phi$ 那么，σ 是方程解的充要条件是：存在 $\mathscr{P}$ 的全例集的有穷子集 $\mathscr{P}'$，使 $\mathscr{P}'\cup\{w\sigma\}$ 不可满足。

证明：充分性是显然的，若 $\mathscr{P}'\cup\{w\sigma\}$ 不可满足，$\mathscr{P}\cup\{w\sigma\}$ 也不可满足，由引理 2，σ 是方程的解。现在证明必要性，设 σ 是方程的解。由引理 2，$\mathscr{P}\cup\{w\sigma\}$ 不可满足。设 $\mathscr{P}$ 的全例集是 $\overline{\mathscr{P}}$，由于 wσ 是底式，$\mathscr{P}\cup\{w\sigma\}$ 的全例集是 $\overline{\mathscr{P}}\cup\{w\sigma\}$. 根据基本引理，存在 $\overline{\mathscr{P}}\cup\{w\sigma\}$ 的有穷子集 $\mathscr{P}_0$，不可满足。令 $\mathscr{P}'=\mathscr{P}_0-\{w\sigma\}$ 即可。引理证完。

6.3 底消解法

设 $\mathscr{P}=\{P_1/a_1,\cdots,P_m/a_m\}$ 是一个线性底分式集，$G=G/\phi$ 是一个底整式。底消解法的目的，是提供一个算法来判定 $\mathscr{P}\cup\{G\}$ 是否不可满足。

定义：(1)设 P/a 是底分式，Q 是底整式。若 $a\in Q$，则说 Q 可以

用 P/a 进行底消解。这时，令 $R=(Q-\{a\})\cup P$，则 R（做为底整式）叫做 Q 关于 P/a 的底消解式，记为 $R=Q\times\frac{P}{a}$。

(2)设 $\mathscr{P}$ 是底分式集。若 Q 可以用 $\mathscr{P}$ 中的某个底分式进行底消解，则说 Q 可以用 $\mathscr{P}$ 进行底消解，这时相应的底消解式 R 叫做 Q 关于 $\mathscr{P}$ 的一个底消解式，记为 $R:Q\times\mathscr{P}$。

(3) 设 $\mathscr{P}$ 是底分式集。一个底整式序列 $\mathscr{P}=\{G_0, G_y\cdots, G_n\}$ 叫做 Q 关于 $\mathscr{P}$ 的一个底消解过程，如果 $G_0=Q$，而且对每个 k，$(1\leqslant k\leqslant n,)$ 有 $G_k:G_{k-1}\times\mathscr{P}$。此外，如果又有 $G_n=\phi$，则说 $\mathscr{P}$ 是 Q 关于 $\mathscr{P}$ 的一个底反驳。

引理：设 $R=Q\times\frac{P}{a}$。如果 φ 满足 Q 与 $\frac{P}{a}$，则 φ 也满足 R。

证明：设 $\varphi Q=1, \varphi(P/a)=1$。由于 $\varphi Q=1$，存在 $q\in Q, \varphi q=0$，取定这个 q。

若 $\varphi a=1$，则 $a\neq q, q\in Q-\{a\}\subset R$，可见 $\varphi R=1$。

若 $\varphi a=0$，则由 $\varphi(P/a)=1$ 可知存在 $p\in P$，使 $\varphi p=1$，而 $p\in R$，所以 $\varphi R=1$。

引理得证。

这个引理说明底消解法是一个可靠的推理规则，若存在底整式 Q 关于底分式集 $\mathscr{P}$ 的底反驳 $\mathscr{P}$ 那么，对任何满足 $\mathscr{P}\cup\{Q\}$ 的赋值系 φ，φ 一定满足 $\mathscr{P}$ 中的每个整式，从而满足最后的空式。但空式是不可满足的，可见 $\mathscr{P}\cup\{Q\}$ 也是不可满足的。因此 $\mathscr{P}\cup\{Q\}$ 不可满足的一个充分条件是：存在 Q 关于 $\mathscr{P}$ 的底反驳。我们将证明这个条件还是必要的。为此先要引进一些术语。

我们说 $\mathscr{P}$ 关于 Q 是冗余的，如果存在 $\mathscr{P}$ 的真子集 $\mathscr{P}'$，$\mathscr{P}'\cup\{Q\}$ 不可满足。

我们把 $\mathscr{P}$ 叫做三角的，如果（经过适当的排序）$\mathscr{P}$ 可以写成 $\{P_{1/a_1}, \cdots P_m/a_m\}$，使 $P_1=\phi$。$\{a_1\}\subset P_2, \cdots, \{a_1, \cdots, a_{m-1}\}\subset P_m$。

现在设 $\mathscr{P}\cup\{Q\}$ 不可满足。若对 $\mathscr{P}$ 的一切真子集 $\mathscr{P}'$，$\mathscr{P}'\cup\{Q\}$ 都是可满足的，$\mathscr{P}$ 就是非冗余的，否则有某个真子集 $\mathscr{P}'$，$\mathscr{P}'\cup\{Q\}$ 是不可满足的，取元素数最少的某个这样的真子集 $\mathscr{P}'$，则 $\mathscr{P}'$ 是（关于 Q）非冗余的。总之，我们不妨假定 $\mathscr{P}$ 是关于 Q 非冗余的。

现在证明一个引理：

引理：设 $\mathscr{P}=\{P_1/a_1, \cdots, P_m/a_m\}$，Q 是非空的整式。若 $\mathscr{P}\cup\{Q\}$ 不可满足，而且 $\mathscr{P}$ 关于 Q 是非冗余的，则 $\mathscr{P}$ 是三角的。

证明：对 m 用归纳法。

先考虑 $m=1$ 的情况。这时只用证明 P_1 是空集即可。如果 $p\in P_1$，总可以有 φ 不满足 p 和 Q 中的某个 q，这时 φ 就满足 P_1/a_1 与 Q。这与 $\mathscr{P}\cup\{Q\}$ 不可满足矛盾。可见 P_1 是空集。

设引理对于 $m=k$ 的情况是正确的。现在设 $m=k+1$。如果每个 P_1 都非空，则可以取 $p_1\in P_1, \cdots, p_{k+1}\in P_{k+1}, q\in Q$，总可以有 φ 满足 $p_1, \cdots, p_{k+1}$ 及 q，从而也满足 $p_1/a_1, \cdots, p_{k+1}/a_{k+1}$ 及 Q，这与 $\mathscr{P}\cup\{Q\}$ 不可满足矛盾。可见有某个 P_1 是空集，比如说 P_1 是空集（必要时可适当排列 $\mathscr{P}$ 的各元素）。

由于 $\phi/a_1\in\mathscr{P}$，及 $\mathscr{P}$ 的非冗余性，不难证明 $a_2, \cdots, a_{k+1}$ 都不等于 a_1（否则把 ϕ/a_1 从 $\mathscr{P}$ 中去掉，$(\mathscr{P}-\{\phi/a_1\})\cup\{Q\}$ 仍然是不可满足的）。

现在令 $P_2'=P_2-\{a_1\}, \cdots, P_{k+1}'=P_{k+1}-\{a_1\}, Q'=Q-\{a_1\}, \mathscr{P}'=\{P_2'/a_2, \cdots, P_{k+1}'/a_{k+1}\}$。于是 a_1 在 $\mathscr{P}'$ 及 Q' 中均不出现。

$\mathscr{P}'\cup\{Q'\}$ 仍然是不可满足的。反之，若 φ 满足 $\mathscr{P}'\cup\{Q'\}$，取一个新的赋值系 φ' 使 $\varphi a_1=1$，而凡是出现在 $\mathscr{P}'\cup\{Q'\}$ 中的元式（底元

式)a 都有 $\varphi' a=\varphi a$。这样,φ'满足 a_1 及 $\mathscr{P}' \cup \{Q'\}$,由此可知 φ 满足 $\phi/a_1, P_2/a_2, \cdots, P_{k+1}/a_{k+1}$ 及 Q。这是不可能的。

$\mathscr{P}' \cup \{Q'\}$还是非冗余的。就是说,若 $\mathscr{P}''$是 $\mathscr{P}'$的真子集,则 $\mathscr{P}'' \cup \{Q'\}$可满足。不妨假定 P_{k+1}/a_{k+1}不在 $\mathscr{P}''$中。由于 $\mathscr{P}$关于$\{Q\}$非冗余,所以$(\mathscr{P}-\{P_{k+1}/a_{k+1}\}) \cup \{Q\}$可满足。设 φ 满足它,则有 $\varphi(\mathscr{P}-\{P_{k+1}/a_{k+1}\})=1$,$\varphi Q=1$。而因为 P_1 是空集,$\varphi(\phi/a_1)=1$,所以 $\varphi a_1=1$。由此可知 $\varphi(P_1'/a_1)=1$,$(j=2,\cdots,k)$,及 $\varphi Q'=1$。这说明 φ 满足 $\mathscr{P}'' \cup \{Q'\}$。

于是 $\mathscr{P}' \cup \{Q'\}$不可满足,而且 $\mathscr{P}'$关于$\{Q'\}$是非冗余的,因此 $\mathscr{P}'$是三角的。这样就不难看出 $\mathscr{P}$是三角的。引理得证。

现在已经可以证明定理了:

定理(底反驳定理)设 $\mathscr{P}$ 是一组线性底分式,q 是一个底整式。那么 $\mathscr{P} \cup \{Q\}$不可满足的充要条件是存在 q 关于 $\mathscr{P}$的底反驳。

证明:充分性已如前述。只用证必要性。不妨认为 $\mathscr{P}$是关于 q 非冗余的,由引理,$\mathscr{P}$是三角的。设 $\mathscr{P}=\{\phi/a_1, P_2/a_2, \cdots, P_m/a_m\}$。

很容易看出 $Q \subset \{a_1, \cdots, a_m\}$。反之,如果存在 $q \in Q$,q 与 $a_1, \cdots, a_m$ 都不同,那么就存在 φ,使 $\varphi q=0$ 而 $\varphi a_1=\cdots=\varphi a_m$。于是可证 φ 满足 $\mathscr{P}$及 Q 是不可能的。

取 $G_0=Q$。设在 G_0 中出现的那些 a_j 中,足标最大的是 a_{k_0},即 $G_0 \subset \{a_1, \cdots, a_{k_0}\}$, $a_{k_0} \in G_0$。令 $G_1=G_0 \times \frac{P_{k_0}}{a_{k_0}}$,于是 $G_1 \subset \{a_1, \cdots, a_{k_0-1}\}$。设在 G_1 中出现的 a_j 中足标最大的是 a_{k_1},则 $k_1 \leqslant k_0--1<k_0$。重复这一步骤,可以看到序列 $G_0, G_1 \cdots$其中每一项都是前一项关于 $\mathscr{P}$的底消解式,而 $k_0>k_1>\cdots$,这里 a_{k1}是在 G_1 中出现的 a_j 中足标最大的一个。因此,有某个 $a_{kn}=0$,于是 $G_n=\phi$。$\langle G_0, G_1, \cdots G_n\rangle$就

是 Q 关于 $\mathscr{P}$ 的底反驳。定理得证。

推论：设$\langle\mathscr{P},r\rangle$是线性逻辑方程，$\sigma$ 是 r 的底代换。$Q=\{r\}/\phi$。那么 σ 是方程的充要条件是：存在 $\mathscr{P}$ 的全例集的有穷子集 $\mathscr{P}'$，使 $Q\sigma$ 有关于 $\mathscr{P}$ 的底反驳。

证明：由上节预备定理和本定理立得。

6.4 一般的消解法

用底消解法求解逻辑方程，就要逐个验证每个底代换是否反例。在每次验证时又要逐个检查全集例的每个有穷子集。因此，这不可能是实用的方法。

一般消解法对此做了极大的改进。对于给定的逻辑方程$\langle\mathscr{P},r\rangle$，它不从底例式入手，而是一边消解、一边寻找代换。

定义(1) 设 Q 是整式，P/a 是线性分式，ξ 是一个代换。如果 $a\xi\in Q\xi$，则说 Q 可以用 P/a 进行 ξ 消解，这时，令 $R=(Q\xi-\{a\xi\})\cup P\xi$，则 R 叫做 Q 关于 P/a 的 ξ 消解式，记为 $R=Q\times\xi\frac{P}{a}$。

(2) 设 Q 是整式，$\mathscr{P}$ 是线性分式集。设 ξ 是一个代换。若 Q 可以用 $\mathscr{P}$ 中的某个分式进行 ξ 消解，则说 Q 可以用 $\mathscr{P}$ 进行 ξ 消解。这时相应的消解式 R 叫做 Q 的一个关于 $\mathscr{P}$ 的 ξ 消解式，记做 $R:Q\times\xi\mathscr{P}$。

(3) 设 $\xi^*=\langle\xi_1,\cdots,\xi_n\rangle$ 是一组代换，$\mathscr{G}=\langle G_0,\cdots,G_n\rangle$ 是一个整式序列，$G^0=Q$，而且对 $k=1,\cdots,n$，$G_k:G_{k-1}\times\xi\mathscr{P}$，则说 $\mathscr{G}$ 是 Q 关于 $\mathscr{P}$ 的一个 ξ^* 消解过程。此外，如 G_n 是空式，则 $\mathscr{G}$ 又叫 Q 关于 $\mathscr{P}$ 的一个 ξ^* 反驳。

引理 1　设 Q 与$\frac{P}{a}$不含共同变元，Q'和$\frac{P'}{a'}$分别是 Q 与$\frac{P}{a}$的例式，R

$=Q'\times\frac{P'}{a'}$,则存在 ξ,使 $R=Q\times\xi\frac{P}{a}$。

证明:设$\frac{P'}{a'}=\frac{P}{a}\xi_1$,$Q'=Q\xi_2$。因为$\frac{P}{a}$与 Q 不含共同变元,所以不妨假定 ξ_1,ξ_2 中也不涉及相同的变元. 把两个代换并置为一个代换 ξ,则$\frac{P'}{a'}=\frac{P}{a}\xi$,$Q'=Q\xi$。由此即可证明引理。

设 ξ,η 是两个代换。对任何合式相继使用这两个代换,其结果相当于施行一个代换 ζ。我们把 ζ 记为 $\xi\eta$。即$(w\zeta)\eta=w\zeta=w(\xi\eta)$。此外不难证明$(\xi\eta)\zeta=\xi(\eta\zeta)$。有了这些说明,我们就可以转而证明如下的引理:

引理 2　设 $R=Q\times\xi\frac{P}{a}$,$R'=R\eta$ 是 R 的底例式,ζ 是 $a\xi\eta$ 的任何底代换,$\omega=\xi\eta\zeta$。则 $Q'=Q\omega$ 及$\frac{P'}{a'}=\left(\frac{P}{a}\right)\omega$ 都是底例式,而且 $R'=Q'\times\frac{P'}{a'}$。

证明:$R=(Q\xi-\{a\xi\}\cup P\xi$,而 R'中不含变元,所以 $R'=R'\zeta=R\eta\zeta=(Q\omega-\{a\omega\})\cup P\omega$。由于 R'不含变元,$Q\omega$,$P\omega$ 也不含变元,此外 $a\omega$ 是 a 的底例式,于是 $R'=Q'\times\frac{P'}{a'}$是底消解式。引理得证。

注意,这里的 ζ 虽然不是唯一的,但是可以有算法任意确定一个。

推论:设 $\mathscr{G}=\langle G_0,\cdots,G_n\rangle$是 Q 的一个关于 $\mathscr{P}$ 的 ξ^* 消解过程,$G_n'=G_n\eta$ 是 G_n 的底例式。则存在一个代换 η_0 及一个 $Q\eta_0$ 关于 $\mathscr{P}'$的底消解过程 $\mathscr{G}'=\langle G_0',\cdots,G_n'\rangle$,这里 $\mathscr{P}'$是 $\mathscr{P}$ 的全例集的某个有穷子集。

证明:设 $\xi^*=\langle\xi_1,\cdots,\xi_n\rangle$。令 $\eta_n=\eta_0$ 由于 G_{n-1}是 G_n 关于 $\mathscr{P}$ 的 ξ_n 消解式,存在$\frac{P}{a}\in\mathscr{P}$,使 $G_{a-1}=G_n\times_{\xi_n}\frac{P_n}{a_n}$。任取 $a\zeta_n\eta_n$ 的底代换 ξ_n,令 $\eta_{a-1}=$

$\xi_n \eta_n \zeta_n$，$G'_{n-1} = G_{n-1}\eta_{n-1}$，则 $G'_{n-1} = G'_n \times \frac{P_n \eta_{n-1}}{a_n \eta_{a-1}}$ 是底消解式，G'_{n-1} 是底例式。

重复这个过程，直到求出 $\eta_0 = \xi_1 \eta_1 \zeta_1$，$G'_0 = G_{0\eta_0}$ 是 $G_0 = Q$ 的底例式。这里 $\eta_0 = \xi_1 \cdots \xi_n \eta \zeta_n \cdots \zeta_1$。由此即可证明推论。

定理（一般消解法）设 $\langle \mathscr{P}, r \rangle$ 是一个线性逻辑方程。$Q = \{r\}/\phi$。那么

(1) $\langle \mathscr{P}, r \rangle$ 有解的充要条件是 Q 有一个关于 $\mathscr{P}$ 的 ξ^* 反驳 $\mathscr{G}$；

(2) $\langle \mathscr{P}, r \rangle$ 的解 σ 可以从 $\mathscr{G}$ 和 ξ^* 计算出来。

证明：从赋值系的定义不难看出，把一个合式中的变元系统地换成新的变元并不改变这个合式的真值。因此，不妨假定 $\mathscr{P}$ 与 Q 没有共同的变元。

先证(1)中的充分性。设 Q 有一个关于 $\mathscr{P}$ 的 ξ^* 反驳 $\mathscr{G}$，由上面的推论，可知存在 Q 的一个底例式 $Q' = Q\sigma$ 使，Q' 有一个关于 $\mathscr{P}'$ 的底反驳，而 $\mathscr{P}'$ 是 $\mathscr{P}$ 的全例集的有穷子集。再由底反驳定理的推论就可以证明 σ 是 $\langle \mathscr{P}, r \rangle$ 的解。顺便指出，σ 是可以从 $\mathscr{G}$ 和 ξ^* 计算出来的，这就是本定理中的(2)。

现在证(1)中的必要性。设 $\langle \mathscr{P}, r \rangle$ 有解 σ。由底反驳定理的推论，存在 $\mathscr{P}$ 的全例集的有穷子集 $\mathscr{P}'$ 及 $Q\sigma$ 关于 $\mathscr{P}'$ 的底反驳 $\mathscr{P}' = \langle G'_0, \cdots, G'_n \rangle$。其中 $G'_0 = Q\sigma$，$G'_n = \phi$

现在令 $G_0 = Q$，G'_0 是 G_0 的底例式。因为 $G'_1 : G'_0 \times \mathscr{P}'$，所以有 $\frac{P'}{a'} \in \mathscr{P}$ 使 $G'_1 = G'_0 \times \frac{P'}{a'}$。$\frac{P'}{a'}$ 是 $\mathscr{P}$ 中某个分式 $\frac{P}{a}$ 的底例式。由引理 1，存在 ξ_1，使 $G'_1 = G_0 \times \xi_1 \frac{P}{a}$。取 $G_1 = G'_1$，G'_1 也是 G_1 的底例式。这个过

程可以继续下去,最后得到 Q 一个关于 $\mathscr{P}$ 的 ξ^* 消解过程 $\mathscr{G}=\langle G_0,\cdots,G_n\rangle$,而 G_n 的例式 G_n' 是 ϕ,可见 $G_n=\phi$。于是 $\mathscr{G}$ 又是一个底反驳。定理得证。

6.5 同　化

设 a_1,a_2 是两个元式,ξ 是代换。如果 $\alpha_1\xi=a_2\xi$,则说 ξ 是 a_1 和 a_2 的同化代换,或说 ξ 同化 a_1,a_2。这时,a_1 与 a_2 叫做可同化的。同化代换简称同代。

设 ξ,η 是两个代换,且而存在代替 ζ 使 $\xi\zeta=\eta$,则说 ξ 广于 η。

如果 ξ 同化 a_1,a_2,而且广于 a_1 与 a_2 的任何同化代换,则称 ξ 是 a_1 与 a_2 的最广同化代换,简称 a_1 与 a_2 的最广同代。

我们将给出一个算法来判断两个元式是否可同化,并在它们确实可同化时,求出它们的一个最广同代。(这时最广同代一定存在)。

定义:(1) 设 $R=Q\times\xi\frac{P}{a}$,而且 ξ 是 a 与 Q 中的某个 q 的最广同代,则 R 又叫 Q 与$\frac{P}{a}$的消解式。

(2) 设 $\mathscr{G}=\langle G_0,\cdots,G_n\rangle$是 Q 关于 $\mathscr{P}$ 的 ξ^* 消解过程。若每个 G_k 都是 G_{k-1}关于 $\mathscr{P}$ 中的某个分式$\frac{P}{a}$的消解式,则说 $\mathscr{G}$ 是 Q 关于 $\mathscr{P}$ 的消解过程。此外若又有 $G_n=\phi$,则说 $\mathscr{G}$ 是 Q 关于 $\mathscr{P}$ 的反驳。

本节将证明:

定理(消解法)。设$\langle\mathscr{P},r\rangle$是逻辑方程。$Q=\{r\}/\phi$。那么,$\langle\mathscr{P},r\rangle$有解的充要条件是存在 Q 关于 $\mathscr{P}$ 的反驳 $\mathscr{G}$。此外,可以通过 $\mathscr{G}$ 计算出方程的一个解。

为了证明这个定理,先要介绍同代的一些性质。首先我们要把

同代的概念推广到一般的S表达式。设s_1, s_2是两个S表达式,则令

$E(s_1, s_2) = \{\sigma | s_1\sigma = s_2\sigma\}$

其中的代换叫a_1, a_2的同化代换,如果$E(a_1, a_2) = \phi$,则a_1与a_2是不可同化的。

设E是任一个代换集合,用λE表示这样的集合:$\lambda E = \{\sigma | \sigma$广于E中所有的代换$\}$。因此,$\lambda E(s_1, s_2)$就是$s_1, s_2$的最广同代的集合。

一个代换叫换名,如果它具有$\langle v_1 \cdot v_1', \cdots, v_n \cdot v_n' \rangle$的形式,其中$v_1, \cdots, v_n, v_1', \cdots v_1'$都是变元。不难看出:设$\tau$是一个换名,则存在另一个换名$\tau'$,使$\tau\tau'$和$\tau'\tau$都是恒等变换,也就是说,$\tau'$是$\tau$的逆。

设σ是一个代换,τ是一个换名,则$\sigma\tau$广于σ,σ也广于$\sigma\tau$。其还可以证明,如果σ广于σ',σ'也广于σ,则存在一个换名代换τ使$\sigma' = \sigma\tau$。由此可知,最广同代如果存在,则是一些彼此相差一个换名的代换。

以下的几个引理很容易证明:

引理1　$E(s_1, s_2) = E(s_2, s_1)$;$\lambda E(s_1, s_2) = \lambda E(s_2, s_1)$

引理2　设v是变元,s中不含有v则$\langle v \cdot s \rangle$是v与s的一个最广同代:$\langle v \cdot s \rangle \in \lambda E \langle v, s \rangle$;若s中含有v,则$\lambda E(v, s) = \phi$。

引理3　设s_1, s_2都不含变元,则

$$\lambda E(s_1, s_2) = \begin{cases} \phi & \text{当 } s_1 \neq s_2 \\ \{0\} & \text{当 } s_1 = s_2 \end{cases}$$

(注意0就是恒等代换)。

引理4　$E(s_1 \cdot s_1', s_2 \cdot s_2') = \{\sigma\sigma' | \sigma \in E(s_1, s_2), \sigma' \in E(s_1'\sigma_1, s_2'\sigma)\}$

引理5　$\lambda E(s_1 \cdot s_1', s_2 \cdot s_2') = \{\sigma\sigma' | \sigma \in \lambda E(s_1, s_2), \sigma' \in \lambda E(s_1'\sigma, s_2'\sigma)\}$

由此上各引理可以证明:

定理(最广同代)设s_1, s_2是两个S表达式。$E(s_1, s_2) \neq \phi$,则$\lambda E(s_1, s_2) \neq \phi$。也就是说,两个s表达式如果可同化,就一定有最广

同代。

证明可以同结构归纳法，本文略。

此外，可以证明：

定理(同化算法)存在一个递归函数 f，使

$$\zeta\ f\langle s,s_s\rangle=\begin{cases}\langle\sigma\rangle & \text{当 } s_0,s_2 \text{ 可同化，且 } \sigma \text{ 是它们的一个最广同化。}\\ 0 & \text{当 } s_1,s_2 \text{ 不可同化}\end{cases}$$

证明：注意变元集合是递归的。所以存在递归全函数 g，使 $gx=0$ 的充要条件是：x 是变元，记 null $g=f_0$。于是 f_0 是递归全函数，当且仅当 $f_0x\neq 0$ 时，x 是变元。

不难写出一个递归全函数 f_1，对任何 s 表示式 s 及代换 σ，都有 $f_1\langle s,\sigma\rangle=s\sigma$。

不难写出一个递归全函数 f_2，对任何两个代换 σ 及 σ′都有 $f_2\langle\sigma,\sigma'\rangle=\sigma\sigma'$。实际上，设 $\sigma=\langle v_1\cdot s_1,\cdots,v_n\cdot s_n\rangle$，则令 $f_2\langle\sigma,\sigma'\rangle=\langle v_1\cdot(s_1\sigma_1),\cdots,v_n\cdot(s_n\sigma')\rangle+\sigma'$即可。

此外，不难写出一个递归全函数 f_3，对任何变元 v 及 s 表达式 s，$f_3\langle v,s\rangle\neq 0$ 的充要条件是 v 在 s 中出现。

基于以上的各辅助函数，f 可以按如下的办法定义：

$f\langle x,y\rangle=$

$f_0x\rightarrow f_3(x,y>\rightarrow 0;\langle\langle x\cdot y\rangle\rangle;$

$f_0y\rightarrow f_3\langle y,v\rangle\rightarrow 0;\langle\langle y\cdot v\rangle\rangle;$

ⓐ$x\rightarrow weq(x,y)\rightarrow\langle 0\rangle;0;$

ⓐ$y\rightarrow 0;$

$f\langle ax,ay\rangle\rightarrow$

$f\langle f,\langle\bar{1},\bar{3}\rangle,f_2\langle\bar{1},\bar{3}\rangle\rangle\rightarrow$

$\langle f_2\langle\bar{3},\ af\langle f_1\langle\bar{1},\bar{3}\rangle,f_2\langle\bar{1},\bar{3}\rangle\rangle\rangle\langle\ \beta x,\ \beta y,\ af\langle\ ax,\ ay)\rangle;0;0$

详细证明要用结构归纳法，本文略。

现在我们可以转而证明本节的主要定理了。先证明一个引理：

引理 设 Q 与$\frac{P}{a}$不含共同变化，$Q'=Q\eta$ 是 Q 的例式，$R'=Q'\times_{\xi}\frac{P}{a}$。又设 $\mathscr{V}$ 是一个有穷的变元集。则存在 Q 关于$\frac{P}{a}$的一个消解式 R，使 R' 是 R 的例式，而 R 中不含 $\mathscr{V}$ 中的变元。

证明：$R'=(Q'\xi-\{a\xi\})\cup P\xi$，而且 $a\xi\in Q'\xi=Q\eta\xi$。

又由于$\frac{P}{a}$和 Q 不含共同变元，把 η 中与 Q 无关的部分去掉，得到 η'，则对 Q 中的每个 q，$q\eta'=q\eta$，而对 p 中的每个 p，$p\eta'=t$，此外 $a\eta'=a$。因此，$a\eta'\xi=a\xi\in Q\eta\xi=Q\eta'\xi$，所以存在 q，$a\eta'\xi=q\eta'\xi$。这说明 a 与 q 可同化，用 σ 表示 a 与 q 的一个最广同代。

取适当的换名 τ，使 $(P_0\cup Q_0)\tau$ 中不含 v 中的变元。记 $\omega=\sigma\tau$，则 ω 也是 a 与 q 的最广同代。而 $\eta'\xi$ 是 a 与 q 的同代，所以存在 ζ，$\omega\zeta=\eta'\xi$。

于是 ω 消解式 $R=Q\times_{\omega}\frac{P}{a}$是消解式，而且 $R\zeta((Q\omega-\{a\omega\})\cup P\omega)\zeta=(Q\eta'\xi-\{a\eta'\xi\})\cup R\eta'\xi=(Q'\xi-a\xi)\cup P\xi=R'$。因此 R' 是 R 的例式。另一方面，$R=(Q\omega-\{a\omega\})\cup P\omega\subset Q\sigma\tau\cup P\sigma\tau$，所以 R 中不含 $\mathscr{V}$ 中的变元。

引理得证。

利用引理证明定理时，用 $\mathscr{V}$ 表示出现于 $\mathscr{P}$ 中的变元的集合。然后对于上节一般消解法定理中的反驳 $\mathscr{G}$ 反复利用引理即可。详细证明本文就省略了。

本节开头已把函数计算的问题归结为逻辑方程求解的问题。现在我们又把逻辑方程求解的问题归结为求反驳的问题。在求反驳的每一步 G_{k-1} 应与 $\mathscr{P}$ 中的哪一个分式进行消解是这个过程的非决定性因素，要靠外部信息来完成。这种非决定性的计算就是逻辑计算。

本节介绍的消解法在文献中叫做线性消解法。用消解法完成逻辑计算是逻辑型语言的理论基础。由于这是一种非决定性的计算，又因为同化算法比较复杂，逻辑型语言的实现面临着效率问题。这是算法复杂性研究的焦点之一。

An Introduction to Theoretic Computer Science

Ma Xiwen

Beijing University

Abstract: This is an introduction to theory of computability and theory of computation. It consists of: I. Abstract Computer, II. Symbolic Expressions, III. Recursive Functions, IV. Sequential Computation, V. Listable Sets, VI. Logical Computation.

（原载《计算机研究与发展》1988 年第 25 卷第 2 期 1—36 页）

什么是可计算性？

摘要： 可计算性的概念是关系到计算机和人工智能发展的重大理论问题，而且很可能在技术上诱发突破性的进展，出现一种不能用现有计算机模拟的新型智能机器。然而，可计算理论是经过认真钻研、反复推敲过的理论体系。只有更加周密地考查前人的工作，找出其不足之处或者失足之处，才可能找出新路。本文就打算把这种理论的来龙去脉做一个概要的分析，谈谈对这个问题的看法。

（一）

传统的可计算理论始于丘奇和图灵。有名的丘奇图灵论题就是：一切合理的计算模型都等价于图灵机。这个论题没有（也不可能有）严格意义下的证明。它的一个推论就是：一切有足够计算能力的计算机都等价于现有通用机（如果其外存可以任意扩大，工作时间可以任意长的话）。可见丘奇图灵论题就是想一劳永逸地解决可计算性的问题。但是要建立一个严密的逻辑体系，必须把丘奇图灵论题当做公理。怎样把这个论题改用一些新的更直觉的公理来替代，当然是值得研究的课题。在这方面，根据 M. Blum 的研究，可以提出如下的公理系统[1]：

公理（A）：每一个可计算函数对应于一个正整数，叫做它的程序

(指程序的编码)。

公理(B)：

(B_1)后继函数 $s(x)=x+1$ 是可计算的。

(B_2)常值函数 $C_u^{(n)}(x_1,\cdots,x_n)=u$ 是可计算的，而且存在可计算的全函数 k_n，以便从 u 得到 $C_u^{(n)}$ 对应的程序 $k_n(u)$。

(B_3)投影函数 $P_j^{(n)}(x_1,\cdots,x_n)=x_j$ 是可计算的。

(B_4)选择函数 $\Lambda(x,y,u,v)=\begin{cases} u \text{ 当 } x=y \\ v \text{ 当 } x\neq y \end{cases}$ 是可计算的。

公理(C)：如果 $f,g_1,\cdots,g_m$ 是可计算的，则复合函数 $h(x_1,\cdots,x_n)=f(g_1(x_1,\cdots,x_n),\cdots,g_m(x_1,\cdots,x_n))$ 是可计算的，而且存在可计算的全函数 $k_{n,m}$，以便从 $f,g_1,\cdots,g_m$ 的程序 $s_0,s_1\cdots,s_m$ 得到 h 对应的程序 $k_{n,m}(s_0,s_1,\cdots,s_m)$

公理(D)：存在可计算的函数 U_n，对任何可计算函数 $f,f(x_1,\cdots,x_n)=U_n(s,x_1,\cdots,x_n)$ 其中 s 是 f 对应的程序。

只要了解算法语言是如何实现的(编译与解释执行)便不难看出这些公理的可靠性。Blum 的工作说明，可计算理论的大部分结果都可以从这些公理推出来。例如：

递归定理：设 $\tau[F]$ 是一个以 F 为函数变元的泛函，t 是一个可计算的全函数，满足：如果 f 是一个可计算函数，其相应的程序是 s，则 $\tau[f]$ 也是可计算函数，其相应的程序是 t(s)。

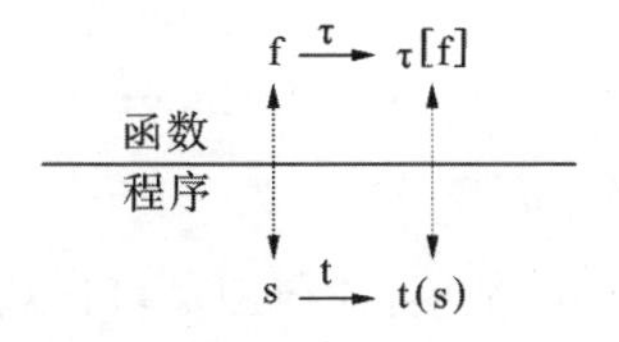

那么一定存在某个可计算函数 f，使 $f=\tau[f]$，f 叫做泛函 τ 的不动点。

(二)

上节阐述了 Blum 的理论要点,只是这些理论还不足以说明丘奇图灵论题的合理性。我们从对非决定性计算的研究出发,提出了一个新公理。

函数 f 叫做定义小于 g,如果在 f 的定义域上两个函数的值相等。用 $f\subseteq g$ 表示这种关系,$\subseteq$是一个半序关系。设$\{f_i\}$是一组函数,g 是一个函数。满足:$f_i\subseteq g$(一切 i),那么 g 叫这组函数的一个上界。如果 g 是$\{f_i\}$的上界,而且对$\{f_i\}$的任何上界 h,$g\subseteq h$,则说 g 是$\{f_i\}$的最小上界。最小上界如果存在,一定是唯一的。

所谓一个函数是非决定性可计算的,是指在某种外部信息的协助下可以计算。用 i 表示外部信息。不同的外部信息对应于不同的可计算函数 f_i,但在这些函数有定义的地方,它们彼此相同。由此不难想象这些$\{f_i\}$的最小上界 f 就应是作为这种非决定性计算之目标的函数。

决定性的可计算性与非决定性的可计算性是一致的。这可以表述为如下的公理:

公理(E):一组可计算函数$\{f_i\}$如果有最小上界 f,则 f 也是可计算的。

有了公理(E),我们可以证明不动点原理[2]:

不动点原理:设 $\tau[F]$是一个单调连续泛函,令 $f_0=\perp$(处处无定义的函数),$f_1=\tau[f_0]$,$f_2=\tau[F_1]$…则$\{f_0,f_1,\cdots\}$有可计算的最小上界 $f\tau$。(关于泛函的单调连续性请看[2])。

利用这个定义就可以证明:任何图灵可计算函数都是可计算的。这就是说一切合理的计算模型应使图灵可计算函数都是可计算的。

一个泛函如果可以通过已知可计算函数及函数变元符号用复合函

数的形式表达出来，就叫做代数泛函。设 $a_1[F_1, \cdots, F_R,], \cdots a_k[F_1, \cdots, F_k]$是一组以 $F_1, \cdots, F_k$ 为变元符号的代数泛函，那么：

$$\begin{cases} F_1 = a_1[F_1, \cdots F_k] \\ F_k = a_k[F_1 \cdots, F_k] \end{cases}$$

叫做一个代数方程组。代数方程组实际上就是一组递归定义的函数。利用(*E*)可以证明代数方程组总有唯一的(定义)最小解，$\langle f_1, \cdots, f_k \rangle$。

如果我们再引入一个公理：

公理(*F*)：任何可计算函数都是某个代数方程组的解(的一个分量)。我们就可以证明图灵论题了。

(三)

把公理(*E*)做为合理计算模型的要求，今天的理论界大概都没有疑义。但公理(*F*)可能引起许多讨论。这种讨论可能导致两种结果：

(1) 说明它可以从其余公理中推出来。(但看来不像是这样，除非有更深入的联系，现在尚未发现)。(2) 说明它们可以适当修改，而得到与图灵机不等价的计算模型。

不管出现哪一个结果(也可能都出现)都是令人发生兴趣的。前一种结果会使丘奇图灵论题更加坚挺，后一个结果则可以导致新的可计算理论的出现(这种情况有点像非欧几何的情况)。实际上，任何计算模型都要直接或间接地涉及四个方面：(1) 计算时间；(2) 应保存的中间结果的数量；(3) 程序的长度；(4) 对计算模型本身的描述。

一般说来，计算模型都是用数学语言描写的，从而(4)不是计算理论本身的内容，而属于有关的数学(数理逻辑、图论等)。前三者则正好是时间复杂性、空间复杂性和描述复杂性的对象。而公理(*F*)实质上讲的是程序描述的有穷性。因此，对公理(*F*)的讨论最终大概要回答这样的问题：程序的长度是否一定要有穷呢？

（四）

在前面的讨论中，我们没有明确说明可计算函数的论域，实际上是假定以自然数集为论域的。把这一点放宽为可数集，并不引起重大的变化。（实际上，我在讲课中就采用 S 表达式集为论域以简化程序编码。）如果再放宽，比如说，讨论实数或复数论域上的可计算函数，我们就进入了一全新的领域（注意，这里说的不是实数的可计算性问题）。这个领域中的成果可能会从根本上改变经典可计算理论的面貌。模拟计算机、光学计算机（包括全息术）则为这种新计算模型提供了技术可能性。在这种计算模型中：

(1) 时间可能是离散的或连续的。例如说：顺序计算模型很容易做如下的推广：设有 p，q，r，s 四个实函数。p 是编码函数，q 是译码函数，这些在计算模型中是固定的。r 叫停止条件（如果 $r(g)\neq 0$ 就停止），s 叫步进条件，这些是程序的组成部分。从状态 j_0 出发，反复做 $z_{k+1}=s(j_k)$ 直到某个 $r(j_n)\neq 0$ 为止。令 $u(j_0)=j_n$。$f(x)=q(u(p(x)))$ 就是计算的结果。这里的 k 表示计算时间，它是离散变量。而这样的模型很像一个离散时间动力系统。把它再推广到连续时间，则可能类似于微分动力系统，就是说（用 t 表示时间），步进条件可能改成某种微商条件：$i'(t)=s(z(t))$。

(2) 中间结果的存在方式可能是离散的或连续的。今天的算法语言（如 FORTRAN）如果其中的实数变量都取真正的实数为值，那就是以离散方式存放中间结果。它的实现相当于在图灵机纸带上的每一个格子中填入实数。但我们也可以把图灵机的纸带想象成模拟量的磁带，它可以记录一个连续的（两端无限的）波形。每次改变它都是用某种算子对它加以处理。

(3) 程序描述也可以是离散的或连续的。数据流程图可以看成一种计算模型。如果把它比做是一种电路图，与它相应的连续电路就是电流场(如像连续介质中的电流)。用类似的办法能不能把数据流程图扩充为连续的呢？这时程序描述就是连续的了。

以上所说的都只是举例而已，不是已经成形的理论，甚至不敢说是有价值的研究课题。然而，我们希望通过这种例子来说明可以设想从哪些方面扩展可计算理论。

(五)

从离散到连续，要对现在所用的形式化方法进行必要的扩充。计算机只能处理形式化的问题。Chaitin[3]关于描述信息论的研究指出：形式系统所能负载的信息全部都包含在它的公理、规则之中。因此，要使形式系统有任意大的表现能力，它自身必须是开放型的。但要在计算机上这样做又要有一个元系统来描述它。不过这样一来，元系统也应是开放型的，又要有元元系统来描述它，如此又要产生另一方向的无穷。是永远这样发展下去呢，还是最后会收到一个自足的系统呢？

Chaitin证明过一个定理：如果某个系统含有无穷多的信息，则我们就不可能(数学地)证明这一点。他把这个定理称为“数学的界限”。如果是这样，可计算理论的扩展还可能引起元数学的扩展。可计算理论的扩展很可能不是一个局部的技巧性的问题。

参考文献

[1] F. Hennie, *Introduction to Computability*.

[2] Z. Manna, *Mathematical Theory of Computation*.

[3] Chaitin, "IBM Journal of Research and Development", No. 4. Vol. 21 (1977).

What is Computability

Ma Xiwen

Beijing University

Abstract: In this paper, a set of axioms is postulated to define the concept of computability. The computability so-defined is equivalent to the well-known ones. Also discussed are some possible directions to extend the concept.

(原载《计算机研究与发展》1988 年第 25 卷第 11 期 14—17 页)

《LISP 语言》绪言

（一）

LISP 是 LISt Processing 的缩写，是“表处理”的意思。从历史上看，LISP 语言最初是 1960 年美国的 John McCarthy 提出来的。当时计算机语言刚刚兴起，FORTRAN，ALGOL 等语言也刚处在婴儿阶段。因此 LISP 语言可以称得上最早的计算机语言之一。

FORTRAN，ALGOL 这类语言都是数值计算语言，它是把用机器指令（或汇编）编写数值计算程序时遇到的常用的数据结构和程序结构抽象为一些形式记法，使程序员得以摆脱程序设计中最繁琐的细节，从而提高工作效率。对于这些程序员来说，字符处理主要是用在自编格式输出的地方，在 FORTRAN 中则设计了专门的格式语句来处理这类问题。但格式语句所能做的事，当然不是一般的符号处理。

当时机器翻译和定理证明的研究已经起步，对符号处理语言的需求已经存在。LISP 语言把自己的处理对象规定为符号表达式，整数或实数则是符号表达式中极特殊的一个很小的子集。这个语言的出现，大大方便了要做符号处理的程序员，引起了大家的重视。于是，到了 1962 年，LISP 便作为一个实用系统出现了，这就是 LISP 1.5。

二十多年过去了，数百种算法语言不断地被提出，实现，绝大多数又都无声无息地消失了，或者只在一个很特殊的范围内被人使用。各种较早的语言，除了 FORTRAN 靠着强大的经济力量维持到今天外，只有 LISP 语言正得以广泛的使用，经久不衰。现在，在非数值计算的领域，特别是人工智能领域中，LISP 语言占有极重要的地位。

（二）

计算机语言的理论和实践是不断发展的。发展到一定阶段时，人们对语言有了一些新的认识，这样便需要对已有的语言进行修订、扩充。如果某种语言的基本框架容不下这种修订或扩充，这种语言就要被淘汰。然而 LISP 语言是以计算机的基础理论——递归函数论为背景的，所以它能顺利地通过所有阶段，得以扩充和完善。

例如数据结构。在 FORTRAN 语言中，结构化的数据只有一种即数组，亦即数的阵列，而且二维的数组并不是一维数组的阵列，也就是说不是递归定义的。因此数据结构的方式太贫乏，僵死。这种情况从计算能力的角度来说并不是很大的缺陷，因为各种结构化的数据归根结底总可以映象为数组而无需过多的计算开销（从理论上说，只有自然数就足够了。但把结构化的数据映象为自然数，要用到 Gödel 编码，虽然理论上是可能的，但计算开销太大，实际上完全行不通）。但是程序的实践说明，这种映象工作不应交给程序员来做，而应由机器自动完成。于是出现了 PASCAL 这类具有递归数据结构的语言。

LISP 的数据结构虽然单纯，只有符号表达式这一种，但它适用于一切形式系统，因此任何结构化的数据都只是其特例。使用这种符号表达式进行计算时，数据的结构和规模可以不断改变，给程序员提供了极大的方便。

又例如，七十年代人们谈论软件危机。实质上是因为程序越来越大，越来越复杂，以致程序员很难凭朴素的智力来驾驭自己的程序。人们提出了许多解决方案。其中办法之一就是使程序（如何做）与其功能（做什么）一致起来。这导致了函数式程序设计和函数式语言的兴起。意味深长的是，LISP 语言早就作为一种函数式语言而存在多年了。后起的许多函数式语言，由于没有根本跳出 LISP 的框架，所以很少能取得社会地位。

在人工智能领域中，人们逐渐发现，由程序生成一些程序并在适当的时候执行这些程序是十分重要的。这种情况有时可以说成是“数据驱动”。如果用 PASCAL 或类似的语言来实现这一点，程序员实际上就得为此设计一种语言并写出它的解释程序。LISP 语言在这个问题上有着先天的优点。它具有自己解释自己的能力。当程序员需要的时候，他很容易写出一段程序来编制或改造另一段程序，而且随时又可以执行加工出来的程序。甚至一段程序还可以在运行过程中自己修改自己。这本是计算机固有的能力，但大多数语言都不是从计算的理论模型出发设计的，所以就损伤了这种能力。而 LISP 语言本身就是一个计算模型，其数据的形式和程序的形式是完全一致的，都是符号表达式，因此计算机的这种固有能力就充分表现出来了。在实用系统中，LISP 语言的支持环境，如编辑、排误等，都是用 LISP 实现的，而且可以嵌入在用户程序之中，作为一个标准函数来引用，使这些工具可以更加灵活地得到应用。

LISP 的这些优点，来自于它的理论的简单性与透彻性。因此，又可以以 LISP 为工具（或表达形式）展开对计算理论的研究，并把所得到的结果应用于程序生成，程序验证（或计算逻辑）的研究中去。事实上，这方面的研究有许多是针对 LISP 语言进行的，大多数又以 LISP 语言为工具。

（三）

一个语言有这样的先天优点，使它不可避免地具有早熟的性质。这也使它面临许多困难。这种困难归结到一点就是与现代计算机体系结构的矛盾。

现代计算机的内存是线性地组织起来的。要实现符号表达式，就要大量地使用指针，过多地消耗存储空间，并且影响运行效率。

现代计算机的控制机制是顺序式的，要实现 LISP 的递归式机制就要组织运行栈，这也会消耗存储空间，影响运行效率。

现代计算机的指令系统主要是为数值计算设计的，其大多数指令对于 LISP 的实现来说是没有价值的。而 LISP 所要求的结构转换，只好以指针的转递和重复间接取址来实现，这显然又不能互相配合。

为了解决这些问题，LISP 语言不得不向机器让步。LISP 1.5 增加的赋值、转向、顺序控制等机制，就是为了这个目的而设计的。

到了七十年代，微电子技术有了新的发展，于是人们开始设计专门的 LISP 机器来改善这种情况。这方面的工作正在发展之中，但是如何跳出顺序计算的窠臼，则并不是一个容易解决的问题。看来，只有 LISP 机器得到充分的发展之后，LISP 语言早熟的弱点才能被消除，那时，LISP 语言才成为一个真正成熟的语言。

（四）

我们说 LISP 语言不是一个真正成熟的语言，在实践上主要是指实用软件很少有用 LISP 语言来编写的。常见的情况是，一个新的软件在实验室阶段用 LISP 语言写，以便利用 LISP 语言较灵活的优点加快研制过程;但到了实用阶段,一切都定型了,就改用别的语言重写一遍,以求软件的时空效率。

由于有这种情况,在程序的可移植性方面没有向 LISP 语言提出过认真的要求。加上 LISP 语言很容易由用户来扩充,所以到今天为止 LISP 不但未能标准化,而且标准化的呼声亦不强烈。这就不难想象,LISP 语言像汉语一样,有为数极多的方言。一个惯用某种方言的程序员可以完全看不懂另一个程序员用另一方言写的程序。当然,语言的核心部分是一致的,但是任何实际的程序都不可能只用核心部分写就,这就给学习 LISP 的人带来了一些困难。

(五)

面对这种方言混乱的情况,教学工作怎么办?教材应该怎样写?我们当然只能选用一种方言。在必要的时候,把其它方言的异同介绍一下。学生在实习时,必须在教师的指导下,了解所用的 LISP 方言的特点。在这方面,查阅文本是必要的,更重要的是上机试验。现行的 LISP 系统几乎都是对话式的,只要给学生提供充分的机时,他们就有机会对照文本、通过试验来了解所用的 LISP 系统的特点。这种通过试验来学习的能力是今后使用不同的 LISP 方言所必须的。

本书所依据的方言,是作者开发的 DCLISP。开发这个方言的目的之一正是为了教学。这个方言不是像 INTERLISP 那样有丰富的系统函数和高级的支撑环境,在这一点上这个方言可以说是朴素的。但这个方言有较多的机制,使学生可以学到更多的灵活使用 LISP 的方法。其中值得特别提到的是:

(1) 动态编译机制。多数 LISP 方言都有编译运行和解释执行两种方式,但由于环境中有矛盾,两者不能动态地改换。DCLISP 克服了这个弱点，把两者的环境统一起来，使得程序进行中可以随时在两种方式之间变来变去，以求灵活性和效率更加协调。

(2) 可控制的约束机制。LISP 系统实现递归调用时有一套参数值约束机制，这在理论上是必须的，但在多数实际程序中，这种做法实际上是一种累赘。DCLISP 提供了一种手段使程序员可以干预这种约束机制，以提高时空效率。

(3) 按模式传递参数的机制。一般 LISP 方言传递参数都是把形参表与实参值的表顺次搭配来进行的。在 DCLISP 中，这种机制被扩大为把形参的模式与实参的值相匹配。这就是本书第四章讲的形参表达式以及第十四章讲的 PEXPR 表达式和 PLET 表达式的功能。使用这种方法既可以提高程序的可读性，又可以提高效率。

这些机制都是作者提出的，目前在其它方言中很少见到。

DCLISP 还提供了比较丰富的高级函数，其中有一些也是其它方言中少见的。这使 DCLISP 具有某些泛函式语言的优点。用这些高级函数写出的程序结构性好，效率高，正确性比较有保障。

为了配合本书的教学，在有条件的情况下，直接采用 DCLISP 作为教学工具当然是有好处的。

(六)

现在许多学校的计算机系科都要讲授 LISP 语言。学生学习 LISP 语言的目的何在呢？

当然，首先要把 LISP 语言当作非数值计算，特别是作为表结构变换的工具来学习。另一方面，通过例题和习题，可以学到如何把朴素问题形式化的种种技巧。但是，从作者的观点看，更重要的是应把它作为函数式语言来学习。

前面曾谈到函数式程序设计和函数式语言。所谓函数式语言，就是用函数定义作为程序的说明部分，把函数计算作为程序的执行部分。因此函数式语言实质上就是数学语言。这样，用函数式语言所写的程序就便于程序员掌握了。例如，令

$$f(x,y,z)=\begin{cases} z, & \text{当 } y=0 \\ f(x^2,k,z\ x), & \text{当 } y=2k+1, k\geqslant 0 \\ f(x^2,k,z), & \text{当 } y=2k,\ k>0 \end{cases}$$

那么，用归纳法很容易证明：

$$f(x,y,z)=zx^y$$

于是计算 3^5 只用求 f(3,5,1)就行了。所以我们可以写出

```
def f(x,y,z)=
        (y=0)→z;
        odd(y)→f(x²,y/2,xz);
              f(x²,y/2,z)
f(3,5,1)
```

这差不多就是某个函数式的程序了。

同样的程序用 PASCAL 语言来写，当然也可以使用函数的递归计算的机制，但更自然的办法是使用如下的含有循环语句的函数来编写程序：

```
FUNCTION  F(X,Y: INTEGER):INTEGER;
    VAR     Z:INTEGER
    BEGIN
        Z:=1;
        WHILE Y>0 DO
        BEGIN
        IF ODD(Y) THEN Z:=Z* X;
```

```
            Y:=Y DIV 2;
            X:=X* X
            END;
      F:=Z
   END;
```

这个写法和数学公式之间有相当的差距。

比较上面两个程序可以看出，函数式的程序较少（或较间接）地涉及计算顺序的细节，较多（或较直接）地涉及计算的目的。这种特点在LISP语言中充分地表现了出来。LISP语言和PASCAL语言在这一方面的区别是很深刻的，程序员使用LISP语言编制程序时的思考方式与使用PASCAL语言也不相同。因此，学习LISP语言的目的之一是要习惯这种思考方式。这是一个技术全面的程序员所应有的能力。从某种意义上说，即使要编一个PASCAL程序，先写出一个函数式的程序作为过渡也是有好处的。

因此，本书在内容安排上尽量突出LISP作为函数语言的特点，多用一些篇幅举例，多给学生一些练习机会，LISP语言中的非函数成分（如PROG，GO，SET等）则放在后面，讲得也比较简单。这些成分对于学过PASCAL等语言的学生不会造成困难。

函数语言在教学上的一个方便之处就是容易做到严谨性和技巧性并重。一般的程序语言教学总是把主要精力放在如何充分利用程序语言的各种机制方面。这就使程序语言课程带有技术性的色彩。有关程序语言的严谨理论则很难放在初级课程中。但函数语言的理论机制比较简单，很容易在教学中兼顾数学上的严谨性。本书很重视这一方面的选材和讲解。学生在学习时如果认真对待这些内容。对提高自己的理论素质可能会有裨益，对于今后涉足于计算机科学的理论领域更有好处。

（本文是《LISP 语言》一书绪言的（一）到（六）部分。该书由高等教育出版社 1990 年出版，作者马希文，宋柔）

人 工 智 能

机器证明及其应用

摘要： 机器证明通常认为是人工智能的一个分支，它是从六十年代后半期发展起来的，至今已有十年左右的历史。十年来，机器证明的发展情况令人兴奋地说明，利用快速计算机来部分地取代数学研究的一部分工作是完全有可能的。

另一方面，机器证明的成果也可以使用于那些需要使用符号逻辑来完成的形形色色的人工智能问题中，其中特别是程序验证以至于程序设计。在这方面，已经开始出现有实用价值的软件。

这篇文章写成三部分。1.介绍机器证明本身，2.介绍程序验证，3.介绍程序设计，写法力求举例说明，避免冗长的证明，便于了解概貌。

1. 机器证明

恐怕从 Leibnitz(1646—1716)开始，人类就开始考虑机器证明了。最初，人们大概企图找到一个算法来得出一个公理系统的全部永真公式。对于最有实际意义的一阶谓词演算来说，这种努力到了本世纪三十年代就以 Church 等人的一系列工作告终，结果是失望的。这是众所周知的事实。

另一方面，Herbrand 在差不多同一时间，找到了一个算法，利用这个算法可以验证一个公式是永真的,如果它的确是永真的。对于不是永真的公式,这个算法可能永不停止。从 Church 等人的结果来看,这也许是可能达到的最好结果了。

Gilmore[1960]第一个把 Herbrand 的算法和现代计算技术结合起来。几个月之后,Davis 与 Putnam[1960]改进了这个结果。这是机器证明的第一批尝试,然而其效率太低,没有实用价值。

Robinson[1965]发现了本文要介绍的"消解法",实现了一次重大的突破。从此之后,有许多人对它的方法做了改进。出现了一些效率很高的方法,达到了相当实用的程度。

1.1 关于一阶谓词演算的说明

多数读者都已熟悉一阶谓词演算的符号与基本术语。为了下文的方便我们这里只大略地提一下。

一阶谓词演算的"公式"由下列符号组成:

常量符号 $a, b, c, \cdots$

变量符号 $x, y, z, \cdots$

函数符号 $f, g, h, \cdots$

谓词符号 $p, q, r, \cdots$

联结符号 $\neg, \vee, \wedge, \rightarrow, \leftrightarrow,$

量词符号 $\forall, \exists$

括号,逗号

此外,在每一个公式中每一个函数符号(或谓词符号)有一个确定的"目"数,如果要强调这一点,可以特指某一个函数符号(谓词符号)是 n- 目函数符号(n 目谓词符号)。

利用这些符号。我们首先可以构造出"项"。一个项可以是:

一个常数符号

一个变量符号

$F(T_1,\cdots,T_n)$ 其中 F 表示某一个 n 目函数符号，$T_1,\cdots,T_n$ 表示 n 个项，$n\geqslant 1$ 然后可以构造“元式”。元式可以是

一个 0 目谓词符号

$P(T_1,\cdots,T_n)$ 其中 P 表示某一个 n 目谓词符号。$T_1,\cdots,T_n$ 表示 n 个项，$n\geqslant 1$ 然后又可以构造“单式”。单式是一个元式或 $\neg P$ 其中 P 是一个元式

最后可以定义“公式”。公式可以是：

一个单式

$(P\gamma Q)$ 其中 P,Q 表示公式，γ 表示 $\wedge,\vee,\rightarrow$ 或 $\leftrightarrow$

$(\vartheta\alpha)P$ 其中 ϑ 是 $\forall$ 或 $\exists$，α 是某个变量符号，P 是一个公式，其中不出现 $\forall\ \alpha$ 及 $\exists\ a$

这样定义的公式可以按照习惯省略某些括号：

一个公式最外层的括号可省，

$\wedge,\vee,\rightarrow,\leftrightarrow$ 按此顺序优先使用时，

可以按习惯省略括号

例如

$$P(x)\rightarrow q(f(x),y)\ \wedge\ \neg(\forall x)p(f(x))\ \vee\ r(g(x,y))$$

表示

$$(p(x)\rightarrow((q(f(x),y)\ \wedge\ \neg(\forall x)p(f(x)))\ \vee\ r(g(x,y))))$$

给定一个公式 F. 则 F 的一个解释指：

一个非空集合 D，叫做这个解释的论域，对 F 中的每一个常数符号各赋给 D 的一个元素，

对 F 中的每一个 n 目函数符号，各赋给一个 $D^n\rightarrow \mathrm{D}$ 的映象，$n=1,2,\cdots$,

对 F 中的每一个 n 目谓词符号，各赋给一个 $D^n \to \{\underline{0},\underline{1}\}$ 的映象，$n=0,1,2,\cdots$，(其中 $\underline{0}$ 表示“假”，$\underline{1}$ 表示“真”)
为了强调论域 D，可以说这个解释是在论域 D 上的解释。

给定公式 F 的解释之后可以计算出这个公式的真值来。(今后我们不允许变量符号自由出现，换言之，任何一个变量符号 α 的出现必须在某个 $(\vartheta\alpha)P$ 中，其中 ϑ 是某个量词符号，P 是公式)。例如公式

$$(\forall x)(p(x) \to \neg q(f(x),a))$$

对于解释

论域 $D=\{1,2\}$

对 a 赋以 1，

对 f 赋以映象：$f(1)=2$，$f(2)=1$，

对 p 赋以映象：$p(1)=\underline{0}$，$p(2)=\underline{1}$，

对 q 赋以映象：$q(1,1)=q(1,2)=q(2,2)=\underline{0}$，$q(2,1)=\underline{1}$，

如 $x=1$，则

$$\begin{aligned} & p(x) \to \neg q(f(x),\alpha) \\ &= p(1) \to \neg q(f(1),1) \\ &= p(1) \to \neg q(2,1) \\ &= \underline{0} \to \neg \underline{1} \\ &= \underline{0} \to \underline{0} = \underline{1}, \end{aligned}$$

如 $x=2$，则

$$\begin{aligned} & p(x) \to \neg q(f(x),\alpha) \\ &= p(2) \to \neg q(f(2),1) \\ &= p(2) \to \neg q(1,1) \\ &= \underline{1} \to \neg \underline{0} \\ &= \underline{1} \to \underline{1} = \underline{1} \end{aligned}$$

于是

$$(\forall x)(p(x) \rightarrow \neg q(f(x),\alpha)) = \underline{1}$$

一个公式 F 叫做

“永真的”，如果对任何解释，真值为 $\underline{1}$，“不可满足的”，如果对任何解释，真值为 $\underline{0}$，

“可满足的”，如果存在解释 I，使 F 的真值为 $\underline{1}$，此时称 I 是 F 的“模型”或 I 满足 F。

一个公式 G 叫做一组公式 $F_1, \cdots, F_n$ 的“逻辑结论”，如果任何满足

$F_1 \wedge \cdots \wedge F_n$ 的解释同时满足 G。G 是 $F_1, \cdots, F_n$ 的逻辑结论的充要条件是：$F_1 \wedge \cdots \wedge F_n \wedge \neg G$ 是不可满足的。

这样，一个定理的证明可以归结为证明一个公式是不可满足的。

每一个公式可以化成 Skolem 范式，即具有

$$(\forall \alpha_1)\cdots(\forall \alpha_n)(C_1 \wedge \cdots \wedge C_m)$$

形式的公式，其中 $\alpha_1, \cdots, \alpha_n$ 是不同的变量符号。$C_1, \cdots, C_m$ 叫做这个公式的子式，它们都具有

$$D_1 \vee \cdots \vee D_k$$

的形式，其中 $D_1, \cdots, D_k$ 是单式。确切地说，对每一个公式 F 可以写出一个相应的 Skolem 范式 G，使得 F 是不可满足的当而且仅当 G 是不可满足的，这是有名的 Skolem 定理。可以在各种数理逻辑书中查到。

下文中常把一个子式看成它的各单式的集合，把一个 Skolem 范式形式的公式看成它的各子式的集合。

1.2 消解法则

使用符号逻辑进行逻辑推理，在一般的数理逻辑书中都有介绍。对于机器证明来说，最适合的方法是消解法，它是靠反复使用“消解法则”

而完成的。

消解法则可以表述如下：

对任何两个子式 C_1 与 C_2，如果在 C_1 中有一个单式 L_1 与 C_2 中的某一个单式 L_2 互补，则子式

$$(C_1 \backslash \{L_1\}) \cup (C_2 \backslash \{L_2\})$$

是 C_1 与 C_2 的一个消解式。

这里“互补”是指 L_1 与 L_2 中的一个是元式 L，另一个具有 $\neg L$ 的形式，

例如

C_1：　p

C_2：　$\neg p \vee q$

的消解式是

C_3：　q。

又例如

C_1：　$p \vee q$。

C_2：　$\neg p \vee r$

的消解式是

C_3：　$q \vee r$。

再例如

C_1：　$p \vee q \vee r$

C_2：　$\neg p \vee \neg q \vee r$

的消解式有两个，即

C_3：　$q \vee \neg q \vee r$

及

C_4：　$p \vee \neg p \vee r$。

当然,消解式也可能不存在。比如$\neg p \vee q$与$\neg p \vee r$的消解式就不存在。

读者很容易看出,两个子式的消解式是两个子式的逻辑结论。于是不难理解,如果两个子式C_1,C_2的消解式是空子句□,则它们构成的公式$\{C_1,C_2\}$或$(\forall \alpha_1)\cdots(\forall \alpha_n)(C_1 \wedge C_2)$是不可满足的。更一般地,如果$S$是一个公式(子式之集),$C_1$,$C_2$,…,$C_k$是一个子式的序列,其中每一个$C_i$或是在$S$中或是前面的子式的消解式,$C_k$是空子句□,则$S$是不可满足的。这就是用消解法则进行逻辑推理的根本原理。例如:求证自$p \rightarrow q$及p可以推出q。我们首先把这个问题改写为求证$(p \rightarrow q) \wedge p \wedge \neg q$是不可满足的,这时我应处理的子句是:

$$\left.\begin{array}{l}(1)\ \neg p \vee q \\ (2)\ p \\ (3)\ \neg q\end{array}\right\} S$$

从(1)及(3)可得消解式

(4) $\neg p$

从(4)及(2)可得消解式

(5) □

这样定理就证明了。

消解法则是否完备,即任给一个不可满足的公式S,是否一定可以用消解法则导出空子句□呢?对命题演算的公式(即只含有0目谓词符号、联结符号与括号的公式)来说,这是很容易证明的。但在一阶谓词演算中,只有消解法则还不够。例如不可满足的公式$(\forall x)p(x) \rightarrow \neg p(a)$可以化为两个子句$p(x)$与$\neg p(a)$,但这两个子句却没有消解式。

这种情况说明需要一种辅助手段来处理变元的代换。

如果 $T_1, \cdots, T_n$ 是项，$\alpha_1, \cdots, \alpha_n$ 是不同的变量符号，则$\{T_1/\alpha_1, \cdots, T_n/\alpha_n\}$

叫做一个代换，特别 ε 表示空的代换。为了简化说明，我们约定一个代换$\{T_1/\alpha_1, \cdots, T_n/\alpha_n\}$中，每个 T_i都不是α_i 本身。

现在设$\theta = \{T_1/\alpha_1, \cdots, T_n/\alpha_n\}$ 是一个代换，F 是一个公式。把 F 中出现的所有 $\alpha_1, \cdots, \alpha_n$同时换为 $T_1, \cdots, T_n$，得到一个新的公式 G，G 叫做 F 在代换θ 下的例式，$G = F\theta$ 。例如 $\theta = \{a/x, f(b)/y, x/z\}$，$F = p(x, y, z)$ ，则 $F\theta = p(a, f(b), x)$

由此不难定义代换的乘积并证明这个乘积是结合的，全体代换组成一个半群，ε 是么元素。

重要的是：一个公式的任何例式是它的逻辑结论。例如

$C_1: p(x) \vee q(x)$

$C_2: \neg p(f(x))$

如在 C_1 中用 $f(a)$代 x，在 C_2 中用 a 代 x，则得

$C_1': p(f(a)) \vee q(f(a))$

$C_2': \neg p(f(a))$

这样就得到消解式

$C_3': q(f(a))$

它无疑是 C_1 与 C_2 的逻辑结论。当然也可以在 C_1 中用 $f(x)$代 x，得

$C_1'': p(f(x)) \vee q(f(x))$

从 C_1'' 与 C_2 用消解法则得到

$C_3'': q(f(x))$

而且不难看出 C_3'' 是从 C_1 及 C_2 用消解法则与代换所能得到的最一般的结论了。

于此就可以明白，为什么我们要做出如下的定义：

设 $F_1, \cdots, F_n$ 是一组公式，θ 是一个代换，且 $F_1\theta = \cdots = F_n\theta$ 。则θ

叫做 $F_1,\cdots,F_n$ 的通代(换)。如果 σ 是 $F_1,\cdots F_n$ 的通代,而且对任何 $F_1,\cdots,F_n$ 的通代θ 都存在代换 λ 使$\theta=\sigma\lambda$,则 σ 叫 $F_1,\cdots,F_n$的最广通代。

例如 $p(a,y)$与 $p(x,f(b))$的唯一的通代是$\theta=\{a/x,f(b)/y\}$ 从而这也是最广通代 ($m.\ g.\ u$)。

为了说明求 $m.\ g.\ u$ 的算法。首先交代一下什么叫一组表达式(公式或项)的"分歧集"。设 w 是一些表达式的(非空集合)。自右到左检查 w 中各表达式的符号,如果各式的第一个符号都相同。就看各式的第二个符号,等等。这样找到第 k 个符号时,发现 w 中各式的第 k 个符号不尽相同。在 w 的各式中取出自第 k 个符号开始的最大的子表达式。这些子表达式组成的集合就叫 w 的分歧集。

例如 $\{p(x,f(y)),\ p(x,z),\ p(x,g(k(x)))\}$ 的分歧集是 $\{f(y),z,g(k(x))\}$

下面就可以介绍求 $m.\ g.\ u$ 的算法了。

这个算法可以写成:

第一步 置 $\sigma=\varepsilon$

第二步 如果 w 只含有一个表达式,则 σ 就是要求 $m.\ g.\ u$,否则令 D 是 w 的分歧集

第三步 如果在 D 中有一个元素 α 是变量符号,它不在 D 中另一个元素 T(是项)中出现,则置 $\sigma=\sigma\{T/\alpha\}$ 及 $w=w\{T/\alpha\}$,并转向第二步,否则所求的 $m.\ g.\ u$ 不存在

例如要求 $p(a,x,f(g(y)))$, $p(z,h(z,w),\ f(w))$的 $m.\ g.\ u$,首先置 $w=\{p(a,x,f(g(y))),\ p(z,h(z,w),\ f(w))\}$ 及 $\sigma=\varepsilon$ 再求出 $D=\{a,z\}$ 于是找到 $\alpha=z$, $T=a$,

又令

$\sigma=\{a/z\}$,

$$w = \{p(a,x,f(g(y))),$$
$$p(a,h(a,w),\ f(w))\}$$

由此求出 $D = \{x,h(a,w)\}$,又令

$$\sigma = \{a/z\}\{h(a,w)/x\}$$
$$= \{a/z,\ h(a,w)/x\}$$
$$w = \{p(a,h(a,w),\ f(g(y))),$$
$$p(a,h(a,w),\ f(w)\}$$

由此求出 $D = \{g(y),\ w\}$ 又令

$$\sigma = \{a/z,\ h(a,w)/x\}\{g(y)/w\}$$
$$= \{a/z,h(a,g(y))/x,g(y)/w\}$$
$$w = \{p(a,h(a,g(y)),\ f(g(y)))\}$$

这样,所求的 $m.\ g.\ u.$ 即为$\{a/z,\ h(a,g(y))\ /x,g(y)/w\}$

到现在,我们已经可以把消解法则表达如下:

设 C_1 与 C_2 是两个子句。其中没有共同的变量符号,$C_1' \subset C_1$,$C_2' \subset C_2$,而且 C_1' 与 C_2' 中的单式具有相同的谓词符号。在 C_1' 中不出现 $\neg$,在 C_2' 中每一个单式都以 $\neg$ 开始,又设 $C_1' U C_2'$ 的 $m.\ g.\ u.$ 是 σ,则

$$(C_1\sigma \backslash C'_1\sigma) U (C_2\sigma \backslash C'_2\sigma)$$

叫做 C_1 与 C_2 的消解式。

这样就可以陈述如下的

消解定理　给定的公式 S 是不可满足的,当且仅当空子句□可以通过反复使用消解法则自 S 导出。

现在举两个例子。

例 1. 求证

G:$(\forall x)(R(x) \to \neg Q(x))$

是

$F_1:(\forall x)(P(x)\rightarrow(\forall y)(Q(y)\rightarrow\neg L(x,y)))$

$F_2:(\exists x)(P(x)\wedge(\forall y)(R(y)\rightarrow L(x,y)))$

的逻辑结论。

证明，把 $F_1\wedge F_2\wedge\neg G$ 写成 Skolem 范式(子句形式)。可得

$$\left.\begin{array}{l}(1)\ p(a)\\(2)\ \neg R(y)\vee L(a,y)\end{array}\right\}F_1$$

$$(3)\ \neg P(x)\vee\neg Q(y)\vee\neg L(x,y)\}F_2$$

$$\left.\begin{array}{l}(4)\ R(b)\\(5)\ Q(b)\end{array}\right\}\neg G$$

现在我们设法用消解法则从 (1)，(2)，(3)，(4)，(5)导出空子句□来。

首先，从 (2) 及 (4) 可以得到 (6) $L(a,b)$

再从 (3)，(1) 可以得到

(7) $\neg Q(y)\vee\neg L(a,y)$

又从 (5)，(7) 得到

(8) $\neg L(a,b)$

最后从 (6) 及 (8) 得到

(9) □

例 2. 求证

$F:(\exists x)(\exists y)(\forall z)((p[x,y]\rightarrow P[y,z]\wedge p[z,z]))$

$\wedge(p(x,y)\wedge q(x,y)\rightarrow q(x,z)\wedge q(z,z))$

是永真公式

证明：把 $\neg F$ 写成子句形式

(1) $p(x,y)$

(2) $\neg p(y,f(x,y)) \vee \neg p(f(x,y),f(x,y)) \vee q(x,y)$

(3) $\neg p(y,f(x,y)) \vee \neg p(f(x,y),f(x,y)) \vee \neg q(x,f(x,$
$y)) \vee \neg q(f(x,y),f(x,y))$

我们来证明自 (1),(2),(3) 可以导出空子句□,

在 (1) 中把 x,y 换为 x_1,y_1,利用 $\{y/x_1, f(x,y)/y_1\}$ 可从 (1),(2) 得到

(4) $\neg p(f(x,y), f(x,y))$
$\vee q(x,y)$,

再利用 $\{f(x,y)/x_1, f(x,y)/y_1\}$,从 (1),(4), 得到

(5) $q(x,y)$

从 (3),(5) 可得

(6) $\neg p(y,f(x,y)) \vee \neg p(f(x,y),f(x,y)) \vee \neg q(x,f(x,y))$

再从 (3),(6) 又得

(7) $\neg p(y,f(x,y)) \vee \neg p(f(x,y),f(x,y))$

从 (1),(7) 又得

(8) $\neg p(f(x,y),f(x,y))$,

最后,从(1),(8)又得

(9) □,

1.3 机器证明

消解法则用于机器证明是完全可行的。

至少可以这样构造一个算法:

令 $S^0 = S$,其中 S 是待证明(其为不可满足的)公式。再令

$S^n = \{C_1$与C_2的消解式 $\mid C_1 \in S^0 U \cdots U S^{n-1}, C_2 \in S^{n-1}\}$

$n = 1,2,3,\cdots$

如果出现空子句就停止，

例如：

$$S^0:\left.\begin{array}{l}(1)\ p\vee q\\(2)\ \neg p\vee q\\(3)\ p\vee\neg q\\(4)\ \neg p\vee\neg q\end{array}\right\}S$$

S^1：(5) q 从(1)与(2)

(6) p 从(1)与(3)

(7) $q\vee\neg q$ 从(1)与(4)

(8) $p\vee\neg p$ 从(1)与(4)

(9) $q\vee\neg q$ 从(2)与(3)

(10) $p\vee\neg p$ 从(2)与(3)

(11) $\neg p$ 从(2)与(4)

(12) $\neg q$ 从(3)与(4)

S^2：(13) $p\vee q$ 从(1)与(7)

(14) $p\vee q$ 从(1)与(8)

(15) $p\vee q$ 从(1)与(9)

(16) $p\vee q$ 从(1)与(10)

(17) q 从(1)与(11)

(18) p 从(1)与(12)

(19) q 从(2)与(6)

(20) $\neg p\vee q$ 从(2)与(7)

(21) $\neg p\vee q$ 从(2)与(8)

(22) $\neg p\vee q$ 从(2)与(9)

(23) $\neg p\vee q$ 从(2)与(10)

(24) $\neg p$ 从(2)与(12)

(25) p 从(3)与(5)

(26) $p \vee \neg q$ 从(3)与(7)

(27) $p \vee \neg q$ 从(3)与(8)

(28) $p \vee \neg q$ 从(3)与(9)

(29) $p \vee \neg q$ 从(3)与(10)

(30) $\neg q$ 从(3)与(11)

(31) $\neg p$ 从(4)与(5)

(32) $\neg q$ 从(4)与(6)

(33) $\neg p \vee \neg q$ 从(4)与(7)

(34) $\neg p \vee \neg q$ 从(4)与(8)

(35) $\neg p \vee \neg q$ 从(4)与(9)

(36) $\neg p \vee \neg q$ 从(4)与(10)

(37) q 从(5)与(7)

(38) q 从(5)与(9)

(39) □ 从(5)与(12)

到此 S 的不可满足性已得证。

这个例子说明:用消解法则于机器证明,虽然可行。但是并非很有效的。至少应做以下两点改进:(1) 取消重复出现的子式 (2) 取消重言式,这样一来上例成为:

S^0:(1) $p \vee q$

(2) $\neg p \vee q$

(3) $p \vee \neg q$

(4) $\neg p \vee \neg q$

(以上 (1)–(4) 为 S)

S^1:(5) q 从(1)与(2)

(6) p 从(1)与(3)

(7)$\neg p$ 从(2)与(4)

(8) $\neg q$ 从(3)与(4)

S^2:(9) □ 从(5)与(8)

但是,只有这种朴素的考虑还是远远不够的。1965年提出消解法则以来,十余年间,人们主要是研究各种各样的"消解策略",即找出各种准则,以决定哪些消解式是不必要的。

下面介绍一个这样的策略,在文献中称之为正超消解法(Positive hyperresolution)。

首先我们说明几个术语。我们把子句看成是单式的序列(而不只是集合)前面的比后面的单式"小"。这样就在子句的各单式之间确定了一个序关系,这样的子句叫做有序子句。一个有序子句的各单式都不含有¬,则叫正有序子句,否则叫非正有序子句。

如在一个有序子句中,某两个或更多的单式有 $m.\ g.\ u$ 存在,用 σ 表示这个通代,则在 C_σ中会出现一些相同的单式。保留这些单式中最小的一个,消去其余的,就得到 C 的一个有序因子。例如 $p(x) \vee q(x) \vee p(a)$ 的一个有序因子是 $p(a) \vee q(a)$,它是利用通代 $\{a/x\}$ 求出的。

如果 C_1与 C_2是两个有序子式,无共同的变量。$L_1 \in C_1$,$L_2 \in C_2$,L_1 与$\neg L_2$有 $m.\ g.\ u$,记为 σ。把 $C_1\sigma$ 与 $C_2\sigma$ 并置,并且消去 $L_1\sigma$ 与 $L_2\sigma$,再从小到大检查各单元,消去重复出现的,所得的有序子式就叫做 C_1 针对 C_2的有序消解式。其中 L_1,L_2叫做被消式。例如 $C_1 = p(x) \vee q(x) \vee r(x)$,$C_2 = \neg p(a) \vee q(a)$ 取 $L_1 = p(x)$,$L_2 = \neg P(a)$。则 $\neg L_2 = p(a)$,L_1 与$\neg L_2$ 有最大通代 $\sigma = \{a/x\}$ 并置 $C_1\sigma$、$C_2\sigma$ 再消去 $L_1\sigma$、$L_2\sigma$ 得 $q(a) \vee (r)a \vee q(a)$,取消后一个 $q(a)$即得 C_1

针对 C_2 的有序消解式 $q(a) \vee r(a)$，其中 $p(x)$ 与 $\neg p(a)$ 是被消式。

此外，我们规定：(1) 每个子句中带有$\neg$的单式都写在不带有$\neg$的单式之后。(2) 在所有谓词符号之间确定了次序。

下面是正超消解法的算法。设 S 是要证明其不可满足性的公式。

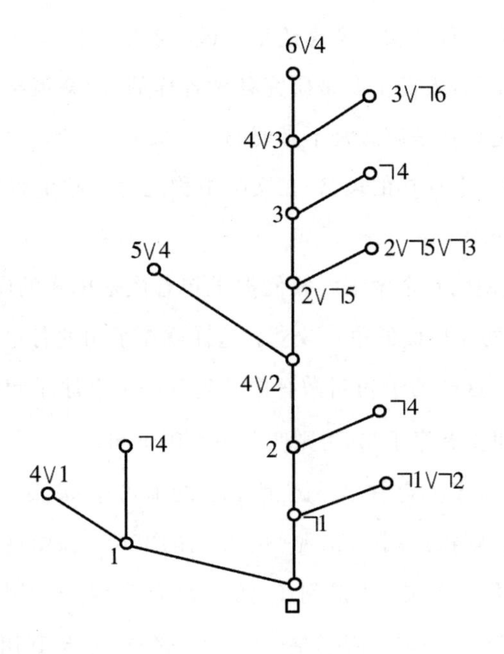

第 1 步　令 $M=\{S$ 中一切正有序子式$\}$，

$N=S\backslash M,\ R=N$

第 2 步　令 $A=\{R$ 中一切正有序子式$\}$，

$B=R\backslash A.\ T=A.$

第 3 步　<u>如</u> A 含有□，<u>则</u>停止，<u>否则</u>转向第 4 步。

第 4 步　<u>如</u> $B=\phi$，<u>则</u>转向第 5 步，<u>否则</u>令 $W=\{C_1$ 针对 C_2 的有序消解式，其中 C_1 是 M 中的有序子式或有序子式的有序因子，C_2 是 B 中的有序子式，C_1 中的被消解式含有 C_1 中的最大的谓词符号，C_2 中的被

消解式是 C_2 的最后一个单式},

$A=\{W$ 中的正有序子句},

$B=W\backslash A$, $T=T\cup A$,

转向第 3 步。

第 5 步　令 $M=T\cup M$,

$R=\{C_1$针对 C_2 的有序消解式,其中 C_1 是 T 中的有序子句或有序子句的有序因子,C_2 是 N 中的有序子句,C_1 中的被消解式含有 C_1 中最大的谓词符号}

转向第 2 步,

下面举例说明这个算法

例:设 $S=\{p_6\vee p_4, p_5\vee p_4, p_4\vee p_1, \neg p_1\vee\neg p_2, p_3\vee\neg p_6, \neg p_4, p_2\vee\neg p_5\vee\neg p_3\}$,为了书写简单,用1,2,3,4,5,6,代替 p_1,p_2,p_3,p_4,p_5,p_6。此外,设谓词符号的次序这样给定:$1<2<3<4<5<6$。

1. 由第 1 步得

$M=\{6\vee 4, 5\vee 4, 4\vee 1\}$

$N=\{\neg 1\vee\neg 2, 3\vee\neg 6, \neg 4, 2\vee\neg 5\vee\neg 3\}$

$R=N$

2. $A=\phi$

$B=R=\{\neg 1\vee\neg 2, 3\vee\neg 6, \neg 4, 2\vee\neg 5\vee\neg 3\}$

3. 由第 3 步,转到第 4 步,

$W=\{4\vee 3, 1\}$

$A=\{4\vee 3, 1\}$

$B=\phi$

$T=\{4\vee 3,1\}$

4. 再由第 3 步,转到第 5 步,

$M=\{4\vee 3, 1, 6\vee 4, 5\vee 4, 4\vee 1\}$

$R=\{3, \neg 2\}$

5. 由第 2 步,$A=\{3\}$, $B=\{\neg 2\}$, $T=\{3\}$

6. $W=\phi$, $A=\phi$, $B=\phi$, $T=\{3\}$

7. $M=\{3, 4\vee 3, 1, 6\vee 4, 5\vee 4, 4\vee 1\}$

$R=\{2\vee\neg 5\}$.

8. $A=\phi$, $B=\{2\vee\neg 5\}$, $T=\phi$

9. $W=\{4\vee 2\}$,$A=\{4\vee 2\}$,$B=\phi$,

$T=\{4\vee 2\}$.

10. $M=\{4\vee 2, 3, 4\vee 3, 1, 6\vee 4, 5\vee 4, 4\vee 1\}$.

$R=\{2\}$,

11. $A=\{2\}$, $B=\phi$, $T=\{2\}$

12. $M=\{2, 4\vee 2, 3, 4\vee 3, 1, 6\vee 4, 5\vee 4, 4\vee 1\}$

$R=\{\neg 1\}$

13. $A=\phi$, $B=\{\neg 1\}$, $T=\phi$.

14. $W=\{\square\}$, $A=\{\square\}$, $B=\phi$ 停止。

上面的消解过程可以用前页的谱系树表示。从这个图可看出,我们没有作出任何无用的消解式。

但这个算法并不是很理想的,请看下例:

例:设～是一个传递、对称的关系,而且对任何 x,总存在 y 使 $x\sim y$,则～是一个反身的关系。

证明:用 $p(x,y)$ 表示 $x\sim y$,置

F_1: $(\forall x)(\forall y)(p(x,y)\rightarrow P(y,x))$

F_2: $(\forall x)(\forall y)(\forall z)(p(x,y)\wedge p(y,z)\rightarrow P(x,z))$

F_3：$(\forall x)(\exists y)p(x,y)$

G：$(\forall x)p(x,x)$

则我们应证 G 是 F_1，F_2，F_3 的逻辑结论，

即证

S：$F_1 \wedge F_2 \wedge F_3 \wedge \neg G$

是不可满足的。

把 S 写成子句形式：

(1) $p(x_1,y_1) \vee \neg p(y_1,x_1)$

(2) $p(x_2,y_2) \vee \neg p(x_2,z_2) \wedge \neg p(z_2,y_2)$

(3) $p(x_3,f(x_3))$

(4) $\neg p(a,a)$

如果直接使用消解法则，可以这样证明：

从(3)及(1)得

(5) $p(f(x_3), x_3)$

从(5)与(2)得

(6) $p(x_2,y_2) \vee \neg p(x_2,f(y_2))$

又从(3)与(6)得

(7) $p(x_3,x_3)$

再从(4)与(7)得

(8) □

这是很简单的，但是如利用前面介绍的算法，则将得到大量不相干的子句。

C. L. Chang 在 PDP-10 上用 LISP 1.6 编的一个程序 TPU 使用了一种效率更高的“单二进消解法”（unit binary resolution），实验了许多数学问题，今把部分结果列举出来：

1° 在一个半群中,如 $ax=b$ 与 $xa=b$,则存在右么元素。

共导出 10 个子句,其中有用的 3 个。

2° 在一个有么元素的半群中,如果每一个元素的平方都是么元素,则乘法是交换的。

共导出 123 个子句,其中有用的 9 个。

3° 群的左右么元素相等。

共导出 51 上子句,其中有用的 9 个。

4° 一个半群中如左么元素与右逆存在,则左逆存在。

共导出 57 个子句,其中有用的 6 个。

5° 群的子集如对 $x \cdot y^{-1}$ 封闭,则含有么元素。

共导出 9 个子句,其中有用的 3 个。

6° 群的子集如对 $\mathrm{x} \cdot \mathrm{y}^{-1}$ 封闭,则对 y^{-1} 封闭共导出 177 个子句,其中有用的 6 个。

7° 如 a 是素数,$a=b^2/c^2$,则 a 整除 b。

共导出 68 个子句,其中有用的 5 个。

8° 大于 1 的整数有素因子。

共导出 38 个子句,其中有用的 11 个。

9°存在无穷多个素数。

共导出 20 个子句,其中有用的 9 个。

读者从这些例子可以窥见机器证明的算法的效率达到了什么程度。

注:有关机器证明的文献很多,我们只推荐如下的一本书:

C. L. Chang and R. C. T. Lee(1973):*Symbolic Logic and Mechanical Theorem Proving*(国内有影印版。)

在这本书中有一较完整的文献目录。

1.4 调解法

在处理带有等号的一元谓词演算问题时，一种自然的想法是把等号看成谓词，用一组新的公理来刻划它，这样就可以用前面介绍的消解法来作证明了。

本节介绍一种新的方法——调解法(*paramodulation*)，这种方法无需使用许多公理，这样在机器证明时有可能提高效率。这种方法是基于这样一个基本考虑而提出的，即在任何公理中出现的任何项，可以用与它相等的项来替代，而不改变原公式是否不可满足这种性质。

例如从 $p(a)$ 及 $a=b$ 可以得出逻辑结论 $p(b)$。这就是一种“调解”。

有时在一个公式中有两个或更多的相同的项，那么在调解时，可以用与之相等项替代其中的任何一个。例如 $p(a)\vee q(a)$ 与 $a=b$ 进行调解可得 $p(b)\vee q(a)$ 或 $p(a)\vee q(b)$ 当然也可以得到 $p(b)\vee q(b)$，但这已是两次调解的结果了。

更一般的情况下，则应进行通代以便产生可以进行调解的项，例如在

$$f(x,y)=f(y,x)$$

与

$$f(a,z)=g(z,c)$$

之间进行调解时用

$$m.g.u\ \{a/x,\ y/z\}$$

可以把它们通代为

$$f(a,y)=f(y,a)$$

及

$$f(a,y)=g(y,c),$$

这样就可以得到调解式(用 $g(y,c)$ 替代 $f(a,y)$) $g(y,c)=f(y,a)$。

因此，我们这样表达调解式的定义：

设 C_1 与 C_2 是两个子句,无共同变量。如果 C_1 是 $L \vee C_1'$ 其中 L 是一个含有项 T 的单式,C_2 是 $T_1 = T_2 \vee C_2'$,或 $T_2 = T_1 \vee C_2'$,其中 T_1 与 T_2 是项。又设 T_1 与 T m. g. u 是 σ,用 L' 表示在 $L\sigma$ 中某个出现 $T\sigma$ 的地方用 $T_1\sigma$ 进行代替的结果,则 $L' \cup C_1'\sigma \cup C_2'\sigma$ 叫做 C_1 与 C_2 的调解式。

例如:

$C_1: p(f(g(x))) \vee q(x)$

$C_2: g(f(b)) = a \vee r(f(c))$

其中,

$L: p(f(g(x)))$

$T: g(x)$

$T_1: g(f(b))$

$T_2: a$

$\sigma: \{f(b)/x\}$

$L\sigma: p(f(g(f(b))))$

$T\sigma: g(f(b))$

$T_2\sigma: a$

$L': p(f(a))$

故得 C_1 与 C_2 的调解式

$C: p(f(a)) \vee q(f(b)) \vee r(f(c))$

显然 C 是 C_1 与 C_2 的逻辑结论。

把消解法与调解法结合起来,便可以处理带有等号的一阶谓词演算的证明问题。

例:在一个有左右么元 e 的半群中,如果任何元素的平方都是 e,则半群是交换的。

证明:用 $f(x,y)$ 表示半群的乘法,并把它简记为 (xy),我们可以写出半群的公理：

(1) $((xy)z)=(x(yz))$ 乘法结合律在我们的半群中，e 是左右么元，即

(2) $(xe)=x$

(3) $(ex)=x$

任何元素的平方是 e，即

(4) $(xx)=e$

我们应证明的是从以上四式可以做出如下的逻辑结论：$(xy)=(yx)$。或者说，把它的逆：

(5) $\neg((ab)=(ba))$

与前四个子式综合起来，得到一个不可满足的公式。

我们下面用调解法与消解法来从这五个子式导出□来。

把(4)写成 $(yy)=e$，把(2)中的 e 看成 T_1，(4)中的 e 看成 T_2，可得

(6) $(x(yy))=x$

把(1)中的 $(x(yz))$ 看成 T，(6)中的 $(x(yy))$ 看成 T_1，可得

(7) $((xy)y)=x$

把(4)写成 $(zz)=e$，把 z 看作 T，(7)中的 x 看成 T_1，可得

(8) $(((xy)y)x)=e$

把(1)写成

$((x'y')z')=(x'(y'z'))$，

把 $((x'y')z')$ 看成 T_1，把(8)中的 $((xy)y)x)$ 看成 T，

$$\sigma=\{(xy)/x',\ y/y',\ x/z'\}$$

从而得

(9) $((xy)(yx))=e$

把(3)写成 $(ez)=z$，把 e 看成 T，在(9)中把 e 看成 T_1，则得

(10) $(((xy)(yx))z) = z$

把(7)写成 $((x'y')y') = x'$，

把 $((x'y')y')$ 看成 T_1，把(10)中的 $(((xy)(yx))z)$ 看成 T，

$$\sigma = \{(xy)/x', (yx)/y', (yx)/z\}$$

于是得 $T\sigma = T_1\sigma = (((xy)(yx))(yx))$，

$T_2\sigma = (xy)$，$L\sigma$ 是 $(((xy)(yx))(yx)) = (yx)$。

于是得

(11) $(yx) = (xy)$

对(5)及(11)用消解法可得

(12) □

读者不难看出，这是非常接近于自然的演绎推理的。

最后，要说明一点，为了使消解法与调解法结合起来能从任何带等号的一阶谓词演算的不可满足的公式中导出□来，调解式的定义还要稍事推广。详细情况请参看前举文献。

2. 程序验证

程序验证是所谓计算理论的一个组成部分。本文不准备对程序验证作全面的讨论。我们只从机器证明在程序验证上的应用的角度来谈这个问题。为了使更多的读者能够了解这个问题，我们先介绍程序验证的基本知识。然后再进入主要内容。

2.1 程序验证

为了简化讨论，我们只研究一类最简单的程序，即简单变量的框图程序。在这样的程序中遇到三种变量：

(1) 入口变量 $(x_1, \cdots, x_l)$，在程序运行过程中它们的值是不变的；

（2）工作变量（$y_1,\cdots,y_m$）；

（3）出口变量（$z_1,\cdots z_n$），在程序停止时才被赋值。

以上三种变量又用向量 $\overline{x}$，$\overline{y}$，$\overline{z}$ 表示。

一个框图程序由以下几种框组成：

（1）起始框，这种框的内容是形为 $\overline{y}\leftarrow f(\overline{x})$ 的赋值式。这种框只有一个“去向”，他的“由来”不是任何框，而是程序的“起始点”，用Ⓢ表示：

此外，一个框图程序中有而且只有一个起始框。

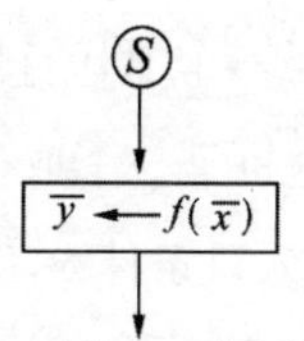

（2）赋值框。内容是形为 $\overline{y}\leftarrow g(\overline{x},\overline{y})$ 的赋值式。只有一个“去向”：

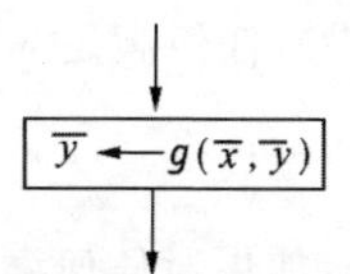

（3）检查框。内容是形为 $t(\overline{x},\overline{y})$ 的命题，其中 t 是取值为{$\underline{0}$，$\underline{1}$}的映象，这种框必须有两个“去向”，其中一个标以 $\underline{0}$，另一个标以 $\underline{1}$：

$\underline{1}$　$t(\overline{x},\overline{y})$　$\underline{0}$

（4）停止框。内容是 $\overline{z}\leftarrow h(\overline{x},\overline{y})$。唯一的“去向”是程序的停止点，以Ⓗ表示。

由以上四种框联结而成的图，使每个框都有个“由来”，每个框的每个去向或是一个框，或者Ⓗ，而且每个框都在某一条自Ⓢ到Ⓗ的路上，就是一个框图程序。例如下图就是一个框图程序：

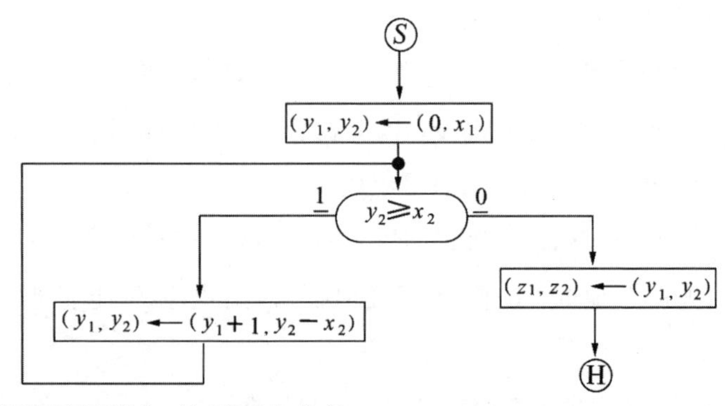

在程序验证问题中，给了两个条件：

(1) 入口条件 $\varphi(\bar{x})$，这是一个取$\{\underline{0},\underline{1}\}$为值的映象。

(2) 出口条件 $\psi(\bar{x},\bar{z})$，这也是一个取$\{\underline{0},\underline{1}\}$为值的映象。

给定一个框图程序 P 及入口条件 φ，出口条件 ψ，则我们说：

(1) P 对 φ 停止，如对任何 $\varphi(\bar{x})=\underline{1}$ 的 $\bar{x}$，程序经有限步骤后即到达Ⓗ而停止。

(2) P 对 φ,ψ 正确，如果对任何满足 $\varphi(\bar{x})=\underline{1}$ 的 $\bar{x}$，只要 P 经有限步骤后到达Ⓗ，都有 $\psi(\bar{x}, \bar{z})=\underline{1}$。

(3) P 对 φ,ψ 完全正确，如果对任何满足 $\varphi(\bar{x})=\underline{1}$ 的 $\bar{x}$，P 经有限步骤后到达Ⓗ，而且 $\psi(\bar{x},\bar{z})=\underline{1}$。（换言之 P 对 φ,ψ 完全正确即 P 对 φ 停止，而且 P 对 φ,ψ 正确）。

现在研究上图所示的程序。这实际上是一个整除程序。对于 $x_1 \geqslant 0$ 及 $x_2>0$，z_1 即 x_1 被 x_2 整除的商，z_2 即余数。这是很容易看出的。

为了说明如何使用符号逻辑为工具来处理这个问题。

首先，从这程序本身来看，关键之处在于每次到达图中用●表示的点时总有

$$(*)\ x_1 = y_1x_2 + y_2 \wedge y_2 \geqslant 0$$

这个点第一次到达时，是在 $(y_1, y_2) \leftarrow (0, x_1)$ 之后，由于 $x_1 \geqslant 0$，$(*)$ 成立。以后如又到达这个点，则是在某次循环之后。只要在这次循环前 $(*)$ 成立，而且 $y_2 \geqslant x_2$，则在

$$(y_1, y_2) \leftarrow (y_1 + 1, y_2 - x_2)$$

之后，$(*)$ 仍然成立。这是很容易验证的。

现在假定程序可以到达Ⓗ点，那么必然要经过●点，而且在最后一次经过●点时 $(*)$ 成立，此外 $y_2 \geqslant x_2$ 不成立。这样不难看出，到达Ⓗ时有

$$(**) \qquad x_1 = z_1 x_2 + z_2 \wedge 0 \leqslant z_2 < x_2$$

这就是所要验证的出口条件。

用符号逻辑的公式表达以上的研究则可看出除了用 $\varphi(x_1, x_2)$ 表示入口条件 $x_1 \geqslant 0 \wedge x_2 > 0$，用 $\psi(x_1, x_2, z_1, z_2)$ 表示出口条件 $(**)$ 之外，再用 $q(x_1, x_2, y_1, y_2)$ 表示中间条件 $(*)$。则以上的论证实际上包含了以下三个命题：

(1) $\varphi(x_1, x_2) \rightarrow q(x_1, x_2, 0, x_1)$

(2) $q(x_1, x_2, y_1, y_2) \wedge y_2 \geqslant x_2 \rightarrow$

$\rightarrow q(x_1, x_2, y_1 + 1, y_2 - x_2)$

(3) $q(x_1, x_2, y_1, y_2) \wedge \neg(y_2 \geqslant x_2) \rightarrow$

$\rightarrow \psi(x_1, x_2, y_1, y_2)$

这样，我们看到，整个程序可以用一组逻辑公式来描述，这些公式就刻划了程序执行过程中各变量之间的逻辑关系。我们把这些公式称之为程序的描述公式。

2.2 Floyd 方法

历史上第一个把符号逻辑用于程序验证的是 Floyd，他提出的方

法是：

根据程序的设计思想，给出全部中间条件(的具体公式)。然后验证所有的描述公式。如果这些公式都是永真公式，则程序对所给的入口条件及出口条件是正确的。

就前节例子而言，我们应该证明以下三个公式是永真公式：

(1) $x_1 \geqslant 0 \wedge x_2 > 0 \rightarrow x_1$

$= 0 \cdot x_2 + x_1 \wedge x_1 \geqslant 0$

(2) $x_1 = y_1 \cdot x_2 + y_2 \wedge y_2 \geqslant 0$

$\wedge y_2 \geqslant x_2 \rightarrow x_1 = (y_1 + 1)x_2$

$+ (y_2 - x_2) \wedge y_2 - x_2 \geqslant 0$

(3) $x_1 = y_1 \cdot x_2 + y_2 \wedge y_2 \geqslant 0 \wedge \neg(y_2 \geqslant x_2) \rightarrow x_1$

$= y_1 \cdot x_2 + y_2 \wedge 0 \leqslant y_2 < x_2$

这是很容易证明的。于是我们就证明了这个程序对所给的入口条件及出口条件是正确的。

用 Floyd 方法来验证程序的正确性，需要提供用各中间条件的具体表达式。而且一般说来，要指定一组公理。为了提高效率，这组公理的一些明显的推论也可以当做公理。这样一来，就可以使用机器证明方法来验证程序了。

如果设计一个软件来实现这一点，那么

(1) 程序最好能用适当的语言来书写，

(2) 程序中最好能表达入口条件、出口条件与中间条件，

(3) 引理(或公理)可以在程序中提供出来，

(4) 软件可以自动构造它应验证的公式。

根据这些条件，我们可以设想一个软件，它的输入是一个程序：

始

入口条件　　$x_1 \geqslant 0 \wedge x_2 > 0$；

出口条件　　$x_1 = z_1 * x_2 + z_2 \wedge z_2 \geqslant 0 \wedge z_2 < x_2$；

引理　　$\neg x \geqslant y \leftrightarrow x < y$；

引理　　$(x+1) * y = x * y + y$；

……

$y_1 := 0$；

$y_2 := x_1$；

l:条件 $x_1 = y_1 * x_2 + y_2 \wedge y_2 \geqslant 0$；

如 $y_2 < x_2$ 则转向 m 否则；

$y_1 := y_1 + 1$；

$y_2 := y_2 - x_2$；

转向 l；

m：　$z_1 := y_1$；

$z_2 := y_2$；

终

读者不难看出，只要在每一个可能从后面的语句转来的标号后面都给出明确的条件，就可以进行验证了。当然，给出更多的条件可能提高验证的效率。这些条件的给出并无任何困难，因为它表示了程序设计的思想本身，而不是任何其他的东西。

一个实验性的这种软件已经出现。

Floyd 还研究了停止问题的验证方法。但应用在机器证明时，这个方法并不方便。据 Luckham 提出的建议，是在程序中人为加入一些新的变量，随程序的运行变化他的赋值。如果在每个可以从后面转来的标号的地方，至少有一个这样的变量改赋比原有的值更大的整数值，而这些(改变赋值的变量)的值不超过一个只依赖于入口变量(从而在程序运行中维持不变)，那么程序的每一个标号只能有限次通过，从而程序是停止的。

在前例中,我们可以加入一个变量 y_3,在开始给他赋以 0 值,在 l 后的条件中加上一个 $y_3 \leqslant x_1/x_2+1$,在"如"前加上一句"$y_3 := y_3+1$;",改变后的程序的正确性一经验证,程序就是停止的了。

这个方法虽然很巧妙,但在一些比较复杂的程序中,却不易使用。例如在使用叠代法解方程的程序中,这往往归结为找出叠代次数的界来,这是比程序设计本身困难得多的问题。

为了避开这个困难,就应把程序停止问题直接以符号逻辑的公式表达出来。下面一节我们就来介绍这方面的结果。

2.3 程序图

为了利用符号逻辑的各种结果,我们要把框图程序中的各种框的内容形式化,换言之,只使用符号逻辑中的符号,而不管它的含义。(它的含义留待对符号进行"解释"时再讨论)。此外,我们把框图的画法简化一些:取消方框,把有关的表达式写在矢线的某一侧。对于检验框,则采用把条件也写在矢线的某一侧的办法。这样我们就可以定义"程序图"如下:

定义 设 (V, A) 是一个有限有向图,其中 V 是顶点集,A 是弧集,满足

(1) 恰有一个起始点 $S \in V$ 及一个停止点 $H \in V$,使得任何顶点都在某个自 S 到 H 的路上。

(2) 对每个弧 a 给了一个项 T_a,其中不出现出口变量,对于自 S 出发的弧,其中也不出现工作变量。

(3) 对每个弧 a 给了一个公式 P_a,其中不出现出口变量,对于自 S 出发的弧,其中也不出现工作变量。

(4) 对任何 $v \in V$,如 $v \neq H$,$a_1, \cdots, a_r$ 是自 v 出发的全体弧,则 $Pa_1, \cdots, Pa_r$,满足:

(4a) $Pa_1 \vee \cdots \vee Pa_r$，是永真公式

(4b) 对任何 $i \neq j$, i, $j=1,\cdots,r$, $Pa_i \wedge Pa_j$是不可满足的。

则 $P=(V, A, S, H, \{T_a\}, \{P_a\})$ 叫做一个“程序图”

例如：

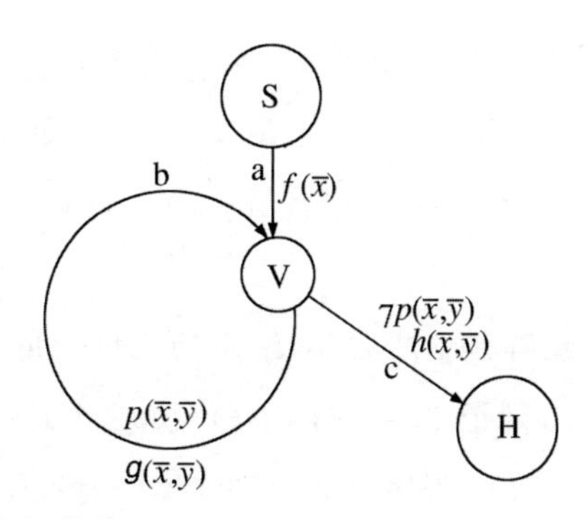

是一个程序图，其中

$V=\{S,v,H\}$, $A=\{a,b,c\}$,

$T_a=f(\bar{x})$, $T_b=g(\bar{x},\bar{y})$,

$T_a=h(\bar{x},\bar{y})$

$P_a=\blacksquare$, $P_b=p(\bar{x},\bar{y})$,

$P_c=\neg p(\bar{x},\bar{y})$ 。

这里■代表恒取 $\underline{1}$ 为真值的命题常量。

对于一个程序图，也可以像公式那样给出一个解释，即：

(1) 给出论域 D，

(2) 给出$\{P_a\}$及$\{T_a\}$中各常量符号的“值”，这些“值”分别是 D 的元素，

(3) 给出$\{P_a\}$及$\{T_a\}$中出现的各函数符号的“值”，这些“值”是 D 的某两个乘积空间之间的映象（空间的维数视函数的目数及 $\bar{x},\bar{y},\bar{z}$ 的维数而定），

(4) 给出$\{P_a\}$中出现的各谓词符号的“值”，它们是 D 的某乘积空

间到$\{\underline{0},\underline{1}\}$的映象(空间维数视谓词的目数及$\bar{x}$,$\bar{y}$,$\bar{z}$,的维数而定)。

有了这个解释之后,程序就可以对任何给定的入口变量的值"运行"了。这时注意(1) 对自 S 开始的弧,应计算 T_a的值,并把它赋给$\bar{y}$,这个值是确定的,由为 T_a中只出现入口变量符号,(2) 对于到达 H 的弧,T_a的值是赋给 $\bar{x}$ 的,其余的弧,T_a的值是赋给 $\bar{y}$ 的,(3) 对于任何不是 H 的顶点,如有多个弧自它出发的话,由定义中的(4a),(4b)可知恰有一个弧对应的公式 P_a取真值 $\underline{1}$,程序的运行永远选择这样的弧前进。

如果程序 P,经解释 g 之后,对给定的入口变量的值 $\bar{\xi}$ 运行到 H 时,$\bar{z}$ 被赋的值是 $\bar{\zeta}$,则记 $\bar{\zeta} = \mathscr{E}(\mathrm{P},\mathrm{g},\bar{\xi})$,如这个运行是永不到达 H 的,则记 $\omega = \mathscr{E}(P,g,\bar{\xi})$。程序验证(或更广泛一些,程序分析)的任务,归根结底是研究 $\mathscr{E}(P,g,\bar{\xi})$ 的性质。

设 F 是只含有入口变量的公式,叫入口条件,G 是只含有入口变量及出口变量的公式叫出口条件。我们可以把上述解释扩大到包括对 F、G 中出现的常量符号,函数符号及谓词符号的赋值。

定义:(1) 我们说,P 对入口公式 F 停止,如果对任何解释 g,及 $\bar{x}$ 的值 $\bar{\xi}$,只要 F 的真值是 $\underline{1}$,则 $\mathscr{E}(P,g,\bar{\xi}) \neq \omega$,

(2) 我们说 P 对入口公式 F 与出口公式 G(完全)正确,如果对任何解释 g 及 $\bar{x}$ 的值 $\bar{\xi}$,只要 F 的真值是 $\underline{1}$,则 $\bar{\zeta} = \mathscr{E}(\mathrm{P},\mathrm{g},\bar{\xi}) \neq \omega$ 且 G 对 $\bar{\zeta}$ 的真值是 $\underline{1}$。

现在我们定义程序图 P 的描述公式。设 q_v(其中 $v \in V$, $v \neq S$) 是在 P 中不出现的谓词符号。对 $a \in A$,如 v_i 是 a 的起点,v_j 是 a 的终点,当 $v_i \neq S$,公式

$$W_a:\ \mathrm{q}_{v_i}(\bar{\mathrm{x}},\bar{\mathrm{y}}) \wedge \mathrm{P}_a \rightarrow \mathrm{q}_{v_j}(\bar{\mathrm{x}},\mathrm{T}_a)$$

叫 a 的描述公式。当 $v_i = S$,公式

$$W_a:\ \mathrm{P}_a \rightarrow \mathrm{q}_{v_j}(\bar{\mathrm{x}},\mathrm{T}_a)$$

叫 a 的描述公式。描述公式的全体记做 A_p 在前例中，A_p 由以下三个公式组成：

$$\blacksquare \to q_v(\bar{x}, f(\bar{x}))$$

即

W_a：$q_v(\bar{x}, f(\bar{x}))$

以及

W_b；$q_v(\bar{x}, \bar{y}) \wedge p(\bar{x}, \bar{y}) \to$

$\to q_v(\bar{x}, g(\bar{x}, \bar{y}))$

Wc：$q_v(\bar{x}, \bar{y}) \wedge \neg p(\bar{x}, \bar{y}) \to$

$\to q_H(\bar{x}, h(\bar{x}, \bar{y}))$

为了与出口公式结合起来，我们往往把 A_p 中所有的 $q_H(\bar{x}, T_a)$改做 $G\{T_a/\bar{z}\}$(其中$\{T_a/\bar{x}\}$是代换)。这样修改过的描述公式记做 $A_p(G)$。

此外，为了更紧密地表示“程序图”中各符号与所考虑的具体程序的关系，往往还要一些公理。(为了表达“等于”，归纳法等等，通常要用二阶谓词演算才能表达的对象，往往还要在这组公理中增加一些有关 q_v 的公理)。这组公理记做 A。

这样一来，我们可以给出

定理：(1) 程序图 P 对入口公式 F 停止的充要条件是：$F \wedge A \wedge A_p(\square)$是不可满足的。

(2) 程序图 P 对入口公式 F 及出口公式 G 正确的充要条件是：$F \wedge A \wedge A_p(\neg G)$ 是不可满足的。

按照这个定理，我们在验证程序时，不必具体给出各 q_v 的具体含义，因此比 Floyd 方法要求低得多。但是，它的验证过程不能象 Floyd 方法那样分别去做多个公式的永真性的证明，而要毕其功于一役。因此工作量就大得多，但是如果有了好的机器证明手段，则这个方法可能比 Floyd 方法好得多。

以本节开始的例子来说，如果引入公理

$$(*)\quad (\forall \bar{x})(\exists \bar{y})q_v(\bar{x},\bar{y}) \wedge (\forall \bar{x})(\forall \bar{y})(p(\bar{x},\bar{y}) \wedge q_v(\bar{x},\bar{y}) \to q_v(\bar{x},g(\bar{x},\bar{y}))) \to (\forall \bar{x})(\exists \bar{y})(\neg p(\bar{x},\bar{y}) \wedge Q(\bar{x},\bar{y}))$$

则可以验证这个图(对入口条件)是停止的。

实际上，如果把 $A \wedge A_p(\square)$ 写成子句形式就有

(1) $\neg q_v(a,\bar{y}) \vee p(\bar{x},\bar{y}) \vee \neg p(\bar{x},f_1(\bar{y}))$

(2) $\neg q_v(a,\bar{y}) \vee q_v(\bar{x},\bar{y}) \vee \neg p(\bar{x},f_1(\bar{y}))$

(3) $\neg q_v(a,\bar{y}) \vee \neg q_v(\bar{x},g(\bar{x},\bar{y})) \vee \neg p(\bar{x},f_1(\bar{y}))$

(4) $\neg q_v(a,\bar{y}) \vee P(\bar{x},\bar{y}) \vee q_v(\bar{x},f_1(\bar{y}))$

(5) $\neg q_v(a,\bar{y}) \vee q_v(\bar{x},\bar{y}) \vee q_v(\bar{x},f_1(\bar{y}))$

(6) $\neg q_v(a,\bar{y}) \vee \neg q_v(\bar{x},g(\bar{x},\bar{y})) \vee q_v(\bar{x},f_1(\bar{y}))$

以上(1)～(6)：A，其中 f_1 与 a 是 Skolem 函数

(7) $q_v(\bar{x},f(\bar{x}))$

(8) $\neg q_v(\bar{x},\bar{y}) \vee \neg p(\bar{x},\bar{y}) \vee q_v(\bar{x},g(\bar{x},\bar{y}))$

(9) $\neg q_v(\bar{x},\bar{y}) \vee p(\bar{x},\bar{y})$

以上(7)～(9)：$A_p(\square)$

从(7)及(1)～(6)可得

(1′) $p(a,f(a)) \vee \neg p(a,f_1(f(a))$

(2′) $q_v(a,f(a)) \vee \neg p(a,f_1(f(a)))$

(3′) $\neg q_v(a,g(a,f(a)) \vee \neg p(a,f_1(f(a)))$

(4′) $p(a,(f(a)) \vee q_v(a,f_1(f(a))$

(5′)　$q_v(a,f(a)) \vee q_v(a,f_1(f(a)))$

(6′)　$\neg q_v(a,g(a,f(a))) \vee q_v(a,f_1(f(a)))$

从(8)与(2′)可得

(8′)　$\neg p(\bar{a},f(a)) \vee q_v(a,g(a,f(a))) \vee \neg p(a,f_1(f(a)))$

再与(1′)可得

(8″)　$q_v(a,g(a,f(a)) \vee \neg p(a,f_1(f(a)))$

再与(3′)可得

(10)　$\neg p(a,f_1(f(a)))$

相仿地用(8)与(5′),(4′),(6′)可得

(11)　$q_v(a,f_1(f(a)))$

现(9)与(10)可得

(12)　$\neg q_v(a,f_1(f(a)))$

由(11)与(12)可得

(13)　□

可见 $A \wedge A_p(\square)$是不可满足的。

参考文献

除第一部分已举的文献之外,请读者再参看以下两文:

Luckham, Suzuk$_1$,“Proof of termination within a Weak Logic of Programs”,*Acta Informatica* 8(1977) p. 21.

Z. Manna, Puneli,“Axiomatic Approach of Total Correctness of Programs”, *Acta Informatica* 3(1974) p. 273.

3. 程序的设计

机器证明可以用于程序的设计,这并不是一件很奇怪的事,因为程

序的设计,从本质上来说是“解答问题”这一类问题的特例。而早在机器证明出现后不久,就有许多人指出,“解答问题”可以利用机器证明为手段。

在本文中,我们准备专门介绍程序设计方面的问题。更广泛的情况,读者可以从第一部分的文献中去了解。

3.1 程序设计与机器证明

我们从一个简单的例子说起。

设有一个机器,有三个寄存器 A,B,C,和一个累加器 L。这个机器有三种可以选用的指令,它们都是一地址的,地址是 A,B,C 之一。操作有:(1)冲:用地址部分所示的寄存器的内容冲掉寄存器原有内容;(2) 加:把地址部分所示的寄存器的内容加在累加器中;(3) 存:把累加器的内容存入地址部分所示的寄存器。

我们想利用这个机器来写一段程序,把 A 与 B 的内容相加存入 C 中。

怎样用符号表达这些呢?首先,我们把机器中各寄存器的内容与累加器的内容的总体叫做机器的状态,并用 $p(u,x,y,z,v)$ 表示机器处于 v 状态时,累加器的内容是 u,A,B,C 的内容是 x,y,z。p 是一个谓词。

再用 $f(x,v)$,$g(x,v)$,$h(x,v)$ 分别表示在执行“冲 x”或“加 x”或“存 x”之后,机器从状态 v 改变为什么状态,f,g,h 是三个函数。

最后,设机器的原始状态是 e,这时 A,B,C,L 的内容分别是 a,b,c,d。

这样我们有以下关于机器的公理:

(1) $p(d,a,b,c,e)$

(2A) $p(u,x,y,z,v)$

$\rightarrow p(x,x,y,z,f(A,v))$

(2B) $p(u,x,y,z,v)$

$\rightarrow p(y,x,y,z,f(B,v))$

(2C) $p(u,x,y,z,v)$

$\rightarrow p(z,x,y,z,f(C,v))$

(3A) $p(u,x,y,z,v)$

$\rightarrow p(u+x,x,y,z,g(A,v))$

(3B) $p(u,x,y,z,v)$

$\rightarrow p(u+y,x,y,z,g(B,v))$

(3C) $p(u,x,y,z,v)$

$\rightarrow p(u+z,x,y,z,g(C,v))$

(4A) $p(u,x,y,z,v)$

$\rightarrow p(u,u,y,z,h(A,v))$

(4B) $p(u,x,y,z,v)$

$\rightarrow p(u,x,u,z,h(B,v))$

(4C) $p(u,x,y,z,v)$

$\rightarrow p(u,x,y,u,h(C,v))$

这样,欲使所要的程序存在,则在程序完成后的状态

(5) $(\exists v)(\exists u)p(u,a,b,a+b,v)$ 应是(1)～(4C)的逻辑推论,这可以用机器证明来证明。其中用到如下的消解过程:

(1′) $p(d,a,b,c,e)$

(2′) $\neg p(u,x,y,z,v)$

$\vee p(x,x,y,z,f(A,v))$

(3′) $\neg p(u,x,y,z,v)$

$\vee p(u+y,x,y,z,g(B,v))$

(4′) $\neg p(u,x,y,z,v)$

$\vee\ p(u,x,y,u,h(C,v))$

(5′) $\neg p(u,a,b,a+b,v)$

从(5′)与(4′)

(6) $\neg p(a+b,a,b,z,v)$

从(6)与(3′)

(7) $\neg p(a,a,b,z,v)$

从(7)与(2′)

(8) $\neg p(u,a,b,z,v)$

从(8)与(1′)

(9) $\square$

到此已可证明,所要的程序是存在的。为了要找出程序本身,我们需要对消解过程进行一次"追溯",其方法是在(5′)的后面增加一个特殊的谓词 $q(v)$,然后重复一遍消解过程,则(6)就变为

(6′) $\neg p(a+b,a,b,z,v)$

$\vee\ q(h(C,v))$

(7) 变为

(7′) $\neg p(a,a,b,z,v)$

$\vee\ q(h(C,g(B,v)))$

(8) 变为

(8′) $\neg p(u,a,b,z,v)$

$\vee\ q(h(C,g(B,f(A,v))))$

(9) 变为

(9′) $q(h(C,g(B,f(A,v))))$

从这里,已不难"读出"所要的程序了。

这里有两点需说明。

首先:因为我们想回避"等于"关系,所以采用了不很自然的公理来

描写我们的机器。实际上,含有“等于”关系的一阶谓词演算也可以进行机器证明的讨论。这样,如用 $k(x,v)$ 表示状态 v 时 x 内容,就可以写出以下的公理

$$k(L,f(x,v)) = k(x,v)$$

$$y \neq L \rightarrow k(y,f(x,v)) = k(y,v)$$

$$k(L,g(x,v)) = k(L,v) + k(x,v)$$

$$y \neq L \rightarrow k(y,f(x,v)) = k(y,v)$$

$$k(x,h(x,v)) = f(L,v)$$

$$y \neq x \rightarrow k(y,h(x,v)) = k(y,v)$$

所要证明的公式是

$$(\exists v)(k(C,v) = k(A,e) + k(B,e))$$

其次:我们需要一个算法,对任何复杂的消解结果,机械地生成程序。这一点,对于写框图程序的算法来说尤为重要。下一节就专门讨论这个问题。

3.2 追溯算法

设 $R(x_1,\cdots,x_r,a_{r+1},\cdots a_m, z_1,\cdots. z_n)$ 表示“当入口变量是 $x_1,\cdots,x_r$ 而入口常量是 $a_{r+1},\cdots,a_m$ 时,出口变量是 $z_1,\cdots,z_n$”,则在刻划程序时应该用到(Q 表示“解答谓词”)

$$(\forall x_1)\cdots(\forall x_r)(\forall z_1)\cdots(\forall z_n)(R(x_1,\cdots,x_n)\rightarrow Q(z_1,\cdots,z_n)).$$

这样就确定了在程序中可以使用的原始符号。

我们称含有 Q 的子句为活子句,活子句中出现的变量叫活变量。

如果 C_1 与 C_2 的消解式

$$C = (C_1\sigma \backslash L_1\sigma) \cup (C_2\sigma \backslash L_2\sigma)$$

其中 L_1,L_2 是被消解式,σ 是 L_1 与 $\neg L_2$ 的 $m.g.u$。则 C 叫原始消解式,如果满足以下几个条件之一:

1. C_1 与 C_2 都不是活子句

2. C_1 是活子句,C_2 不是活子句,而 σ 中所有的活变量被只含有原始常量和原始函数符号的项所代换

3. C_1 与 C_2 都是活子句,而 $L_1\sigma$ 与 $L_2\sigma$ 中的所有常量、函数、谓词符号都是原始的。

如果只用原始消解式就可以导出解答子句,那么就可以利用下面的算法求出相应的程序。

设 T_1 是推理树。(注意在这个推理中 $x_1,\cdots,x_r$ 被看成常量,$z_1,\cdots,z_n$不能出现在推理过程中用到的变换里用以代替别的变量的项中)。

在 T_1 的每一个弧上写上被消解式(适当的代换之后)的否定与代换(用赋值式的写法),得 T_2。

消去非活动子句在 T_2 中代表的顶点。然后消去各顶点上注明的子句得 T_3。

在 T_3 中,如自某一顶点出发的弧只有一条,则消去这个弧上注明的被消解式。如此得到 T_4。

把 T_4 的根顶点记为 S,把所有对应于

$\sim R(x_1,\cdots,z_n)\ \vee\ Q(z_1,\cdots,z_n)$

的顶点合并为 H。即得一个框图程序。

例 1. 设我们要写一个程序:

(1) 如 $x>10$ 但 $x\leqslant 100$ 则 $z=x+1$

(2) 如 $x>100$ 则 $z=x-1$

(3) 否则 $z=x$

解:用 $p(x,y)$ 表示 $x>y$, $f(x)$, $g(x)$ 表示 $x+1$, $x-1$。视 10,100 为常量符号,则

(1) $\neg\, p(x,10)\ \vee\ p(x,100)$

$\vee R(x,f(x))$

(2) $\neg p(x,100) \vee R(x,g(x))$

(3) $\neg p(x,10) \vee p(x,100) \vee R(x,x)$

(4) $\neg R(x,z) \vee Q(z)$

由(1),(4)可得

(5) $\neg p(x,10) \vee p(x,100)$

$\vee Q(f(x))$

由(2),(4)可得

(6) $\neg p(x,100) \vee Q(g(x))$

由(3),(4)可得

(7) $p(x,10) \vee p(x,100) \vee Q(x)$

由(5),(7)可得

(8) $Q(f(x)) \vee p(x,100)$

$\vee Q(x)$

由(6),(8)可得,

(9) $Q(f(x)) \vee Q(g(x)) \vee Q(x)$。

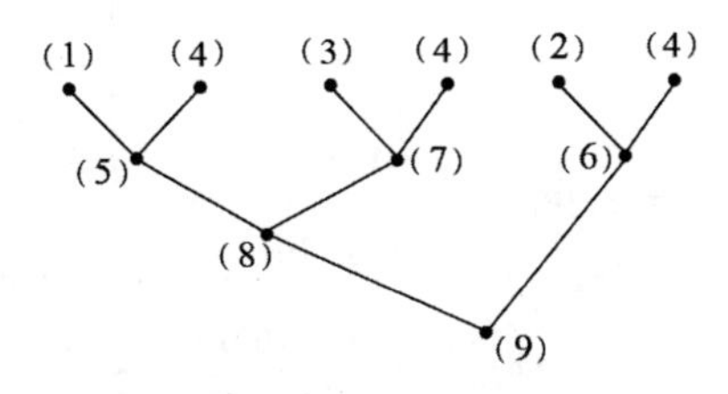

于是得 T_1 如下再得 T_2 如下

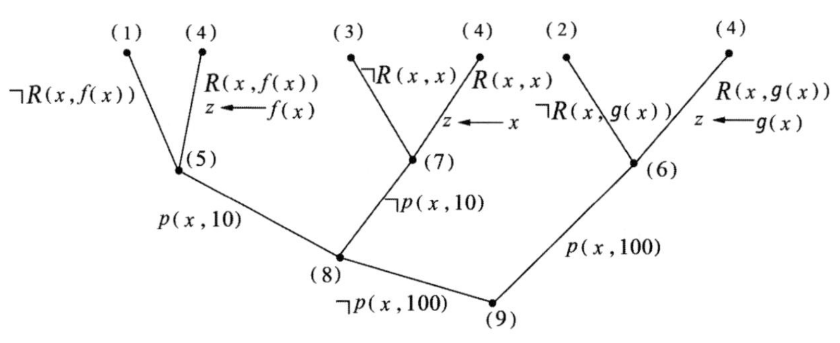

于是 T_3 是

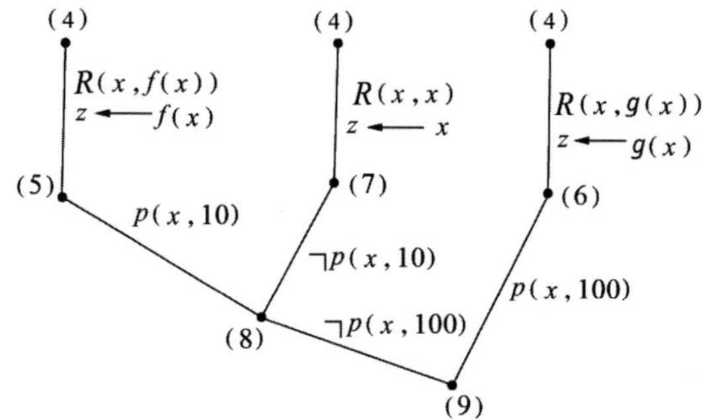

从而 T_4 是

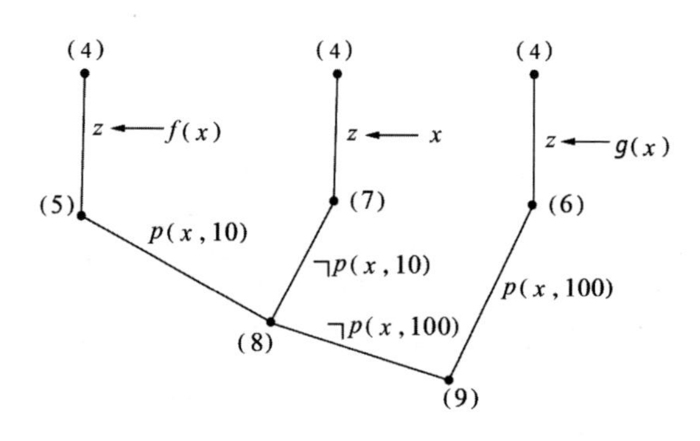

这样就可以最后得到框图程序

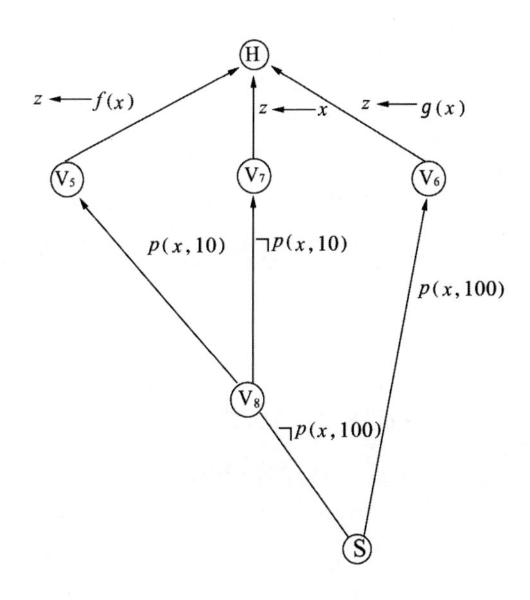

例 2. 设我们要写一个程序,如入口为正数,则出口为 1,否则出口为 0。

用 $p(x)$ 表示 x 是正数,$R(x,z)$表示入口为 x 时,出口为 z,则有

(1) $\neg p(x) \vee R(x,1)$

(2) $p(x) \vee R(x,0)$

(3) $\neg R(x,z) \vee Q(z)$。

如用一般的消解法,可知

(4) $R(x,1) \vee R(x,0)$　　由(1)及(2)

(5) $R(x,0) \vee Q(1)$　　由(4)及(3)

(6) $Q(1) \vee Q(0)$　　由(5)及(3)

这样就得到一个

"不可执行"的程序

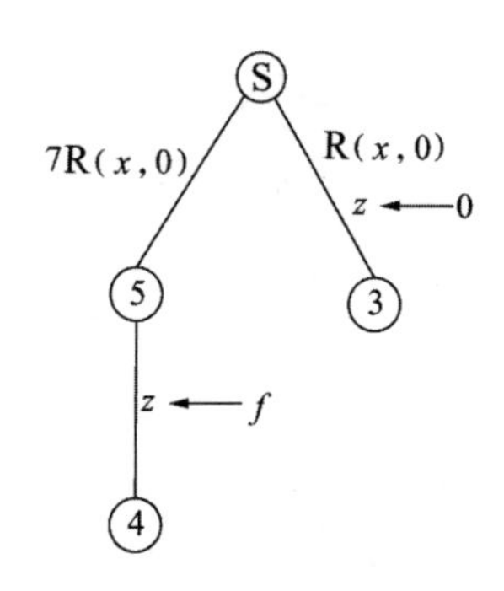

但如仔细一些，使用原始消解法，即可得

(4) $\neg p(x) \vee Q(1)$　　从(1)及(3)

(5) $p(x) \vee Q(0)$　　从(2)及(3)

(6) $Q(1) \vee Q(0)$　　从(4)及(5)

于是得一个正当的程序：

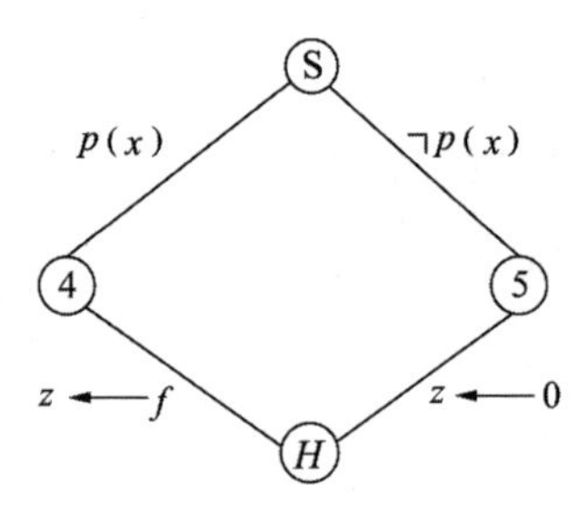

这个例子从一个角度说明了原始消解法的意义。

这是真的。

这个例子的证明中非常频繁地使用了结合律。用普通的基于消解法的机器证明来做，这是非常困难的事。

因此，许多作者开始考虑在种种具体的公理系统中的机器证明问题，例如对于初等群论，初等几何，射影几何，集合论等等系统中的机器证明问题。

在这些讨论中可以指出两种极端的做法，其他的做法则是这两种做法的不同程度的“结合”。

第一种做法类似于在消解法的基础上经过加入等词而构造调解法的那种做法。例如[1]中介绍的方法。

第二种做法基于对所考虑的公理系统的深入理解。在这种理解的基础上找到其中某一类的问题的判定算法。例如[2]中的做法。

关于这些不是消解法的机器证明，[3]做了综合的介绍。

从我国的现状来看，我们希望出现一些可供实验的机器证明系统，无论是根据消解法或别的任何方法都好，在这种实验的基础上，取得必要经验，才能发展机器证明的理论和方法。

机器证明不是一件轻而易举的事。要使机器证明真正用于辅助科学研究工作，也许还要一代人的努力才能真正实现。但是由于意义重大，还是应该引起各方面的重视的。

参考文献

[1] Nevins, A. J., “A Human Oriented Logic for Automatic Theorem Proving”, J. ACM. 21(1974). 606—621.

[2] 吴文俊:《初等几何判定问题与机械化证明》，中国科学，1976，507—516。

[3] Bledsoe. W. W, “Non-resolution Theorem Proving”. *Artificial Intelligence*. 9(1977), 1—35.

附 言

本文的介绍主要是围绕着消解法进行的。但是近年来，越来越多地听到对消解法的消极评价。有的作者认为消解法是一种“乱劈乱砍”的作法，想用计算机的速度来换取有目的的分析所需要的智能。一个颇有说服力的例子是：证明在一个 $x^3=e$ 的群中

$$h(h(x,y),y)=e,$$

其中

$$h(x,y)=xyx^{-1}y^{-1}。$$

这个例子就是要证明

$$(xyx^{-1}y^{-1})\cdot y\cdot(xyx^{-1}y^{-1})^{-1}\cdot y^{-1}=e$$

或者

$$xyx^{-1}yxy^{-1}x^{-1}y^{-1}=e$$

由于 $x^{-1}=x^2$。所以上式等价于

$$(xyx)(xyx)y^{-1}x^{-1}y^{-1}=e$$

也就是

$$(xyx)^{-1}y^{-1}x^{-1}y^{-1}=e$$

或者

$$(x^{-1}y^{-1})(x^{-1}y^{-1})(x^{-1}y^{-1})=e$$

（原载《科技参考（计算机应用与应用数学）》1978 年 4 月号 20－27 页，1978 年 8 月号 17－28 页）

有关“知道”的逻辑问题的形化式

1. 引　言

用计算机去理解自然语言是人工智能中的重要而活跃的分支。但在现有的种种模型中,用以描述语义的几乎全是基于一阶谓词逻辑的形式系统,无法处理有关“知道”的句子。而如果要在数据库咨询系统中使用自然语言,这种句子是必不可少的。所以有关“知道”的逻辑问题就成了人工智能理论中的一个很有兴趣的问题。

从传统的逻辑学的角度来看,“知道”的逻辑可以说是一种模态逻辑。与“必然”的模态逻辑一样,我们也可以建立一个类似的形式系统,或者为它建立一个特殊的一阶理论。然而从人工智能的角度来看,更有兴趣的是建立一个解题与证明的算法。本文就是按这几种不同办法分别对“知道”的逻辑问题做了一些初步的处理。文中的大部分结果是作者 1979 年上半年在美国斯坦福大学人工智能实验室访问时作出的。

先从一个非常熟悉的智力测验问题谈起:

老师让三个同学坐在一条直线上,使甲可以看见乙和丙,乙可以看见丙但看不见甲,丙既看不见乙,也看不见甲。让三个同学闭上眼睛,给他们每个人戴上一顶帽子,并告诉他们:至少有一顶帽子是白色的。等他们睁开眼睛,老师问甲是否知道他戴的是不是白帽子,甲说不知道。又问乙同样的问题,乙也说不知道。再问丙,丙说:知道了,我戴的是白帽子,问丙是怎么知道的?

用朴素的形式逻辑严格地讨论这个问题,大概是这个样子:

已知:(1) 甲、乙、丙中至少一人戴的是白帽子。

(2) 甲知道乙、丙戴的是否白帽子。

(3) 乙知道丙戴的是否白帽子。

(4) 甲、乙、丙都知道以上三点,而且都知道别人也知道。

(5) 甲不知道自己戴的是否白帽子。

(6) 乙知道(5)。

(7) 乙不知道自己戴的是否白帽子。

(8) 丙知道以上三点。

求证:丙知道丙戴的是白帽子。

证明:(9) 设乙、丙戴的都不是白帽子。由(2),甲知道这一事实。由(4)和(1),甲又知道三个人中至少一个戴的是白帽子。于是甲应知道自己戴的是白帽子,与(5)矛盾。可见乙、丙中至少一个戴的是白帽子。

(10) 由(4)及(6),在(9)中我们所做的推理乙也可以做。所以乙应知道乙、丙中至少一人戴的是白帽子。

(11) 设丙戴的不是白帽子。由(3),乙知道这一点,再由(10),乙应知道自己戴的是白帽子,与(7)矛盾。可见丙戴的是白帽子。

(12) 由(4),(8),以上(9)(10)(11)三点中的推理,丙也可以做出。可见丙知道自己戴的是白帽子。证完。

很容易看出,用寻常的命题演算或谓词演算等作为工具,是不可能把这类推理形式化的。

2. “知道”的模态逻辑

有关“知道”的命题大体上有两类：“P 知道 p 是真的”与“P 知道 p 是否真的”。这两类之间的差别是极为明显的。我们用 P：p 表示前者，P!p 表示后者。

在上节问题中，如果用 P，Q，R 表示甲、乙、丙三个人，用 p，q，r 分别表示甲、乙、丙戴的帽子是白的，那么“丙知道甲知道乙戴的帽子是否白的”就应该写成

$$R:P!q$$

在命题演算中增加了表示人的“主词”及两种表示“知道”的联词之后，就有了足够的表达力。那么，需要一些什么样的推理规则呢？

首先，我们必须假定甲、乙、丙等人有足够的推理能力。换言之，如果从前提 $p_1,\cdots,p_n$ 可以形式地证明 q：

$$p_1,\cdots,p_n\vdash q$$

则 P 也会作出这一证明。于是，有如下的推理规则：

（∶＋）　若 $p_1,\cdots,p_n\vdash q$，则 $P:p_1,\cdots,P:p_n\vdash P:q$

其次，我们应认为所讨论的“知道”都是真知，不是误解，因此有如下的推理规则：

（∶－）　$P:p\vdash p$

当然，从 p 不能证明 P：p。但如果 P!p，即“P 知道 p 是否真”，那么只要 p 果然是真的，P 就知道 p 是真的，如果 p 竟然是假的，P 也会知道 p 是假的。换言之，我们可以认为 P!p 的意义就是：p，¬p 分别与 P：p，P：¬p 有相同的真值。这可以形式地写成如下的定义：

（!）　$P!p=_{df}(p\rightarrow P:p)\wedge(\neg p\rightarrow P:\neg p)$

有了这些，我们已经可以把前节的推理形式化了（以下我们采用类

似于 Gantzen 的“自然推理”的办法来讨论)：

已知：(1) $R:Q:P:p \vee q \vee r$

(2) $R:Q:P!q$

(3) $R:Q:P!r$

(4) $R:Q!r$

(5) $R:Q:\neg P!p$

(6) $R:\neg Q!q$

求证：$R:r$

注意，由于可以从 $P:p$ 证明 p，等等，我们把已知条件写得更加精炼了。

现在我们来写证明。

由命题演算可知：

$$p \vee q \vee r,\ \neg q \wedge \neg r \vdash p$$

用(：＋)可知

(7)　$P:(p \vee q \vee r),\ P:(\neg q \wedge \neg r) \vdash P:p$

另一方面，由(!)可知：

$$P!q \vdash (q \to P:q) \wedge (\neg q \to P:\neg q)$$

从而，用命题演算可知

(8)　$P!q,\ \neg q \vdash P:\neg q$

同理

(9)　$P!r,\ \neg r \vdash P:\neg r$

而

$$\neg q,\ \neg r \vdash \neg q \wedge \neg r$$

故由(：＋)可知

(10)　$P:\neg q,\ P:\neg r \vdash P:(\neg q \wedge \neg r)$

结合(8)，(9)，(10)，可知

$$P!q,\ P!r,\ \neg q,\ \neg r \vdash P:(\neg q \wedge \neg r)$$

即

$$P!q,\ P!r,\ \neg(q \vee r) \vdash P:(\neg q \wedge \neg r)$$

再由(7)可得：

(11)　$P:(p \vee q \vee r),\ P!q,\ P!r, \neg(q \vee r) \vdash P:p$

现在要用到如下的引理：

引理：$P:\ p \vdash P!p$

证明：由(：一)，$P:\ p \vdash p$，因此

$$P:\ p \vdash p \rightarrow P:\ p。$$

另一方面，$p \vdash \neg p \rightarrow P:\ \neg p$，因此

$$P:\ p \vdash \neg p \rightarrow P:\ \neg p。$$

这样就有　$P:p \vdash (p \rightarrow P:p) \wedge (\neg p \rightarrow P:\neg p)$，再用(!)就可以证明引理。

把引理用于(11)，可得：

$$P:\ (p \vee q \vee r),\ P!q,\ P!r,\ \neg(q \vee r) \vdash P!p$$

用命题演算可知

$$P:\ (p \vee q \vee r),\ P!q,\ P!r, \neg P!p \vdash q \vee r$$

再把(：十)对上式用两次就可以得到

(12)　(1)，(2)，(3)，(5)$\vdash R:Q:q \vee r$

重复上面的技巧，先写出

$$q \vee r,\ \neg r \vdash q$$

因此

$$Q:\ (q \vee r),\ Q:\ \neg r \vdash Q:q$$

用引理，可知

$$Q:\ (q \vee r),\ Q:\ \neg r \vdash Q!q$$

另一方面，有

$$Q!r,\ \neg r \vdash Q:\ \neg r$$

因此

$$Q:(q\vee r),\ Q!r,\ \neg r\vdash Q!q$$

从而

$$Q:(q\vee r),\ Q!r,\ \neg Q!q\vdash r$$

于是

(13)　$R:Q:(q\vee r),(4),(6)\vdash R:r$

结合(12),(13),就有

$$(1),(2),(3),(4),(5),(6)\vdash R:r$$

上面的形式化方法在处理稍复杂一些的问题时,会遇到困难。比如把引言中的问题改为让三个学生坐成一个圈,使得每个学生都可以看到另外两个学生戴的帽子。然后老师同时问三个学生是否知道自己戴的帽子是不是白的。大家都答不知道。老师等了一会儿,又问了一遍,大家还答不知道。求证老师第三遍问的时候,大家都会说知道了。

在这个问题的已知条件中必然会有 $P:Q:\neg R!r$ 这一类的式子,从而可以推出 $\neg R!r$,但是要证明的结论中却有 $R!r$。这说明,我们所用的形式化仍有不完善的地方。

究其原因,是在于在对话的过程中,大家的知识不断增加。因此,每一次问话时,他们推理时所依赖的前提也是不同的,所以难免作出的结论不同。

因此,我们最好是引进表示时间的符号。但是那样一来,就有需要一阶算术的危险。所以,我们宁可用 P_1,P_2,P_3 表示在不同阶段上同一个人 P 的不同变体。这样,问题要证明的就是 $R_3!r$ 这一类的式子,而在已知条件中则不会出现诸如 $\neg R_3!r$ 这样的式子。

总之,在寻常的命题演算中,增加主词、"知道"的联词,以及相应的规则、定义之后,我们就得到了"知道"的模态逻辑。〔1〕中用 Hilbert 式的办法处理了这种逻辑,并给出了模型论方面的结果。这种逻辑如何推广到谓词演算，作者尚未见到过任何报道。

3. 可能界的谓词演算

上节用了模态逻辑的方法来处理问题，所以写得非常接近朴素的逻辑推理。但是因为这是一种全新的逻辑，所以就有许多新的问题要研究，例如完全性、可判定性等等。

在这一节中我们将利用“可能界”的概念（参看〔2〕），提出另一个形式化的办法。实际上，〔1〕中的语义模型几乎就是这种办法。

当我们讨论本文开头的那个问题时，我们把甲、乙、丙借以存在的世界叫做现实界。甲、乙、丙三人囿于他们的知识，不可能对现实界有详细的认识。所以对于超出他们知识范围的东西，他们就无法判定其正确与否。这样，一些不同于现实界的可能界就会被接受下来。

在前述问题中，我们关心帽子的颜色。一顶帽子的颜色是否白的，在现实界中是确定的，在各可能界中则可能不同。因此，像“甲的帽子是白的”就应是一个关于可能界的谓词，其真值随可能界而变化。以下，我们用$P(w)$，$Q(w)$，$R(w)$分别表示甲、乙、丙的帽子是白的。这样，代替上节中 $p \vee q \vee r$ 的应是 $P(w) \vee Q(w) \vee R(w)$，我们把它记做 $K(w)$：

(DK)　$K(w) \sim P(w) \vee Q(w) \vee R(w)$

在开始的时候，乙看到了丙的帽子的颜色。所以在乙所能接受的可能界中，丙的帽子颜色应与现实界相同。用 w_0 表示现实界，则一个可能界 w 能被乙接受，必须 $R(w) \sim R(w_0)$。当然乙还知道三顶帽子中至少有一顶是白的。所以乙接受可能界 w 的充要条件就是 $K(w) \wedge (R(w) \sim R(w_0))$。

当然，也可以设想乙处在某一可能界 w' 中的情况。这时，乙运用它的知识就会接受这样一些可能界 w,它们使得 $K(w) \wedge (R(w) \sim R(w'))$。

另一方面应注意:知识随着对话增加。所以,一个人能否接受一个可能界也随时间变化。用 0,1,2 分别表示开始、甲说不知道以后、乙说不知道以后这三个时刻,用 $A(w_1, w_2, t)$, $B(w_1, w_2, t)$, $C(w_1, w_2, t)$分别表示这样的谓词:在时刻 t,如界甲、乙、丙处在可能界 w_1 中,他将接受可能界 w_2。则我们可以写出:

(DA0) $A(w_1, w_2, 0) \sim K(w_2) \wedge (Q(w_1) \sim Q(w_2)) \wedge (R(w_1) \sim R(w_2))$

(DB0) $B(w_1, w_2, 0) \sim K(w_2) \wedge (R(w_1) \sim R(w_2))$

(DC0) $C(w_1, w_2, 0) \sim K(w_2)$

如果这时甲(处于可能界 w 中)能断言他的帽子是否白的,那就说明,他能接受的一切可能界 w′都满足 $P(w) \sim P(w')$,即

$$(\forall w')(A(w, w', 0) \rightarrow (P(w) \sim P(w')))$$

我们把这个式子记为 L(w):

(DL) $L(w) \sim (\forall w')(A(w, w', 0) \rightarrow (P(w) \sim P(w')))$

反之,若甲说他不知道自己帽子是否白的,他所在的可能界 w 应满足$\neg L(w)$。

乙从对话中了解了这一点,所以

(DB1) $B(w_1, w_2, 1) \sim B(w_1, w_2, 0) \wedge \neg L(w_2)$

丙也如此:

(DC1) $C(w_1, w_2, 1) \sim$

$$C(w_1, w_2, 0) \wedge \neg L(w_2)$$

同理,设

(DM)　$M(w) \sim (\forall w'')(B(w, w'', 1) \rightarrow (Q(w) \sim Q(w'')))$

则乙说他不知道自己的帽子是否白的之后,就有

(DC2)　$C(w_1, w_2, 2) \sim$

$$C(w_1, w_2, 1) \wedge \neg M(w_2)$$

以上各式就是问题的已知条件。所要证明的,乃是:

(T)　$C(w_0, w, 2) \rightarrow R(w)$

注意,我们按习惯作法,略去了各式最外层的全称量词。

到此为止,我们已把本文开头的问题化成一个一阶理论的问题,即把(DK),(DL),(DM),(DA 0),(DB 0),(DB 1),(DC 0),(DC 1),(DC 2)做为公理,证明(T)是一个定理。

为了使读者更清楚地看到这种作法的含义,我们把证明的大意写在下面。

首先,由(DK)有

(1)　$K(w) \wedge \neg Q(w) \wedge \neg R(w) \rightarrow P(w)$

在(1)中用 w_2 替换 w,并结合(DA 0),可得

(2)　$A(w_1, w_2, 0) \wedge \neg Q(w_1) \wedge \neg R(w_1) \rightarrow P(w_2)$

另一方面,在(1)中用 w_1 去替换 w,可得

(3)　$K(w_1) \wedge \neg Q(w_1) \wedge \neg R(w_1) \rightarrow P(w_1)$

结合(2),(3)就得到

$$K(w_1) \wedge A(w_1, w_2, 0) \wedge \neg(Q(w_1) \vee R(w_1))$$

$$\rightarrow (P(w_1) \sim P(w_2))$$

再与(DL)结合,得到

$$\neg(Q(w_1) \vee R(w_1)) \wedge K(w_1) \rightarrow L(w_1)$$

或者

$$\neg L(w_1) \wedge K(w_1) \rightarrow Q(w_1) \vee R(w_1)$$

用 w_2 替换上式中的 w_1，结合(DB 1)，(DB 0)，(DC 1)，(DC 0)就得到

(4) $B(w_1, w_2, 1) \rightarrow Q(w_2) \vee R(w_2)$

(5) $C(w_1, w_2, 1) \rightarrow Q(w_2) \vee R(w_2)$

这说明，在甲说了不知道之后，乙、丙都知道了他们两人之一戴的是白帽子。

另一方面，由(DB 1)，(DB 0)可知

$$B(w_1, w_2, 1) \rightarrow (R(w_1) \sim R w_2))$$

于是从(4)可得

$$\neg R(w_1) \wedge B(w_1, w_2, 1) \rightarrow Q(w_2)$$

再得到

$$Q(w_1) \wedge \neg R(w_1) \wedge B(w_1, w_2, 1) \rightarrow (Q(w_1) \sim Q(w_2))$$

结合(DM)，就有

$$Q(w_1) \wedge \neg R(w_1) \rightarrow M(w_1)$$

所以可以知道：

$$Q(w_1) \wedge \neg M(w_1) \rightarrow R(w_1)$$

用 w_2 替换上式中的 w_1，并进行简单的演算，就得到

$$(Q(w_2) \vee R(w_2)) \wedge \neg M(w_2) \rightarrow R(w_2)$$

把上式与(5)相结合，就得到

$$C(w_1, w_2, 1) \wedge \neg M(w_2) \rightarrow R(w_2)$$

再由(DC 2)，

$$C(w_1, w_2, 2) \rightarrow R(w_2)$$

取 $w_1 = w_0$，并用 w 替换 w_2，就可得到(T)。

证明完毕。

这样，我们就可以用可能界的一阶谓词演算解决和上节相同的问题。这种办法不必另行创造新的逻辑系统，只需借助于寻常的一阶谓

词演算进行演算，是其极大的优点；而与朴素的推理距离较远，同时对问题的表达方式也不够直观，则是其缺点。看起来，怎样作出这两种理论的形式对应关系，并利用本节的办法去解决上节末尾提出的理论问题，是一件很有意义的事。

可能界的谓词演算可以毫无困难地用于许多超过命题演算的范围的问题。

4. 可能组合算法

在寻常的逻辑中，命题演算的问题可以能行地解决。谓词演算则不行。这一节中，我们将建立一个形式系统来能行地解决引言中提出的那类问题。这个系统是写算法的，可以看成一种特殊的算法语言。但是它在形式上与第二节那种模态逻辑极为相似，因此是所谓“极高级语言”。

我们先以引言中的问题为例来说明这种做法的要点。这个问题用朴素的逻辑推理来解的时候，还有另一个解法如下：

承袭第二节中的符号，并按习惯用 t，f 表示真值。对问题中的三个命题 p，q，r 赋以一组真值 τ_1, τ_2, τ_3，我们就可以求出任何一个由 p，q，r 和逻辑联词写成的表达式 B（p，q，r）的真值，即 B（τ_1, τ_2, τ_3）。例如

$$p \vee q \vee r$$

的真值即

$$\tau_1 \vee \tau_2 \vee \tau_3$$

我们把（τ_1, τ_2, τ_3）叫做“真值组合”或简称“组合”。

在问题所描述的过程中，囿于各种条件，有些组合是可能的，另一些是不可能的。用 C_0, C_1, C_2，……表示问题所描述的过程的各阶段上

的可能组合的集合。

比如说：在开始的时候，由于条件 $p \vee q \vee r$，所以只有那些使 $\tau_1 \vee \tau_2 \vee \tau_3$ 是 t 的组合才是可能的，即

$$C_0 = \{(\tau_1, \tau_2, \tau_3) \mid \tau_1 \vee \tau_2 \vee \tau_3\}$$
$$= \{(t, f, f), (f, t, f), (t, t, f), (f, f, t), (t, f, t), (f, t, t), (t, t, t)\}$$

到了大家听到 $\neg P!p$ 之后，因为大家知道 $P!p \wedge P!r$，所以大家知道，甲不能从乙、丙戴的是否白帽子断定自己的帽子是否白的。换句话说，我们应从 C_0 中排除掉这样的组合 (τ_1, τ_2, τ_3)，它使得 C_0 中任一组合（不妨记作 $(\tau_1', \tau_2', \tau_3')$），只要 τ_2, τ_3 与 τ_2', τ_3' 分别相同，则 τ_1 与 τ_1' 相同。于是，在此之后，可能组合的集合就成了

$$C_1 = \{(\tau_1, \tau_2, \tau_3) \mid \neg \forall (\tau_1', \tau_2', \tau_3') [(\tau_2 \sim \tau_2') \wedge (\tau_3 \sim \tau_3') \rightarrow (\tau_1 \sim \tau_1')]\}$$

其中的全称量词是囿于 C_0 的。经过计算，很容易得出

$$C_1 = \{(f, t, f), (t, t, f), (f, f, t), (t, f, t), (f, t, t), (t, t, t)\}。$$

同理，到了大家听到 $\neg Q!q$ 之后，由于大家知道 $Q!r$，所以可能组合的集合就成了

$$C_2 = \{(\tau_1, \tau_2, \tau_3) \mid \neg \forall (\tau_1', \tau_2', \tau_3') [(\tau_3 \sim \tau_3') \rightarrow (\tau_2 \sim \tau_2')]\}$$
$$= \{(f, f, t), (t, f, t), (f, t, t), (t, t, t)\}$$

其中的全称量词是囿于 C_1 的。

最后要证明，丙知道（其实由于丙并无特别的知识，所以任何人也都知道）丙戴的帽子是白的：R: r，即要证对 C_2 中的任何 (τ_1, τ_2, τ_3) 总有：τ_3 真，

也就是

$$\forall (\tau_1, \tau_2, \tau_3)(\tau_3)$$

其中的全称量词是囿于 C_2 的。这可以经过直接计算证明。

从以上的例子可以看出：

上节中抽象的“可能界”被本节中具体的“可能组合”取代了，同时，上节中非决定性的推理被本节中决定性的计算替代了。这样一来，我们就把这样的问题形式化为一个算法：

原始条件：$p \vee q \vee r$

原始知识：P!q，P!r，Q!r，R：t

学习过程：$\neg$ P!q，$\neg$ Q!q

求值：　R：r

这里，“R：t”表示 R 知道“真”是真的，这当然是不言自明的，但为了形式上的整齐，我们把它加在这里。

一般，设 p_1，…，p_n 是一组命题。用 p_1，…，p_n 及逻辑联词构成的命题演算的合法公式简称（p_1，…，p_n）的表达式。那么原始条件就是一个表达式，例如：

原始条件：$B(p_1, \cdots, p_n)$

以下我们简记 p_1，…，p_n 为 p，$B(p_1, \cdots, p_n)$ 为 B(p)等。任给一组真值 $\tau=(\tau_1, \cdots, \tau_n)$，可以计算真值 $B(\tau)=B(\tau_1, \cdots, \tau_n)$。令

$$C=\{\tau \mid B(\tau_1, \cdots, \tau_n)\},$$

C 叫做可能组合集。这个集合可以经过直接计算求出。

设 P_1，…，P_m 是一组主词。则原始知识是一张表，对每一个主词有一栏，每一栏由若干项构成，每一项都具有 P_k：D(p)或 P_k!E(p)的形式，其中 D(p)、E(p)是表达式。

学习过程分为若干阶段。每一阶段中，“宣告”若干的有关知道的命题，其形式为 P_k：S(p)，P_k!T(p)或 $\neg$ P_k!U(p)。

面对这种宣告，我们应把可能组合集加以更新，其办法是：

（1）对每一个宣告中出现的主词 P_k 查看他的全部原始知识，把其

中的 P_k：D(p)改写为 $D(\tau')$，P_k!E(p)改写为 $E(\tau)\sim E(\tau')$（简记为 $E^*(\tau,\tau')$，叫做表达式的复式代换）。然后把所有经改写过的式子用"∧"联结起来：

$$D(\tau')\wedge E^*(\tau,\tau')\wedge\cdots\cdots$$

把上式记为 $M_k(\tau,\tau')$。再按下面的规则改变相应的宣告：

如果宣告是	则改写为
P_k：S(p)	$\forall\tau'[M_k(\tau,\tau')\rightarrow S(\tau)]$
P_k!T(p)	$\forall\tau'[M_k(\tau,\tau')\rightarrow T^*(\tau,\tau')]$
¬ P_k!U(p)	$\neg\forall\tau'[M_k(\tau,\tau')\rightarrow U^*(\tau,\tau')]$

(2) 把经过改写的宣告记成 $N_1(\tau)$，$N_2(\tau)$，……，

计算

$$\{\tau|N_1(\tau)\wedge N_2(\tau)\wedge\cdots\cdots\}$$

其中的全称量词囿于可能组合集。

把计算出的集合当成新的可能组合集。

可能组合集经过学习的各阶段更新之后，得到一个"终极的可能组合集"，我们把它记为 C^*。

最后是求值。求值就是问待求值的命题对 C^* 中的一切可能组合是否都真。如果这个命题是表达式 X(p)，这就是问是否

$$\forall\tau X(\tau)$$

真。如果这个命题是 P_k：X(p)，P_k!X(p)或¬ P_k!X(p)，则按前述规则予以改写，成为 $Y(\tau)$，然后计算

$$\forall\tau Y(\tau)$$

是否真。其中的全称量词是囿于 C^* 的。

这样我们就粗略地描述了一个形式系统，这个系统叫做可能组合算法。

用这个算法处理前面的例子。看出：

原始的可能组合集是

$$C_{\circ} = \{(\tau_1, \tau_2, \tau_3) \mid \tau_1 \vee \tau_2 \vee \tau_3\}$$
$$= \{(t, f, f), (f, t, f), (t, t, f), (f, f, t), (t, f, t), (f, t, t), (t, t, t)\}$$

学习的第一阶段是这样一个宣告：

$$\neg P!p$$

因为P的原始知识是P!q及P!r(注意把p看成一个表达式，它的复式代换是$(\tau_1 \sim \tau_1')$)，所以上面的宣告应改写为

$$\neg \forall \tau' [(\tau_2 \sim \tau_2') \wedge (\tau_3 \sim \tau_3') \rightarrow (\tau_1 \sim \tau_1')]$$

于是可能组合集应更新为

$$C_1 = \{\tau \mid \neg \forall \tau' [(\tau_2 \sim \tau_2') \wedge (\tau_3 \sim \tau_3') \rightarrow (\tau_1 \sim \tau_1')]\}$$

其中的全称量词是囿于C_0的。

学习的第二阶段是这样一个宣告：

$$\neg Q!q$$

因为Q的原始知识是Q!r，所以上面的宣告应改写为

$$\neg \forall \tau' [(\tau_3 \sim \tau_3') \rightarrow (\tau_2 \sim \tau_2')]$$

于是可能组合集应改写为

$$C_2 = \{\tau \mid \neg \forall \tau' [(\tau_3 \sim \tau_3') \rightarrow (\tau_2 \sim \tau_2')]\}$$

其中的全称量词是囿于C_1的。

要求值的是R∶r。因为R的原始知识是R∶t，所以应改写为

$$\forall \tau' (t \rightarrow \tau_3)$$

也就是τ_3。于是求值的问题就是问

$$\forall \tau (\tau_3)$$

是否真。其中的全称量词是囿于C_2的。

这与前面的直观分析是一致的。

可能组合算法是个算法，可以用计算机实现，因此特别适合于人工智能的要求。作者1979年在美国斯坦福大学人工智能实验室设计的解题系统KP-0，就是根据这个思想设计的。KP-0能够自动地解决远比本文的例子复杂的问题。在附录1中给出了这个系统的简单描述，附录2是两个例题，其中第一个例题是本文例题的扩充，第二个例题则已属于一阶逻辑的范围。

证明可能组合算法与第二节中的模态逻辑等价，是一个尚待进行的工作。

附录1 KP-0的简短说明

KP-0是一个对话系统，它是LISP的扩充。在准备工作做完之后，KP-0问你：

* * * PERSONS?

要求你提供一份你的问题中参加者的名单。例如你可以打入

(JOHN BILL ED)

然后KP-0问你：

* * * VARIABLES?

你可以回答它一个变元的名字，如

HAT

它就问你

* * * IN?

你把变元可能取的值列成一个表

((001) (010) (011) (100) (101) (110) (111))

然后它问你

* * * DEFINE?

这是给你一个机会来定义变元的一个函数，例如

(JOHNSHAT (CAR HAT))

或

(BILLSHAT (CADR HAT))

等。KP-0 会反复问你同样的问题,直到你回答

NIL

那时 KP-0 又问你

* * * INITIALS?

你可以回答

```
(JOHN (AND (WHAT
  BILLSHAT) (WHAT
    EDSHAT))) (BILL (AND
      (WHAT EDSHAT))
```

KP-0 把它理解为“初始知识是:JOHN 知道 BILLSHAT 的值与 EDSHAT 的值,BILL 知道 EDSHAT 的值”。

以后,KP-0 将重复问你:

* * * THEN?

你有以下的几个选择:

(1) 回答 RETURN,KP-0 就停止工作。

(2) 回答(PROVE exp)其中 exp 是一个表达式,KP-0 就计算出 exp 的真值。例如

```
(PROVE (KNOW JOHN
  (WHAT (EQAUL
    BILLSHAT
      EDSHAT))))
```

KP-0 就是为你证明“JOHN 知道 BILLSHAT 与 EDSHAT 是否相等”。

(3) 回答(SAY exp)其中 exp 是一个宣告。例如

(SAY (NOT (KNOW JOHN
(WHAT JOHNSHAT))))

KP-0 就听取了“JOHN 不知道 JOHNSHAT 取什么值”这一宣告。

(4) 回答(FIND exp),KP-0 就计算出 exp 的可能值的一张表。

附录 2 KP-0 的例题

1.“三个聪明人”问题

国王想知道他的三个聪明人中谁最聪明,就在每人前额上画了一个点,告诉他们至少有一个人的点是白的,并且重复地问他们“谁知道自己的点的颜色?”他们两次都同时地说“不知道”。求证下一次他们全都说知道,而且所有的点都是白色的。

2.“S 先生和 P 先生”问题

从下面的一手纸牌中挑出一张牌

黑桃 J 8 4 2

红心 A Q 4

方块 A 5

草花 K Q 5 4

把挑出来的这张牌的花色告诉 S 先生,点数告诉 P 先生。于是听到如下的对话:

P 先生:我不知道这张牌

S 先生:我知道你不知道这张牌

P 先生:现在我知道这张牌了

S 先生:现在我也知道了

试问这是一张什么牌?

参考文献

[1] J. McCarthy, et al., “On the Model Theory of Knowledge, Stanford Artificial Intelligence Laboratory”, Memo AIM-312, Computer Science Dept., Stanford Univ., Report No. STAN-CS—78—657, 1978.

[2] R. Montague, *Formal Philosophy*, Yale University Press, 1974.

（原载《哲学研究》1981年第5期）

W-JS
有关“知道”的模态逻辑[①]

摘要： “知道”逻辑是诸多学科领域共同关心的课题。近年来，从数理逻辑角度对此进行研究所得的一些成果，在计算机人工智能中有着重要的应用。本文介绍了这方面的有关问题及进展，构造了“知道”的模态逻辑的谓词演算，包括建立其形式系统（命名为W），给出它的语义解释（命名为JS），讨论W-JS的某些重要的系统特征，并通过著名的“S先生和P先生”谜题，阐述了有关“知道”的模态逻辑问题在W-JS下的形式化。

1. 引　言

关于“知道”的模态逻辑及其形式化，是逻辑学中一个新的研究领域。它是当今内涵逻辑研究的前缘项目之一，也是计算机科学、数学、哲学、语言学等许多领域共同关注的问题。近年来从数理逻辑角度对这方面所作的研究，尤其是把它应用到计算机人工智能中，例如，关于自然语言理解方面，关于分立式人工智能系统内部通讯方面等等，正日益引起人们的兴趣和重视。

作为这方面的开创性工作之一，美国斯坦福大学J. McCarthy领

---

① 本文在1982年4月全国第一次人工智能专业学术报告会上宣读过。

导的人工智能实验室作了一系列有关的研究，已有少量的结果报道出来(如，[1])。马希文 1979 年在该大学访问期间，将这方面的工作深入了一步，并在国内的学术刊物上发表了当时的有关研究成果(如，[2])。另外，美国斯坦福研究所 N. Nilsson 领导的人工智能中心、美国麻省理工学院 Minsky 领导的人工智能实验室等研究机构，也都有关于这方面的研究报告。①

看两个有关“知道”逻辑的例子：

[例 1]“三个聪明人”谜题

国王想知道他的三个聪明人中谁最聪明，就在每人前额上画了一个点，然后让他们互相面对着坐成一圈，每人都能看到另外两个人的前额，并都能听见彼此说话。国王告诉他们至少有一个人的点是白的，并重复地问他们：“谁知道自己前额上的点的颜色?”他们两次都同时地说：“不知道”。求证：下一次他们全都说知道，而且所有的点都是白色的。

[例 2]“S 先生和 P 先生”谜题

选择两个自然数 m 和 n，使得 $2\leqslant m\leqslant n\leqslant 99$。将这两个数的和告诉 S 先生而将两数的积告诉 P 先生。随后他们进行了如下的对话：

S 先生：我知道你不知道这两个数是什么。但我也不知道。

P 先生：现在我知道这两个数是什么了。

S 先生：现在我也知道了。

要问：从以上的对话来看，这两个数是什么?

以上的例子，用寻常的一阶逻辑为工具，是无法把推理形式化的。这是因为，从传统的逻辑学的角度来看，有关“知道”的逻辑是一种模态

① 可参见 Moore, R. C. “Reasoning About Knowledge and Action,” Artificial Intelligence Center Technical Note 191, SRI International, 1980。

逻辑，我们必须为它建立一种特殊的一阶理论，来实现它的形式化。

以下我们把寻常的一阶逻辑称为标准逻辑，而把本文中所介绍的关于“知道”的模态逻辑简称为知道逻辑，或者就称作模态逻辑。

由于内涵的逻辑与只涉及外延的逻辑有很大的不同，标准逻辑的一些结果便不能贸然在知道逻辑中依样照搬。例如，某甲知道张三的电话号是 12345，而张三与李四的电话号相同（比如，李四和张三住在宾馆的同一间客房里），按照标准逻辑中的等量替换规则，就可推出某甲知道李四的电话号是 12345。这当然不对（比如，某甲根本就不知道李四和张三使用的是同一台电话）。

J. McCarthy 等（见[1]）曾用 Hilbert 型公理化的方法，给出了一个“知道”的模态逻辑的命题演算形式系统 KT5，并给出了一个 Kripke 型语义的模型论的结果。用这个命题演算的系统，解决了诸如例 1 这一类谜题的形式化，其中包括了对时间和学习过程的一种处理。马希文在[2]中采用类似 Gentzen 型自然推理的方法，给出了例 1 这一类谜题的形式化解法，同时还给出了几种不同的然而又是相互有联系的形式系统，并且建立了一个能行的关于解题与证明的算法。利用这些方法，还可以解远比例 1 更为复杂的问题。但是，在处理象例 2 这类稍复杂些的谜题时，我们发现，用仅局限于命题演算的模态逻辑，是难以胜任的，必须把“知道”逻辑推广到谓词演算。例 2 是一个国际上著名的谜题，J. McCarthy 曾在 1978 年来华讲学时作过介绍，并在 1981 年把它作为一个难题向模态逻辑界提出挑战。J. McCarthy 和马希文曾用[2]中所介绍的在标准逻辑范围内的可能界谓词演算，给出了这个谜题的解，并用斯坦福大学人工智能实验室的 FOL 系统作了验证。这种方法的极大的优点在于只需借助于标准逻辑，而不必另行创造新的逻辑系统，从而也不存在要建立新的数学理论去支持一个新系统的问题。但用这种方法，与朴素的逻辑推理距离较远，不如模态逻辑自然、直观、简洁,甚至连谜题中的已知条件有时都不易陈述清楚。[①] 因此,如何把"知道"的模态逻辑推广到谓词演算,也即建立一个"知道"的模态逻辑的一阶理论,是非常有意义和非常必要的。

本文作者之一在最近的工作中[②],将命题演算的"知道"模态逻辑进行了推广,建立了一个使用自然推理方法的谓词演算形式系统 W,构造了一个基于可能界的语义解释模型 JS,从而解答了例 2。这可以说是对 J. McCarthy 所提的挑战的一个回答。这些是本文要介绍的主要内容。本文还将通过例 2 给出一种对"只知道"及学习过程的新的形式处理。

限于篇幅,有关的细节,如定理的证明,例题的解答等,不可能在此详述,我们将另文给出。

2. 形式系统 W

知道逻辑是一种内涵逻辑。为了表示"某人知道……"这种特殊的内涵命题,我们需要在形式系统中引进用来表示"某人"即"知识主体"的主词,并且,为了描述各种与"知道"有关的逻辑功能,还需要引进一些特殊的逻辑词,称之为模态联词。同时,作为谓词逻辑,我们还需要有用以表示"概念"的概念词。概念与标准逻辑中的个体是有区别的,前者涉及到内涵,而后者是不涉及内涵的。

在有关"知道"的问题中有三类不同的知道形式:

某人知道某命题(如,"聪明人甲知道至少有一个人的点是

① 实际上,J. McCarthy 在其不供发表的手稿:"Formalization of Two Puzzles Involving Knowledge"中就犯了一个错误,这个错误在 Xiwen Ma(马希文),"An Approach to the Axiomatization of Mr. S and Mr. P Puzzle"(手稿)中得到了纠正。

② 郭维德,"W-JS:关于'知道'的逻辑语义学",研究生毕业论文。

白的。")

某人知道是否某命题(如,"聪明人甲知道聪明人乙的点是否白的。")

某人知道某概念是什么(如,"P先生知道那两个数是几。")

我们把这三种"知道"分别称作"确知"、"判知"和"析知"。我们要引进三个不同的模态联词:、!、*,分别用来反映上述这三种不同的内涵命题的逻辑形式。另一方面,为了刻画一个人的知识的全貌,我们除了要描述某人"知道"什么之外,还需要描述某人"只知道"什么。我们注意到一个很自然的结果:当给定了一个人的知识范围之后,对于与他的知识不相矛盾的命题,这个人就无法确知它不真,于是,他就会认为这个命题可能是真的,也即,他就会"认可"这个命题。因此,我们可以借助"认可"来描述"只知道"。我们给出

某人认可某命题

这种新的内涵命题形式,并且,为了反映这种命题的逻辑形式,我们再引进一个模态联词∻。根据我们的定义,"某人认可某命题"即为"某人不知道非某命题",这恰恰是"某人知道某命题"的对偶形式。

在已述的四种模态联词中,可以把:看成是基本的,其他三种则均可由它通过定义引入。

在标准逻辑的基础上,扩充了以上这些手段,我们就有了足够的表达力来对有关"知道"的逻辑命题进行描述。比如,在第一部分的例1中,用主词A_1、A_2、A_3分别表示聪明人甲、乙、丙,他们前额上点的颜色则分别用概念词c_1、c_2、c_3来表示。把不同的颜色记成个体词a_0、a_1,等等,并用其中的a_0代表白色。于是,"甲知道至少有一个人的点是白的"就可表成

$$A_1 : (c_1 \equiv a_0 \vee c_2 \equiv a_0 \vee c_3 \equiv a_0)$$

其中≡是一个表示"等同"关系的2目谓词符号,$c_1 \equiv a_0$等等是$\equiv c_1 a_0$

等等的另一种写法。一般惯例都特别地把$\equiv$这个谓词当作一个逻辑词。又如,“乙知道甲知道丙的点是否白的”就可表成

$$A_2 : A_1 ! \ c_3 \equiv a_0$$

“甲知道丙不知道丙自己的点的颜色是什么”则可以表成

$$A_1 : \neg A_3 * c_3$$

“甲认可自己的点是白的”又可表成

A_1⁒$c_1 \equiv a_0$

如此等等。当然,这些逻辑手段,是根据具体问题的具体需要来选用的。比如,例 1 的解题过程与“只知道”无关,因而我们在例 1 中就用不到⁒。

在知道逻辑中,还会遇到这样的情况:几个人共同地都知道某一命题,并且彼此都知道他人也知道这一命题,我们把这种情况称作“联合知道”。比如说“聪明人甲、乙、丙联合知道至少有一个人的点是白的”,我们就表成

$$A_1A_2A_3 : (c_1 \equiv a_0 \lor c_3 \equiv a_0 \lor c_3 \equiv a_0)$$

这里将主词 A_1、A_2、A_3 连写,形成一个“联合主词”。联合主词仍然相当于一个主词。在书写联合主词时,其中所含的各主词的排列次序是无关紧要的。联合主词的作用就是来描述“联合知道”。

谓词逻辑是命题逻辑的推广,它当然地包括了命题逻辑的全部内容。我们可以在形式系统中引进“命题词”来表示内涵命题,那么比如在例 1 中,就可以用 P、Q、R 分别代表命题“甲的点是白的”、“乙的点是白的”和“丙的点是白的”,于是,“甲、乙、丙联合知道至少有一个人的点是白的”就可以表成

$$A_1A_2A_3 : (P \lor Q \lor R)$$

例 1 是一个在命题逻辑范围内即可解决的谜题,如此,在例 1 中就可以不用概念词,可以不涉及 $*$。但我们将统一地用谓词逻辑中的式来表

示命题,而不再另外引进命题词。

另外,下面就将看到,我们的知道逻辑是在标准逻辑的基础上建立的,因此,它也包括了标准逻辑的全部内容。标准逻辑是本文所给出的模态逻辑的子系统。

我们可以选择任一个标准逻辑的形式系统来进行扩充。这里,我们选取[3]中的带函数词和等词的谓词逻辑 $\mathbb{F}^{fl}$(这是一个自然推理方法的形式系统)作为我们的出发点,扩充成知道逻辑的形式系统 W。我们要给出 W 形式语言及 W 形式推理规则,从而构造相应的逻辑演算,将有关"知道"的推理形式化。

2.1 W 形式语言

2.1.1 基本符号

标准个体变元(简称变元):

$x, y, z, x_i, y_i, z_i (i = 0, 1, 2, \cdots)$

标准个体词(简称个体词):

$a, b, a_i, b_i (i = 0, 1, 2, \cdots)$

概念个体词(简称概念词):

$c, d, c_i, d_i (i = 0, 1, 2, \cdots)$

函数词:

$f, g, h, f_i, g_i, h_i (i = 0, 1, 2, \cdots)$ 每个函数词有一个确定的目数 n(n 为正整数)。可以写 f^n 表示 f 是 n 目函数词,等等。

谓词:

$P, Q, R, P_i, Q_i R_i (i = 0, 1, 2, \cdots)$ 每个谓词有一个确定的目数 n(n 为正整数)。可以写 P^n 表示 P 是 n 目谓词,等等。

主词:

$A,B,C,A_i,B_i,C_i(i=0,1,2,\cdots)$

逻辑词：

$\equiv,\neg,\rightarrow,\forall,:$

我们约定，在元语言中也使用上述的符号来作为相应的变元、个体词、概念词、函数词、谓词及主词的语法变元符号。例如，x,y,z,x_i,y_i,z_i 既是 W 语言的变元的符号，也用作元语言中的变元的语法变元符号，等等。

2.1.2 形成规则

个体项：

每一个个体词和概念词都是个体项。用 $\alpha,\alpha_i(i=0,1,2,\cdots)$ 来代表个体项。

项，标准项：

项用 $\delta,\eta,\mu,\delta_i,\eta_i,\mu_i(i=0,1,2,\cdots)$ 来表示。

1）每一个个体项是项；

2）若 $\delta_1,\cdots,\delta_n$ 都是项，f 是 n 目的，则

$$f^n\delta_1\cdots\delta_n$$

是项。

特别地，不含概念词的项称为标准项，并且，在需要的时候，用 $\delta^\circ,\eta^\circ,\mu^\circ,\delta^\circ_i,\eta^\circ_i,\mu^\circ_i(i=0,1,2,\cdots)$ 来表示标准项。

主体项：

由主词组成的非空串称为主体项。用 $\theta,\theta_i(i=0,1,2,\cdots)$ 来代表主体项。

约定：只要两个主体项包含了相同的主词，就认为这两个主体项是没有区别的(不管所含的这些主词的排列次序如何以及是否重复出现。)

式，标准式：

式用 $\varphi,\psi,\varphi_i,\psi_i(i=0,1,2,\cdots)$ 来表示。

1) $\equiv\delta_1\delta_2$ 是式；

2) 若 P 是 n 目的，$P^n\delta_1\cdots\delta_n$ 是式；

3) 若 φ 是式，则 $\neg\varphi$ 是式；

4) 若 φ、ψ 都是式，则 $\rightarrow\varphi\psi$ 是式；

5) 若 φ 是式，用 $\varphi(\alpha)$ 表示 φ 中有个体项 α 的出现，则

$$\forall x\varphi(x)$$

是式，x 是在 $\varphi(\alpha)$ 中不出现的变元，$\varphi(x)$ 是由 $\varphi(\alpha)$ 将其中 α 的所有出现替换成 x 而得，这时，称 x 为约束变元；

6) 若 φ 是式，则 $\theta:\varphi$ 是式。

特别地，我们把不含概念词及:的式称作标准式，并记作 $\varphi^\circ,\psi^\circ,\varphi^\circ_i,\psi^\circ_i(i=0,1,2,\cdots)$。把不含:的式称作简陈式，并记作 $\varphi^*,\psi^*,\varphi_i^*,\psi_i^*(i=0,1,2\cdots)$。

变项，变式，表达式：

用某些变元替换项中的某些个体项，得到变项。

用式中不出现的某些变元替换式中的某些个体项，得到变式。这些变元称作变式中的自由变元。

项看做特殊的变项。式看做特殊的变式。

项，变项，式，变式统称表达式。表达式用 $\lambda,\lambda_i(i=0,1,2\cdots)$ 表示。

2.1.3 W-定义

(D 1)　$\delta\equiv\eta=_{df}\equiv\delta\eta$ ①

(D 2)　$\varphi\rightarrow\psi=_{df}\rightarrow\varphi\psi$

(D≠)　$\delta\neq\eta=_{df}\neg\delta\equiv\eta$

① 本文中括号的使用及省略规则均从一般数理逻辑文献的惯例。

(D∨)　$\varphi \vee \psi =_{df} \urcorner\varphi \rightarrow \psi$

(D∧)　$\varphi \wedge \psi =_{df} \urcorner(\varphi \rightarrow \urcorner\psi)$

(D↔)　$\varphi \leftrightarrow \psi =_{df} (\varphi \rightarrow \psi) \wedge (\psi \rightarrow \varphi)$

(D∃)　$\exists x\varphi(x) =_{df} \urcorner\forall x\urcorner\varphi(x)$

(D!)　$\theta!\varphi =_{df} (\varphi \rightarrow \theta : \varphi) \wedge (\urcorner\varphi \rightarrow \theta : \urcorner\varphi)$ ①

(D∗)　$\theta * \delta =_{df} \forall x(\delta \equiv x \rightarrow \theta : \delta \equiv x)$ ②

(D⁒)　$\theta ⁒ \varphi =_{df} \urcorner\theta : \urcorner\varphi$

今后约定，∗的右辖域取最短的项，∶、!、⁒的右辖域取最短的式。

2.2 W 形式推理规则

我们用 $\Gamma, \Lambda, \Gamma i, \Lambda i (i = 0, 1, 2, \cdots)$ 来表示式的有穷序列③。标准式的序列则记成 $\Gamma^{\circ}, \Lambda^{\circ}$ 等，简陈式的序列记成 Γ^{*}, Λ^{*} 等。

为了简便，我们把 $\theta : \varphi_1, \cdots, \theta : \varphi_n$ 这样的序列记作 $\theta : \Gamma$，其中 Γ 即为 $\varphi_1, \cdots, \varphi_n$。当 Γ 为空时，把 $\theta : \Gamma$ 也理解成空。

在[3]中关于标准逻辑 $\mathbf{F}^{\Pi}$ 形式证明的规定，在 W 中全都予以保留，只是其中的式已不再限于标准式，项也不再限于标准项。[3]中的(∈)，(τ)，(⌉)，(→−)，(→+)，(≡+)，(A+)各推理规则也沿用于 W，当然它们应随 W 有怎样的符号而包括尽可能多的内容。

---

① 还可以这样下定义：
$(D!)'\ \theta!\varphi =_{df} \theta : \varphi \vee \theta : \urcorner\varphi$
以后会证明，(D!)与(D!)′是完全等价的。

② 还可以定义如下：
$(D*)'\quad \theta * \delta =_{df} \exists x\theta : \delta \equiv x$
$(D*)''\quad \theta * \delta =_{df} \forall x\theta! \delta \equiv x$
$(D*)'''\quad \theta * \delta =_{df} \forall x\theta! \delta \not\equiv x$
以后会证明，(D∗)、(D∗)′、(D∗)″、(D∗)‴是完全等价的。

③ 为了方便，我们把式的有穷集$\{\varphi_1, \cdots, \varphi_n\}$写成了有穷序列 $\varphi_1, \cdots, \varphi_n$。

关于(≡－)和(∀－),我们这里要把它们各分成两条规则来陈述,原因是模态逻辑中等词和全称量词的消去必须区分不同的情形来考虑:

$(\equiv -)_1$　$\varphi^*(\delta),\delta\equiv\eta\vdash\varphi^*(\eta)$　$\varphi^*(\eta)$是由$\varphi^*(\delta)$将其中δ的某些出现替换成η而得

$(\equiv -)_2$　$\varphi(\delta^\circ),\delta^\circ\equiv\eta^\circ\vdash\delta(\eta^\circ)$　$\varphi(\eta^\circ)$是由$\varphi(\delta^\circ)$将其中δ°的某些出现替换成η°而得

$(\forall -)_1$　$\forall x\varphi^*(x)\vdash\varphi^*(\delta)$　$\varphi^*(\delta)$是由$\varphi^*(x)$将其中x的所有出现替换成δ而得

$(\forall -)_2$　$\forall x\varphi(x)\vdash\varphi(\delta^\circ)$　$\varphi(\delta^\circ)$是由$\varphi(x)$将其中x的所有出现替换成δ°而得

有关“知道”的推理规则是三条:

(:－)　$\theta:\varphi\vdash\varphi$

(:＋)　若$\Gamma^\circ,\Gamma\vdash\varphi$

则$\Gamma^\circ,\theta:\Gamma\vdash\theta:\varphi$

(::)　$\vdash\neg\theta_0:\theta:\varphi\rightarrow\theta_0:\neg\theta:\varphi$　θ_0中所含的主词均在θ中出现

(:－)是说,由“θ知道φ”可推出φ。这反映了我们讨论的“知道”都是真知而不是误解。

(:＋)是说,如果由一串式能推出某个式φ,那么,由这串式中的标准式以及θ知道这串式中的所有非标准式,就能推出θ知道φ。这反映出,我们所讨论的知识主体,都具有健全的“常识”(即,标准式一旦为真就为人所确知),并且具有足够的推理能力。

(::)是说,每一批知识主体要么知道他们与别人联合知道φ,要么知道他们与别人不联合知道φ。这反映了我们所讨论的每个知识主体对自己的知识都有完全的了解。

2.3 W 形式定理举例

我们可以用[3]中的“斜形证明”写法，对每条定理写出严格的形式证明，但限于篇幅，此处大部分定理的证明都已从略。

2.3.1 标准定理的沿用

我们把标准逻辑中的形式定理称为标准定理。

命题逻辑的标准定理，在模态逻辑中都可以沿用，这时的命题包括内涵命题。谓词逻辑的标准定理，需要分别情况来对待。一般来说，若仅限于简陈式，则在模态逻辑中仍然可以沿用。

由于 W 中保留了 $\mathbb{F}^{fl}$ 的全部推理规则，因此，[3]中的标准定理一般都可以作为 W 形式定理照搬，当然它们应随 W 有怎样的符号而包括尽可能多的内容。只是对那些涉及到(≡－)、(∀－)的标准定理，在 W 中沿用时必须注意区分开前述的两种不同的情形。

2.3.2 有关确知、判知、析知、认可的基本定理

(T2.3.2.1)

1) $\vdash\varphi$ 当且仅当 $\vdash\theta:\varphi$

2) $\varphi^{\circ}\dashv\vdash\theta:\varphi^{\circ}$

3) $\vdash\theta!\varphi^{\circ}$

4) $\vdash\theta*\delta^{\circ}$

5) $\varphi\vdash\theta\%\varphi$

(T2.3.2.2)

1) $\theta!\varphi\dashv\vdash(\varphi\to\theta:\varphi)\wedge(\urcorner\varphi\to\theta:\urcorner\varphi)$

2) $\theta!\varphi,\varphi\vdash\theta:\varphi$

3) $\theta!\varphi,\urcorner\varphi\vdash\theta:\urcorner\varphi$

4) $\theta!\varphi\dashv\vdash\theta:\varphi\vee\theta:\urcorner\varphi$

5) $\theta:\varphi\vdash\theta!\varphi$

证：

(1) $\theta:\varphi$

(2) $\varphi\rightarrow\theta:\varphi$ (1) 肯定后件律

(3) φ (1) (: −)

(4) $\neg\varphi\rightarrow\theta:\neg\varphi$ (3) 否定前件律

(5) $(\varphi\rightarrow\theta:\varphi)\wedge(\neg\varphi\rightarrow\theta:\neg\varphi)$ (2) (4) (∧ +)

(6) $\theta!\varphi$ (5) (D!) ‖ ①

6) $\theta:\neg\varphi\vdash\theta!\varphi$

7) $\theta!\varphi \dashv\vdash \theta!\neg\varphi$

证：

"⊢"：

(1) $\theta!\varphi$

(2) $(\varphi\rightarrow\theta:\varphi)\wedge(\neg\varphi\rightarrow\theta:\neg\varphi)$ (1) (D!)

(3) $\neg\varphi\rightarrow\theta:\neg\varphi$ (2) (∧ −)

(4) $\varphi\rightarrow\theta:\varphi$ (2) (∧ −)

(5) $\neg\neg\varphi$

(6) φ (5) (¬¬−)

(7) $\neg\neg\varphi\rightarrow\varphi$ (6) (→+)

(8) $\theta:\varphi$

(9) | φ

(10) | $\neg\neg\varphi$ (9)(¬¬+)

(11) $\theta:\neg\neg\varphi$ (10)(8)(: +)

(12) $\theta:\varphi\rightarrow\theta:\neg\neg\theta$ (11)(→+)

(13) $\neg\neg\varphi\rightarrow\theta:\neg\neg\varphi$ (7)(4)(12)(→→)

① 用乐谱中的终止符 ‖ 表示定理证明的结束。

(14) $(\neg\varphi\rightarrow\theta:\neg\varphi)\wedge(\neg\neg\varphi\rightarrow\theta:\neg\neg\varphi)$　　(3)(13)($\wedge+$)

(15) $\theta!\neg\varphi$　　(14)(D!)

“$\dashv$”：

类似。略。　‖

说明：在斜形证明写法中，当我们使用(：＋)时，在缩后了一格的地方((9)—(10)两行)左侧画了一条纵线，这不仅仅只是为了书写格式醒目，实际上它也标示出了站在θ的立场所作的推理过程。注意，画了纵线后，表示θ在这里所作的推理是不依赖纵线所划定的范围以外的前提的，也即，此处的推理都是以θ已经知道的式为前提的(标准式是例外。任何为真的标准式都不言而喻是θ所知道的“常识”，都可以作为θ所做的推理的前提)；而推理的结论，也就成为θ所知道的命题。这正是(：＋)所反映和要求的。今后，在形式证明中凡用到(：＋)的地方，都将加画这样的纵线。

(T2.3.2.3)

1) $\theta*\delta\dashv\vdash\forall x(\delta\equiv x\rightarrow\theta:\delta\equiv x)$

2) $\theta*\delta,\delta\equiv\alpha\vdash\theta:\delta\equiv\alpha$

3) $\theta*\delta\dashv\vdash\exists x\theta:\delta\equiv x$

4) $\theta:\delta\equiv\alpha\vdash\theta*\delta$

5) $\theta*\delta\dashv\vdash\forall x\theta!\delta\equiv x$

6) $\theta*\delta\dashv\vdash\forall x\theta!\delta\not\equiv x$

(T2.3.2.4)

1) $\theta\%\varphi\dashv\vdash\neg\theta:\neg\varphi$

2) $\neg\theta\%\varphi\dashv\vdash\theta:\neg\varphi$

3) $\neg\theta\%\neg\varphi\dashv\vdash\theta:\varphi$

4) $\theta:\varphi\vdash\theta\%\varphi$

2.3.3 有关“知道”的分配定理

(T2.3.3.1)

1) $\theta : \neg\varphi \vdash \neg\theta : \varphi$

2) $\neg\theta \not{:} \varphi \vdash \theta \not{:} \neg\varphi$

(T2.3.3.2)

1) $\theta : (\varphi \to \psi) \vdash \theta : \varphi \to \theta : \psi$

证：

(1) $\theta : (\varphi \to \psi)$

(2) $\quad\theta : \varphi$

(3) $\quad\mid\ \varphi \to \psi$

(4) $\quad\mid\qquad \varphi$

(5) $\quad\mid\qquad \psi$　　　(3)(4)($\to -$)

(6) $\quad\theta : \psi$　　　(5)(1)(2)($: +$)

(7) $\theta : \varphi \to \theta : \psi$　　　(6)($\to +$) ‖

2) $\theta \not{:} \varphi \to \theta \not{:} \psi \vdash \theta \not{:} (\varphi \to \psi)$

注意，在内涵逻辑中下述的推理都是不成立的：

$\theta : \varphi \to \theta : \psi \vdash \theta : (\varphi \to \psi)$

$\theta \not{:} (\varphi \to \psi) \vdash \theta \not{:} \varphi \to \theta \not{:} \psi$

$\varphi \to \psi \vdash \theta : (\varphi \to \psi)$

$\varphi \to \psi \vdash \theta : \varphi \to \theta : \psi$

(T2.3.3.3)

1) $\theta : \varphi \vee \theta : \psi \vdash \theta : (\varphi \vee \psi)$

2) $\theta \not{:} (\varphi \wedge \psi) \vdash \theta \not{:} \varphi \wedge \theta \not{:} \psi$

(T2.3.3.4)

1) $\theta : (\varphi \wedge \psi) \dashv\vdash \theta : \varphi \wedge \theta : \psi$

2) $\theta \not{:} (\varphi \vee \psi) \dashv\vdash \theta \not{:} \varphi \vee \theta \not{:} \psi$

(T2.3.3.5)

1) $\theta : (\varphi \leftrightarrow \psi) \vdash \theta : \varphi \leftrightarrow \theta : \psi$

2) $\theta \not: (\varphi \leftrightarrow \psi) \vdash \theta \not: \varphi \leftrightarrow \theta \not: \psi$

(T2.3.3.6)

$\theta : \forall x \varphi(x) \vdash \forall x \theta : \varphi(x)$

2.3.4 关于自知和联合知道的定理

(T2.3.4.1)

1) $\theta : \varphi \dashv\vdash \theta_0 : \theta : \varphi$　θ_0 中所含的主词均在 θ 中出现

特例　$\theta : \varphi \dashv\vdash \theta : \theta : \varphi$

2) $\neg\theta : \varphi \dashv\vdash \theta_0 : \neg\theta : \varphi$　θ_0 中所含的主词均在 θ 中出现

特例　$\neg\theta : \varphi \dashv\vdash \theta : \neg\theta : \varphi$

对于判知、析知和认可,也有类似的定理。

(T2.3.4.2)

$\theta : \varphi \vdash \theta_0 : \varphi$　θ_0 中所含的主词均在 θ 中出现

推论　$\theta : \varphi \vdash \theta_1 : \cdots : \theta_n : \varphi$　$\theta_1, \cdots, \theta_n$ 中所有的主词均在 θ 中出现

3. 语义解释 JS

在构造内涵逻辑的语义解释模型时,一般都可以借助于 Kripke 型语义学。这是一种基于“可能界”和“可及”关系的语义学。

一个人所赖以生存的世界是“现实界”。在现实界中,一个概念总以某个体为其外延。但是,对于缺乏这方面知识的主体来说,这个概念对应的外延究竟是什么,却有着种种的可能,也即,概念与个体有着种种可能的对应关系,我们把这种对应关系称作“可能界”,并用“概念 c 在可能界 i 中的外延是 e”这种说法来表达对应关系 $i(c)=e$。现实界是一个特殊的可能界。

由于一般的人的知识总是有限的，他不会对现实界的一切都有足够的认识。虽然人总是处在现实界中，但如果某个可能界与现实界只在他的知识范围之外才有差异，他就会接受这个可能界。

当然，我们也可以设想一个人如果处于某个可能界的话他能接受什么可能界。这样，对应于每一个知识主体，就可以建立一个在可能界集合中的二元关系，我们把这种关系叫作“可及”关系。设 A 是一个主词，它代表一个主体，与他对应的可及关系记成 $\overline{A}$，那么，$(i_1, i_2) \in \overline{A}$ 就表示当 A 处在可能界 i_1(可以是现实界)时，可以接受可能界 i_2。也就是说，就他的知识而言，他无法发现 i_1 与 i_2 的区别。可及关系必须是自返的，在这里，我们还令它是对称的，传递的。这样，此处的可及关系就是一种等价关系。说“i_1 在 A 的意义下可及 i_2”，也可说“i_1 按 A 的意义等价于 i_2”。

随着学习的进程，知识增加了，一个人是否还会接受某些可能界的情况就会发生变化。一般来说，知识越多，可及的可能界就越少。因此，在学习的不同阶段，一个人所对应的可及关系是不同的。我们可以把处于学习的不同阶段上的同一个人，看成是这个人的一个个拥有不同知识量级的变体。这样，我们就避免了把学习作为动态逻辑问题来对待，也不必另去引进时间量来进行处理。

综上所述，当涉及到内涵时，语义解释必须考虑可能界和可及关系。对于内涵命题，我们可以讨论其“在某可能界中的真值”。一个命题在不同可能界中的真值不一定是相同的。我们如果说“某人知道是否某命题”，那么这个命题在这个人可及的所有可能界中都必须有相同的真值。如果说“某人知道某命题”，那么，这个命题就必须在这个人可及的所有可能界中都为真。而说“某人认可某命题”，则存在有这个人可及的一个可能界，在这个可能界中该命题的真值为真。

当我们说“某人知道某概念是什么”，那是指这个概念在这个人可及的所有可能界中都有相同的外延。这除了涉及到这个人可及的可能界，还涉及到这个概念的解释所取值的论域中的个体。

3.1 JS 的构成

JS 可表成四元组$<E, T, I, J>$。

E 是一个集合，称作论域。E 中的元素用带下标或不带下标的 e 表示。

T 是真值的集合，并以 0 代表假，1 代表真，于是：

$$T = \{0, 1\}。$$

设 V 是变元的集合，C 是概念词的集合，则 $I = E^C$ 是一切从 C 到 E 的映射的集合，I 中的元素称作可能界，可能界用带下标或不带下标的 i 表示；$J = E^V$ 是一切从 V 到 E 的映射的集合，J 中的元素称作指称系，指称系用带下标或不带下标的 j 表示。

我们取定一个 W 语言。如果：

1）对每个个体词 a，选定了一个 E 中的元素 $\bar{a}$ 与它对应，叫做 a 的意义；

2）对每个 n 目函数词 f^n，选定了一个 $E^n \to E$ 的函数$\overline{f^n}$与它对应，叫做 f^n 的意义；

3）对每个 n 目谓词 P^n，选定了一个 $E^n \to T$ 的函数$\overline{P^n}$与它对应，叫做 P^n 的意义；

4）对每个主词 A，选定了一个 I 中的等价关系 $\overline{A}$ 与它对应，这是一种关于可能界的可及关系，叫做 A 的意义。（为了叙述方便，今后我们写 $i_1 \underset{\theta}{\sim} i_2$ 表示对 θ 中的某个主词 A，有$(i_1, i_2) \in \overline{A}$，并把它叫做“$i_1$ 按 θ 的意义等价于 i_2”。）那么，就说给出了（W 的）一个 JS 解释。

3.2 表达式的意义

对任何表达式 λ，我们定义 λ 在可能界 i 中，按指称系 j 的意义 $\bar{\lambda}^{ij}$

如下：

1）若 λ 是变项：

$\overline{x}^{ij} = j(x)$

$\overline{a}^{ij} = \overline{a}$

$\overline{c}^{ij} = i(c)$

$\overline{f^n\delta_1\cdots\delta_n}^{ij} = \overline{f^n}\,\overline{\delta}^{ij}\cdots\overline{\delta_n}^{ij}$ 其中 $\delta_1,\cdots\delta_n$ 是变项

（为了叙述方便，今后我们写 $j_1 \underset{x}{\sim} j_2$ 表示只要 $y \neq x$，就有 $j_1(y) = j_2(y)$，并把它叫做"j_1 除 x 以外等价于 j_2"。）

2）若 λ 是变式：

$$\overline{\delta \equiv \eta}^{ij} = \begin{cases} 1 & \text{当 } \overline{\delta}^{ij} = \overline{\eta}^{ij} \\ 0 & \text{否则} \end{cases}$$

其中 δ、η 是变项

$\overline{P^n\delta_1\cdots\delta^n}^{ij} = \overline{P}^n\,\overline{\delta_1}^{ij}\cdots\overline{\delta_n}^{ij}$ 其中 $\delta_1,\cdots,\delta_n$ 是变项

$$\overline{\neg\varphi}^{ij} = \begin{cases} 1 & \text{当 } \overline{\varphi}^{ij} = 0 \\ 0 & \text{否则} \end{cases}$$

其中 φ 是变式

$$\overline{\varphi \to \psi}^{ij} = \begin{cases} 0 & \text{当 } \overline{\varphi}^{ij} = 1 \text{ 而 } \overline{\psi}^{ij} = 0 \\ 1 & \text{否则} \end{cases}$$

其中 φ、ψ 是变式

$$\overline{\forall x\ \varphi(x)}^{ij} = \begin{cases} 1 & \text{当对任何 } j_0\text{，只要 } j \underset{x}{\sim} j_0\text{，就有 } \overline{\varphi(x)}^{ij_0} = 1 \\ 0 & \text{否则} \end{cases}$$

$$\overline{\theta : \varphi}^{ij} = \begin{cases} 1 & \text{当对任何 } i_0\text{，只要 } i \underset{\theta}{\sim} i_0\text{，就有 } \overline{\varphi}^{i_0 j} = 1 \\ 0 & \text{否则} \end{cases}$$

3.3 推理的可靠性

我们定义：φ 为永真式，当且仅当 $\overline{\varphi}^{ij} = 1$ 对一切 i,j 成立。

若对任何 i,j,只要 $\overline{\varphi_1}^{ij}=\cdots=\overline{\varphi_n}^{ij}=1$,就有 $\overline{\psi}^{ij}=1$,则把 $\varphi_1,\cdots,\varphi_n\vdash\psi$ 称为 可靠的推理式,并记作 $\varphi_1,\cdots,\varphi_n\models\psi$。

(可靠性定理)

形式 1. 如果存在一个 $\Gamma\vdash\varphi$ 的形式证明,则 $\Gamma\models\varphi$。

形式 2. 如果存在着从任何前提 Γ 到 φ 的推理式 $\Gamma\vdash\varphi$ 的形式证明,则 φ 是永真式。

通过对每条 W 形式推理规则的可靠性进行仔细的验证,可证明 W-JS 的可靠性定理。

4. “S 先生和 P 先生”谜题在 W-JS 下的形式化

有了 W-JS,我们来看第一部分中所给的例子的形式化。限于篇幅,我们只讨论例 2,例 1 则留给读者自行完成。

例 2 中涉及到了“只知道”的问题,也即,为了刻画学习过程,我们不仅要描述一个人根据他已有的知识所能作的推理,还要能表示出:这样的推理是这个人仅从他现有的知识出发所作出的。

在例 2 中,学习是通过对话进行的,这是在场的当事人所联合知道的。如前所述,为了把动态问题转化成相对的静态问题,我们把处在不同学习阶段的人处理成这个人的具有不同知识水平的变体。

4.1 有关含概念的项和式的定理

在例 2 的形式化中,涉及到一些有关含概念的项和式的定理,这里先统一给出如下,定理的证明则都从略了。

用 $\delta(\alpha)$表示 δ 中有个体项 α 的出现。$\delta(\eta)$、$\delta(\mu)$等是由 $\delta(\alpha)$将其中 α 的所有出现替换成 η、μ 等而得。对 $\varphi^*(\eta)$、$\varphi^*(\mu)$等作同样的解释。x、y、z 等都是原先不在各个式中出现的变元。用这些变元去替换

项或式中的个体项，就得到 $\delta(x)$、$\varphi^{*}(x)$等。

（T4.1.1）

$\theta:\varphi^{*}(\eta)\vdash\forall x(\varphi^{*}(x)\rightarrow\varphi^{*}(x))\rightarrow\theta:\psi^{*}(\eta)$

其中 $\varphi^{*}(x)$、$\psi^{*}(x)$不含概念词。

几个特例：

$\theta:\delta(\eta)\equiv\delta(y),\theta:\varphi^{*}(\eta)\vdash$

$\forall x(\delta(x)\equiv\delta(y)\wedge\varphi^{*}(x)\rightarrow\psi^{*}(x))\rightarrow\theta:\psi^{*}(\eta)$

$\theta:\delta(\eta)\equiv\delta(y),\theta:\varphi^{*}(\eta)\vdash$

$\forall x(\delta(x)\equiv\delta(y)\wedge\varphi^{*}(x)\rightarrow x\equiv z)\rightarrow\theta:\eta\equiv z$

$\theta:fc\equiv fy,\theta:\varphi^{*}(c)\vdash$

$\forall x(fx\equiv fy\wedge\varphi^{*}(x)\rightarrow x\equiv z)\rightarrow\theta:c\equiv z$

以上推理式中，$\delta(x)$、$\varphi^{*}(x)$、$\psi^{*}(x)$不含概念词。

（T4.1.2）

$\theta*\delta(\eta),\theta:\varphi^{*}(\eta)\vdash$

$\forall x(\delta(x)\equiv\delta(\eta)\wedge\varphi^{*}(x)\rightarrow\psi^{*}(x))\rightarrow\theta:\psi^{*}(\eta)$

其中 $\delta(x)$、$\varphi^{*}(x)$、$\psi^{*}(x)$不含概念词。

几个特例：

$\theta*\delta(\eta),\theta:\varphi^{*}(\eta)\vdash$

$\forall x(\delta(x)\equiv\delta(\eta)\wedge\varphi^{*}(x)\rightarrow x\equiv y)\rightarrow\theta*\eta$

$\theta*\delta(\eta),\theta:\varphi^{*}(\eta)\vdash$

$\forall x(\delta(x)\equiv\delta(\eta)\wedge\varphi^{*}(x)\rightarrow x\equiv\eta)\rightarrow\theta*\eta$

$\theta*fc,\theta:\varphi^{*}(c)\vdash$

$\forall x(fx\equiv fc\wedge\varphi^{*}(x)\rightarrow x\equiv y)\rightarrow\theta*c$

$\theta*fc,\theta:\varphi^{*}(c)\vdash$

$\forall x(fx\equiv fc\wedge\varphi^{*}(x)\rightarrow x\equiv c)\rightarrow\theta*c$

$\theta:\varphi^{*}(y)\vdash\forall x(\varphi^{*}(x)\rightarrow x\equiv\eta)\rightarrow\theta*\eta$

$\theta : \varphi^{*}(\eta) \vdash \forall x(\varphi^{*}(x) \to x \equiv y) \to \theta * \eta$

$\theta : \varphi^{*}(\eta) \vdash \forall x(\varphi^{*}(x) \to x \equiv \eta) \to \theta * \eta$

$\theta : \varphi^{*}(c) \vdash \forall x(\varphi^{*}(x) \to x \equiv c) \to \theta * c$

以上推理式中 $\delta(x)$、$\varphi^{*}(x)$不含概念词。

(T4.1.3)

$\forall x(\varphi(x) \to \theta \% \eta \equiv x) \vdash$

$\exists x(\varphi(x) \wedge \varphi^{*}(x)) \to \theta \% \psi^{*}(\eta)$　其中 $\psi^{*}(x)$不含概念词。

几个特例：

$\forall x(\delta(x) \equiv \delta(\eta) \wedge \varphi(x) \to \theta \% \eta \equiv x) \vdash$

$\exists x(\delta(x) \equiv \delta(\eta) \wedge \varphi(x) \wedge \varphi^{*}(x)) \to \theta \% \psi^{*}(\eta)$

$\forall x(f x \equiv f c \wedge \varphi(x) \to \theta \% c \equiv x) \vdash$

$\exists x(f x \equiv f c \wedge \varphi(x) \wedge \varphi^{*}(x)) \to \theta \% \psi^{*}(c)$

其中 $\psi^{*}(x)$不含概念词。

(T4.1.4)

$\forall x(\varphi(x) \to \theta \% \eta \equiv x) \vdash$

$\forall x(\varphi(x) \wedge \psi^{*}(x) \to \theta \% (\psi^{*}(\eta) \wedge \eta \equiv x))$

其中 $\psi^{*}(x)$不含概念词。

特例：

$\forall x(\delta(x) \equiv \delta(\eta) \wedge \varphi(x) \to \theta \% \eta \equiv x) \vdash$

$\forall x(\delta(x) \equiv \delta(\eta) \wedge \varphi(x) \wedge \psi^{*}(x) \to \theta \% (\psi^{*}(\eta) \wedge \eta \equiv x))$

$\forall x(f x \equiv f c \wedge \varphi(x) \to \theta \% c \equiv x) \vdash$

$\forall x(f x \equiv f c \wedge \varphi(x) \wedge \psi^{*}(x) \to \theta \% (\psi^{*}(c) \wedge c \equiv x))$

其中 $\psi^{*}(x)$不含概念词。

(T4.1.5)

$\forall x(\varphi(x) \to \theta \% \eta \equiv x) \vdash$

$\varphi : \psi^{*}(\eta) \to \forall x(\varphi(x) \to \psi^{*}(x))$

其中 $\psi^*(x)$不含概念词。

特例：

$\forall x(\delta(x) \equiv \delta(y) \wedge \varphi(x) \to \theta ∵ \eta \equiv x) \vdash$

$\theta : \psi^*(\eta) \to \forall x(\delta(x) \equiv \delta(y) \wedge \varphi(x) \to \psi^*(x))$

$\forall x(\delta(x) \equiv \delta(y) \wedge \varphi(x) \to \theta ∵ \eta \equiv x) \vdash$

$\theta : \eta \equiv y \to \forall x(\delta(x) \equiv \delta(y) \wedge \varphi(x) \to x \equiv y)$

$\forall x(f x \equiv f y \wedge \varphi(x) \to \theta ∵ c \equiv x) \vdash$

$\theta : c \equiv y \to \forall x(f x \equiv f y \wedge \varphi(x) \to x \equiv y)$其中 $\psi^*(x)$不含概念词。

(T4.1.6)

$\forall x(\varphi^*(x) \to \theta ∵ \eta \equiv x) \vdash \theta * \eta \to \forall x(\varphi^*(x) \to x \equiv \eta)$

特例：

$\forall x(\delta(x) \equiv \delta(\eta) \wedge \varphi^*(x) \to \theta ∵ \eta \equiv x) \vdash$

$\theta * \eta \to \forall x(\delta(x) \equiv \delta(\eta) \wedge \varphi^*(x) \to \eta \equiv x)$

$\forall x(f x \equiv f c \wedge \varphi^*(x) \to \theta ∵ c \equiv x) \vdash$

$\theta * c \to \forall x(f x \equiv f c \wedge \varphi^*(x) \to c \equiv x)$

这一节中的定理都可以推广为有 n 个项的更普遍的形式。例如(T4.1.2.)的第二个特例可以写成

$\theta * \delta(\eta_1, \cdots, \eta_n), \theta : \varphi^*(\eta_1, \cdots, \eta_n) \vdash$

$\forall x_1 \cdots x_n(\delta(x_1, \cdots, x_n) \equiv \delta(\eta_1, \cdots, \eta_n) \wedge$

$\varphi^*(x_1, \cdots, x_n) \to x_1 \equiv \eta_1 \wedge \cdots \wedge x_n \equiv \eta_n)$

$\to \theta * \eta_1 \wedge \cdots \wedge \theta * \eta_n$

其中 $\delta(x_1, \cdots, x_n)$、$\varphi^*(x_1, \cdots, x_n)$不含概念词。

还可以再推广到 m 个项 $\delta_1, \cdots, \delta_m$ 的情况。

4.2 关于语言的约定

用 x、y、z、x_i、y_i、z_i($i=0,1,2,\cdots$)表示变元，为了书写方便，把两

个自然数组成的数对(m,n)看成一个个体；

用概念词 c 来表示例 2 中选择的“那个数对”；

用函数词 f、g 分别表示“求和”、“求积”；

已知条件 $2 \leq m \leq n \leq 99$ 可以用一个谓词 Q 来反映。但我们在此处引入这样的规定：写 $\forall^{Q} x\varphi(x)$ 来代替 $\forall x(Qx \rightarrow \varphi(x))$，写 $\exists^{Q} x\varphi(x)$ 来代替 $\exists x(Qx \wedge \varphi(x))$，并进一步约定：在下文中，凡遇到符号 $\forall$、$\exists$，均理解为 $\forall^{Q}$、$\exists^{Q}$。这样做实际上是对形式系统作了扩充，但可以证明，这样扩充后的系统与原系统是等价的。于是，我们省去了经常要写已知条件 Q 的麻烦；

用 S_i、$P_i(i=0,1,2,\cdots)$来作主词符号（P 不再能用作谓词符号），并写 S_0，S_1，S_2 分别代表在 0，1，2 时刻的 S 先生，写 P_0，P_1，P_2 分别代表在 0，1，2 时刻的 P 先生。这样做纯粹是为了照顾到醒目。

4.3 对问题的形式描述

在 0 时刻，选定 c，将 $f\,c$ 告诉 S_0，而将 $g\,c$ 告诉 P_0。于是有

$S_0 * f\,c$　　（S_0 知道那个数对的和）

$P_0 * g\,c$　　（P_0 知道那个数对的积）

$\forall x(f\,c \equiv f\,x \rightarrow S_0 \not\because c \equiv x)$　（S_0 只知道那个数对的和）

$\forall x(g\,c \equiv g\,x \rightarrow P_0 \not\because c \equiv x)$　（P_0 只知道那个数对的积）

以上几个命题的合取式，记为 K_0。我们有

$$S_0 P_0 : K_0$$

S_0 说：我知道你不知道 c 是什么，但我也不知道。即：

$$S_0 : \neg P_0 * c$$

$$\neg S_0 * c$$

将它们的合取式记为 D_0。

有如下的推理式成立：

(SP1) $P_0 * g\,c, \forall x(g\,c \equiv g\,x \to c \equiv x) \vdash P_0 * c$ 由(T4.1.2) ‖

(SP2) $\forall x(g\,c \equiv g\,x \to P_0 \not* c \equiv x), P_0 * c \vdash$
$\forall x(g\,c \equiv g\,x \to c \equiv x)$ 由(T4.1.6) ‖

(SP3) $K_0 \vdash P_0 * c \leftrightarrow \forall x(g\,c \equiv g\,x \to c \equiv x)$
由(SP 1)(SP 2) ‖

(SP4) $S_0 : K_0 \vdash S_0 : \neg P_0 * c$
$\leftrightarrow S_0 : \exists x(g\,c \equiv g\,x \wedge c \not\equiv x)$

证：

由(SP3),根据命题演算,用(：＋)、(T 1.3.3.5)。 ‖

以下记 $F_0(u) = \exists u_0(g\,u \equiv g\,u_0 \wedge u \not\equiv u_0)$ ①

(SP 4)′ $S_0 : K_0 \vdash S_0 : \neg P_0 * c \leftrightarrow S_0 : F_0(c)$ ‖

(SP 5) $K_0 \vdash S_0 * c \leftrightarrow \forall x(f\,c \equiv f\,x \to c \equiv x)$
仿(SP1)(SP2)(SP3)进行 ‖

(SP 6) $K_0 \vdash S_0 : F_0(c) \leftrightarrow \forall x(f\,c \equiv f\,x \to F_0(x))$ ‖

(SP 7) $S_0 : K_0 \vdash S_0 : \neg P_0 * c \wedge \neg S_0 * c$
$\leftrightarrow \forall x(f\,c \equiv f\,x \to F_0(x))$
$\wedge \exists x(f\,c \equiv f\,x \wedge c \not\equiv x)$
由(SP4)′(SP5)(SP6) ‖

以下记 $F_1(u) = \forall u_1(f\,u \equiv f\,u_1 \to F_0(u_1))$
$\wedge \exists u_1(f\,u \equiv f\,u_1 \wedge u \not\equiv u_1)$

(SP 7)′ $S_0 : K_0 \vdash D_0 \leftrightarrow \mathrm{F}_1(\mathrm{c})$ ‖

---

① 写 $F_0(u)$,$F_0(c)$等等,遵从第四部分第一节开头对 $\varphi(x)$、$\varphi(\eta)$等的约定。

在 1 时刻，P_1（听到 S_0 的宣称之后）的知识增长为：

$S_0 P_0 : K_0$

D_0

$P_1 * g\,c$

$\forall x(P_0 \not\therefore (D_0 \wedge c \equiv x) \rightarrow P_1 \not\therefore c \equiv x)$

并把它们的合取式记作 K_1。我们有

$S_1 P_1 : K_1$

P_1 说：现在我知道 c 是什么了。即

$P_1 * c$

把它记为 D_1。

我们有

(SP 8)　$K_1 \vdash \forall x(P_0 \not\therefore (F_1(c) \wedge c \equiv x) \rightarrow P_1 \not\therefore c \equiv x)$　‖

(SP 9)　$K_1 \vdash \forall x(g\,c \equiv g\,x \wedge F_1(x) \rightarrow P_1 \not\therefore c \equiv x)$　‖

(SP 10)　$K_1 \vdash P_1 * c \rightarrow \forall x(g\,c \equiv g\,x \wedge F_1(x) \rightarrow c \equiv x)$

由(SP 9)(T4.1.6)　‖

以下记 $F_2(u) = \forall u_2(g\,u \equiv g\,u_2 \wedge F_1(u_2) \rightarrow u \equiv u_2)$

(SP 10)′　$K_1 \vdash P_1 * c \rightarrow F_2(c)$　‖

(SP 11)　$P_1 : K_1 \vdash P_1 : F_1(c)$　‖

(SP 12)　$P_1 : K_1 \vdash F_2(c) \rightarrow P_1 * c$　‖

(SP 13)　$P_1 : K_1 \vdash P_1 * c \leftrightarrow F_2(c)$　由(SP 10)′(SP 12)　‖

(SP 13)′　$P_1 : K_1 \vdash D_1 \leftrightarrow F_2(c)$　‖

在 2 时刻，S_2（听到 P_1 的宣称之后）的知识增长为

$S_1 P_1 : K_1$

D_1

$S_2 * fc$

$$\forall x(S_0 \not\ast (D_1 \wedge c \equiv x) \rightarrow S_2 \not\ast c \equiv x)$$

把它们的合取式记作 K_2。我们有

$$S_2 P_2 : K_2$$

S_2 说:现在我也知道了。即

$$S_2 * c$$

把它记为 D_2。

我们有

(SP 14) $K_2 \vdash \forall x(S_0 \not\ast (F_2(c) \wedge c \equiv x) \rightarrow S_2 \not\ast c \equiv x)$ ‖

(SP 15) $K_2 \vdash \forall x(f c \equiv f x \wedge F_2(x) \rightarrow S_2 \not\ast c \equiv x)$ ‖

(SP 16) $K_2 \vdash S_2 * c \rightarrow \forall x(f c \equiv f x \wedge F_2(x) \rightarrow c \equiv x)$ ‖

于是,我们最后得到

(SP 17) $K_2, D_2 \vdash \forall x(f c \equiv f x \wedge F_2(x) \rightarrow c \equiv x)$ ‖

也即,可以还原为

(SP 17)′ $K_2, D_2 \vdash$

$$\begin{aligned}
&\forall x_1(f c \equiv f x_1 \\
&\qquad \wedge \forall x_2(g x_1 \equiv g x_2 \\
&\qquad\qquad \wedge \forall x_3(f x_2 \equiv f x_3 \rightarrow \\
&\qquad\qquad \exists x_4(g x_3 \equiv g x_4 \wedge x_3 \not\equiv x_4)) \\
&\qquad \wedge \exists x_3(f x_2 \equiv f x_3 \wedge x_2 \not\equiv x_3) \\
&\qquad \rightarrow x_1 \equiv x_2) \\
&\qquad \rightarrow c \equiv x_1)
\end{aligned}$$ ‖

进一步推出答案 $c=(4,13)$,已可以在标准逻辑里完成。

特别提一下,由于我们给出了“只知道”及学习过程的形式处理(注意到我们有(SP7)′,(SP 13)′等等),上述整个推理过程反过来进行也对。即,从答案 $c=(4,13)$ 出发,可以推出原先的前提来。这样的处理,是例 2 这个著名的谜题的一种较为完善的形式化结果。

参考文献

[1] McCarthy, J. et al., “On the Model Theory of Knowledge”, Memo AIM-312, Stanford University, 1978.

[2] 马希文:“有关‘知道’的逻辑问题的形式化”,哲学研究,1981 年 5 期。

[3] 胡世华、陆钟万:《数理逻辑基础》(上册),科学出版社,1981。

(原载《计算机研究与发展》1982 年第 19 卷第 1 期 1—12 页,作者马希文,郭维德)

《计算机不能做什么》校者的话
——代中译本序

（一）

毫无疑问，通用数字计算机的发明是人类历史上最重要的事件之一。计算机的广泛应用正在深刻地改造着生产力的面貌，这又不可避免地会对生产关系带来重大的影响。如果有人认为，由此将会使资本主义生产关系的物质基础即社会化的大生产发生动摇，并为马克思和恩格斯在《共产党宣言》中描述的那种更先进的共产主义生产关系准备了物质基础，那么我们不但不必惊奇，而且应该认真研究一下这是否正是社会发展的大势，如果是这样，那么我们应该怎样去迎接它、推动它。

无论计算机对人类的贡献能不能与当年的蒸汽机相比，它在我国当前的改革事业中总占有一个重要的地位，成为上层建筑改革的物质基础，对改革起推动作用。作为共产主义初级阶段的社会主义制度，其优越性归根结底应表现为能适应社会发展的客观规律，逐步向共产主义的高级阶段过渡，以实现"交往方式的生产"。因此，重视计算机在新技术革命中的地位、注意计算机应用对改革的影响，不但是必需的，而且是必然的。总之，某种形式的计算机热一定会在我国出现，事实也正是如此。

然而，推广计算机时，应采取科学的态度，特别是在对计算机的社会作用的评价方面。

比如说，七十年代末期，人们过分强调了计算机在生产自动化方面的作用，甚至把计算机应用的目的片面地解释为节约劳动力。这就使许多人担心这会带来劳动力过剩的问题，继而对之产生疑问，最终致使我国计算机应用的日程表向后推迟了若干年。

如果我们认真从这件事中吸取了教益，那就应该慎重地对待当前在宣传中越来越普遍使用的“电脑”这一绰号——这如果不算是“港台风”，也至少使我们想起四十年代有人把摩托车称为“电驴”。不应只从商品心理学的角度谈论这个问题，因为它暗示了计算机可以取代人脑这一重大的哲学命题。实际上，许多学者已经明明白白地把这个命题表述出来了。如果漫不经心地把没有经过科学论证过的命题应用到社会生活中去，我们很可能会再一次付出代价。

其实，主张计算机能代替人脑的，不仅我国学术界有，国际学术界更是大有人在。特别值得注意的是他们当中包括大部分的知名学者。这就使许多年轻人或外行人更容易轻信。

在这种形势下，本书以少数派的姿态出现，力排众议，对这种主张进行了详细的分析和批判，引起了西方学术界的注意。我们把这本书介绍给我国的读者，也是为了引起大家的关心和讨论。

我们对于人工智能界中的所谓乐观派持批判态度。这是我们与作者的共同之处。但是，从什么立场出发进行这种批判，则有很大差别。此外，作者在本书中采用的论战方式，加上他那刻薄、讥讽的语言（以及翻译时的种种技术性困难），可能使读者读本书时感到吃力。基于以上两方面的理由，我们写了这篇序言。本书主要是从哲学的角度立论的，我们则偏重技术性的讨论。从这方面来说，也许又为读者提供了一些补充材料。

（二）

计算机能不能代替人脑？这是一个十分含糊的问题。至少可以有以下几种很不同的解释：

（1）计算机能不能完成一些迄今为止主要是靠人的大脑的活动完成的工作？

（2）计算机能不能完成一切这种工作？

（3）计算机能不能像大脑一样地完成这种工作？

对于(1)，回答是肯定的，这已由当前的社会实践所证实了。

其实，自计算机发明之日起，它所做的一切工作一直是那些主要靠人的大脑完成的工作，例如科技计算，文件编辑，信息管理等等。当前，计算机的应用领域仍在不断扩大。随着计算机技术的进展以及使用方法越来越丰富多样、灵活巧妙，计算机的应用正把它的触角伸向那些通常以为很难使用计算机的领域，如专家系统、机器翻译、模式识别、定理证明、问题求解、自然语言理解等等。这些是计算机应用的前缘，它们构成了人工智能学科的主要内容。这些方面的成就，本书中分为四个时期作了概述。

这方面的任何进展，对于熟悉计算机原理，懂得程序设计的人来说，都不会感到神秘。如果有时感到意外的话，那大多是因为对应用领域不熟悉，或充分意识到了技术上的困难。计算机是进行信息处理的，其中的"信息"就是指有限种符号的有限长序列这种形式的信息，而"处理"的过程就是按预先编好的程序对这种序列做有穷的变换，以得到一组新的符号做为结果。这就是所谓"计算"(包括数值的和非数值的计算)。但是许多具体问题怎样用这样的办法来求解并不是一目了然的，往往需要高超的技巧。例如说，怎样编制一个能在使用过程中自行改进的程序就是这样的例子。当本书中介绍的能自行改进的跳棋程序战胜了它的设计者的时候，人们感到意外，是自然的。

系统地发展这一类的技巧，提高计算机应用的灵巧性，以便扩大计算机的应用，不但是可能的，而且是十分有意义的。计算机的社会意义正是产生于它应用的深度和广度可以不断得到发展，取得许多重要的成就。除了可计算性(包括理论的和实际的可计算性)之外，几乎再也找不到一个合理的说法来为计算机的应用划定一个技术性的界限了。

由于这种情况，只要稍不谨慎，就会陷入幻觉，以为计算机的应用并无界限，也就是说，对前面的问题(2)做出肯定的回答。这就是书中说的 AI 学派的论点。然而这是一种没有根据的外推，其中包含着不合理的逻辑跳跃。下面我们就来仔细地分析一下这个问题。

(三)

要计算机去解决某种问题，有三个基本的前提：

第一，必须把问题形式化。计算机，至少在它较低的层面上，只能进行有限符号集上有限长符号串的决定性的形式变换。人们在使用计算机时，常常从观念上以及实现手段上加上一些较高的层面。因此上面的要求可以稍稍放宽，比如可以不必事先假定符号集是有限的，可以认为符号串是有结构的，等等。但是无论如何放宽，计算机总是在做符号处理。因此，任何问题，要交给计算机去解，必须先建立一个形式系统，规定所用的符号，规定符号联结成合法符号串的规则(语法)，以及合法符号串如何表示问题领域中的意义(解释)。然后，建立一些规则，说明对这些符号串可以进行一些什么样的处理。于是，要解的问题就可以用符号串表示出来，怎样算是一个解，也可以表现为对符号串的一些要求或条件。这样一来，计算机求解的过程就是从表示问题的符号串出发,按规则进行加工,直到得出符合要求的符号串为止。

这一整套办法简称为形式化。计算机的各种应用无不是靠了这种办法实现的。形式化方法的实用范围比人们最初预料的要广泛得多。

然而,按照 AI 学派的主张,计算机应能解决人脑能够解决的一切问题。那么,它也应能解决如何把某种问题形式化的问题。但这样一来,就出现了一系列的困难。

首先,形式化是从非形式化的领域向形式化的领域的转变。如要计算机来完成这一转变,就得把这个转变形式化,这又包括了如何表示转变的起点——一个非形式化的领域。这就造成了一种回归现象(甚至是悖论)。

要想避免这种回归,必须假定我们有一种包罗万象的先验的形式化系统。但形式化系统属于理性认识的范畴,不是先验地存在的。换言之,要计算机能代替人脑的一切工作,就要预先把我们今天尚未认识而明天可能认识的领域预先形式化,这是做不到的。

即使做到了这一点,由于客观世界的无限丰富性,我们也会遇到一个无限多的符号、无限多的规则的形式系统。这与计算机的资源(存贮空间等)的有限性是矛盾的。

当然,人们可以反驳说,我们可以把问题领域逐个形式化。但这又引起了一个新的问题,即计算机遇到某个问题时,如何判断该问题所属的领域的问题。这个新的问题是比原来的问题更高一个层面上的问题。这也导致无穷的回归。作者多次论及如何根据局势或环境判断有关性和重要性,这个问题就与此有关。

总之,指望把人脑能做的一切交给计算机去完成,首先遇到的也是最基本的困难就是形式化的困难。

第二,计算机要解决已形式化的问题,问题还必须是可计算的,即一定要有算法。这个问题作者没有明晰地论述,但他说到的许多问题都与此有关。完全的定理证明系统之不可能,可以从理论上予以证明;判定刁藩都方程是否有解的算法,也可以从理论上证明其不存在。这些都为计算机代替人脑设下了陷阱。

另一方面,存在着某个算法和找出这个算法是两回事,前者是客观的,后者是人脑的功能。要想用计算机代替人脑,就要找出一种算法来代替人脑寻找算法,这又遇到了回归。

有人可能争辩说,我们有搜索法,这是一种万能的算法。这其实是一种误会。搜索法在涉及无穷集合的问题中无法施展。比如说,给定一个自然数之后,我们可以用搜索的办法来判断它能否分解为两个奇素数之和,因为我们只用检查它的每种分解式中的两个数是否奇素数就行了,而这种分解式是有穷多的。要想用同样的搜索法来判断它能否分解为两个奇素数之差却办不到,因为这种分解式是无穷多的。其实,如果给定的数是奇数,一点点关于奇偶性的考虑便可以证明它不能分解为两个奇素数之和或差。这个证明当然也可以用搜索法发现,但却要在一个稍许不同的形式系统中去做。如果给定的数是偶数,这已是“哥特巴赫猜想”这样的难题,要找寻这样一个证明,则要有更复杂的形式系统。从符号串的变换角度来观察这个问题,它们是分属于不同的形式系统的问题,虽然从解释上来看,它们是一致的,这就是在不同的层面上看待同一问题。一个问题(比如证明一个命题),只有当它在某个形式系统中可解的时候,才能指望着用搜索的办法求出解来,在涉及无穷集合的问题中,如果问题无解,搜索过程并不能发现它无解。因此,当我们为了解答问题而不得不从一个层面即形式系统向另一个层面(也是形式系统)过渡时(且不说这个形式系统怎样做出的问题),我们无法判断应在哪一个层面上停止下来。这样,搜索法也就失灵了。

第三,要用计算机实现一个算法以解决某种问题,问题必须有合理的复杂度。这常被说成是避免指数爆炸。是否会发生指数爆炸的情况是问题本身的性质，不是任何巧妙的技术可以绕过的。

人工智能目前面临的多数难题都涉及指数爆炸。用搜索法求解问题更是如此。多年来，一些人工智能学者对这个问题佯装不知，这实在荒谬得令人不解。其结果是许多巧妙的设想，在一定的规模内似乎灵验，一旦问题规模稍稍扩大，计算机就无法胜任。这就是作者说的“初期的成功与随之而来的停步不前”的重要原因。本书对这个问题说得不多，但王浩在《数理逻辑通俗讲话》中对 AI 学派的批判主要就集中在这一方面。

由于计算机解题必须具备以上三方面的条件，所以要计算机完成人脑能做的一切工作是毫无希望的。

（四）

既然问题(2)已有了否定的答案，(3)的答案似乎也就是否定的了。其实并不这样简单。

计算机多次展示了这样的能力，即虽然程序是人设计的，但计算的结果却是出乎意料的，甚至比人原来设想的更加高明。我这里指的是像下棋程序战胜它的设计者、定理证明系统找出某个熟知定理的新颖的（至少对它的设计者来说是不曾想到的）证明这一类的情况。这样，书中称为认知模拟学派或 CS 学派的那些学者，就产生了一种希望，即不必先把问题形式化，只要我们给计算机配上一套能模拟大脑活动的程序，就可以造出思维。对这种观点进行反驳，上文的讨论就不够了。

从逻辑上看，当我们说到计算机代替人脑时，的确并不意味着计算机能解决一切问题。在任何一个具体环境下的具体的人，都不是万能的。因此也没有理由要求计算机是万能的。如果我们谈论的不是代替人脑的一切潜在能力，而只是代替某一具体人脑的能力时，问题的性质当然是极不相同的。

为此，书中分析了人类的四种“信息处理”活动，指出这些是任何正常人脑都具有的能力，而计算机却无法做到这些。我们则打算从另一角度来讨论这个问题。

CS学派和AI学派有一种根本的区别：AI必须把客观世界做成形式模型，而CS则只用把大脑做成形式模型就够了。

大脑是物理世界的东西，它的活动首先是物质的运动。这就是大脑的物理的、化学的、生物学的活动。用分子生物学、遗传工程、人造蛋白质等手段来造出一个大脑，这也许会成功，但总不能算是计算机代替了人脑。要从物质运动的层面上模拟大脑，就要先写出大脑活动的数学模型，并在计算机上模拟它。这就要求搞清大脑的结构和机制，就会出现大量的细节。比如说某个脑细胞的构造吧。它有一定的外部结构（如形状，重量），细胞学层面上的结构（如细胞核、染色体），其中每个组成部分又有分子生物学层面上的结构（如分子的空间构形），每个原子又有基本粒子层面上的结构，如此等等，以至无穷。到底哪些东西是大脑结构中实质性的东西呢？又如脑细胞之间的联系，除了宏观的电、磁、力等方面的联系之外，还有分子的交换以致基本粒子的变换等等，到底哪些是实质性的呢？如果对于这些没有清楚的了解，如何去模拟大脑的活动呢？

当然，多数CS学派的学者并不想在这个层面上模拟大脑，大脑的思维功能也不可能从这个层面来描述，正如计算机的功能不能从分子运动的层面来描述一样。他们设想在物质运动的层面之上，还有一个信息处理的层面，再上面又有认知的层面等等，然后才到达思维的层面。这当然只是一种假说，无论从理论上或实验上都远未得到证实。恐怕还要许多代人的努力才能有比较清晰的认识。可能还会添加许多层面，也许这些层面并不像是一条直链上的许多中间环节，而是一个网络中的不同结点。总之,认为信息处理是从大脑的生理活动到达思维的必经之路是没有根据的。尤其是本书中提到大脑并不像三十年前设想的那样可以看成一套复杂的开关网络。这种实验证据十分值得注意,因为它可能改变人们对于信息处理在大脑活动中作用的认识。近年来,人们开始注意形象思维(以及顿悟)的特殊规律,看来,用信息处理对此作出解释的可能性是大有疑问的。

计算机是信息处理的机器,要用它来模拟大脑,最自然的莫过于在信息处理的层面上进行模拟。但是上面的讨论指出,这样做将引起双重的困难:

(1) 大脑的功能是否都可以通过信息处理活动来描述?

(2) 从大脑的信息处理层面到达认知的层面是否还有许多别的中间环节?

书中讨论生物学和心理学的假设时,详细阐明了作者与此有关的论点。

另一方面,大脑的功能根本不是只由其生理的机能决定性地发展出来的,而需要与周围环境发生联系。孤立地模拟大脑的机制,不把它放到与外界相联系的环境之中,当然不能产生思想。因此又要模拟或实现感觉器官、运动器官的功能,这样甚至又无法避免外部世界的形式化的问题。作者把这些表述为"躯体的作用",内行人可能觉得可笑。但是问题不在于躯体的形状如何,而在于它的功能,脱离了这种功能,大脑(不管是人脑还是电脑)不只会遇到能不能存在的问题,而且根本就不可能产生思想。

(五)

我们谈到了计算机在人类历史上的独特地位,因为它的发明使我们能在一定意义上有了一种人工的制品、一种机器或工具,可以用来“延长”我们的大脑。但我们又花了较多的篇幅来说明,计算机的结构、工作方式都与大脑迥异,其功能也远不能达到大脑做到的一切。认为已经揭开了或至少可以猜测到大脑与思维的奥秘,这是毫无根据的。因此,我们不应止于讨论大脑与计算机之异同,而应关心人工智能的未来。本书末尾对此提出了很值得注意的见解。

计算机不应是也不会是最终的智能机器。人工智能要向前迈进,就不应把自己局限于计算机的应用。这里指的是以图灵机和可计算理论为背景的现代通用数字计算机。应该开创一门新的学科(把它叫思维科学或智能科学都行),研究思维活动的更深入的具体规律,提出新的概念、新的方法和新的机制,比信息处理更为广泛、更为深入地描述思维的某些功能,并把这些与某种(理论的)机器模型相联系以期最终得到工程实现。

从古人发明四则运算到手摇计算机的出现,人类经历了一次从对思维的认识到发明智能机器的过程,这是不自觉的,花了一千多年。今天看来,这可算是思维科学的一段史前史。从巴贝吉、图灵到今天的计算机,又经历了一次这样的过程。这一次花了一百多年,思维科学可以说就此起步了。然而对思维的认识是一个不断前进的无穷过程。每推进一步,就更加接近于思维的本来面目。盲目的乐观固然不对,盲目的悲观也没有根据。因为两者都使我们停止不前,而我们不能总停留在一个水平上。

当然,现代计算机的潜力远未完全发掘出来。即使就形式系统中的信息处理这个层面而论,我们对思维的认识也尚未完成。认知心理学、认知逻辑、理论语言学等多种学科都在这个领域中努力向前推进。人工智能在这种形势下应对信息处理、计算机的能力做许多具体的研究,求得更加明晰、准确的认识。从应用上来看,谈论人脑与计算机的彼此替代未免空泛、消极，不如研究使两者取长补短的人机共生系统。这样做，不只有实用意义，而且对于我们对思维的认识、对信息处理在思维中的地位的认识将提供许多有启发性的实验资料。

本书出自哲学家的手笔。对人工智能的未来提出了一些原则性的见解。其中某些论点也许并不准确。但提出计算机的能力是有限度的这一命题，并进一步指出应当研究新的智能机器，则是我们可以从中学到的极有价值的东西。我们在积极扩大计算机应用的同时，应该想到这些，这样才能有见识地去研究思维的其他侧面和更高层面，推动思维科学的前进。新型的智能机器必将出现，那将不是现代的通用数字计算机，虽然它也不会是人类的最终发明，但却更有资格称为“电脑”——如果不是“磁脑”或“光子脑”的话。

马希文

一九八四年九月

（本文是《计算机不能做什么》一书中译本序，该书由三联书店1986年出版，作者休伯特·德雷福斯，译者宁春岩）

人工智能中的逻辑问题

近年来，由于人工智能（以及其他学科）的需要，逻辑学的对象、方法、意义都有了许多新的发展。本文拟就这方面的情况做一番分析与介绍，供读者参考。

1. 限制逻辑

限制逻辑是一种容错逻辑。

人们对于容错逻辑的关注由来已久。然而容错逻辑不等于不合逻辑的胡思乱想，而是有规律可循的。但要研究这些规律，首先要弄清所“容”的“错”是什么。“错”的性质不同，逻辑的规律也不同。人类的日常逻辑思维中，可能有各种各样的“错”，看来应逐步加以分析研究，然后才有希望建立起一般的容错逻辑系统来。

试研究如下的推理：

〔例 1〕某厂有三个工程师，老季、老墨与老王。昨天，该厂有一位工程师被选为市的人民代表。另一方面，已经知道市人民代表中没有姓墨的，也没有姓季的。可见王工程师是人民代表。

这种推理是极为普通的。然而其中有“错”。因为前提中并未说过该厂只有这三位工程师，而当选人民代表的可能是另一位张工程师。用演绎法无法做出上面的推理。

下面我们来分析一下这个错误的性质。为了行文方便，我们用 a，

b，c分别表示季、墨、王三位工程师。“是该厂的工程师”写成“具性质P”，“是该厂的工程师又是人民代表”写成“具性质Q”。这样例1中的推理就可以写成：

前提：(1) a，b，c都具有性质P

(2) 具有性质Q的人都具有性质P

(3) a，b都不具有性质Q

结论：(4) c具有性质Q

不难看出这个推理是由以下的两个步骤做出的。在第一个步骤中，由(1)，(2)推出了某个结论(5)，这个(5)与(3)结合起来又推出了上面的结论(4)，是为第二步骤。这个(5)是什么呢？比较(3)与(4)很容易把它建构出来，就是：

(5) 具有性质Q的，只有a，b，c

很明显，(5)不是(1)，(2)的推论。如果把(1)改为

(1′)具有性质P的，只有a，b，c

那么，从(1′)，(2)推出(5)就十分合理了。

(1)与(1′)的差异在于是否还有别的个体具有性质P，也就是说，该厂还有没有别的工程师。这件事在原来的前提中没有提到。然而从上下文来看，也不知道这第四位工程师的存在。所以，原来的推理中含有这种逻辑：“既然从上下文中无法推断还有别的工程师的存在，那么该厂就只有那三位工程师”。这就是其中“错”的实质性根源。上面的例子就是一种容错推理，其中的“错”可以看成是(对论域的)一种限制，所以这种推理就叫做限制推理，有关的逻辑系统就叫做限制逻辑。〔例1〕在寻常的逻辑中是不合法的，但在限制逻辑中却是合法的。

从上面的讨论可以看出，限制逻辑与通常的逻辑之不同，主要在于它隐蔽地使用了关于某种限制的命题(1′)做为补充的前提。因此，只要找到如何做出这种“限制性命题”的原则，把它加到前提中去，就可以

把限制逻辑中的推理变为普通的逻辑推理了。

然而,建构“限制”命题的原则并不简单。在例 1 中,有关的对象 a, b, c 是显式地给出的,所以可以轻松地写出(1′)。如果有关的对象是隐式地给出的,我们就会遇到表述上的困难,以初等数论为例,我们认为

(1) 0 是自然数。

(2) 任何自然数的后继数也是自然数。

按照限制逻辑,在做推理时,实际上默认了:

(3) 除了用(1),(2)可推断它是自然数的对象之外,再也没有旁的自然数了。

这个(3)涉及到推断的问题,所以它不是初等数论中的命题,而是其元理论中的命题,因此无法直接用初等数论的语言来表述。

于是人们采用了一种迂回的办法来表述它;这就是把它表述为数学归纳法原理:

(3′) 任何一个(含有一个自由变元的)命题,如果它对于 0 是真的,而且从它对某个自然数真,可以推出它对该自然数的后继数也真,那么该命题对一切自然数真。

这个(3′)中含有“任何命题”这样的概念,在寻常的一阶逻辑中应该表述成公理图式的形式。

一般说来,设 α 是一个公式,其中含有谓词符号 P,那么

$$(\alpha_p): \quad \alpha^{\Phi} \wedge \forall x(\Phi(x) \rightarrow P(x)) \rightarrow \forall x(P(x) \rightarrow \Phi(x))$$

叫做 α 就 P 做出的限制,其中 α^{Φ} 表示用 Φ 替换 α 中的 P 所得的结果。如果在一阶逻辑中能从 α_p 推出 β,则说从 α 在关于 P 的限制逻辑中可以推出 β,记为 $\alpha \vdash_p \beta$。

在自然数的例子中,

$$\alpha: \quad P(0) \wedge \forall x(P(x) \to P(f(x)))$$

其中 P 表示“是自然数”,f 表示“……的后继数”。于是

$$\begin{aligned} \alpha_p: \quad & \Phi(0) \wedge \forall x(\Phi(x) \to \Phi(f(x))) \\ & \wedge \forall x(\Phi(x) \to P(x)) \\ & \to \forall x(P(x) \to \Phi(x)) \end{aligned}$$

α_p 就是归纳法原理,如果取 $\Phi(x)$ 为 $P(x) \wedge \Psi(x)$,就可以看出来。实际上,这时的 α_p 就成了

$$\begin{aligned} & P(0) \wedge \Psi(0) \wedge \forall x(P(x) \wedge \Psi(x) \to P(f(x)) \wedge \Psi(f(x))) \\ & \wedge \forall x(P(x) \wedge \Psi(x) \to P(x)) \\ & \to \forall x(P(x) \to P(x) \wedge \Psi(x)) \end{aligned}$$

考虑到 α,并用一阶逻辑的一般办法化简上式,就得到

$$\begin{aligned} & \Psi(0) \wedge \forall x(P(X) \wedge \Psi(x) \to \Psi(f(x))) \\ & \to \forall x(P(x) \to \Psi(x)) \end{aligned}$$

可见,$\alpha \vdash_p \beta$ 就意味着通过 α 及 α_p 可以推出 β,也就是通过 α 及数学归纳法推出 β。

回到〔例 1〕:

$$\alpha: \quad P(a) \wedge P(b) \wedge P(c)$$

那么 α_p 就是

$$\begin{aligned} & \Phi(a) \wedge \Phi(b) \wedge \Phi(c) \wedge \forall x(\Phi(x) \to P(x)) \\ & \to \forall x(P(x) \to \Phi(x)) \end{aligned}$$

取 Φ 为 $x=a \vee x=b \vee x=c$,则 $\Phi(a)$, $\Phi(b)$, $\Phi(c)$ 及 $\forall x(\Phi(x) \to P(x))$ 都是真的,于是由 α_p 可得

$$\forall x(P(x) \to \Phi(x))$$

也就是

$$\forall x(P(x) \to x=a \vee x=b \vee x=c)$$

这相当于(1′)。因此,在限制逻辑中,可以把(1′)加入到前提中去。

限制逻辑是一种“非单调逻辑”，就是说，前提增加时，结论反而减少（或减弱）。比如说，在〔例 1〕中增加一个前提：“老李也是该厂的工程师”，那么原来的结论就反而得不到了。一般说来，容错逻辑是在知识不完全的情况下“冒险”做出的结论。当知识增加时，结论可能就不那么冒进了。所以非单调性是容错逻辑的一般性质。对于非单调逻辑的种种不同处理方法可参看专文，比如说《人工智能》杂志（Artificial Intelligence）1980 年 1、2 合刊就是非单调逻辑的专辑。

2. 主观模态逻辑

关于“知道”的逻辑（参看《哲学研究》1981 年第 5 期上作者的论文）引起了一些同志的注意。他们指出，这种逻辑与传统的模态逻辑有深刻的联系（比如，参看《自然杂志》1984 年第 6 期上王元元的论文）。这里所谓传统的模态逻辑，指的是关于必然性与可能性的逻辑，这可以说是客观的模态逻辑；与此相比，关于确知与认可的逻辑是一种主观的模态逻辑。两者有许多公理或推理规则是平行的。比如：

□P→□□P　　　　S∶P→S∶S∶P

◇P→◇◇P　　　　S⁒P→S⁒S⁒P

¬□P↔◇¬P　　　　¬S∶P↔S⁒¬P

等等。但主观模态逻辑因为引进了主体的记号，所以内容要丰富得多。

如果主体是一位全知者 G，那么他只认可事实，于是就有 G⁒P→P，因此¬G∶P 就蕴含了 G⁒¬P，也就蕴含了¬P：

¬G∶P→¬P

从而 P→G∶P，而由于 G∶P→P，所以有

P↔G∶P

这就是说 G 的知道逻辑就是普通的命题逻辑。

反之，如果主体是全无知的O，也就是说他只知道那些有逻辑必然性的东西(如 $P\to P$)，而对具体的事实一无所知，那么就有：

$$O: P\leftrightarrow\Box P$$

我们就把知道逻辑与客观的模态逻辑联系了起来。

如此看来，知道逻辑把命题逻辑(以及一阶逻辑)与模态逻辑用许多中间情况连接了起来。

当然，这种联系并不是一种一维的有序联系，而是错综复杂的。因为不同主体的知识不只是量的差异。因此，对于任何两个主体S与S′，虽然

$$\Box P\to S: P,\ S: P\to P$$

$$\Box P\to S': P,\ S': P\to P$$

但 $S: P$ 与 $S': P$ 却没有直接的关系。这就是主观模态逻辑比客观模态逻辑大大复杂的地方。

不仅如此。在上面的讨论中，我们还没有涉及主体的推理能力。如果从 α 可以推出 β，那么 $\alpha\to\beta$ 是永真的，可以写出

$$\Box(\alpha\to\beta)$$

以及

$$S: (\alpha\to\beta)$$

不管S是哪一个主体。但是，如果考虑到主体的推理能力可能不完全，那么上式就不一定会成立。这一点在上引的文献中都没有深入分析。在使用知道逻辑于具体问题时，如果主体的这种全能性不是一个很好的假定，就会出现错误。如何处理这个问题，还是一个待解决的问题。

主观的模态逻辑当然并不限于关于“知道”的逻辑。类似地研究“相信”等也是可能的，甚至可以研究把它们结合起来的办法。这时，应注意日常意义的“相信”和所处理的逻辑中的“相信”也会有区别，例如，开始研究的时候应假定主体的全能性，以避免像既相信P又相信 $\neg P$

的情况。

模态逻辑的语义学通常都引用可能界的概念，一个个体词的解释，在不同可能界中可以不同，函词、谓词也是这样。直觉地说，可以用 ω，ω' 等表示可能界，作为各种有关词项的上标，如 a^{ω}，$f^{\omega'}$，$p^{\omega''}$ 等，用 $\forall^{\omega}$，E^{ω} 表示有关 ω 的量词，则 $\Box P$ 就是 $\forall^{\omega} P^{\omega}$，$\Diamond P$ 即为 $\exists^{\omega} P^{\omega}$，有关 $\forall^{\omega}$ 及 $\exists^{\omega}$ 的许多逻辑关系与 $\forall$，$\exists$ 是平行的，例如：

$$\Box(p \wedge q) \leftrightarrow \Box p \wedge \Box q$$

$$\Box p \vee \Box q \rightarrow \Box(p \vee q)$$

就是

$$\forall^{\omega}(p^{\omega} \wedge q^{\omega}) \leftrightarrow \forall^{\omega} p^{\omega} \wedge \forall^{\omega} q^{\omega}$$

$$\forall^{\omega} p^{\omega} \vee \forall^{\omega} q^{\omega} \rightarrow \forall^{\omega}(p^{\omega} \vee q^{\omega})$$

这与

$$\forall x(P(x) \wedge Q(x)) \leftrightarrow \forall x P(x) \wedge \forall x Q(x)$$

$$\forall x P(x) \vee \forall x Q(x) \rightarrow \forall x(P(x) \vee Q(x))$$

是平行的。

知道逻辑中，还要用到可能界的可及关系。使用量词时，应考虑在某一可能界 θ 中某主体 S 可及的可能界 ω 的全体，用 $\forall^{\omega}_{\zeta\theta}$ 及 $\exists^{\omega}_{\zeta\theta}$ 表示相应的量词，则(S：p)应写成 $\forall^{\omega}_{\zeta\theta} P^{\omega}$。这种做法又得到了与多种类逻辑相似的东西。

因此，从形式上来看，可以用含有参量符号的系统来讨论模态逻辑，这可以叫做参量逻辑。唐同浩等同志研究了含有参量的逻辑的很大的一类(参看《复旦学报》(自然科学版)第 23 卷第 1 期)。他把它们叫做时态逻辑。那是说，如果把参数解释为时间的话。其实，还可以把它解释为空间或任何有适当的数学结构的对象，而得到不同的逻辑。

3. 行动逻辑

罗伯特·穆尔(Robert C. Moore)在斯坦福研究所技术报告191号题为《关于知识和行动的推理》(1980年10月)的论文中研究了事件和行动的逻辑。他采用可能界的观点来建立语义解释。

一个事件E如发生于可能界 ω_1,会导致可能界 ω_2 的出现,这个关系相当于知道逻辑中的可及关系。在人工智能中的规划问题等情况下,这是一种极自然的考虑。

设a,b是两块外形相同的砖块,用P(x,y)表示x在y上面,用E表示把a放在b上,那么可以用

$$E \gg P(a,\ b)$$

表示事件E可以使关系P(a, b)成立(发生、出现)。与它对偶的是 $\neg E \gg \neg P(a,\ b)$,即E不能使关系P(a,b)不成立,或E不足以阻止P(a, b)的成立,可以用

$$E \ll p(a,\ b)$$

来表示。这也可以通过以可能界为参数的办法来表示:

$$\forall^{\omega_2}_{E\omega_1} P^{\omega}{}_2(a,\ b) \text{及} \exists^{\omega_2}_{E\omega_1} P^{\omega}{}_2(a,\ b)$$

有趣的是,我们可以进一步研究事件流的逻辑。如果

$$p \rightarrow E_1 \gg q$$

$$q \rightarrow E_2 \gg r$$

那么只要p成立,在事件 E_1 之后,q就成立;从而在事件 E_2 之后r就成立。用 E_1E_2 表示事件 E_1 与 E_2 顺次发生这一复合事件。那么

$$p \rightarrow E_1E_2 \gg r$$

这很像知道逻辑中从

$$p \rightarrow S_1 : q$$

$$q \rightarrow S_2 : r$$

推出

$$p \rightarrow S_1 : S_2 : r$$

两者都可以从关于可及关系的适当假定推出来。这说明两种逻辑内在的相通之处。

实际上，可以把这两种逻辑更深入地结合在一起，建立行动的逻辑。“行动”与“事件”之不同在于：“行动”是主体造成的事件，而一个主体要采取某一“行动”，往往要求他有某种知识。例如，要给某人打电话，要求知道他的电话号；要把 a 放在 b 上面，要知道两者的位置。另一方面，行动又会给主体带来新的知识（即使这个行动不是传达知识，如读报，看电视）。例如，某人把 a 放在 b 上面之后，他就知道 a 在 b 上面了。所以在行动逻辑中，就可以描述“能力”这样的概念，比如知道某人的电话号，就能给他打电话。

当然，还可以把时间的逻辑结合进来，考虑行动（与事件）的过程。

事件逻辑与程序逻辑有深刻的关系。程序执行的过程，在计算机中造成一系列的事件，程序逻辑要描述这个过程中出现的种种逻辑关系，与事件逻辑自然有密切的关系。这正像人工智能中的规划问题与自动程序设计问题的关系一样。

4. 内涵逻辑

上面两节的几种逻辑都要用到可能界的概念，这是因为它们都涉及内涵。这种想法可以推而广之，以建立一种一般的内涵逻辑。在这种逻辑中，一个词项与它在一定上下文中的具体意义应加以区别。例如：

小王的血色素是 10.2 克而且还在下降。

如果用一阶逻辑来表达，可以用 a 表示“小王的血色素”，用 P(x)表示“x 在下降”，并把上面的命题写成

$$a=10.2\wedge P(a)$$

但这是大有疑问的，因为由它可以推出：

$$P(10.2)$$

意思是“10.2 克在下降”，这是荒谬的。

在内涵逻辑中，考虑到“小王的血色素”与“10.2 克”只不过是外延相同，就用 $^{\vee}a$ 表示“小王的血色素”的外延（在这里指当前的值），而写出：

$$^{\vee}a=10.2\wedge P(a)$$

于是避免了上述的毛病。

总之，只有建立了内涵逻辑，才能指望系统地解决自然语言中的语句的逻辑意义的表达问题。

另一方面，在建立这种逻辑系统时，还要考虑到技术方面的要求，即：一个句法单位（词、短语、句子等）如果是由若干部分组成的，那么，该单位的意义应能由各组成部分的意义按一定的方式结合而成。例如说：

　　某个行星发光

这个命题是由“某个”、“行星”、“发光”这些词按如下的结构组成的句子：

〈句子〉
- 〈名词短语〉
  - 〈限定词〉——某个
  - 〈名词〉——行星
- 〈动词〉——发光

如果用逻辑公式来表达（暂且把内涵的问题放在一边），可以用 P(a)，Q(a)分别表示“a 是行星”及“a 发光”，写成

$$\exists x(P(x)\wedge Q(x))$$

怎样才能找到句法结构和逻辑表达式之间的关系呢？

很容易想到，“某个”一词提供了逻辑公式的如下框架：

$$\exists x(\text{——}(x) \wedge =(x))$$

其中“——”和“═”分别用“行星”和“发光”这两个词的意义（即 P 与 Q）填入。

那么“某个行星”又相当于什么逻辑公式呢？应该是一个框架：

$$\exists x(P(x) \wedge =(x))$$

其中“═”用“发光”的意义（即 Q）填入。由此可见，把“某个”与“行星”结合成“某个行星”的时候，就是用“行星”对应的逻辑词项（或公式）填入“某个”对应的逻辑公式框架中的适当位置上。

为了使这些能有一个简明的表述方式，可以利用 λ 演算中的记号。其直觉用法不妨用下面的办法说明：设 α 是一个逻辑公式，其中含有变元 x，那么

$$\lambda x\alpha$$

就是一个 λ 表达式，如果要用 a 填入 α 中用 x 代表的位置，就写成

$$\lambda x\alpha(a)$$

例如

$$\lambda x[f(x)=1]$$

是一个 λ 表达式，而

$$\lambda x[f(x)=1](a)$$

就是

$$[f(a)=1]$$

同理

$$\lambda u[\lambda v[\exists x(u(x) \wedge v(x))]]$$

也是一个 λ 表达式，用 P 填在 u 的位置，可以写成

$$\lambda u[\lambda v[\exists x(u(x) \wedge v(x))]](P)$$

注意,其结果仍是一个 λ 表达式:

$$\lambda v[\exists x(P(x)\wedge v(x))]$$

因此,又可以用 Q 填入 v 的位置,即

$$\lambda v[\exists x(P(x)\wedge v(x))](Q)$$

这也可以写成

$$\lambda v[\lambda v[\exists x(u(x)\wedge v(x))]](P)(Q)$$

这样一来,上面的那个句子的句法分析又可以立刻接续以逻辑意义的变换:

〈句子〉
- 〈名词短语〉
  - 〈限定词〉——某个——$\lambda u[\lambda v[\exists x(u(x)\wedge v(x))]]$
  - 〈名词〉——(P)
- 〈动词〉——发光——(Q)

为利用这种技术,蒙塔古(Montague,参看《形式哲学》一书,这本书是蒙塔古的论文选集),建立了一种内涵逻辑 IL。但尼尔·加林(Daniel Gallin)在《内涵逻辑与高阶模态逻辑》一书中详细地研究了这种逻辑,并给出了一些等价的系统。

在 IL 中,各种词项都有一定的类型。比如表示论域中个别对象的词项类型为 e,表示真值的词项类型为 t。寻常的(一元)函词类型为〈e, e〉(意即从 e 到 e 的对应),寻常的(一元)谓词类型则为〈e, t〉。还可以有更高层次的类型,如〈〈e,〈e, t〉〉,〈e, t〉〉等。此外,用 s 表示可能界的类型,它没有相应的词项,只能用于构造更复杂的类型,如〈s, e〉,〈s,〈e, t〉〉,〈t,〈s,〈s, e〉〉〉等。

一个概念,在不同的可能界中可以指称不同的对象。那么,与概念相应的词项,其类型就是〈s, e〉,换句话说,应把这种词项解释为从可能界到论域的对应关系。

词项(包括常项与变项)组成表达式,表达式也分为不同的类型。用 σ,τ 表示类型、用 x_τ,y_τ 表示类型 τ 的变项,f_τ,g_τ 表示类型 τ 的常

项，A_τ，B_τ 表示类型 τ 的表达式，并把类型$\langle\sigma,\tau\rangle$简记为 $\sigma\tau$（如果不造成混淆），那么 IL 中表达式可以递归定义如下：

(1) x_τ，f_τ 都是类型为 τ 的表达式；

(2) $[A_\tau \equiv B_\tau]$是类型为 τ 的表达式；

(3) $[A_{\sigma\tau} B_\sigma]$是类型为 τ 的表达式①；

(4) $\lambda x_\sigma A_\tau$ 是类型为 $\sigma\tau$ 的表达式；

(5) $^\vee A_\tau$ 是类型为 τ 的表达式②；

(6) $^\wedge A_{\sigma\tau}$是类型为 $\sigma\tau$ 的表达式②。

在此基础上可以建立起 IL 的公理系统、推理规则、语义解释等等。在其他逻辑系统中常见的逻辑词项则可以按照海恩金（Henkin）的办法定义出来：

$$T = [\lambda x_t x_t \equiv \lambda x_t x_t]$$

$$F = [\lambda x_t x_t \equiv \lambda x_t T]$$

$$\neg = \lambda x_t [F \equiv x_t]$$

$$\wedge = \lambda x_t \lambda y_t [\lambda f_{tt} [f_{tt} x_t \equiv y_t] \equiv \lambda f_{tt} [f_{tt} T]]$$

$$\rightarrow = \lambda x_t \lambda y_t [[x_t \wedge y_t] \equiv x_t]$$

$$\vee = \lambda x_t \lambda y_t [\neg x_t \rightarrow y_t]$$

$$\forall x_\tau A_t = [\lambda x_\tau A_t \equiv \lambda x_\tau T]$$

$$\exists x_\tau A_t = \neg \forall x_\tau \neg A_t$$

$$[A_\tau \equiv B_\tau] = [^\wedge A \equiv {}^\wedge B]$$

$$\Box A_\tau = [A_\tau \equiv T]$$

$$\Diamond A_\tau = \neg \Box \neg A_\tau$$

如上所述，IL 是为了解释自然语言中语句的逻辑意义而建立的。

---

① 通常的 f(x)，P(x)在这里写成[fx]，[Px]；f(x，y)则应写成[[fx]y]。

② $^\wedge A$ 与 $^\vee A$ 分别读做“A 的内涵”和“A 的外延”。

蒙塔古(见上引论文集)还建立了一个很小的英语模型来说明IL的价值。这方面的工作后来被他的门人加以推广,并研究了它与乔姆斯基(Chomsky)的转换语法的关系。

然而,自然语言的表现力是无比丰富多彩的,而人工建立的逻辑系统则总不是包罗万象的。要一劳永逸地建立一个与自然语言等价的形式系统,在语言学和逻辑学两方面均不可能。以IL为例,论者认为有些逻辑问题用它不能解决,例如"大跳蚤"悖论:

前提:跳蚤是动物

结论:大跳蚤是大动物

总之,在研究自然语言的逻辑意义时,还会碰到许多逻辑问题,需要不断地进行逻辑研究。

5. 人工智能与逻辑

约翰·麦卡锡(John McCarthy)在《人工智能的认识论问题》(载*IJCAI-77*, *Proceedings*, 1040页)中说,人工智能的认识论方面研究人工智能系统应该知道些什么,它如何获取、表述和运用这些知识。这无疑是人工智能的理论基础的重要组成部分。在人工智能系统中,用语义网络、框架理论、产生式系统等种种不同的办法来表达知识。从理论的角度来看,不外是描述型的和过程型的两种办法(以及它们的混合体)。而描述型的知识表达,则归根结蒂是用逻辑公式或它们的变体。因此,人工智能的进展对逻辑学一定会提出许多要求。

这种要求的要点,就是要研究新的逻辑问题。上面我们提出了几种逻辑问题都是这样。总起来看,它们反映出人工智能中逻辑问题的一个基本特点,即它是知识的逻辑。

知识与客观规律不同,前者是后者在人头脑中的反映,并可被加工成一定的形式对象赋予人工智能系统。知识是主观世界的东西，它只有相对的真理性；形式化之后的知识又有如何在一定的上下文环境中加以解释的问题。这些给人工智能系统中的逻辑问题带来了许多复杂性。

本文介绍的各种逻辑系统，都只讨论了这个问题的某一个或某几个方面，而且都还远未完成。因此，不但这些系统中还有许多值得进一步研究的问题，而且还应研究一些本质上不同的逻辑系统。这样，逻辑学的研究就会日益广泛、深入、细致，从而形式化的方法是十分必要的。

特别值得一提的是：数学计算机的发明基于对计算的深入研究，而后者并未跳出一阶逻辑的领域。对于各种新的逻辑系统的研究，总有一天会导致计算的新概念，只有那时，新型的智能机器才会出现。这是人工智能界中有远见的学者孜孜不倦地追求的理想。

（原载《哲学研究》1985 年第 1 期 33—39 页）

计算机与思维科学

(一)

如果说劳动工具是人手的“延长”,那么计算机就是人脑的“延长”。这里指的是通用数字计算机或电子计算机。

其实,自计算机发明之日起,它所做的一切工作,都是那些通常要靠人脑来完成的工作,不管是科技计算、信息处理,还是文件编辑、过程控制。随着计算机技术的进展以及使用方法越来越丰富多彩、灵活巧妙,计算机的应用领域不断扩大,出现了专家系统、机器翻译、定理证明、问题求解、模式识别、语言理解等等,这些是计算机应用的前缘,构成了人工智能学科的主要内容。

计算机是进行信息处理的,其中的“信息”就是指有限长的符号序列这种形式的信息,而“处理”的过程就是按预先编好的程序对这种序列做有穷的形式变换,以取得一组新的符号,这就是“计算”(包括数值计算和非数值计算)。但是许多具体问题怎样用这样的办法来解决,却不是一目了然的,往往需要高超精湛的技巧。塞缪尔设计的能自行改进的棋弈程序就是一个有名的例子。

这个程序会下跳棋——欧美流行的一种以吃子为目的的棋戏,使用国际象棋的棋盘,但比象棋简单得多。利用一种适当的计分办法对棋盘上自己一方的各种局势做出评估,就不难编出一个程序来,使计算机能够成为一名棋手和人对弈。在对弈的过程中,计算机要对以下若干步可能出现的种种局势进行搜索,以便找出对自己最有利的棋步。改进上述计分办法,就可以提高计算机棋手的“棋艺”。然而,要想使计算机能自行做到这一点,却非易事。因为这种计分办法体现着人们关于这种棋的经验和理论。塞缪尔的程序从某种初始的计分办法开始,经过一段自行改进的过程之后,棋艺明显提高,甚至战胜了它的设计者。当这个成果报告出来之际,人们普遍感到意外,是十分自然的。

系统地发展人工智能的技巧,提高计算机应用的灵巧性,以便扩大计算机的应用范围,不但是可能的,而且十分有意义。计算机的社会意义正是在于它应用的深度与广度可以不断地得到发展。除了可计算性(包括理论的和实际的可计算性)以外,几乎再也找不到一个合理的说法来为计算机的应用划定一个技术性的界限了。

我使用“技巧”这个字眼,是为了强调这类程序中的最精华之处都具有随机应变的特点。换句话说,这些程序虽然在同类问题中具有典范性,成为一个范例,创造一个纪录,却不能为同类问题提供一种一般的解法。上述塞缪尔的程序就难以运用到象棋上,更不用说围棋了。

因此,个别使人赞叹的杰作和一般的智能程序是两回事,用计算机去代替人脑的某一项功能和用计算机去实现人脑能做到的一切,也是完全不同的。当我们议论计算机能否代替人脑的时候,必须分清这两者。

(二)

要计算机去解决某种问题,有三个基本的前提:

第一,必须把问题形式化。计算机,至少在它较低的层面上,只能进行有限符号集上的有限长符号序列的决定型的形式变换。使用计算机时，常常从观念上以及实现手段上加上一些较高的层面。比如，可以不必事先假定符号集是有限的，可以认为符号串是有结构的，等等。但是无论如何放宽，计算机总是在作符号处理。因此，任何问题，要交给计算机去解，必须先建立一个形式系统，规定所用的符号，规定符号连接成合法序列的规则（语法），以及合法符号串如何表示问题领域中的意义（解释），然后建立一些规则，说明对这些符号可以进行一些什么样的处理（演算）。于是，问题便可以用符号表达出来，问题的解也表现为对符号序列的条件。这样一来，计算机求解的过程就是从表示问题的符号序列出发，按规则进行加工直到得出符合要求的符号序列（即解）为止。

这一整套的办法就叫做形式化。计算机的各种应用无不是靠了这种办法实现的。形式化方法的实用范围比人们最初料想的要广泛得多。

然而，如果说计算机能解决人脑能够解决的一切问题，那么，它也应能解决如何把某种问题形式化的问题。但这样一来，就出现了一系列的困难。

首先，形式化是从非形式化的领域向形式化的领域的转变。如果要计算机来完成这一转变，就得把这个转变形式化，这又包括了如何表示转变的起点——一个非形式化的领域。这就造成了一种回归现象（甚至是悖论）。

要避免这种回归，必须假定我们有一种包罗万象的先验的形式化系统。但形式化系统属于理性认识的范畴，不是先验地存在的。换句话说，要计算机能代替人脑的一切工作，就要预先把我们今天尚未认识而明天可能认识的领域预先形式化。这当然是做不到的（且不说大脑的能力也是不停地发展的）。

即使做到了这一点，由于客观世界的无限丰富性，我们也会遇到一个无限多的符号、无限多的规则的形式系统。这与计算机的资源(如存贮空间等)的有限性又发生了矛盾。

当然,人们可以反驳说,我们可以把问题领域逐个形式化。但这马上就又引起一个新的问题,即如何判断某个问题属于何种领域。这是比原来的问题更高一个层面上的新问题,这样,又会导致无穷的回归。

总之,指望把人脑能做到的一切全交给计算机去完成,首先遇到的也是最根本的困难就是形式化的问题。

第二,计算机要解决已形式化的问题,这类问题还必须是可计算的,即一定要有解题的算法。完全的定理证明系统之不可能,可以从理论上予以证明;判定刁藩都方程是否有解的算法,也可以从理论上证明其不存在。这些都是不可计算的。

另一方面,存在着某个算法和找出这个算法是两回事。前者是客观的,后者则是人脑的功能。要想用计算机代替人脑,就要找出一种算法来代替人脑寻找算法,这又遇到了回归。

在人工智能系统中,常常使用搜索法。有时会给人一种印象,似乎搜索法是一种万能的算法。这是一种误会。搜索法在涉及无穷集合的问题中往往无法施展。

比如说,任给一个自然数 n,可以用搜索法来判断它是否两个奇素数 p 与 q 之和,因为只用检查比它小的一切奇素数 p,看 $n-p$ 是否奇素数就行了;而由于 $p<n$,所以这只涉及有穷多个搜索对象。然而这个方法却不能用来判断任给的自然数 n 是否两个奇素数之差。因为这将涉及无穷多的搜索对象。

如果所给的数 n 是奇数,有一点初等数论的知识就足以证明上面两个问题的答案都是否定的,因为两个奇数的和与差都不会是奇数。让计算机来作这个证明,虽然原则上毫无困难,但这却是在另一个形式系统中的问题——在初等数论的形式证明系统中去搜索一个定理的证明。如果给定的数 n 是个偶数(这就包括了著名的哥特巴赫猜想),我们甚至无法肯定在初等数论的某种形式系统中能否找到一个证明。要澄清这一点,至少要用到元数学的理论,建立更加复杂的形式系统。

直接搜索某问题的解,在各种形式系统中搜索问题有解或无解的证明,从意义(或解释)的角度来看,这两者是一致的。但是若说到形式系统中的符号处理,它们却是不相同的两个问题。这是在不同的层面上看待同一个问题。当我们为了解答问题而不得不从一个层面向另一个层面过渡时(暂时不去管这些层面上的形式系统应如何建立),应在哪一个层面上停下来,是搜索法本身所不能解决的。

第三,要用计算机实现一个算法以解决某种问题,这种问题就必须有一个合理的复杂度。这常常被说成是避免指数爆炸。是否会发生指数爆炸的情况,是问题本身固有的性质,不是任何巧妙的技术可以绕过的。

人工智能目前面对的多数难题都与指数爆炸有关,用搜索法求解问题更是如此。多年来,一些研究人工智能的学者对这个问题采取了佯装不知的荒谬态度,实在令人不解。其结果是,许多巧妙的设想在一定规模之内似乎灵验,一旦问题规模稍稍扩大,计算机就再也无法胜任。王浩在《数理逻辑通俗讲话》中,对人工智能的批判主要就集中在这一方面。这已无需笔者赘言了。

由于计算机解题必须具备以上三个条件,所以要计算机完成人脑能做的一切工作,是毫无希望的。

(三)

人工智能界有一个学派认为,只要给计算机配上一套能模拟大脑活动的程序,就可以仿造思维。上节的讨论不能构成对这种观点的反驳。一个具体环境中的具体个人的大脑，当然不是万能的。因此，如果不是谈论人脑的一切潜力，而是谈论某一具体人脑时，问题的性质当然就极不相同了。

然而，这个学派的主要想法是回避把客观世界形式化的困难，而代之以把大脑的功能形式化。因此，可以把这个学派称为认知模拟学派或思维模拟学派。

大脑是物理世界的东西，它的活动首先是物质的运动。这就是大脑的物理的、化学的、生物学的活动。用分子生物学、遗传工程、人造蛋白质等手段来仿造大脑，这也许会成功，但总不能算是计算机代替了人脑。要从物质运动的层面上模拟大脑，就要先建立大脑的数学模型，然后在计算机上模拟它。这就要求搞清大脑的结构和机制，就会出现大量的细节。比如说某个脑细胞的构造吧，它有一定的外部结构（形状、质量等），细胞学层面上的结构（细胞核、染色体等），其中每个部分又有分子生物学层面上的结构（如分子的空间构形），每个原子又有基本粒子层面上的结构，如此等等，以至无穷。到底哪些是大脑结构中实质性的东西呢？又如，脑细胞之间的联系，除了宏观的电、磁、力等方面的联系之外，还有分子的交换以致基本粒子的交换等等，到底哪些是实质性的呢？如果对这些没有清楚的了解，又如何去模拟大脑的活动呢？

当然，多数学者并不想在这个层面上模拟大脑，大脑的思维功能也不应从这个层面上来描述，正如计算机的功能不能从分子运动的层面来描述一样。这个学派的学者们设想在物质运动的层面之上，还有一个信息处理的层面，再上面又有认识的层面等等，最后到达思维的层面。然而这只是一种假说，无论从理论上或实验上都远未得到证实。恐怕还要经过许多代人的努力，才可能对此有比较清晰的认识。可能还会添加许多层面，也许这些层面并不像是一条直链上的许多中间环节，而是一个网络中的不同结点。总之，现在尚没有充分的根据证明，信息处理是从大脑的生理活动到达思维的必经之路。把大脑设想成一套复杂的开关网络的观点已经存在了数十年,然而近年来的一些实验资料却对此提出了疑问。这种情况可能改变人们对于信息处理在大脑活动中地位的认识。

计算机是信息处理的机器,要用它来模拟大脑,最自然的莫过于在信息处理的层面上进行模拟,但是上面的讨论指出,这样做引起了双重的困难:

其一,大脑的功能是否都可以通过信息处理活动来描述;

其二,大脑的信息处理活动和思维功能是否直接联系在一起。

其实,困难尚不止于此。大脑的功能根本不是只由其生理机制决定性地发展出来的。许多实验材料(例如嗅觉方面的研究,对克里奥耳语的研究)都发现,人脑的先天能力远比我们设想的要复杂得多,而这些能力后来在与周围环境的联系中逐渐改变,与环境相适应的部分得到了发挥,不适应的部分得到了改造,没有用的部分则退化了。这就又从另一方面引起了双重的困难:

其一,大脑模拟程序的初始状态应该是什么?

其二,怎样把大脑模拟程序与周围环境联系起来?

无论用什么办法克服上述困难,总要有办法模拟感觉器官、运动器官的功能。于是又会发现一种两难的处境,如果通过感觉、运动与大脑模拟程序相联系的外部世界只是一个形式化的模型,那么就无法最终避免把外部世界形式化的问题;如果要与客观世界本身真的联系起来,就要没法从外部世界提取抽象的信息,这又是一个难以完成的任务。以视觉为例,要从外部的光学刺激中提取信息,首先是把视野分解为一系列的像素,然后进行识别。但是近年来视知觉的研究却发现,人的视知觉处理的基本信息之一是整体拓扑性质(连通性、嵌套关系等),要根据像素的信息来计算这种拓扑性质,在实际上是不可能的(复杂度太高)。这就为计算机模拟视觉设下了陷阱。

总之,用模拟大脑的办法来实现计算机智能也会碰到不可逾越的困难。

(四)

我们谈到了计算机在人类发明史上的独特地位,因为它的发明使我们能在一定意义上有了一种人工制品、一种机器或工具,可以用来"延长"我们的大脑。但我们又花了较多的篇幅来说明,计算机的功能并不能达到大脑所能做到的一切,其结构、工作方式与大脑迥异。那种认为已经揭开了或至少可以猜测到大脑与思维的奥秘的想法,是毫无根据的。因此,不应只从商品心理学的角度出发而把计算机叫做"电脑"——这如果不算是"港台风",也使人想起四十年代有人把摩托车叫做"电驴"。因为这种说法中包含了不科学的命题。把未经科学证实的命题漫不经心地应用到社会中去,我们将付出代价。这种教训在近三十年的科技史上已经不止一次了,而现在在宣传工作中确已出现了令人担忧的情况。

计算机不应是也不会是最终的智能机器。人工智能要向前迈进,就不应把自己局限于计算机的应用。应该研究思维活动的更深入更具体的规律,提出新的概念、新的方法和新的机制,比信息处理和图灵机更广泛、更深刻地描述思维的某些功能,并把这与某种理论的机器模型联系起来,以期最终得到工程实现。一句话,要研究思维科学。

从古人发明四则运算到手摇的四则运算机的出现,人类经历了一次从对思维的初步认识到发明计算机的过程。但这种认识是片面的、不自觉的,花了一千多年。今天看来,这可算是思维科学的一段史前史。从巴贝吉、图灵到今天的计算机,又经历了一次这样的过程。这一次花了一百多年,对思维的认识要比前一次深刻得多了,这就为正式形成思维科学提供了一个良好的条件。

当然,现代计算机的潜力远未完全发掘出来。即使就形式系统中的信息处理这个层面而论,我们对思维的认识也尚未完成。认知心理学、认知逻辑、理论语言学等多种学科都在把这一领域的研究努力向前推进。人工智能在这种形势下应对信息处理和计算机的能力做许多具体的研究,以求得更加明晰、准确的认识。从应用上来看,谈论人脑与计算机的彼此替代,未免空泛、消极,不如研究使两者取长补短的人机共生系统,这不只有实用意义,而且对于我们认识思维,以及信息处理在思维中的地位,将提供许多有启发性的实验材料。

现在学术界已经开始注意研究形象思维(以及灵感思维)的特殊规律。看来,这些规律与逻辑(以及计算)的规律是十分不同的。

以下棋为例。前面提到塞缪尔设计的跳棋程序战胜了他本人,乍看起来这颇像是学生战胜了老师。然而,"计算机棋手"(博弈程序)在几个方面与人间的棋手完全不同。

第一,人间的棋手常常利用经验——即与棋书上的或历史上的棋弈记录相比较。他们有时也要进行搜索——即遍举各种可能性。但即使是高手,充其量往往也只是分析过一二百种可能的变化就会决定一着棋。计算机程序往往要分析过上万种变化之后才能决定一着棋(这些数据是指国际象棋而言的,但这种差距则带有普遍性)。

第二,实验证明,人间棋手的棋弈水平与他把握全盘的能力有强烈的相关性。这大概是由于人在思考棋弈时有强烈的历史感,他记得棋步的前后联系,可以利用这些来简化他的思考过程。计算机虽然可以毫无困难地记下走过的棋步(甚至搜索过的棋局),但这些却不能用于简化后来的搜索。

第三,人间的棋手与不同对手对弈时会采取不同的战略方针,并时刻窥测对手的战略方针，以改变自己的路线。计算机棋手则使用一套包罗万象的办法对付任何对手。

以上这些对范例的运用、搜索过程的简化、总体感等等，都涉及到形象思维的问题。要编制出一个程序使之在某一个环节上适当地体现以上这些方面的某种特定的能力，并非不可能。但这又会是就事论事、随机应变的东西，无法成为一般的方法。

总之，在积极扩大计算机应用的同时，应当有见识地去研究思维的各个侧面和层面。当前，则特别值得在形象思维的问题上多花一些气力。这样，就会推动思维科学的前进。新型的智能机器一定会出现，它不只是高档的通用数字计算机，而是能运用概念、能容忍含糊、能进行相似性比较的机器，虽然它也不是人类最终的发明，但却更有资格要求为它保留"电脑"的桂冠——如果不是"磁脑"或"光子脑"的话。

（原载《关于思维科学》223—233 页，该书由上海人民出版社 1986 年出版，主编钱学森）

自然语言理解

摘要： 本文试图对自然语言理解中会遇到的困难进行一番归纳整理，以引起人们的注意和兴趣。

自然语言(指用文字形式记录下来的句子或更大的语段)理解已有十几年的历史，大多数研究工作是针对英语做的。读者可以在 *The Handbook of Artificial Intelligence* 或 Winograd：*Language as a Cognitive Process* 这些书里找到系统的介绍，本文不打算剪裁拼接了。然而，文献中的多数材料是“报喜不报忧”的，在表面的成就后面隐藏着大量的根本性的问题，被巧妙地回避或绕过了。这方面的批评意见请参看德雷福斯：《计算机不能做什么》一书。这是迄今为止对人工智能的一本最激烈的批评论著，其中有许多发人深思、使人猛醒的意见，但是作者是站在唯心主义立场上看问题的，所以有些议论高深莫测。本文则试图把自然语言理解中会遇到的困难归纳整理一番，给打算做这方面工作的读者参考。正视这些困难，才能在具体系统中恰当地对待它们、或设法回避、或采取一些权宜之计、或正面加以解决。反之，如果没有意识到这些困难，只是就事论事、朴素地设法处理，就会不得要领、东拆西补、顾此失彼。

1. 谈论“理解”，不可避免地要谈到“意义”。什么是一段话的意义？意义到底是什么？

语言学家把意义分成了许多方面。其中最重要的是要区分语义学

(semantics)和语用学(pragmatics)这两方面的意义。

语言是交际工具。一句话的意义是什么,离不开交际的环境和目的。从这个角度谈论的意义叫做用意(即语用学上的意义)。比如说:"我把车推来了",说的是什么"车"? 哪辆"车"? 怎么个"推"法? 这都只能从环境中去寻找答案,然后才能实现交际的目的。如果无法从环境中去寻找答案,听话人就会反问"什么车?""怎么回事?"说明交际目的没有达到。

把句子孤立于环境之外,讨论它的意义就是语义(指语义学的意义)。如果用 P 表示用意的集合,用 E 表示环境的集合,用 S 表示语义的集合,那么可以说 $S=[E\rightarrow P]$。这就是说,语义实际是一种映像,它使环境对应于用意,即:一段话的语义就是指出如何对于特定环境确定这段话的用意。

因此,我们可以认为理解就是一个从句子到它的语义的变换:

$$U: L\rightarrow S$$

其中 L 是一个语言,对任何 $l\subset L$, $U(l)\in S$ 是它的语义。至于语言 L,不妨把它想象为用某种形式语法给出的语言。

L,S,E,P 这些集合都是非常复杂的。要利用其中的各种结构来描述它们彼此之间的关系。寻常的语言工作可以说就是这种工作。这些工作做好了,就可以指望找到实现 U 的算法和实现每一个 $U(l)\in S$ 的算法,自然语言理解系统就成了一个寻常的软件工程对象了。不幸的是实际情况与此差距甚大。做自然语言理解系统的人实际上要做许多语言学的工作,不是自觉地涉足语言学领域就是不自觉地在语言学领域中东冲西突。更重要的是,通过这些工作,大家越来越认识到,L,E,S,P 这些集合很难给出严格的形式描述,甚至它们是否可以称做集合都有问题。

总之,我们面临着双重困难:(1) 语言学的研究不够充分;(2)语言范畴不能或很难形式化。本文就以此为线索。

2. 把自然语言看做一个可以用形式语法定义的集合L，有许多根本问题。

用形式语法定义一个语言L，就要把它看成词的序列。那么怎样把用汉字连续组成的句子切分成一个一个的“词”呢？这个问题看来很容易：只要有了一部词典，剩下的就只是算法问题了。其实不然。

汉语是孤立语，与英语(屈折语)、日语(黏着语)有很大的不同。(科技文献、新闻等文体中只使用汉语的一个子集，是与英语比较接近的一部分。)在这种语言中，“词”的切分在语言上就有困难。例如“洗澡”，似乎应认为是一个词，因为“澡”在汉语中是不单用的。但是我们却可以说“洗了个澡”，“连个澡也没洗成”，“洗”、“澡”又似乎是两个词了。

有的语言学家根本怀疑“词”这个范畴对汉语是否适用。即使认为应该有“词”，那末至少也应看到：

(1) 汉语的词汇表是不固定的。造词极为容易。几个汉字临时组合起来，常常可以取得类似于词的地位。

(2) 汉语的词又是可分的。上举的“洗澡”就是一个例子。

这样一来，只用一部词典来做切分词的依据就远远不够了。必须把词的切分问题和句法分析问题联系起来考虑。

3. 即使词的切分问题解决了，用形式语法来定义自然语言也还有困难。

(1) 一个词列(由词组成的序列)是否应看成一个句子常常是有争议的。例如：

贵宾所到之处受到热烈欢迎。

就是一个例子。这说明，做为自然语言句子的集合，L的边缘是模糊的，并无一个绝对的先验标准。

（2）判断一个词列是否句子可以有不同的标准。例如：

月亮把数学累得十分轻松。

形式上看来似乎可以认为合乎语法，但是词意不搭配，在正常情况下不具备交际功能，因此实际上没有人说这样的话。这应该不应该算是一个句子呢？要看标准如何。

（3）正常的语段往往不合乎书本上的语法规则。例如：

——什么时候来的？——昨天。——住哪儿了？——一招。

这可以被解释为“省略”。但是下面的例子恐怕连说话人也没有意识到省略了什么：

我一天两块八，不去就是两块八呀！

“阿妈妮”是朝鲜语，汉语是“母亲”的意思。

实际上，人们在交际过程中使用语言时，有两种基本的方法。

第一种方法是把词当作素材，把若干个词凑在一起（还可以辅之以手势、表情），借助于当时的环境（包括双方的客观环境及彼此了解），以达到交际的目的。这种方法常被说成是“意合法”。例如：“血……绷带……快……”，“月光……沙滩……静悄悄的”。这时词的顺序并不重要，甚至完全断成一个词一个词的断续语流。

第二种方法是用有结构的词列。这时，各词按一定的模式组织起来，由此决定整个语段的意义。语言学研究的对象就是用这种办法组成的句子。

这两种方法在大多数场合是同时并举的、互相渗透的。语法结构往往只能决定意义的大框架，细节则免不了要用“意合法”的原则来补充。如何对待那些主要靠“意合法”组织起来的“不正规”句子呢？这又是一个困难。

总之，用形式语法来描述自然语言，不但技术细节可能非常繁琐，而且理论上也有未解决的问题。

4. 怎样表示意义，是另一个需要考虑的问题。文献中常用的方法是使用谓词逻辑或语义网络（参看尼尔逊：《人工智能原理》）。这种方法的能力是很有限的。

比如说一般的名词。在使用谓词逻辑（或语义网络）表示语义的时候，名词总是与某个对象相联系的。说到“汽车”，就认为有一个对象，它可以用汽车指称，或者说属于汽车的集合。在讨论“来了一辆汽车”或“汽车开走了”这类句子时，这种做法是不成问题的。循此前进，表示“汽车以汽油为动力”这类句子的意义，就要使用全称量词了。但是在下面的句子中：

汽车是人类的一项技术杰作。

“汽车”既不是指个别的汽车，也不是指汽车的全体，而是抽象化了的概念。

我梦见了一部汽车。

这个“汽车”所指的对象仅存在于梦幻之中，可能与客观的任何一部汽车都不相同。

你所说的汽车其实是一座房子。

这里把房子叫做“汽车”只不过是一场误会。以上这些例子都涉及概念的内涵，而谓词逻辑只是外延的逻辑而已。这样的例子可以举出很多，如“玩具汽车”，“画上的汽车”，“不会走的汽车”等等。甚至 Montague 学派（见 *Formal Philosophy* 一书）的内涵逻辑系统，虽然已是复杂不堪，却仍然难以应付上述这些例子。这些都有待深入研究。

5. 即使有了表示语义的适当的符号系统，如何确定句子的意义也还会遇到麻烦。这主要是指歧义。

按照一定的句法模式组成的句子是有结构的，决定其意义的因素有三个：结构的句法性质（主谓结构、动宾结构等等）、其各成分的意义、这种结构如何把各成分的意义组织起来。在以上这三方面都有造成歧义的可能。

首先:一个句子或句子的较大成分有时能以不同方式分析为较小的成分的结构。比如“没有钱的问题”,可以分析为以下两种结构:

(没有钱)的问题

没有(钱的问题)

这叫做“同形异构”的歧义。这个歧义比较容易注意到,也容易处理。

其次是各成分本身的歧义,归根结底,是词汇的歧义。如“吃饭”里的“饭”可能指的是具体的食物(即米饭)也可能指的是抽象的活动(即“早饭”的“饭”)。因此“吃饭”也有歧义。词汇的歧义有时在更大的结构中可能被消除(例如“我吃了一顿饭”,“我吃了一碗饭”等句子里的“饭”就没有歧义了),但也可能继续存在(例如“就吃了几回饭”,“一天不吃饭可受不了”)。

更深刻的歧义是同一种句法结构中意义的组合方式可以不同。这叫“同构异义”。比如说“名词+‘的’+名词”这种句法结构,一般说来是表示领属关系的。但是以下这些句子里的领属关系性质各异:

小王的牙齿不好。(身体之一部分)

小王的儿子不好。(亲属关系)

小王的房子不好。(“小王”拥有“房子”)

小王的照片不好。(照片上是小王的形象)

小王的车间不好。(“小王”在“车间”工作)

小王的座位不好。(可能是临时关系)

小王的物理不好。(小王在物理方面的能力或成绩)

小王的配音不好。(为小王配音的效果)

从逻辑上来看,以上各种领属关系无法用同样的办法处理。细究起来,“小王的配音不好”也可以像“小王的物理不好”那样去理解,“小王的车间不好”也可以像“小王的房子不好”那样去理解。这就出现了“同构异义”的歧义。

这种现象说明“意合法”在这里仍然起作用。汉语由于形态标志少，这种情况就尤其严重。例如动宾关系：“考物理”、“考大学”、“考研究生”、“考第五章”、“考五道题”、“考50分”、“考驾驶执照”都是动宾结构，但是意义组成方式不同。“考研究生”便有明显的歧义。甚至最根本的主谓关系也有歧义。“我修车呢”，修车工人可以说，车主也可以说，因此，“我”和“修车”的关系也有两种(甚至更多)。

此外，还应指出，有时因为用文字记录语音时丢失了某些信息，从而带来了歧义。比如：

我就比他高一点儿

这句话的重音可以放在“我”、“他”、“点”这几个地方(至少有这三种情况)，三种情况意义完全不同。如果只谈文字记录，这个句子是有歧义的。但这在语言学上并不算歧义。

要把这种种歧义都辨别出来、解释清楚，是很困难的。

6. 即使做好了一个自然语言理解系统，怎么知道它是否真正理解了某个句子也是很困难的。

表示意义的符号系统是人为制定的，一般说来都比较复杂，只凭直觉很难断定这种系统中的某一组符号是否真正表达了句子的意义。只有把它们相互联系、相互比较，或者把它们与其他计算机系统连接起来，才能判断理解是否正确。因此，在实践中，自然语言理解系统总是要以各种直觉的方式显示它的能力。或者对句子进行释义、翻译，或者根据句子做出推断、摘要，还有的系统则与数据库或别的人工智能系统相连，把自然语言理解系统做为人机接口，让系统更新数据库或解答问题。这样做就是为了使人们可以从整个系统的总功能去判断它对输入的句子是否做出了正确的理解。

然而,这样一来,又遇到了两个新的问题。

第一个问题是:要把自然语言理解系统作为人机接口,即做为人与机器之间的交际工具,就要在语用学层面上理解句子,就要把环境也考虑在内,也就是说,必须有模拟环境的子系统。而环境是远比语言复杂的东西,它又怎么形式化呢?

另一个问题是:要系统对句子做出响应,就要有计算、推理之类的子系统。这就增加了系统的复杂性。比如说,问计算机:"二加二等于几",回答是"不知道"。这是不理解呢还是算不出来呢?

鉴于以上各种困难,要做一个全面的自然语言理解系统,简直是不可能的。反过来说,一个有实际目的的系统也不必具备这种全面的能力。因此,可以把系统的能力缩小到一个有限的范围之内,做一种"部分的"自然语言理解系统。

这种做法意味着:

(1) 系统能处理的词汇原则上可以开列一个清单(即便这个清单可以动态地变化)。其中每个词的意义也是有限度的,不能无限制地引申。

(2) 在句式方面,至少应排除那些"不正规"的、主要依靠"意合法"组织起来的句子,以便我们能为自然语言(经过限制的)写出一部实际可行的形式语法。

(3) 对环境的限制更为重要。环境包括整个客观世界与主观世界,对它我们不可能有完全的认识,更不可能把它全部用符号表示出来。我们只能在深度和广度两方面把环境设想为一个封闭的小世界,以便把它全部(包括事实、推理规则等)描写清楚、装到一个知识库中。

已有的自然语言理解系统无一不是这样做的,然而做法却可以各不相同。多数系统没有明确说明它有什么限制,只是把这些限制做就在程序之中,要仔细研究才能看出来。

这样做的自然语言理解系统当然只能是一种近似的系统。从语言学的角度来看，似乎是极不满意的。但从应用的角度来看，却是正确的。恰当地选择一个限制范围，乃是系统成败的关键。

（原载《计算机工程与应用》1987 年第 4 期 18—21 页）

计算机与思维

计算机是信息加工机器。那么什么是信息？今天有人作过统计，信息的定义不下数十种，但没一种是令人满意的。今天的信息和以前的物质、能一样，想要定义清楚是十分困难的。若有人问某本书有多少信息，我们是无法回答的，要看从哪个角度。一本对数表，对初学对数的人来说到处都是信息；但对懂得对数性质的人来说，有了2和3的对数，6的对数就不提供任何信息；对于懂得对数近似计算的人来说，对数表不提供任何信息，最多只提供了方便。一本1890年的对数表，对一般人来说它提供的信息是可疑的，人们担心其中有错误；但这一孤本对收藏家来说则是无价之宝，而提供信息的只在于后面的出版厂家、年份，正文也无信息。

信息确实难以给出满意确切的定义，但是我们在讨论信息这一概念时要注意几点：(一)讨论信息时应注意到必须使得讨论的对象系统化；(二)信息必须能被使用，至少应有潜在被使用的可能性。讨论信息不能在一个孤立的系统中，而必须在一个系统与其他系统的相互联系中讨论；(三)讨论信息时必须注意到信息和物质、能量等有很大的不同：信息在被使用时原则上不变，可以共享。也就是说能、物质消费和信息消费有根本不同，如一本书很多人可以看，但一个面包却不能很多人吃。

关于信息有很多重要的问题，这有待于我们从自然科学、社会科学乃至各门具体学科的不同角度去探讨。

从数学的角度看，历史上有一部分工作是相当成功的。1948年美国贝尔实验室Shannon写了《通讯的数学理论》一书，其中定义了信息量(Information)。但Information是一多义词，它既表示信息，又表示信息量，因此这在英文中导致了一定程序的混乱。苏联在翻译这本书时加上了“量”，成为количество информации。我国从苏联翻译过来时译为信息、信息量。Shannon指出，在通讯中不考虑信息内容，信息量撇开质，是靠概率场建立的，这个信息量与物理学中的“熵”仅差一个负号。在五十年代，信息量曾被广泛地应用于心理学、生物学等学科，但没解决什么重要问题。因为Shannon所希望的是找到信息在传输过程中的不变量，而在心理学、生物学中，信息是要被加工的。计算机出现以后，计算机以信息加工机器的姿态呈现在人们面前。但是，它加工信息只改变形式，而不涉及内容。计算机按人所设计的程序工作就如同不会阿拉伯文的人抄写阿拉伯文文件一样，计算机根本不知道自己在干什么。计算机处理信息有点像数学家用数学方法解决物理问题。他们不管其物理意义，所关心的只是数学结果。在和计算机交往时，需要预先设计形式化系统，在这一系统中，只有符号，没有内容。计算机只是在形式系统中加工信息。

计算机作为信息加工机器是数学发展的历史结果。1900年希尔伯特(Hilbert)在国际数学家大会上提出了二十三个数学问题，其中的第十个问题是:给定了一个有任意个未知数的，系数为有理整数的丢番图方程，试设计一种方法，根据这种方法可以通过有限步运算来判别该方程是否有有理整数解。数学家们猜想不存在这种方法。但要说明这一点，首先得回答什么是有效方法。到了三十年代，有几位数学家描述了这种“有效方法”，其中主要的工作是图灵(Turing)作的。Turing是从彻底分析“计算”的本质入手的。数学家计算(或说演算)时，假定把所有细节全写在纸上的话，所用的符号是一个个的，即“离散”的。计算者把一切计算的内容写在纸上。不妨假定这是一种长条的纸带,上面划好了方格,每一方格内可以记上一个符号0或1,一切计算过程的本质无非是在每一步把方格里的0换成1,或者把1换成0,或者有时需要把注意力转移到另一方格上去。数学家随时知道他做到了哪一步,并根据纸带上看到的符号决定下一步该干什么。经过分析,Turing提出了这样的看法:任何计算都可以看作是由一个抽象的计算机来做的。它使用长条带子上成串的0和1,执行下列各种指令:(1)写符号0;(2)写符号1;(3)向左移一格;(4)向右移一格;(5)观察现在扫描的符号并相应选择下一个步骤;(6)停止。计算者所执行的程序,也就是这类指令所排列成的表。一个有效的方法应该可以用这样的一系列指令表达出来。这种想法又被详细地作成了数学定义,称为Turing机器。一种解题的方法如能用Turing机描述就是有效的,否则就是无效的。人们发现,象四则运算,判定一个数是否是素数,甚至所有数值计算都能用Turing机来完成。希尔伯特第十问题也归结为某种特定的Turing机是否可能。这个问题在七十年代终于以否定的结论解决了。

但三十年代以后,人们关注的已不是第十问题,而是Turing机器了。有了数学模型的Turing机,是否有物理模型的Turing机?这样的Turing机器岂不是能代替数学家的计算吗?这就导致了后来的电子计算机。

Turing机当时有一个最重要的命题——通用Turing机的存在性定理:有一个这样的Turing机(甲),对于任何一台Turing机(乙),总可以用一个确定的办法,把Turing机(乙)编成码,写在Turing机(甲)的带子上,然后接下去写上准备由Turing机(乙)解决的一个问题,让Turing机(甲)开始工作,待Turing机(甲)做完后,纸带上所得的结果与Turing机(乙)所得结果一样。也就是说,Turing机(甲)是通用的,可以用它来模仿任何一架Turing机。这对做物理模型是至关重要的,因为不可能对每一个问题做一台专门的 Turing 机,否则将会由于问题的多种多样而要求做出多种多样的 Turing 机。现在我们所做的仅是那架通用 Turing 机;然后当要解决一个问题时,就想象应做一台什么样的 Turing 机,并把要做的编码告诉通用 Turing 机;然后让通用 Turing 机来完成想象中的解决专门问题的 Turing 机一样的工作。按今天的说法,通用 Turing 机就是计算机的硬件,把一个专门 Turing 机的编码告诉通用 Turing 机,就是给通用 Turing 机编一个程序。通用计算机的好处就是解完问题后可将程序从计算机中清理掉。

所有计算机都是按事先设计好的方法来工作,但这种方法是由人设计的。至于数学家怎么样研究出方法,则是一个无法一般回答的问题。但当这个问题由数学家想清楚,写成一个程序后,以下的工作都是计算机可以完成的,这种工作就叫计算(computation)。此处的计算和一般所说的计算不同,它有严格的数学定义。我们可以研究哪些问题不可计算,哪些问题可计算;如果可计算,怎样计算,并设计出相应的程序。有很多问题我们到今天还不知道是否可计算。但我们知道,在所有可能的问题中,绝大多数问题是不可计算的,可计算的问题是极少数的。一切可能的问题是“不可数”的,但一切可能的程序(Turing 机)可以编写在带子上,因此只有“可数”个。“可数”个与“不可数”个之间的差别是非常大的。能用计算机解决的问题(形式化后的问题)在所有可能的问题中,只占微不足道的一部分。

从应用的角度看,计算机的能力大得不可想象,但从理论角度来分析其能力,其影响则要弱得多。计算机不会猜谜语,因为谜语与谜底之间的映象关系很难,不能形式化,不成其为一个计算问题,更谈不上能否计算。计算机能下棋,但对于棋手在博弈过程中的灵感,计算机无法办到。机器能证明某些数学定理(如吴文俊在几何领域中的工作),但不能解 Hilbert 第十问题。

计算机的能力可以这样来描述:首先有一个形式系统,这个形式系统是由符号组成的;这些符号之间有一定的关系(仅限于语法关系,不谈意义);然后定义一些映射关系,把一些符号映射为另一些符号;最后要编出一个程序来用计算机实现这一映射。至于符号做何解释与计算机没有关系。之所以说计算机是信息加工机器,是因为把这串符号与外在世界的某种信息联系起来了,这个联系是对形式符号的解释,和计算机的工作没有关系,是属于使用计算机的用户的工作。有可能两类完全不同的问题表达在计算机中是完全相同的问题,如两个性质不同的物理问题其数学方程是完全一样的。从这个意义上来说,计算机也不过是普通机器。之所以现在它确有很大神通,是因为人们在发明计算机的当初,并没有意识到很多应用问题都可以变成这样的符号加工问题。如设计一种西洋跳棋计算机,该计算机能从与人下棋中学到棋艺(实际上该计算机是从事先规定的给分情况中通过尝试选择最佳走法),从而提高水平。所以从技术上看,计算机的应用方面我们所作的事情还太少。整个计算机科学是大有前途的,有很多新问题有待我们去做。

但计算机能做的事情,可能的问题只是很少一部分,至少今后写技术史的时候不会停止在这一页。

常常有人讨论,计算机能不能代替人?甚至说得更可怕,计算机能超过人,征服人。计算机能不能代替人?这个问题的提法太不清楚,所说的代替人是代替什么样的人?计算机做到哪些东西就算代替了人?两个人不可能对一个问题有同样的看法,究竟应该说出谁的意见就算代替人了呢?实际上提这些问题的人自己也不清楚,一会儿把人想象为智慧女神,无所不能,一会儿把人想象得很低。其实人有长处和短处。提出这个问题可以有以下几种很不相同的解释:(1) 计算机能不能完成一些迄今为止主要是靠人的大脑的活动完成的工作?(2) 计算机能不能完成一切这种工作？(3) 计算机能不能像大脑一样地完成这种工作？对于(1)，回答是肯定的，这已由当前的社会实践所证实；但不能用计算机解决一切问题。人类有一种能力就是总是发现新的问题，发现人类思想史上可能从来没有提出过的新问题，然而，计算机解题首先要把问题形式化。设计一个形式系统，什么符号代表什么，必须先有一个明确的规定；那么，用什么符号代表今天还不知道的明天可能产生的思想呢？不可能设计一个形式系统把整个宇宙全部编码于其中，包括今天还未认识到的东西。其实要做一个形式系统，必须对该问题有相当认识，在这以前做不到。没做到这一点以前，要计算机来解题，甚至无法把问题告诉计算机。要计算机代替你做一个发现，你要发现什么呢？你能告诉计算机吗？天文学家、物理学家发现一种新的东西时，大概不都是事先规定好了发现什么以及怎样发现吧？还有人讨论计算机能不能作诗。可是什么叫诗？什么叫做创作？这些问题本身就不好形式化，因此越弄越糊涂。

下面我们来看看计算机不能做的事情和思维有什么关系。

要计算机去解决某个问题，首先要把问题表示为符号变换——必须把问题形式化。一般说来，数学问题已是形式化了的问题。有些学科也有不同程度的形式化，但有些学科的形式化就困难一些。但无论怎样，要计算机来解题，首先必须形式化，即确定一些符号，以及符号与现实世界或某种抽象对象的领域的关系，然后把要解决的问题变成形式化的问题。也就是说，希望在形式系统中确定一个映像关系，映像的一头是问题，另一头是答案，说明怎样的一串符号是什么问题的答案。这就叫把一个问题形式化。

形式化以后，我们就要找到问题的算法——设计一台 Turing 机，设计出一个算法，这个算法不是计算机内固有的，而必须设计。

最后，这个算法还要有可行性(feasibility)。可行性是指在合理的资源、时间、能源消耗下算出结果，这就要对算法的复杂性做出估计。至少复杂程度不超过某一定阶次时，才可能有实际应用。

人类面临的大多数问题都是未形式化的。社会科学大多数问题都未形式化。物理问题大都是模型化、理想化的，但形式化的程度也还不很高。

问题形式化以后，还要找算法；找不到算法，计算机还是一筹莫展。算法不一定找得出来，绝大多数形式问题不可计算，有幸能找到算法的问题在客观上是很少的。

找到算法后，还要看可行性。

以上三个问题全部解决以后，才能用计算机做，在哪一个环节卡壳，计算机就没办法做。

我们能够证明某一问题是否可计算，是在形式化系统之外看形式化系统。我们不是在系统之内，让形式系统支配我们活动，我们是站在形式系统外看形式系统。我们所研究的问题与形式化系统本身不一样。我们所处的系统叫元系统。我们是把某些形式系统作为处理对象的，我们所处的层次更高一层。不认知这一点，容易造成混乱。

在计算机系统中各种系统层次分明，但在人脑中极容易弄混，这并不是人的缺点。从某种意义上说，人所以聪明就在于会犯各种各样的错误。人的思维的特点就是允许在系统和元系统间跳来跳去。

计算机界有过一个学派，叫认知模拟学派（CS 学派）。他们认为：人在思考问题时怎么思考，那么程序就怎么编；只要计算机发展到一定程度，达到人的大脑的水平，那么，这个计算机就可以有人的思维能力了。但后来发现，灵感（如下棋过程中）就是完全没法模拟的。计算机模拟全部心理活动是不可能的。也有人认为，至少原则上可以用计算机模拟脑细胞生理活动。但且不说把这个系统写出来有多大，是否能写出来，理论上是有问题的。四十年代，认为人的神经活动是像计算机那样只有0、1两个状态。但是后来发现一些事实,对这种看法十分不利。四十年代研究生理活动是在宏观、电学的层次上,但现在不行了,要在分子生物学层次上,进入微观领域,光有宏观解释已经不行了。模拟大脑的活动只能是近似的。无论是从心理还是从生理水平上,让计算机去模拟大脑思维,都是毫无根据的。

研究计算机与思维的关系应走相反的路。像证Hilbert第十问题,当年都想办法去解,后来明白是不可解的,才找出了真理。我们也应该看看计算机不能做什么。当然,计算机不能做的多得不得了。但可以设法找出一类计算机不能做的问题,而提出一种数学模型,说明人是怎样解决的。如归纳,类推,类比等。一旦有了数学模型,就有指望做出物理模型,就有可能在工程技术上实现,那么这样的机器就不同于今天的计算机。这样的机器可以解决按今天标准看来是不可能解决的问题。我们要模仿会犯错误,但可以得出正确结论的这样一种思维活动,如类推。人类的语言活动,可以肯定地说,不是根据语法规则来进行的。人脑中有很多句子的范例,然后又混合、创造。如果让今天的计算机模拟自然语言,那么将与人的语言很不相同,人会创造性地使用语言,例如"吃食堂"这样的说法。语言学中的这一类问题,属于可以形式化,但不能找出一系列的规则来描述的问题,当然更谈不上算法。在这个意义下,语言、语言活动就不是狭义的信息加工过程。究竟是什么过程,需要什么样的数学模型描述,今天还说不清楚。一旦将来这个问题弄清楚了,就必将揭开智能机器史新的一页。

人们常说人工智能,狭义的人工智能,指在用现在的计算机做那些今天我们不知道怎么做,但计算机能做的事情;广义的人工智能,可以叫作思维科学、智能科学,它研究人的思维规律(指具体的规律)。广义的人工智能的许多问题,不一定能用今天的计算机去完成,但有可能导致一种新的智能机器的出现。

现在人们常谈到第五代计算机。其中主要是日本第五代计算机。狭义的第五代计算机,就是指日本正在研制的那种计算机,它是以推理为基础的、有智能的计算机系统,但所做的工作除效率增大以外,可以说与今天的计算机没有任何区别,因为数学模型没有变。至于人们说光学计算机,细胞、蛋白质计算机,只要还是 Turing 机,则至多在效率上有扩充,理论上并无重大突破。

当然,也可以设想一种新型的智能机器,这种智能机器在理论上就与 Turing 机不同。一旦这种机器出现了,是否就可以代替人的思维呢?也依然不能。我们只能说,这种机器作为人的思维工具又前进了一步,因为人的思维能力也是在不断发展的。

目前,计算机界有一种乐观情绪,认为计算机无所不能,“计算机代替人,征服人”都是以这种乐观情绪为前提的。经过分析知道,尽管计算机的能力还会大大发展,但有一些不可逾越的界限,离计算机代替思维还很远。很可能思维的能力只能一部分、一部分由计算机代替,这种计算机能一步步充当人的有力的助手,如车、船扩大我们的走路能力,但不能代替两只脚。计算机扩大了思维能力,但毕竟不能代替人的大脑,现在不能,将来也不能。我们可以认识自己。但在任何一个历史阶段上,认识都是未完成的。

真正扩大人的能力,独立地完成一些工作的,主要还是“人一机”系统的出现。计算机的出现使我们能够更紧密地、更自然地把人和机器真正变成一个系统。今天的办公室,已有些是高度化的“人一机”系统。由“人一机”系统组成的下棋系统,既比象棋大师高明,也一定会超过计算机棋手。

因此,我们的观点是:思维不等于信息处理,思维不是都能由计算机代替的;即使信息处理的事情,计算机也不一定都能完成。计算机需要发展(在原理上要发展,使得今天计算机不能完成的以后能完成),思维也在发展。机器在效率、准确性方面超过我们，但只是在思维的较低层次上超过我们。我们只有在研究人的思维的具体规律的基础上，才能产生新的智能机器。

附

计算机与社会

(一)前　言

计算机的出现使信息产业在国民经济中的比重戏剧性地增加起来了。从发展趋势来看,从事信息产业的人会逐渐超过从事工农业生产的人。因此,人们常说:人类正在进入信息时代。

信息时代的人类社会会有什么变化?这是许多人关心的问题,学术界、经济界、政治界以至一般人士都关心这个问题。围绕这个问题的研究甚至导致了许多畅销书的出现。

其实,信息到底是什么,并没有人说得清楚。这是一个学术上的难题。已经有了几十种不同的定义,却没有一种令人满意。在现实世界中,没有绝对不带有任何信息的物质,也没有完全脱离物质的信息。在经济领域中,这个问题尤其明显。一件普通的商品,比如一盒糖果,它总会带有厂家、原料、工艺、包装、运输方面的信息,需要这些信息的人当然可以设法把它们提取出来。一个几乎纯粹是信息的对象,比如一份报纸,也总离不开纸张、油墨之类的物质。当然,它也可以用来做包装纸,但我们关心的首先是它的一般使用价值。从这个意义上来说,可以抽象地谈论物质对象和信息对象,谈论物质产业和信息产业。

有了这种理解,我们才好讨论问题。

(二)信息与商品

信息在现代的商品社会中,只好也以商品的形式出现,也成为商品。但信息与传统意义的商品有本质的区别。

商品都有价值。价值的概念起源于按比例交换。如果一双皮鞋换20斤小麦,则两双皮鞋换40斤小麦,等等。但如果一份口头的天气预报换20斤小麦,谁愿意拿40斤小麦去换同样的两份天气预报呢?这种比例关系既失,价值就无法度量,价值规律对信息如何起作用也就成了难题。于是书籍的价值只好根据它消耗的物质以及排印过程中的劳动来决定,其中的信息就没有价值了。由此就又引申出版权的问题。其他如专利权、复制权、软件价格等都遇到了类似的问题。

由此看来,信息作为商品是有问题的。但信息如不作为商品,就无法与当前政治、经济、社会生活的秩序协调,就会带来混乱。一旦信息成为经济生活中有举足轻重地位的组成部分,这种混乱就会严重地妨碍经济生活的正常进行。例如,软件的版权怎样得到法律的有效保障,就是当代社会的一个难题。

如果信息无法在商品生产的框架中存在和发展,那么最终的结果,恐怕不会是商品经济把信息阻拦在社会大门之外,而应该是信息把商品经济推出社会的大门。

(三)信息与社会生产发展的模式

在《资本论》成书的时代,生产的发展主要表现在扩大再生产方面。重大的技术变革不是经常出现的。因此,《资本论》就把社会生产抽象为生产、再生产、扩大再生产的模式。在这个模式中,生产只有量的变化,没有质的变化。因为科学技术及其他信息的作用,要经过许多生产周期才有显著表现,所以在定量讨论时,忽略这个因素仍能得到满意的结果。由此演绎出的种种推论，如经济危机、两极分化等等，都曾经十分符合客观事实。

科学技术的进展已经改变了这种局面。一种技术往往经过不了许多生产周期即被更新。柔性生产线的出现，实际上使每个生产周期都可以使用不同的技术。然而，更新技术不是无代价的。除了物质的设备更新这类容易计算的部分之外，还应看到有信息进入生产过程，比如发明、专利、软件等。在柔性生产线的场合，技术的改变往往只涉及软件的更新，完全没有物质设备的更新。这时，如果不考虑到信息的作用，就不可能对生产过程做出合理的描述。

信息可以提高劳动生产率，创造出类似于相对剩余价值的东西来。如果把这看成信息的使用价值，那么信息与劳动有相同的地方。这是十分值得注意的一点。

但另一方面，信息与劳动又有本质的不同。因为：(1) 信息可以反复使用，所以它创造出的价值有多少，要看使用多少生产周期，换言之，信息创造的不是价值，而是单位周期中的价值，是某种比率；(2) 信息可以共享，一旦全社会都使用了某种信息之后，信息便无法创造出任何价值来了。

上面的分析远不是全面的，但已经可以看出，要把信息加入到社会生产的定量模型中会发生多么复杂的问题。也许这也正说明，信息不能合理放到从价值出发的商品生产模式中去，也许能从此找到一种更有动态意味的生产模式来解释当代社会中各国经济出现的新现象。

(四)计算机与大生产

许多作者都注意到计算机的出现带来了“小就是好”的新情况。这指的是生产方式。

资本主义的大生产出现于封建社会末期。由于大生产较小生产有许多优越性,所以终于战胜了后者,人类的社会也随之从封建社会进入到了资本主义社会。

然而大生产的优越性也是相对的。当物质生活水平提高之后,人们越来越要求产品的多样化。大生产在这个问题上就开始显得笨拙了。而由于科学技术的发展,生产已不必是同一规格产品的反复,可以根据需要小批量地,甚至个别地生产。而社会的信息化,又使社会的需要有可能迅速使生产者了解。在这种情况下,小批量甚至个别地生产就有了全新的物质基础而不必回到手工业生产去。于是一种新式的小生产就出现了,象现代的软件产业那样,人数少、批量小,但是劳动生产率仍然很高。这种小生产,不是回到自然经济中去,而是面向全社会,不但能从量的方面满足社会的需要,而且也能从质的方面做到这一点。

当前,这种小生产在国民经济中还占不到很大的比重,但是正在发展之中。一旦它占了主导地位,社会的生产方式以至经济、政治制度,就不可避免地会发生变化。资本主义的生产关系就会被新的生产关系所替代。

(五)信息与共产主义

经典作家描绘了共产主义的基本特征,但没有指出共产主义什么时候才会到来。后来大家都认为需要生产的高度发展,似乎生产规模越来越大,集中程度越来越高,就可以慢慢地为共产主义准备好条件了。

半个多世纪以来的客观现实是:过分集中的生产组织逐渐让位给分散的生产组织。在资本主义世界和社会主义世界里都出现了这种趋势。这是因为,生产组织的规模应该和信息传输与处理的效率相适应,否则便不能避免官僚主义妨碍生产力的发展。如果要达到全社会甚至全人类规模的有组织的生产,当今社会的信息化程度是远远不够的。

如果说，共产主义的原则是“各尽所能、按需分配”，那么就要解决这样的问题：一个人怎样知道社会的需要，社会又怎样知道每个成员的需要。这个问题的解决，在物质基础方面当然要求信息的沟通，而且不能只是把全社会的各种统计资料堆放在一起供查阅，还要有充分的整理，以便从中得出必要的结论或判断。这就要求处理全社会的信息，因此要有发达的信息加工产业，要吸收大量的社会劳动于信息加工产业中。计算机为这种需要提供了现实的可能性，当然，要把计算机的未来发展也计算在内。

由此可见，共产主义理想不能只靠物质生产的数量的扩大来实现，还要在信息生产的方面有足够的条件。

(六)结　语

上面只是提出了一系列的问题(或猜想)，远远谈不上科学的论证。但已不难看出，计算机的发明和应用会怎样深刻地改变社会的面貌。人们在谈论着“大趋势”，看来这个大趋势不是别的，正是使资本主义生产关系发生动摇和为共产主义的到来准备物质条件。

因此，作为力图正确地解释世界和改造世界的马克思主义者，不禁兴奋地欢呼：计算机就是当年的蒸汽机！

参考文献

[1] 钱学森：《关于思维科学》，上海人民出版社，1986。

[2] 休伯特·德雷福斯：《计算机不能做什么》，三联书店，1987。

(原载《人·自然·社会》93—105页，该书由北京大学出版社1987年出版，编者孙小礼，楼格)

《哥德尔、艾舍尔、巴赫——集异璧之大成》译校者的话

读者打开的这本书是一本空前的奇书。

在计算机科学界，大家都知道这是一本杰出的科学普及名著，它以精心设计的巧妙笔法深入浅出地介绍了数理逻辑、可计算理论、人工智能等学科领域中的许多艰深理论，然而当你翻阅它的时候，首先跳入眼帘的却是艾舍尔那些构思奇特的名画以及巴赫那些脍炙人口的曲谱，最后，你合上这本书的时候，竟会看到封面上印着“普利策文学奖”的字样。

1979 年，我访问美国斯坦福大学时，意外地碰到了微服来访的王浩教授，他把这本书介绍给我。次年，该校高恭忆教授又在他家中使我认识了作者 Douglas R. Hofstadter 教授(他给自己起了个中国名字叫侯世达)。不久，中国科学院唐稚松教授就提出了一项把我困扰了十年之久的建议——翻译这本书。这实在是一件困难不堪的工作，只要想象一下书中俯拾即是的那些花絮就可以明白。

1981 年回国以后，吴允曾教授又建议我们两人组织一些人来翻译此书。我被他的热情所感动，又受到了一些朋友的鼓舞，就答应了。我们很快得到了商务印书馆的积极支持，工作迅速展开。先后有郭维德、樊兰英、郭世铭和王桂蓉等同仁参加进来，我与吴允曾先生则承担校对任务。在经历了一番艰辛之后，我们不久就完成了大部分章节的译文。

作者听说我们的工作之后，给了我们很大的帮助。他寄来了一本专为翻译者准备的注释，又几次委派他的朋友莫大伟[David Moser]来中国与我们共同工作。对于书中充满的精微的文字游戏，我们本打算用译者注的办法加以说明，但作者断然反对。他亟希望我们编出类似的中文的文字游戏来。这样一来，几乎所有的译稿都得重新整理，而且有相当一部分要脱离原书重新创作。

甚至连书的译名也出了问题。这本书的英文原名"*Gödel, Escher, Bach——an Eternal Golden Braid*"，直译为《哥德尔、艾舍尔、巴赫——一条永恒的黄金辫带》。但"Braid"这个英文多义词不仅在这里有双关的意味，而且作者还特意向我们指出，它作为一个数学名词暗示了正题和副题之间有"G、E、B"和"E、G、B"这种词首字母在次序上的照应，而这个照应在书中许多地方要用到。我们研究再三，把副题改成了《集异璧之大成》，这里的前三个字正是那三个英文字母的译音，而"大成"则取自于我国的佛教、哲学和音乐典籍，这既与原著的有关内容相呼应，又起到了类似的双关作用。与此相联系，正文中做了相应的修改，上、下篇的篇名也分别由原来的"GEB"、"EGB"改为"集异璧"和"异集璧"。此外，封面和有关插图也要重新绘制（幸好刘皓明君完成了这一创作）。

书名已经如此，更不用说书中的文字了。简直可以这样说：在轻松、幽默、流畅的正文背后隐藏着大量的潜台词。它们前后照应、互相联系，交织成一个复杂的、无形的网络。你看不见它，但可以嗅出它的气味，并觉察到这是作者有意喷洒的。作者希望借此引起读者的兴趣，从而在反复玩味中体会出那些潜台词来，真正触及本书的精华。

编制一个中文的文字游戏来模仿一个英文的文字游戏，这也许是一件饶有兴味的工作（当然，水平高下暂且不论），但要写出一段译文来，它不但与原文潜台词相同，还要让读者同样有兴趣去玩味，这可不是一件容易的差使,何况译者还得首先对自己的体会有充分的把握。

我们无法绕过这些难题,也就接受了这项挑战——重译。然而,环顾左右,几位译者都已另有安排,不能继续参与这项工作了。于是,只好另起炉灶,找了严勇、刘皓明和王培这几位有志者来完成这吃力的任务。

不用说,脱稿日期就因此一拖再拖。这期间我们看到了四川人民出版社出版的一个节译本,书名就是《GEB——一条永恒的金带》。把那本书与本书仔细比较一下,也许可以使读者更能理解上面的这些话。下面的三句话就不必读了。这些话不说明什么问题,只是对作者的文字游戏的一种模仿。而这种模仿又是"自指"类型的。斯坦福大学的著名人工智能学者 John McCarthy 则认为本书作者过分热衷于这种"自指"。

经过这样一个漫长的过程,还要加上郭维德、王培两位对全书的通盘校订以及在排版过程中仔细地核对那些文字游戏,这本书终于摆在读者面前了。但不幸的是,我们却不能把它也摆在吴允曾教授的面前,只能用它作为一种纪念,纪念为我国计算机科学作了许多默默无闻的工作,又悄然离开我们而去的吴先生。

(下略)

马希文

于北京大学承泽园

1990 年 8 月

(本文是《哥德尔、艾舍尔、巴赫——集异璧之大成》一书的校译者的话,该书由商务印书馆 1997 年出版,〔美〕侯世达著,该书翻译组译)

语 言 学

关于动词“了”的弱化形式/·lou/

摘要： 北京话里轻声的“了”有两种读音：·le 和 ·lou，二者语法功能不同。本文把前者记为“了$_1$”，后者记为“了$_2$”，而把重点放在对“了$_2$”的分析上。本文的主要结论是：(1)“了$_2$”是动词“了”(liǎo)的轻声形式；(2)“了$_2$”的功能是在动词后头做补语；(3)“了$_2$”与“了$_1$”相连时“了$_2$”省去，由此产生一些同形异构的句式；(4)区分“了$_2$”与“了$_1$”，可以从结构上和语义上合理地解释相关句式。

§1

先看下边的例子：

(1) 把它扔了

这是一个有歧义的句子：可以理解为叙述句，也可以理解为命令句。不过在纯粹的北京话里，两种句式里的“了”字读音不同：作为叙述句，读·le；作为命令句，读·lou(实际读音是[ləʊ])。因此(1)实际上代表两个不同的句子。如果我们把·le 写成“了$_1$”，把·lou 写成“了$_2$”，那末(1)可以写成两种不同的形式：

(2) 把它扔了$_1$。

(3) 把它扔了$_2$！[①]

句尾的"。"和"！"分别表示叙述句和命令句。下边是同类的例子：

把小偷放了$_1$。	把小偷放了$_2$！
把书卖了$_1$。	把书卖了$_2$！
把狗宰了$_1$。	把狗宰了$_2$！
把文件烧了$_1$。	把文件烧了$_2$！
把树砍了$_1$。	把树砍了$_2$！
把信拆了$_1$。	把信拆了$_2$！
把药吃了$_1$。	把药吃了$_2$！
把纸撕了$_1$。	把纸撕了$_2$！

要是用 N 表示名词，用 V 表示动词，我们可以把(2)(3)两种句型写成：

(A) 把 NV 了$_1$。

(B) 把 NV 了$_2$！

§ 2

能出现在(B)中的动词是有一定范围的。这个问题在研究"把"字结构时常常有人提到。有人认为这些动词都有"消失"之类的语义特征。本文不打算深究这个问题，只想指出：经常出现在"把"字结构后头的成分是动补结构，而(A)、(B)是最重要的例外。试看：

(B′) 把 NVC！

把树栽上！

把灯开开！

把笔搁下！

---

① 有人把"了$_2$"和"了$_1$"都说成·le，因此(2)(3)同形。对于这种类型的北京话，本文的分析也同样适用。

把绳儿拽住！

这里，C 表示补语（为了便于比较，本文中说的补语只限于单音节的），横线上方是句型，下方是例句。

比较(B)与(B′)，我们自然会想到把“了$_2$”看成是补语，即把(B)看成是(B′)的特例。

(B′)可以嵌入在更大的句型中，这时(B)与(B′)原来的关系仍然保持着。例如：

把树栽上再走。

把鸡宰了$_2$再走。

我让他把树栽上。

我让他把鸡宰了$_2$。

我打算把树栽上。

我打算把鸡宰了$_2$。

特别值得注意的是下面的情形（句尾的“?”表示疑问句）：

把树栽上啊(·nga)?

把灯开开啊(·ya)?

把他抓住啊(·wa)?

把药吃了$_2$啊(·wa)?

由此可见“了$_2$”不能解释为“了$_1$”+“啾”。（参看§6）

把“了$_2$”看成补语，就是说 V 了$_2$ 的功能与 VC 相同。换句话说，不但(B′)中的 C 可以用“了$_2$”来实现，而且在任何含有 VC 的句型中，C 都可以用“了$_2$”来实现。例如：

(C) V 了$_2$N 了$_1$。　　　　(C) VCN 了$_1$。

吃了$_2$饭了$_1$。	栽上树了$_1$。
丢了$_2$钱了$_1$。	搁下笔了$_1$。
宰了$_2$鸡了$_1$。	开开灯了$_1$。
卖了$_2$地了$_1$。	拽住绳儿了$_1$。
烧了$_2$文件了$_1$。	找着孩子了$_1$。

如果把“了$_2$”看成补语，(C)就是(C′)的特例。

在(C)和(C′)中，去掉“了$_1$”就得到一个不自由的结构，它不能独立，只能包孕在更大的结构里。下面几个例子表明，在被包孕的时候，(C)与(C′)的这种平行性仍然保持着：

戴上帽子出去了$_1$。

摘了$_2$帽子出去了$_1$。

开开灯再走！

倒了$_2$水再走！

考上状元就甭念书了$_1$。

丢了$_2$印就甭当官儿了$_1$。

§ 3

上节提出的看法有时也会遇到困难。比如在下面的句型里：

(A′) 把 N V C 了$_1$。

把灯　开开了$_1$。

把树　栽上了$_1$。

把笔　搁下了$_1$。

把绳儿拽住了$_1$。

把孩子找着了$_1$。

如果用“了$_2$”来替代其中的C，应得到：

（A*）＊把NV了$_2$了$_1$。

实际上，相应的句型却是(A)，即

(A)把NV了$_1$。

这个现象应当这样解释：当“了$_2$”出现在“了$_1$”前面的时候，必须省略“了$_2$”。

在上面讨论过的那些句型中，我们可以发现许多变换关系，例如句型(C)与(B)之间的变换关系：

〔T_1〕　(C)V了$_2$N了$_1$。$\longleftrightarrow$(B)把NV了$_2$！

既然把“了$_2$”看成是补语，那么上边的变换(T_1)也应该看成是下边的变换(T_1')的特例：

〔T_1'〕　(C′)VCN了$_1$。$\longleftrightarrow$(B′)把NVC！

(T_1)和(T_1')两种变换可以合并为如下的图式：

$$
\begin{array}{ccc}
\text{(C)V了}_2\text{N了}_1\text{。} & \overset{T_1}{\longleftrightarrow} & \text{(B)把NV了}_2\text{！} \\
\updownarrow & & \updownarrow \\
\text{(C}'\text{) VCN了}_1\text{。} & \overset{T_1'}{\longleftrightarrow} & \text{(B}'\text{)把NVC！}
\end{array}
$$

其中(T_1)与(T_1')不但形式上相同，而且意义也一样，都表示一个命令句(把衣服脱了$_2$！/把衣服穿上！)和一个用来叙述这个命令所引起的后果的叙述句(脱了$_2$衣服了$_1$。/穿上衣服了$_1$。)之间的关系。这是两个互相平行的变换。

对于(C)、(A)、(C′)、(A′)而言，相应的图式应该是：

$$\begin{array}{ccc} \text{(C)V 了}_2\text{N 了}_1\text{。} & \overset{T_2}{\longleftrightarrow} & \text{(A)把 NV 了}_1\text{。} \\ \updownarrow & & \updownarrow \ ? \\ \text{(C}'\text{) VCN 了}_1\text{。} & \overset{T_2'}{\longleftrightarrow} & \text{(A}'\text{)把 NVC 了}_1\text{。} \end{array}$$

这个图式失去了前一个图式中形式上的平行性。如果认为在(A)中"了$_1$"前面省略了"了$_2$",那么这种平行性就显示出来了:

$$\begin{array}{ccc} \text{(C)V 了}_2\text{N 了}_1\text{。} & \overset{T_2}{\longleftrightarrow} & \text{(A)把 NV[了}_2\text{]了}_1\text{。} \\ \updownarrow & & \updownarrow \\ \text{(C}'\text{) VCN 了}_1\text{。} & \overset{T_2'}{\longleftrightarrow} & \text{(A}'\text{)把 NVC 了}_1\text{。} \end{array}$$

其中方括号表示为了理论上的方便虚拟的成分。

总之,认为在(A)中"了$_1$"前面省略了"了$_2$"会带来许多理论上的方便。

我们还可以从其他方言里找到一些事实来支持我们的看法。比如苏州话里相当于"了$_2$"的词是"脱"[t'ə],相当于"了$_1$"的词是"哉"[tse],"脱"和"哉"相遇时,"脱"并不省略。例如:

公式忘记脱哉。

材料烧脱哉。

铜钱丢([dəʔ])脱哉。

这个事实暗示我们"了$_2$"不在"了$_1$"前边出现是由于语音学上的原因。类似的情形还有参考文献[1]里提到的"的$_2$"在"的$_3$"前边的省略。

§4

由于"了$_2$"在"了$_1$"前边出现时必须省略,因此在分析带"了$_1$"的句型时,有时需要在"了$_1$"前面补出一个"了$_2$"。

除了上节的例子之外,还有一些别的例子支持这个看法。

§1 中曾说到"把 NVC"、"把 NV 了$_2$"可以嵌入到更大的句型中去，例如可以用它们替换下面句型中的S：

(K) NV_0S。

得到

NV_0｛把 N V C｝。	NV_0｛把 N V 了$_2$｝。
我想｛把门开开｝。	我想｛把鸡宰了$_2$｝。
我打算｛把它搁下｝。	我打算｛把它扔了$_2$｝。

其中的N是名词或代词，V_0是“想”、“打算”、“决定”等，“｛｝”标出用来替换“S”的句型。

句型(K)可以经过如下的变换变为(K′)：

(K) N V_0 S。⟷(K′) N 早就 V_0 S 了$_1$。

(K) 他想溜。⟷(K′)他早就想溜了$_1$。

用“把NVC”代替(K)与(K′)中的“S”，就得到：

(K) N V_0｛把 N V C｝。⟷(K′) N 早就 V_0｛把 N V C｝了$_1$。

(K) 我想｛把它搁下｝。⟷ (K′) 我早就想｛把它搁下｝了$_1$。

如果用“把NV了$_2$”代替(K)与(K′)中的“S”，就发生了“了$_2$”与“了$_1$”相遇的情况，这时“了$_2$”也必须省略：

(K) N V_0｛把 N V 了$_2$｝。⟷ (K′) N 早就 V_0｛把 N V [了$_2$]｝了$_1$。

(K) 我想｛把它扔了$_2$｝。⟷ (K′) 我早就想｛把它扔[了$_2$]｝了$_1$。

其实两个“了$_1$”相遇时也要省略其中的一个。比如下面的变换：

我知道S。⟷ 我知道S了$_1$。

左端的句型是一般的命题，右端的句型蕴含着一个从不知到知的变化。这个变换中的“S”可以用许多不同的句型去替换，例如：

我知道｛小王明天来｝。⟷ 我知道｛小王明天来｝了$_1$。

如果“｛ ｝”中的句型末尾有“了$_1$”，右端就出现两个“了$_1$”相连的现象，其中的一个必须省略(姑且认为省略的是前面一个)：

我知道{小王昨天来了$_1$}。⟷ 我知道{小王昨天来[了$_1$]}了$_1$。

这里的“[了$_1$]”表示省略的“了$_1$”。注意变换前后的句子形式上是一样的，所以这是一个同型异构的有歧义的句子。下面的图式中包含一个有三重歧义的句子：

我知道{小王要来}。　⟷ 我知道{小王要来}了$_1$。

↕　　　　　　　　　　↕

我知道{小王要来了$_1$}。 ⟷ 我知道{小王要来[了$_1$]}了$_1$。

这个图式中从上到下的变换与从左到右的变换性质相同，不过从上到下的变换是施行于“{}”里的句子的。

综合上文说到的两种情形，可以造出如下的句子：

我知道{小王想{把它扔了$_2$}}。　⟷ 我知道{小王想{把它扔[了$_2$]}}了$_1$。

↕　　　　　　　　　　↕

我知道{小王早就想{把它扔[了$_2$]}了$_1$}。 ⟷ 我知道{小王早就想{把它扔[了$_2$]}[了$_1$]}了$_1$。

这里出现了“了$_2$”、“了$_1$”、“了$_1$”三者相连而省略了前两个的句子。循此前进，还可以造出层次更多的句子来，其中有更多的“了$_2$”或“了$_1$”连续出现，不过事实上只能保留最后一个“了$_1$”。

§5

在上文的讨论里，我们举了一些以“上”、“下”、“开”、“住”为补语的例子。这些词都是动词，但是处于补语位置上时，意义虚化了，而且大都读轻声。

如果认为“了$_2$”也是补语，那么它也应该是某个动词虚化的结果。为了找到这个动词，我们要设法“逼”它重读出来。先看下边的例子：

甲：关上这扇儿窗户！

乙：我关不上。

前一句中的“上”字读轻声，后一句中的“上”字读去声。我们可以如法炮制一个平行的“了$_2$”的例子：

甲：吃了$_2$这碗饭！

乙：我吃不了。

后一句里的“了”字读音是 liǎo。这就再清楚不过地暗示我们：“了$_2$”就是轻声的“了”(liǎo)。这种平行的关系可以表示如下：

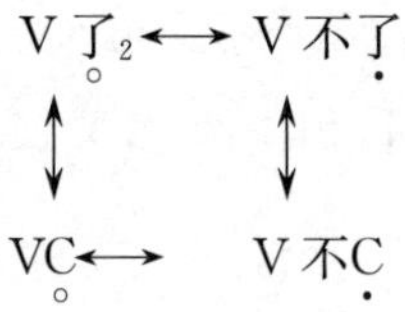

V了$_2$ ⟷ V不了

↕　　　↕

VC ⟷ V不C

其中带“。”的字读轻声，带“·”的字不读轻声。

“上”、“下”、“开”、“住”等词无论是否读轻声都写同样的字，所以我们也可以仍旧用“了$_2$”来表示不读轻声的“了”(liǎo)。

把“了$_2$”解释为虚化的“了$_2$”(liǎo)，无论从语法上看还是从词义上看都是很自然的。问题是 liǎo 读轻声时为什么会失去介音 i 变成·lou。其实北京话轻声字失去介音的现象并不罕见。例如：

边儿 biār	前边儿 qián·ber
掇 duó	拾掇 shí·dao
囵 lún	囫囵 hú·len

所以 liǎo 的轻声读成·lou，在语音学上也是讲得通的。

§6

根据上面的讨论，如果一个句型中包含“VC了$_1$”，那么，用“了$_2$”来实现 C，就得到一个包含“V了$_1$”的句型，从理论上说，这是一个包含“V了$_2$

了$_1$”的句型。反过来说，如果有一个包含“V 了$_1$”的句型，那么就存在以下两种可能：

(甲) 在“V”和“了$_1$”之间能插进一个“C”，这样，就有两个相近的句型：

(F)…V 了$_1$…

(G′)…VC 了$_1$…

用“了$_2$”实现(G′)中的“C”，得到

(G)…V[了$_2$]了$_1$…

比较(F)和(G)，就可以发现一种同形异构的现象(看参考文献[2])。

(乙) 在“V”和“了$_1$”中不能插进“C”。这时，相应的(G′)、(G)都不存在。

下面举例说明这两种情况的区别。

[例 1] 不 V 了$_1$。

这种句型属于上述(乙)类情况。就是说，没有相应的句型“不 VC 了$_1$”。

[例 2] 别 V 了$_1$！

这种句型也属于上述(乙)类情况。就是说，没有相应的句型“别 VC 了$_1$”。(注意:这里的 C 限于读轻声的单音节补语)。

值得注意的是“别 VC!”这种句型是存在的，(例如:别关上！/别躲开!)相应地也就有“别 V 了$_2$!”这种句型。因此我们可以看到如下两种对立的同形句式：

别 V 了$_1$！	别 V 了$_2$！
别吃了$_1$！	别吃了$_2$！
别扔了$_1$！	别扔了$_2$！
别烧了$_1$！	别烧了$_2$！

这两类句式不但意义有别，功能不同(例如：第二组例句都可以再带上宾语：“别吃了$_2$ 麦子$_1$”，“别扔了$_2$ 有用的！”，“别烧了$_2$ 手！”)，“了”字的读音也有区别。这种区别当“了”字后边有语助词“啊”出现的时候就表现得更加明显了。因为“了$_1$＋啊”读·la(书面上常写成“啦”)，而“了$_2$＋啊”读·lou·wa。比较：

别吃了$_1$ 啊(·la)!　(吃得够饱的了$_1$)

别扔了$_1$ 啊(·la)!　(快扔光了$_1$)

别烧了$_1$ 啊(·la)!　(够味儿的了$_1$)

这些点心还送人呢，你别吃了$_2$ 啊(·lou·wa)!

这件衣服还能穿呢，你别扔了$_2$ 啊(·lou·wa)!

这封信还得留着呢，你别烧了$_2$ 啊(·lou·wa)!

[例 3] V 了$_1$。

这个句型属于(甲)类情况，因为有相应的句型“VC 了$_1$”存在。由于“V 了$_1$”在理论上可以解释为“V[了$_2$]了$_1$”，就出现了同型异构的现象。因此，我们需要用比较精细的办法来研究这种句型。

能与“了$_2$”结合的动词是有一定范围的。我们用 V_2 表示这类动词，用 V_1 表示 V_2 以外的动词。对于 V_1 来说，句型“V_1 了$_1$”与“V_1C 了$_1$”泾渭分明，不会发生混淆；对于 V_2 来说，由于 C 可以用“了$_2$”来实现，所以会出现“V_2[了$_2$]了$_1$”，形式上与“V_2 了$_1$”相同。

上文说“V_1 了$_1$”与“V_1C 了$_1$”界限清楚，这两种构造不但本身形式不同，它们的否定形式也不同。“V_1 了$_1$”的否定形式是“没 V_1”，“V_1C 了$_1$”的否定形式是“没 V_1 C”：

V_1 了$_1$。→没 V_1。	V_1 C 了$_1$。→没 V_1 C。
拽了$_1$。　没拽。	拽住了$_1$。　没拽住。

追了$_1$。　没追。　　　　追上了$_1$。　没追上。

打了$_1$。　没打。　　　　打死了$_1$。　没打死。

买了$_1$。　没买。　　　　买着了$_1$。　没买着。

“V_2 了$_1$”与“V_2[了$_2$]了$_1$”同形。作为与“V_1 了$_1$”平行的结构，否定式是“没 V_2”；作为与“V_1C 了$_1$”平行的结构即“V_2[了$_2$]了$_1$”，否定式是“没 V_2 了$_2$”。写成图式如下：

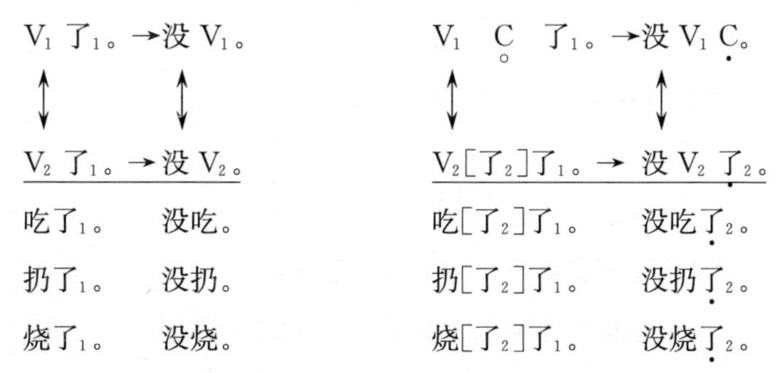

以上讨论的是形式和功能。从意义上说，“V_1 了$_1$”与“V_1C 了$_1$”也是不同的。这可以从下面的句型看出来：

(W) V_1 了$_1$，没 V_1 C。

拽了$_1$，没拽住。

追了$_1$，没追上。

买了$_1$，没买着。

这个句型表明“V_1 了$_1$”与“没 V_1 C”（即“V_1C 了$_1$”的否定形式）意义上并不是互斥的。(W)中的“V_1 了$_1$”不能用“V_1C 了$_1$”替换：

(W^*) * V_1C 了$_1$，没 V_1 C。

（*拽住了，没拽住。）

可见两者意义不一样。直观地说，“V_1 了$_1$”说的是已经发生了“V_1”所表示的动作，而“V_1C 了$_1$”说的是“V_1”所表示的动作已经达到了一定的结果（指完成、成功、达到目的等等，下同）。

把这一段讨论中的"V_1"换成"V_2"，由于平行于"V_1 了$_1$"的"V_2 了$_1$"与平行于"V_1C 了$_1$"的"V_2[了$_2$]了$_1$"同形，所以"V_2 了$_1$"是有歧义的：既可以表示"V_2"所指的动作已经发生，也可以表示这个动作已经达到了一定的结果。但是下面这个句型：

V_2 了$_1$，没 V_2 了$_2$。

吃了$_1$，没吃了$_2$。

烧了$_1$，没烧了$_2$。

扔了$_1$，没扔了$_2$。

只能解释为与(W)平行的句型，其中的"V_2 了$_1$"表示动作已经发生，不表示动作已经达到了一定的结果。如果我们把这里的"V_2 了$_1$"解释为"V_2[了$_2$]了$_1$"(即把上引句型解释为与(W*)平行的句型)，那就跟逗号后面的"没 V_2 了$_2$"发生矛盾了。

"V_1C 了$_1$"还有一种否定式，即"没 V_1 C"。为了与"没 V_1 C"区别，我们可以把"没 V_1 C"叫做弱否定式，"没 V_1 C"叫做强否定式。两者不但语音形式不同，功能、意义也不同。比如说，弱否定式后面可以带宾语，而强否定式则不行：

强否定式	弱否定式
*没拽住绳子。	没拽住绳子。
*没追上小偷儿。	没追上小偷儿。
*没买着票。	没买着票。

强否定式和弱否定式的差别，在下面的句型中特别明显：

差点儿没 V_1 C。	⟷	差点儿没 V_1 C。
差点儿没拽住。(拽住了)		差点儿没拽住。(没拽住)
差点儿没碰着。(碰着了)		差点儿没碰着。(没碰着)
差点儿没打死。(打死了)		差点儿没打死。(没打死)

V_2 也可以出现在与此平行的句型中。例如：

差点儿没 V_2 了$_2$。 ⟷ 差点儿没 V_2 了$_2$。

差点儿没死了$_2$。(死了)　差点儿没死了$_2$。(活着呢)

差点儿没输了$_2$。(输了)　差点儿没输了$_2$。(赢了)

差点儿没吃了$_2$。(吃了)　差点儿没吃了$_2$。(留着呢)

“差(一)点儿没……”的句法意义是一个值得注意的问题,比如看参考文献[3]。本文不打算深入探讨这个问题,只是指出应注意区别不同形的句子。

§7

在北京话里,“了$_1$”和“了$_2$”的区别是非常严格的,二者不能互相代替,所以不能认为是同一个词的两种自由变体。如果某个句子里的“了”字可以有两种读法,那么这两种读法就有辨义作用,本文开头举的“把它扔了”以及上节提到的“别扔了”都是这样的例子。但是下面的句子好像是例外:

(1) 吃了两碗饭了。

这个句子里的第一个“了”字有两种不同的读法:

(2) 吃了$_1$ 两碗饭了$_1$。

(3) 吃了$_2$ 两碗饭了$_1$。

(2)和(3)的意义似乎相同,其实不然。

通常认为(2)里的第一个“了$_1$”是动词后缀,与第二个“了$_1$”(以及(3)中的“了$_1$”)不同。本文姑且把它们一律写成“了$_1$”,因为如何看待这两个“了$_1$”,对本文关于“了$_2$”的分析并无影响。

用“S”、“L”分别表示数词、量词,则上面的(2)、(3)分属以下两个句型:

(P) V 了$_1$S L N 了$_1$。

(Q) V 了$_2$ S L N 了$_1$。

根据上文的分析,(Q)与下面的句型是平行的:

(Q′) V C S L N 了$_1$。

栽上两棵树了$_1$。

开开两扇门了$_1$。

接住两个球了$_1$。

把(Q′)中的"了$_1$"移到"VC"后头,得到另一个句型:

(R′) V C 了$_1$ S L N。

栽上了$_1$ 两棵树。

开开了$_1$ 两扇门。

接住了$_1$ 两个球。

(Q′)和(R′)语法功能不同,意义也有区别。从语法功能上说,(R′)前面可以添上"就"、"才"这一类的词,(Q′)不行。从意义上说,(Q′)含有这样的意思,即:其中 V 所表示的动作尚在进行;(R′)正相反,其中 V 所表示的动作已经停止。我们暂且把(Q′)叫延续式,(R′)叫终止式。延续式与终止式之间的变换关系是:

VCSLN 了$_1$。⟷ VC 了$_1$SLN。

这个变换式可以扩充为如下的图式:

(Q′)V C S L N 了$_1$。⟷ (R′)VC 了$_1$SLN。

(甲) ↕　　　　　　　　　↕

(Q) V 了$_2$S L N 了$_1$。⟷ (R)V[了$_2$]了$_1$SLN。

这里出现了上文中尚未讨论过的句型(R)。(Q)和(R)的关系与(Q′)和(R′)的关系是平行的:(R)是终止式,前面可以添上"就"、"才"等词;(Q)是延续式,前面不能添上这类词。例如:

(Q) V 了$_2$ S L N 了$_1$。　　　(R) V[了$_2$]了$_1$ S L N。

脱了$_2$ 一双鞋了$_1$。	(就)脱了$_1$ 一双鞋。
烧了$_2$ 两封信了$_1$。	(才)烧了$_1$ 两封信。

另一方面,从(R′)和(R)中分别去掉“C”和“[了$_2$]”,可以得到相同的句型:

(S) V 了$_1$ S L N。

栽了$_1$ 两棵树。

开了$_1$ 两扇门。

接了$_1$ 两个球。(以上三例从(R′)得来)

吃了$_1$ 两碗饭。

脱了$_1$ 一双鞋。

烧了$_1$ 两封信。(以上三例从(R)得来)

(S)中不包含补语,所以其中的“V”既可以是“V_1”也可以是“V_2”。如果(S)中的“V”是“V_2”,则(S)与(R)之间会出现前面多次遇到的那种同形异构现象:(S)中含有“V_2 了$_1$”,(R)中含有“V_2[了$_2$]了$_1$”。

(S)也是一种终止式,前面可以添上“就”,“才”这些词。与(S)相应的延续式正好是(P),也就是说,可以写出与(甲)相对应的变换图式:

(乙) (P)V 了$_1$ S L N 了$_1$。⟷ (S)V 了$_1$ S L N。

栽了$_1$ 两棵树了$_1$。	栽了$_1$ 两棵树。
接了$_1$ 两个球了$_1$。	接了$_1$ 两个球。
吃了$_1$ 两碗饭了$_1$。	吃了$_1$ 两碗饭。
烧了$_1$ 两封信了$_1$。	烧了$_1$ 两封信。

(甲)、(乙)两个变换都是延续式与相应的终止式之间的变换。

仔细观察(甲)、(乙)中的各个句型,就会发现,在(乙)中,各句型里的 S L 指的是“V”所表示的动作涉及的范围大小,而在(甲)中则指的是这种动作产生的结果的范围大小。我们暂把前一种叫做涉及量,后一种叫做有效量。这种情形和上节讨论否定式时出现的情况十分类似。比如说，我们也可以模仿那里的句型(W)，举出如下的例子来说明(乙)中的句型(S)(即“V 了$_1$SLN”)和(甲)中的句型(R′)(即“VC 了$_1$SLN”)在意义上的区别：

接了$_1$ 两个球(S)，接住了$_1$ 一个(球)(R′)，另一个(球)没接住。

找了$_1$ 两个人(S)，找着了$_1$ 一个(人)(R′)，另一个(人)没找着。

以上我们谈到了终止式和延续式的区别，又谈到了涉及量和有效量的区别。根据这两方面的区别，我们可以把本节中的(P)，(Q)，(Q′)，(R)，(R′)，(S)等句型列成下表：

	延续式	终止式
有效量	(Q′)　V C S L N 了$_1$。 (Q)　V 了$_2$ S L N 了$_1$。	(R′)　V C 了$_1$ S L N。 (R)　V [了$_2$]了$_1$ S L N。
涉及量	(P)　V 了$_1$ S L N 了$_1$。	(S)　V 了$_1$ S L N。

现在再回来看本节开头的例子，我们就会发现，把(1)读成(2)或(3)，意义略有区别。(2)是(P)型的，其中的“两碗”表示动作涉及的量，(3)是(Q)型的，其中的“两碗”表示动作达到结果的量。这种区别在如下的语境中表现了出来：

母亲(对儿子)：小华，应该吃完一碗饭再吃另一碗。看你，吃了$_1$ 两碗饭，哪一碗也没吃了$_2$。

这个例子中的“了$_1$”不能改读“了$_2$”。

更明显的例子可举：

(P)吃了$_1$ 两个菜了$_1$。(两个菜都吃到了)

(Q)吃了$_2$ 两个菜了$_1$。(两个菜都吃光了)

总之，如果把“了$_1$”、“了$_2$”区别开来，就会发现(1)实际上是两个不同形的句子(2)和(3)。而(乙)中的(S)和(甲)中的(R)同形异构。所以下面的句子才是有歧义的：

吃了$_1$ 两个菜。

作为(S)，表示两个菜都吃到了，作为(R)，即认为“了$_1$”前省略了“了$_2$”，表示两个菜都吃光了。于是可以列成下表：

	延续式	终止式
有效量	(Q)　吃了$_2$两个菜了$_1$。	(R)　吃[了$_2$]了$_1$两个菜。
涉及量	(P)　吃了$_1$两个菜了$_1$。	(S)　吃了$_1$两个菜。

§8

现在我们小结一下。我们已经说明：

(1) 北京方言中，应该区别两种“了”：“了$_1$”读·le，“了$_2$”是 liǎo，读轻声时是·lou(或拼为·lao)。“了$_2$”可以用作补语(当然也可以用作主要动词，如“了$_2$ 了$_1$ 一件事”)。

(2) 在“了$_1$”前面出现的“了$_2$”(指轻声的“了$_2$”)必须省略。这种省略的“了$_2$”可以用变换的办法再现出来。

我们采用的方法，粗略说来就是分析句型之间的变换关系，以及两种变换关系之间的平行性。

一般说来，一个变换式

(甲) (X)⟷ (Y)

两端的句型(X)和(Y)意义总是有所不同。因此，如果我们要研究另一个与(甲)有关的变换：

(乙) (X′)⟷ (Y′)

那末，只有当(X′)和(Y′)在意义上的差异与(X)和(Y)在意义上的差异两者一致的时候，我们才把(甲)、(乙)两个变换看成是平行的。这时，我们把这种关系写成如下的图式：

$$\begin{array}{ccc} (X) & \longleftrightarrow & (Y) \\ \updownarrow & & \updownarrow \\ (X') & \longleftrightarrow & (Y') \end{array}$$

我们在本文中采用这种方法收到了一定的效果。

本文的主要想法是在与美国斯坦福大学高恭亿教授的多次讨论中逐步形成的。谨在此向高先生致谢。

参考文献

[1] 朱德熙:“北京话、广州话、文水话和福州话里的‘的’字”,《方言》,1980年第3期。

[2] 朱德熙:“句法结构”,《中国语文》,1962年第8—9期。

[3] 朱德熙:“汉语句法中的歧义现象”,第十二届国际汉藏语言学会议论文。

(原载《中国语言学报》1982年12月第1期,1—14页)

计算机与汉字改革

Ⅰ　计算机汉字系统的研究是当前计算机界普遍关心的问题之一，不但在我国（包括台湾、香港等地在内）是如此，在日本、东南亚以及美国都有相当规模的研究队伍，多次举行过专题学术会议。

在计算机界，这个问题被认为是“大字符集”系统的一个特例，因为一个汉字系统必须面对数以千计的基本符号即汉字。与欧美的各种文字相比（一般是数十个大小写字母，再有适当数量的标点符号、数字等等），真可谓“大”之极了。

其实，我国的汉字与“大字符集”系统的别种文字相比，还有它独特的问题。朝鲜文大体上是以音节拼写为基础的方块字，总数有一定限度；日本汉字有一张法定的汉字表，总数也是确定的。而我国的汉字则原则上是无限的，它没有相当于假名的辅助手段，不断有新的字出现，任何规模的汉字总表都无法保证是完全的。

面对这样庞大的字符集，使计算机界感到十分尴尬。学者、工程师、商人、天真的青年、冒险家甚至江湖术士提出了成百上千的方案来解决这个问题，但是至今收效甚微。因为这些方案归根到底都要在互相矛盾的生理、心理、技术要求之间走钢丝，平衡是很难做到的。而任何对操作者的便利都是以更复杂的技术代价换来的。

如果站在技术的立场上来看待这个问题，应该反问一句，为什么不应该对汉字本身来一场“新技术革命”呢？汉字与计算机都是人类的杰作，为什么偏要计算机“在釜中泣”呢？

其实汉字改革并非史无前例。不可考的不算，隶书、楷书的出现与宋代印刷体的出现都是众所周知的。而这种改革的动力则显然是信息技术（书写工具、印刷技术都是信息技术的一个部分）的改变。因此，可以十分准确地说，历史上的汉字改革是由当时的新信息技术所造成的。

问题是当前的新信息技术、特别是计算机技术对于汉字改革到底提出了什么要求，这些要求与汉字改革其他方面的因素（文化的、教育的、社会心理的、语言学的、美学的、技术的等等）到底有哪些是相成的或相反的。然后，我们才能对今后汉字改革的问题提出中肯的意见。

Ⅱ　如果说，本文提到的历史上的两次改革主要是笔画形状的改革的话（隶、楷适于毛笔书写，宋体便于刻版），那么笔画形状的进一步简化已无助于新的信息技术了。实际上，人们早已习惯了各种各样的笔画形状，例如现代普遍流行的书写体可以说是“等线体”，各种各样的美术字、黑体、细体等等也都得到了社会承认。计算机的要求可以详述如下：

(1) 内部代码与形体的一致性。诚然，计算机内的信号或符号在加工过程中并不考虑其意义如何。但当计算机输出加工结果时，必须采取一种人们所能接受的形式，如数字、图形或文字。现在标准的汉字代码与电报编码类似，用一组若干位代码代表一个汉字，代码的每一位（或一段）并不代表汉字的形体本身的某一属性。有些发明家发明了表明形体的代码，但实际上只是抽取了形体的若干特征（偏旁、笔画、框架的格局等），并不能提供形体的全部信息，更不消说汉字图形本身了。因此，在计算机系统中总要存贮两组信息，一是汉字的图形信息，另一组是汉字代码与图形的对应关系。两组信息都很庞大，这是“大字符集”的最大麻烦的来源。

(2) 输入信息和内部代码的一致性。汉字图形信息过分精细复杂、内部代码无法记忆，两者都不适合作为键盘输入手段。因此又要有一套特殊的输入代码或装置。其结果不是增加了计算机系统的存贮、计算的负担，就是增加了设备上的要求。这是“大字符集”的另一困难。

总之,改革汉字的目标,应使输入信息、内部代码与汉字形体一致起来。要做到这一点,最直截了当的办法就是使汉字成为由少量(最好是 100 以内,或不多于 250 个,至多不要超过 500 个)符号顺次(自左而右或自上而下,至少是按一定的框架格局)排列而成的,用技术术语说,就是线性化。

不消说,拼音化是可以满足新信息技术的这种线性化要求的。这一点可以在几乎每一篇宣传拼音化的文章或小册子中读到,本文不打算多谈。我想说的是,只就线性化这一点出发,除了拼音化以外,还有别的出路。这就是把汉字的框架结构来一番改革。

Ⅲ　汉字在历史上形成了许多异体字,其中颇有一些是部件相同而框架不同的。我这里指的是"群"与"羣"、"峰"与"峯"这一类的情况。按照这个逻辑,当然也可以设想把"鲁"写成"魚日",把"泵"写成"砅",等等。这就导致了使汉字的各部件都自左向右排列的想法。

其实,有些字在篆书的时代是左右分立的,或至少有这样的异体,后来改成了别的格局(例如"走之"部的字)。因此,这种想法并非什么人为的杜撰,而是可以从汉字发展史中找到线索的。问题在于,如果只采用这一种框架,有些字就会太长了。比如"燃"字,就成了"火月犬火",而"赢"就成了"亡口月贝凡"。因此,不得不放弃汉字的方块外形,而改为等高不等长的形状。比如把每一个部件设计成大体像半个方形的长条,而听任汉字的形状是细长的(如果只有一个部件,如"木""女""田"),方形的(如果有两个部件,如"权""对"),扁形的(如果有三个以上的部件,如"树""华")。这样又要在两字之间留上一点空隙。最后就使汉字像英语的词由字母拼写那样,成为部首等组件拼写成的了。

这样做,还要面对几个疑难问题:

(1) 可能造成一些新的同形字,如"只"与"叭","员"与"呗",等等。这类问题可以个别解决。

(2) 有些部件(我们暂把汉字中形状相对独立的部分叫做部件)的形状

不适于单独分开，如“辶”，“廴”，“灬”。这就要为这些部件造出新的形体，比如“辶”“廴”“火”等。这类的变化，在汉字改革史上是不乏先例的，如“灬”本来就是与“火”相同的。

(3) 经过以上处理之后，字符集仍然太大。我没有统计，但听有人告诉我大约仍有五百个左右。针对这个问题，也可以找出一些办法。比如适当合并不同形体的部件。历史上，“阝”就是由不同部件合并的，它在不同位置上表示(未改革前的)不同形体。现代简化汉字也广泛采用了这个方法，如“月”就包括了“⺼”等等。在“汉”“难”“欢”“鸡”中“又”也表示与原字不同的形状。系统地合并不同形体或个别地解决这个问题都可以。还有一种办法是把某种通常看成部件的部分，稍加改变，使它成为两个以上部件组成的。例如把“页”看成由“丁”与“贝”组成的。经过一番精心的设计，把部件压缩到二百个以内，我看是可能的。

如果实现了这个设想，我们就足以使汉字适应于线性化的要求。

Ⅳ 作为一个不成熟的设想，很难把它与其他的方案作精确的比较。但这原则上只是字形部件排列的改革，与现有汉字有简单的对应关系，甚至可能保持住近千个常用汉字的形状。这对于新旧字形共存，以及文化遗产的继承无疑不带来什么困难，也不会带来由于方言、同音词等问题而造成的困难。另一方面，由于这是按部件拼写的，虽然还不是拼音，却为拼音方法的渗透造成了方便，不妨用某些专设的字母(或部件代用)来作为音符，在适当场合用拼音来组成汉字(如外来语、地名、拟声词)。这样就给拼音化准备了条件。

从许多方面讲，拼音化是一个很好的理想。但是如果要等待各方面条件成熟了再实行改革，其结果等于不改。新技术革命是一个很好的机会来推动汉字改革，但要科学地利用这个机会。把拼音化作为适应新技术革命的唯一方案，既不可能使全社会理解，也很难从科技界得到足够的支持。找寻一种方案既适应新技术革命的当前要求，又能高瞻远瞩地为将来走向拼音化准备条件(特别是社会心理条件),并努力获得社会承认,有可能推动汉字改革前进。这种方案如何设计,不是作者能力所及的,本文只是抛砖引玉而已。

在可以预见的将来(也许在一百年之内),用机器识别语音的技术可能出现,那时,拼音化的技术基础就会最后形成。但当前的计算机技术已迫切地要求实现汉字的线性化了。与其议论与等待,不如做些迫切要做的事。只要真正符合新技术的需要——不少也不过分,那么新技术就会成为汉字改革的强大物质基础,任何保守思想都抵挡不住的,这不是空泛的哲学信念,更不是抽象的良好愿望,而是为数千年汉字改革史所证实了的。

(原载《文字改革》1984 年第 5 期 23—26 页)

跟副词“再”有关的几个句式

摘要： 本文讨论跟副词“再”有关的几种句式，特别注意把“明天再去一趟吧！”里头的“再”(本文把它叫做“$再_1$”)跟“明天再去吧！”里头的“再”(本文把它叫做“$再_2$”)加以区别。“$再_1$”表示重复、继续的意思，它的句法功能也很简单。“$再_2$”的意义比较复杂。为了弄清楚这个问题，我们讨论了意愿和预设，然后说明“$再_2$”用于这样的场合，就是：要求在某一条件出现以前不要去实现预设里的某个意愿。反映在句法上，跟“$再_2$”结合的动词短语以及含有“$再_2$”的句法结构都有一些值得注意的特点。

§0

《现代汉语八百词》(以下简称《八百词》)说“再”是副词，用法可以分成五项(例句略有修改)：

1. 表示一个动作(或一种状态)重复或继续：

   再坐一会儿|不能一错再错了|你再推辞，大家就有意见了|再等也是这么几个人

2. 表示一个动作将要在某一情况下出现：

   下午再开会吧|伤好了再回部队

3. 用在形容词前，表示程度增加：

   有比这再合适一点儿的吗？|再好也没有了|好得不能再好了|风再大我们也不怕

4. 和否定词合用：

不再唱了|没再来|再也不来了

5. 另外，又：

再一个|再一次|再没有|再还是|再就是

第1、2、4种用法是跟动词相联系的。本文打算讨论跟这几种用法有关的一些句式。

§1

《八百词》在比较“再”跟“才”的时候说：“再”表示动作尚未实现，“才”表示动作已实现，并强调动作实现的晚。书里举了下边的例子作为对比：

你明天再$_2$来吧（尚未实现）
你怎么今天才来（动作实现得太晚）

看完了电影再$_2$走吧，好不好（尚未实现）
他看完了电影才走的（动作实现得太晚）

这种比较是针对“再”的第二种用法说的，我们把此类用法的“再”都写成“再$_2$”。

“才”是不是表示动作已实现？这是有问题的。《八百词》“才”的用法里边就有这样一个例句：

他明天才能到

这显然不能简单地说成“已实现”。其实上边比较的两组例句都可以引申成下边这样：

明天再$_2$来〔吧〕[1]	看完电影再$_2$走〔吧〕
明天才来呢	看完电影才走呢
昨天才来〔的〕	看完电影才走〔的〕

《八百词》“再”的第二种用法下边的例句都可以这样引申，例如：

下午再开会〔吧〕	先调查清楚再$_2$研究解决办法〔吧〕
下午才开会呢	先调查清楚才研究解决办法呢
下午才开〔的〕会[②]	先调查清楚才研究〔的〕解决办法[②]

从上边这几组例句来看，“再$_2$”跟“才”的区别决不是已实现和未实现的区别。最明显的区别倒是：有“再$_2$”的例句都是祈使句，有“才”的例句都是叙述句。

我们可以写出这样的公式：

(Z)X 再$_2$ Vp〔吧〕![③]（祈使句）(C_1)X 才 Vp 呢。（叙述句，未实现）

(C_2)X 才 Vp〔的〕。[④]（叙述句，已实现）

从功能上说，(Z)用在下面的语境里：说话人预设（认为、确知、推断等）听话人有某种意愿 v，[⑤]说话人说(Z)的用意是：要求（命令、建议、请求等）听话人在某一情况（时间、事件、条件等）c 出现以前暂时不要去实现意愿 v。[⑥]在(Z)里，用 X 指明[⑦]c，用 Vp 指明 v。

这里说到了预设。关于预设的研究正在吸引越来越多的语法学家的重视。本文不可能系统地讨论这个问题，只是想说明：预设是说话人对听话人的假设。如果预设不符合听话人的实际情况，听话人就可能不理会说话人的用意，而把话题转向对预设的讨论。他可能提出问题、做出反驳或辩解等等。下边的例子清楚地反映出这种情况：

甲：明天再$_2$去吧！	甲：明天再$_2$买大衣吧！
乙：上哪儿去？	乙：我没打算买大衣。

这种情况也反映在句式(C_1)(C_2)里，但是它们各有不同的预设。(C_1)的预设里含有这样的内容，就是听话人知道某一动作、状态、事件将会出现。例如：

甲:小王明天才走呢。　　乙:啊?小王要走?(不知道小王要走)

(C_2)的预设里含有这样的内容,就是听话人知道某一事件已经发生。例如:

甲:小王是昨天才来的。　　乙:啊?小王来了?(不知道小王来了)

(C_1)(C_2)的预设比较复杂,需要专文讨论。

总之,(C_1)(C_2)跟(Z)需要不同的预设。这是这些句式的重大区别。

(C_1)(C_2)跟(Z)的共同点是:其中用 Vp 来指明的都是预设里已有的东西。因此,这些 Vp 在结构上也有共同的特点。例如说,其中不能含有不确定的限量性的成分(指数量结构):

〔我〕一会儿去看个朋友。|*〔我〕一会儿才去看个朋友呢。|〔我〕一会儿才去看那个朋友呢。|〔我〕一会儿才去看朋友呢。|〔我〕一会儿才去呢。

〔我〕昨天买了一本书。|*〔我〕〔是〕昨天才买的一本书。[8]|〔我〕〔是〕昨天才买的那本书。|〔我〕〔是〕昨天才买的书。|〔我〕〔是〕昨天才买的。

明年买件大衣吧!|*明年再$_2$买件大衣吧![9]|明年再$_2$买那件大衣吧!|明年再$_2$买大衣吧!|明年再$_2$买吧!

根据以上的讨论,我们把句型(Z)的用法总结如下:

(Z)　X 再$_2$ Vp−q〔吧〕!

预设:t 有意愿 v。
用意:s 要求 t 在 c 以前不去实现 v。
指明:X 指明 c,Vp−q 指明 v。

这里 s 表示说话人，t 表示听话人，Vp－q 表示不含有限量成分的动词短语。

§ 2

上节的讨论还没有涉及语调重音问题。这方面的问题尚无系统的研究成果。但是(Z)里的重音却有个很简单的规律：它应该出现在X中。从词序上说，(Z)里的重音应该出现在“$再_2$”的前头。所以(Z)应该写成：

(Z) ′X $再_2$ Vp－q〔吧〕！

有些副词，如“再、才、又、都、就、也”等等，它们的意义、用法跟重音的位置有关。例如：

小王′又来了。　　　　　(重复)
昨天来了，今天又′走了。(相继)

他们′都来了。　　　　　(全部)
′我都不知道你来了。　　(甚至)

′我就比他高一点儿。(至少)
我就比他高′一点儿。(至多)

本文不打算系统研究这个问题，只就与“再”有关的重音问题略加分析。

《八百词》“再”的用法第1项说“再”可以表示一个动作(或一种情况)的重复或继续。我们把这种用法的“再”写成“$再_1$”。“$再_1$”通常是带有重音的。例如：

去过了还可以′$再_1$ 去。　　　　我想′$再_1$ 买一本。

“$再_1$”可以出现在类似于(Z)的句式里，例如：

明天′$再_1$ 去一趟吧。　　　　明年′$再_1$ 买一本吧。

我们把这种句式写成

(Z′) X′再$_1$ Vp+q〔吧〕!

(Z)跟(Z′)不但重音的位置不一样，而且动词短语的结构也不一样。(Z′)里的动词短语含有限量成分(指动量、名量、时量、动词重叠等)，我们把这样的动词短语记做 Vp+q。

(Z)跟(Z′)里头的动词短语结构为什么不一样呢？这跟预设有关系。

Vp+q 和 Vp−q 都可以单独用作祈使句：

(I) Vp−q〔吧〕!　　　　(I′) Vp+q〔吧〕!

例如：

买一件〔吧〕!	(I′) 名量	讲讲〔吧〕!	(I′) 重叠
买〔吧〕!	(I)	讲〔吧〕!	(I)
坐〔一〕会儿〔吧〕!	(I′) 时量	去一趟〔吧〕!	(I′) 动量
坐〔下〕〔吧〕!	(I)	去〔吧〕!	(I)

这两种祈使句的区别是明显的：使用(I)的时候，预设听话人已经有了某个意愿，说(I)的用意是一种“附议”；使用(I′)的时候，没有这个预设，说(I′)的用意是“提议”。从这里可以看出，Vp−q 是跟预设里头的意愿相联系的。[10]

(Z)跟(Z′)的区别也是这样。使用(Z)的时候，有关于意愿的预设，因此(Z)里就使用 Vp−q 来指明这个意愿。在(Z′)的情况，“再$_1$”表示重复，因此，应该预设动作做过了(或状态出现了)。但是重复的动作毕竟不是原来的动作，只不过可以用同样的词语来指明而已。严格说来，(Z′)里的 Vp 是用来指明意愿里的动作(或状态)而不是用来指明预设里的动作(或状态)的，这跟上节讨论的(C_1)(C_2)情况不同。因此，(Z′)里的 Vp 就采取了 Vp+q 的形式。总之，(Z′)跟

(I′)一样，是一种“提议”，而(Z)却是一种“表态”，跟(I)是一类的。

有时，重复的动作跟原来的动作差异可能大到必须用不同的词语来指明的程度(虽然在观念上还是看成重复)，例如：

去过南京还可以$再_1$去′上海。(去南京/去上海) 我想$再_1$买一件′新的。(买旧的/买新的)

他已经唱了歌儿了，你们$再_1$说一段儿′相声吧！(他唱歌儿/你们说相声)

这时候，重音就不在“$再_1$”上，而在某个新的词语上。

这种情况也可以出现在类似于(Z′)的句式里：

(Z″) X $再_1$′Vp+q〔吧〕![11] 例如：

回头$再_1$讲讲′那个问题〔吧〕! 明年$再_1$去一趟′美国〔吧〕!

下文主要是把(Z′)和(Z″)看成一类，跟(Z)做比较。因此，说到(Z′)的时候，也兼指(Z″)。

§ 3

§ 1里说“$再_2$”用在祈使句里，只是就那里的例句说的。其实它还可以出现在更大的句式里，例如：

〔我〕打算明天$再_2$去。 〔我〕让他明天$再_2$去。

这些句子都是把(Z)嵌入到更大的句式得到的结果。用Y表示这种句子里相当于(Z)的部分，就可以写出这样的句式：

(甲)〔Np〕打算Y (乙)〔Np〕让他Y

这种句式当然还可以做得更一般一些。比如说“打算”可以替换成别的动词，像“想”“得”(děi)，等等，“让”可以替换成“叫”“请”，等等。但是这对本文的讨论是不重要的。

其实,许多祈使句都可以出现在这样的语境中(就是说,替换其中的 Y)。例如:

$\begin{cases}\text{早点儿走!}\\\text{打算早点儿走。}\\\text{让他早点儿走。}\end{cases}$ $\begin{cases}\text{买本儿新的!}\\\text{打算买本儿新的。}\\\text{让他买本儿新的。}\end{cases}$

(Z′)作为祈使句,也可以出现在这样的语境里。这时,(Z)和(Z′)在语调上、结构上的不同特点仍然保持着:

$\begin{cases}\text{打算明天}'\text{再}_1\text{ 去一趟。(Z}'\text{)}\\\text{打算}'\text{明天再}_2\text{ 去。(Z)}\end{cases}$ $\begin{cases}\text{让他明天}'\text{再}_1\text{ 去一趟。(Z}'\text{)}\\\text{让他}'\text{明天再}_2\text{ 去。(Z)}\end{cases}$

祈使句是表达意愿的:[12] 说话人希望听话人做(或不做)某个动作或某件事。例如:

关上门〔吧〕! 别吃药了〔啊〕!(bié chī yào ·le/·la)

当然,有时候,要做什么事并不明确,比如:

开着门吧!

也许是要听话人不要关门,也许是要他用什么东西顶住门,等等。但总而言之,是要听话人做(或不做)某个动作或某件事。

(甲)(乙)两个句式既然都有祈使句嵌入其中,也就都跟意愿有关。但是,这些句式里表达的意愿跟说话、听话双方的关系是错综复杂的。为了说明这种关系,我们要规定一些术语。

小王对小张说:"关上门吧!"这时小王表述了一个意愿。这个意愿是小王的意愿,我们把小王叫做这个意愿的主体。然而,这个意愿的实现还涉及小张,要小张做某个动作或某件事。我们把小张叫做这个意愿的客体,[13] 要他做什么动作或什么事,叫做这个意愿的内容。于是,"主体"想要"客体"做"内容"里的事,就构成了一个意愿。

意愿和它的表述是两回事。如果小李对小赵说"小王想让小张关上门”，他们谈论的也还是上边讨论的那个意愿。使用主体、客体、内容这些术语，目的就是把意愿和它的具体表述加以区别，使主体、客体和说话人、听话人分开，以便讨论（甲）（乙）这样的句式。

拿（甲）来说，这是个叙述句。除非说话人预设听话人知道句子里的 Np 指明谁，这个 Np 就要说出来。例如：

小李（对小张）：小王打算早点儿走。

或者

小王（对小张）：我打算早点儿走。

这两个例句说的都是小王的意愿。这个意愿也可以用这样的办法说出来：

小王（自语）：早点儿走吧！

这是祈使句。这时，意愿的主体就是说话人，意愿的客体就是听话人。另一方面，在自语的场合，听话人跟说话人是同一个人，所以说这句话的时候，说话人、听话人、主体、客体四者合一，换句话说，这是说话人自己对自己的意愿。这可以用如下的变换式表示：

s（对 t）：Y 吧！（z=s，k=t）

↓（使 s 与 t 相同）

s（自语）：Y 吧！（z=k=s=t）

（这里 s 表示说话人，t 表示听话人，z 表示意愿的主体，k 表示意愿的客体）。这个变换虽然没有造成句法形式上的变化，但是由于听话人和说话人的关系发生了变化，所以使意愿的主客体的关系也发生了变化。

使用句式（甲）的时候，说话人、听话人都与意愿的主客体脱离了关系。实际上，（甲）里头的 Np 就是指明意愿主体的。但因为（甲）叙述的是主体对自己的意愿，所以意愿的主、客体相同。这可以写成如下的变换式：

s(自语)：Y〔吧〕！(z=k=s=t)

↓(使 z、k 与 s、t 脱离关系)

Np 打算 Y(Np 指明 z,z=k)

当 Np 是“我”的时候,Np 指明说话人,所以又有如下的变换式：

Np 打算 Y。(Np,指明 z, z=k)

↓(使 Np 指明 s)

s：我打算 Y。(z=k=s)

总之,句式(甲)里说到的意愿是主体对自己的意愿(即 z=k)。

句式(乙)单独成句的时候,可以是叙述句,也可以是祈使句(如果没有 Np,或者 Np 是“你”)。用做叙述句的时候,可以用这样一个变换式来表示：

(T)　s(对 t)：Y〔吧〕！　(z=s,k=t)

↓(s、t 与 z、k 脱离关系)

Np_1让 Np_2 Y。(z 用 Np_1指明,k 用 Np_2指明)

(乙)用做祈使句的情况是说话人向听话人表述他对第三者的意愿,[14] 相应的变换式是：

s(对 t)：Y〔吧〕！(z=s,k=t)

↓(t 与 k 脱离关系)

〔你〕让 Np Y 吧！(z=s,Np 指明 k)

还应该注意在做这些变换的时候预设有什么变化。比如说,看下面的例子：

甲：小王让小李′明天再₂走。　　乙：怎么？小李要走？

这里,甲说的那个句子是把(Z)嵌入(乙)得到的。从乙提的问题可以看出,这个句子预设了乙知道小李要走。这可以用如下的变换式表示：

小王（对小李）：′明天再$_2$走〔吧〕？（预设：小李想走）

↓

甲（对乙）：小王让小李′明天再$_2$走。（预设：乙知道小李想走）

现在把这个变换式加以推广。

变换式里上边的那个句子是句式(Z)的句子。它表述一个意愿u，其主体 zu 是说话人 t（小王），客体 ku 是听话人 s（小李），内容是“在条件 c(明天)出现以前不要去实现预设里的意愿 v(小李想走)”。注意，预设里头的意愿 v 是另外一个意愿，它的主体 zv 是小李，它的客体 kv（也是小李）和内容（走）都跟要讨论的变换不相干。(Z)的预设和用意可以用这些记号总汇如下：

(Z) ′X 再$_2$ Vp－q〔吧〕！　$\left[\begin{array}{l}\text{预设：意愿 v，zv=t}\\\text{用意：表述 u，zu=s，ku=t}\end{array}\right]$

把(Z)嵌入(乙)的时候，zu、kv 跟 s、t 脱离了关系，分别用 Np_1 和 Np_2 来指明了。这样一来，可以写出：

(乙) Np_1 让 Np_2′X 再$_2$ Vp－q。

$\left[\begin{array}{l}\text{预设：t 知道 v，zv=ku}\\\text{用意：表述 u，}Np_1\text{ 指明 zu，}Np_2\text{ 指明 ku}\end{array}\right]$

比较这两个句式里的预设，可以发现：(乙)的预设更带有普遍性，也就是说，(Z)的预设也可以写成：

t 知道 v，zv=ku

这是因为：(1)在(Z)的场合，ku=t，所以“zv=ku”的写法已经蕴含了 zv=t；(2) 既然 zv=t，意愿 v 的主体就是 t，意愿的主体当然知道他有什么意愿，换句话说，“某意愿的主体知道他自己有这个意愿”不过是关于这个意愿的存在的一种逻辑上等价的说法而已。

把(Z)的预设做这种改写以后,就得到这样的变换式:

s(对 t):′X 再 Vp−q〔吧〕! [预设:t 知道 v, zv=ku; 用意:表述 u, zu=s,ku=t]

(T′) ↓(使 s、t 跟 zu、ku 脱离关系)

s(对 t):Np_1 让 Np_2′X 再$_2$ Vp−q。 [预设:t 知道 v, zv=ku; 用意:表述 u,Np_1指明 zu, Np_2指明 ku]

从(T)和(T′)两个变换式可以看出,把(Z)嵌入(乙)的时候,并没有真正改变预设。只是预设中意愿的主体 zv 受到变换的影响与 s、t 脱离了关系而已。

很明显,要对这个问题做深入的分析,必然会涉及到关于意愿和知识的逻辑。这甚至对逻辑学来说也是未解决的问题。本文只能笼统地说明如上,目的还是为了说明:指明预设里已经有的意愿时,动词短语在结构上的特点是 Vp−q。

§ 4

"再"和否定词的结合,见于《八百词》"再"的第四种用法。例如:

不再唱了	别再唱了	没再唱
再也不唱了	再也别唱了	再也没唱

《八百词》按照"再"和否定词的先后次序把上面这样的例句分为 a) b)两组,上一行那三个例句是 a)组,下面那行那三个例句是 b)组。我们再把它们分成左、中、右三组,分别叫(A)(B)(C)。经纬相织,一共得到六个句式:

(Aa) 不再 Vp 了	(Ba) 别再 Vp 了	(Ca) 没再 Vp
(Ab) 再也不 Vp 了	(Bb) 再也别 Vp 了	(Cb) 再也没 Vp

(C)组的两个句式都不是表述意愿的,我们不去讨论它。(A)

(B)都可以用来表述意愿,但它们有明显的区别,比如说,(A)可以用在上节的(甲)里,但不能用在(乙)里;(B)刚好相反:

(甲)
(A) 打算不再唱了　　　打算再也不唱了
(B) * 打算别再唱了　　　* 打算再也别唱了

(乙)
(A) * 让他不再唱了　　　* 让他再也不唱了
(B) 让他别再唱了　　　让他再也别唱了

其实(A)(B)的这种区别跟"再""再也"没有关系。把这些词从上边的例句里去掉以后,分析仍然不变:

(甲)
(A) 打算不唱了
(B) * 打算别唱了

(乙)
(A) * 让他不唱了
(B) 让他别唱了

回顾(甲)(乙)的区别,就会发现,用(甲)表述的意愿总是主体对自己的意愿(主体跟客体相同),用(乙)表述的意愿与此相反。因此,在否定意愿的时候,"不"用在主体跟客体相同的情况,"别"用在主体跟客体不同的情况。

应该特别说明的是:否定一个意愿,总是预设了听话人知道这个意愿的存在。因此,在这种否定句里,应该使用 Vp−q,例如:

* 不唱一个歌儿了|* 不唱一会儿歌儿了|* 不唱唱歌儿了|不唱这个歌儿了|不唱歌儿了

这样就可以写出句式:

(Ao) 不 Vp−q 了。

(B) 的情况跟这完全平行。我们又可以写出:

(Bo) 别 Vp−q 了。

在(Ao)(Bo)里分别添上"再""再也",就得到前边的(Aa)(Ab)(Ba)(Bb)四个句式。

句式(Aa)和(Ba)的前边还可以再有适当的状语 X,[15] 这时,它们很像是句式(Z)的否定形式：

(A′a) X 不再 Vp−q 了　　　　(B′a) X 别再 Vp−q 了

但是,(A′a)和(B′a)都不是(Z)的否定形式。为什么呢?

假定有一段对话,其中说到：

甲(对乙)：明天再去吧。

现在丙不同意甲的意见,于是他想向乙表述一个相反的意见。他应该怎么说呢?他可能说:"今天就去吧!"或者"明天也别去了!",等等,但总不能说"明天别再去了。"可见(Z)跟(A′a)(B′a)不相配。

其实,说(A′a)和(B′a)的时候,预设了 Vp−q 指明一种做过的动作或发生过的情况,这从下面的对话很容易看出来：

甲：明年别再念法语了!　　　　乙：我没念过法语啊。

因此,(A′a)(B′a)里的"再"应该是表示重复(或继续)的"再",就是"再$_1$"。最后写成：

(A′a) X 不再$_1$ Vp−q 了。　　　　(B′a) X 别再$_1$ Vp−q 了。

§5

(Z)和(Z′)除了可以嵌入§3 里说的句式(甲)(乙)以外,还可以嵌入到下面的句式里：

Y 就 Vp′

例如：明天′再$_1$ 去一趟就找着他了。(Z′)　′明天再$_2$ 走就没危险了。(Z)

这种句式里的 Y 也可以是别的祈使句,比如上文说过的(I′)：

跑两步就暖和了。　　　　看看这封信就明白了。

在 Y 跟"就"的当中,还可以有个名词短语做为后边 Vp′的主语,例如：

唱个歌儿大家就高兴了。

现在我们把这种句式叫做(丙$_1$)：

（丙$_1$） Y〔Np〕就 Vp′

（丙$_1$）有许多不同的用法。跟本文有关的是用于交代意愿的起因。这时它表示的是一种逻辑关系，[16] 例如：

跑两步就暖和了。（跑两步吧！）|再$_1$ 看看书就明白了。（再$_1$ 看看书吧！）|明天再$_2$ 走就没危险了。（明天再走吧！）

这时候，（丙$_1$）里头的 Y 用来指明说话人对听话人的某种意愿，〔Np〕Vp′指明听话人希望或乐于接受的某种变化或状态，[17]（丙$_1$）的用意是交代出说话人的意愿是出于怎样的一种动机、目的或原因。[18] 从逻辑关系上说，（丙$_1$）说明只要实现了 Y 所指明的意愿，就会出现〔NP〕Vp′指明的变化或状态。换句话说，这是从充分性的角度交代了意愿的起因。

意愿的起因也可以从必要性的角度来指明。就是说，先做一个与意愿相反的逆设，然后说明会出现什么不好的、不希望出现的结果。例如：

不唱个歌大家就扫兴了。

这种句子的一般形式是

（丙$_2$） $\overline{Y}$〔Np〕就 Vp″

这里，〔Np〕Vp″指明听话人所不希望或不乐于接受的某种变化或状态，$\overline{Y}$ 是与（说话人对听话人的）意愿相反的假设。例如：

{ 再$_1$ 唱个歌儿〔吧〕！
{ 不再$_1$ 唱个歌儿大家就扫兴了。

{ 别再$_2$ 唱了！
{ 再$_1$ 唱大家就烦了。

注意这两组例句里$\overline{Y}$的形式。前一组例句里的 $\overline{Y}$有否定词“不”，但是它后边的动词短语是个 Vp+q；后一组例句里的$\overline{Y}$是个 Vp−q，但是在“再$_1$”的前边没有否定词。这跟我们以前讨论过的句式在形式上是矛盾的，但是可以从对意愿的预设得到解释。[19]

从上边的讨论可以想到，从充分性的角度说明一个意愿的起因，或从必要性的角度说明为什么要阻止听话人某个意愿的实现，在句式上是很相似的。下边的图表里，右边的两个句子就是这样：

〔明天〕再$_1$ 讲一遍〔吧！〕$\xrightarrow{\text{充分}}$〔明天〕再$_1$ 讲一遍大家就懂了。

↓阻止

〔明天〕别再$_1$ 讲了！$\xrightarrow{\text{必要}}$〔明天〕再$_1$ 讲大家就烦了。

右上方的句子里有 Vp＋q（“讲一遍”）和 Vp′（“懂了”），右下方的句子里有 Vp－q（“讲”）和 Vp″（“烦了”）。写成一般的公式，应该是：

[X]再$_1$ Vp＋q〔吧〕！$\xrightarrow{\text{充分}}$[X]再$_1$ Vp＋q [Np]就 Vp′

(S′)　　　↓阻止

[X]别再$_1$ Vp－q 了！$\xrightarrow{\text{必要}}$[X]再$_1$ Vp－p [Np]就 Vp″

祈使句(Z)也有与此类似的图表。但因(Z)没有相应的否定形式，所以缺少左下角的句子：

明天再$_2$ 讲〔吧〕！$\xrightarrow{\text{充分}}$明天再$_2$ 讲听的人就多了。

↓阻止

（今天就讲〔吧〕！）$\xrightarrow{\text{必要}}$明天再$_2$ 讲听的人就少了。

括号里的句子在形式上和其他的句子不相配，它的一般形式有待研究。

把上边这个图表写成一般的公式，应该是：

X 再$_2$ Vp－q〔吧〕！$\xrightarrow{\text{充分}}$X 再$_2$ Vp－q[Np]就 Vp′

(S)　　　↓阻止

?　　　$\xrightarrow{\text{必要}}$X 再$_2$ Vp－q[Np]就 Vp″

把(S)跟(S′)加以比较，可以发现两个图表里右下角的句式非常相似：

明天′再$_1$ 唱就没人听了。(明天别再唱了!)

′明天再$_2$ 唱就没人听了。(今天就唱吧!)

这里我们特别标出了重音的位置,用以说明它们实际上不是同形的。

§6

最后小结一下。

(1) 我们对比了“再$_1$”跟“再$_2$”“才”跟“再$_2$”,含有“再$_1$”的肯定与否定祈使句,着重谈到 Vp 的结构。

(2) 是否预设听话人自己有某个意愿或知道别人有某个意愿,对于指明这个意愿的 Vp 的结构有重大影响。这是我们紧紧抓住的一个线索。

(3) 句式的变换常常意味着意义的变化或用法(包括预设什么,表述什么,等等)的变化。注意到这一点,对句法的研究是有益的。

本文涉及动词短语的结构、预设、意愿、语调等问题,这些问题在文献中尚未见到过系统的研究成果。希望本文能引起读者对这些问题的关心。

附　注

① 在例句里,方括号表示有些词语可有可无,有没有这些词语对于本文所做的分析没有重大影响。

② 这是一个有歧义的结构。这里当然只取与上边两个例句平行的那种意义。

③ 以下在例句中用“!”表明祈使句,用“。”表明叙述句。

④ 这个句式里“Vp〔的〕”是一种简化的、示意的写法。从前边的例句可以看出,“的”可能出现在 Vp 里头的动词和宾词中间。更复杂的例子可举:下了班才

带他瞧的病。|去年才把房买过来结的婚。

⑤ 在本文里,用小写字母表示语境中的事物,如说话人、听话人、意愿、条件等。

⑥ 注意,这就是说(Z)是一种阻止性的(否定性的)祈使句。把(Z)中的修饰性成分"X"和"再$_2$"去掉,只剩下"Vp〔吧〕",意思就反过来了,例如,说:"明天再$_2$说吧!"的用意并不是要求听话人明天一定要说,而是在这以前不要说。实际上,这句话常用来委婉地表示劝阻,或者是用拖延的办法最终避免对方实现他的意愿。

⑦ 在本文里,把词语和语境里的事物之间的对应关系叫做"指明"。

⑧ 参看注②。

⑨ 这个句子好像可以说。其实那就得把"再$_2$"改成"再$_1$",从说话人的用意来看,也跟另外几个句子不相配。参看§2。

⑩ 祈使句跟预设关系的不同还可以表现为重音位置的不同:

表示"同意"　'买这件〔吧〕!　'搁桌儿上〔吧〕!　'借给小王〔吧〕!

表示"建议"　买'这件〔吧〕!　搁'桌儿上〔吧〕!　借给'小王〔吧〕!

上一行的例句应该归入(I)类(或者说其中的动词短语是 Vp−q),下一行的例句应该归入(I)类(或者说其中的动词短语是 Vp+q,而把其中的重音模式看成限量成分一类的东西,用于表示某种选择)。对这个问题的详细讨论超出了本文的范围。

⑪ 这个句式里的动词短语变化比较丰富,Vp+q 只是其中的一个可能。参看⑩。其他的例子如:明年再$_1$ 把'小王送走吧!|呆会儿再$_1$ 去找'小张吧!

⑫ 表达意愿不一定都用祈使句。例如:"他不去就好了。(希望他不要去)"对于这种句子里表达的意愿,这里做的分析不一定适用。参看§5。

⑬ 注意不要把意愿的客体跟宾语、受事等混淆。

⑭ 这是一种简化的说法。严格说来,这种句式含有对听话人的意愿,例如:"让我去吧!"这涉及"兼语式"或"递系式"的问题。

⑮ (Ab)(Bb)一般不能象(Aa)(Ba)这样添上表示时间或情况的状语 X:

*明天再也不唱了　　*明天再也别唱了

但是

往后再也不唱了　　　　往后再也别唱了

却是可以说的。这涉及到“再”“也”这一类副词的综合功能，需要专门研究。

⑯ 试比较：

说完话就走了　（时间关系）　　　　没事儿就多坐会儿　（逻辑关系）

⑰ 严格说来，这是说话人的预设。如果这个预设与实际情况不符，说话人会做出反驳。例如：

甲：$再_1$去一趟就找着小王了。　　　　乙：我没想找小王啊。

⑱ 值得注意的是，($丙_1$)并未预设听话人知道说话人的意愿，甚至可以用($丙_1$)来表述这种意愿。例如：“吃两副药就好了。”可以用来代替“吃两副药吧。”用($丙_1$)表述意愿显得是说理而不是强求，语气也更加委婉。

⑲ 所以我们不说($丙_2$)里嵌入了祈使句。其实，($丙_1$)($丙_2$)这些句式里的Y或$\overline{Y}$虽然是用来指明意愿(或“逆指”意愿)的，却可能是另一种性质的结构(条件、虚拟等)。

(原载《中国语文》1985年第2期105—114页)

通字——文字改革的一种途径

(一)

赵元任教授的《通字方案》(商务印书馆,1982)以古韵书为背景,参照普通话及吴、粤、闽等主要方言,把常用汉字分成了大约两千个小组,每组里的汉字都是同音字,不但从普通话来看是这样,从各方言来看也是这样。然后,再从每个小组里挑选一个适当的汉字做为代表,共有两千个左右的汉字,叫做通字。在书写汉字时,就用通字来代替同一个小组里的汉字,也就是说,用同音代替的办法来减少汉字的总数。然而,这种同音代替是十分严格的,必须从绝大多数方言来看都同音的字,才算同音字。

这样的方案有两大优点:

(1) 使汉字的总数确定下来。汉字的总数有多少,谁也说不清。许多生僻的字很少有人认得,更不用说用于写作了,但是却很难找出一个标准来限制它们的使用。另一方面,随着文化的发展,陆续有一些新的汉字创造出来,有的还很常用,例如本世纪创造的"铀"、"镭"、"硅"等字。这种情况使汉字与现代信息技术的结合遇到了种种麻烦。本文作者曾在本刊撰文讨论过这个问题(见本刊 1984 年第 5 期 23 页)。

采用通字,可以使汉字的总数一劳永逸地固定下来,制订出一张清清楚楚的法定汉字总表。这样,就把汉字这个原则上是无限的对象,变成了一个有限的对象，从而大大减少了信息技术面临的麻烦。同时，也为拼音化做了心理上和技术上的准备。

(2) 充分照顾了汉语方言复杂的特点。想用“同音代替”的办法减少汉字总数，或者以拼音为基础进行彻底的文字改革，都遇到方言问题，推广普通话也是必备的条件。然而推广普通话与教育事业分不开，教育事业却不可能取得戏剧性的进展。我国方言极为复杂，又有人数众多的文盲，推广普通话是一个非常困难的任务。认真的文字改革就更是遥遥无期了。不过，文字改革工作本应是有利于教育工作、有利于推广普通话的。问题在于怎样把两者结合起来，互相推动，找出一种合理的策略。这是摆在文改界面前的关键性问题。《通字方案》提出了一种不受方言限制而大大减少汉字总数的方案，可以先于推广普通话而推行，恐怕也是在普通话得到推广之前文字改革工作客观上能达到的最好目标了。一旦实现了这个目标，基础语文教学和扫盲工作就都有了更便利的工具，推广普通话的工作也就有了更好的条件。

总之，《通字方案》是值得认真研究的。如果把它与本文作者在1984年第5期的文章中提出的建议结合起来，还可以大大有利于汉字与信息技术的结合，减少推广普通话的障碍，使信息技术的社会化得以加速，并利用新技术革命的大好时机推进文字改革工作。

（二）

《通字方案》一书还提出了“通字罗马字”，根据切韵的音系，并参照了各地的实际方音，为每一个通字制定了一个拉丁字母拼写法。这样，通字罗马字就成了兼顾各方言(甚至古音)的一种汉字拼音方案。应该说，还有许多别的学者也有过类似的提议，例如王力教授提出的“区际罗马字”。本文作者在二十多年前也在本刊上提出过有关的意见。

通字罗马字把“置”、“智”、“致”拼成 dyih,“治”拼成 dhyih,“至”、“志”拼成 jih,“滞”拼成 dhyey,“制”、“製”拼成 jey,“质”拼成 jit,“痔”、“峙”、“雉”拼成 dhyii。从普通话看来,这是同音字的不同拼法。但这并不是随意规定的,而是根据这些同音字在各种方言中的不同读音制定的。比如,在有浊音的方言中,“置”与“治”声母不同,在有入声的方言中,“质”与其他字韵母不同,等等。由此不难看出,对于每个方言来说,通字罗马字中都有同音字拼法不同的现象。要掌握它,必须逐步学习。但在另一方面,不管对哪一个方言来说,通字罗马字的读音规则都不复杂,不像英语、意大利语那样,不注音就可能读错。换句话说,虽然不能简单地按照自己说的话拼写,但在认读时,却可以按规则念出每一个字来,不但能念出自己的方音,还能念出北京音。

一般说来,以拼音为基础的文字都要有一套正字法,以便规定一些特定的拼法。英语主要是照顾历史,所以 right 和 write 都不写成 rite。法语要照顾词形屈折和连读的需要,所以 son 不能只写 son,petit 不能只写 peti。汉字没有拼写史,也没有复杂的屈折、连读,却有一个变化万状的方言系统。通字罗马字在拼音上主要照顾方言是极为自然的。

不妨把现行的《汉语拼音方案》与通字罗马字来做个比较。前者是以北京音为标准的。操各种方音的人在学习拼写时,必须记住一些同音字的不同拼法。甚至河北省某些地方的人也要记住 zh,ch,sh 和 z,c,s 的区别。比它再远一点的地方,学习《汉语拼音方案》还是通字罗马字,在拼写方面的困难也就没有实质性的区别了。另一方面,我们虽然不主张用方音读书,但不能忽视这样一个事实:人们在学习认读时,见到不熟悉的字词,总要设法把它的拼法与自然说出的字词联系起来。然而,在学习汉语拼音的认读时,甚至河北省某些地方的人也猜不出他看到的 jian 是他所说的 jian 还是 zian。到了更远的地方,《汉语拼音方案》在学习认读时就远不如通字罗马字了。因此,在掌握北京音系以前,学习《汉语拼音方案》，不论在拼写方面还是认读方面都会遇到困难，有时比通字罗马字还困难。当然，《汉语拼音方案》在别的方面又有一些优点，本文不打算全面地评说。

此外，应该特别说明，“推广普通话”是一个标准不明的笼统说法。我们读到过许多宣传某地推广普通话成绩如何卓著的宣传性材料，其中通常没有认真说明那里推广的普通话在音系方面(姑且不谈音值)与汉语拼音方案是否真的一致，比如说，分不分 zh，ch，sh 和 z，c，s；en，in，un，ün 和 eng，ing，ong，iong；f 和 h；n 和 l 等等。然而，如果没有真正区分这些，那么这样的推广普通话只不过是到处去制造一些比当地方言和北京话都简单的音系而已，虽然对于各地的交往不无好处，却无益于推行按北京音拼写的任何方案。这本是极为明显的，但却有不少人没有注意到。我们应该澄清这一点，用科学的态度来对待这个问题，不应轻视它，更不能采取自欺欺人的态度。否则，文改工作将会为之付出代价。然而，经验证明，要高标准地推广普通话，就会遇到年龄、师资、教学用具等许多方面的困难，大概不是在一两代人以后就可以实现的。

总之，要在我国这样一个方言复杂的国家实现文字拼音化，通字罗马字是一条现实的积极的途径，因为它不必等待普通话的推广，反而会对推广普通话带来许多方便。

(三)

《通字方案》，特别是其中的通字罗马字的方案，也还有一些值得讨论之处。

虽然要照顾方言，但应以普通话为基础，以便于将来的进一步发展。通字有时为了兼顾方音而打乱了普通话的音系。除了个别字可以重新审音以外，恐怕首先还是要从北京话出发。《通字方案》机敏地处理了许

多问题,但是还有一些值得推敲:

(1) 古入声字在普通话里已经分别派入四声,其中古代的清声字,没有明显的规律可循。把“毕”、“必”与“笔”当成同音字,似乎不妥,有细分之必要。

(2) 有一些古入声字今音本有文白两读。而其中多数字已经确定了两读之中的一种为标准读音。因此“六”与“陆”不好再视为同音字,“洛”与“烙”也如此。这一方面也有斟酌的必要。

(3) 通字罗马字的拼写设计中,用双字母较多,如 ee,uu,nn, mm 等。这不利于在快速阅读中“望文生义”。这些都是表示声调的。但也许可以想些别的组合方式来表示,比如用 ien,ieln,iehn 代替原方案中的 ien,ieen,ienn 等等。这方面最好能有阅读生理学和阅读心理学的实验作为取舍的根据。

(4) 儿化词在北京人的口语中是有辨义作用的,尤其是单音节词。比如“肝”与“肝儿”就不应看成风格性的变体。审音工作没有充分重视这个问题,所以现在的广播、影视、演出中出现了一些混乱。汉字在这个问题上是无能为力的。《汉语拼音方案》拘泥于一字一字地拼写,也无法处理得很好。在以拼音为基础的文字中,应有所改进。是否可以把 r 从后缀改为中缀(放在辅音韵尾之前)呢?在《汉语拼音方案》中,用 dirng 代替 dingr,用 garn 代替 ganr,不是更能接近实际读音吗?通字也可以这样吧。

(5) 古全浊声母今天已经分化为送气和不送气的两组。虽说有规律可循,但最好还是在拼法上有所反映,例如把古代“并”母字按今音分别用 bh,ph 来拼写。

此外,通字罗马字齿舌音的声母设计尚不够条理,“梗”“曾”“通”三摄的韵母设计也不尽完美,都还可以设法改进。

(四)

如上所述,《通字方案》的确是一本富有启发性的好书,它提出的原则是十分可取的,只是技术细节上有待改进、完善。基于这一认识,我对当前推进文字改革工作有以下设想:

(1) 对《通字方案》做出必要的调整,结合简体字方面已有的成果,制定出简体通字,使汉字总数减少到两千左右,把多音字区分开来,调整形声字中的声符,合并形状相近的部件(如"丸"与"凡","木"与"水"),做出法定汉字总表,今后不再做简化汉字的工作。

(2) 为汉字总表制定兼顾方音的拼音方案。由于法定汉字有"一字一音、一音一字"的优点,它与拼音之间的关系是一对一的,所以两者可以以任何方式混合使用。推行拼音方案的阻力就很小。

(3) 在信息技术、教育等领域中,广泛使用拼音方案,以便于推广普通话。到一定阶段再适当合并、简化拼写法。这样一来,文字的彻底改革就指日可待了。

总之,汉字改革是一件大事。一方面要慎重稳妥,另一方面又要积极进取。用一句时髦的话来说,就是要"优选一种策略",沿着"阻力最小、效益最大"的方向推动它前进。只有这样,才能早日完成我们这一代人有幸承担的这个历史使命。

(原载《文字改革》1985 年第 3 期 18—20 页)

语文工作与科学技术

当前,我们正处在以计算机技术为中心的新技术革命的浪潮之中。语文工作与科学技术的关系出现了许多新的特点。我想就这个问题说一些个人意见。

1. 科技工作对语文工作有什么要求

科技工作者都应该学习语文,因为科技工作离不开语文。这是大家熟知的。但是语文工作也应该适应科技的发展。科学技术对语文工作提出了什么新的要求呢?我想到以下几个方面。

(1) 文字改革。我在《文字改革》(1984.5)上有篇文章,讨论了这个问题。这里只概括地讲几句。汉字历史上就有过许多次改革,都是与一定的技术发展有关、以新的技术为物质基础,例如:有了毛笔,就有了隶书、楷书;有了印刷术,就有了宋体。后来改用铅笔了,就又有了仿宋体。现在有了计算机技术了,文字也应改革。具体说来,就是希望以后的文字是由数量有限的基本部件按照少量的结构形式组合而成的,此外别无其他要求。对此,希望语文界予以重视。大凡一种社会性的改革,总要有某种物质基础。这是历史唯物主义的基本原理,违反不了的。《汉语拼音方案》自公布到今天快三十年了,许多同志都在努力地工作,但是严峻的现实是:除了对外交流以外,汉语拼音只在语文教育中才被认真地对待。一谈汉字拼音化,就有许多人反对,客观上也有许多问题不好解决。我想根本的原因还是物质条件不成熟。再过若干年，也许二十年，也许五十年，语音识别的技术成熟了，那么拼音化就成为大势所趋，今天推行拼音化遇到的困难就会围绕着这个大势设法克服。比如说，一般人都会认为掌握普通话会是像看书写字一样不可少的能力，创造新词、新术语的人会十分重视避免同音词等等。

因此，我们应认真分析当前技术对语文的需求，并在此基础上，研究文字改革的方针。从这个角度来看，我认为应对少部分的汉字做一次字形上的调整，使汉字部件的数目减少，字体结构的形式规范化，比如把"我"字改为禾木旁右边一个"戈"字，"拜年"的"拜"字改为两个"手"字并立等等。这虽然是很小的一步，比起某些远大理想来说，简直是微不足道的，但其社会效益之大是难以估价的。目前，在一台微型计算机上配置汉字系统，光是补充芯片一项费用就要上千元。将来，我们要推广计算机应用、实现办公室工作自动化，计算机要发展到几百万台甚至上千万台（这个数字不大，平均一百人才一台），那么就要浪费几十亿元甚至上百亿元来成全汉字。软件费用还没计算在内。与英文相比在计算机上使用汉字工作，效率低，计算机机时开销大，这些方面的浪费就更无从计算了。使汉字进入计算机，技术问题我们已经解决了。但这个经济、社会效益方面的差距，单靠技术是无法弥合的。鉴于以上的情况，我们急需在汉字改革方面迈出一步。多拖延一年就会给国家带来更多的损失。

(2) *术语问题*。我国很少有术语学方面的研究。西学刚刚传入中国的时候，科技界的人士大多有较好的语文修养。因此译名很讲究。现在的情况不同了。科技界的队伍扩大了许多倍，平均语文水平却降低了很多。新的科学技术术语又以每年千百个的速度向我们袭来。于是到处都出现一些很别扭的术语和表达方式，希望有人研究汉语术语学，并做好普及工作。

(3)发展汉语书面语。现代汉语书面语言是在现代汉语(包括方言)的基础上,吸收古代汉语的成分并受到其他语言的影响发展起来的,灵活多变、丰富多彩。但从科学技术的表达来看,仍有一个严重的不足之处,就是容不得太长的定语,尤其是定语里的名词,更不能有较长的定语。(例如:我把你昨天在那位教授介绍你去的书店买的那本书弄丢了)而长的定语在科学技术工作中是极为平常的。以致科技文献书刊中大量出现这种令人为难的情况。精心研究古代汉语里有用的成分,总结翻译工作的经验,完全有可能解决这个问题。语言总是不断发展的,有识之士应努力起促进作用。上一代人创造了像“这里正在发生着深刻的变化”这样的表达方式,我们这一代人应该做出什么贡献呢?

2. 科技工作怎样为语文工作做出贡献

人们常说要把语文工作现代化,要在语文工作中利用科学技术,有些技术的使用已经开始为人们所重视。例如在语音学研究方面使用语图仪可以取得较精密的数据;在语文教育、推广普通话工作中录音、录像的作用也已为大家所熟知。借助于计算机做语文统计工作,可以大大提高效率和质量。然而,象利用计算机编词典、编引得、编制方言地图这样的工作,就做得不多了,其实这不但可以提高编写的效率,还可以减少排版、校对的工作量。希望予以重视,拨出少量的经费搞几个示范项目。

比如说《现代汉语词典》的改编。《现代汉语词典》是语文工作者必备的参考书。但是除了词语解释和审音的细节以外,还有许多问题。例如,虚词的解释不成系统,述宾词组、述补词组收得太少(像“想出来”“想起来”“拿出来”“收起来”;“考大学”“考研究生”“考汉语拼音”这类词组就很难利用这部词典找出它们的精确意义)。这部词典应当改编,改编了还要改编。如果使用计算机,不但可以提高改编工作的效率,还可以加速出版过程，使语文工作者能有一部真正“时行”的词典。因此，这是一个很有经济效益和社会效益的项目。

又比如方言调查。汉语方言极多，调查资料十分丰富。但如何整理好、怎样利用这些资料，则是极为繁重的工作。借助计算机来整理资料大有好处。可以考虑以一个方言或次方言做为样板，摸索一套办法有效地利用计算机。

我国是多民族国家，各种语言在一定范围内都有法律地位。语文工作也应把汉语以外的语言、文字包括在内。语文工作委员会也应参与各少数民族语言文字的研究、教育、应用工作的领导。如果这样的话，对民族语言及其方言的调查、研究也可以搞一两个示范项目。其中，还可以包括像契丹文研究这样高水平的学术工作。民族语言和汉语之间的机器翻译工作，也可以搞一点。

现在已有一些单位在搞计算机语料库。比如把经史子集、文学名著，输入计算机，供不同的人员使用。这是很有价值的工作。对语文研究及许多别的学科都会有较大的贡献。看来可以考虑在语文工作委员会下设一个专业组，从各种不同学科的角度共同规划一下，组织全国力量，像编大百科全书那样抓好这一项工作，把它当成我们这一代人向下一个世纪的献礼。

新技术，特别是计算机，在语文工作中的应用有很大的潜在可能性，有待人们去开发。当前计算机界和语文界之间没有很好地沟通，所以工作成效不大。然而，计算机技术是最能激起人们的创造欲，也最能迅速使这种欲望得到满足的技术。如果能创造条件，使更多的青年语文工作者跟计算机结下不解之缘，我们的语文工作一定会出现一个崭新的面貌。

3. 语文工作本身的科学化

上面说的是科技工作和语文工作相互的支持。其实,语文工作本身也应该科学化。已经有很多人重视这个问题了。

比如说,刚刚复刊的《科学杂志》介绍了有关汉字的心理学研究成果。这是个好兆头。就说汉字吧,从前有些文章宣传文字改革,只讲汉字的缺点,这是不科学的,所以说服力不够强。汉字不但有历史功绩,而且也有优点。只有弄清了优缺点,才能制定文字改革的正确方针。这涉及多方面的问题,既有心理学的、又有生理学的;既要研究认读过程,又要研究书写过程;既要注意使用的问题,又要注意学习的问题。还应该分析产生这些优缺点的原因,是因为它不是拼音的?是因为同音字多?还是因为它是方块形的?是因为不分词书写?这些问题都研究清楚了,讨论文字改革方案就可以避免陷入无休止的争论。

当前许多人争相献策的计算机汉字输入方案问题也与此类似。由于缺乏科学的指导,所以有大量的低水平重复现象。这种情况十分值得引起注意。希望有关方面能制定政策,确定评价汉字输入方案的全面标准,以便把这个工作引导到正确的轨道上来,使严肃的基础研究工作有合适的工作条件,对认真的应用开发工作有公正的评价。

甚至推广普通话的工作也应该有科学的基础。对推广普通话的严格要求应包括语音、词汇、语法等各方面。然而,我们今天的研究水平却远远跟不上需要。例如说,对北京语音四声的调值的规定(或描述)与实际语音的差别就很大,连读时音值、调值的变化几乎是一笔糊涂账,语调重音的问题则几乎没人说出个道道来。对北方方言也缺乏系统的了解,至于“典范的白话文著作”则更是一个无法明确定义的概念。(白话文的定义和普通话的定义有许多相同的困难。)由于这种情况,普通话的定义不能说是明确了,不能说是科学的。其后果是:在推广普通话时,不知不觉中创造了一些新的音系,又把许多方言成分不加分析地搬到普通话里来,甚至搬到口语来,造成许多混乱和误会。我们许多同志辛辛苦苦做了很多工作,但要取得更大的社会效益,在科学化上下功夫是必不可少的一环。

总之,语文工作本身的科学化是提高语文工作水平的关键问题之一。最近我在《光明日报》上写了一篇文章,讲的是语言学应该发展成语言科学。那是以介绍学术动态为主的文章。不过也有一些内容可能会引起在座同志的兴趣。我在文章中说:"语言学在内容、方法和应用等各方面都在发生着深刻的变化。语言学越来越多地带上了自然科学的色彩。从科学分类的观点来看,语言学与心理学的地位相近,应该把语言学从社会科学中分离出来,纳入思维科学之中。从人才培养的角度来看,当前综合大学把语言学和文学并成一个系的做法应当改变,应单独成立语言科学系,按照理科各系的规格招收学生,加强数学、计算机科学、物理学、心理学方面的训练。鼓励他们从传统语言学的狭隘天地中走出来,从事各种应用研究。在普通教育中,则应把文学课和语言课分开,并把语言课(包括阅读、写作等)与数学课并列为主课。"这主要是从学术方面和教育方面谈的。但这两方面的工作当然是一切语文工作的必备后援。

语文工作的科学化是一件严肃的事情。但也许因为这个问题比较时髦,所以有人就急急忙忙动手写文章。而我们语文刊物的编辑同志却不太熟悉这方面的情况,于是就出现了一些文章,其中有严重的错误,甚至完全不通。今后发表学术文章最好有像各种学报那样的审稿制度。希望《语文建设》作为语言文字工作委员会的刊物在这个方面带个头。这不但是研究工作本身的需要,而且有利于培养青年用科学的态度对待研究工作。

(原载《语文建设》1986 年第 1—2 期(合刊)34—36 页)

北京方言里的"着"

"着"是一个语义负荷较重的常用汉字。它可以用做量词、名词、动词,还可以用做名词性或动词性的语素组成复合词,特别是动结式动词("着"作为第二成分,见[1]),此外,它还是动词常用后缀之一。

像许多古入声字一样,这个字有文白异读的问题。像许多虚词一样,这个字的句法功能在不同的方言里有差别。特别是在现代书面语里,"着"还有与口语距离很大的用法。因此,不但一般人常常读错、用错,研究句法、做审音工作的学者也感到棘手。

本文打算就北京方言对这个字的音、义做个初步的整理,并与汉语书面语略加比较,从这个角度对于如何规范化提出一点建议。因为涉及虚字,不免要谈到句法问题,但这并不是本文的目的,只能适可而止,留待将来深入讨论。

§1. 先讨论非轻声的"着"。这种"着"主要是当独立词使用。大约有以下几类:

(甲) 这一着棋很好。|他老有妙着。

(乙) 着火了。|门着了。|窗户没着。

(丙) 孩子着了。|妈妈没着。

(丁) 着水了。|着凉了。

按着《现代汉语词典》,这些例子里(甲)是一类,读成阴平 zhāo;(乙)、(丙)、(丁)是另一类,读成阳平 zháo。但是从北京方言的实际读音来看,情况就大不相同了。

(甲)类的“着”总是读成 zhāoʳ。从分布来看,这是个名词,也可以用做量词。通常写成“花招”的 huā zhāoʳ,似乎写成“花着”也行。《现代汉语词典》有“招(着)zhāo”的一条,这启示我们可以把所有的 zhāoʳ 都写成“招”。“着”这个字语义负担很重,用“招”来分担一部分,也许是个好办法。

北京方言里有个状态形容词(依[2]的说法)“没着没落儿的”(méi zhāoʳ méi làoʳ ·de),这应该是从“着落”(zháo ·laoʳ)衍生出来的,但是其中的“着”竟念成 zhāoʳ。《普通话异读词审音表》规定“着落”里的“着”读成 zhuó,大概这个词应念成 zhuó luò。这可能是由于认为这个词不是口语词汇的缘故吧。总之,这个词应该特别对待。

(乙)、(丙)两类的“着”意义非常具体,分别表示“燃烧、发光”跟“入睡”。这是个动词。一般说来,它们不会与(甲)、(丁)两类的“着”相混,它们彼此也不会相混。这两类“着”的语音形式都是 zháo,即使用做动结式动词的第二成分,也往往不变成轻声。例如:“炉子生着了”,“妈妈睡着了”等。

(丁)类的“着”在北京方言里一般读 zhāo,只有受书面语影响较深的人(例如中学生)才读 zháo。这也是个动词,但意义较虚,可以说是“产生影响”或“及到”之类的意思,也可能还有别的讲法,反正不容易给它一个明确的界说。但无论从语言形式或意义上来看,这种“着”跟前面几种都不相同,这是不成问题的。

§2. 读成轻声的“着”主要是附加在动词或形容词后边的“着”。木村(见[5])用了种种办法把这种“着”分成补语性的跟后缀性的两种情况。其实,北京方言里作为补语的“着”是 zháo (轻声 ·zhao,往往弱化成[tʂəu]),作为后缀的“着”是 ·zhe(甚至弱化成[tʂ̩]),它们是不同形的,很容易区别。例如:

钱我ˈ拿着(·zhe)呢。

钱我ˈ拿着(·zhao)了。

这两个句子是口语,大概没有人(指说北京方言的人)会弄错。可是书面语有许多句式跟口语距离比较远,如果“着”出现在这类句式里,就会发生麻烦。例如:

一场热烈的讨论正在进行着。

这个句子里的“着”怎么念的都有,甚至有人念成·zhuo。

书面语的这类句子不但带来了读音上的麻烦,还带来了句法上的麻烦。比如说,很多语法书都把“着”说成是进行态或持续态的后缀。英语教师常常指导学生用它来翻译英语的进行时(progressive)。甚至给人一种印象,似乎在汉语跟英语之间有如下的对应关系:

“正在”+ 动词 + “着”

“to be”+ 动词 + “-ing”

这其实是假象。把上面例句里的“着”去掉,意义仍然基本不变:

一场激烈的讨论正在进行。

而英语中的“-ing”当然不能没有。

既然“着”是可有可无的,我们就不能说它是进行态的后缀。这种句子之所以会有“进行”的语感,“正在”的语法功能也不能忽视。如果比较一下如下的例句,就更加清楚了:

我们正在前进。

* 我们正在前进着。

第一个句子没有“着”,却表示“进行”;第二个句子加上了“着”,反而不能说。可见说这种句式里的“着”是“进行态”的后缀,是有问题的。

不管结论如何,有一点是不成问题的:这种表达方式与口语距离很大。不但北京方言,恐怕其他汉语方言(至少大多数已知的方言)都没有这种表达方式。在北京方言里,表示“动作正在进行”除了可以利用副词之外,主要的手段是在句末加上“呢”,比如:

我们干活儿呢。

小李遛弯儿呢。

而“着”在许多情况下并不表示“动作正在进行”：

穿着一件大衣。 （已经穿上了）

吊着几盏电灯。 （已经吊上了）

“呢”的功能在许多方面与“进行态”类似。比如说，它不能与非动作性的动词直接结合：

* 会日语呢

* 认识小王呢

* 怕风呢

* 看见海呢

但是“呢”还有许多别的功能（“我还没走呢”），还有许多别的限制（比如不能说“我穿一件大衣呢”），所以也不能简单地把“呢”当成“进行态”的标记。实际上，这类句子里“呢”的功能是指明将来会发生变化。这可以跟“下课了”、“穿上鞋了”里头的“了”做个比较，这种“了”的功能是指明已经发生了变化。例如：

下雨了。 （原来没下雨）

下雨呢。 （将来会停住）

关于这个问题，要详细地讨论一番才行，我们打算另文专述。

最终的结论很可能是：北京方言（以及许多别的方言）里根本没有“进行态”这种东西。“着”、“呢”、“正、在、正在”各有自己的意义。只是在一定的语境里，要说明某个“进行”中的动作时，可以利用这些词当中的一个或若干个来表示。

§3. 在许多语法书里，说“着”表示进行，都是指读·zhe的“着”而言的。例如，《现代汉语八百词》把“V着”（用做谓语中心词）的用法分成三组：

（1）表示动作正在进行，前边可以加副词“正”、“在”、“正在”，句末常有“呢”；

(2) 表示状态的持续，动词前面不能加“正”、“在”、“正在”(这也包括形容词加“着”的情况)；

(3) 用于存在句，这里的“着”可以表示正在进行中，但更多的是表示动作产生的状态。

这里的第二组和第三组都提到了状态，但是说法不同，一个说“状态的持续”一个说“动作产生的状态”。这两个说法其实并没有什么区别。事实上，只要把原来属于这组之一的例句适当改写，就可以得到属于另一组的句子。例如：

A 老两口在长椅子上坐着呢。

　长椅子上坐着一对老年夫妇。

B 手上拿着一本汉语词典。

　汉语词典在他手上拿着呢。

很难说这里的每一对例句里的“V 着”在意义上有什么区别。

再看上述第一组跟第二组的区别。原书作者认为从语义角度来看，“V着”在第一组里表示动作正在进行，在第二组里表示状态的持续；从语法角度来看，在第一组里可以出现副词“正”等，在第二组里不行。书里还特别提供了两组可供比较的例句，从上下文来看，应该这样理解：

C 他正开着门呢。

　门开着呢。

D 他正穿着衣服呢。

　他穿着一身新衣服呢。

每一组的第一个句子表示动作正在进行，第二个句子表示状态的持续。这至少不符合北京方言的实际情况。如果要谈论“进行”和“状态的持续”，那末，实际情况应该是这样：

CI 他开门呢。

　他正开门呢。

CII 他开着门呢。

他正开着门呢。

CI 表示动作正在进行,CII 表示状态的持续。这就很容易明白:“正”和“呢”都不能用来区别“进行”与否;表示进行的动词不带“着”,表示状态的动词才带“着”。这是北京方言跟书面语句法上的重大差别。必须说明,“他[正]开着门呢”这样的句子还有一个值得注意的地方,就是这句话并没有说“门”是“他”开的(极而言之,这个“门”可能自存在之日起就从来没有“关”过,也从来没有“开”过)。因此,“他”不是“开”的施事主语。总之,这个句子并未说出“他”跟某个“开”的动作发生过什么及物关系。不如说这个句子的谓语是主语在后的主谓结构,其中“门”是主语,“开着”是谓语;而“他”与“开着门”的关系不是及物关系,而是更高一层的语义关系(在文献[7]中称为“描写作用”)。这样便于解释“汽车开着门呢”这样的句子。与英语比较,“他开着门呢”决不是“He's opening the door”,而是近乎“He has the/his door opened”。

这种说法似乎不适用于“跳、唱、读、开(会)、下(雪)”这类动词。使用这一类动词的例句在《现代汉语八百词》里都归入第一组,就是说,认为这些动词加上“着”以后表示动作正在进行。不过,我们可以仔细比较以下的两组例句:

A 组	B 组
他们开会呢	他们开着会呢
妈妈看信呢	妈妈看着信呢
孩子们上课呢	孩子们上着课呢
外边下雪呢	外边下着雪呢
我吃饭呢	我吃着饭呢

首先,很容易看出来,不管怎样解释上边这两组例句的差别,也不应该说由于有了“着”而使 B 组里的句子有了“进行”的意义。恰好相反,表示动

作进行通常都用A组里的句子。

其次,B组里的句子通常用于这样的语境,即说明主语所指明的事物正处于某一状态之中。这往往可以从句子里隐含着的预设或暗示看出来。例如:

妈妈正看着信呢。　(别去叫她)。

局长正开着会呢。　(不是不愿见你)。

因此,即使对于现在讨论的这类动词而言,“着”的功能也不是“进行”,而与“状态”有关。

我们不妨换一个角度来讨论这个问题。为了行文方便,暂把“唱、跳、吃、开(会)”这类动词(通常认为加在这些动词后边的“着”表示“进行”)叫V_a类动词,把“穿、坐、挂、开(门)”这类动词(通常认为加在这些动词后面的“着”表示“状态”)叫V_b类动词。

现在设想发生了一个可以用某一动词V(带宾语或不带宾语)指明的动作。动作开始的时刻是t_1,结束的时刻是t_2。S是一个含有V的句子,是在时刻t说的。(这是简化的说法。在“我进门的时候他正吃饭呢”这样的句子里,t不是指说话的时候,而是指句子里的时间词语“我进门的时候”所指明的时刻。)那么t跟t_1 t_2有什么关系呢?请看下边“S:V呢”的例句:

V_a呢:　唱歌呢|吃饭呢|开会呢

V_b呢:　穿衣裳呢|挂地图呢|开门呢

这两类句子的关系都是$t_1<t<t_2$。这里“<”表示“先于”,“$t_1<t$”即“t_1先于t”,余类推。下面是“S:V着呢”的例句:

V_a着呢:　唱着歌呢|吃着饭呢|开着会呢

V_b着呢:　穿着衣裳呢|挂着地图呢|开着门呢

“V_a着呢”是$t_1<t<t_2$,“V_b着呢”是$t_2<t$。可见V_a类动词跟V_b类动词使用“V着呢”的时刻不同。这并非偶然。比如《现代汉语八百词》讲

到趋向动词“上”时说“V 上了”可能表示动作已经开始(“跳上了、吃上了”),也可能表示动作有了结果(“栽上树了、坐上人了”)。仔细一比较,又可以得到“S:V 上了”的例句:

V_a 上了:唱上了|吃上了|(会)开上了

V_b 上了:穿上了|挂上了|坐上(了)了

“V_a 上了”是 $t_1 \leqslant t < t_2$,“V_b 上了”是 $t_2 \leqslant t$。这里“≤”表示“先于,但比较靠近”(与数学符号“小于或等于”略有区别)。

当然,也不是在 t_2 之后的任何时刻都可以说“V_b 着呢”或“V_b 上了”。我们用(s_1 s_2)表示可以这样说的一段时间。那末,对 V_a 类动词来说,$s_1 = t_1$,$s_2 = t_2$;对 V_b 类动词来说 $s_1 = t_2$ 图示如下:

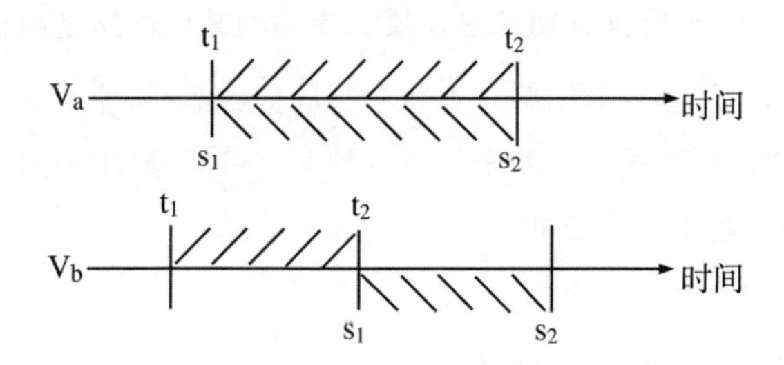

有了 s_1 s_2,以上几个句式的使用条件立刻简化了:

V 呢	$t_1 < t < t_2$
V 着呢	$s_1 < t < s_2$
V 上了	$s_1 \leqslant t < s_2$

这个表还可以扩充。比如“V 过了”用在 $s_2 < t$ 的时刻等等。

总之,动词后边加上“着”,就转而指明与(s_1 s_2)有关的事项。既然在(t_1 t_2)这段时间里动词指明的是“动作”,那么为什么不把(s_1 s_2)这段时间里动词指明的事项叫做“状态”呢?果真这样做了,我们就可以说:

(1)动词后边加上“着”就转而指明状态;

(2)对 V_a 类动词来说,这个状态就是“在动作过程中”(因此与英语进行时相当类似)；对 V_b 类动词来说，这个状态是“动作产生的结局”；

(3)状态与动作的这种关系是动词语义的固有成分(而不是由副词或助词等附加上去的)。

最后说一说形容词后边的“着”。在“这盏灯很亮”里，“亮”指明的是性质。说这句话的时候，灯可能是关着的。在“门口亮着一盏灯”里，“亮着”指明的是表现那种性质的状态。同样也可以说“桃花是红的”里边的“红”指明性质，“桃花正红着呢”里边的“红着”指明的是表现了这种性质的状态。请注意，“着呢”有时是一个复合词(参看[1])，因此这里“红着呢”有歧义。

粗略说来，形容词指明的是性质。事物的某些性质是内在的，并不总是表现成为状态，这样，就有了状态与性质的对立。“着”的功能就是使形容词转而指明状态。如果没有这种对立，“着”就用不上。例如：

*桌上红着一块桌布。

*这张桌布正红着呢。

如此说来，不管是动词还是形容词，后边加上“着”就转而指明状态。

§4. 读成・zhao 的“着”一般用做动结式动词的第二成分，例如：

①灯′点着了。

②孩子′哄(hǒng)着了。

③鞋′找着了。

④我′冻着了。

这里①②两个例句里的“着”意义比较实，分别是“燃烧、发光”和“入睡”的意思。从语音形式来看，它们都可以读成阳平 zháo。

③④两个例句里的“着”则不同，其意义比较虚，而且不能把重音放在“着”上。不过用[3]文中的方法，我们可以从如下的变换中发现与它

相应的非轻声读音是 zháo：

找着了→找不着

冻着了→冻不着

《现代汉语八百词》认为这种“着”有以下的用法：

ⓐ在及物动词后面表示达到了目的；

ⓑ在不及物动词或形容词后面表示产生了结果或影响；

ⓒ构成固定词语(“犯得着/犯不着”,“怪得着/怪不着”等)。

这里说到了及物性和目的:“找”是及物动词,“找着”表示“达到了目的”;“冻”是不及物动词(或形容词?)“冻着”表示“产生了结果或影响”。但是也有一些情况不能这样解释。比如“切”是及物动词,但是“切着手了”总不能说是“达到了目的”吧。

把“找着鞋”、“切着手”做各种扩展或变换,可以发现它们在许多方面是互补的。例如：

ˈ可把鞋找着了。　　* 不留神找着ˈ鞋了。

* ˈ可把手切着了。　　不留神切着ˈ手了。

按照[6]的说法,这说明“找着鞋”与“切着手”之间有企望与非企望的差别。用[3]、[4]里的方法可以更准确地证明这一点：

找着鞋了吗?——差点儿没找着(找着了)

切着手了吗?——差点儿没切·着　(没切着)

这说明“找着鞋”是企望的,“切着手”是非企望的。附带说明,从动词与“着(·zhao)”结合的句法形式来看,“找”跟“切”是不一样的。因为有“别把手切着!”却没有“别把钱找着!”(指独立的祈使句)。在这一点上,类似于“找”的动词可举“猜、逮、借、买”等,它们在分布上有许多类似的地方。这可能与这些动词具有固有(intrinsic)目的有关,也就是说,它们的宾语只能是“目的”。这个问题应专门讨论。但总不应该把这种意义让“着”来承担。

企望性是语用学的概念，它不是词语的固有性质。同一个动词短语在不同的语境里可以是企望的或非企望的。例如：

(想拽灯绳，)不留神拽着电线了。

(想拽电线，)不留神拽着灯绳了。

这两个例句里的“拽电线”、“拽灯绳”是企望的还是非企望的恰好交换了地位。

总之，不应该把“着”跟“目的”、把“目的”跟“及物性”都扯在一起。倒不如说“着”(・zhao)总是表示动词(或形容词)影响的范围或程度。

从这个观点出发，我们可以说上述ⓐⓑ两类用法不必加以区别。甚至ⓒ与此也是一致的。其实，在措词强烈的场合，许多动词都可以出现在这种结构里。例如：

你说得着我吗？　你说不着我！

都是“你不应该(或没有资格)指责我”的意思。又例如：

你要得着小王的钱吗？

也可以表示“你不应该(或没有资格等)要小王的钱”。这通常用来表示逻辑关系、伦理关系，从某种意义上说，是“着”在较高语义层次上的用法，其意义则还是“影响的范围或程度”。在这类句子里，“着”读zháo，而“得”在快速的口语中可能脱落(确切地说，是变为唯闭音/t/，而增加了“着”的声母成阻阶段的长度)，这样就成了“你要着小王的钱吗?”这样的句子了。在说话人的心目中，“得”仍然有，请说话人慢速重述一遍，这个“得”就又说出来了。以上的说法还应该用实验语音学的方法来精确研究。但是可以有把握地说，不必把“你要着(zháo)小王的钱吗”这里的“着”当作“着”的又一种用法来对待。

§5. 上面讨论了“着”在北京方言里的音和义。按照《普通话审音表》,在书面语里,“着”还可以读成 zhuó,用在“着意”、“着手”这类词里。这符合北京方言里文白异读的一般规律。从意义上来说,这种“着”应该与口语里的动词“着(zhāo)”是一类。这样,我们可以把“着”的音义关系列表如下:

类	北京方言	书面汉语	意义、用法
1	zhāo^{r}	zhāo (zhāo^{r}?)	量词、名词
2	zháo·zhao	同左	“燃烧、发光”
3	zháo·zhao	同左	“入睡”
4	zhāo·zhao	zháo zhuó·zhao	产生了结果或影响
5	·zhe	·zhe	动词后缀表状态
6	—	·zhe	动词后缀表进行

综观上表,可见“着”的音义关系极为复杂。所以经常造成读音上的混乱。为求得一个简明的系统,本文作者建议:

(1)把表中第 1 类(名词、量词)的“着”改用汉字“招”来写(理由见前文),即把“着”视为异体字。

(2)把上表第 4 类里的“着”的书面读音一律规定为 zhuó(包括“着边”,“着水”等),就是说把 zhāo/zhuó 视为文白异读。

(3)上表第 6 类用法,只见于书面语,不妨规定读·zhuo。从某种意义上来说,这也无非是承认既成的事实而已。

参考文献

[1] 吕叔湘主编:《现代汉语八百词》,商务印书馆,1980。

[2] 朱德熙:《语法讲义》,商务印书馆,1982。

[3] 马希文:“关于动词‘了’的弱化形式/·lou/”,《中国语言学报》,第一期(1980)。

[4] 朱德熙:“汉语句法中的歧义现象”,第十二届国际汉藏语言学会议

论文。
[5] 木村英树:“关于补语性词尾‘着’和‘了’”,《语文研究》,1983,第二期。
[6] 邓守信:《汉语及物性关系的研究》(侯方等译),黑龙江大学科研处,1983。
[7] 刘宁生:“论‘着’及其相关的两个动态范畴”,《语言研究》,1985,第二期。

编者按:“着”字的来历可以参看李荣“汉字演变的几个趋势。多音字的分化”,见《语文论衡》(1985年)127—128页(《中国语文》1980年第1期12—13页所说较简单)。

(原载《方言》1987年第1期17—22页)

与动结式动词有关的某些句式

摘要： 本文讨论了与动结式动词有关的下列句式：(A)名＋动结＋“了”，(B)名＋“把”＋名＋动结＋“了”，(K)名＋“让”＋名＋动结＋“了”，(L)名＋“让”＋名＋“把”＋名＋动结＋“了”，(P)动结＋“了”＋数量名，(Q)“有”＋数量名＋动结＋“了”，(Z)名＋“有”＋数量名＋动结＋“了”，(Y)名＋动结＋“了”＋数量名，(W)名＋“把”＋数量名＋动结＋“了”。主要结论是：(1)动结式动词(本文限于“结”非轻声的情况)中，在语法和语义方面起主导作用的部分是“结”而不是“动”；(2)含有“把”“让”的各句式原则上都是有歧义的，其中哪些词之间有及物关系或领属关系是不确定的，可以用种种不同的办法作出语义解释。

在对这些句式的语义关系进行分析时，本文提出了一种表示句式中各成分的语义关系的形式。利用这种表示法，可以简洁地表示出句式的歧义，以便于我们发现这些句式(以及它们的各种语义解释)之间的变换、扩展、置换关系，或反过来用这些关系来区别歧义。

1. 引　言

动结式动词(参看[1])指由两个动词或是一个动词跟一个形容词组成的组合式述补结构(见[2])。用 V_1 表示它的第一个成分，V_2 表示它的第二个成分，这种动词可以写成 V_1V_2。这篇文章专门讨论 V_2 不是轻声的情况。含有这种动词的最简单句式是：

(A) $N_1V_1V_2$ 了。

例如：

衣裳晾干了。　　孩子哄(hǒng)着(zháo)了。

灯点着(zháo)了。　　袖子染红了。

茶沏酽了。　　刀磨坏了。

树放倒(dǎo)了。　　帽子吹掉了。[①]

这类句子常被称为受事主语句。其实，也可以举出许多别的例子：

小王洗累了。　树长斜了。　老师讲烦了。　孩子睡着了。

这些句子的主语应该看成施事。再有：

刀切钝了。　铅笔写折(shé)了。　肩膀扛肿了。

这些句子大概会说成是工具主语句。至于：

头发愁白了。　嘴气歪了。　肚子笑痛了。　鞋洗湿了。

就不知道应该叫做什么句子了。

其实，以上的例子无非是说明这种句式里 N_1 跟 V_1 的关系是多种多样的，甚至没有直接关系。我们打算从另一个角度出发，说明 N_1 跟 V_2 有极为简单的关系，然后展开我们的讨论。

2. "$N_1V_1V_2$ 了"是"N_1V_2 了"的扩展

在一个句子(或句式)里增加一些词以得到一个新的句子(或句式)，而原有的词之间的语义关系维持不变，新的句子(或句式)就叫做原来句子(或句式)的扩展。例如"我让他去"是"他去"的扩展。

这一节我们要说明"$N_1V_1V_2$ 了"是"N_1V_2 了"的扩展，而不是"N_1V_1 了"的扩展。先看下面的表：

$N_1V_1V_2$ 了	N_1V_2 了	N_1V_1 了
衣裳晾干了	衣裳干了	衣裳晾了
灯点着了	灯着了	灯点了
茶沏酽了	茶酽了	茶沏了
树放倒了	树倒了	树放了
孩子哄着了	孩子着了	? 孩子哄了
袖子染红了	袖子红了	袖子染了
刀磨坏了	刀坏了	刀磨了
帽子吹掉了	帽子掉了	? 帽子吹了
小王洗累了	小王累了	小王洗了
老师讲烦了	老师烦了	老师讲了
树长斜了	树斜了	树长了
孩子睡着了	孩子着了	孩子睡了
刀切钝了	刀钝了	* 刀切了
铅笔写折了	铅笔折了	* 铅笔写了
肩膀扛肿了	肩膀肿了	* 肩膀扛了
头发愁白了	头发白了	* 头发愁了
肚子笑痛了	肚子痛了	* 肚子笑了
嘴气歪了	嘴歪了	* 嘴气了
鞋洗湿了	鞋湿了	鞋洗了

从上表不难看出，“N_1V_1 了”大都只能用在特定的语境里，有些根本不能说；少量的可以自由使用，但意义与“$N_1V_1V_2$ 了”则完全不同，只有个别例外，如“树放了”。另一方面，“N_1V_2 了”则都可以自由使用，而且其中各词的语义关系在“$N_1V_1V_2$ 了”中保持不变。因此，应该说“$N_1V_1V_2$ 了”是“N_1V_2 了”的扩展，而不是“N_1V_1 了”的扩展。

那末，怎样解释“树放倒了”跟“树放了”之间的一致性呢？这应该从“放”跟“倒”这两个词的词义方面来解释。“放”的正常结果是“倒”，因此一说“树放了”，立刻会推想到“树倒了”。这就是现代语义学里说的推断（inference），是与常识有关的，不是句法结构固有的关系。如果把“放”或“倒”用别的词来替换，就会发现“N_1V_1 了”与“$N_1V_1V_2$ 了”的差别：

$N_1V_1V_2$ 了	N_1V_2 了	N_1V_1 了
树刮倒了	树倒了	？树刮了
树放折了	树折了	树放了

其实，在“衣裳晾干了”“灯点着了”甚至“袖子染红了”这些例句中，都有类似的情况，只不过程度不同，或需要特定的语境，所以初读时感觉不同罢了。

“鞋洗湿了”这样的例句特别说明问题。这个句子只说明“湿”的是“鞋”，并没有说明“洗”的是什么。如果说“鞋洗了”，就要使“鞋”与“洗”发生及物关系，结果变成了“洗”“鞋”。这两个词的搭配虽不自然，但还可以接受，所以“鞋洗了”勉强也可以说得通，但是“鞋洗湿了”和“鞋洗了”两个句子里“鞋”跟“洗”的语义关系就不同了。至于“肚子笑痛了”“嘴气歪了”里边的 N_1（“肚子”“嘴”）跟 V_1（“笑”“气”）根本不能发生语义关系，因此“N_1V_1 了”也就完全不成立。

我们说“$N_1V_1V_2$ 了”是“N_1V_2 了”的扩展，指的是在两种句式里 N_1 跟 V_2 的语义关系一致。这主要是从及物关系的角度来说的。这两个句式还有更深入的联系，要从语用学的角度来说明。

以下我们把语用学上的意义简称用意。从用意上来说，“$N_1V_1V_2$ 了”跟“N_1V_2 了”都是交代一个事件，即一种状态或性质的出现。其中“$N_1V_1V_2$ 了”还交代了事件是怎样发生的，但这一层意思是次要的、依附于前一层意思而存在的。从语音形式上来说，“$N_1V_1V_2$ 了”的语调重音在 V_2 上（除非是特殊的语境）。从句法形式上来看，“$N_1V_1V_2$ 了”

不能用在已经预设了“N_1V_2 了”的语境里。在这种语境里（只有 V_1 是新信息），需要用别的句式，比如说“是…的”结构（参看[3]）：

N_1 是'V_1V_2 的。

N_1V_2 了是'V_1 的。②

N_1 是'V_1 的 V_2 了。②

例如：

衣裳是'晾干的。　　衣裳干了是'晾的。　　衣裳是'晾的干了。

在某些极端的情况下，预设了“N_1V_2 了”以后，V_1 已不再提供新的信息，这类句式就很难用上，甚至看来不通：

？茶是'沏酽的。　　？茶酽了是'沏的。　　？茶是'沏的酽了。

从以上的讨论来看，“$N_1V_1V_2$ 了”在语用方面也跟“N_1V_2 了”有深刻的联系。因此，V_1V_2 里的 V_1 不是意义的核心，V_1V_2 也不应看成以 V_1 为中心的向心结构。最适当的办法还是把“$N_1V_1V_2$ 了”看成是“N_1V_2 了”的扩展。我们用箭头表示扩展，把这种关系写成：

N_1V_2 了。→$N_1V_1V_2$ 了。

这个式子没有能表示出及物关系，因此我们又建议用如下的记号：

$N_1V_2\{N_1\}$了。→$N_1V_1V_2\{N_1\}$了。

这个式子 V_2 后边的花括号里写的是与 V_2 发生及物关系的成分，③下文中把这种成分叫做“填项”。单向动词只能有一个填项，双向动词可以有两个填项，等等。

前面说过，N_1 可能跟 V_1 发生及物关系，也可能不发生及物关系。那末上式右端的句式实际上就包括了以下两种情况：

(A_t)　$N_1V_1\{N_1\}V_2\{N_1\}$了。

(A_n)　$N_1V_1\{一\}V_2\{N_1\}$了。

这里,我们用"—"表示句子里没有的词语。

下文中,我们把这种注明了语义关系的句式叫做语义解释:(A)可以解释为(A_t)及(A_n)。一般说来,(A)类的句子只能解释为(A_t)或(A_n)之一,所以又可以把(A)类的句子分成(A_t)和(A_n)两类。当然,如果某个句子既可以解释为(A_t),又可以解释为(A_n),它就兼属(A_t)(A_n)两类。这时它是有歧义的。这种情况在下文讨论(B)类句式时,十分常见。

3. "$N_1V_1V_2$ 了"的一种扩展:"$N_1N_2V_1V_2$ 了"

上节末尾的变换式对于下边的句子似乎不成立:

(衣裳呢?)我晾干了。　　(电扇呢?)他修好了。　　(油灯呢?)小王点着了。

其实,这些句子都只能出现在特定的上下文环境里,它们都是不完全的句子。

这里,我们说到了"不完全"的句子。这个说法应该十分谨慎地使用。这里说的不完全,是指上文已经出现的词语在答句里没有出现(也没有用别的词语代替),此外,即使把这些词语添上去,句子提供的信息也不改变。这种情况多见于对话中。例如:

(书包呢?)　[书包]我搁箱子里了。　　(谁来了?)　老李[来了]。

(小明多大?)　[小明]十二。　　(你怎么来的?)　[我]坐飞机[来的]。

这些例句里我们用方括号标出问句里有的词语。答句里有没有这些词语提供的信息是一样的。但是,如果省去了这些词语,就只能用作答句,或者用在类似的语境里。这就是我们所说的不完全句。

引言里的（A）类例句都是完全的，可以使用在各种不同的语境中，可以回答这类近成功的报导问题："出什么事了？""怎么了？"等等。那些句子都是交代关于 N_1 的事件的。本节的例句则必须跟问句里的名词结合起来才能交代事件。尤其重要的是，这种句子交代的事件是关于问句里的名词的事件。所以本节开头例句里的名词与上节句式里的 N_1 作用不同。用 N_2 表示这种名词，并把句子补充完全，应成为：

（D）　$N_1 N_2 V_1 V_2$ 了。

例如：

衣裳我晾干了。　　电扇他修好了。　　油灯小王点着了。

把及物关系标出来，就成了：

（D_t）　$N_1 N_2 V_1 \{N_1, N_2\} V_2 \{N_2\}$ 了。

这里 V_1 后边的括号里有 N_1、N_2 两个符号，表示 V_1 同时跟 N_2、N_1 发生及物关系。

把（D_t）跟（A_t）做个比较，就会发现（D_t）是（A_t）的扩展：（A_t）里多了一个词项 N_2，它跟 V_1 发生及物关系。

另一方面，这类句子都可以变换成：

（D′）　$N_1 V_2$ 了是 $N_2 V_1$ 的。

衣裳干了是我晾的。

电扇好了是他修的。

油灯着了是小王点的。

根据[3]的说法，我们可以认为（D′）是用来提供"$N_2 V_1$"这个新信息的。这种句式的用意是交代已知事件"$N_1 V_2$ 了"的原因，即：N_2 用 V_1 的方式（手段、办法等）造成了那个事件。所以 N_2 一般说来是 V_1 的施事、工具等，N_1 是 V_1 的受事。（D_t）里的 N_1、N_2 跟 V_1 也是这种关系，因此（A_t）类句式并不一定都能扩展成（D_t）类的句式。至于（A_n）类句式因为其中的 N_1 跟 V_1 没有及物关系，就更不能这样扩展了。

4. 用“把”来扩充“$N_1V_1V_2$ 了”

上节谈到有些(A_t)类的句子可以扩展为(D_t)类的句子以引入一个新的词项 N_2，这种扩展是有条件的，限于 N_2 是 V_1 的施事、工具的情况。

要为(A)类句子引入一个新的词项 N_2，常见的办法之一是使用有“把”的句式：

(B)　　N_2 把 $N_1V_1V_2$ 了。

例如：

　　小王把衣裳晾干了。　　　妈妈把孩子哄着了。

　　墨水把袖子染红了。　　　电扇把帽子吹掉了。

在文献中，这些句子常被说成是“处置式”。也有人说“把”是宾语标记(marker)。有些变换语法学者则认为这种句式是由“$N_2V_1N_1$”及“N_1V_2 了”紧缩而成的。所有这些说法的共同点是认为在 N_2，V_1，N_1 这三者之间有“主语、动词、宾语”的关系(拿上面的例句来说，就是“小王 晾 衣裳”“妈妈 哄 孩子”“墨水 染 袖子”“电扇 吹 帽子”)。

其实，这几个例句在没有用“把”引入 N_2 之前(或者说把“N_2 把”去掉之后)恰好都是“受事主语句”，都是 N_1 与 V_1 有潜在动宾关系(参看[2])的句子。引言里已经说明，许多(A)类的句子不能说成是“受事主语句”。这样的句子也可以按同样的办法用“把”引入一个新的词项 N_2：

　　这包衣裳把我洗累了。　　　这些歌把嗓子唱哑了。

　　这个故事把我讲烦了。　　　书包把书架搁满了。

　　小王把刀切钝了。　　　　　这些事把头发愁白了。

这些句子里的 N_2、V_1、N_1 不能组成“主语、动词、宾语”的关系：

*这包衣裳洗我　　*这个故事讲我

*小王切刀　　*这些歌唱嗓子

*书包搁书架　　*这些事愁头发

在这种情况下，“处置式”“宾语标记”“紧缩”等说法就都不适用了。

本文试图从另一种角度来研究句式(B)，即把它看成(A)的扩展。具体说，就是在(B)里，N_1、V_1、V_2 之间的语法关系仍然和在(A)里一致，通过“把”引入的 N_2 是 V_1 的填项。先看一个例子：

小王把衣裳晾干了。

“小王”“衣裳”跟“晾”都有及物关系，“衣裳”跟“干”有及物关系。这个句子的句式应解释成(B_t)　N_2 把 $N_1 V_1\{N_1, N_2\} V_2\{N_1\}$ 了。

很明显，这个句式是从(A_t)扩展出来的。“衣裳晾干了”的句式是(A_t)，其中的 V_1(“晾”)是双向动词(“小王晾衣裳呢”)，但是在(A_t)里，只交代了一个向(“衣裳”)，在(B_t)里，它的另一个向(“小王”)也交代出来了。

从以上的讨论可以看出：要从(A_t)扩展到(B_t)，V_1 必须是双向的。反过来说，如果某个(A_t)类的句子里 V_1 是单向的，这种扩展就不可能了：

*我把孩子睡着了。　　*他把树长斜了。

另一方面，如果某个(A_t)类的句子里 V_1 是双向的，这种扩展就有了可能，这与 N_1 是否受事、N_2 是否施事没有关系。例如：

这包衣裳把我洗累了。

N_2 是受事，N_1 是施事；

萝卜把刀切钝了。

N_2 是受事，N_1 是工具；

他把笔写秃了。

N_2 是施事，N_1 是工具；

书包把书架搁满了。

N_2 是受事，N_1 是处所。如此等等。总之(B_t)里头的“$V_1\{N_1, N_2\}$”只表示 N_1，N_2 是 V_1 的两个填项。把 N_1 写在前边，N_2 写在后边并不表示施事、受事等，写成 $V_1\{N_2, N_1\}$也行。

(A_n)类句式里的 N_1 并没有占用 V_1 的向。因此，不管 V_1 是不是双向动词，都有可能扩展成：

(B_n)　　N_2 把 $N_1 V_1\{N_2\} V_2\{N_1\}$了。

例如：

小王把鞋洗湿了。

“洗”是双向动词，可是“小王”“洗”的不是“鞋”而是别的什么(例如衬衫)，结果是“鞋”“湿”了。因此，“小王”是“洗”的填项，而“鞋”不是，“鞋”只是“湿”的填项。再例如：

他把腿坐麻了。

“坐”是单向动词，“腿”是“麻”的填项，“他”是“坐”的填项。[④]

综上所述，从(A)类句式扩展为(B)类句式时，无论是(A_t)还是(A_n)，都是使新增加的词 N_2 做为 V_1 的填项出现的。这可以很清楚地表现在如下的图式中：

[G]	(A)　$N_1 V_1 V_2$ 了。	→(B)N_2 把 $N_1 V_1 V_2$ 了。
[G_t]	(A_t)　$N_1 V_1\{N_1\} V_2\{N_1\}$了。	→(B_t)N_2 把 $N_1 V_1\{N_1, N_2\} V_2\{N_1\}$了。
[G_n]	(A_n)　$N_1 V_1\{-\} V_2\{N_1\}$了。	→(B_n)N_2 把 $N_1 V_1\{N_2\} V_2\{N_1\}$了。

(B_t)和(B_n)虽有区别，但是有许多共同点：从语义上来说，N_1 是 V_2 的填项，N_2 是 V_1 的填项；从用意上来说，都是交代“$N_1 V_2$ 了”这个事件的，这个事件是由 N_2 所指的对象导致的，它参与了 V_1 所指的某

个动作或过程，而“$N_1 V_2$ 了”就是这个动作或过程的后果。

5. 领属性的主语

上文说，在句式(B)里，N_2 是 V_1 的填项。但也有例外，例如：

小王把孩子冻病了。

这个句子里，“小王”不是“冻”的填项，不能说是因为“小王冻”而使“孩子病了”。

从用意来说，这句话仍然含有“小王”导致“孩子病了”的意思，“病了”仍然是“冻”这个过程的结果。但是“小王”并不是直接参与这个过程的。小王做的动作可能是句子里没有交代出来的动作(例如“带孩子玩”)，甚至可能是由于小王没有做某个动作(例如“没关窗户”)才导致了事件的发生。要把这些交代出来，得用更复杂的句子：

小王带孩子玩，把孩子冻病了。　　小王没关窗户，把孩子冻病了。

从语义关系上来说，“孩子冻病了”里头的词只有“孩子”直接跟小王发生领属关系：“孩子”是“小王”的。(我们把这种关系里的“小王”叫“领项”，“孩子”叫“属项”，一般的领属关系仿此。)换句话说，上面这个句子在语义关系方面跟下面的句子相同：

小王的孩子冻病了。

不过这个句子并没有交代“病了”是由“小王”导致的。

以下写语义关系时，在属项后面用花括号注明领项，例如本节开头的例句可以写成：

小王把孩子{小王}冻{孩子}病{孩子}了。

一般的形式是

(B_p)　　N_2 把 $N_1\{N_2\} V_1\{N_1\} V_2\{N_2\}$ 了。

乍看起来，这种句式很奇怪，其中的主语不是跟谓语里的动词发生及物关系，而是跟谓语里的名词发生领属关系。其实，主谓结构常有这种情况。例如：

这种苹果我不吃皮。　　　　汽车队是老王当队长。

这类句子的谓语里含有主谓结构，整个句子的主语跟谓语里的名词发生领属关系。甚至最普通的“主·动·宾”句子也有这样的情况。例如：

我开着门呢。

并没有交代“开”“门”的是不是“我”。又如：

葡萄不种子儿。

跟“种”直接发生关系的当然是“葡萄”的“子”。甚至：

我修车。　　　我看牙。　　　我做一件短大衣。

这些句子里的谓语所指的事情都可以是别人做的。

总之，主语只跟谓语里的名词发生领属关系这一点，并不是(B)类句式所特有的。(B)类句子可以解释为(B_p)的也不少见。不过它们常常又可以按(B_t)解释。换句话说，在这种句子里，(B_p)是作为歧义之一而出现的。例如：

小王把车修好了。

如果解释为(B_t)，那末“小王”跟“车”并没有领属关系，比如说，“小王”是修车工人，“车”是顾客的。如果解释为(B_p)，那末“车”是小王的，“修”“车”的可能是别人。

上述这种歧义很容易用适当的变换区别开来。例如下面的变换：

N_2把 $N_1V_1V_2$了。$\longleftrightarrow$ N_1是 $N_2V_1V_2$ 的。

这里我们用双箭头表示严格意义下的变换，即左右两个句子里的实词一样多，而且语义关系也一致，但顺序可以不同。上式左端的句子 N_2 先于 N_1 出现，右端的句子 N_2 后于 N_1 出现。一般说来，领项总是先于属项出现的,[5]因此右端的 N_2 不是 N_1 的领项。而变换式的左右两端语义关系应该一致,所以左端的 N_2 也不是 N_1 的领项。这样左端的句式就不能解释为(B_p)。反过来说,如果一个句子只能解释为(B_p),这个变换就不成立了:

(B_p)小王把孩子冻病了。←→*孩子是小王冻病的。

同样,如果"小王"是找别人"修"的"车",也不能说:

车是小王修好的。

能跟这个句子发生变换关系的是:

(B_t)小王把车修好了。←→车是小王修好的。

综上所述,上节末尾的图式应补充一种新的情况,成为:

[G] (A) $N_1V_1V_2$了。 →(B_2)N_2 把 $N_1V_1V_2$了。

[G_t] (A_t) $N_1V_1\{N_1\}V_2\{N_1\}$了。 →(B_t)N_2 把 $N_1V_1\{N_1,N_2\}V_2\{N_1\}$了。

[G_n] (A_n) $N_1V_1\{-\}V_2\{N_1\}$了。 →(B_n)N_2 把 $N_1V_1\{N_2\}V_2\{N_1\}$了。

[G_p] (A_t) $N_1V_1\{N_1\}V_2\{N_1\}$了。 →(B_p)N_2 把 $N_1\{N_2\}V_1\{N_1\}V_2\{N_1\}$了。

注意我们把[G_p]的左端标上了(A_t)。这是因为右端的(B_p)中 N_1 是 V_1 的填项,所以左端也应该是这样,而(A_n)中的 N_1 不是 V_1 的填项。

这样又会产生一个新的问题:(A_n)类的句子扩充成(B)的时候,N_2 会不会不是 V_1 的填项(而是 N_1 的领项)呢?换句话说,下面的扩展式是不是成立呢?

(A_n)$N_1V_1\{-\}V_2\{N_1\}$了。→(?)N_2 把 $N_1\{N_2\}V_1\{-\}V_2\{N_1\}$了。

我们试几个例子。"鞋洗湿了"是(A_n)类的,扩展成"小李把鞋洗湿了”，是(B)类的。这个句子里的“鞋”可以是“小李”的，也可以不是，但“小李”参与了“洗”的动作是无疑的。因此，“小李”一定是“洗”的填项，而决不能把这个句子解释成：

*小李把鞋{小李}洗{一}湿{鞋}了。

同样，下面各句的解释也不成立：

*他把嘴{他}气{一}歪{嘴}了。

*爸爸把头发{爸爸}愁{一}白{头发}了。

*我把肚子{我}笑{一}痛{肚子}了。

以上这四个句子都应该解释成(B_n)：

小李把鞋洗{小李}湿{鞋}了。

等等。可见(?)类的句子根本不存在，相应的扩展也就无由谈起了。

总结本节的讨论，可以说：一个(A)类句子(不妨把它叫做第一个句子)扩展成一个(B)类句子(不妨把它叫做第二个句子)的时候，N_2 有可能作为 N_1 的领项出现。按照传统的说法，N_2 是第二个句子的主语，这样的主语只跟谓语里的某个名词发生领属关系，可以叫做领属性主语。仔细说来，有以下几种情况：

(甲)如果第一个句子是(A_n)类的，也就是说 V_1 没有填项，那末第二个句子就是(B_n)类的，也就是说 N_2 是 V_1 的填项。这种扩展就是[G_n](如：“小李把鞋洗湿了”)。

(乙)如果第一个句子是(A_t)类的，而 V_1 是双向的，也就是说 V_1 有一个填项和一个空余的向，那末第二个句子就是(B_t)类的，也就是说 N_2 是 V_1 的填项。这种扩展就是[G_t](如“萝卜把刀切钝了”)。然而，也有些情况，第二个句子还有另一种解释，是(B_p)类的，也就是说 N_2 是 N_1 的领项。这种扩展就是[G_p](如“小王把车修好了”)。

(丙)如果第一个句子是(A_t)类的，而 V_1 是单向的，也就是说 V_1 没有空余的向，那末第二个句子就是(B_p)类的，也就是说 N_2 是 N_1 的领项。这种扩展就是$[G_p]$(如“他把孩子冻病了”)。

从以上的分析来看,只要 V_1 有空向,N_2 总是优先作为 V_1 的填项出现的。

6. 扩展引起的置换

前面两节讨论了从(A)到(B)的扩展。这并不是说每个(B)类句子都一定是(A)类句子的扩展。下面是一些例子:

(1) (A_t)小王咳嗽醒了。
　　(B_n)我把小王咳嗽醒了。

(2) (A_t)大伙哭糊涂了。
　　(B_n)他把大伙哭糊涂了。

(3) (A_t)我讲烦了。
　　(B_n)老师把我讲烦了。

(1) 组第一个句子“小王咳嗽醒了”是(A_t)类的,因为其中“小王”是“咳嗽”的填项;第二个句子是(B_n)类的,因为其中的“小王”不是“咳嗽”的填项。(2)(3)两组与此类似,只不过(1)(2)这两组句子里的 V_1(“咳嗽”“哭”)都是单向动词,而(3)组的两个句子里的 V_1(“讲”)是双向动词。

(A_t)类的句子和(B_n)类的句子在 N_1 是不是 V_1 的填项这一点上不同,所以(A_t)不可能扩展成(B_n)。这就说明以上几组里的两个句子之间没有扩展关系。但是,从另一方面来看,每一组的两个句子在 N_1 是 V_2 的填项这一点上是一致的,所以这两个句子还有某种间接的关系。

如果仔细观察变换[G]的图式,就会看出,从(A_t)扩展到(B_t),主要是把 N_2 填到了 V_1 后边的括号里。如果想得到(B_n),就得从 V_1 后

边的括号里把 N_1 去掉。这一填一去，效果就是用 N_2“置换”了 V_1 后边括号里的 N_1。我们把这种现象叫做“扩展引起了置换”。用带有“△”标记的箭头表示这种引起置换的扩展及发生置换的填项，(1)(2)(3)各组的两个句子的关系可以表示如下：

(A_t) $N_1V_1\{N_1\}V_2\{N_1\}$了。 $\underset{\triangle}{\rightarrow}$($B_n$) N_2 把 $N_1V_1\{\underset{\triangle}{N_2}\}V_2\{N_1\}$了。

(A_t)小王咳嗽{小王}醒{小王}了。$\underset{\triangle}{\rightarrow}$($B_n$)我把小王咳嗽{我△}醒{小王}了。

(A_t)大伙哭{大伙}糊涂{大伙}了。$\underset{\triangle}{\rightarrow}$($B_n$)他把大伙哭{他△}糊涂{大伙}了。

(A_t)我讲{我}烦{我}了。 $\underset{\triangle}{\rightarrow}$($B_n$)老师把我讲{老△师}烦{我}了。

类似这种扩展引起置换的情况还可以举：

(4) (A_t) 二少爷吃穷了。
　　(B_t) 他们把二少爷吃穷了。

注意这两个句子分属(A_t)和(B_t)两类。一般说来，(A_t)可以扩充成(B_t)，但这两个句子间说是有扩展(指严格意义的扩展)关系，则有问题。因为在“二少爷吃穷了”这个句子里，“吃主”是“二少爷”；但是在“他们把二少爷吃穷了”这个句子里，“吃主”成了“他们”。从某种意义上来说，这仍然是扩展引起了置换：“他们”置换了“二少爷”，只是“二少爷”又成了“吃”的另一个填项。要把这个问题彻底说清楚，必须区别双向动词两个项的性质，比如说，某个向是施事或受事等。这个问题当然不可能局限在本文这样一个较窄小的范围内来讨论。因此，我们仅限于从句法上去发现这种句式的特征。

以上(1)(2)(3)(4)这几组句子里的(A_t)类句子都可以改写成：

(1′) 小王把自己咳嗽醒了。

(2′) 大伙(都)把自己哭糊涂了。

(3′) 我把自己讲烦了。

(4′) 二少爷把自己吃穷了。

“小王咳嗽醒了”跟“小王把自己咳嗽醒了”之间有扩展关系，因为两个句子的各个动词的填项都是“小王”。而“小王把自己咳嗽醒了”跟“我把小王咳嗽醒了”之间的关系则纯粹是词的替换，就像“我去”跟“他去”的关系一样。用虚线箭头表示这种替换，可以把这几个句子写成如下的图式：

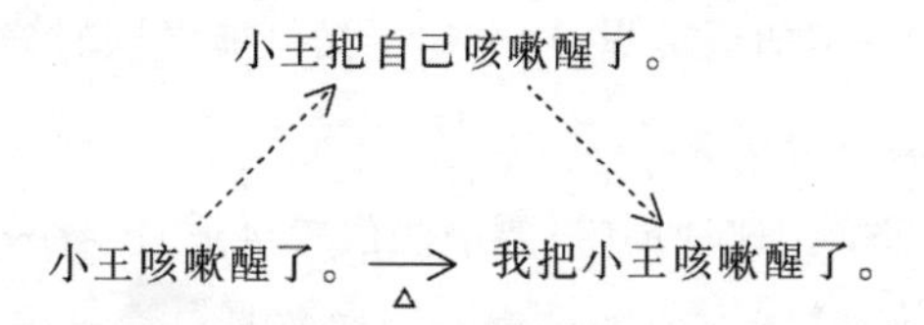

词的替换会改变语义关系，因此这个图式中上方的句子与右下方的句子语义关系不同；扩展不会改变语义关系，因此左下方的句子语义关系和上方的句子语义关系相同。这样就可以说明左下方的句子和右下方的句子语义关系不同，就是说，如果扩展会引起置换的话，语义就会发生变化。

然而，在上图中，替换的词是：“我”替换了“小王”，“小王”替换了“自己”；而“自己”在句子中本来就是复指“小王”的，所以用“小王”替换“自己”不会带来语义关系的变化。这样一来，上方的句子和左下方的句子与右下方的句子语义只有部分的变化也就得到了说明。

(2)(3)(4)这几组句子的情况与此类似。以(4)为例，可以写成如下的图式：

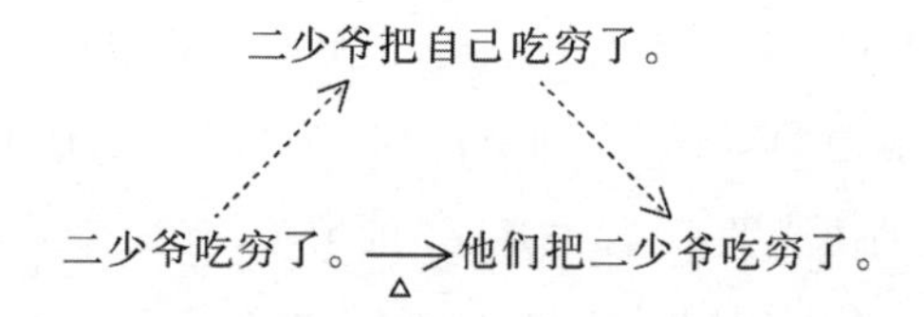

从这些图式不难看出，引起置换的扩展其效果等同于一个扩展(用“把自己”做的扩展)再接上一个替换(指用 N_2 替换 N_1，用 N_1 替换“自

己”)。

以上我们用了三节的篇幅讨论了(B)类句子三种可能的语义解释$(B_t)(B_n)(B_p)$以及从(A)类句式到(B)类句式的扩展可能遇到的种种情况。这足以说明(B)是一个很复杂的句式。一个个别的(B)类句子，往往由于词义搭配上的原因，只能做一种自然的解释，所以好象没有歧义。事实上，在一定的语境里，这个句子又可能做别的解释。例如：

老李把脚冻肿了。

“脚”是身体的部位。这种词(只要语法位置合适)极容易跟指人的词发生领属关系。因此，这个句子最自然的解释是(B_p)。但是我们也可以设想一个极为特殊的语境，使这个句子解释为(B_t)。例如说，这句话出现在几位进行冷冻治疗的医务人员的对话中，“冻”是指对病人的某些部位施行冷冻。这时，这个句子就应该平行于以下的句子而解释为(B_t)：

老李把血管碰断了。　　老李把刀口缝歪了。

由此看来，(B)类句式作为一个句法结构，在确定意义方面的作用是很弱的。一个(B)类句子的意义往往要靠词意搭配的情况和使用环境的细节来确定，而不能单靠句法结构本身。这种说法可能被说成是回到了“意合法”。然而，“意合法”也可以从积极方面去发展它。就是说，把一种句法结构看成多种语义解释的“混合物”。象化学家那样把它分离成各种“单质”，逐个加以研究，以便弄清混合物的各种性质。我们把(B)类句式分成种种不同的小类，最后终于可以得出结论说，其中最核心的东西就是“$V_2\{N_1\}$”，即交代N_1(通过V_1)出现了“V_2了”这样的结果。其他的语义关系，如谁是V_1的填项，有没有领属关系等都不是(B)类句式固有的特性(当然，这些语义关系彼此之间又有种种制约关系，比如：N_2若不是V_1的填项，就必须是N_1的领项)。

(B)类句式已经复杂至此，更不用说一般的“‘把’字句”了。想为所有的含有“把”的句子(或动词短语)找出一个统一的简明解释，无异于想根据海水里氢、氧、碳、钠、镁等几十种原子的百分比去拼凑一个海水的分子式。

7. 用“让”来扩展“$N_1V_1V_2$ 了”

跟句式(B)有密切关系的是带有“让”的句式。许多“N_2 把 N_1...”这样的句子都与“N_1 让 N_2...”这样的句子有联系(其中的“让”也可以改成“叫”，在书面语里则常用“被”)。

例如：

{我把衣裳晾干了。　{墨水把袖子染红了。　{萝卜把刀切钝了。
{衣裳让我晾干了。　{袖子让墨水染红了。　{刀让萝卜切钝了。

这里每一组句子都是由一个(B)类句子和一个如下的句子组成的：

(K)N_1 让 $N_2V_1V_2$ 了。

从这些例句，可以想到如下的变换关系：

[T]　(K) N_1让 $N_2V_1V_2$ 了。⟷(B) N_2 把 $N_1V_1V_2$ 了。

但是这个变换式并不是普遍适用的。例如：

我让孩子睡着了。⟷* 孩子把我睡着了。

* 头发让小王愁白了。⟷小王把头发愁白了。

脚让小孩压肿了。$\overset{?}{\longleftrightarrow}$小孩把脚压肿了。

以上这几个例子里，有的只有一方能说、另一方不能说，有的虽然两方都能说，可是意义不相配。可见还应该对[T]作深入的分析。

大家知道，虚词“让”有两种基本的意义，即使役义和遭受义。例如：

(1) 我让孩子睡着了。

(2) 孩子让我哄着了。

(1) 里的“让”是使役义,(2)里的“让”是遭受义。把(1) 里的“让”跟它前边的名词一起去掉,剩下的“孩子睡着了”正是前面讨论过的句式(A)。因此,(1)可看成是(A)扩展而成的:[U]　(A) $N_1V_1V_2$ 了。→(K) N 让 $N_1V_1V_2$ 了。

右端的句式 (K) 里,N 并不是 V_1、V_2 的填项,它通过“让”跟“$N_1V_1V_2$ 了” 发生语义关系,可以说它是“让”的填项。于是可以写出这样的语义关系:

(K_s)　　N 让{N}N_1V_1{N_1}V_2{N_1}了。

如果对它形式地施用变换[T],就成了“N_1 把 NV_1V_2 了”(孩子把我睡着了),这样,N 就非是 V_2 的填项不可。由此可见,变换[T]对(K_s)类的句子不适用。

再看前面的例句(2)。把这个句子里的“让”跟它后边的名词一起去掉,剩下的“孩子哄着了”是(A_t)类句子:

孩子哄{孩子}着{孩子}了。

这里 V_1 是“哄”,它已经有了一个填项“孩子”。“让”的句法功能就是给 V_1 介绍另一个填项。用公式来写就是:

(K_t) N_1 让 N_2V_1{N_1,N_2}V_2{N_1}了。

很明显,(K_t)中各词的及物关系与(B_t)一致,因此,(K_t)与(B_t)之间就可以有变换关系。(B_n)类的句子也有类似的情况:

我让小王咳嗽醒了。⟷小王把我咳嗽醒了。

左端句子的语义关系是:

(K_n) N_1让 N_2V_1{N_2}V_2{N_1}了。

右端句子是(B_n)类的。两者语义关系相同。

总之,变换[T]可以用于 (K_t) (K_n) 两类句子,分别得到 (B_t)

(B_n) 两类句子。

［T］　(B) N_2 把 $N_1V_1V_2$ 了。　⟷ (K) N_1 让 $N_2V_1V_2$ 了。

［T_t］　(B_t) N_2 把 $N_1V_1\{N_1, N_2\}V_2\{N_1\}$ 了。　⟷ (K_t) N_1 让 $N_2V_1\{N_1, N_2\}V_2\{N_1\}$ 了。

［T_n］　(B_n) N_2 把 $N_1V_1\{N_2\}V_2\{N_1\}$ 了。　⟷ (K_n) N_1 让 $N_2V_1\{N_2\}V_2\{N_1\}$ 了。

(B)类句子可以看成由 (A) 类句子扩展而成的，又与 (K) 类句子有变换关系，因此，(A)类句子和(K)类句子之间也有某种扩展关系。这可以从下图看出：

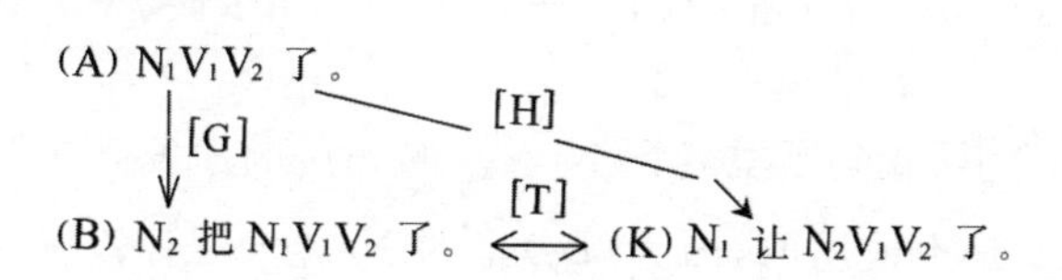

我们用［H］表示相继施行扩展［G］和变换［T］的结果，就是在句式(A)的"N_1"和"V_1V_2 了"之间插入了"让 N_2"。因为(B) 与(A)、(B) 与 (K) 之间在语义关系方面都保持一致，(A)与(K) 之间也应如此。实际上，把上图各句式分别解释为 (A_t)，(B_t)，(K_t)或(A_n)，(B_n)，(K_n)就可以看出。例如从(A_t)出发：

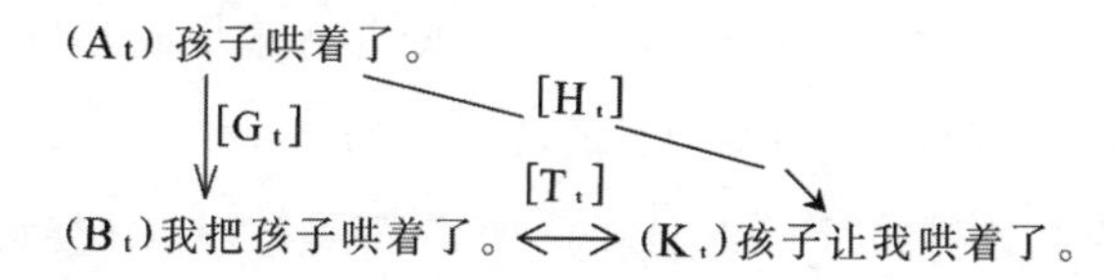

［H］ 的这种解释记做 ［H_t］。又如从(A_n)出发：

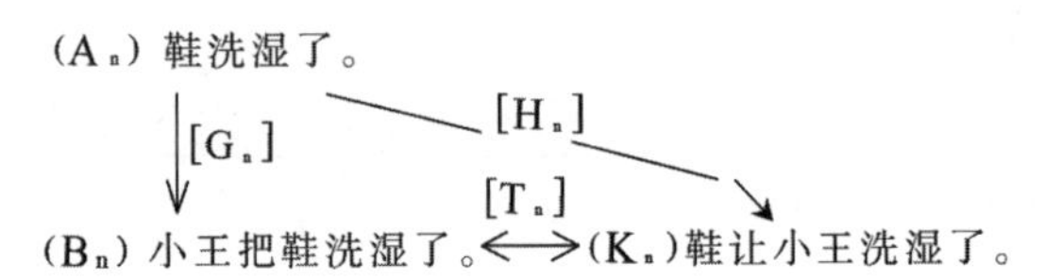

这样的[H]就记做[H_n]。如果扩展[G]会引起置换,那末扩展[H]也会引起置换。例如:

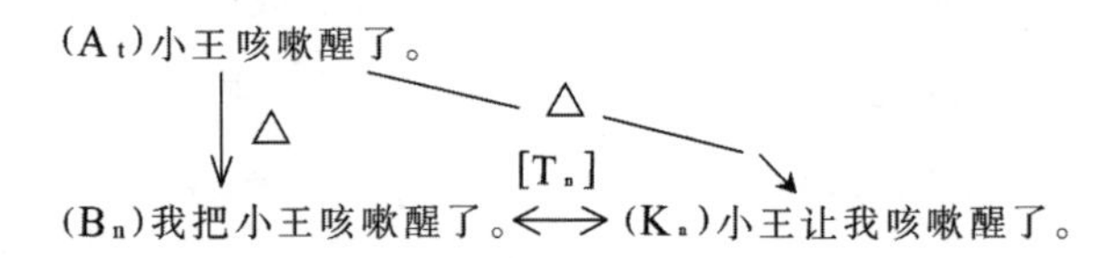

变换[T]两端句子里名词 N_1、N_2 的先后顺序发生了变化,它对(B_p)类句子是不适用的,因为(B_p)里的 N_1 与 N_2 有领属关系,顺序不能任意颠倒。例如:"小王把头发愁白了"是(B_p),如果硬要用变换[T],就要有"头发让小王愁白了"这样的句子,但这个句子是不成立的。

"小孩把脚砸肿了"有歧义。最自然的解释是(B_p),因此,下面的变换式似乎不成立:

小孩把脚砸肿了。⟷脚让小孩砸肿了。

其实,如果把左端解释为(B_t),这个变换式仍然是成立的。如此看来,变换[T]还有分辨(B)类句子的歧义的功能。

前面我们分析的[U]和[H]两种扩展都是针对(A)类句式的:

孩子睡着了。$\xrightarrow[\text{[U]}]{}$我让孩子睡着了。

孩子哄着了。$\xrightarrow[\text{[H]}]{}$孩子让我哄着了。

作为(A)类句式,上面两式左端的句子都有动结式动词 V_1V_2。在引言中，我们批评了专从 N_1 与 V_1 的及物关系来说 N_1 在(A)类句式中是否施事、受事、工具等的说法。但是用上面的扩展又可以很清楚地鉴别出 N_1 与 V_1V_2 作为一个整体发生的关系如何。可以说，能用[U]来扩展的(A)类句子，如上面的“孩子睡着了”，N_1 是积极地参与过程 V_1 而导致了 V_2 的结果；而能用[H]来扩展的(B)类句子，如上面的“孩子哄着了”，N_1 是消极地参与过程 V_1 而导致了 V_2 的结果。这里的“积极”“消极”讲的是 N_1 与 V_1V_2 的关系，引言中说的施事、受事讲的是 N_1 与 V_1 的关系，两者有联系，但并不是一回事。例如：

刀切钝了$\xrightarrow[\text{[H]}]{}$刀让萝卜切钝了。

这里的“刀”对于“切”来说是工具，但对于“切钝”来说是“消极”的。

对于[U]和[H]的这种考查可以推广到更一般的情况。一个“N_1V_p 了”类型的句子（其中 V_p 代表动词短语），如果可以这样扩展：

[U′]　　N_1V_p 了。$\xrightarrow[\text{[U′]}]{}$N 让 N_1V_p 了。

N_1 对于 V_p 就是积极的。如果可以这样扩展：

[H′]　　N_1V_p 了。$\xrightarrow[\text{[H′]}]{}$$N_1$ 让 N_2V_p 了。

N_1 对于 V_p 就是消极的。这时往往又可以有如下的图式：

N_1V_p 了。
↓[G′]　　↘[H′]
N_2 把 N_1V_p 了。$\xleftrightarrow[\text{[T′]}]{}$ N_1 让 N_2V_p 了。

其中，[G′]和[T′]是分别把[G]和[T]推广而成的。

关于[U′][H′][G′][T′]的这些说法，在没有详尽讲明关于 V_p

的条件以前，当然只能看做一种假说。但是我们可以用它来说明如下的例子：

(3) 孩子把玩具摆整齐了。$\xrightarrow[\text{[U']}]{}$妈妈让孩子把玩具摆整齐了。

这个式子的左端，N_1 是“孩子”，V_p 是“把玩具摆整齐”。对于 V_p 来说，N_1 是积极的。经过[U′]扩展而成的句子里，“让”是使役义的。

(4) 妈妈把头发愁白了。$\xrightarrow[\text{[H']}]{}$妈妈让这些事把头发愁白了。

这个式子左端的“妈妈”对于“把头发愁白了”而言是消极的(“妈妈”遇到了“把头发愁白了”这样的情况)。右端的“使”是“遭受义”的。

如果用[G′]来扩展左端这个句子，形式上应得到：

* 这些事把妈妈把头发愁白了。

实际上，这个句子里的第二个“把”是不说的。如果不管这个问题，我们可以写出这样的图式：

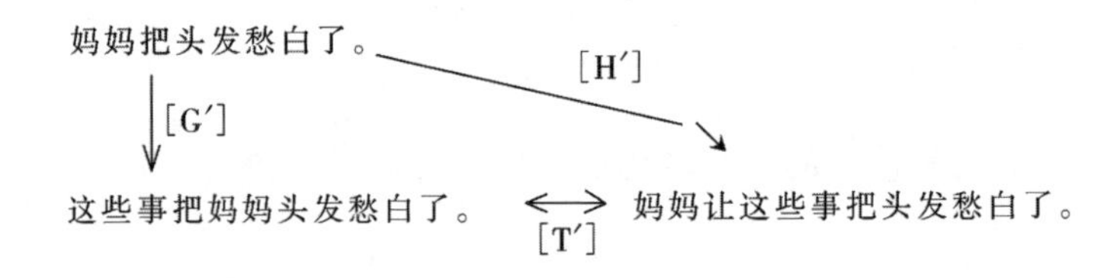

值得注意的是，(3)(4)左端的句子虽然都是(B)类的，但是(4)的左端是(B_p)类的，(3)的左端不是。从这一点上来说，[U′]和[H′]又可以起着辨别(B)类句式的歧义(是否应解释为(B_p))的作用。另一方面，(3)(4)右端的句子具有相同的句式，我们把它记做(L)：

(L) 妈妈让孩子把玩具摆整齐了。

(L) 妈妈让这些事把头发愁白了。

然而语义解释不同，所以(L)也是有歧义的。扩展[H′]、[U′]也起着区分(L)的歧义的作用。例如：

(5) (B_p)所长把病看好了。$\xrightarrow[\text{[H′]}]{}$(L)所长让李大夫把病看好了。

这是“所长”有“病”，“李大夫”为“所长”治病。

(6) (B_t)李大夫把病看好了。$\xrightarrow[\text{[U′]}]{}$(L)所长让李大夫把病看好了。

这是“李大夫”看别人的“病”，是“所长”让他这样做的。因此，(5)(6)右端的两个句子虽然同形，意义是不同的。如果用“我的病”替代这些句子里的“病”，那么(5)的左端就解释不通了：

* (B_p) 所长把我的病看好了。

这个句子里的“所长”无论如何也不会是“我的病”的领项。因此，

(L) 所长让李大夫把我的病看好了。

就不能从[H′]得到，只能从[U′]得到。这个句子就没有上述那种歧义了。

变换[T′]只与[H′]有关，与[U′]不相干。所以只适用于含有遭受义的“使”的情况。当然也可以用于区别(L)的歧义。上面的(5)可以扩大为如下的图式：

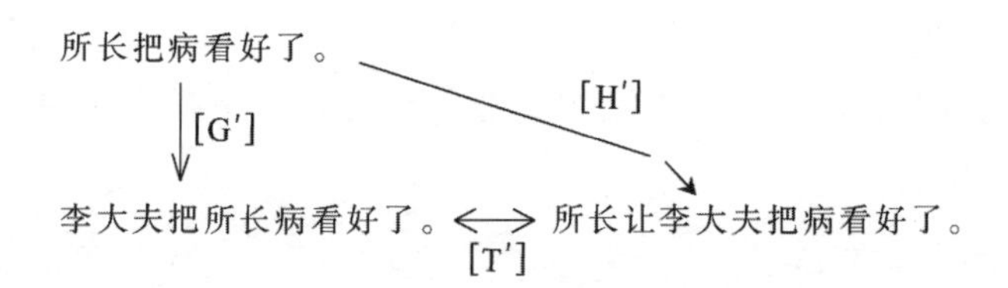

顺便说明一个问题：按照许多语法书上的说法，上图左下方的句子里的“所长病”恐怕要理解为一个名词短语才行。从本文的观点来看，

似乎以不这样勉强处理为好。在句子的层次结构方面，应注意到“李大夫把所长”是一个较紧密的组织。例如说，这类句子可能这样出现在对话中：

——李大夫把所长怎么了？——病看好了。

——流氓把他怎么了？——腿打折了。

8. 与“数·量·名”结构有关的句式

一般说来，在“V_1V_2”后边直接加上一个名词以构成“V_1V_2N了”的句式是有问题的。比如：

？点着(zháo)灯了。　　　　？磨坏刀了。

？哄着(zháo)孩子了。　　　　？吹掉帽子了。

这些句子大都不成立，或者只能在很特别的场合使用。

正面的例子也有，但往往是一些固定词语，或至少其中的“V_2N”实际上已经成了述宾式的复合动词。例如：“吃饱肚子了”，“走错门了”，“说走嘴了”，“撞流血了”，等等。

从本文的观点来看，“V_1V_2 了”是由“V_2 了”扩展而成的。其中的“V_2 了”是指明结果状态的，V_2 多数是形容词或不及物动词，因此它们一般说来不能带宾语。

然而，形容词或不及物动词后边往往可以接上带有数量词的名词短语，例如：

跑了一个孩子。　　　破了一双鞋。

着了一片庄稼。　　　错了一步棋。

用 N_q 表示这种名词短语，这种句式可以写成：

(P_1)　　V_2 了 N_q。

它又可以扩展成：

(P_2)　　V_1V_2 了 N_q。

例如：

吓跑了一个孩子。　　　穿破了一双鞋。

烧着了一片庄稼。　　　走错了一步棋。

“数·量·名”结构的重音如果在数量词上，是用以交代数量的，我们不讨论这种情况。如果重音在名词上，通常是用来表示非定指的。这时，(P_1)里的 N_q 可以用“有”提到 V_2 的前边：(Q_1)　有 N_qV_2 了。

例如：

有一个孩子跑了。　　　有一双鞋破了。

有一片庄稼着了。　　　有一步棋错了。

(Q_1)也可以扩展成

(Q_2)　　有 $N_qV_1V_2$ 了。

例如：

有一个孩子吓跑了。　　　有一双鞋穿破了。

有一片庄稼烧着了。　　　有一步棋走错了。

这些句子里的 V_2 限于单向的。[6]这时以上四个句式可以组成一个很整齐的图式：

(P_1) V_2 了 N_q。→(P_2)V_1V_2 了 N_q。

　　　↕　　　　　　　　↕

(Q_1) 有 N_qV_2 了。→(Q_2)有 $N_qV_1V_2$ 了。

这个图式中最基本的共同语义关系就是 N_q 是 V_2 的填项。在(P_2)和(Q_2)里，多了一个 V_1，N_q 也可能是 V_1 的填项，也可能不是，但是，不管是与不是，在(P_2)和(Q_2)中是一致的。例如：

(P_1) 破了一双鞋。→(P_2)穿破了一双鞋。

(Q_1) 有一双鞋破了。→(Q_2)有一双鞋穿破了。

这个图式的(P_2)(Q_2)里,V_1 都是“穿”,N_q 都是“一双鞋”,N_q 都是 V_1 的填项。又如:

(P_1) 湿了一只鞋。→(P_2)洗湿了一只鞋。

(Q_1) 有一只鞋湿了。→(Q_2)有一只鞋洗湿了。

这个图式里,N_q(“一只鞋”)都不是 V_1(“洗”)的填项。

现在我们进而研究(P_2)(Q_2)的扩展。

在(Q_2)前边添上一个名词就成了:

(Z) N_2 有 $N_q V_1 V_2$ 了。

例如:

小王有一件衣裳晾干了。 小王有一只鞋跑丢了。

小王有一个孩子冻病了。

(Z) 里的 N_2 总是 N_q 的领项,这是“有”的功能所致。把“有”改成“的”,句子的基本意义不变,但是口语里很少出现这样的句子。

在(P_2)前边添上一个名词,就成了:

(Y) $N_2 V_1 V_2$ 了 N_q。

这个句式是有歧义的。它至少有三种不同的语义解释:

(Y_t) $\underline{N_2 V_1 \{N_2, N_q\} V_2 \{N_q\}\text{了 } N_q}$。

小王晾干了一件衣裳。

(Y_n) $\underline{N_2 V_1 \{N_2\} V_2 \{N_q\}\text{了 } N_q}$。

小王跑丢了一只鞋。

(Y_p) $\underline{N_2 V_1 \{N_q\} V_2 \{N_q\}\text{了 } N_q \{N_2\}}$。

小王冻病了一个孩子。

很明显，在(P_2)、(Q_2)、(Y_p)、(Z)之间存在着一组变换、扩展的关系，图示如下：

(P_2) 冻病了一个孩子。→(Y_p)小王冻病了一个孩子。

(Q_2) 有一个孩子冻病了。→(Z)小王有一个孩子冻病了。

然而大多数(Y)类的句子都可以解释为(Y_t)或(Y_n)。换句话说，这种变换图式中，右上方的句子往往是有歧义的，要按(Y_p)来解释才能使这种图式成立。

例如：

(P_2) 修好了一辆车。→(Y_p)我们修好了一辆车。

↕　　　　　　↕

(Q_2)有一辆车修好了。→(Z)我们有一辆车修好了。

反过来，一个(Y)类的句子如果不能按(Y_p)来解释，这种图式就不成立，这时，(Y)(Z)两种句子的区别就十分明显了。例如：

(Y)日本打败了一个队。
(Z)日本有一个队打败了。

"败"的虽然都是那"一个队"，但是在(Z)里，那是"日本"的"一个队"，在(Y)里，那"一个队"是被"日本"打败的。

那末，一个(Y)类的句子什么时候按(Y_t)、(Y_n)或(Y_p)来解释呢？这要看词意搭配的具体情况来决定。下边是几个例子：

小王冻病了一个孩子。

"小王"不能看成"冻"的填项，但可以看成"孩子"的领项，因此应解释为(Y_p)。

小王冻坏了几棵白菜。

这里的“冻”可以表示“使冷冻”的意思。这是一个双向动词，“小王”和“白菜”都是它的填项。因此这个句子可以解释为(Y_t)。同时，它也可以仿照上例解释为(Y_p)。

他扎破了一个手指头。

“他”跟“手指头”很容易发生领属关系，因此这个句子可以解释为(Y_p)。另一方面，也可以仿照上例解释为(Y_t)。

他扎坏了一根针。

虽然这个句子也是有歧义的，但“他”跟“针”的领属关系不如上例明显，所以这个句子的语感明显地偏向(Y_t)。

从这些讨论看来，句式(Y)在歧义方面的问题和前面几节讨论过的句式(B)非常类似。这不是偶然的。其实，句式(Y)可以经过一个变换变成一种与(B)极为相近的句式：

［W］　(Y)$N_2 V_1 V_2$ 了 N_q。$\longleftrightarrow$(X)N_2 把 $N_q V_1 V_2$ 了。

句式(X)与(B)的不同仅在于其中的“把”与 V_1 之间是单个的名词 N_1 还是“数·量·名”结构 N_q。例如：

(Y)小王晾干了一件衣裳。
(X)小王把一件衣裳晾干了。
(B)小王把衣裳晾干了。

(X)也有类似于(Y)、(B)的歧义，变换过程中语义关系保持不变，就是说(X_t)与(Y_t)、(B_t)互相对应，等等。这里就不一一列举了。

值得注意的是(X)类句子里的“把”后边出现了“数·量·名”结构。有人认为“把”后边的宾语一般都是定指的。这实在是一个误会。应该说，从语法角度来看，“把”的宾语既可以是定指的也可以是非定指的。但从语用的角度来看，如果使用非定指的“把”宾语，整个句子就有了附加的用意，所以使用机会较少。这个附加的用意就是交代出说话人感到意外。例如：

我把一个花瓶碰倒了。

“碰倒了”按常识来说是意外的，所以这个句子成立。但是，

* 我把一个花瓶擦干净了。

“擦干净了”按常识来说是有意做的，所以这个句子不成立。如此看来，句式(X)在语义搭配方面受到了限制，并非每一个 (B)类句子都有一个相应的 (X)类句子。(参看[2]。)如果只是要把 (B)类句子里的 N_1 改为非定指的，并不要这种附加的用意，那末应该使用相应的(Y)类句子，例如：

(B) 我把花瓶{碰倒了。/擦干净了。}　　(定指)

(Y) 我{碰倒了/擦干净了}一个花瓶。　　(非定指)

句式(X)的附加用意，使这种句子在扩展、变换时也有一些与(B)类句子不同的特点。

§6 曾经讨论过句式(L)的歧义。例如：

我让小王把袖子染红了。

这个句子可以用两种不同的办法扩展而成：

(甲)　(B_t)小王把袖子染红了。→(L)我让小王把袖子染红了。

这里的“让”是使役义的：“小王”有目的地“染”“袖子”，结果是“袖子”“红”了，而“小王”这样做是“我”要他做的。

(乙)　(B_p)我把袖子染红了。→(L)我让小王把袖子染红了。

这里的“让”是遭受义的：“我”遇到了“把袖子染红了”这样的情况，是“我”的“袖子”“红”了，是“小王”“染”的。这两种解释有分歧之处可列表如下：

	“让”的用法	“我”与“袖子”的关系
(甲)	使役义	未交代
(乙)	遭受义	领属关系

如果把上面句子里的“袖子”改成“一只袖子”：

我让小王把一只袖子染红了。

很明显，这里说的“袖子”是“我”的（至少初读的语感是这样；顺便提醒一下，我们限于讨论数量词不带重音的情况）。换句话说，这个句子只能平行于上面的（乙）式解释为：

我把一只袖子染红了。→我让小王把一只袖子染红了。

这个式子左端是(X_p)类的句子。

这种现象很容易用(X)类句子的附加用意来说明：如果硬要平行（甲）式解释成：

小王把一只袖子染红了。$\xrightarrow[?]{}$我让小王把一只袖子染红了。

这样，“让”就应该是使役义的，就是说，是“我”的意愿导致了“小王把一只袖子染红了”，这就与(X)类句子的附加用意——意外性发生了矛盾。

9. 小 结

(1) 本文提出了对动结式动词的一种看法，并且以此为基本线索讨论了许多有关系的句式。其中关于“把”的句式花了较多的篇幅，提出了一些新的意见。

(2) 本文用了表示语义关系的句式，提出了扩展及置换这种概念做为对比句式的工具，收到了一定的效果。

(3) 在理论方面，本文指出：同一句法结构的歧义往往受到词义搭配和语言环境的制约，而被排除。因此，一个语言的句法结构方式虽然比各种语义关系的类型总是少得多，但正常的交际活动却不会经常被歧义所中断、干扰。这是对“意合法”的积极理解。

(4) 应该说明，以上(2)、(3)两项所说的东西不过是一种尝试。本文仅对这些提供了一个“个案研究”而已。更多的工作(以及修改补充)则有待将来的努力。

附　注

① 在北京方言里，“掉”是实词，有“落下”的意思。书面汉语的“吃掉”“跑掉”“丢掉”等词语里的“掉”是别的方言的成分。

② 通常用于区分“的”“得”的规则在这种句式里可能遇到麻烦。我们暂且不管它，而索性一律用“的”。

③ 注意，花括号里的词语并不是在这个位置上出现的词语。用别的表示方式也可能更清楚地表现这一点，例如：

$N_1 V_1 V_2$ 了。

(箭头由 N_1 指向 V_2)

我们选择了正文里的这种形式，是考虑到印刷的方便。

④我们说“坐”是单向的，是指“坐一会儿”这种语境里的“坐”，而不是“坐沙发”这种语境里的“坐”。参看文献[2]中关于及物动词与不及物动词的说明。

⑤这个说法有待仔细研究。例如可以说“孩子有病的是小王”。

⑥我们只讨论单向动词，目的是使(P_1)(P_2)能与(Q_1')(Q_2')相比较。V_2不是单向动词的情况比较复杂。例如：“生了一个瞎子”跟“有一个瞎子生了”这两个句子里“瞎子”分别是孩子或母亲。

参考文献

[1] 吕叔湘主编:《现代汉语八百词》,商务印书馆,1981。

[2] 朱德熙:《语法讲义》,商务印书馆,1982。

[3] 吕必松:"关于'是……的'结构的几个问题",《语言教学与研究》,1982年第4期。

(原载《中国语文》1987年第6期424—441页)

从计算机汉字系统看《汉语拼音方案》

要问《汉语拼音方案》(以下简称《方案》)的最大功绩是什么,在我看来,一定要提到计算机汉字系统的实现。

计算机汉字系统的关键是输入方式。现有的输入方式大体可分成三类,或者说有三种典型的方式。

第一种是大键盘方式。北京大学研制的计算机中文照排系统用的就是这种方式。这类似于老式的中文打字机,采取一字一键的办法。固然有无师自通的优点,但是一方面有速度不易提高的缺点,另一方面有造成职业病(视力减退)的危险,所以不受欢迎。

第二种是字形编码。这就是按照专门设计的办法,利用部首、组件、笔顺等等把汉字编成由简单符号组成的代码,然后在键盘上输入。现在已有几百种不同的编码方法。它们互有长短,但总地说来,都需要进行专门学习或训练。更严重的是,这种办法大脑负担过重,对于用计算机进行写作的人来说,由于加上了思考编码的负担,写作过程受到不断干扰,感到十分不便。

第三种则是拼音汉字转换方式。把要写的汉字(个别字词或整段章句)用拼写的形式键入计算机,由计算机把它转换为汉字。北京大学最近研制的CW系统就是用这样的方式。如果只输入个别汉字,或者输入人名、地名等,那么可以在单字的水平上进行转换,这时同音字的选择要由使用计算机的人(即用户)人工干预。如果输入句子或整段章节之后再转换成汉字,那么计算机可以自动进行,很少有发生困难或错误的情况。这样，基本上就使得使用计算机汉字系统可以像西文系统一样方便了。

在日本，计算机日文系统的输入方式经历过许多年的研究和试验。学者们从语言学、心理学、生理学、计算机科学等方面做了大量认真的工作，最后是“假名汉字转换方式”占了绝对优势。我相信，我国对计算机汉字系统输入方式的试验探索也会以“拼音汉字转换方式”的胜利而告终。反过来，计算机汉字系统的出现和推广，也会对巩固《汉语拼音方案》的社会地位起促进作用。

《方案》怎样发展、完善，怎样才能逐渐变成一种表音文字呢？对于这个问题还需要做一系列的理论研究。而拼音汉字自动转换系统则为此提供了一些有价值的材料。

对《方案》的优劣功过有许多不同意见，有些意见甚至是很激烈的。但是不少意见只是技术细节的问题，像字母形式问题（拉丁字母或别的字母），拼写方式问题（双拼法或别的拼法）等等。从《方案》的发展前景来看更重要的问题是：

（一）《方案》能不能成为一种表音文字的基础？

（二）怎样扩充、改进之后《方案》才能成为一种表音文字？

（三）应不应该为汉语制定一套表音文字，并用它来代替现行的汉字？

以下就从拼音汉字转换系统的角度来研究一下这几个问题吧。

《方案》能不能成为一种表音文字的基础？这个问题看来有点奇怪。《方案》能拼写出全部汉字的字音，当然就可以称得上表音文字的基础了。其实，问题比这要复杂得多。

文字是记录语言的，表音文字记录的是语音。如果能把语音忠实地记录下来，阅读的时候就可以恢复原来的语音。但是，《方案》只是记下来每个音节的读音，而且是按照这个音节在某种理想语境（比如说没有上下文的情况)中的读音记录的。这样,在阅读的时候,就要根据上下文来判断轻重缓急、抑扬顿挫,不然的话,只好一个音节一个音节地读下去,就和实际语言相去甚远了。可见,以为表音文字可以机械地阅读是没有根据的。

从理论上回答这个问题,涉及语言学、文字学、符号学等方面,不是三言两语说得清的,要取得一致意见更不容易。在关于文字改革的多年争论中,这是焦点之一。

拼音汉字自动转换的成功,为此提供了一个实证的回答。因为这一事实说明:在用《方案》拼写的一系列字母中,实际上已经包含了相应的汉字的信息。既然汉字做为一种文字的资格是公认的,那么《方案》也就具备了成为一种文字的起码条件,即:能反映语言现象。

能反映语言现象,这只是做为文字的必要条件。因为像电报码这类机械的编码也满足这个必要条件,但却不能用做文字。要成为一种文字,还要实用。在这方面还要做许多工作才能使《方案》变成一种表音文字。

拼音汉字转换系统对此也提供了线索。这个系统的工作和人们的阅读有许多相似之处。从某些意义上说,转换系统的工作可以说成是计算机的阅读。

转换系统工作时,有相当一部分时间是做同形词的歧义分析,也就是语素的判别。dajia 可能是"大家"或者是"打架";wenming 可能是"文明"或者是"闻名"。这种例子读者顺手就能举出许多。在对《方案》进行讨论时,对如何处理这种问题有许多建议。例如标调号、增加表示词类或词义的字母、精密的连写规则、特殊的拼写变体等等。到底哪些更重要、更能解决问题呢?这是多年争论的课题之一。

在研制 CW 系统过程中,我们注意到了一个现象。辨别同形词时,起支柱作用的是虚词,一个句子中的虚词对于确定句型、词类起着决定性的作用。一个句子在转换时是否要花费较多的时间，主要取决于是否能认准其中的虚词。如果虚词没有认准，转换就不可能一气呵成，而要尝试多种可能性。我们设想，使虚字都有特殊的拼写变体，将大大有利于转换的效率。这种虚字的量并不大，少则十几个，多则几十个。虚字有了特殊拼法，必将大大有利于表音文字的易读性。

北京计算机学院的 CHN—DOS 系统做了另一个有趣的试验。这个系统并不要求正确的连写。使用者甚至可以把整个句子都毫不间断地一个字母接一个字母地输入到计算机中，机器仍然可以完成转换。但是，这时计算机常常要“回溯”，就是把一个句子中已经认出汉字的部分还原为拼音。这个试验说明：如果没有合理的连写规则，阅读时就要反复照应上下文才能读懂。因此，合理的连写规则是提高表音文字易读性的重要条件。

有了虚字的特殊拼法和合理的连写规则，自动转换就可以高效率地进行了。至于调号，在 CW 和 CHN—DOS 这两个系统中都是冗余信息，至少一般说来是用不着的。前面举的例子，“打架”和“大家”因为词性不同，出现的句法位置也有区别，即使不标调号，也不一定会弄混。“文明”和“闻名”，即使标了调号也无济于事。在口语中，这两个词是不同形的，因为“闻名”是轻重式的（动宾式的词大多如此），“文明”是重轻式的（并列式的词大多如此）。看来要区别这样的词还要补充一些别的信息，这是当前拼音汉字转换系统所期待的。对此，笔者建议在连写规则中增加标调号的规则，就是只标出多音节词中重读音节的调号。这样，“闻名”就成了 wenmíng，而“文明”就成了“wénming”。对于应读轻声的音节则仍用圆点注明，或最好有特殊的拼法。

当然，计算机阅读和人阅读毕竟不是一回事，上面的材料也不能简单地当做改进《方案》时必须遵守的信条。然而，对计算机汉字系统的研究，确实为我们的语文工作提供了一个新的观察角度和试验方法。

前述的第三个问题就是问要不要拼音化。这是一个最引起争议的问题。汉字有优点,也有缺点,表音文字也有优点,有缺点。争来争去,直到动感情的程度,但认识并没有深入很多。近年来,大家开始注意从心理学、生理学等方面研究这个问题,这样慢慢深入研究下去,才能得出科学的结论。在这方面,拼音汉字转换系统的出现,虽然没有提供出直接的材料,却提出了令人深思的问题。

非常有趣的是:CW 在处理非常口语化的材料时,比处理书面汉语更容易失误。

笔者认为这是汉语的特点所决定的。

汉语的一个突出特点是:它是单音节语素语言,几乎每个音节都是一个语素。因此,同音的语素极多。那么人们怎样辨析语素呢?在口语中,超切分特征(suprasegmental feature)如语调、节律等,起了重要作用。在使用汉字书写时,则用不同的汉字表示不同语素。因此,口语形式和书面形式的汉语在辨析语素方面手段不同,效果也不同。例如书面形式“治癌”和“致癌”、“中点”和“终点”,“危机”和“微机”互有区别,口语中却很难区别;口语中 dìfangr 和 dìfāng(地方),xiǎng qǐ · lai · le 和 xiǎng · qi · lai · le(想起来了)互有区别,书面却无法区分。因此,口语和书面语在许多地方就脱节了。

汉语的另一个突出特点是:它是孤立语,句法的弹性很大。例如:一个句子可以没有主语(甚至在最严谨的科技文献中也可以读到这样的句子:“把试验值带入方程,就可以判断它是不是方程的解”);主语和谓语动词之间可以没有及物关系(指施事、受事、工具、方位等,“我修电视”可能指的是“修我的电视”)。从西方语言的观点来看,这些都是很奇怪的。然而更奇怪的是“词无定形”。“洗澡”是一个词,但可以说:“洗了个澡”,这普通叫做“离合词”;“立法”是一个词,但可以说:“吵了一天,什么法也没立成”,这是离合词发生了“倒序”;“集装箱”是一个词,但可以说:“现在有了一种新的办法,叫集什么箱运输”,这简直是“残缺词”了。看起来,“词”的概念对汉语语法是否适用严格说来是有问题的。汉语拼音的连写规则和西方文字的正词法也不同,它所反映的语言现象实际上并不是词的切分,而是节律。就汉语的这个特点来说,口语与书面语也有相当距离。

CW 系统以词为转换单位。对于书面语的材料还比较适合,对于口语就难免发生困难。表音文字在记录口语时反而发生困难,这可能使许多读者感到意外,但事实就是如此。

要为汉语设计一套表音文字,决不能忽视口语。表音文字直接提供的语素信息一定少于汉字,一定要设法在其他方面有所补偿才行。只有深入进行语言学研究,把汉语的特点搞得再清楚一些,才能有把握地回答语素文字(如汉字)和表音文字(如《方案》)哪一个更适合汉语特点的问题。

当然,把《方案》发展成一种规范的表音文字,无论是否用以替代汉字,从计算机汉字系统的角度来说都是非常有好处的。因为它可以使输入系统有精确的规范可循,从而减少由于拼法、连写等方面的不精确性给系统带来的额外负担。

综上所述,可以看出计算机汉字系统的出现及进一步的研究、发展与《方案》的研究、发展是紧密相关的工作。现在计算机汉字系统的研究已经进入到标准化的阶段。希望语文界的专家学者也参加到这个研究工作中来。国家语委对此应采取更加积极的态度,推动、组织有关的工作。这是一个语文工作大有作为的领域。

(原载《语文建设》1988 年第 1 期 7—9 页)

语言文字资料的计算机处理

(一)

50年代后期，我国计算机事业刚刚起步不久，就开始了机器翻译的尝试。最近10年，计算机词语处理、语声处理等各方面的工作相继展开，取得了一系列的成就。

机器翻译系统借助计算机进行翻译。我国的机器翻译研究首先是针对俄译汉进行的，后来逐渐把英译汉放在首位，现在已接近实用。同时，日译汉、汉译英以及我国各民族语言与汉语的互译也陆续开始了。

还可以把汉语表述的、对计算机系统发出的操作命令或查询事项等翻译成计算机语言，或者反过来，把计算机系统的处理结果或状态报告等从计算机语言译成汉语。这就是所谓自然语言理解和自然语言生成系统。这方面也有许多学者做了大量尝试。

70年代末以来，由于微型机进入市场，计算机语词处理系统的研制受到了极大的重视，现在已经付诸应用。形象地说，就是把计算机当成打字机来使用，但是不一定直接打在纸上，而是先贮存在计算机内部，利用屏幕显示出来。这样一来，用户就可以直接在计算机上进行增删修改，到定稿后再正式打印。语词处理系统是办公室自动化系统的核心与基础。目前已有包括我国各族语文在内的多种不同型号的语词处理系统问世，有的已经成为正式商品。把这种技术与印刷技术结合起来，还可以制成计算机排版、照排系统，大大便利了编辑、制版、校对甚至印刷。这类系统现在也有若干种商品问世，有的达到了国际领先的地位，使外国公司对之垂涎。

在语词处理系统中，有一个惹人注意的部分，就是汉字输入方式。从技术的角度说，就是如何向计算机指明某一特定的汉字。汉字输入方案目前已有数百种之多，有的登记了专利，有的做成了商品。推销、比赛、表演，一时热闹非凡。新闻媒介则有意无意地起了助燃剂的作用。本来，纯属商业性的竞争，外界以保持一点距离为好，或者索性堂堂正正地做广告也无妨。一不小心，卷入其间，不但浪费人力、物力、财力，而且造成混乱，最后损害了自己的声誉。

其实，这方面要做的严肃工作有的是。比如说文字识别。为了大量输入印在纸上的文字资料，应该研制自动阅读系统，借助于光电信号传换装置把文字图形转变为数据输入计算机，再由计算机辨认它到底是哪一个字。这方面的工作，我国刚刚起步，远远落后于日本。能够从同一套字模的几千个汉字中认出某一个字，就是现在能达到的最高水平了。这是硬科学、硬技术，现在有许多学者正在这方面攻坚。

手写汉字的识别更加困难。因为字体不规范，有时界限也模糊不清。但是，如果一边写一边让计算机来辨认，计算机就可以借助笔顺的信息，这就容易多了。在技术上，这叫手写汉字的动态识别或在线识别。这方面的工作已有若干接近成功的报道。

以上各种系统处理的都是文字形式的汉语（或其他语言）。近年来，人们开始注意声音形式的语言与文字形式的语言之间的相互转换。这叫做计算机语声处理系统。其中，从声音到文字的转换叫语声识别，从文字到声音的转换叫语声合成。前者起步虽早，但难度很高，现在仍处在摸索阶段；后者则已接近应用了。

计算机不但越来越多地以语言文字为处理对象，同时也逐渐成为语言学研究的有效工具。

利用计算机进行语言资料的统计和索引，可以提高工作效率。近年来，我们作了常用字词统计，也做了若干文学作品的统计和索引。这些工作涉及百万字以上的资料，如果全靠人工，不但旷日持久，而且会大量发生错漏而损伤工作成果的价值。使用高深精密的统计方法处理语言资料，可以得到更有价值的成果，例如用于比较方言学的研究。这方面的工作正在起步。

当然，计算机的功能不止于统计，使用人工智能的方法还可以开辟更广阔的天地。目前，已有人开始尝试使用计算机发现语法规则，不久可望有局部成果报道出来。

总之，把计算机做为一种工具引入语言学研究，这是值得重视的一个动态。

计算机又可以用于语言教学，这就是计算机辅助教学系统。计算机按照教师事先安排好的程序陆续出示问题给学生做，学生把答案送入计算机之后，计算机酌情给出评分，或予以提示、纠正错误，再根据答题的情况确定下一步是让学生继续做新的习题或让学生复习旧的内容。另一方面，计算机还暗中对学生做题的情况做出统计分析，把分析的结果提供给教师做备课参考。学生可以通过填空、改错、选择、翻译等不同形式的练习从词汇、语法、语义等各方面来开发自己的语言能力。我国近年来做了许多试验，特别是（对内）英语教学和（对外）汉语教学方面。把计算机辅助教学系统与声像系统结合的试验也在着手进行。

计算机辅助教学系统有助于克服当前课堂教学不能因材施教的缺陷，已经引起教育界的重视。当然，计算机毕竟不是真正的教师，不能替代教师的作用。对于理论性的学科，计算机辅助教学系统不太容易做得很好，但对于语言、数学这类技能性的学科来说，则收效很明显。因此，我们也应该重视这方面的动态。

计算机与语言文字工作的结合，产生了计算语言学。从语文界的角度来看，这是一个新的应用领域。与国外相比，我们在这个领域中取得的成绩还不能令人满意。这虽然与我国计算机技术落后这一事实有关，但也不能完全怪罪计算机工作者。公正地说，正是他们在这一领域独自拼搏着，而语文界则大体处于不关心、不了解、不理解的状态，更谈不上配合了。从某种意义上说，要使这一领域工作迅速发展起来，关键正是要从语文研究中得到足够的支持。本文其余部分就以语法学、语音学、文字学这几方面为例，说明我国语言文字研究的现状为什么不能适应新的应用领域的需要，以及新的应用领域到底提出了一些什么样的问题。

（二）

机器翻译有多种不同的做法。到目前为止，占优势的做法是“分析—转换—生成”的办法。

假定我们要把英语的句子译成汉语。

首先要把英语的语法规则改造成一些分析规则，用来把英语句子的句法结构分析清楚。例如：“He wants to go there.”这样一个句子，经过分析，可以知道“He”是人称代词、主语，“wants”是现在时动词，谓语中心词等等。分析的结果可以汇总为图1的句法树，用内部代码的形式存放在计算机中。

然后要有一些转换规则，借助于词典把英语的词、熟语转换成汉语的相应成分。比如把“go＋处所代词”转换成“去＋方向”等。于是图1的句法树就被改造成图2。

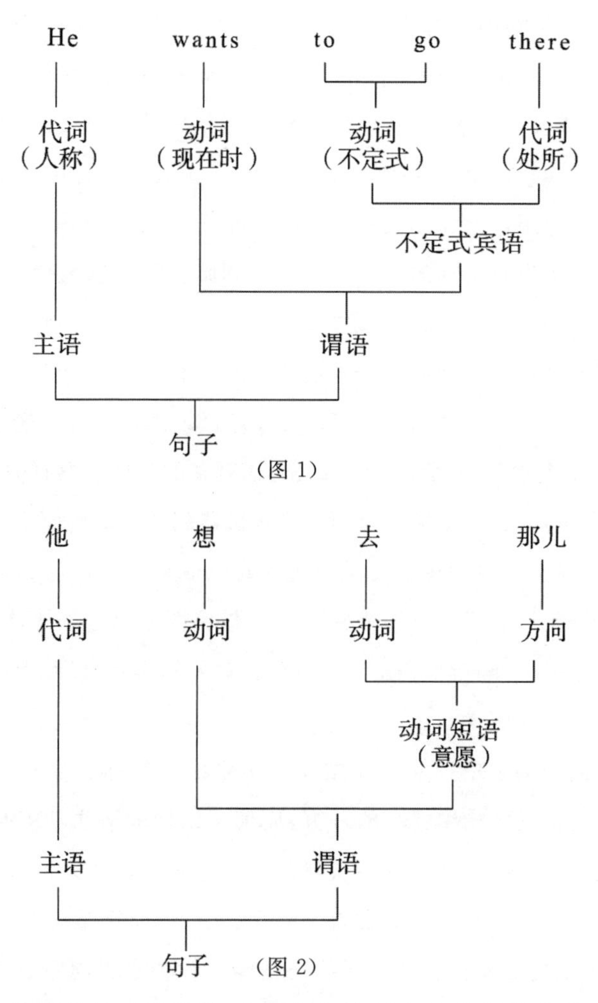

（图 1）

（图 2）

生成规则是针对汉语的，它根据句法树上的各种信息造出一个汉语句子："他想上那儿去"。这样就完成了一个句子的翻译。

上面的例子是示意性的，不必仔细推敲。我们主要是想说明语法（包括词法、句法）在机器翻译中的作用。

"分析—转换—生成"的方法在欧洲和日本都取得了成功。但在我国却遇到了意想不到的困难。

例如说，把前面举的英语句子稍加改动，在末尾加上一个 again，成为“He wants to go there again.”这里“again”是副词，相当于汉语的“再”，在生成汉语句子时，它应放在动词短语之前。那么，上面的句子就会译成：“他想再上那儿去”。这无疑是一个失败的译文。正确的译文应该是：“他想再上那儿去一次。”就是说，还要在末尾添上“一次”。

语法书上没有这样的规则。于是工程师们只好越俎代庖，自己设计规则了。例如，把 again 译成“再…一次”。但是这又会发生新的问题，比如说，会造出这样的句子：“我不想再上那儿去一次”。这个句子里的“一次”又变成多余的了。于是又要修订规则，比如说，规定否定句里的 again 译成“再”，等等。然后又会遇到新的问题。这样，规则一改再改，越来越复杂，很难抓住要领。这是机器翻译当前所面临的主要困难之一，其根本原因就在于汉语语法的研究成果尚未详尽到可以有效地支持机器翻译的程度。工程师们只好借鉴西方语言的语法，修修补补。但毕竟由于“隔行如隔山”，掌握的语料不够丰富，以致无法得到满意的结果。

在上面的例子中，again 是副词。印欧语的副词主要功能是做状语。状语是偏正结构中“偏”的一方，而偏正结构的语法功能是由“正”的一方决定的，因此，状语的存在与否原则上不影响句子中其他成分的形态与句法功能。在现代汉语中，“再”是虚字，虚字是统帅句法结构的，是句法结构的支撑点。虚字的增删修改势必引起词序或其他虚字的增删修改。在词典中把“again”和“再”对应起来，主要是从词义角度来说的。它们的句法功能相差太远，牵强附会，自然漏洞百出。

如此说来，要彻底把语法弄清楚，必须脱开西方语言语法的窠臼，建立汉语自己的语法体系，语法学界已经为此奋斗了数十年。

然而，也有一些学者，包括海外的语法学者，对此持有异议。他们说，许多西方的语言学理论，包括传统的语言学理论和现代的语言学理论，只要稍加调整，便可以用于描述汉语。现在我国的学校里教的不就是这样的语法吗？这个意见值得研究。

从某种意义上说，大多数语法书都把句子的结构分析当做自己的任务，因此讲究覆盖面，即希望每一个能说的（即可接受的、自然的）句子都能用书中指出的规则加以分析。当我们借鉴西方语法时，我们首先把西方语法和汉语事实互相对照，遇到不相符的情况时，就慢慢放宽限制，增加理论的弹性。于是动词可以做宾语，名词可以做谓语，副词可以做主语，主语和谓语可以没有固定的及物关系，不及物动词可以带宾语，形容词可以用做及物动词，句子可以没有谓语，……如此下去，自然是左右逢源了。但是却忘了每一个能予以分析（合乎语法规则）的句子都应该是能说的。上面举过的例子："他想再上那儿去"，大概按照任何一本语法书都挑不出毛病来吧。这不能不说是当前语法学的问题。

换句话说，我们不但要求语法体系有足够的"覆盖面"，还要求它有"滤过力"。正是因为忽略了后一方面，才会出现弹性过大的问题，以致产生了错觉，似乎西方语言的语法体系略加修改就可以用来解释汉语。其实，在教学（特别是对外汉语教学）实践中，人们早已察觉出这个问题，计算机的实践则把这个问题暴露得更加明显，也更加迫切地要求彻底解决这个问题。

要根据新的要求建立一套汉语语法体系，决非易事。我们已经习惯于"名、形、动"，"主、谓、宾"，"直接成分分析"这一类的观念了，而正是这些基本概念、基本方法需要重新考查。比如说，计算机处理汉语时，通常总要把句子切分成词。为什么呢？因为句子是由词构成的。其实，词这个概念本来是从西方传来的。（北京人口语中的"没词儿了"，应该是"无言以对"的意思，应该写成"没辞儿了"。"辞"指的是语言表达，单独使用时，照例要儿化的。）在印欧语中，词是一个极重要的语法概念，这是因为：(1) 它是语流切分的明显单位（没有语言学知识的人不会把语流切分为音位或词素，但会切分成词）；(2) 它是形态变化的最小单位；(3) 它是句式中可替换的最小单位；(4) 在语义方面它相当于概念。当然，不同语言的情况略有不同，不同语法流派的侧重点也不完全相同。一般说来，词的切分标准以形态为主，形态越丰富的语言，词的切分标准也越清楚。

现代汉语原则上没有形态变化。如果让没有语言学知识的人把连续的语流切分开来，那么自然会切分成单个音节。另一方面，音节大体上相当于词素，是最小的意义单位，也是句式中可替换的最小单位（极而言之，可以就句子中的任何一个音节提问）。因此，必须在语法中给音节一个重要的地位。反之，语法书中的词、复合词、短语的界限就显得极其模糊，极易引起争议了。根本原因大概就在于“词”的概念本身缺乏客观的基础。

如果取消了“词”的概念，语法书怎样写呢？这看来有些不可思议。但是从计算机处理语言的实践中我们的确感到，“词”这个东西给我们带来的主要是麻烦，好处并不多。

总之，用计算机做语言处理，要求我们彻底从事实出发，而不是从观念出发。这实际上是对各种语法理论的一种严峻考验，使其缺陷得到充分的暴露。纠正这些缺陷，看来必须动大手术；当然，这也意味着汉语语法研究有了新的动力，有可能来一次大步迈进。

（三）

计算机语声处理向语言学提出了另外一些问题。

汉语总共只有400个左右的音节，声韵结合规则井然，与印欧语相比，语音体系简单得多。但是在印欧语方面，计算机合成语声的试验在70年代末就已经达到了以假乱真的程度。汉语则发展很慢。主要原因,还是语音学里关于连续语流缺乏研究。

汉语语音学的书里所描述的语音往往止于单个音节,偶然讨论一下极短的语段(如果研究调值变化的话)。这可以形象地说成是描述个别汉字(或短语)的字典读音,或简称字音。

字音不考虑上下文语境,所以与连续语流中的语音现象有很大的差别。尤其是北京方言,抑扬分明、节律顿挫,即使是朗读文章、新闻广播,也不会大量使用字音。拿"电"这个字来说,它在"闪电""电学"等词语里的读音与字音一致,而在"负电""电视台"等词语里的读音则与字音大相径庭。如果都读成字音,就极不自然了。

从计算机语声处理的角度来看,语声有三个要素:音长、音高和音色。以下从这三个方面对汉语的语音做一些分析。

句调。汉语有声调,音高(指相对音高)具有辨义能力。一般说来,每个汉字的字音都有一个固定的声调,我们姑且把它叫做字调。教科书上一般用1、2、3、4、5表示从低到高的五个等级,从最低的1到最高的5,其间的音程(音乐术语,我们这里借用它表示不同音高之间的距离)大约是四度到五度,即振动频率比约为1比1.3到1.5。北京话的四种字调分别是:阴平55,阳平45(也有人认为是35),上声21(从前都说是214,现在有人提出了新的看法,今从之),去声51。但这说的是孤立汉字的读音。在连续语段里很多字的读音都不是这样。例如,"我没学过电学。"(回答"你学过电学吗?")这个句子里,只有"没"是读的字音,用的字调,其余的字虽然大体保持着它们字调的轮廓,但音程减小了。在我们的朴素语感中,我们把这种音程的变化当做轻重的变化,"没"是重的,其他几个字是轻的。一个语段中的重轻交替构成这个语段的句调。

句调与句法结构有关,并通过句法结构与语用环境有关。在上面举的"我没学过电学"这个例子里,我们不难注意到这样一个现象:这个句子(做为答句)可以用种种办法省略,比如"我没学过","没学过电学","没学过"甚至"没(有)",但是"没"是一定不会省略的。这个字是全句的焦点。(注意:一般说来,这个句子不能省略成"没",而是要添上一个"有",成为"没有",不过这时仍然只有"没"与字调相同。)然而,一般的规律是什么,恐怕还没有哪一本书上认真讨论过。

节奏。汉语没有长短元音的对立。但这并不意味着汉语的语流是节奏均匀的。实际上,连续语流会被短小的中断切成小段,每个音节的长度又彼此不同,呈现出一种疏密不均的节奏。

节奏有辨义的作用。例如"计算机电路设计系统"至少有两种可能的意思:使用计算机进行电路设计的系统或是设计计算机电路的系统。这两种意思要靠节奏来区别。否则,别人就会误解,甚至闹出笑话来。这种情况在广播电视中时有发生,说明我们对此尚缺少研究。

变读。一个字的读音常常由于上下文环境而发生变化。熟知的变调就属于这种情况。

变调不但与前后字调有关,还与句调有关。例如,通常认为上声在轻声之前读半上(即 21,按现在的说法是不变调)。但是"渴死我了""苦死我了"里头的"渴""苦"都和阳平一样(比较:"愁死我了")。这大概是因为这里的"死"不是词汇意义上的轻声,而是句调意义上的轻声,而另有一套变调的规则。总之,北京话的变调现象研究得尚不充分,甚至比不上某些小的方言。这也许是因为金科玉律太多了,大家不愿以头击石的缘故吧。

除了变调以外,还要注意声母韵母的变化。一般的语音学书上都要讲到"啊"的变读。但大多不十分完整。除了 na,ya,wa 以外,还应注意到:(1) 在 zi,ci,si 后边读 ɪɑ,(这里,我们借用 ɪ 表示与 zi,ci,si 里的舌尖元音相应的半元音);(2) 在 zhi,chi,shi,ri 后边读 rɑ,(有人认为 r 是半元音,今从之);(3) 在以-ng 收尾的韵母后边读成 ngɑ;(4) 在

le，ne 这两个轻声助词后边的 a 和这两个助词合并为-la，-na。其实，这种变读同样发生在“ei”“ou”这些语气助词身上。（国家语委应该在适当的时候确定语气助词的规范写法，特别是要明确是否按变读以后的语音来确定汉字。）

除此以外，还有韵尾-n 的变读，有时变成-m，有时变成-ng，有时脱落但是使前面的元音鼻化，等等。至于-ui，-iu 在不同声调中的不同读法，因为涉及变调问题，就更加复杂了。

变读的例子还有很多。变读的规则与节奏又有紧密的关系。只有节奏比较紧密的地方才能发生变读。

以上举例说明了从计算机语声处理的角度发现的一些语音学问题。看来，我们对于普通话以北京话为标准音认识不够，没有花足够的力量研究北京话的语音。我们花了很大的力量做了审音工作，但还没有来得及研究句调、节奏与变读。没有充分的研究，也就无法制定规范；不制定规范，就放任自流。其结果并不是吸收方言成分来丰富北京话的表现力，而是使方言和北京话混杂共存以致失去了细致的表现力，无法用简练的手段传达细致的信息。这样的混合物没有生命力，无法取代任何方言，连北京人也不肯接受。（例如，小学教科书上的“大公鸡，喔喔啼”，几乎没有一个教师能读出来，更不用说学生了。）这对于推广普通话，统一全国方言来说，看起来是好事，其实是坏事。计算机语声处理从另一个角度尖锐地提出了问题，使我们冷静下来，认真地思考一下应该怎样做。

（四）

计算机处理汉字带来了一系列技术问题，分别发生在输出、贮存和输入几个环节上。

计算机输出文字的主要形式是打印(在纸上)和显示(在屏幕上)。早期的打印机是打字机的变种。利用电子信号控制刻有不同字模的金属小锤,通过色带打印在空白纸上,以得到不同的字符(字母、标点、符号的总称)。这种打印机显然不适用于汉字,因为汉字总数在几千个以上,这么复杂的机械设备在技术上缺乏可行性。后来发明了点阵打印机,小锤换成了一排极细的小针,因此可以在电子信号的控制下打印出许多极小的黑点,组成各种图形,包括汉字。(仔细观察一封电报中的汉字,就可以理解这一点。)这样,汉字打印就有了技术上的可能性。屏幕显示汉字以及近年出现的激光打印汉字都采用这种用点阵构成汉字的技术。

由于采用这种点阵技术,就要把成千上万个汉字的点阵图形预先制好存放在计算机系统中。这样一来,计算机的存贮空间就会被大量占用,以致不可避免地要损伤计算机的处理能力和效率。何况还要考虑到不同的字体、字号,从而成倍地增加空间的消耗。

当然,每个汉字可以有一个代码。在计算机进行处理的过程中,无需涉及汉字的点阵,只用代码就可以了。但由于计算机与用户之间的交往不能只使用代码,因此点阵仍然要时时用到,不能把它们排出计算机系统。总之,这种点阵图形终归是一份沉重的负担。

上面所说的汉字代码,叫做内部代码,这种代码在技术上是很容易做的,我们不去讨论它。然而,这种代码不可能完全背下来,不能让计算机用户使用这种代码。这样,当我们要向计算机输入汉字时,必须另外设计一种专门的输入方法,就是要用一种易于掌握的办法把汉字用少量符号的各种组合表示出来。例如:向计算机输入拼音,或者按顺序向计算机输入代表笔画的字母等等。这就是汉字的外部编码。

总之,我们已经看到,为了完成输出、存贮、输入等各个环节,需要为每一个汉字准备点阵图形、内部编码和外部编码。当然,欧洲文字也需要这些东西，但那是针对字母而言的，因此数量很小，困难很少。当计算机技术从欧洲文字转向汉字（以及日本、朝鲜文字）时，遇到的新问题就被称为大字符集问题。

彝文是同音同字的，因此字数有限。日文有“当用汉字”表，在这个表以外的汉字可以用假名替代。朝鲜文是用少数字母按汉字的框架组成的。因此这些文字所遇到的大字符集都有某些容易处理的方面。汉字不但数量多（七八千个常用字的字表还不能说够用），而且还不断地有新字创造出来（例如化学名词等）。再考虑到当前书面汉语经常夹杂古汉语成分，困难就更大了。

要彻底改变这种局面，当然必须改革汉字才行。许多论者已就此发表了许多精辟的见解，本文不再重复。当然，也有许多尖锐的反对意见不能忽视，本文也不列举。然而，有一点是毫无疑问的，就是近期内不会进行汉字改革。于是计算机技术总要认真对待汉字处理中发生的困难问题，找出办法来解决它。

为此，应该进行文字学的研究。

传统的文字学可以说是用历史比较的方法追溯各个汉字的历史，探求形、音、义的关系。我们这里需要的则是共时的研究，或是对汉字构造的描述性研究。

汉字是有结构的。如果问“花”字怎样写，回答一般总是：“草字头”下面一个“化”字。这说明在我们心目中，一个较复杂的汉字往往是由若干个部分构成的。我们把构成一个汉字的各个部分叫做这个汉字的部件，而组合的方式叫做框架。上面说的“草字头”和“化”都是“花”的部件；而“花”的框架则可以说是“上偏下正”。

当然，“化”这个部件本身又是有结构的，它可以看成是由“亻”和“七”两个部件按“左偏右正”的框架组成的。甚至“草字头”也可以分析为两个“十”字（部件）用“左右串穿”的方式组合而成的。如此下去，最终会把汉字分解为许多基本部件的有层次的结构。

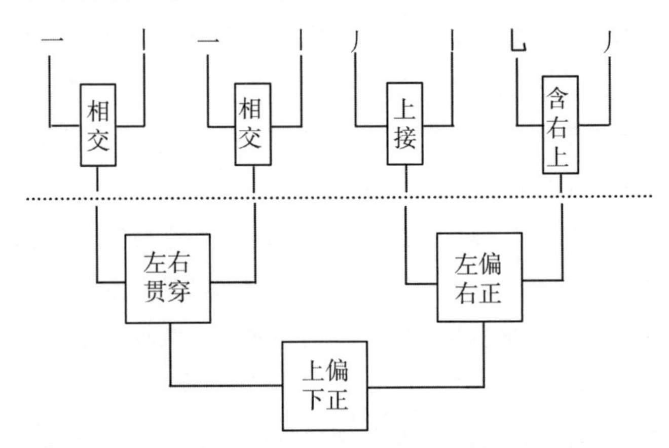

"十","亻","七"都是基本部件。但它们还可以分解为一些个别的"笔画",即横、竖、撇等。例如"十"是横与竖两个笔画"相交"而成,"亻"是撇与竖两个笔画用"上接"的方式组成的。于是,"花"字的结构最终可以用前面的结构树描述出来。

在这个结构树中,虚线以上的部分是从笔画到基本部件,虚线以下的部分是从基本部件到汉字。

到此为止,我们用的不过是计算机图形学中描述图形结构的一种方法,其要旨是把复杂图形分解为独立的简单图形。我们还没有真正涉及汉字本身的特定规律。然而,文字学的研究可以从这里深入下去。

"花"字里的"化"和"讹"字里的"化"做为图形是不同的。但从文字学的角度来看,这两个字里的"化"是相同的,只是因为位置不同而形状有所变化。这说明,一个部件的外形与它在汉字中所处的地位有关。用计算机图形学的术语来说,就是要经过一个几何变换(例如:放大、缩小、拉长、压扁等等)。在文字学中,我们可以把这些总结为一些规则,叫做外部变换规则。

只有外部变换规则还不够。比如"土"处在"左偏"的地位时,会变成“提土”。这就是说，要在“土”的结构中，找出最下面的一个“横”，把它变成一个“提”。这可以叫做内部变换。

从以上的分析，我们可以想到以下几个方面的问题：

(1) 笔画的分类及其图形的描述。

(2) 笔画的并列、接触、相交等组合方式。

(3) 基本部件的分类及其结构的描述。

(4) 部件的并列、接触、贯穿等组合方式，以及相关的变换规则。

(5) 汉字结构的描述。

以上这些课题都是文字学的课题。研究这些问题就要深入到文字学的内涵之中。这不是计算机界能单独完成的。必须有文字学界的积极参加。甚至首先要由文字学界单独进行研究。

用这种方法描述的是一种抽象化了的图形，其中不包括图形的具体形状、大小、长短、粗细、距离等。因此通用于一切(现行的)字体与字号。换句话说，只要适当地规定基本笔画的图形；并部分地调整变形规则，就可以改变字体、字号。

这将给计算机汉字处理创造许多有利条件。首先，可以从汉字的结构和基本笔画的图形等“复原”汉字的图形。这就有可能大量简化固定存贮在计算机系统中的汉字图形，节约存贮空间。不但如此，利用汉字结构，用户可以随时使用任何汉字，包括新创造的汉字(当然不能创造新的笔画或新的组合方式)，而无须仔细描述那种精密而繁琐的点阵图形。此外，还可以在汉字结构描述的基础上创造一种新的编码，使内部编码与外部编码趋于一致。这将会大大提高计算机的处理能力。

因此，这种文字学的研究是计算机文字处理的进一步发展所提出的重大学术研究课题之一。此外，它还可能给汉字教学、书法理论甚至密码学等领域带来新的可能性。

（五）

我们谈到了我国计算机语言文字处理的发展过程与现状。应该说，这些成绩是十分喜人的。有了良好的开端，便有可能继续发展下去。

但是，要想继续向纵深前进，我们就面临许多困难。我们举例说明了这些困难的性质。很明显，没有语文界的合作，就不能有效地克服这些困难。计算机界孤军奋战的局面急待改变。

计算机的应用为语文界提出了新鲜的课题，也提供了新鲜的工具。这就为语文研究创造了一个全新的环境。语文工作应该抓住这个时机，向前推进。这不但能为计算机技术提供理论武器，也有利于自身的发展。

总之，计算机技术和语文工作已经结下了不解之缘。有些问题的解决也许还需要整整一代人的努力，现在许多大学、研究所都开设了这方面的专业，每年都有许多有为的青年走上工作岗位。未来是大有希望的。

（原载《语文建设》1988 年第 6 期 3—10 页）

以计算语言学为背景看语法问题

大家大概是想让我讲一些跟计算语言学有关的东西，但计算语言学的技术性很强，使从事这方面工作的人不得不花很大的力气去钻研技术细节。我想在现在这个场合讲那些东西恐怕是不大合适的。

我今天想讲的是：以计算语言学为背景提出来的语言学问题是什么？问题当然是多方面的，我想集中谈一下语法问题。为什么要谈语法呢？一个原因是语法方面的问题容易讲得比较清楚；另一个原因便是在这方面针对英语的研究有比较成功的实例，把这些东西拿来和汉语比较一下就可以发现汉语与英语的许多深刻区别。如果不讲语法，而去讲语义，那就很不容易讲清楚，因为很多语义问题和哲学有关，就在英语里也搞不清楚。

§.1. 刚才陆俭明教授讲过：研究语法不可能把语法问题和语义完全分开；但是，研究语法也不等于研究语义，而是要研究那些明显地对语法形式产生影响的语义问题。为什么只研究那些跟语法有关的语义呢？我在给学计算语言学的学生讲课时，喜欢这样去表述：首先，每句话都是有歧义的。同样一句话在不同场合去说含义是不一样的。有的语义根本无法在语言学里研究，因为你要弄清一句话的所有含义就必须要弄清这句话的所有语境，要弄清所有语境，就得弄清所有的社会情况。这当然不是语言学家要去研究的问题。

为什么要这样提问题呢？是有其道理的。因为计算机要模仿一个人的语言能力的时候,首先要具备一些东西来模仿这个人的语言环境,如果没有这些语境就无法完全模仿这个人的语言能力,模仿的话也便成了抽象的符号。但是,语境是无限的,所以计算机模仿语境的系统也只能是开放的,是永远也描述不完的。我们研究语言不能把每句话都放在这种永远也描述不完的语境里去研究,那样研究语言的条件未免太差了。同样的道理,计算机也不能用那种开放的,永远也不完备的系统去模仿人的语言能力。

当然,人所说的每句话都是跟这个人所处的环境有关系的,但不是跟环境的所有条件都有关系,而只是同其中的某些条件有关系。然而,语境中的所有条件都可能跟某句话有关系。所以,我们在研究一句话的语义时,不能去研究这句话的所有语境,相反地我们只能去研究和这句话有关的那些语境中的某些细节。

从计算语言学的历史来说,一开始人们认为一句话就是一个逻辑命题,后来人们认识到这样不行,计算机只知道每句话的意义还不够,还得要知道人说每句话的目的是什么。于是,60 年代末 70 年代初在计算语言学的领域内便产生了一门新学科叫作"过程语义学"。这种过程语义学认为:每句话都应理解为机器必须执行的一系列操作。这种学说在当时是很流行的,但现在看来当时的认识是相当肤浅的,因为它只看到了问题的一个侧面,人们说一句话的目的究竟是什么?语言学是无法回答的,因为这是一个社会行为问题。

近年来,计算语言学发展了,人们逐渐认识到要想把每句话的意义、目的都搞清楚就必须要联系语境,甚至在一些很细微的地方都和语境有关系。比如确定某些缺少的成分,有些可从上下文来找,有些根本就找不到。像"鸡不吃了"这句话是什么意思呢?又比如我们随意把两个人的谈话录下来,听一下,有时我们就不知道他们谈的是什么,原因就是我们缺少他们共同的语境。

语义学现在已发展深入到这样一种程度:认识到了逻辑学的发展状况对语义学研究是不够的。现在逻辑学发展的比较好的就是演绎法,也就是用大前提、小前提推导出结论来,但是用这种方法去搞语义是不成功的。随便举个例子,比如“汽车”这个词的意义是:可以走的交通工具。如果用形式逻辑的方法去推导,我们无论如何也无法理解下面这样的例子:

(1) 我想把自己变成一部汽车。

(2) 你生产的这部汽车其实是一幢房子。

从逻辑学的角度来看这简直就是一派胡言。但是我们还是觉得这两句话是正常的,我们也明白这两句话的意义。

总之,在计算语言学这个领域里,关于意义的处理首先面临着语境是一个开放系统的困难。任何计算机都无法处理这样一个永远也处理不完的开放系统;其次遇到的困难便是逻辑上的表达,现代逻辑学的发展还不足于去表述自然语言中的丰富多彩的意义。

我不想花更多的时间去谈这些不易讲清楚的问题了,让我们回到正题上来谈一下语法。

§.2. 从计算语言学的背景来看,语法研究的最终目的就是要弄清句子结构形式和意义之间的关系。这里包含两层意思,一是从结构到意义,计算机经常面临这样的任务,就是如果你把一句话的文字形式或语音形式输入到计算机里去,计算机就要弄清这句话是什么意思。再一层意思正好相反,是从意义到结构,如果计算机经过一系列运算得出了某种结论,它就得对外界有所表示,这种表示使用什么样的结构方式呢?假如我让它用汉语来说,那么它要造一个什么样的句子来说出它的意思呢?

我认为语法研究可以不谈意义,但必须以意义为背景。也就是说不能单纯地去讲符号的顺序,这种符号的顺序就是讲得头头是道,最终你还是回答不了这样一个问题：这种形式组成的一句话是什么意思呢？研究语法就是要讲清楚结构和结构所表达的意义之间的关系。为此，我们当然要对结构本身做出描述，同时又不能忘记描述的目的是要说清楚结构同意义之间的关系。如果结构描述清楚了，我们就可以根据这个结构去编制计算机的程序，实现我们的目的。

就在我们开始想从这个角度来研究汉语语法的时候，我们发现英语语法在这方面已经进行了大量的研究，我们应该吸收人家研究的成果来处理汉语。我开始接触这些东西是在70年代末，那时盛行一种格语法，我便尝试着用它来解释汉语。当时朱德熙先生发表了一篇文章，论述“在黑板上写字”的变换问题。朱先生的这个例句正好涉及到了几种格，所以我便试着用格语法对朱先生的文章中的例句进行处理。朱先生文章中的例句是这样的：

A_1　在黑板上写字。　$\Rightarrow A_2$　字写在黑板上。

B_1　在飞机上看海。　$\nRightarrow B_2$　海看在飞机上。

C_1　在屋里射箭。　$\nRightarrow C_2$　箭射在屋里。

这里有三种情况：1. A_1 到 A_2 是成功的变换；2. B_1 到 B_2 是不通的；3. C_1 和 C_2 虽然都可以说，但 C_1 和 C_2 之间不存在变换关系。朱先生认为 A_1、A_2、C_2 表示的是宾语的位置，B_1、C_1 表示的是动作的位置。如果用格语法来解释的话，那么就可以说上面的每句话都包含一个处所格，同是处所格又有两种情况；一种是动词固有的处所格；一种是环境所具有的处所格。

为了更清楚地说明这个问题，我们发现还有一个更好的例子就是“挂”这个动词，因为“挂”更明显地含有处所格。下面我们就把和“挂”有关的句式大量列举出来，观察一下：

(1) 小王挂地图呢。

(2) 小王往黑板上挂地图呢。

(3) 小王把地图往黑板上挂呢。

(4) 地图挂着呢。

(5) 地图在黑板上挂着呢。

(6) 黑板上挂着地图呢。

(7) 小王挂上地图了。

(8) 小王把地图挂上了。

(9) 小王把地图挂到黑板上了。

(10) 地图挂上了。

(11) 地图挂到黑板上了。

(12) 黑板(上)挂上地图了。

这其中动词是"挂",施事是"小王",受事是"地图",处所是"黑板"。我们看一下能不能把它们之间的关系找出来。

这里要说明一件事:这些例句全部采自北京话的口语,因为书面汉语的许多句式是口语中从来不说的,它们往往是从外语中借来的。

通过对这些句式的观察和研究,我们发现:

1. 有"着"的(4)、(5)、(6)句式统统不带施事的"小王"。

2. 有"了"的(7)～(12)句式动词后都带"上"或"到"。

3. 有"了"的(7)～(12)句式有歧义,比如 7 和 12 都是:名词＋动词＋上＋名词＋了。但有"呢"的 1—6 句式却没有歧义。

根据这些新的发现我猜想:

> 在汉语里动词的及物性或它的格框架和动词的附加成分或动词的时间系统 (aspect) 不是两个独立的方面 (dimension),它们之间彼此有影响。

§.3. 现在我们先讨论一下和"着"有关的句式。为什么在和"着"有关的句式里总是不出现表示施事的"小王"呢?为回答这个问题我写过一篇文章《北京方言里的"着"》发表在《方言》杂志上,简单说一下这篇文章的主要思路。举两个例子，一个是“吃”；一个是“挂”。

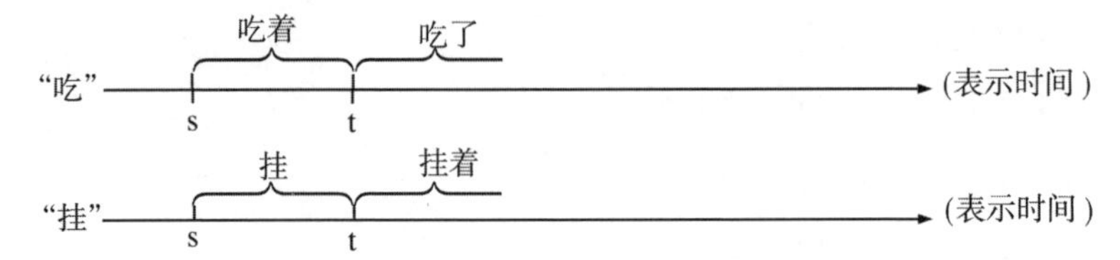

我们可以看出两个动词的“着”在时间轴上的位置是不一样的。这是为什么呢？看来可以这样解释：“挂”这类动词有方向格。加上“着”之后起了变化：1. 施事格失去了，2. 方向格变成了方位格，3. 客体格保留着。例如：

(1) 小王往墙上挂地图呢。(见下面左图)

(2) 墙上挂着地图呢。(见下面右图)

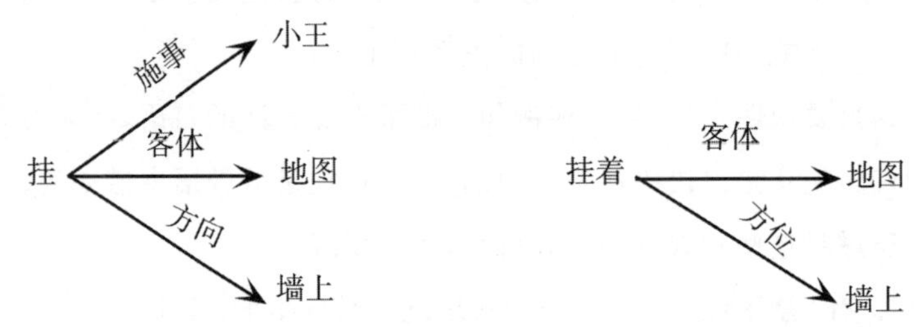

还有一个“拽”字。它与“挂”的不同在于“拽”有内向性，即“施事”与“方向”是一致的。所以可以说：“小王拽着绳子呢”，这时的“小王”仍是“方位格”。

“坐”有反身性，即“施事”与“客体”是一致的，所以可以说“椅子上坐着一位老太太”，“老太太”仍是客体格。图示如下：

挂	挂着	拽	拽着	坐	坐着
Object	Object	Object	Object	Objcet	Object (=Agent)
Agent	—	Agent	—	Agent	—
Direction	Location	Direction	Location (n=Agent)	Direction	Location

总之，我认为动词在附加后缀(如 aspect 等)之后，句子的格关系会发生变化。这是我许多研究工作的背景。

§.4. 为了弄清楚带“了”的句式，我们碰到的头一个难题便是有的例句中动词不带“上”“到”等。对此我专门写了一篇文章《动词“了”的弱化形式/ •lou/》，当时我认为北京话中的“喽”在深层结构中是一个补语“了”和“了”的结合，在表层结构里作为补语的“了”被省略了。后来发现这个被省略的补语也可能是“上”、“到”、“里”，等等。

从计算语言学的角度来看，Chomsky 的最大贡献就是他发现了语言的深层结构。从本体论上来说 Chomsky 的观点固然可以讨论，但从方法论上来说他的发明是一个非常巧妙的办法。因为语言的表层现象是非常不整齐划一的。其实，以前人们也一直在用这个方法解释语言，只是不太自觉而已，而到了 Chomsky 就把这种方法运用得更自觉，并且扩大了使用范围。因此，在我们研究语言时，为了使表层的材料整齐划一，也有必要设想这些材料的深层结构。设想多深都没有关系，只要能保证生成的表层结构是正确的就行。

做了这番准备工作之后，我们就可以说在加“了”的句式中，动词都有补语(如“上”“到”等)。

通常大家认为是补语的东西可以分为以下几种情况：

1. 有明显的虚词把动词和补语联系起来，如：

(1) 看得见　　(2) 看不见

2. 补语是单个的词或是比较发达的形式，比如说：介词短语、动词短语，在这类补语中有的是虚词；有的是实词。例如：

(3) 洗干净了。　(“干净”就是实词。)

(4) 挂上了。　　(“上”就是虚词而且虚得很。)

为了更清楚地说明问题，我们选择补语是实词的这种来谈一下。因为其他的太复杂了。而实词的功能比较明确。

在研究这个问题时，我又发现了一些值得在方法论上注意的问题。先请看下面的句子。

(5) 胡子愁白了。(6) 鞋洗湿了。

(7) 刀切钝了。　(8) 肚子笑痛了。

通过观察这类句子我发现：

1. N 和 V 没有及物关系。

2. N 和补语首先发生关系。

3. 如果在 N 前加“把”字就变成了把字句，但这里的“把”字完全不是宾语的标志。

根据这些观察我认为在讨论格框架 (case frame) 时，不但要注意动词后是否加了后缀，还要看加的是什么样的实词，也就是说要考虑整个短语 (phrase)。

另外在汉语里主语的位置不总是施事 (agent) 优先占据着。比如：

(9) 我修自行车呢。(让别人给自己修车)

(10) 我把自行车修好了。(修好车的未必就是“我”)

(11) 你把孩子冻病了。(“你”也不是施事)

“修自行车”作为短语，它的格并不是由动词产生而是由名词产生出来。“自行车”和“我”之间有领属关系，“修”和“我”之间没有及物关系。

实际上，汉语动词的格框架是经常调整的：一个动词在和其他词组成短语时，作为短语它已经又有了新的格。

§.5. 汉语中的虚字对整个句法结构有很深的影响，可以说，虚字是句法结构的支柱。有虚字的句子多，没有虚字的句子少。请看下列句子：

(1) 小王没来呢。　　(2) * 小王没来了。

(3) 老王穿上大衣了。　　(4) * 老王穿上大衣呢。

还有关于否定形式请注意下列事实：

(5) 他来→他不来

(6) 他来了→他没来

↘

他不来了(需要语境条件)

我们一般认为“不来”、“没来”是“来”的否定形式，至少在汉语教学中是这样教的。其实不然，“他还来呢”、“他还没来呢”，两句话的意思几乎是相同的，都不否定“来”这件事。形态上的否定和逻辑上的否定完全是两回事。英语之所以要研究否定式是因为英语词汇有形态的变化。但是，在汉语中谈论否定式却是行不通的。因为汉语词汇没有形态变化。汉语中的否定形式是否定句式，是“不”、“没”和“呢”、“了”等一些虚词间的搭配关系。

在研究上述问题时，使我对“了”、“呢”又产生了兴趣，请看下面的例子：

(7) 地图挂着呢。

(8) 地图挂上了。

当时我认为“地图挂着”所表示的是一种静态图像，但还不成句，加上“呢”，这个静态短语才成了句子。“地图挂上”表示的是一个事件，这个短语加上“了”才能成句。后来，我又发现带“了”的短语都是一种事件的开始；带“呢”的短语则表示某种变化的结尾。由此，我便又产生了一种直感，认为可以用上述原则把各种动词短语分类，即凡是带“了”能成句的，表示某种事件开头的就是事件型短语；凡是加“呢”能成句的，表示某种变化结尾的就是静态型短语。后来又觉得动词短语太复杂了，仅用这种简单的方法去分类是有些太粗略了，所以当时的研究也就压了下来。

直到后来研究造句时才把上述问题又推向了一个新的阶段。

我在前面提到过，以前我们研究语法注意较多的是从形式到意义，不太注意的是从意义到形式。我在给《语文建设》写的一篇文章中曾提出以下观点：有些人往往认为西方语言学，不管是什么主义的，只要做一些参数的改变，原则上都适合汉语，实际上很多人也都是这样做的，就是我们这些在座的人也没有逃脱出这种做法。不过这样一来，我们的汉语语法变得弹性非常之大，使得语法什么句子都能解释，倒是方便得很。但是反过来一造句就倒霉了，语法上合适，但实际上不通。比如“再”字，

(9) 我想再去那里(一趟)。

本来只有括号外的部分，这句话就合乎语法，但是不通，非得加上“一趟”不可。还有，

(10) 明天再买吧。

(11) 明天再买一点吧。

两个“再”的意思是不一样的，重音也是不同的。头一个“再”是阻止的意思(≠again)，后一个“再”表示动作重复(＝again)。那么，在文字上没有重音我们怎么去区分这两种“再”呢？后来发现一个办法，就是看动词短语带不带数量词，不带的是前一类；带的是后一类。当然，这里所说的数量词是广义的(比如：“一点”的“一”字有时就省去，也有时是动词本身的重叠等等)。

当时我对找到这种分类方法感到很高兴。因为研究的目的就是找一种能影响像“再”这类虚字和动词短语结合的东西。那么问题又来了，这种分类方法是否有普遍意义呢？经过观察发现带数量词和不带数量词是有区别的，带数量词的表示建议，不带数量词的表示附议。但是，请看下面的例子：

(12) 明天别再唱了(再＝again)。

这明显是一个建议，照上面的规则，这个句子应是带数量词的，但

是这句话中却没有数量词,怎么解释呢?经过进一步研究给出了这样一个清楚的答案,即:动词短语如果带有数量词是指语境中不清楚的、新出现的东西;如不带数量词是指语境中清楚的东西。这样我们就可以把带不带数量词提高到一个新的高度来认识,也就是相当于“有定”(definiteness),在印欧语言中动词是没有这个概念的。

另外还发现了这样一条规律,就是:“X 再 VP”(VP=动词短语,“再”也可换成其他虚字)这种句式中的 X 往往也是一个 VP,就是前面提到的那种事件型的动词短语,例如:

(13) 三点才去呢。　　(14) 太阳出来才去呢。

(15) 把钱给他才去呢。　　(16) 买本书才去呢。

总之,我认为在汉语句法中有一种动词短语结构,这种结构通常是由一个动词打头后面连带一些东西,这些东西通常被大家称为补语、宾语、重叠、后缀等。这种动词短语有其结构和分布,而且两者有一致性,动词短语的结构和它的句法功能是一致的。另外,如何讨论动词短语的全分布呢?我认为应该用由虚词带动词的语境和句式。在传统上,我们经常讨论动词具有什么性质,其实,有些问题应该讨论动词短语有什么性质,而不是单个动词。如果把动词短语结构和功能关系联系起来分析就会发现许多新的东西。

§.6. 下面我再讲一些东西,这些东西过去虽然也做了不少工作,但都没最后证实,只是一些猜想。

在北京话的口语里,动词很少有多音节的,双音节动词也很少,而且第二个音节大多是要读轻声的。由于书面语言和方言的干扰,就形成了有些双音节词两个音节都不读轻声的情况。这种动词在北京人的语感里都把它当作动宾结构。例如:

(1) 学习→学了一会儿习。　　洗澡→洗了一个澡。

锻炼→锻了一会儿炼。　　理发→理了一个发。

这就是大家所说的离合词的现象。

我认为在北京话里，从一个重音动词开始下连一些轻声的东西，直至下一个有重音的动词为止，可以叫做一个句节。这种句节有它的结构和分布，把这些句节串连起来就是句子。那么，这些句节的结合主要看什么呢？就是要看两个句节间有无虚字以及句节内部有无虚字。我认为在汉语里，句和词是不清楚的，所以谈论像“洗澡”是不是一个词这类问题是没有意义的。但是，汉语的句节和字(音节)是清楚的。在最近的一篇文章中我曾提议我们先别谈词，也别谈句子，从事实出发去研究汉语。如果用句节和语素去构筑汉语语法，情况可能会好一些。例如：

(2) 我签名用毛笔。　　　　(3) 我用毛笔签名。

一般人都会认为“签”是动词，而“用”是介词，“用毛笔”是状语或补语。其实，两句话中的“用”都可以加“过”，而第一句话中的“签”却不能加“过”。如果硬要从中找出一个介词的话应该是“签”而不是“用”。如果用刚才的观点来解释这两句话就简单了，“我”是主语，后跟两个句节。

关于普通话我想说两句，什么是普通话呢？是大家都说的话，它对于交流是有好处的。但是，普通话是一个混合物，对于语言分析来说是很不利的。就像是化学分析中的提纯那样，语言分析也要提纯，就是说要研究就要研究北京话、上海话(吴方言)等方言，使用的语言材料力求要纯。

§.7. 最后我把今天讲的东西总括一下：

我认为汉语在组织时是从语素→句节→句群。所以，如果使用词和句子这两种概念一定会带来许多麻烦。我相信这两种东西是可以绕过去的，正像我们在研究汉语时可以绕过许多术语一样。再一个问题就是要注意说话的节奏，像北京话里的重音、轻音等，要抓住这些语音学上的证据。

汉语的句子是由一个或几个（一串）动词短语连接起来的，当然在这些动词短语前可能还存在其他词，但是重点应放在动词短语的结构和功能的关系上。

我想如果用这种办法重新组织一部汉语语法的话，可能会更简单地把许多问题解释清楚，也就能避免许多不必要的争论。因为现在争论的许多问题，在语言中根本就是没有的东西，而是人们想加进去的东西。

在这样的基础上我们就可以把格语法等语法理论都借用过来。

通过对以上局部问题的研究，我是越做越有信心，虽然问题还存在不少。我相信只要认真地对这些问题做细致的研究，即使总的设想不成功，至少也可以发掘出许多东西，对动词短语的情况会有更深入的了解，有利于应用语言学和汉学教学。

作者附言

这是座谈会发言记录，主要不是为了分析问题，而是提出问题。涉及的问题很多，但讨论的简繁详略具有很大的随意性。因此无法在此基础上整理成文章——除非重写。现在照原样和盘托出，供同行批评。

发言时是边写黑板边讲述的。现在很难改造这个格局，只好请读者自己去设想当时的语境了。

发言中说了许多设想。那些本是自己计划中的课题，说出来是为了推心置腹地交换意见。但整理成稿之后再来读，好像是在说大话、唱高调。这使我怀疑发表这个发言稿是否妥当。但编辑部的同志盛情难却，只好从命。也许这样就把我推到背水一战的境地，但胜负如何呢？——未卜。

（原载《国外语言学》1989 年第 3 期 139—145 页）

比较方言学中的计量方法

摘要：《中国语文》1988 年第 2 期发表了郑锦全先生的《汉语方言亲疏关系的计量研究》一文。文中提出了一种方法来计算两个方言之间的相关系数，然后根据各方言之间的相关系数利用聚类分析（郑文译成聚集分析）的办法求出方言的谱系树。所得的结果颇为有趣。本文打算使用别的方法处理郑文提供的各种相关系数，以得到一些可供比较的结果，然后就这个问题对计量研究的方法论提出一些看法。

1. 弗洛茨瓦夫分类法

郑文末尾处说明非加权平均值系联法得出的结果并不就是最理想的结果。我们也可以选用其他的方法。例如弗洛茨瓦夫分类法（参看史坦因豪斯著《数学万花镜》，上海教育出版社，1981 年）。

用郑文表 2（声母）为例来说明这种方法（计算时略去了双峰、阳江两个方言点，下同）。首先找出与每一个方言相关系数最大的另一个方言。得出如下的关系：

北京→济南　温州→苏州

济南→北京　长沙→汉口

西安→济南　南昌→扬州

太原→扬州　梅县→潮州

汉口→成都　广州→梅县

成都→汉口　厦门→潮州

扬州→太原　潮州→厦门

苏州→温州　福州→潮州

这些关系可以整理成如下的图表：

北京←→济南←西安

太原←→扬州←南昌

成都←→汉口←长沙

苏州←→温州

厦门←→潮州←梅县←广州

↑__福州

于是十六个方言点分成了五组。

任取一组，比如第一组，观察其中各方言点与其他各组各方言点之间的相关系数。最大的相关系数是西安与扬州之间的0.9319，这样又可以得到如下的表：

组别	与其他方言组的最大相关系数
北京、济南、西安	0.9319　(西安→扬州)
扬州、太原、南昌	0.9319　(扬州→西安)
成都、汉口、长沙	0.8183　(成都→扬州)
苏州、温州	0.7441　(苏州→潮州)
梅县、潮州、广州、福州、厦门	0.8051　(梅县→南昌)

把这个表最右栏中的方言点再联结起来，就成为图2。其中连线的长度大体与相关系数的补数(即1与相关系数的差)成比例。这样的图叫做枝系图。图1到图6就是我们根据郑文表1到表6的数据所做出的枝系图。

把本文的图1到图6与郑文的图1到图6逐个比较，会发现一些有趣的现象。以两个图 2 为例。本文图 2 上明确地看到广州——梅县——南昌——扬州——太原这样一个线索。在郑文图 2 中这是看不到的。郑文所用的方法过分着重于二分法。因此首先把广州为一方、其他方言为一方,分成了两类。本文所用的方法则首先看到与广州方言最近的方言是梅县方言。换一个角度说,在郑文图 2 中,两组方言的联系是从平均相关系数确定的,没能说明两组方言中最接近的是哪一对方言。

这样,两图在方言比较靠近的地方是一致的,方言距离越远,差异就越大。与传统方言学的认识相比较,似乎本文图 2 更容易接受一些。这也许从某种角度说明了非加权平均值法的缺陷吧。

2. 因子分析法

郑文与本文的图 1 到图 6 都是聚类分析的结果。聚类分析在比较两个(组)方言的时候,孤立地比较它们之间的相关系数。个别相关系数的不准确可能给分析结果带来很大的影响。这种情况不利于统计计量分析。因此,我们又尝试使用因子分析法来处理这些数据。

因子分析法假定各个方言的差异是由若干个因子决定的,每个因子对各方言有一定的贡献(或影响),可大可小,可正可负,用一个数量来表示。做为一种初步的、近似的模型,一般总是假定不同因子对各方言的贡献是可加的,就是说:

各因子对某一方言的总贡献＝第一因子的贡献＋第二因子的贡献＋……根据这种数学模型,可以从相关系数表出发,反过来估算各因子对各方言的影响。

我们用郑文表 2 中前八个方言点的数据为例来说明估算的办法。首先列出相关系数表:

	B	J	X	T	H	C	Y	S
B	-	0.994	0.962	0.861	0.712	0.698	0.883	0.652
J	0.994	-	0.963	0.861	0.706	0.697	0.878	0.649
X	0.962	0.963	-	0.928	0.759	0.755	0.932	0.702
T	0.861	0.861	0.928	-	0.803	0.816	0.973	0.739
H	0.712	0.706	0.759	0.803	-	0.986	0.818	0.583
C	0.698	0.697	0.755	0.816	0.986	-	0.811	0.591
Y	0.883	0.878	0.932	0.973	0.818	0.811	-	0.742
S	0.652	0.649	0.702	0.739	0.583	0.591	0.742	-

这里B表示北京，J表示济南，等等。注意，我们只取了三位小数。此外，对角线上的数(1.000)已被略去。

现在求第一个因子。首先找出各列中最大的数，排成一行(m)，再把各列中各数的和列为一行(s)，然后把这两行对应的数相加，得到一行(e)：

	B	J	X	T	H	C	Y	S
m	0.994	0.994	0.963	0.973	0.986	0.986	0.973	0.742
s	5.762	5.748	6.000	5.980	5.367	5.353	6.037	4.658
e	6.756	6.742	6.964	6.954	6.353	6.340	7.010	5.400

用p表示e行各数的和，可以算出p=52.519，再求出 $r=\frac{1}{\sqrt{P}}=0.138$。用这个数乘e行的各数，得到一行(f)：

	B	J	X	T	H	C	Y	S
f	0.932	0.930	0.961	0.960	0.877	0.875	0.967	0.745

这就是第一因子，其中相应于各方言点的数叫做这个方言的第一因子系数。两个方言的第一因子系数的乘积就是这两个方言相关系数的第一近似值，从相关系数中减去第一近似值就得到第一残差。例如北京和济南的相关系数的第一近似值是0.932×0.930=0.867，第一残差是0.994-0.867=0.127。把各方言之间的第一残差都计算出来，可

以列成下表：

	B	J	X	T	H	C	Y	S
B	0.000	0.127	0.066	-0.034	-0.105	-0.117	-0.019	-0.043
J	0.127	0.000	0.069	-0.032	-0.109	-0.117	-0.022	-0.044
X	0.066	0.069	0.000	0.006	-0.083	-0.086	0.002	-0.014
T	-0.034	-0.032	0.006	0.000	-0.039	-0.023	0.045	0.024
H	-0.105	-0.109	-0.083	-0.039	0.000	0.219	-0.030	-0.070
C	-0.117	-0.117	-0.086	-0.023	0.219	0.000	-0.035	-0.061
Y	-0.019	-0.022	0.002	0.045	-0.030	-0.035	0.000	0.021
S	-0.043	-0.044	-0.014	0.024	-0.070	-0.061	0.021	0.000

可看出第一残差的值(绝对值)多数都不超过0.015，这说明第一因子已经解释了相关系数的大势。从第一因子的系数来看，苏州(S)方言与其他方言(都在0.875以上)是明显对立的。

现在从第一残差出发计算第二因子。先仿照上面的办法求出m行(注意，这时只比较各列各数的绝对值，不管正负号；例如X列中的最大数是0.086而不是0.069)及s行(注意，这时应把正负号考虑在内)。s行中有负数，我们要做一些调整之后才能计算第二因子。这里所说的调整，就是要适当改变残差的正负号，以使s行的数变为正的，然而每次改变正负号时，应该同时改变与某一方言点有关的全部残差(即一个行和一个列中的全部残差)。

s行中最小的数是-0.221，它在C列。我们就把C行与C列的残差的正负号全部颠倒过来，重新计算出s行的值，列为一行(s_1)。注意，这时m行不必重算，因为这种调整不影响m行中的各数。此外我们在-0.221这个数上做了标记。

	B	J	X	T	H	C	Y	S
m	0.127	0.127	0.086	0.045	0.219	0.219	0.045	0.070
s	-0.125	-0.129	-0.040	-0.052	-0.217	-0.221*	-0.037	-0.187
s_1	0.110	0.106	0.132	-0.005	-0.655*	0.221	0.033	-0.065

s_2	0.320	0.325	0.298	0.072	0.655	0.659	0.092	0.076
e	0.932	0.930	0.961	0.960	0.877	0.875	0.967	0.745
f	0.241	0.244	0.207	0.063	-0.472	-0.474	0.074	0.079

当然在计算的时候，不必真正动手去改变各残差的符号，也不必真正重新计算各列的和，只要想到，这种改变会使-0.221变为正的，而s行中其余的数都会减去C行中相应的数的二倍，用公式来写就是：$s_1 = s - 2C$（C列除外）。

s_1行中还有负数，最小的是H列的-0.655。于是再做调整，得到s_2行。这里，$s_2 = s_1 - 2H$（H列除外），但要注意，C列的数已经改变了正负号，因此应在这个公式中改用加号，即$s_2 = s_1 + 2H$（对于已经调整过的列）。

s_2行已经没有负数了。现在可以求出e行及f行。最后在f行中注明哪些列改变过正负号。

第二个因子的系数把方言点大体分成三组：北京、济南、西安的一组系数大于0.2；太原、扬州、苏州的一组系数接近0；汉口、成都的一组系数小于-0.4。因此，这个因子可以说是北方话和西南话的对比。

两方言第二因子系数的乘积是第二因子对这两方言相关系数的贡献。从第一残差中减去这个乘积，得到第二残差，再仿照上面的办法求出第三因子。计算过程反映在下表中：

	B	J	X	T	H	C	Y	S
B	0.000	0.068	0.016	-0.049	0.009	-0.003	-0.036	-0.062
J	0.068	0.000	0.018	-0.047	0.005	-0.002	-0.040	-0.063
X	0.016	0.018	0.000	-0.007	0.015	0.012	-0.013	-0.030
T	-0.049	-0.047	-0.007	0.000	-0.009	0.006	0.040	0.019
H	0.009	0.005	0.015	-0.009	0.000	-0.004	0.005	-0.033
C	-0.003	-0.002	0.012	0.006	-0.004	0.000	-0.000	-0.023
Y	-0.036	-0.040	-0.013	0.040	0.005	-0.000	0.000	0.015

S	-0.062	-0.063	-0.030	0.019	-0.033	-0.023	00015	0.000
m	0.068	0.068	0.030	0.049	0.033	0.023	0.040	0.063
s	-0.058	-0.060	0.011	-0.046	-0.013	-0.014	-0.029	-0.177*
s_1	0.066	0.066	0.072	-0.085*	0.054	0.033	-0.059	0.177
s_2	0.163	0.160	0.085	0.085	0.071	0.020	-0.139*	0.216
s_3	0.236	0.240	0.111	0.165	0.061	0.020	0.139	0.246
e	0.241	0.244	0.207	0.063	-0.472	-0.474	0.074	0.079
f	0.241	0.244	0.112	-0.169	0.075	0.035	-0.142	-0.245

如果再求出第三残差,就会发现它们的值都已不超过0.05。这说明前三个因子已能满意地描述各方言之间的相关系数。于是停止计算并得出如下的因子分析表:

	I	II	III
北京	0.932	0.241	0.241
济南	0.930	0.244	0.244
西安	0.961	0.207	0.112
太原	0.960	0.063	-0.169
汉口	0.877	-0.472	0.075
成都	0.875	-0.474	0.035
扬州	0.967	0.074	-0.142
苏州	0.745	0.079	-0.245

取某一因子为横坐标、某一因子为纵坐标,可以把各方言的关系用几个图形表示出来。图13是用第二因子为横坐标、第三因子为纵坐标绘制的,其中清楚地表示出各方言成组的情况。

以上的计算方法叫做重心法,是因子分析的方法之一。表1到表6是根据郑文数据计算出的因子分析表。这些表是用主成分法求出来的。根据这些数据,我们绘制了图7到图12,这些图可以和图1到图6互相参照。

主成分法从某种意义上说比重心法更加精密,因为可以据以求出各因子贡献的百分比。表中最后一行的数就是这个百分比。我们看到前两个因子的贡献之和都在 50%以上。主成分法计算量大,本文的数据是使用自编的计算机程序计算出来的。

3. 相关系数的计算

相关系数的本意是刻划两个方言的相似程度。这个数应与其他的方言无关。然而,郑文使用的计算办法却不是这样。为了说明这个问题,我们详细考查一下郑文中的例子。

郑文用下面的表格为例:

	a	b	c	d	e	f	g	h	i	j	k	l	m	n	o	p	q	r
太阳	1	1	0	0	1	1	1	1	1	1	1	0	0	0	0	0	0	0
日头	0	0	1	1	0	0	0	0	1	0	1	1	0	0	0	1	1	1
爷	0	0	0	1	0	0	0	0	0	0	0	0	0	0	0	0	0	0
热头	0	0	0	0	0	0	1	0	0	0	0	0	1	1	1	0	0	0
太阳佛	0	0	0	0	0	0	0	0	0	1	0	0	0	0	0	0	0	0
日	0	0	0	0	0	0	0	0	0	0	0	0	0	0	0	1	0	0
日头公	0	0	0	0	0	0	0	0	0	0	0	0	0	0	0	0	1	0
月亮	1	1	1	1	1	1	1	1	1	0	1	0	0	0	1	0	0	0
亮月子	0	0	0	0	0	0	0	1	0	0	0	0	0	0	0	0	0	0
月光	0	0	0	0	0	0	0	0	0	1	0	1	1	1	0	0	0	0
月	0	0	0	0	0	0	0	0	0	0	0	0	0	0	0	1	1	1
月娘	0	0	0	0	0	0	0	0	0	0	0	0	0	0	0	1	1	0

这个表左边列举了同一词项在所考查的各方言中的一切变体。上边的 a,b,…r 表示各方言点,其中 a 是北京,c 是沈阳。表中的 1 表示某方言中有某种说法,0 表示没有。

利用这张总表,可以统计出某一对方言分表。例如在北京与沈阳这一对方言中,北京是 1、沈阳也是 1 的词项有 1 个(月亮);北京是 1、沈阳是 0 的词项有 1 个(太阳);北京是 0、沈阳是 1 的词项有 1 个(日

头);北京是0、沈阳也是0的词项有9个。于是列成下面的分表:

		北京	
		0	1
沈阳	1	1(a)	1(b)
	0	9(c)	1(d)

然后可以用如下的公式计算相关系数:

$$phi = \frac{bc - ad}{\sqrt{(a+c)(b+d)(a+b)(c+d)}}$$

这样就可以算出

$$phi = \frac{9\times1-1\times1}{\sqrt{10\times2\times2\times10}} = \frac{8}{20} = 0.4$$

(郑文计算结果是0.8888,大概是笔误)。

现在假定我们不打算讨论总表中最右边的五个方言,那么我们就不会遇到"日""日头公""月""月娘"这几个词项。这样,总表就变成:

	a	b	c	d	e	f	g	h	i	j	k	l	m
太阳	1	1	0	0	1	1	1	1	1	1	1	0	0
日头	0	0	1	1	0	0	0	0	1	0	1	1	0
爷	0	0	0	1	0	0	0	0	0	0	0	0	0
热头	0	0	0	0	0	0	1	0	0	0	0	0	0
太阳佛	0	0	0	0	0	0	0	0	0	1	0	0	0
月亮	1	1	1	1	1	1	1	1	1	0	1	0	0
亮月子	0	0	0	0	0	0	0	1	0	0	0	0	0
月光	0	0	0	0	0	0	0	0	0	1	0	1	1

而北京与沈阳的分表就变成:

		北京	
		0	1
沈阳	1	1(a)	1(b)
	0	7(c)	1(d)

重新计算，就得到 phi＝0.375

极而言之，如果我们只对北京与沈阳两个点的方言比较有兴趣，总表就缩小成：

	a	c
太阳	1	0
日头	0	1
月亮	1	1

分表就变成：

		北京	
		0	1
沈阳	1	1(a)	1(b)
	0	0(c)	1(d)

而 phi＝-0.5

可见，郑文所采用的计算方法未能使两个方言的相关系数不依赖于其他方言。实际上，考查的方言越多，分表中的 c 就越大，phi 的值也随之增加。如采用 Ellegard 建议的方法，改用

$$\frac{b}{\sqrt{(b+d)(a+d)}}$$

作为相关系数，则不会出现上述问题。从数学的角度来看，也就是令 c 无限增加时，求 phi 值的极限。

确定声、韵、调的相关系数时，还会遇到另一方面的问题，即同一性问题。

郑文讨论声母和韵母时，是把音标是否相同做为同一性的标准。然而，音标有宽严之别，脱离方言的音韵系统直接比较音标就会发生问题。例如比较声母时，如果要区别 x 和 h，就会出现 h∶x 及 h∶h 两种情况，如果不区别 x 和 h，这两种情况就会合并成一种情况。两种办法计算出的相关系数是不同的。郑文列举了东韵的字在不同方言中韵母

的分布情况。其中大多数的字在北京、济南、沈阳三个方言点上的读音分别写成了 uŋ,uŋ,oŋ。这里的 uŋ 与 oŋ 的写法是准确、一致的吗？是否不做这样的区别更能反映这些方言之间的关系？

换句话说，到底应该从值的方面比较还是应该从类的方面比较（还是应分别进行两种比较）是一个值得仔细研究的问题。郑文在处理声调时，就采用了按类比较的办法，不比较调值，只比较调类。然而，这样做又遇到了别的问题。

太原话平声不分阴阳，把它和其他方言比较的时候，有三种可以采取的办法：1. 把不分阴阳的平声单独看成一种（郑文采用的就是这种方法）；2. 把这种平声看做与阴平（或阳平）相同：3. 把别的方言阴、阳平混成一类。哪一种办法最好，需要仔细研究。但是如果直接比较调值，是不会产生这个问题的。这几种方法计算出的相关系数不同，郑文的方法算出的相关系数一定偏低。我们做的各种不同的分析都说明太原方言在声调方面与其他方言明显对立，这与郑文所采用的计算方法有深刻的关系。

当我们把声韵调综合起来考查时，还会发现另一种问题：根据声母和韵母所得的结果明显地偏向声母一方，根据声、韵、调所得的结果明显地偏向调的一方。对于习惯于做音韵比较的传统方言学家来说，可能感到意外。这大概是因为郑文给出的相关系数与进行统计时划分了多少情况有关。声调统计时划分了 133 种情况，声母是 470 种情况，韵母则多达 2770 种情况。因此，声调的相关系数普遍较高，而韵母方面则普遍较低。这样，在进行综合考查时，韵母的作用就被压低了，声调的作用则显得十分突出。结果是按照声韵调综合比较时，主要表现了声调系统，其中尤以阴阳调分合的情况最为明显。因此，不论是郑文的分析还是本文的分析，最终都主要是按这一点来确定方言的亲疏关系的。这不能说是理想的结果。

4. 统计方法的适用条件

聚类分析和因子分析都是数理统计学中的统计分析方法。统计分析方法只是对具有随机性的(用数学的语言说,可以用概率场描述的)对象才是有效的。从这个角度说,只有日常的语言现象才是可以直接使用统计方法的对象,而做为一种体系的语言则不具备这种品格。因此,使用统计方法在语言中建立度量关系不只会发生技术性的困难,还有原则性的困难。上节讨论的问题根源即在于此。

比如说,郑文开头就提到,如果一条规则影响的词汇比另一条规则多,通常认为这条规则比较重要。郑文还认为该文实际上已经考虑到特征的权重,因为其中用到数据是根据"词汇数量"作出的。然而,这里所说的"词汇数量"是根据某一本词汇表来计算的。编制词汇表的作者为什么取这一词项或那一词项,往往带有主观色彩,至少不一定是为了使用某种统计方法而进行编制的。从数理统计的观点看,使用词汇表不如按照随机抽样的办法从实际的日常语言活动中抽取词汇。这样,一条规则的权重就不是由它在词汇表中使用多少次来确定的,而是根据它使用的频繁程度或概率来决定的。词汇数量与概率不只是观察问题的角度的区别,重要的是,只有根据概率做出的统计量才具有客观性。

音韵的度量也应这样处理。为了使用统计方法,最好考虑到各个要比较的项目出现的概率。例如从报刊文章上或人们对话中随机抽取几千个字(可能重复)进行统计。(这样做还可以更加自然地处理异读的问题)。

当然,我们一般不可能为了统计的目的专门组织方言调查。利用词频、字频的统计资料间接地模拟这种调查,也许是可行的。当然,如果真是这样做,也还有一些技术性的问题需要研究。

率先使用因子分析法处理语言学材料的学者之一是美籍匈牙利数学家波利雅。他为了比较几种欧洲语言的亲疏关系,只使用十个基本数词的第一个辅音做为依据。他在讨论方法论时说过,“牺牲一部分证据,以使其余部分更加明确”。数词第一辅音这“部分”选得比较合适,所以结果就比较说明问题。(参看图 14,这是根据波利雅的方法重新计算后绘制的。)

这种态度不能说是实用主义。其实,数理统计方法所做出的分析总是带有随机性的,不能把它和理论的、逻辑的分析同样看待。在理论研究的预备阶段,统计方法可以用来整理数据,以求发现规律性的东西。在理论研究暂时做不到定量化的阶段,统计方法可以用来做为理论研究的补充。好的、合理的统计方法应该根据理论研究的成果来设计,在反复尝试中逐步确立下来。正如郑文所说:“学术成果是累积的,这种对方言亲疏关系的测量还大有改进的余地。”

表 1　因子分析表——词汇

	1	2	3	4	5
北京	0.771	0.008	-0.313	-0.114	0.260
济南	0.774	-0.068	-0.246	-0.106	0.201
沈阳	0.740	-0.083	-0.298	-0.147	0.282
太原	0.750	-0.125	-0.194	-0.081	0.120
成都	0.674	-0.204	-0.004	0.034	-0.251
昆明	0.750	-0.169	0.015	0.035	-0.198
合肥	0.719	-0.183	0.016	0.054	-0.186
扬州	0.762	-0.163	0.049	0.098	-0.149
苏州	0.521	-0.040	0.416	0.326	0.046
温州	0.401	0.129	0.506	0.371	0.427
长沙	0.716	-0.111	0.120	0.009	-0.205
南昌	0.698	-0.029	0.218	0.019	-0.163
梅县	0.359	0.384	0.377	-0.490	0.048

广州	0.378	0.403	0.325	-0.433	0.043
厦门	0.257	0.642	-0.218	0.211	-0.238
潮州	0.275	0.637	-0.162	0.054	-0.276
福州	0.324	0.499	-0.224	0.339	0.239
	39.9	9.8	7.2	5.6	5.1

表 2　因子分析表——声母

	1	2	3	4
北京	0.882	-0.272	-0.279	0.176
济南	0.880	-0.270	-0.286	0.181
西安	0.923	-0.234	-0.235	0.113
太原	0.932	-0.166	-0.128	-0.006
汉口	0.829	-0.390	0.340	-0.058
成都	0.823	-0.398	0.333	-0.085
扬州	0.946	-0.156	-0.115	0.017
苏州	0.824	0.183	-0.158	-0.448
温州	0.806	0.183	-0.228	-0.432
长沙	0.788	-0.326	0.347	0.002
南昌	0.896	0.089	-0.087	0.006
梅县	0.818	0.418	0.092	0.065
广州	0.671	0.433	-0.036	0.397
厦门	0.840	0.399	0.200	0.034
潮州	0.872	0.397	0.179	0.025
福州	0.880	0.242	0.146	0.032
	72.8	9.3	4.9	4.0

表 3　因子分析表——韵母

	1	2	3	4
北京	0.858	-0.212	0.042	-0.213
济南	0.627	-0.420	0.433	0.136
西安	0.750	-0.391	0.138	-0.025
太原	0.683	-0.109	0.262	-0.081
汉口	0.852	-0.184	-0.225	-0.153
成都	0.839	-0.122	-0.280	-0.104

扬州	0.415	-0.151	0.203	0.392
苏州	0.338	-0.123	-0.488	0.385
温州	0.217	0.073	-0.282	0.701
长沙	0.660	-0.032	-0.351	-0.156
南昌	0.706	0.422	0.006	-0.066
梅县	0.669	0.508	0.022	-0.117
广州	0.236	0.434	0.377	0.150
厦门	0.413	0.542	-0.108	-0.096
潮州	0.566	0.271	-0.039	0.143
福州	0.395	0.161	0.430	0.241
	37.5	9.4	7.7	6.6

表4 因子分析表——声调

	1	2	3	4
北京	0.906	0.392	-0.096	-0.066
济南	0.897	0.394	-0.100	-0.073
西安	0.896	0.388	-0.100	-0.068
太原	0.224	0.479	0.837	0.109
汉口	0.890	0.394	-0.105	-0.072
成都	0.889	0.393	-0.105	-0.069
扬州	0.888	0.356	-0.105	0.081
苏州	0.910	-0.325	0.082	0.108
温州	0.816	-0.487	0.093	-0.269
长沙	0.875	-0.253	-0.089	0.307
南昌	0.807	-0.228	-0.098	0.453
梅县	0.921	0.278	0.041	-0.097
广州	0.816	-0.417	0.112	-0.235
厦门	0.907	-0.329	0.102	0.121
潮州	0.813	-0.454	0.079	-0.301
福州	0.916	-0.312	0.087	0.130
	72.5	14.3	5.2	3.8

表 5 因子分析表——声母和韵母

	1	2	3	4
北京	0.864	-0.304	-0.172	-0.152
济南	0.823	-0.275	-0.351	-0.174
西安	0.873	-0.270	-0.229	-0.106
太原	0.868	-0.161	-0.148	-0.070
汉口	0.825	-0.374	0.319	0.047
成都	0.817	-0.370	0.329	0.083
扬州	0.834	-0.124	-0.190	0.003
苏州	0.740	0.171	-0.144	0.495
温州	0.701	0.216	-0.256	0.500
长沙	0.760	-0.290	0.380	0.079
南昌	0.848	0.112	0.005	-0.074
梅县	0.794	0.382	0.112	-0.115
广州	0.598	0.446	-0.084	-0.379
厦门	0.770	0.424	0.211	-0.038
潮州	0.826	0.380	0.158	-0.013
福州	0.806	0.268	0.066	-0.047
	63.9	9.2	5.0	4.7

表 6 因子分析表——声母、韵母和声调

	1	2	3	4
北京	0.901	0.357	-0.109	0.077
济南	0.885	0.355	-0.112	0.104
西安	0.896	0.350	-0.104	0.096
太原	0.415	0.426	0.774	-0.049
汉口	0.882	0.355	-0.145	0.023
成都	0.878	0.355	-0.144	0.015
扬州	0.883	0.303	-0.080	-0.052
苏州	0.874	-0.308	0.067	-0.097
温州	0.796	-0.445	0.065	0.221

长沙	0.853	-0.170	-0.127	-0.338
南昌	0.825	-0.168	-0.010	-0.393
梅县	0.894	0.146	0.069	0.122
广州	0.767	-0.457	0.024	0.264
厦门	0.884	-0.339	0.079	-0.100
潮州	0.822	-0.418	0.083	0.219
福州	0.892	-0.295	0.092	-0.110
	70.9	11.8	4.6	3.2

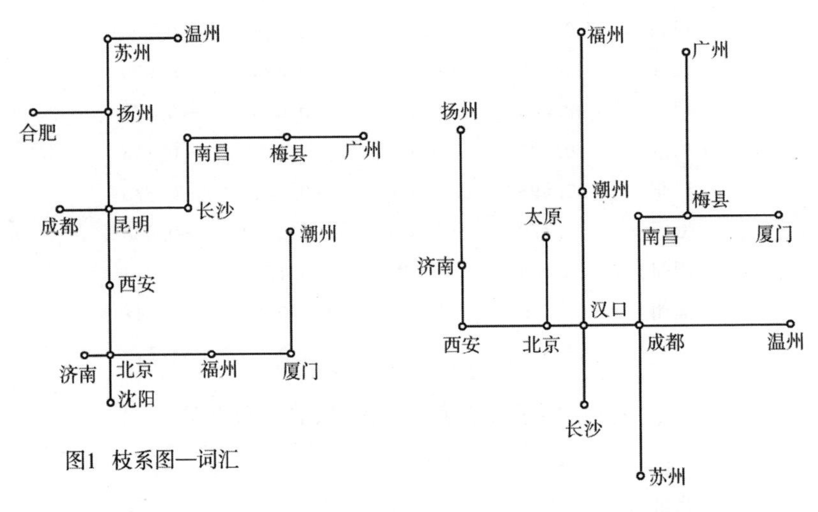

图1 枝系图—词汇

图3 枝系图—韵母

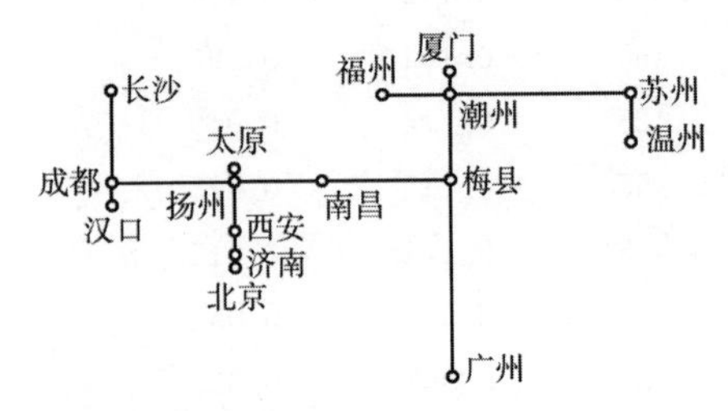

图2 枝系图—声母

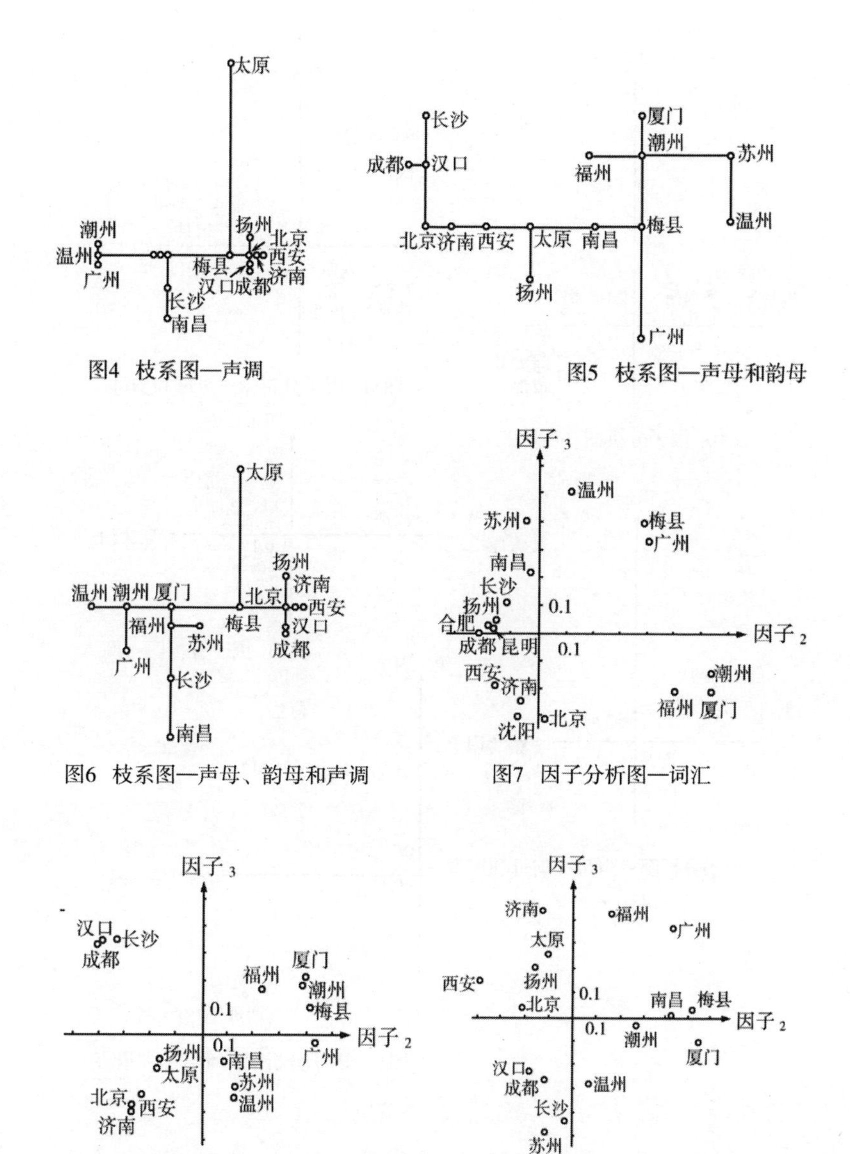

图4 枝系图—声调

图5 枝系图—声母和韵母

图6 枝系图—声母、韵母和声调

图7 因子分析图—词汇

图8 因子分析图—声母

图9 因子分析图—韵母

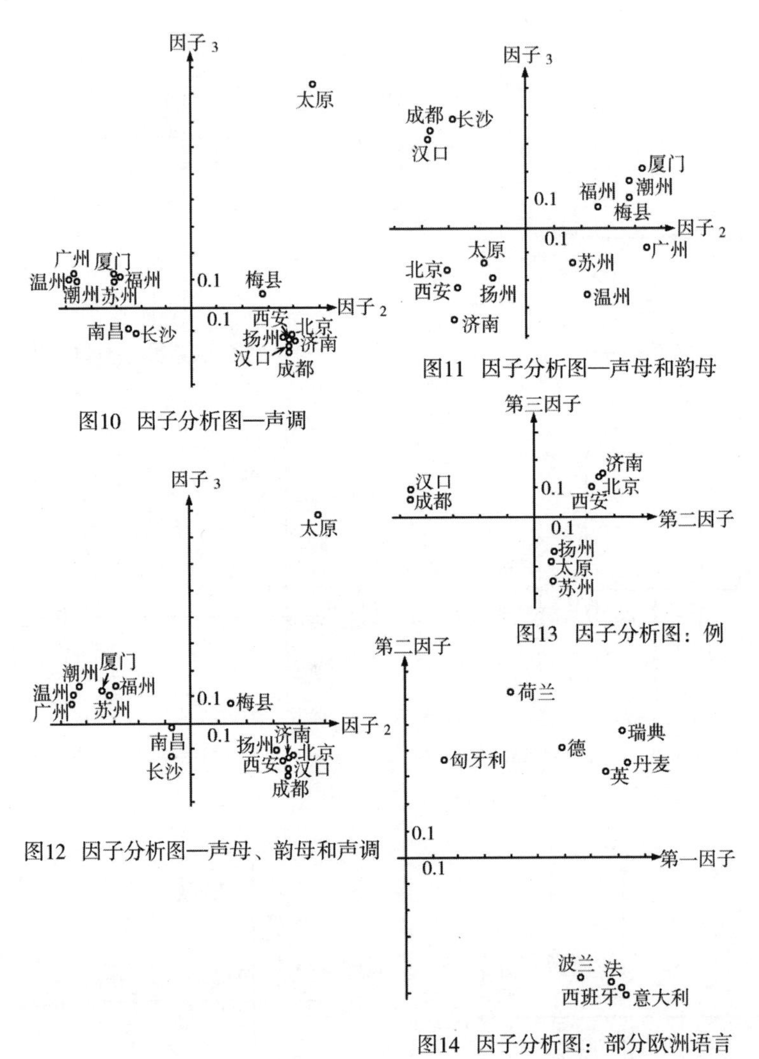

图10　因子分析图—声调

图11　因子分析图—声母和韵母

图12　因子分析图—声母、韵母和声调

图13　因子分析图：例

图14　因子分析图：部分欧洲语言

（原载《中国语文》1989年第5期348—360页）

《语言学知识的计算机辅助发现》序

(一)

能把这样一本书贡献给读者,是笔者感到无限欣慰的事。

多年来,大家提倡计算语言学,多是从开发计算机应用领域着眼,也就是把语言学的成果拿来应用。这种工作常被称为语言工程。然而反过来如何呢?能不能把计算机科学的概念和方法用于研究语言呢?这是语言学特别关心的问题,也是笔者多年来想回答的问题。

不入虎穴,焉得虎子。为了回答上述问题,我和包括本书作者的许多人一起,深入语言学领域,从事语言学家的工作(写论文,做演讲,参加学术会议,等等)。工作做得好坏当然应请别人评论。我们自己则可以毫无愧色地说,我们摸到了语言学的脉搏——它的理想、追求和困惑。

我们特别注意从方法的角度观察自己的(语言学)工作。我们看到许多语言学家都要做卡片,制表格,做许多机械的枯燥的工作。因此,我们相信,语言学工作同许多别的学科一样,总有大量的可以严格化、形式化、算法化的部分。一旦把这些东西界定出来并用计算机实现,语言学的工作就会效率更高,差错更少。

早就有人在这方面动过脑筋了。早年的统计语言学、语言信息的研究,近年来的人工智能和语言工程,都在不同程度上涉及这个问题。

但是许多研究者都想撇开语言学家的工作，独出心裁，另搞一套。因此，也没有被语言学家接受：你走你的阳关道，我走我的独木桥。真正的问题是：语言学界真正关心的东西恰在河对岸——阳关道到达不了的地方。

我们不认为语言学工作可以用计算机来做，也不认为有什么计算机上的绝技可以取代语言学。但我们相信，只要用理论计算机科学的观点剖析当代语言学方法，一定可以搞出有用的东西来。不是另铺一条阳关道，而是改造那座独木桥，使语言学得以驱车而过。

经过几年的积累，终于有了足够的基础，可以开始做实验了。实验工作从模仿语言学家入手。本书作者以极大的热情投入这项工作。他和他编制的软件组成一个人机系统，模仿语言学家朱德熙做的一项工作，得到了令人振奋的结果。

我们仔细分析了这个实验，确定了进一步的目标，包括理论方面的整理和发展，也包括对一些语言学家不知道答案的问题用我们的办法做出解答。本书就是这些工作的结晶。

本书从某一个角度勾画出了计算语言学的一个蓝图，使读者能对我们的理想和实现这个理想的手段有所了解。这就是笔者所以感到欣慰的原因。

（二）

在开创计算机的新应用时，人们注意到基于演绎法和基于归纳法的思维活动的深刻区别。

演绎法的出发点是多少已经抽象化、形式化的前提。从一些前提出发，演绎出种种结论来，是计算机一定可以胜任的事。（注意：我们这里不是说机器证明，那包括了一个判定问题，即回答某一命题是否可以在演绎过程中得到)。只要前提含有可以互相消解(resolve)的对象,就可以衍生出新的命题来。但归纳法的出发点常常是未充分抽象化、形式化的大量个别事例,希望从中抽象出有用的概念、模式、定律来。这种工作能不能用计算机来完成呢?

思维活动总是有目的的。演绎法作为一个手段虽无目的可言,但是基于演绎法的思维活动比如证明(或反驳)还是有目的的。只是判断目的是否达到十分简单——只要演绎出所要的命题(或它的逆命题)就达到了目的。

使用归纳法的时候(例如划分词类、发现句法模式等)遇到的情况大不相同。因为在达到目的之前往往说不清目的是什么,到了目的地,也未必一下子就能判断出来。只有反复地尝试、失败,目的才渐渐明晰,手段才逐步建立起来。

我们认为,要单独由计算机来完成这个过程是不可能的,至少在当代是如此。需要人机共生系统来做。其中的人负责设定目标手段,机负责实现这种手段而不管目标是什么。有了这样的系统,可以大大提高工作的效率和质量。

如果认为这种看法是有道理的,就应该进一步研究归纳的手段。本书主要就是以语言学为背景提出许多概念和方法,做为人机共生系统的基础,作者在实验中的成绩,应能成为这种看法的例证。笔者希望看到这种看法与做法能在计算语言学领域中得到更加深入的应用,更希望它能在更多的领域中得到发扬。

(三)

本书以语言学为大系,对每个问题分析已知研究工作的得失,设定自己的目标,并用理论计算机科学的方法做出解答。然后,又回到语言学中诠释所得到的结论。单纯从语言学角度阅读本书的读者也一定会感兴趣。

其实,作者提出的概念和方法,都是基于语言学研究成果,进行抽象,使之升华,然后结晶,回到语言学中。许多章节后面,作者给出了浅显的例子。这些例子说明了其成果的价值,更是对语言学研究方法的一种洞察。这些例子非常精彩,有时看来奇怪,值得仔细玩味。比如说,从一个语言的两个例句

(1) 我是学生。

(2) 你是我学生

出发,能对这个语言做出什么样的模型来呢?

本书第八、九章尤其值得注意。因为本书宗旨之一是得到有价值的语言学成果。这两章报告了一个具有一定规模的实验并分析了所得到的结果。用语言学的尺度来分析这些结果,也许还嫌粗糙。但在现代汉语学界中这种语法、语义、语用三位一体的研究成果还很少见。相信一定会引起读者的兴趣。至于笔者说的粗糙,并不是说还要分许多小类,而是说,在分类方面要利用不同层次、不同角度,交织而成,以便以纲带目,便于把握。这就要做进一步的归纳,比如那些可以进入双宾语句式的动词有什么语义上的共性。还需要用稍大一点的语境来证实或发展这种分类,比如

一 VP……

等 VP 再……

我是 VP 才……的。

不用说,还应该用更多的动词来丰富这项研究。

(四)

计算机科学与语言学有不解之缘。然而,语言学一直是贡献者,极少得到回报。形式语言理论的创造人之一 Chomsky 本人就是一位语言学大师。更不消说语言学在语言工程方面的贡献了(计算机的应用给语言学家在收集资料和统计分析中提供了便利。但那毕竟不能算是语言学家的工作,而是助手的工作)。本书作者的研究可说开创了一个新的局面,使语言学家可以利用计算机来做自己感兴趣的事。

德雷福斯在《计算机不能做什么》一书中说过,如果有一位高级棋手和计算机搜索能力有效地结合在一起,可以胜过任何人间棋手和计算机棋手。我们相信,语言学与计算机科学的结合会在两个领域中都开创出新的天地。

马希文

一九九五年六月

(本文是《语言学知识的计算机辅助发现》一书的序,该书由科学出版社 1995 年出版,作者白硕)

附　　录

良师益友

马希文

（一）

我第一次接触朱德熙先生是1978年。当时我正从事计算机理解自然语言的研究，迫切希望找到一部合用的汉语语法书，于是向朱德熙先生求教。

朱先生非常清楚地告诉我：没有。他说现代汉语的研究远远没有达到可以建立体系的程度。还有许多事实没有弄清楚。他用了许多时间举例说明哪些事实不清楚，鼓励我从一个不同的角度参加到这个研究工作中来。

我从上学时期即对语言学有浓厚的兴趣，一经鼓励，马上动了心。这样就经常去拜访朱先生。朱先生又介绍我与陆俭明、叶蜚声两位教授相识。我们经常聚在一起讨论语法问题，一谈就是夜里一两点。逐渐形成了一个非正式的“四人讨论班”。

朱先生时已年近六旬，但仍然精力过人。他对于学术的热爱，治学的严谨，知识的渊博，谈吐的幽默，待人的诚恳都使我敬佩。

我知道我找到了一位好老师。

（二）

不久之后，我到美国进修，正巧朱先生也到同一大学访问半年。我们就有了更多的机会在一起。当时，我主要的兴趣集中于动补结构，因为从我接触的英文文献中找不到可以模仿的材料。1981年回国后写了一篇短文，提出把“了”的一部分看成补语的观点。

这时朱先生也回到北大，“四人讨论班”就又开班了。朱先生让我把文章拿到讨论班上报告，并带头质疑。尖锐的问题接二连三。有的是文中没有讲清，有的是没有注意到，有的则根本答不上来，只好退下，重新考虑，重新补充，下次再报告。朱先生则每次都要事先看我的文稿，亲自批改。就这样，一篇短篇札记，三易其稿，终于成了一篇文章。最后承蒙朱先生推荐，得以发表在《中国语言学报》上。朱先生还写了一篇关于变换的平行性的文章和一篇关于方言研究重要性的文章，实际上为我在分析方法和选材上做了后盾。

我那篇文章后来得到一些好评，但我只能把它看成是一篇习作，像任何学位论文一样，很大程度上要归功于导师朱德熙先生。朱先生确实是像指导学生一样地帮助了我的。虽然没有漫长的说教，却在要紧处不时点出一两句令人深思、使人受益的话，尖锐而诚恳、深刻而又平易。许多话到今天还在耳边回响。

（三）

我第二次到美国又有机会能与朱先生在一起讨论语法问题。这一段时期朱先生正在研究与“的”有关的问题。朱先生对这个问题的深刻见解是众所周知的。他的观点经受了几十年考验，被越来越多的人接受了。

但是朱先生自己找出了这种观点的漏洞。并打算重新考虑这个问题。

学界名人修改自己的观点并非奇事。朱先生对以前的文章自贬自责我也早就习惯了。但这一回不同寻常。因为对“的”的研究是朱先生语法体系中的一个关键,它不仅关系到对词类、句型、汉语形容词、指称等不同问题的提法,而且纵贯历史研究、横切方言比较;每一个小小的改动都要环顾左右,不好轻易动手的。

朱先生追求真理,精益求精。虽已七旬高龄,却仍然意气风发、摩拳擦掌。他一面搜集资料,一面和朋友交换意见,全副精力扑到这一重要工作上。我们每次谈这个问题,他总要做笔记、甚至录音,然后整理。这一切,使我深深感动。

后来,他到别处访问,我们有五个月不在一起。通过几次电话,大多是务实,没有机会讨论学术。但我可以想象他是如何从事这一困难工作的——案头堆满了各种图表和卡片,不断地写了又涂掉,剪下又贴上……慢慢地,大体定稿的部分逐渐积累起来,一页、两页、十页、廿页……

(四)

晴天一声霹雳,朱先生病了,得的肺癌,已经扩散,而且还是第四期,医生认为只有八个月的时间了……换一个医院,也是这样说。除非化疗,虽然有三分之一的可能性把癌症控制住,但肯定是不可能继续工作了。

还有一个机会是一位中医师说的。他可以为朱先生治疗。虽然目前应该停止工作,但将来还可以重新开始工作。

朱先生是怎样选择的，他没有细说，我也不得而知。但我猜他一定是希望将来能重新工作，因为他不久就开始请那位中医师为他治疗了。

他这时搬到离我较近的地方，我得以每个周末去看他。我不愿用学术讨论干扰他的治疗，尽量把话题扯开，或随便说些琐事。他常常又把话题拉回来，还照样录音。这种情景真使我暗暗掉泪。

这时，他的文章已经完成了十之八九，而且剩下的部分已经有了素材。他多希望看到这篇文章的完成，并听到反响啊！我也存着一丝侥幸的希望。但他的病情却日益恶化，使任何希望都化为乌有。

（五）

学界失去了一位旗手，我失去了一位良师益友。我还有很多的问题要请教，却永无机会了。寻寻觅觅，不知何从。朱师母要我写一篇纪念文章，我拙嘴笨手，交不了卷。谨以这些做为祭奠朱先生的一朵小花。

（原载《朱德熙先生纪念文集》235—238页，
该书由语文出版社1993年出版）

马希文

〔日本〕相原茂

马希文，1939年生于中国。1959年毕业于北京大学数学系。毕业后留校任教。1983年晋升为教授。1986年10月北京大学成立计算语言学研究所时任副所长。

主要著作：

1. 关于动词"了"的弱化形式/·lou/，《中国语言学报》1983年第一期

2. 跟副词"再"有关的几个句式，《中国语文》1985年第二期

3. 北京方言里的"着"，《方言》1987年第一期

4. 与动结式动词有关的某些句式，《中国语文》1987年第六期

我和马希文相识纯属偶然。

经过文化大革命的动乱后，中国语言学界又走向了正轨，恢复了学术活动，中国语言学会于1983年恢复出版了会刊《中国语言学报》第一期。卷首的论文就是"动词'了'的弱化形式/·lou/"。

要给"了"下一个准确的定义是中国语法学中最大的难题。无论哪种语言总有一些词经常被使用，但无法彻底说清它的作用和意义，就像日语中的〈ハとガ〉〈タ〉一样。中文中的"了"和"的"一样，出现频率很高，但在它的功能和用法上，总有一些模糊不清的地方。

该文从全新的视角对"了"进行了简明易懂的论述。署名是马希文

(北京大学)。这个名字从未听过,也未见过。日本的中文学界怎能不知道有一位这么有实力的人物存在呢?原来这篇文章是作者在中文语法研究方面的处女作,这时候,马希文已经四十四岁了。在此之前我们不知道马教授也是可以理解的,因为他是一位数学教授。处女作发表以来,马教授的论文频繁出现在《中国语言》、《方言》等杂志上,在世界中文学界都开始知道马希文这个人了。

先生说自己做的工作是研究具体事例。先生的做法是把每一个问题从所有角度,全方位地进行深刻、细致的探讨,直至明白无误为止,学风可谓“精细严谨”。他那种数学工作者所具有的追求精确、不允许任何似是而非的研究风格给传统的中国语言学界吹来了一股清新的空气,让人为之一振。他并没有提出什么宏大的理论,只是在语言研究工作中踏踏实实、精益求精地工作。

第一,对语言的关键问题——语音进行了全角度的探讨研究。中文都是用汉字来标记的。每一个汉字占一格,看起来就好像是资历相同的人并排站在一起,地位都是平等的一样,可实际上,在一个句子中,语音问题占有非常重要的地位。韵律、词的重声、轻声,以及语调等等是一个句子形成完整音形的重要条件。先生对语音方面的观察研究比以往任何一位研究者更敏锐、更深入,而且,他的研究范围限定在语音对句子能起到有意义的辨别作用这个条件下,范围明确,从不虚张声势。

第二,对词义的解释非常严谨,从语用论的角度对词义进行了深入的研究。先生提出:当某个词对语法结构有影响的时候,解释这个词的意义可以从“意图”、“设想”、“前提”三个方面来进行。例如“我修理自行车”这个句子中,修理自行车是我的动作呢,还是开修车铺的人的行为呢?这种场合,和自行车的所有权又有什么关系?先生指出了这种意义关系对语法结构变换的影响作用。

第三，论据充分。利用所有的证据(例如，从语音、方言、其它结构的互换性、平行性等方面)来论证其论点。

读先生的论文就像听一位优秀的侦探在解说破案的经过一样。对某一个事件从各种角度提出有力的证据，然后利用推理把整个事件串联起来，最后让事实真相大白于天下。有时甚至会让坐在旁听席上的你发出这种感慨：哎呀，连这种证据都想到了！这种感叹声中也夹杂着外国人的自愧不如的绝望感。

先生在中国语言学界的地位近于理论派的朱德熙先生。朱先生也是学理科出身，北京大学教授，北京大学计算语言学研究所所长，是马希文教授的上司。所不同的是马教授是土生土长的北京人，讲一口地地道道的北京话，而朱先生是苏州人，北京话已经和马先生的生命融为一体。

自然，马先生所研究的主要内容都是他非常熟悉的北京话，而且论文题目要么冠以“北京方言的……”，要么在文章开头阐明本文研究的主要内容是关于北京方言的。马希文先生促进了中国方言、特别是北京方言的研究。

朱德熙先生从理论方面提出：现代中文的语法研究所依据的语言资料首先应该以北京口语为准。马先生的研究工作恰好把朱德熙先生的理论体系化了，两人一个理论，一个实践，分工协作，配合默契，这好像是语言界的共识。

马先生曾经担任日本—中国机器翻译协会中方负责人，1987 年曾三次访问日本。

(原载日本《言语》1988 年第 6 期，庄凤英译)

马希文教授生平简历

马希文教授1939年5月23日生于河北省枣强县，是我国著名的数学家、计算机科学家、语言学家和教育家，也是杰出的科学普及工作者。他在教学与科研中有极为独到的方法，在许多领域所做的开创性、先驱性及前瞻性的贡献，具有远远超出领域本身的重要理论涵义。他有超群的天赋，在哲学、音乐、文学等方面也很有造诣，熟悉多种语言。

马希文教授1954年进入北京大学数学力学系，时年15岁。毕业之年参加概率专门化，毕业时以他为主的研究小组所完成的优秀学术论文《最优分成问题（或量化问题）的渐近解》，发表在《数学学报》1961年第3期上。他被丁石孙教授誉为“最有才能的学生之一”。

他1959年毕业留校，在数学力学系概率教研室工作，主要研究信息论和编码理论。他开设了系里第一个数学信息论课程，与人合写了讲义，讲义中重新整理了经典信息论的理论体系，用更清晰更容易理解的方式证明了许多定理，该讲义为多届学生所使用。在此期间他还运用信息论的观点研究了中文的语言学问题，提出通过4级马尔可夫链处理中文可以得到很好的结果。这一方法八十年代后得到广泛运用。

六十年代后期，他从事试验设计方面的研究和推广，主要研究正交设计，并在北京橡胶总厂推广试验设计方法。1981年出版专著《正交设计的数学理论》，把现代试验设计的很多方法，特别是日本田口学派的方法，从数学上进行了概括和整理，把一些方法的数学理论基础弄得很清楚，对发展正交设计的理论起了很大作用。

七十年代他曾在北京大学 6912 计算机上开发绘图和读谱演奏软件。他从事计算机科学理论的研究,其论文《树计算机和树程序》发表在《计算机学报》创刊号上。他是我国计算机科学领域的第一批研究生导师之一。

1979 年至 1981 年,他作为首批派往美国的访问学者,在人工智能创始人 John McCarthy 教授领导的斯坦福大学人工智能实验室工作。其间从事诸多课题的研究,取得的重要成果之一是程序语义学论文《语义学中的关系方法》。

回国后,他在人工智能方面做了大量出色工作。他是中国人工智能领域奠基人之一,参与创建中国计算机学会人工智能学组和中国人工智能学会,并于 1982 年在北京计算机学院创办了人工智能研究室。他在"知道逻辑"的研究中取得重要成果,发表在 1983 年国际人工智能大会上的有关论文受到一致好评,因此被推举为 1985 年国际人工智能大会程序委员会委员。1985 年他主持国家自然科学基金项目"LISP 语言动态编译系统"。他对我国 863 计划智能计算机主题的立项起了重要作用。他以深刻的洞察力指出计算机在给人类社会带来巨大影响的同时,也有其不可避免的局限性。他为此撰写了多篇文章,始终以清醒的头脑推动人工智能学科的发展。

马希文教授曾任中国计算机学会理事,积极推动中国的理论计算机科学建设工作。1983 年他作为主要负责人之一在北京大学筹建成立了计算机研究所,举办了中国首次理论计算机研究班。1984 年参与组织中国计算机学会理论计算机科学分会,组织了在广州召开的第一次理论计算机科学学术会议,并于同年在北大开办理论计算机科学研究生班,招收 10 名研究生。在此期间创立了北京大学理论计算机科学博士点。1987 年推动举办了第一届青年计算机工作者学术会议。他还深入研究了计算机科学理论的许多问题,在课程讲义的基础上出版了著作《程序设计学》，发表了长篇论文《理论计算机科学引论》，修改后用英文在新加坡 World Scientific Publishing co. pte. ltd 出版。其论文《什么是理论计算机科学》提出了许多很深刻的认识。

马希文教授在语言学方面有很高的造诣，是首届国家语言文字工作委员会委员。七十年代后期他与朱德熙先生等著名语言学教授的学术讨论发展成一个持续多年的语法讨论班，吸引和熏陶了一批新人，发展出一些重要成果，包括他自己的多篇论文，如《中国语言学报》创刊号首篇《关于动词"了"的弱化形式》。而后他又先后在《中国语文》等刊物上发表数篇高质量的有关汉语语法和汉语虚词的学术论文，受到汉语学界的高度评价。他熟练掌握英语和俄语，并涉猎阿尔巴尼亚、蒙古、日、德、法、朝鲜、豪萨、斯瓦希利、世界语等多种语言。

马希文教授是中国计算语言学的奠基人之一，对计算机科学同语言学的结合倾注了极大的热忱。1983 年他在北大开设了计算语言学课程，1986 年与朱德熙教授一起组建了北京大学计算语言学研究所，并主持了信息科学跨学科系列讨论班。他在北京语言大学参与创办语言信息处理研究所，并在中国科学院软件研究所、北京信息工程学院、黑龙江大学、中软公司等单位指导课题研究，研究方向涉及汉字输入、文本编辑、机器翻译、语言理解、自动文摘、汉语计算机辅助教学等领域，并亲自设计算法、调试程序。他曾撰写多篇文章论及两个学科的关系，并热情洋溢地为他的研究生的著作作序，倡导用计算机科学的方法辅助语言学研究。

他以一个科学家的责任感，非常重视科学普及和基础教育工作。他曾担任国际数学奥林匹克竞赛中国队总教练，1989 年率队参加在德国举行的第 30 届国际数学奥林匹克竞赛，取得了团体总分第一、金牌总数第一的好成绩。他撰写了一批科普精品，组织领导了获普利策奖的"奇书"《哥德尔、艾舍尔、巴赫—集异璧之大成》的汉译工作。该译著得到原作者的特别赞赏，并于2001年5月获第四届全国科普优秀作品奖。

九十年代，马希文教授旅居海外，从事计算机软件应用开发，在CEON公司担任首席科学家，并拥有若干项专利。他曾任北加州北京大学校友会副会长，并积极为国内的科研与教育献策献力。他热心助人，在华人华侨同胞中富有影响力。

马希文教授19岁毕业后即从事教学工作，几十年中桃李无数。他开设了许多全新的课程，所用讲义都是他研究心得的结晶。他指导了一批批的研究生，他的学术思想和治学方法使他们终身受益。

马希文教授一生淡泊名利，从不追逐职位和奖项。他注重于开路，为后来者指明了许多研究方向。他未留下鸿篇巨制，但每一篇文章都字字珠玑。他有求必应，乐于让别人分享自己的智慧。在他的身上，体现了一种真正的学者风范。

马希文教授2000年12月22日不幸病逝于美国加州Red Wood City，终年61岁。他给我们留下了永远享用不尽的精神财富。

编后记

2001 年 3 月 24 日，由老校长丁石孙先生发起，在北京大学数学学院举行了马希文先生的生平追思会。当日会后，与会的马希文先生的研究生一致决议，筹备出版先生的文集。

先生 19 岁从教，桃李无数，我们作为研究生所受恩泽最多。先生遽然西去，师恩无从报答，只能以出版先生文集的形式，略补心灵的创痛，聊寄纪念之情。

当然，出版这本文集不仅是为了纪念。我们希望能常常温习这些闪耀着智慧的文字，也希望后人能有机会读到它们，获知在二十世纪后半叶中国有这样一位智者，曾对我们的科学和文化作出过出色的贡献。

但是，出版文集并非易事。首先是收集材料。先生的论著时间跨越 40 载，涉及自然科学与人文科学的诸多领域，分散于各种报纸杂志书籍之中。编者依自己所知，并请教先生的同事、同学、老师，查阅了多年的文献，收集到论文、著作、讲义等数十篇册，内容涉及数学、计算机科学、逻辑、人工智能、语言学和计算语言学诸方面。显然，这并非先生论著之全部。但出版时间不能久拖，材料收集只好暂告段落。好在主要的论著应当说已经收集得比较齐全。

其次是材料编选。编者虽为先生之弟子，但也只了解先生所涉领域之一隅。故此，文集采取如下编选原则：凡先生个人署名且正式发表之论文皆原文收录；先生与他人合作之论文，若确为先生的工作且为第一作者的按原文收录，否则不收；讲义和未正式出版之论文不收。有两篇英文论文，因有内容相近之中文论文，故未收入。正式出版之著作多数未收：《正交设计的数学理论》（人民教育出版社，1981）为长篇专著*Introduction to Theoretical Computer Science*（World Scientific Publishing，1990）的主要内容已包含于《理论计算机科学引论》（《计算机研究与发展》1988年2期）；《数学花园漫游记》（中国少年儿童出版社，1980）已再版多次。书著中只收了科学出版社1985年出版的《程序设计学》。因本书未包括先生的全部论著，故称为文选。正题取为《逻辑·语言·计算》，是因为这样可以概括本书中的论著所涉的领域，也比较简练。

另一大困难是编纂先生的生平介绍。事实需收集核准，还需有适当评价。作为编者只能多问多记，力求完整准确。在此，编者特别感谢林建祥、陈家鼎、冯志伟先生亲自撰写材料，高庆狮、谢衷洁先生口头提供详细资料，还有多位先生提供了咨询和修改意见。

最当感谢的是丁石孙先生。丁先生是马希文先生的老师，德高望重。他十分关注文选的编撰，亲自作序。

感谢先生的夫人张世珍女士授权出版本书。编者希望本书的出版能为先生的夫人及子女带来一点慰藉。

参加本书选编工作的有郭维德、裘宗燕、白硕、周昌乐、胡卫翔、朱连山、王鑫、宋柔。于剑裔整理了先生生平的初稿。列出这些姓名是因为我们应当为文选编纂中可能出现的失误负责。

感谢商务印书馆鼎力支持文选的出版。

2002年6月